빛의 환타지아

현대과학으로 본 창세기

빛의 환타지아

초판 1쇄 인쇄 2007년 8월 5일
초판 1쇄 발행 2007년 8월 15일

엮 은 이 | 임성빈
펴 낸 이 | 이건웅
펴 낸 곳 | 환타지아

책임편집 | 김찬웅, 오유경
편　　집 | 디자인캠프(김한나, 은지선)
디 자 인 | 디자인캠프(김경란, 이봉희)
마 케 팅 | 안우리

주　　소 | 서울특별시 성동구 응답동 227-12
전　　화 | 02)2244-0985
팩　　스 | 02)2244-0983
이 메 일 | navagun@hanmail.net
블 로 그 | http://blog.naver.com/fantasia888

값 49,900원

현대과학으로 본 창세기

빛의 환타지아 *Fantasia of Light*

빅뱅(우주의 시작)에서 오늘까지

|임성빈 엮음|

환타지아

20세기는 참으로 위대한 과학과 기술발전의 시대였다. 20세기 초 플랑크의 양자론을 필두로 아인슈타인의 특수상대성이론과 일반상대성이론이 발표되고, 러더퍼드와 보어의 원자론, 하이젠베르크의 불확정성원리 등이 잇달아 발표되면서 뉴턴 이후 철저하게 유지되었던 절대 시간과 절대 공간, 그리고 인과율에 대한 믿음은 깨어지고 우리의 우주관을 근본부터 흔들어 놓았다.

또한 뢴트겐이 X광선을 발견한 데 뒤이어 베크렐, 퀴리 부부가 방사성 원소를 발견한 후 원자핵에 관한 연구는 첨단 연구 분야로 부상하였고, 결국 인간은 원자탄과 핵 동력으로 상징되는 핵에너지의 시대로 돌입하게 되었다. 그리고 가모프의 대폭발(빅뱅)이론과 이를 보완한 구스의 급팽창우주론으로 우리는 이제 우주가 어떻게 시작되어 어떻게 진화해 왔는지도 알게 되었으며 끈 이론에 뒤이은 M-이론은 물질의 궁극적인 구조를 밝힘과 동시에 우리 우주의 차원을 11차원으로 늘려 놓았다.

한편 1903년에 라이트형제가 시험비행에 성공한 이래 비행기는 두 차례의 세계대전을 겪으면서 제트엔진과 같은 새로운 엔진의 개발로 비행속도 등의 성능이 가속적으로 향상되어 오늘날 수많은 비행기가 쉴 새 없이 하늘을 누비며 다니고 있다. 그리고 비행기와는 좀 다른 비행체인 로켓도 개발되어 인간을 달 표면에 상륙시켰을 뿐만 아니라 태양계 내는 물론 이제는 태양계 밖까지도 우주탐사선을 보내게 되었다. 아울러 금세기 초 마르코니가 대서양을 횡단하는 무선통신에 성공한 이래 전파 매체는 라디오와 텔레비전의 보급 및 레이더 개발로 이어졌으며 오늘날의 위성통신 시대를 가져왔다.

20세기 중반의 가장 중요한 과학기술혁명으로는 분자생물학의 출현과 컴퓨터의 발명을 들 수 있을 것이다. 1953년에 왓슨과 크릭이 DNA 이중나선을 발견한 후 분자생물학 분야는 급속도로 성장하여 인류의 유전자는 초파리와 75%가 동일하고 침팬지와는 1.2% 정도 차이가 나며 동양인과 서양인은 약 0.1%밖에 차이가 나지 않는다는 사실도 밝혀졌다. 뿐만 아니라 1996년 영국에서 최초의 복제동물인 복제 양 돌리가 탄생한 이후 세계적으로 여러 마리의 복제동물들이 태어났고 우리나라에서도 2005년에 세계 최초의 복제 개 '스너피'를 탄생시켰으며 인간의 난치병 치료를 위한 줄기세포의 연구도 활발히 진행되고 있다. 그리고 최근에는 인간의 유전자지도를 만들기 위한 인간유전체사업을 선진국들이 공동으로 수행하여 2003년에 이미 99.99%까지 완성하였으나 한편으로는 유전공학과 관련된 윤리문제도 심각한 사회문제로 대두되고 있다.

영국 케임브리지대학교의 수학교수 배비지(Charles Babbage)는 1833년경부터 단순한 계산이 아니라 모든 종류의 정보를 처리하고 저장하며 검색할 수 있는 해석기관을 구상했는데 천공카드시스템과 전기기계계수기를 개발한 홀러리스를 중심으로 설립된 아이비엠(IBM)이 하버드, 매사추세츠 및 펜실베이니아대학교의 연구진들과 힘을 합쳐 그의 꿈을 현실화함으로서 현대적인 컴퓨터를 등장시켰다. 컴퓨터는 처음에는 전쟁을 위해 탄도표 등을 작성하고 전후에는 인구조사 등에 사용되었으나 얼마 안 되어 컴퓨터의 용도는 정부기관에서는 물론 회사에서 가정에 이르기까지 한없이 확장되었다. 소형컴퓨터라고 할 수 있는 마이크로프로세서는 군사용 무기에서 가전제품에 이르기까지 안 쓰이는 곳이 없게 되었고 컴퓨터는 인공지능을 가진 인공두뇌로까지 발전하게 되었으며 이제 컴퓨터 없이는 아무것도 못하는 세상이 되어버렸다.

이외에도 페니실린과 같은 항생제의 개발, 나일론과 같은 합성섬유의 발명, 바이러스와 같이 아주 미세한 생명체를 관찰 가능하게 만들었던 전자현미경의 발명, 진공관과 트랜지스터에 이은 IC의 개발에 의해 비약적으로 성장한 전자산업과 그의 산물인 벽걸이(PDP 및 LCD) TV, 디지털 카메라와 캠코더, 휴대전화 등은 이제 우리 생활과 떼려야 뗄 수 없는 깊은 관계를 맺고 있다. 이와 같이 20세기 과학기술의 특징은 그것이 바로 우리의 생활과 직결된다는 것이며 새로운 산업을 만들기도 하고 새로운 많은 일자리를 창출하기도 한다.

20세기에는 과학기술 이외에 인류고고학 등과 같은 학문에서도 큰 진전이 있었다. 20세기 초까지만 해도 인류의 진화과정에 대해서는 많은 이론이 있었다. 그러나 이제는 현 인류가 아프리카에서 약 700만 년 전 침팬지와 분기되어 사헬란트로푸스 차덴시스(투마이) 등과 같은 유원인(類猿人)의 단계를 거쳐 약 400만 년 전에 오스트랄로피테쿠스로 진화했다가 250만 년 전 최초의 사람속인 호모 루돌펜시스와 200만 년 전의 호모 에르가스테르, 그리고 150만 년 전의 호모 에렉투스(직립원인)를 거쳐 오늘날의 호모 사피엔스사피엔스로 진화했으며 언제 어떤 경로로 전 세계에 퍼졌는지도 알게 되었다. 뿐만 아니라 이집트의 쿠푸왕이 피라미드를 건설하기 위하여 10만여 명의 인력을 3개월씩 교대로 투입하여 노예처럼 혹사시키면서 20년에 걸쳐 완성하였다는 헤로도토스의 기록이 과거에는 정설로 받아들여졌으나 이제는 피라미드의 건설이 장마철의 농한기에 실업대책의 일환으로 실시되는 일종의 취로사업이었음이 밝혀지고 있다. 또한 인더스의 문명은 수천 년간이나 지속되는 동안 다른 지역과는 달리 전쟁이 전혀 없었고 왕도 귀족도 없었으며 최고권위자는 신관왕으로서 여러 도시를 통솔하는 강력한 힘을 가졌던 것으로 보이지만 다른 지역들처럼 절대 권력을 휘두르는 존재는 아니었다. 시민들은 대부분 무역상이나 숙련공들로서 같은 직업을 가진 이웃들과 사이좋게 잘 지냈으며 다른 지역들과는 달리 사람들이 수직적 위계로 차별화되지 않은 인류평등주의가 구현된 사회였는데 어떻게 이런 일이 가능했는지 깊이 되새겨볼 만한 일이 아닐 수 없다. 이제 이와 같은 과학기술이나 기타 학문의 발전은 우리생활과 바로 직결되며 또한 많은 교훈을 주기도 하나 대부분의 사람들은 이를 도외시하고 있다.

  수년 전 학교의 몇몇 보직교수들과 함께한 자리에서 우리학교 학생들에게 토론의 능력을 배양해 줄 수 있는 프로그램을 만들어보는 것이 어떨까 하는 이야기 끝에 '테마세미나'라는 과목이 등장하게 되었다. 이 과목은 원하는 교수는 누구나 개설할 수 있으며 수강생은 한 강좌당 15명으로 제한하고 교수가 적절한 주제를 제시하면 그 주제에 대해 학생들이 토론을 하는 것이다. 필자는 제안자의 한사람으로서 당연히 한 강좌를 개설하였는데 주제는 21세기를 사는 대학생이라면 이 정도는 알아야 될 것이라고 생각한 대폭발에서 비롯된 우주와 지구의 역사, 원시생명체에서 인류에 이르기까지의 진화과정과 창조론, 인류의 미래 등으로 하였다. 수강생은 주로 1학년들이었는데 늘 전공과목만 강의하다가 교양과목을 처음 맡은 필자로서는 평소에 고등학교에서 지나치게 입시위주로 교육을 시킨다는 것을 알고는 있었지만 학생들이 자연과학이나 기타 입시과목이 아닌 분야에 대해서는 몰라도 너무 모른다는 데 큰 충격을 받았다. 그리고 차차 입시지옥에 시달리는 고등학생이나 취업난에 허덕이는 대학생이나 입시나 취업에 직접 도움이 안 되는 분야에 관심을 가진다는 것은 보통 어려운 일이 아니며 또 설혹 관심을 가진다고 하여도 수없이 많은 책을 읽지 않는 한 필요한 지식을 종합적으로 얻을 수 있는 마땅한 읽을거리도 별로 없다는 것을 알게 되었다. 그래서 필자는 마침 10년이 넘던 보직생활도 마무리하고 시간에 여유가 좀 생긴 터이기에 그동안 공부했던 것들을 바탕으로 이 책을 엮어보기로 하였다. 그러나 막상 시작해보니 생각보다 훨씬 더 힘들었고 원고를 작성하는 데 4년, 그림과 사진을 모으는 데만도 1년이 걸리는 등 장장 5년이라는 세월이 흘렀다.

  이 책은 대폭발에서 현대사회에 이르기까지의 과학적, 역사적 과정을 부제와 같이 성경의 창세기와 비슷한 틀을 따라 엮어본 것이다. 이 책의 내용은 모두 과학적, 역사적으로 이미 확실히 입증되었거나 아니면 가장 널리 인정되고 있는 학설들만을 바탕으로 엮어졌고 그 외의 학설들은 주석에 소개하도록 하였다. 다만 현대물리학도 아직은 대폭발이 특이점이라는 것만 알 뿐 이것을 있게 한 엄청난 에너지가 어디서 온 것인지 전혀 규명을 못하고 있으며, 대폭발에서 10^{11}초가 경과할 때까지도 무슨 일이 있었는지 짐작만 할 뿐 명확히 밝히지는 못하고 있다. 그런데 에너지의 출처는 밝히지 못하더라도 약간의 추론만 가하면 대폭발부터 10^{11}초가 될 때까지의 상황은 좀 더 명확히 설명할 수가 있다. 현대물리학이 밝힌 10^{11}초부터의 상황을 보면 당시의 온도는 1,000억×10만(10^{16})°K였고 우주는 광자, 전자, 중력자, 쿼크와 반쿼크, 중성미자와 반중성미자, 글루온 등과 같은 각종 원시입자로 구성된 플라스마(plasma)상태였다고 한다. 그 후 온도가 이 이하로 떨어지면서 약력이 분리되었는데 약력 매개입자인 W^+입자와 W^-입자 그리고 Z^0입자는 상온에서는 매우 큰 질량을 가지고 있으나 대폭발 초기와 같은 온도에서는 어떤 입자도 질량을 가지고 있지 않아 입자들 사이에 완벽한 대칭(對稱, symmetry)이 존재하여 쉽게 상호변환이 가능하다는 사실도 알려져 있다.

　한편 높은 에너지의 빛, 즉 광자와 광자가 충돌하면 물질입자인 전자와 반물질입자인 양전자가 발생한다는 사실은 이미 잘 알려져 있다. 또 하버드대학교의 조지아이와 글래쇼가 세운 통일장이론에 의하면 우주 탄생 직후에 빛에서 X입자와 그 반입자가 대량 만들어졌을 것이라고 한다. 그리고 쿼크가 붕괴되면 양전자와 X입자 및 반(反)X입자가 된다는 사실도 알려져 있으므로 대폭발 초기에 입자들의 대칭성에 따라 광자가 중력의 매개입자인 중력자(아직은 발견되지 않았음)와 강력의 매개입자인 글루온(gluon), 그리고 약력의 전달입자인 W^+입자 등으로 변환되는 것이 가능하다고 한다면 우주공간에 존재하는 모든 물질과 힘(상호작용)이 어떻게 만들어졌는지에 대한 설명이 가능해진다. 이 책의 내용 중 가장 첫 부분인 대폭발 직후부터 10^{11}초까지의 상황은 이러한 추론하에 기술된 것인데 이것이 이 책에 사용된 유일한 추론이다. 이러한 추론을 시작으로 엮은 우주의 역사는 그야말로 빛이 펼쳐내고 있는 거대한 한편의 드라마이자 환상곡(幻想曲, Fantasia)에 다름 아니다.

　이 책을 쓰기 위해서 참고문헌 목록에 밝힌 바와 같이 수많은 책과 DVD, 그리고 월간 《NATIONAL GEOGRAPHIC》, 《SCIENTIFIC AMERICAN》(특집 포함), 《POPULAR SCIENCE》 등과 그 외에 naver와 google 등 인터넷에서도 많은 도움을 받았으나 그 양이 너무 많아 일일이 출처를 밝히지 못했음은 관련자 여러분께서 널리 양해해 주시기 바란다. 내용 중에는 다소 난해한 부분도 없지 않으나 가능한 한 많은 그림과 사진들을 곁들여 이해를 돕도록 하였다. 이들 그림이나 사진들 중 멸종된 원시인류나 동식물 등에 관한 것들은 엘리자베스 데인스(Elizabeth Daynes)나 카렌 카(Karen Carr), 존 휴스(Jon Hughes)와 같은 세계적인 전문가들이 엄밀한 과학적 방법으로 복원한 모델들을 최고의 작가들이 사진으로 찍거나 그린 것들로서 단순한 상상도들과는 전혀 다르다. 이 책에 사용한 그림과 사진들은 저작권이 소멸된 것을 제외하고는 일일이 저작권자들에게 사용료를 지불하거나 허락을 받아서 사용하도록 하였다. 그러나 꼭 사용했으면 하는 그림이나 사진이 저작권자와의 접촉이 도저히 불가능했던 경우에는 나중에 요구가 있을 때 적절한 가격을 지불하기로 하고 출처를 밝혀 사용하도록 하였으니 이 점도 널리 양해해 주시기 바란다.

한편 버클리대학교의 교수이자 미국 신과학운동의 선구자인 카프라(Fritjof Capra) 박사는 그의 저서 『현대물리학과 동양사상(The Tao Of Physics)』에서 힌두교, 불교, 도교, 요가, 선(禪) 등과 같은 동양사상이 현대물리학과 얼마나 잘 부합되는지를 밝혔지만 동양의 경전들은 대부분 상징적이나 우회적으로 묘사되어 있어 이해하기가 그리 쉽지 않다. 그러나 이 책에는 그러한 사실들이 현대과학으로 명쾌하게 설명되어 있어 수행(修行) 등을 위하여 동양고전을 공부하는 사람들도 이 책을 읽는다면 동양고전의 내용을 이해하는 데 큰 도움이 될 것이라고 생각한다. 이 책이 부디 여러분들의 삶에 조금이라도 보탬이 된다면 더 이상 바랄 나위가 없을 것이다.

선조들의 숨결이 느껴지는 고향땅 용인 양지 평창리에서

2007년 7월 엮은이 임성빈

　　5년 전 이 책의 원고를 작성하기 시작했을 때 자료조사, 원고정리 등에 가장 많은 도움을 준 사람은 김호정 씨였습니다. 이로부터 초고를 마무리하는 데 4년이라는 세월이 걸렸지만 그 기간 중에는 문제가 생겨도 그럭저럭 스스로 해결해 나갈 수가 있었습니다.

　　그러나 1년 전 책에 수록할 그림이나 사진들을 선정하고 구입하기 시작하면서부터는 상대가 있는 일이라 그렇게 수월하지만은 않았고 비용도 꽤 많이 들었습니다. 그런 속에서도 우주 부분에서는 STScI(the Space Telescope Science Institute)의 Hubble site나 NASA 등에서 무료로 제공하는 사진들이 많은 도움이 되었습니다. 그리고 세계적 SF화가 Don Dixon, 멸종된 동물 전문화가 Carl Buell, 역시 멸종된 동물이나 특히 공룡을 전문적으로 그리는 Karen Carr와 John Sibbick, 멸종인류 복원전문가 Elizabeth Daynes와 그의 전속사진작가 Philippe Plailly, 세계적 사진작가 Peter Essick 등이 그들의 작품을 무료로 또는 상당히 저렴한 가격으로 제공해 주었습니다. 또 런던 과학박물관(Science Museum)의 Natasha Mulder, 영국 DK출판사(Dorling Kindersley)의 Paul Turner, harappa.com의 Omar Khan, 파키스탄 고고학박물관(Dept. of Archaeology and Museums)의 Mahmood Hasan, 그리고 David Goldman 외에 수많은 분들이 그들의 작품이나 그들이 소장하고 있는 사진 또는 그림들을 무료 내지 비교적 저렴한 가격으로 제공해 주었습니다. 국내에서는 공룡을 전문적으로 그리는 토트랩에서 대부분의 공룡그림과 함께 여러 종의 멸종동물들을 그려 주셨고 최영보 교수와 지한솔군도 여러 훌륭한 그림들을 그려 주셨습니다.

　　한편 일본 고베 슈쿠가와가쿠인대학교의 Manabu Koiso교수는 인더스문명과 관련된 사진들을 구하는 데 결정적인 정보를 제공해 주었으며 원적외선연구소의 박완서 소장과 수원대학교 나민구 교수, 같은 과 동료인 김인태 교수 등이 일본, 중국, 미국 등에 이메일을 보내거나 국제전화를 거는 등 그림 수집에 많은 도움을 주셨습니다. 또 제일엔지니어링의 강행언 회장님과 강선대 박사, 서승원 회장 등은 그림을 수집하고 책을 제작하는 데 필요한 재정의 일부를 지원해 주셨습니다. 그리고 이상희 전 과학기술처장관, 이석채 전 정보통신부장관, 소광섭 서울대학교 물리천문학부 교수, 남백희 명지대학교 생명정보학부 교수(전 이과대학장), 임종호 을지의과대학교 교수, 안현실 한국경제신문 논설위원께서는 바쁘신 중에도 주옥같은 추천사를 써 주셨습니다.

이 책의 편집에는 디자인캠프의 윤옥초 실장, 최승엽 팀장 외 직원 여러분들이 수고해 주셨고 책의 출판에는 환타지아출판사의 이건웅 대표 외 직원 여러분들이 수고를 해 주셨으며, 이 책의 홍보에는 PCG의 여준영 대표 외 직원 여러분들이 수고를 하고 계십니다. 그리고 이 책의 출판기념회를 위하여 역시 같은 과 동료인 금기정 교수와 그 연구실의 손승녀 씨 외 여러 대학원생들이 수고를 하고 있습니다. 이 책은 이와 같이 실로 수많은 분들의 도움이 있었기에 출판이 가능했으며 이 모든 분들께 이 자리를 빌려 깊은 감사를 드립니다.

그러나 감사를 드려야 할 분들은 이분들만이 아닙니다. 제가 이 책을 집필할 수 있었던 것은 명지대학교라는 큰 그늘 아래에서 30여 년이라는 세월을 보람 있게 보낼 수 있었기에 가능했던 것으로, 이것은 모두 故 유상근 설립자님과 유영구 이사장님 외 모든 전, 현직 교직원들 덕분이라고 생각되며 이분들께도 깊은 감사를 드립니다. 그리고 형 노릇, 오빠 노릇 제대로 못해 주고 있는데도 잘 살아가고 있는 동생 한빈, 연빈, 여동생 봉빈, 영빈과 그 가족들 역시 늘 고마움의 대상이었습니다. 또 어렸을 때 만나 지금까지도 서로 의지하며 같이 살아가고 있는 사랑하는 아내 경희와 자랑스런 네 아들 재혁, 상혁, 민혁, 준혁, 그리고 큰 며느리 기경이와 해맑게 잘 자라고 있는 손자 재균이도 저에게는 늘 큰 힘이 되어 주고 있습니다.

2007년 7월 엮은이 임성빈

47억 년의 생명을 가진 지구는 원시 지구대기 상황에서 수십억 년간 번개와 화산활동의 영향으로 아미노산이 만들어지고, 아미노산으로 단백질, 그리고 단백질로 인간을 만들어 냈다고 한다.

실제로 지구촌 자체가 급속히 정보화 · 글로벌화로 진화되면서, 지구도 인간이라는 세포로 구성된 하나의 거대한 인체가 되고 있는 셈이다. 인체의 중추신경계, 자율신경계, 그리고 오장육부가 창조적 환경을 만들듯이, 미래사회의 IT, NT, BT, ET 등 핵심기술 집단이 인체기능과 유사한 창조적 환경을 구축할 것이 확실하다.

때문에 미래사회의 핵심은 다양성과 전문성을 갖춘 창의적 인재의 육성이 절실하다. 그런 점에서 선진국들은 세계화라는 큰 흐름 속에서 '창조적 두뇌양성'에 최우선적으로 국가적 역량을 투입하고 있다. 마치 하늘의 태양이 온누리를 밝혀주고, 만물을 자라게 하는 것처럼, 한 사람의 태양 같은 영재가 국가의 미래를 밝혀주고, 모든 국민의 경제를 살릴 수 있기 때문이다.

신비한 우주의 탄생과 지구, 인류의 비밀을 방대한 양의 사진 제공과 함께 순차적이고 이해하기 쉽게 풀이한 임성빈 교수의 책은, 자라나는 청소년들에게 미래 사회에 대한 꿈과 희망을 심어주고, 기초과학의 지식을 높일 수 있는 좋은 계기를 마련해 줄 것이라고 생각한다.

특히 이 책을 토대로 과거, 현재, 미래를 연결하고 인류의 창의적 소재들이 우리 청소년들로 하여금 '창조적 두뇌입국'의 영재가 될 수 있도록 하는 '두뇌영양'이 되었으면 한다.

이상희(전 과학기술처 장관 · 한국우주소년단 총재)

이 책의 저자 임성빈 교수는 자타가 공인하는 교통공학의 선구자요, 권위자이다. 1989년 당시 노태우 정부가 지역균형발전을 위한 특별 기획단을 청와대에 설치했을 때 저자는 기꺼이 기획단 자문교수직을 수락하였다. 원활한 수송망의 건설이 주요 과제가 되었기 때문이다. 저자는 도로에 관한 교통정보를 실시간으로 운전자에게 알려주는 시스템 등의 소프트웨어 개발이 도로 건설 못지않게 중요하다는 사실을 역설하였다. 기획단의 책임자였던 나는 저자의 메시지를 제대로 읽지 못했기 때문에 그분의 귀중한 아이디어를 정책에 담지 못하였다. 생각하면 부끄러운 일이지만, 저자의 혜안에 지금도 머리가 숙여진다.

책이 출간된다는 소식을 듣고 그 주제가 교통공학일 거라 지레 짐작했지만, 막상 원고를 접해보니 그 내용은 예상 밖이었다. 저자의 뛰어난 식견과 능력은 일찍부터 알고 있었지만 인간과 지구, 그리고 이들의 근원인 우주를 다루리라고는 상상도 하지 못했던 것이다. 이 분야에 대한 전문가들뿐 아니라 문외한들에게도 무척 재미있고 유익한 책이라고 하지 않을 수 없다. 특히 이 책의 주제들에 대해 평소 관심은 있지만 자연과학적 배경이 없기 때문에 관련된 서적들을 접할 엄두를 못 내는 사람들도 시간 가는 줄 모르고 읽을 수 있게 쓰여 있다. 유려하면서도 읽기 쉽게 썼을 뿐 아니라 풍부한 시각적 자료 때문에 책이 두꺼워도 그 두께를 느끼지 못하게 하는 마력도 있다.

저자는 인류의 진화과정, 그 인류의 삶의 터전인 지구의 역사, 나아가 인류와 지구가 소속된 우주의 생성 과정을 사실적, 과학적으로 설명하는 과정에서 매우 소중한 메시지를 전하고 있다. 오늘의 인류와 그 문명은 환경변화에 대한 간단없는 적응의 산물이지만, 지금과 같이 환경파괴가 계속될 경우 적응에도 한계가 있기 때문에 그 스스로의 존립이 위협받을 수 있음을 시사하고 있는 것이다.

자연과학보다 사회과학이, 학문보다는 취업을 위한 공부가 더 우선시 되는 요즘의 세태에서, 누구라도 쉽고 재미있게 읽을 수 있는 자연과학 관련 책이 출간되었다는 것은 우리의 2세들을 위해 여간 다행한 일이 아닐 수 없다. 저자의 노고에 대해 깊이 감사드린다.

이석채(전 정보통신부 장관 및 대통령경제수석비서관)

• • •

예로부터 동양에서는 양반이 갖춰야 할 기본으로 시서예악(詩書禮樂) 등이 있었고, 오늘날에도 그 전통이 내려와 '대학 교양' 하면 으레 문·사·철(文學, 史想, 哲學)을 꼽곤 한다. 한편 서양에서는 중세 이전부터 아우구스티누스가 제안한 일곱 개의 자유 교양교육 과목인 문법, 수사학, 논리학, 음악, 산술, 기하, 천문학이 중세와 근대를 거쳐 현대의 대학 교양교육으로 이어져 오고 있다.

동양이든 서양이든 지성인의 일반교양으로 인문학적 소양을 강조한 점은 일치하지만, 서양은 고대부터 수학(산술·기하)과 과학(천문학)을 인문학과 같은 비중으로 다루었다는 점이 크게 다르다. 동양에서는 비슷한 수준의 수학지식이 없지 않았고, 관상감과 같이 천문·기상을 다루는 부서도 있었지만 기본적으로 수학과 과학 영역은 중인들이나 하는 전문기술일 뿐 지성인의 교양이라고 보지 않았다. 아마도 이러한 차이가 서양에서 근대 과학혁명 및 산업혁명이 가능했으며, 오늘날에도 과학기술에서 서양이 주도적인 위치를 차지하는 소이가 아닐까 한다.

그러면 오늘날은 어떠한가? 한국의 지도적인 정치가나 기업인, 예술가, 심지어 철학자, 역사학자 등 인문사회학자들이 수학과 과학을 문·사·철과 동일한 위치의 교양으로 생각하고 배우고 있는가? 인간의 정신적 활동의 높이를 고양시키고, 사고를 정확하고 치밀하게 하는 데 수학과 과학이 필수적 교양이라고 다 같이 합의하고 있는가? 이러한 지성적 기반 없이 기술과 산업이 발전한다고 하여 과학적으로 서양을 추월하고 앞서 나갈 수 있을까?

과학의 교양교육적 위치를 확고히 하기 위해서는 무엇보다도 적절한 교재가 필요함은 말할 나위가 없겠다. 누가 이러한 교재를 저술할 것인가? 점점 더 파편화되고 전문화되는 오늘날의 학문적 추세에서 좋은 교양교육용 교재를 쓴다는 것은 결코 쉬운 일이 아니다. 폭넓은 학문적 소양과 지적 자유를 누릴 만한, 그야말로 현대적 교양인이면서 동시에 전문가로서의 연구경험이 있는 학자가 아니라면 이런 일을 감당할 수 없을 것이다. 다행히 임성빈 교수께서 이런 중차대한 일을 다년간에 걸쳐 수행하시어 하나의 모범을 보이셨기에 감사와 찬사를 보내드리는 바이다.

임 교수님은 우주의 생성과 진화로 시작하여 은하와 별, 태양계와 행성의 파노라믹 전개, 그리고 지구에서 생물의 진화와 인간의 출현, 끝으로 인류의 출현과 문명의 발달 및 현대과학기술의 발전에 이르기까지 물리학, 천문학, 생물학의 경계를 넘나들며 역사적 관점과 문명사적 안목을 가지고, 대통합적 교양교재를 만드셨다. 수많은 대중과학책이 범람하는 가운데, 이렇게 폭넓고 수준 높은 교양서적이 국내에서 출판됐다는 점에 매우 기쁘게 생각하며, 많은 독자들이 이 책을 통해 자연과학 전반에 관한 통찰력을 얻을 수 있기를 바라는 바이다.

소광섭(서울대학교 물리천문학부 교수)

Contents

1 우주의 탄생과 진화
(宇宙, 유니버스/Universe, 코스모스/Cosmos)

| 01 **초기 우주**(early Universe) |

| 02 진화(進化)하는 우주 |

| 03 우리 은하와 태양계 |

2 푸른 생명별 지구

| 02 고생대(古生代, Paleozoic[ancient life] era) |

03 중생대[中生代, Mesozoic(middle life) era]

|05 **신생대 제4기**(Quaternary period)|

3 인류

(人類, human beings)

| 01 유원인(類猿人, hominid)의 등장과 진화 |

| 02 사람속(屬, Homo)의 등장과 진화 |

| 03 호모 사피엔스(Homo sapiens) 종의 등장과 진화 |

| 04 현세의 인류 |

1 우주의 탄생과 진화

宇宙, 유니버스/Universe, 코스모스/Cosmos

모든 것의 시작

태초에 빛이 있었다(In the beginning, there was light)

〔0〕아무것도 없고 공간도 시간조차도 없던, 아무 곳도 아닌 곳에서 아무 때도 아닌 때에 무슨 일인가가 벌어졌다. 먼 훗날 인간들은 이 일을 대폭발(大暴發, big bang)[1]이라고 부르게 되는데 최근의 연구에 의하면 이 일은 지구시간으로 지금으로부터 약 137억 년 전에 일어났다고 한다.

〔1〕이로부터 사람이 생각할 수 있는 가장 짧은 시간[2] 후 모습을 드러낸 우주의 씨앗은 사람이 생각할 수 있는 가장 작은 크기였고[3] 무지무지하게 뜨거웠으며[4] 이 뜨거운 원시상태 속에 처음에는 에너지를 가지는 파동(波動, wave)이자 질량이 없는 입자(粒子, particle)인 빛(light)[5]만이 가득하였다. 그런데 빛, 즉 광자는 물질을 이루는 물질입자(物質粒子, material particle)가 아니라 힘을 전달하는 매개입자(媒介粒

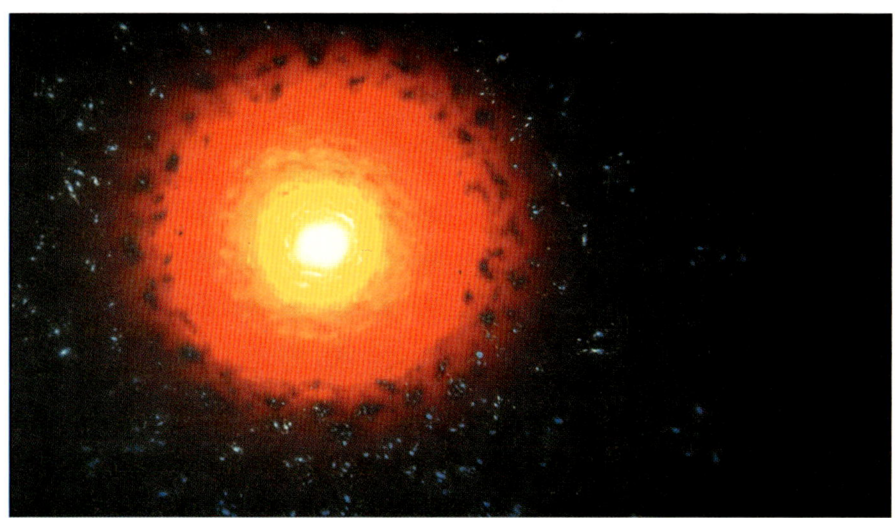

빅뱅 ⓒDon Dixon/cosmographica.com

子, messenger particle)[6]이므로 당시에는 물질은 없고 힘(force) 즉 에너지(energy)도 광자에 의해서 전달되는 한 가지로 통일된 힘(大統一力, grand unified force)[7]만 있었던 것이다.

그러다가 빛과 빛이 부딪쳐 최초의 물질입자인 전자(電子, 일렉트론/electron)[8]와 양전자(陽電子, 포지트론/positron)[9]가 만들어졌고 다시 이들 전자와 양전자가 충돌하여 빛이 되었다. 이렇게 빛과 전자 및 양전자는 아주 짧은 순간이지만 서로 변환을 거듭하였으며 그 과정에서 엄청나게 많은 양의 광자가 X입자(X-particle)[10]와 반(反)X입자(anti X-particle)로 변신하였다.[11] 초기 우주는 엄청나게 큰 에너지[12]를 가지고 있었고 시간이 지남에 따라 온도가 떨어지면서 다시 수많은 광자가 중력 매

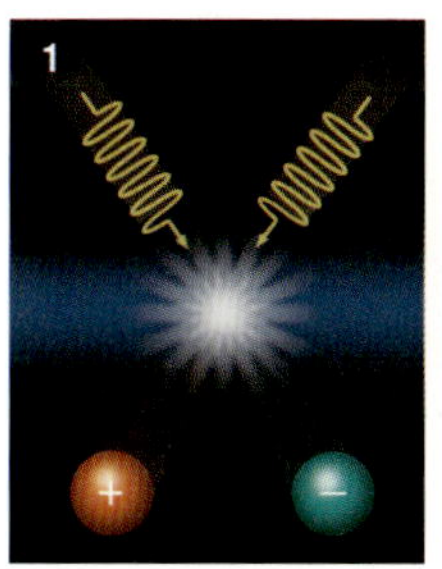
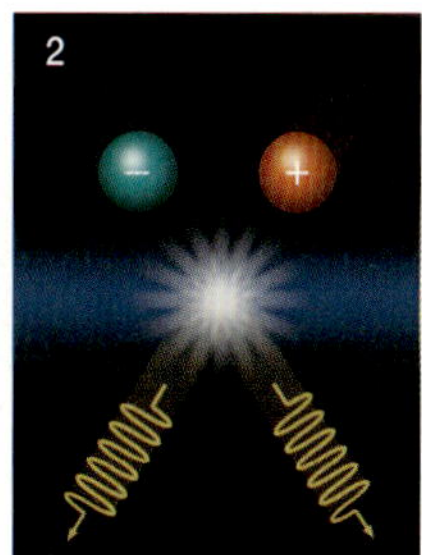

1 빛과 빛이 부딪쳐 전자와 양전자가 만들어짐
2 전자와 양전자가 충돌하여 빛이 됨
● : 전자, ● : 양전자

개입자인 중력자(重力子, 그래비톤/graviton)[13]로 변신함으로써 중력(重力, 그래비티/gravity)이라는 힘이 다른 힘들과 분리되어 독립적으로 작용할 수 있게 되었다.

〔2〕이때보다 아주 짧은 시간이 더 지난 후[14]에는 우주의 지름이 10만 배가 되었으나 여전히 엄청나게 작았고[15] 온도는 1만분의 1까지 떨어졌으나 여전히 엄청나게 뜨거웠다.[16] 이와 같이 온도가 떨어지면서 양전자와 X입자 및 반X입자가 결합하여 물질을 구성하는 가장 기본적 소립자(素粒子, elementary particle)들인 빨강, 파랑, 초록의 세 가지 색[17] 업 쿼크(up-quark)[18]와 같은 세 가지 색의 다운(down) 쿼크[19] 및 이들의 반쿼크(antiquark),[20] 그리고 여러 종류의 중성미자(中性微子, 뉴트리노/neutrino)[21]와 반중성미자(反中性微子, 안티뉴트리노/antineutrino)들이 만들어졌으며 우주에는 모두 약 10^{80}개 정도의 쿼크가 존재하게 되었다.

그리고 이와 동시에 쿼크들 숫자만큼의 광자가 강력 매개입자인 여덟 가지 종류의 글루온(gluon)으로 변신함으로써 강(强)한 핵력(核力)(strong nuclear force)[22]이 독립적으로 작용할 수 있게 되었으나 아직 방사에너지가 높아 양성자(陽性子, 프로톤/proton)나 중성자(中性子, 뉴트론/neutron)를 만들지는 못하였다.

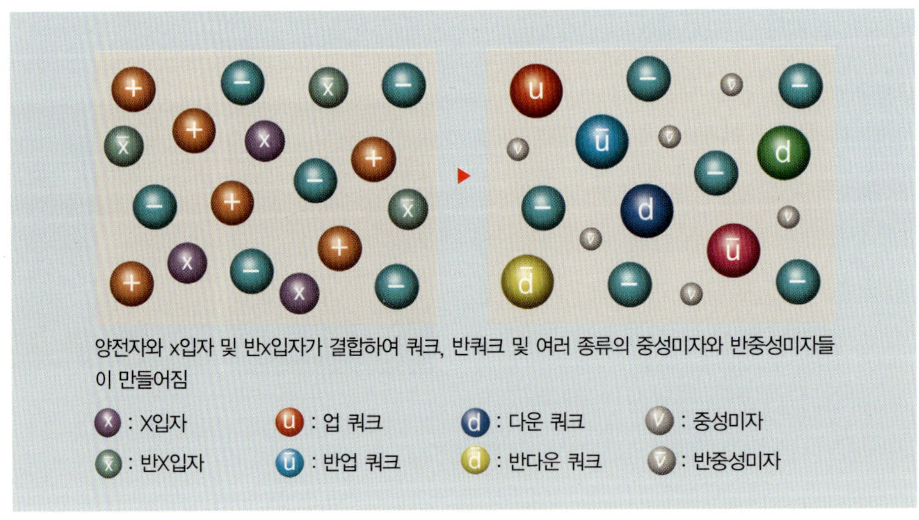

양전자와 x입자 및 반x입자가 결합하여 쿼크, 반쿼크 및 여러 종류의 중성미자와 반중성미자들이 만들어짐

〔3〕이로부터 아주 약간의 시간이 더 흐르는 동안[23] 우주는 말할 수 없이 빠른 속도로 급격히 팽창하여 이제는 손바닥 위에 올려놓을 수 있는 정도인 지름 10cm 정도가 되었으며 광자, 전자, 중력자, 쿼크와 반쿼크, 중성미자와 반중성미자, 글루온 등과 같은 각종 원시입자로 구성된 플라스마(plasma)[24] 상태가 되었다.

〔4〕그 후 아주 짧은 시간[25]이 더 흐를 때까지 우주는 그보다 훨씬 더 짧은 시간[26]마다 두 배씩으로 팽창하여 엄청나게 커졌는데[27] 이 과정을 급팽창(急膨脹, 인플레이션/inflation)과정이라고 하며 그 이후 팽창속도는 급격히 줄어들었으나 오늘날까지도 팽창을 계속하고 있다.

〔5〕대폭발이 있은 지 1,000억분의 1(10^{-11})초가 지난 후 온도는 상당히 떨어졌고[28] 이때 다시 엄청난 양의 광자가 약력 매개입자인 W^+입자와 W^-입자 그리고 Z^0입자[29]로 변신함으로써 약(弱)한 핵력(核力)(weak nuclear force)[30]이 독립적으로 작용할 수 있게 되었으며 광자는 전자기력(電磁氣力, electromagnetic force)만을 매개하게 되었다. 이로써 현재 우주에 존재하는 네 가지 힘이 모두 분리되었으며 물질입자들이 질량(質量, mass)을 가질 수 있게 되어 우주는 엄청나게 큰 질량을 가지게 되었는데 이 모든 것이 빛으로부터 비롯된 것이다.[31]

〔6〕대폭발이 있은 지 10만분의 1초 후 온도는 더 떨어지고[32] 이때 비로소 글루온들이 각각 다른 색을 가진 업 쿼크 두 개와 다운 쿼크 한 개씩을 결합하여 전하가 +e인 양성자[33]들을 만들었으며 마찬가지로 각각 다른 색을 가진 업 쿼크 한 개와 다운 쿼크 두 개씩을 결합하여 전기적으로 중성인 중성자[34]들을 만들었다.[35] 이 중 양성자는 가장 가벼운 원소인 수소(水素, hydrogen/H)의 원자핵(原子核, atomic nucleus)이 되며 나머지 모든 원소(元素, element)들의 원자핵은 양성자와 중성자의 결합으로 만들어진다.

그래서 이들을 핵자(核子, nucleon)라고 하는데 이렇게 만들어진 양성자와 중성자들은 처음에는 숫자가 같았으며 전자와 양전자, 중성미자와 반중성미자 그리고

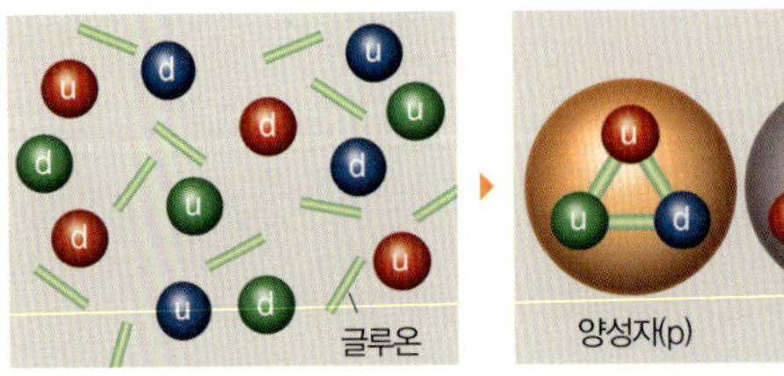

글루온들이 각각 다른 색의 업 쿼크 두 개와 다운 쿼크 한 개로 양성자를, 업 쿼크 한 개와 다운 쿼크 두 개로 중성자를 만듦

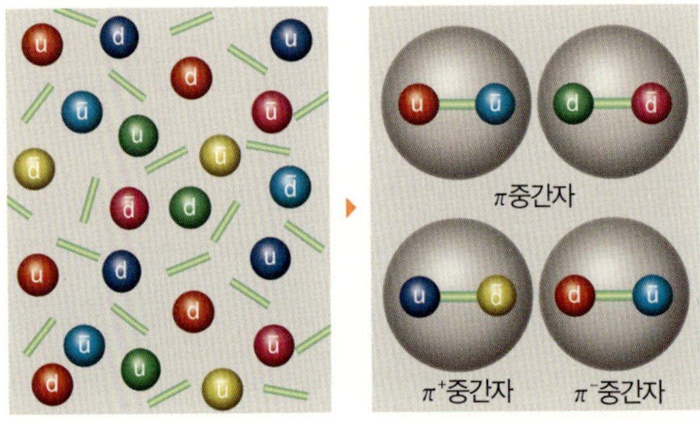

글루온들이 쿼크들과 그들의 보색을 가진 반쿼크들을 결합하여 π중간자를 만듦

약력 작용입자인 W^+입자, W^-입자, Z^0입자들과 작용하여 양성자와 중성자간에 상호변환을 거듭하였다.[36] 그러다가 온도가 점점 내려가면서 상대적으로 무게가 약간 더 가벼운 양성자로의 변환이 더 많이 일어나 중성자의 숫자가 양성자에 비해 점점 더 적어지게 되었다. 한편 글루온들은 또 업 쿼크와 그의 보색을 가진 반업 쿼크, 다운 쿼크와 그의 보색을 가진 반다운 쿼크를 결합하여

전기적으로 중성인 π중간자(-中間子, 파이메존/π meson, pion), 업 쿼크와 그의 보색을 가진 반다운 쿼크를 결합하여 $π^+$중간자, 그리고 다운 쿼크와 그의 보색을 가진 반업 쿼크를 결합하여 $π^-$중간자들도 만들었는데 이들은 양성자들과 중성자들을 원자핵으로 결합해 주는 또 다른 강력 매개입자들이다.[37]

〔7〕대폭발이 있은 지 약 1초 후에는 온도가 100억°K까지 떨어지고 우주의 물질 및 에너지의 밀도는 임계밀도(臨界密度, critical density)[38]가 되었으며 더 이상 새로운 입자는 만들어지지 않게 되었다. 그리고 중성자수는 양성자의 약 1/3 정도가 되었으며 다른 입자들과 끊임없이 상호작용을 하던 중성미자가 이들과 분리되었다. 우주에는 이들 정상물질(定常物質, ordinary matter) 외에 이들의 배에 달하는 암흑물질(暗黑物質, dark matter)[39]이 존재하게 되었으며 우주의 팽창과 더불어 암흑물질을

포함한 실제 물질 및 에너지의 밀도가 임계밀도 이하로 떨어지게 되자 우주의 물질 및 에너지의 밀도를 임계밀도로 유지시켜 주게 되는 암흑에너지(dark energy)가 나타나 증가하기 시작하였다.

[8]대폭발이 있은 지 약 100초 뒤 온도는 1/10인 10억°K로 떨어졌으며 이 시기에는 중성자의 수가 양성자의 1/7 정도가 되었다. π중간자들은 먼저 양성자 한 개와 중성자 한 개를 결합시켜 중수소핵(重水素核, deuterium)[40]을 만들었는데 온도가 높을 때에는 이들은 불안정하여 곧바로 붕괴되었으나 온도가 어느 정도 내려가자 이들이 안정되기 시작하였다. 그리고 이들은 다시 양성자와 결합하여 헬륨-3[41]이 되거나 중성자와 결합하여 3중수소(三重水素, tritium)[42]가 되었으며 헬륨-3이 중성자와 결합하거나 중수소가 양성자와 결합하거나 또는 두 개의 헬륨-3이 결합하고 두 개의 양성자를 방출하거나 두 개의 3중수소핵이 결합하고 두 개의 중성자를 방출하여 양성자와 중성자가 각각 두 개씩이고 매우 안정적인 헬륨(helium/He)핵이 만들어졌다.

헬륨은 수소 다음, 즉 두 번째로 가벼운 원소인데 이와 같은 핵융합(核融合, nuclear fusion)과정을 거쳐 모든 중성자가 헬륨의 핵에 갇히게 됨으로써 우주물질 전체 질량의 약 1/4이 헬륨핵이 되었고 나머지 3/4은 수소핵(양성자)으로 남게 되었다. 그리고 그 과정에서 수소의 10만분의 1 정도에 해당하는 중수소핵도 남게 되었으며 그 외에 가장 가벼운 금속이며 세 번째로 가벼운 원소인 리튬(lithium/Li)의 핵

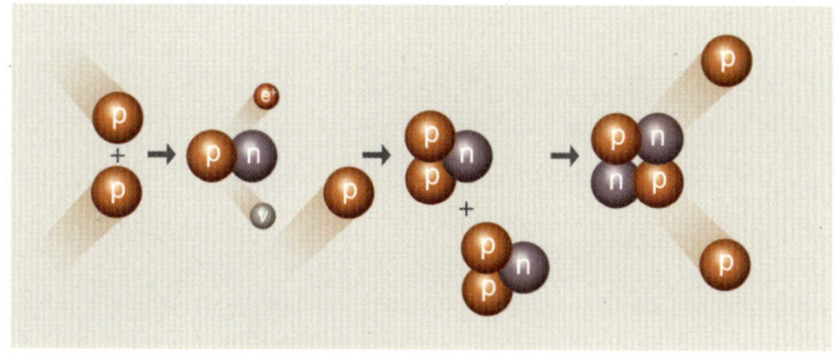

양성자들이 결합하여 헬륨핵이 만들어짐

도 소량 만들어졌다. 이와 같이 빅뱅 이후 최초의 3분 동안에 우주를 이루는 모든 기본물질들이 다 만들어진 것이다.

〔9〕대폭발이 일어난 지 38만 년 뒤 온도가 3,000°K까지 떨어지자 수소핵, 헬륨핵, 리튬핵이 전자들을 흡수하여 완전한 수소, 헬륨 및 리튬 원자가 만들어졌다. 그리고 당시까지 광자(빛)를 묶어두고 있던 자유전자의 수가 줄어들자 이제 광자는 더 이상 전자의 방해를 받지 않고 우주공간을 달릴 수 있게 되었는데 이때 우주를 달리기 시작한 빛이 오늘날 우주배경복사(宇宙背景輻射, cosmic background radiation)[43]로 나타나게 되었다. 그 후 우주는 팽창과 더불어 중력의 영향이 감소됨으로써 팽창속도가 감속적으로 줄어들면서도 팽창을 계속하여 온도는 점점 더 떨어지고 어두워져 최초의 별이 등장할 때까지 우주의 암흑시대(暗黑時代, dark ages)를 이루게 되었다.

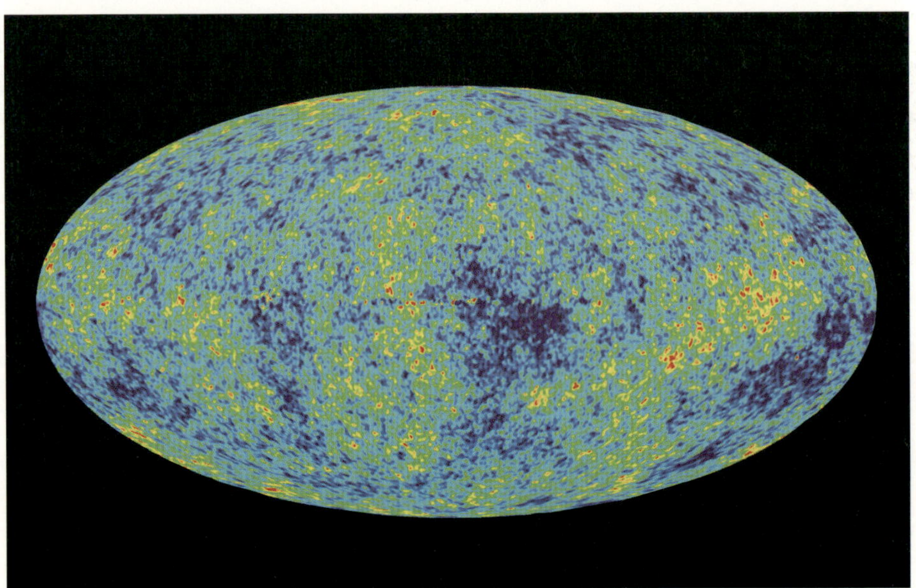

우주배경복사 ⓒstsci.edu

0
빅뱅
급팽창
전자와 양전자 생성
중력분리, 쿼크생성,
강력 분리
10^{-32}초
쿼크 플라스마
10^{-11}초
약력 분리
10^{-6}초
1초
양성자와 중성자 생성
100초
입자생성 종료, 중성미자 분리
3분
헬륨생성
38만 년
암흑우주
수소 및 헬륨 원자 생성
광자 분리
1~2.5억 년
최초의 은하 생성
팽창속도 감소
70억 년
팽창속도 증가
현재의 우주
137억 년

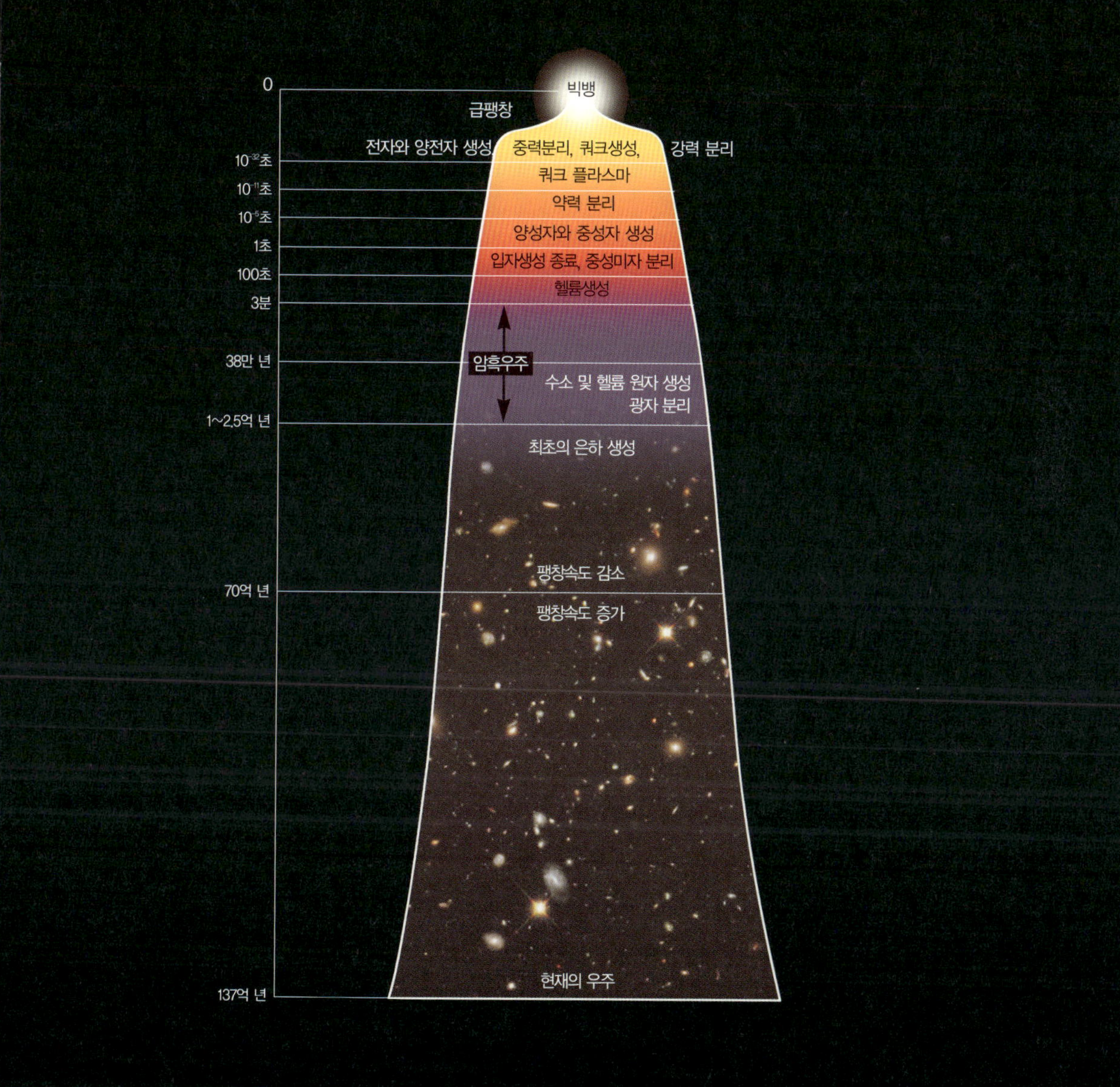

우주의 역사 시간도

별들의 탄생

1. 원시가스구름(primordial gas cloud)

대폭발이 일어난 지 지구시간으로 약 1억 년에서 길게는 2억 5,000만 년이라는 세월이 흘렀다. 그때까지도 질량의 약 3/4이 수소이고 1/4이 헬륨이며 기타 소량의 중수소와 리튬으로 이루어진 가스 형태의 우주물질은 암흑물질과 섞인 채로 팽창하는 우주와 함께 퍼져 나갔다. 그러나 이들은 전 우주공간으로 골고루 퍼져 나간 것이 아니었다. 우주공간에는 그 안이 거의 텅 비어 있고 지름이 수천만 광년(光年, light year)[44]에 이르는 엄청난 규모의 거품과 같은 빈 공간들이 벌집 형태를 이루게 되었다. 그리고 우주물질들은 이들 거품의 경계면에 해당하는 곳으로 몰려 마치 가는 실로 된 그물과 같은 형태를 이루었으며 그 결절점(結節點, node)에 해당하는 곳에 원시가스구름들이 형성되었다. 이들 원시가스구름들의 크기는 지름이 수백 광년에서 수천 광년에 달하고 질량은 태양의 10만 배에서 100만 배에 달하였을 것이다.

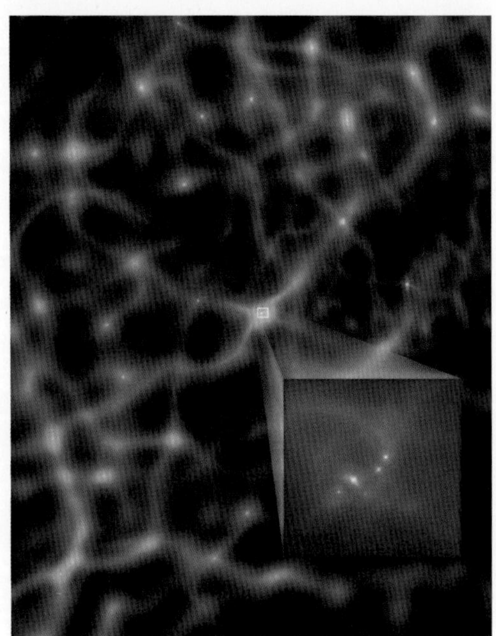

초기 우주의 모습 ⓒDon Dixon/cosmographica.com

2. 원시은하(原始銀河, protogalaxy)와 별들의 탄생

이와 같이 거대한 가스구름은 가스가 균일하게 분포된 것이 아니어서 어떤 부분은 다른 부분보다 밀도가 더 높아 더 큰 중력으로 물질들을 자기 쪽으로 끌어당기며 중력수축을 일으켜 밀도는 점점 더 높아지고 밀도가 높아지면 높아질수록 중력도 더 강해져서 주변의 물질들을 더 잘 끌어당기게 되었다. 이렇게 중력수축(重力收縮, gravitational contraction)이 진행되면서 가스가 가열되어 온도가 1,000°K를 넘어서자 수소원자들이 짝을 지어 수소분자(水素分子, hydrogen molecule)를 형성하였으며 수소원자들이 충돌할 때 적외선(赤外線, infrared radiation)이 방출됨으로써 가스의 가장 밀도가 높은 부분이 냉각되기 시작하였다. 그리고 이 지역의 온도가 200∼300°K로 떨어지자 이 지역의 압력이 감소함으로써 가스가 중력에 의해 덩어리를 이루게 되었다. 이 과정에서 냉각된 수소 등 정상물질은 원시우주의 중심부에 아마도 원반 형태로 모여 작은 원시은하를 만들어 나가게 되고 아무런 에너지도 잃지 않은 암흑물질은 제자리에 남은 채 정상물질과 분리되어 은하를 둘러싼 암흑후광(暗黑後光, dark halo)이 되었을 것이다.

원시은하의 중심부에 모인 가스 덩어리는 온도가 높기 때문에 중력에 의하여 별이 되려면 질량이 태양의 100배 내지 1,000배쯤 되어야 한다. 이들은 중력수축이 진행되는 과정에서 어느 순간 부피는 급속히 줄고 밀도는 급격하게 높아지는 중력붕괴(重力崩壞, gravitational collapse)를 일으키게 되는데 이때 중력압(重力壓, gravity pressure)으로 인하여

M16에 있는 거대분자구름 ⓒstsci.edu

최초로 별과 우주가 생성되는 모습
ⓒDon Dixon/cosmographica.com

오리온 성운에서 새 별들이 탄생하는 모습 ⓒstsci.edu

많은 열이 발생하며 이 열이 중력압과 정수평형(靜水平衡, hydrostatic equilibrium)을 이룸으로써 매우 크고 밝은 최초의 별들이 만들어지게 되었다. 이 별들은 지름이 태양의 4~14배, 밝기는 100만~3,000만 배, 표면온도는 약 17배인 10만~11만°K, 그리고 수명은 약 300만 년 정도였을 것이다. 매우 뜨거운 이 별들은 자외선(紫外線, ultraviolet radiation)을 방출하여 주위에 있는 중성의 수소 및 헬륨가스들을 가열하고 이온화하게 되며 이 과정을 천문학자들은 우주부흥(宇宙復興, cosmic renaissance)이라고 한다. 이렇게 하여 점점 더 많은 별들이 만들어지고 이온화된 가스거품들은 합쳐졌으며 은하 사이의 가스들도 이온화되어 또 다른 수없이 많은 별들이 만들어졌는데 이 별들이 어떤 일생을 겪게 되느냐 하는 것은 전적으로 그들의 질량에 달렸다. 그리고 이렇게 만들어진 별들이 모여 은하를 형성하게 된다.

3. 거대(巨大) 블랙홀(black hole)[45]의 탄생

별들이 만들어지는 과정에서 중력붕괴를 일으키는 범위가 넓어 그 질량이 태양의 수백만에서 수십억 배에 달하면 너무 큰 중력으로 인하여 중력붕괴는 순식간에 이루어지고 붕괴를 일으킨 질량과 같은 질량의, 빛조차도 빠져나갈 수 없는 거대 블랙홀이 탄생하게 된다. 블랙홀은 일반상대성이론으로 설명이 어려운 일종의 특이점(特異點, singularity)인데 일반적으로 은하들은 많은 원시은하들이 결합하여 이루어졌을 것이나 먼저 이들 거대 블랙홀들이 만들어지고 이들을 중심으로 은하들이 형성되기도 하였을 것이다.

4. 준성[準星, 퀘이사/quasar: quasi-stellar object(준항성체)의 줄인 말]

거대 블랙홀은 중력이 매우 커서 주위에 있는 가스구름은 물론이고 별들까지도

인접한 은하를 빨아들이는 거대 블랙홀과 퀘이사 ⓒDon Dixon/cosmographica.com

엄청난 양을 빨아들이는데 이런 물질들은 블랙홀에 가까이 접근하면 할수록 가속도가 붙고 많은 에너지를 방출하면서 X선 등의 전자파(電磁波, electromagnetic wave)와 함께 굉장히 밝은 빛을 발산한다. 어떤 것은 밝기가 그 은하계 전체의 별빛을 합친 것보다 1,000배 이상 밝은데 별은 아니지만 빛을 발하기 때문에 준성이라고 한다. 지금까지 발견된 준성은 약 2만 개 정도인데 그 위치가 모두 지구로부터 100억 광년이 넘는 곳이어서 그 빛들은 우주 초기에 그들 은하에서 떠난 것임을 알 수 있다. 준성은 블랙홀이 주위의 물질들을 다 빨아들이고 나서 더 이상 빨아들일 것이 없을 때에는 사라지게 되지만 블랙홀이 다시 다른 물질들을 만나 흡입을 재개하게 되면 준성도 다시 등장하게 된다. 한편 준성이 만들어진 부근에서는 준성이 주위의 가스에 에너지를 공급함으로써 다른 곳보다 더 쉽게 별들이 만들어졌다.

● 3 ●

비교적 가벼운 별들의 일생

(질량이 태양의 1.4배 이하인 별)[46]

1. 주계열(主系列)별(main sequence star)

중력에 의해 만들어진 아기별의 중심부 온도가 중력압에 의해 $1,000°K$ 이상에 달하게 되면 전기적으로 중성이었던 수소원자나 분자는 수소핵과 전자로 분리되고 수소 핵이 대폭발 초기 때와 같은 융합을 시작하여 헬륨핵(이것을 알파입자라고도 한다)을 만들게 되는데 그 과정을 좀 더 자세히 설명하면 다음과 같다. 하나의 수소

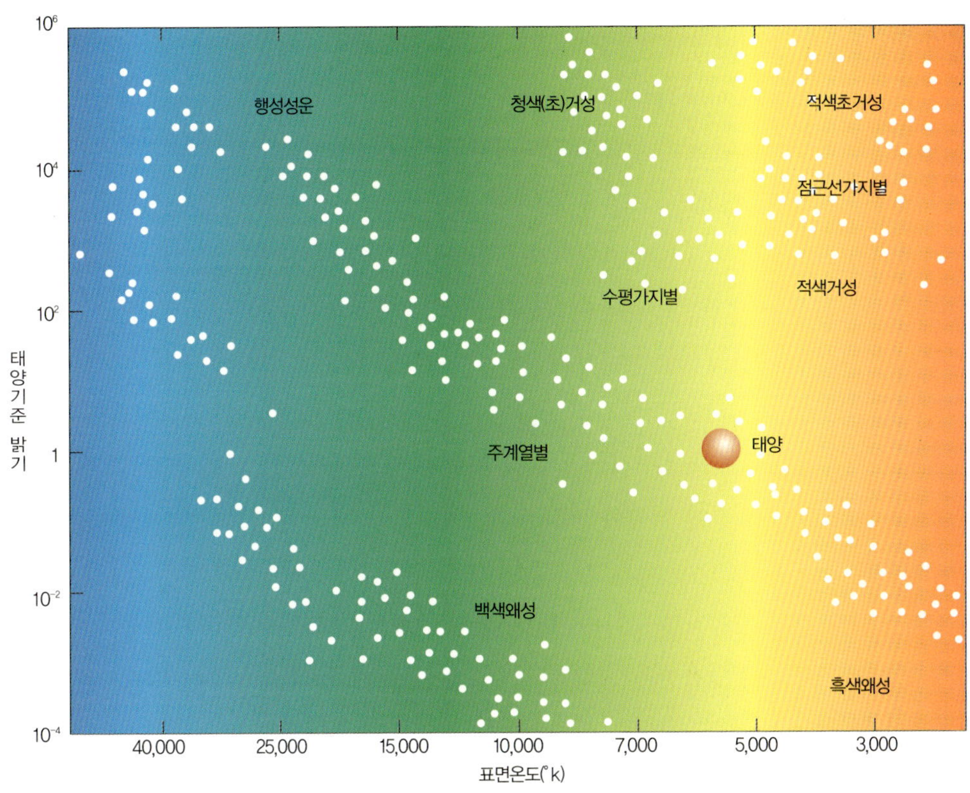

표면온도와 밝기를 기준으로 별들을 분류한 HR도표

핵은 하나의 양성자로 이루어져 있고 하나의 헬륨핵은 두 개의 양성자와 두 개의 중성자로 되어 있기 때문에 하나의 헬륨핵을 만들려면 우선 네 개의 수소핵이 필요하다. 그런데 수소핵, 즉 양성자들은 모두 양(+)전하를 띠므로 이들이 가까워지면 전기적인 반발로 서로 밀어내기 때문에 핵융합 과정에서 핵들이 유착되기가 그렇게 쉽지만은 않다. 따라서 핵이 충분히 뜨거워 빠른 속도로 강하게 충돌함으로써 전기적인 반발을 이겨내고 강한 핵력이 작용할 수 있는 거리까지 접근해야만 핵융합이 가능하게 된다.

먼저 충분한 열에너지로 인하여 두 개의 양성자가 전하의 반발력을 이기고 충돌을 일으키면 양성자 하나가 양전자와 중성미자를 하나씩 내놓으면서 중성자로 전환되며 이제 이들은 더 이상 서로를 밀어내지 않고 중양성자를 만들게 된다.[47] 이들은 다시 양성자와 결합하여 양성자 두 개와 중성자 한 개가 강한 핵력에 의하여 묶인 헬륨-3이 되거나 중성자와 결합하여 양성자 하나와 중성자 두 개가 묶인 3중수소가 된다. 그리고 헬륨-3이 중성자와 결합하거나 중수소가 양성자와 결합하거나 또는 두 개의 헬륨-3이 충돌하면서 두 개의 양성자를 방출하거나 두 개의 3중수소핵이 충돌하면서 두 개의 중성자를 방출하여 헬륨핵을 만들게 된다. 강한 핵력은 매우 짧은 거리에서만 작용하지만 전기적 반발을 상쇄시키고도 남을 만큼 충분히 강하기 때문에 일단 강한 핵력의 범위 안에 들게 되면 핵은 전기적 반발에서 벗어나 안정을 찾게 된다.[48]

이렇게 네 개의 양성자가 하나의 헬륨핵을 만들면서 질량이 0.7% 줄어드는데 이와 같이 줄어드는 질량은 아인슈타인(Albert Einstein)의 공식 $E=mc^2$에 따라 모두 열에너지로 전환되어 방출된다. 그리고 이 열에너지는 중력의 작용을 상쇄시켜 정수평형을 이룸으로써 별이 더 이상 줄어드는 것을 막아주는 한편 핵연료가 남아 있는 한 연소를 지속시켜 별을 안정적으로 정착시킨다. 이와 같이 별의 중심부인 핵에서 수소를 원료로 헬륨을 융합하는 반응이 진행되고 그 주위를 비활성수소가 둘러싸고 있는 별을 주계열별이라고 한다. 그러나 주계열별이 되려면 어린별의 질량이 적어도 태양의 8% 이상, 본격적인 주계열별이 되려면 태양의 25%는 되어야 한다. 별의 진화에서 주계열별의 수명이 차지하는 비율은 90% 이상인데 태양과 비슷한 질량을 가진 별은 주계열별로 약 100억 년 정도를 지내게 된다.

2. 적색거성(赤色巨星, red giant star)

주계열별의 초기에는 중심핵에서 수소핵융합이 일어나고 그 주위를 비활성 수소

적색거성 ⓒstsci.edu

층이 둘러싸고 있다. 이런 상태에서 수소핵융합이 계속 진행되면 중심핵에는 수소 핵융합으로 만들어진 비활성 헬륨이 점점 더 많이 축적되고 수소핵융합은 그 주위에서 일어나며 비활성 수소층은 점점 더 엷어진다. 그러다가 핵융합이 차차 줄어들고 수소보다 약 네 배 정도 무거운 헬륨이 증가하면서 온도가 낮아져 중심핵을 유지시키고 있던 평형이 깨어지게 된다. 그래서 핵융합이 중단될 때가 가까워지면 핵융합이 진행되는 동안에는 플라스마 상태로 있던 원자핵과 전자가 다시 결합하게 된다. 그리고 중력압으로 인해 중력붕괴가 다시 시작되어 중심핵이 수축되면서 온도가 다시 높아져 부피가 증가하고, 부피가 증가하면 온도가 다시 떨어져서 중력압이 증가하는 열적 평형상태가 유지된다.

이런 과정에서 전자들은 원자핵과 단순히 결합만 하는 것이 아니라 전자가 차지할 수 있는 가장 낮은 에너지 자리부터 차곡차곡 채워 나가면서 전자가 채울 수 있는 모든 자리를 채워서 원자는 전기적으로 중성이 되고 에너지가 가장 낮은 상태로 되는데 이런 상태를 축퇴(縮退, degeneration)상태라고 하며 헬륨은 더 이상 압축할 수 없는 액체상태가 된다. 별의 중심핵이 완전히 축퇴되기 전까지는 위와 같은 열적 평형상태가 유지되나 완전히 축퇴되면 사정은 달라진다. 이제는 압력이 증가하면서 온도가 상승해도 부피가 증가하지 않기 때문에 온도가 낮아지는 것이 아니라 더 높아져서 중심핵에 쌓이게 된다. 그러다가 중심핵을 둘러싸고 있던 비활성 수소층이 갑자기 수축한 중심핵의 표면으로 무너져 내리면서 압축되어 다시 핵융합을 시작하고 이 열로 인하여 수소층의 가장 바깥 부분이 엄청나게 팽창하여 별의 겉껍질을 만든다. 이 겉껍질은 팽창하면서 밀도가 점차 낮아지고 온도도 떨어지지만 수소핵융합은 계속 이루어져서 우리가 그 빛을 볼 수 있게 되는데 겉껍질과 중심부 사이는 거의 진공에 가까우며 그 사이에서 대류가 이루어진다. 이와 같은 변화를 겪은 별은 겉껍질이 매우 크기는 하지만 표면온도가 낮아 붉은색을 띠기 때문에 적색거성(큰 별)이라고 하는데 그래도 표면적이 넓기 때문에 주계열별보다는 더 밝다. 태양과 비슷한 질량을 가졌던 별은 태양의 500배 정도인 적색거성이 되어 약 1억 년 정도를 지내게 된다.

3. 수평(水平)가지별(horizontal branch star)

별의 겉껍질을 만들며 다시 시작된 핵융합으로 인하여 만들어지는 헬륨핵이 중심핵에 자꾸 쌓이면 중심핵의 밀도가 높아져 축퇴된 중심핵의 가장 안쪽에서 작게나마 헬륨핵융합이 일어나게 된다. 헬륨핵융합으로 헬륨핵 두 개가 합성되면 양성자와 중성자가 각각 네 개씩인 베릴륨(beryllium/Be)이 만들어져야 되겠지만 이 핵은 너무 불안정하여 만들어진 지 100조분의 1초 안에 해체되어 버린다. 그래서 헬륨 핵이 안정적으로 핵합성을 하는 유일한 방법은 헬륨핵 세 개가 거의 동시에 만나 양성자와 중성자가 각각 여섯 개씩인 탄소(炭素, carbon/C)핵을 만드는 것이며 이때에도 역시 탄소핵의 질량은 헬륨핵 세 개의 질량보다 약간 작고 이렇게 줄어드는 질량이 열에너지로 바뀌는 것이다(이것을 삼중알파반응이라고 한다).

축퇴된 헬륨으로 이루어진 중심핵에서는 처음에는 핵융합이 조금씩 퍼져 나가지만 어느 정도 이상 확산이 되면 순식간에 전체로 확 번지면서 중심핵 내부의 온도는 수시간 내로 수억 °K까지 올라가며 폭발을 일으킨다. 이런 폭발을 헬륨 섬광(閃光, helium flash)이라고 하는데 이 폭발은 그러나 별을 산산이 흩어버릴 정도의 에너지를 방출하지는 못하기 때문에 별은 온전히 유지된다. 다시 말해서 헬륨 섬광은 중심핵 밖으로까지는 나오지 못하고 중심핵 안에서 전자들이 축퇴된 상태를 풀어주는 역할을 하게 되는데 이로 인하여 중심핵은 팽창하게 되고 온도는 1억°K 정도로 떨어지며 안정된 삼중알파반응을 지속하여 탄소핵을 만들어 내게 된다. 그리고 그 주위를 비활성 헬륨층이 둘러싸게 되며 수소핵융합이 진행되는 층과 비활성 수소층은 점점 더 얇어지게 되는데 이 단계에 이른 별을 수평가지별이라고 하며 적색거성에 비해 표면온도는 훨씬 높지만 밝기는 비슷해서 이런 이름이 붙게 되었다. 태양과 비슷한 질량을 가졌던 별은 수평가지별로서도 약 1억 년 정도를 지내게 된다.

4. 점근선(漸近線)가지별(asymptotic giant branch star)

중심핵에서 만들어진 탄소로 인하여 핵 중심부의 압력이 높아지면 중심핵은 또다시 뜨거워지면서 이번에는 탄소핵과 헬륨핵이 융합하여 양성자와 중성자가 각각 여덟 개씩인 산소(酸素, oxygen/O)핵을 만드는 탄소핵융합을 일으키게 된다. 그러나 중심부의 헬륨이 고갈될 무렵이 되면 삼중알파반응과 탄소핵융합이 점점 약해지다가 결국은 중단되며 다시 한 번 평형이 깨어지게 된다. 따라서 탄소와 산소로 이루어진 중심핵이 중력붕괴를 일으키면서 탄소와 산소는 축퇴상태로 들어가게 된다. 중심핵이 축퇴상태가 되면 이제는 압력이 증가하면서 온도가 상승해도 부피가 증가하지 않기 때문에 온도가 낮아지는 것이 아니라 더 높아져서 중심핵에 쌓이게 된다. 그러다가 중심핵을 둘러싸고 있던 비활성 헬륨층이 갑자기 수축한 중심핵의 표면으로 무너져 내리면서 압축되고 다시 삼중알파반응을 일으켜 탄소가 만들어지면서 열로 인하여 헬륨층의 바깥 부분이 팽창하게 된다. 이 과정은 주계열별에서 수소가 고갈되어 갈 때와 매우 유사한데 이 단계에 이른 별을 점근선가지별이라고 하며 수평가지별에 비해 표면온도는 낮아지지만 표면적이 훨씬 더 크기 때문에 더 밝아진다. 태양과 비슷한 질량을 가졌던 별은 점근선가지별로서는 약 1,000만 년 정도를 지내게 된다.

5. 맥동변광성(脈動變光星, pulsating star), 식(蝕)변광성(eclipsing binary star)

적색거성이 된 이후에는 그 단계에 따라 중심핵에서 덥혀진 플라스마가스가 대류를 통하여 겉껍질에 도달하면 겉껍질은 바깥쪽으로 약간 팽창하면서 밝아지고, 식으면 다시 안쪽으로 수축하면서 어두워지기를 반복하게 되는데 이러한 별을 맥동변광성이라고 하며 여기에는 하루 이하의 주기로 변광하는 거문고자리 RR형 변광성 또는 성단형(星團型) 변광성, 수일에서 100일 이내의 주기를 가지는 세페이드변광성(Cepheid variable),[49] 100일 이상의 주기를 보이는 장주기(長週期)변광성 외에 주기가 불규칙하게 바뀌는 변광성도 있다. 우주에는 또 쌍둥이별이 매우 많은데 이들이 서로 공전을 하면서 일식이나 월식과 마찬가지로 한 별에 가려서 다른 별의 밝기가 달라지는 것을 식변광성이라고 한다.

세페이드변광성을 가진 은하 중 가장 먼 NGC 4603 ⓒstsci.edu

6. 행성성운(行星星雲, planetary nebula)

열로 인하여 팽창하던 헬륨층은 팽창함에 따라 온도가 낮아지고, 온도가 낮아지면 수축을 일으켜 다시 온도가 올라가는 과정을 반복하면서 중심핵으로부터 완전히 분리되어 버린다. 중심핵으로부터 분리된 헬륨층은 빠른 속도로 팽창하여 헬륨 겉껍질이 되고 수소핵융합을 계속하고 있던 별의 겉껍질을 더 바깥쪽으로 밀어내면서 행성성운(행성모양의 성운)을 형성한다. 이런 과정에서 수소핵융합에 의해 겉껍질에서 합성된 헬륨이 헬륨 겉껍질로 떨어지게 되는데 이렇게 모인 헬륨의 양이 충분하면 폭발이 발생하게 된다. 이것을 헬륨 껍질 섬광이라고 하는데 이 섬광 때문에 갑자기 온도가 증가하면서 팽창과 수축을 반복하는 열 맥동이 발생하게 된다. 그리고 중심핵과 겉껍질 사이에는 대류현상이 발생하여 여기서 만들어지는 탄소는 중심부에 남아 있는 별로 떨어져 질량을 증가시킴으로써 별을 더 밝게 만드는 역할을 하게 되며 또 중심핵에서 생성된 탄소먼지

들은 핵의 바깥쪽으로 배출되면서 겉껍질에서 이는 별 바람에 실려 우주공간에 흩어지게 된다. 그러다가 시간이 지남에 따라 중심부의 겉에 남아 있던 수소마저 다 소진되면 대류현상이 중단되면서 행성성운은 중심부에 남은 별과는 완전히 분리된 상태가 된다. 이와 같은 행성성운으로 인해 별이 잃는 질량은 태양 정도의 질량을 가졌던 별의 경우 전체의 약 40% 정도가 되며 약 1만 년 내에 모두 우주공간으로 흩어지게 된다.

행성성운 NGC6751 ⓒstsci.edu

7. 백색왜성(白色矮星, white dwarf), 다이아몬드(diamond)별, 흑색왜성(黑色矮星, black dwarf)

한편 겉에 남아 있던 수소마저 다 소비하고 모든 핵융합이 중단되어 탄소와 산소만 남은 중심부의 별은 중력으로 인하여 크기가 줄어들게 된다. 그런데 보통의 별은 질량이 클수록 중력이 크지만 핵융합반응도 마찬가지로 격렬하게 일어나 많은 열을 발생시키기 때문에 평형을 이룰 수 있으나 이 별은 핵융합반응이 일어나지 않기 때문에 중력과 축퇴압이 균형을 이룰 때까지 줄어들며 질량이 클수록 중력도 커서 부피는 더욱 작아지게 된다. 이러한 단계가 된 별은 초기에는 잔류 열과 함께 수축 때 발생하는 열로 인하여 빛을 발하기 때문에 백색왜성(작은 별)이라고 하는데 태양과 비슷한 질량을 가졌던 별의 경우 지구 정도의 크기로 줄어든다.

이와 같이 탄소가 주성분인 백색왜성은 엄청난 압력으로 인하여 탄소의 대부분이 다이아몬드로 바뀌기 때문에 다이아몬드별이라고도 한다. 그러나 백색왜성은 초기에는 행성성운에 가려 보이지 않다가 행성성운이 팽창하면서 엷어지면 서서히 모습을 드러내게 되며 행성성운이 우주공간으로 흩어져버리면 홀로 남게 된다. 백색왜성은 시간이 지남에 따라 식어가면서 노란빛을 방출하다가 붉은색으로 바뀌게 되며 더 식게 되면 아무런 빛도 발하지 않게 되는데 이 단계를 흑색왜성이라고 한다. 흑

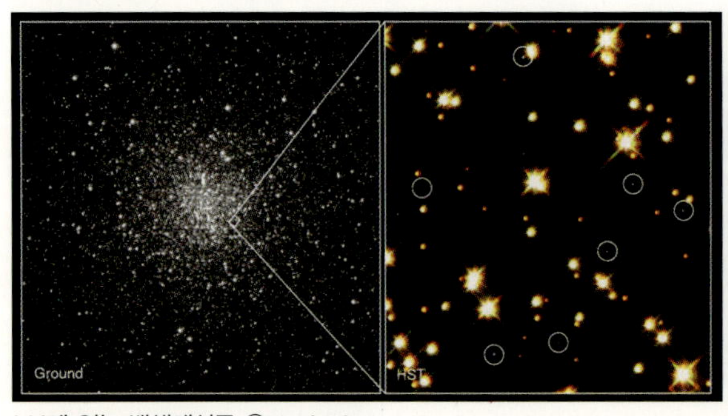

M4에 있는 백색왜성들 ⓒstsci.edu

다이아몬드별

색왜성은 고체 상태로서 우주에 남게 된다.

8. 적색왜성(赤色矮星, red dwarf), 갈색왜성(褐色矮星, brown dwarf) 기타

이상은 질량이 태양의 1.4배 이하 인 별들이 일반적으로 겪게 되는 일생 이지만 이러한 일생을 겪으려면 아기 별의 질량이 적어도 태양의 25% 이상 은 되어야 한다. 아기별의 질량이 태 양의 25%보다 작지만 8%보다는 클 때에는 수소핵이 헬륨핵으로 합성되 는 핵융합이 어느 정도 활발하게 일어

적색왜성 ⓒstsci.edu

나며 표면온도도 4,000°K까지 이르기는 하지만 그다음 단계인 적색거성으로까지 진화하지는 못하는데 이런 별들은 크기가 작고 온도가 낮아 붉은색을 띠기 때문에 적색왜성이라고 부른다. 적색왜성은 서서히 연료를 소모하면서 수백억 년 내지 수 천억 년을 살 수가 있다. 적색왜성은 주계열별에 포함되기는 하지만 가장 막내라고 볼 수 있으며 헬륨으로 된 백색왜성이 되었다가 흑색왜성으로 일생을 마치게 된다.

그리고 어린별의 질량이 태양의 8%보다 작지만 1%보다는 클 때에는 약간의 핵융 합이 일어나며 표면온도는 2,500°K 정도가 되어 초기에는 중력수축이 지연되고 어느 정도 빛을 발산하게 되는데 이런 별들을 갈색왜성이라고 부른다. 갈색왜성의 중심부 에서는 핵융합 대신에 급격한 수소들의 들끓음, 즉 대류현상이 발생하고 이로 인하여 자전운동을 하게 되며 자기장도 발생시킨다. 갈색왜성은 빛을 발산한 지 수백만 년이 지나면 다시 서서히 중력수축을 일으키게 되고 그로 인하여 열을 발산하며 식어가게 되는데 그렇게 해서 행성과 같은 별이 된다. 만일 처음에 모인 질량이 태양의 1%에도 못 미치면 그것은 스스로 빛을 내는 별로 진화하지 못하고 행성이 되어 버린다.

오리온 성운에 있는 갈색왜성들과 아기별들 ⓒstsci.edu

9. 쌍둥이별(쌍성계/雙星系, binary system)과 신성(新星, nova)폭발[50]

우주 공간에는 외롭게 혼자 있는 별들보다는 태양처럼 행성들을 거느리고 있거나 짝을 이루어 서로 상대별의 주위를 공전하면서 쌍둥이로 존재하는 경우가 많은데 공전주기는 매우 짧아서 90분부터 14시간까지 정도이다. 이런 쌍둥이별들이 둘 다 주계열별로 지낼 때에는 서로 별다른 영향을 미치지 않는다. 그러나 그중 수명이 짧은 더 무거운 별이 적색거성으로의 길로 들어서게 되면 계속 팽창하는 겉껍질이 상대별과 점점 더 가까워지면서 겉껍질보다 중력이 더 큰 상대별에게 겉껍질을 이루고 있는 물질을 빼앗기게 된다. 이렇게 물질을 계속 빼앗긴 별은 백색왜성이 되고 계속 물질을 받아들인 상대별은 노화가 촉진되어

쌍둥이별 ⓒstsci.edu

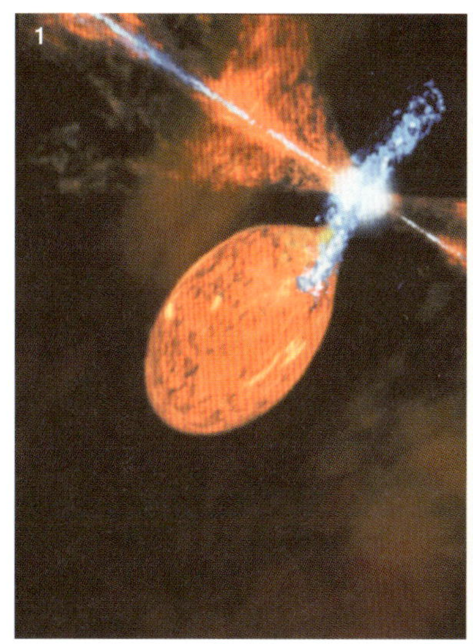

1 쌍둥이별의 신성폭발 과정
2 신성폭발 경과도 ⓒstsci.edu

적색거성의 길로 들어서게 된다. 그리고 이번에는 반대로 새로 적색거성이 된 별의 겉껍질을 이루고 있던 물질들이 백색왜성으로 끌려가는데 그 후의 상황은 백색왜성의 자기장(磁氣場, magnetic field)에 따라 달라진다.

먼저 백색왜성이 자기장을 가지지 않았거나 약한 경우에는 적색거성에서 끌려온 물질들이 백색왜성 주위에 납작한 유입원반(流入原盤, accretion disc)을 형성한다. 이 유입원반과 백색왜성과의 경계를 이루는 곳은 적색거성의 겉껍질을 이루고 있던 수소로 되어 있기 때문에 수소의 바다(hydrogen ocean)라고 한다. 그런데 백색왜성은 축퇴로 상당히 압축되어 있는 상태이기 때문에 중력이 커서 백색왜성의 표면으로 끌려오는 물질은 엄청나게 가속되며 그 에너지로 인하여 표면의 온도는 수백만 °K에 이르게 된다. 그리고 이런 외부의 물질들이 백색왜성의 표면에 쌓이게 되면 중력압에 의해 다시 수소핵들이 핵융합반응을 일으켜 표면이 갑자기 밝은 빛을 발산하게 되는데 이런 현상을 신성폭발(新星暴發, nova explosion)이라고 한다. 신성폭발 때는 별의 밝기가 10만 배 정도 증가하기도 하며 표면온도는 약 1억°K 정도에 달하게 되는데 수개월에 걸쳐 점점 어두워지다가 본래의 상태로 되돌아간다.

그런데 경우에 따라서는 적색거성에서 끌려온 물질들이 유입원반을 거쳐 백색왜성까지 끌려가기 전에 유입원반에 과다하게 쌓여 한계밀도에 달함으로써 폭발을 일으키기도 하는데 이런 폭발은 폭발의 규모가 작아 왜신성(矮新星, dwarf nova)폭발이라고 한다. 또 여건에 따라서는 신성폭발이 한 번에 그치지 않고 여러 번 되풀이되는 경우도 있는데 이를 재신성(再新星, recurrent nova)폭발이라고 한다. 한편 백색왜성의 자기장이 강할 경우(1,000만 가우스 이상)에는 적색거성에서 끌려온 물질들이 유입원반을 형성하지 않고 직접 백색왜성의 표면으로 떨어지기 때문에 왜신성폭발은 일어나지 않는다.

신성폭발 때에는 적색거성과 마찬가지로 겉껍질이 부풀어 오르면서 많은 양의 무거운 원소들을 우주공간에 방출하는데 그 속도가 크게는 초속 3,000km에 이르며 한편으로는 수소가스가 백색왜성으로 끌려들어가 열핵융합반응을 일으킨다. 이 열핵융합반응은 온도가 1억 5,000만°K 이상일 때 일어나며 탄소와 산소와 질소(窒素, nitrogen/N)가 순환하다가 복잡한 과정을 거쳐 최종적으로는 네온(neon/Ne)의 동위원소들과 플로린(fluorine/F)을 합성하는데 이를 뜨거운 CNO순환과정이라고 한다. 한편 백색왜성이 신성폭발을 일으키지 못할 정도로 작거나 또는 신성폭발로 대부분의 질량을 잃어 더 이상 신성폭발을 일으킬 수 없게 되었을 때에는 차차 식어 흑색왜성이 된다. 그리고 백색왜성에게 겉껍질을 모두 빼앗긴 적색거성의 핵 역시 백색왜성이 되었다가 흑색왜성이 되는 길을 걷게 된다.

● 4 ●

무거운 별들의 일생

(질량이 태양의 1.4배 이상인 별)

1. 무거운 주계열별

질량이 태양의 1.4배 이상인 무거운 별들의 중심부 온도는 중력압으로 인하여 1,600만°K 이상에 달하게 되며 이런 경우에는 가벼운 별의 중심부에서 일어나는 양성자-양성자반응 대신에 탄소와 질소와 산소가 촉매(觸媒, catalyzer) 역할을 하면서 수소와 융합하여 상호 변환을 거듭하다가 헬륨을 생성하는데 이를 일반적인 CNO 순환과정이라고 한다. 그런데 별이 무거우면 무거울수록 중력압도 커지므로 별이 중력의 작용으로 붕괴되는 것을 막고 평형을 유지하기 위해서는 자신이 가지고 있는 핵연료를 그만큼 더 빨리 연소시킬 수밖에 없으며 따라서 별 표면으로부터 더 많은 열이 빠져나가게 되므로 밝기는 하지만 그만큼 단명할 수밖에 없다. 그래서 태양과 같은 크기의 별은 수명이 100억 년 정도 되지만 태양의 두 배인 경우는 약 30억 년, 다섯 배인 경우는 약 7,000만 년, 10배인 경우는 약 1,000만 년, 25배인 경우에는 약 500만 년이며 50배인 경우는 채 100만 년도 되지 않는다. 주계열별로 진화할 수 있는 질량의 한계는 일반적으로 태양의 60배 정도인데 드물게는 태양의 100배 정도인 주계열별도 있다. 또 이런 별들은 중심핵에서 수소를 연료로 헬륨을 합성한다는 점에서는 주계열별로 보아야 하겠지만 크고 매우 밝아 푸른색을 띠기 때문에 이 별의 다음 단계인 청색거성과 구분하지 않고 같이 보기도 한다.

2. 청색거성(靑色巨星, blue giant star), 청색초(超)거성(blue supergiant star)

　CNO순환과정을 통하여 헬륨이 만들어져도 무거운 별의 경우에는 정수평형을 유지하는 중력압과 중심부의 온도가 충분히 높기 때문에 헬륨은 축퇴를 일으키지 않고 플라스마상태를 유지한다. 그러다가 헬륨이 충분히 합성되고 나면 수평가지별에서와 같이 수소핵융합층 안쪽에서 헬륨핵들이 삼중알파반응을 통하여 탄소를 합성하게 되는데 이러한 단계에 있는 별을 청색거성이라고 한다. 그러나 청색거성에서는 헬륨이 축퇴되어 있지 않기 때문에 수평가지별에서와는 달리 헬륨 섬광은 일어나지 않는다. 청색거성 중에서도 질량이 매우 큰 것은 청색초거성이라고도 한다.

청색거성들 ⓒstsci.edu

3. 적색초(超)거성(red supergiant star)과 여러 가지 백색왜성

　청색거성에서 헬륨핵융합이 계속 진행되면 중심핵에는 헬륨핵융합으로 만들어진 비활성 탄소가 점점 더 많이 축적되고 헬륨핵융합은 그 주위에서 일어나며 비활성 헬륨층은 점점 더 엷어진다. 그러다가 핵융합이 차차 줄어들고 중심핵에 무거운 탄소가 증가하면서 중심핵을 유지시키고 있던 평형이 깨어지게 된다. 그래서 핵융합이 중단될 때가 가까워지면 핵융합이 진행되는 동안에는 플라스마상태로 있던 원자핵과 전자가 다시 결합하게 된다. 그리고 중력압으로 인해 중력붕괴가 다시 시작되어 중심핵이 수축되면서 온도가 다시 높아져 부피가 증가하고, 부피가 증가하면 온도가 다시 떨어져서 중력압이 증가하는 열적 평형상태가 유지된다.

이런 과정에서 탄소원자는 축퇴를 일으키게 되는데 별의 중심핵이 완전히 축퇴되기 전까지는 위와 같은 열적 평형상태가 유지되나 완전히 축퇴되면 사정은 달라진다. 이제는 압력이 증가하면서 온도가 상승해도 부피가 증가하지 않기 때문에 온도가 낮아지는 것이 아니라 더 높아져서 중심핵에 쌓이게 된다. 그러다가 중심핵을 둘러싸고 있던 비활성 헬륨층이 갑자기 수축한 중심핵의 표면으로 무너져 내리면서 압축되어 다시 핵융합을 시작하고 이 열로 인하여 바깥부분에 있던 헬륨층이 엄청나게 팽창하여 적색거성의 경우와 같이 별의 겉껍질을 만드는데 이러한 별은 적색거성보다도 훨씬 더 크기 때문에 적색초거성이라고 한다. 그리고 겉껍질과 중심부 사이 역시 적색거성의 경우와 같이 거의 진공에 가까우며 대류로 인하여 맥동을 하게 된다.

별의 겉껍질을 만들며 다시 시작된 핵융합으로 인하여 만들어지는 탄소핵이 중심핵에 자꾸 쌓이면 중심핵의 밀도가 높아져 축퇴된 중심핵의 가장 안쪽에서 작게나마 탄소핵융합이 일어나게 된다. 축퇴된 탄소로 이루어진 중심핵은 별의 질량에 따라 탄소섬광을 일으키기도 하면서 온도가 6억°K 이상까지 올라가고 탄소핵은 헬륨핵과 융합하여 양성자와 중성자가 각각 여덟 개씩인 산소를 합성한다. 그다음 단계로는 탄소핵과 탄소핵이 융합하거나 산소핵과 헬륨핵이 융합하여 양성자와 중성자가 각각 10개씩인 네온을 만들고 네온핵은 다시 헬륨핵과 융합하여 양성자와 중성자가 각각 12개씩인 마그네슘(magnesium/Mg)으로 융합된다. 그리고 이들 원소가 중심핵에서 축퇴되며 위와 비슷한 과정을 거쳐 이번에는 탄소층이 겉껍질로 팽창하게 된다.

질량이 태양의 여덟 배 이하인 경우에는 이 단계에서 겉껍질은 팽창하여 행성성운이 되었다가 우주공간에 흐트러지게 되고 중심핵은 주로 산소, 네온, 마그네슘으로 이루어진 백색왜성이 된다. 그러나 별의 질량이 대략 태양의 여덟 배 이상이고 12배 이하인 경우에는 중심핵의 온도가 15억°K까지 이르게 되고 산소와 네온이 다시 위와 비슷한 과정의 핵융합을 일으켜 마그네슘, 황(黃, sulfur/S), 실리콘(silicon/Si, 규소/硅素)을 합성하며 역시 위와 비슷한 과정을 거쳐 네온과 산소가 겉껍질이 되고 중심핵은 주로 마그네슘, 황, 실리콘으로 이루어진 백색왜성이 된다.

별의 질량이 대략 태양의 12배 이상인 경우에는 중심핵의 온도가 20억°K 이상이 되고 실리콘이 다시 핵융합을 일으켜 니켈(nickel/Ni)을 합성한다. 니켈은 양전자와 중성미자를 방출하며 코발트(cobalt/Co)로 붕괴되고 코발트는 다시 양전자와 중성미자를 방출하며 철(鐵, iron/Fe)로 붕괴된다. 그런데 앞서의 모든 핵융합 단계에서는 질량이 줄어들면서 이들이 열에너지로 바뀌었으나 철을 합성하기 위해서는 오히려 에너지가 소모되므로 이들이 더 무거운 원소로 합성되는 것은 불가능하며 따라서 철이 생성되는 것으로 모든 열핵융합 반응은 끝나게 된다.

이와 같이 별의 일생은 별의 질량에 따라 직접적인 영향을 받는데 질량이 태양의 대략 25배인 별은 다음과 같은 변화를 겪는다. 첫 번째 단계는 주계열별(또는 청색거성)로서 CNO순환과정에 의해 수소를 태워 헬륨을 융합하는데 중심핵의 온도는 4,000만°K 정도이고 수명은 500만 년에서 1,000만 년 정도이다. 두 번째 단계는 청색거성으로서 삼중알파반응에 의해 헬륨을 연료로 하여 탄소와 산소를 융합하는데 중심핵의 온도는 2억°K 정도이고 수명은 50만 년에서 100만 년 정도이다. 세 번째 단계는 적색초거성 1단계로서 탄소를 연료로 산소, 네온, 마그네슘을 생성하는데 중심핵의 온도는 6억°K 정도이고 수명은 500년에서 1,000년 정도이다. 네 번째 단계는 적색초거성 2단계로서 산소와 네온을 연료로 마그네슘, 황, 실리콘을 생성하는데 중심핵의 온도는 15억°K 정도이고 수명은 반 년에서 1년 정도이다. 다섯 번째 단계는 적색초거성 3단계로서 실리콘으로 니켈을 융합하고 니켈은 코발트로, 코발트는 다시 철로 붕괴되는데 중심핵의 온도는 20억°K 이상이고 수명은 겨우 하루 정도이다.

4. Ia형 초신성(超新星, supernova)폭발

쌍둥이별의 적어도 어느 한쪽이 청색(초)거성인 경우 이 별이 먼저 적색초거성이 되어 계속 팽창하는 겉껍질이 상대별과 점점 더 가까워지면서 중력이 더 큰 상대별에게 겉껍질을 이루고 있는 물질을 빼앗기게 된다. 이렇게 물질을 계속 빼앗긴 별은 백색왜성이 되고 계속 물질을 받아들인 상대별은 노화가 촉진되어 적색(초)거성

Ia형 초신성폭발 ⓒstsci.edu

의 길로 들어서게 된다. 그리고 이번에는 반대로 새로 적색거성이 된 별의 겉껍질을 이루고 있던 물질들이 백색왜성으로 끌려가게 된다. 이때 백색왜성과 적색거성에서 끌려온 물질의 질량의 합이 태양의 1.4배인 찬드라세카 한계질량을 넘어서게 되면 신성폭발의 경우와 같이 폭발이 백색왜성의 표면에서 일어나는 것이 아니라 백색왜성 전체가 폭발하여 우주공간으로 흐트러지게 되는데 이를 Ia형 초신성폭발이라고 하며 최대 밝기는 태양의 100억 배에 달하여 소속 은하 전체를 밝힐 수 있을 정도이다. 그리고 태양 질량의 50~100%에 달하는 철과 태양 질량의 12~15%에 달하는 산소 및 기타 소량의 무거운 원소들을 우주공간에 쏟아 놓는다. 이것 역시 새로운 별로 오인되어 붙여진 이름이며 신성폭발보다 규모가 훨씬 더 커서 초(超)라는 글자가 더 붙게 된 것이다. 이외에 Ib형과 Ic형도 있으나 아직 잘 알려지지 않고 있다.

5. II형 초신성폭발

쌍둥이별이 아닌 경우 적색초거성의 마지막 단계에서 실리콘이 무거운 철로 바뀌면서 중심부를 향한 중력압이 계속 증가하여 결국 축퇴압을 넘어서게 되고 그 순간에 중심핵은 철이 주성분인 내핵과 실리콘이 주성분인 외핵으로 분리되는데 이러한 반응은 1/10초라는 짧은 순간에 일어나며 핵의 온도는 약 50억°K에 달하게 된다. 그리고 원자들의 핵이 높은 에너지의 γ선과 충돌하여 양성자와 중성자로 분해되는데 이 과정을 광분해(光分解, photolysis)라고 하며 이렇게 만들어진 양성자는 높은 열로 인하여 다시 전자를 포획하면서 중성미자를 방출하고 중성자가 된다. 이런 반응이 계속되면서 중성자의 밀도는 계속 증가하고 내핵에서 중력에 반발하는 압력은 낮아져 내핵이 붕괴된다. 이 붕괴는 중성자 간의 반발력이 중력압과 균형을 이룰 때까지 계속되는데 수초 만에 지구만 한 크기의 내핵이 지름 10~20km 정도로 줄어든다.

나선은하 NGC2403 속의 2004dj 초신성폭발 ⓒstsci.edu

초신성 잔해 ⓒstsci.edu

이렇게 수축하는 내핵에서는 엄청난 열이 발생하며 또 엄청난 중력 때문에 외핵의 물질들이 내핵으로 쏟아져 내리면서 원자핵의 밀도까지 압축되어 더욱 많은 열을 발생시킴으로써 이 열로 인하여 외핵에서는 급작스러운 핵융합이 시작된다. 이때 초속 1만 km에 달하는 굉장한 위력의 충격파가 발생하여 외핵을 이루고 있던 다양한 물질들과 함께 광분해와 전자포획으로 만들어진 수없이 많은 중성자와 중성미자들을 밖으로 밀어내게 되고 이들은 적색초거성의 겉껍질과 충돌하여 핵융합을 일으키게 되는데 이를 II형 초신성폭발이라고 한다. II형 초신성폭발 때에는 태양 질량을 상회하는 산소와 함께 기타 상당량의 무거운 원소들이 우주공간에 방출된다. 또 이와 함께 방출되는 에너지는 I형에 비하여 훨씬 더 많아 태양이 100년 동안 방출하는 에너지의 100배에 달하지만 이 에너지가 대부분 보이지 않는 중성미자에 실려 있기 때문에 폭발 시의 밝기는 약 1/10인 태양의 10억 배 정도이다. 이와 같은 초신성폭발로 인해 막대한 에너지를 가지고 퍼져 나가는 충격파는 적색초거성의 겉껍질뿐만 아니라 만나는 모든 가스와도 충돌을 일으켜 빛을 발하게 되는데 이를 초신성의 잔해(殘骸, supernova remnant)라고 한다.

6. (맥동)변광성(變光星, variable star)

무거운 별의 경우 별이 주계열별에서 다른 단계로 바뀌거나 또 적색초거성에서 핵융합의 단계가 바뀔 때마다 별의 밝기가 달라지며 또 신성폭발이나 초신성폭발 때에는 별의 밝기가 급격히 변화하는데 이와 같이 별의 밝기가 달라지는 별들을 통틀어 변광성이라고 한다. 그리고 가벼운 별의 경우와 마찬가지로 적색초거성은 맥동변광성이 된다.

7. 중성자포획(中性子捕獲, neutron capture) – 무거운 원소들의 합성

별의 중심핵에서 핵융합으로 만들어지는 원소는 철과 그보다 가벼운 원소까지이다. 그리고 철보다 양성자와 중성자가 더 많은, 더 무거운 모든 원소들은 초신성폭발 때 이미 만들어졌던 원소들이 중성자들을 포획하고 포획된 중성자들 중 일부가 $-\beta$붕괴를 통하여 양성자와 전자가 됨으로써 만들어진다. 중성자의 밀도가 낮을 때에는 하나의 중성자가 포획된 후 두 번째 중성자가 포획되기 전에 양성자와 전자로 붕괴되어 양성자가 하나 더 많은, 즉 원자번호가 하나 더 높은 원소가 되는데 이것을 느린 과정〔s(low)-process〕이라고 하며 이렇게 새로운 원소가 만들어질 경우 원자번호가 83인 비스무트(Bismuth/Bi)까지의 원소는 안정적이지만 그보다 더 무거운 원소는 불안정한 상태가 된다. 한편 중성자의 밀도가 높으면 포획된 중성자들이 붕괴되기 전에 계속 다른 중성자들을 포획하다가 가장 불안정한 동위원소가 만들어지면 이때 $-\beta$붕괴로 양성자 하나가 만들어지면서 다음 단계의 원소가 되는데 이를 빠른 과정〔r(apid)-process〕이라고 한다.

우주공간에 존재하는 철보다 무거운 모든 원소들, 예를 들어 철보다 약간 더 무거운 구리(동/銅, copper/Cu), 아연(亞鉛, zinc/Zn), 게르마늄(germanium/Ge) 등을 비롯하여 몰리브덴(molybdenum/Mo), 은(銀, silver/Ag), 카드뮴(cadmium/Cd), 주석(朱錫, tin/Sn), 텅스텐(tungsten/W), 백금(白金, platinum/Pt), 금(金, gold/Au), 수은(水銀, mercury/Hg), 납(연/鉛, lead/Pb) 등은 물론 아주 무거운 우라늄(uranium/U, Ur), 플루토늄(plutonium/Pu) 등에 이르기까지 모두 이러한 과정을 거쳐서 만들어지게 된다. 따라서 초신성폭발은 무거운 원소들을 우주공간에 쏟아 내는 역할뿐만 아니라 무거운 원소들을 만들어 내는 데에도 결정적인 역할을 하는 것이다. 그러나 금이나 수은과 같은 일부 중금속의 경우에는 이러한 과정만으로 지금 존재하고 있는 양이 모두 만들어질 수는 없었을 것이며 태양계의 생성에는 아마도 중성자별들의 충돌이 큰 기여를 했을 것으로 보인다.

8. 중성자(中性子)별(neutron star), 자기(磁氣)별(magnetar), 맥동성(脈動星, 펄서/pulsar)

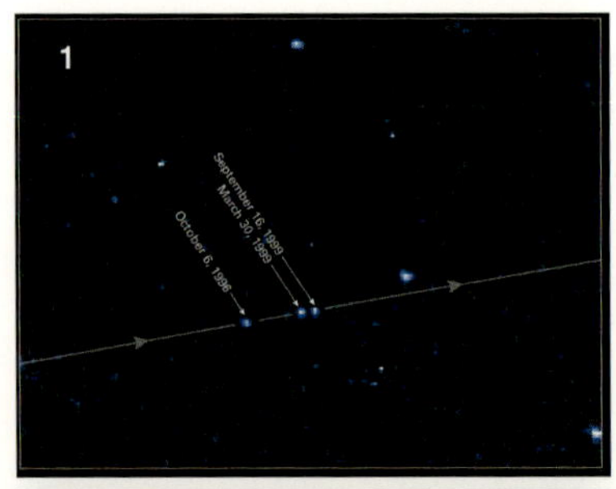

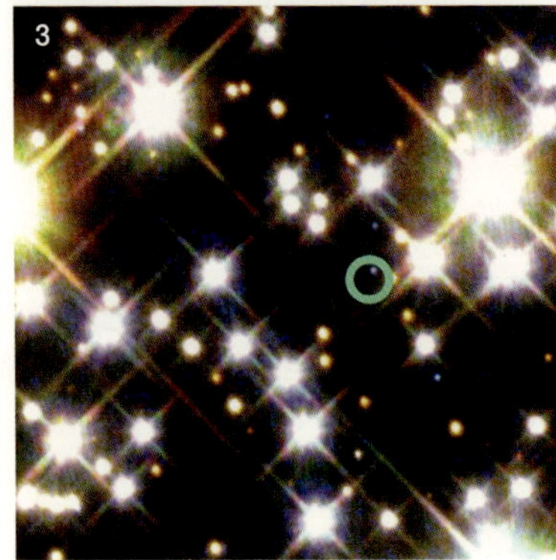

1. 중성자별 ⓒstsci.edu
2. 자기별 ⓒRobert Malloz
3. 맥동성(펄서) ⓒstsci.edu

Ⅱ형 초신성폭발을 일으키고 남은 내핵은 대부분이 중성자로 되어 있고 나머지는 가장 안정적인 원소인 철이어서 중력압과 중성자 간의 반발력이 평형을 이룰 때까지 수축한 후에는 더 이상 붕괴를 일으키지 않는데 이러한 별을 중성자별이라고 한다. 중성자별은 크기는 직경이 10～20km 정도로서 매우 작지만 밀도가 1cm³당 약 수십억 톤 정도로 엄청나게 높아 질량이 매우 크며 이에 따라 중력도 매우 크다. 중성자별 중에는 지구 자기장의 10억 배에 달하는 엄청나게 강한 자성(磁性, magnetism)을 가진 별도 있고 또 비교적 약한 자성을 가진 별도 있는데 이와 같이 자성을 가진 중성자별을 자기별이라고 한다. 또 중성자별의 자전속도는 매우 빨라서 대개 1초에 한 번 정도 자전을 하며 가장 빠른 것은 1초에 600회, 가장 느린 것은 4초에 한 번 정도 자전을 하는데 이때 발생하는 전기장으로 인하여 주기적으로 라디오파, 가시광선, X선, γ선 등을 발산하므로 이런 별들을 맥동성이라고 한다. 이외에 자성이 전혀 없는 중성자별도 있다.

9. 과신성(過新星, hypernova)폭발

질량이 태양의 30배가 넘는 청색초거성의 경우에도 폭발까지의 과정은 Ⅱ형 초신성폭발과 비슷하다. 그러나 질량이 너무 큰 관계로 중력압도 너무 커서 폭발의 마지막 단계에서 중성자의 반발력과 평형을 이루지 못하고 중심핵이 빛도 빠져나가지 못할 정도로 고밀도의 중력붕괴를 일으키며 중력붕괴 된 핵 안으로 외핵이 빨려 들어가 엄청난 폭발을 일으키게 된다. 이러한 현상을 과신성폭발이라고 하는데 일반적으로 초신성폭발보다 10배는 더 강력하며 거의 광속에 가까운 속도로 우주공간에 물질들을 방출하게 된다.

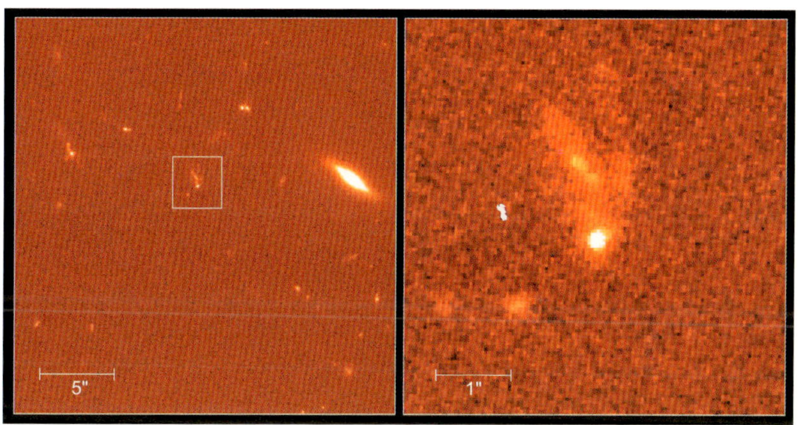

과신성폭발 ©stsci.edu

10. 소형 블랙홀

과신성폭발 뒤에 남은 물질들이 중력에 의해 압축되어 블랙홀이 생성된다. 10억 톤의 무게를 가지는 블랙홀의 반지름은 10조분의 $1(10^{-13})$cm밖에 안 되며 이것은 원자핵과 같은 크기이다. 이와 같은 블랙홀의 밀도는 너무 커서 엄청나게 강한 중력을 가지기 때문에 아무것도 빠져 나갈 수 없으며 빛조차도 빠져나갈 수 없다. 그러나

소형 블랙홀과 퀘이사 ⓒnasa.gov

이런 블랙홀들은 은하의 중심에 생성되는 거대 블랙홀보다는 비교할 수 없을 정도로 규모가 작은 것이다.

● 5 ●

은하의 생성

銀河, 갤럭시/galaxy

1. 활동성(活動性) 은하(active galaxy)

원시은하와 최초의 별들이 만들어지기 시작한 지 수백만 년이 지나자 별들 중 어떤 것들은 초신성폭발을 일으키기도 하고 그보다 질량이 더 큰 것들은 블랙홀로 붕괴되었을 것이다. 그리고 이들 원시은하들은 중력에 의해 충돌을 일으킴으로써 더 많은 별들의 생성을 촉진시키고 블랙홀들 역시 합쳐져 거대 블랙홀로 원시은하의 중심에 자리 잡았을 것이며 준성도 형성되었을 것이다. 한편 우주 초기에 독자적으로 만들어진 거대 블랙홀의 주변에도 수백만 개의 별을 만들 수 있는 거대가스구름

들이 많이 있었을 것이며 거대 블
랙홀로 인한 준성이 이들에게 에너
지를 공급하여 별들의 생성을 촉진
시키면 한꺼번에 수천 개에서 수백
만 개의 별들이 같이 만들어졌을
것이다. 그러나 이들은 모두 같은
순간에 만들어지는 것이 아니고 어
느 정도 시차를 두고 만들어지는데
이렇게 만들어진 별들은 대체로 태
양과 비슷하며 이들 중에서 블랙홀

활동성 은하와 블랙홀 ⓒstsci.edu

에 가까이 있는 별들은 블랙홀로 빨려 들어가게 되지만 조금 멀리 떨어져 있는 별들
은 준성의 에너지에 의해 밀려났을 것이다. 또 블랙홀에서 멀리 떨어진 곳에서는 독
자적으로 중력에 의하여 별들이 만들어지기도 하지만 먼저 별이 하나 만들어지기
시작하면 그 과정에서 발생하는 열과 빛이 주변에 남은 물질들을 날려 버리기 때문
에 가스나 먼지가 모두 별이 되는 것은 아니다.

　이렇게 만들어진 별들은 각자 자신의 궤도운동을 하면서 약간씩 다른 속도로 움
직이게 되는데 처음에는 그 차이가 미미하여 같이 무리를 이루고 있는 것처럼 보이
지만 수천만 년이 지나고 나면 여기저기 흩어져서 어느 별들이 같이 탄생했는지 알
수가 없게 된다. 그러나 이 별들은 흩어진다고 해도 우주공간에 골고루 퍼지는 것
이 아니라 먼저 적게는 1만여 개에서 많게는 100만 개까지 공 모양으로 무리를 짓
는데 이들을 구상성단(球狀星團, globular cluster)이라고 한다. 이 안의 별들은 매우
촘촘하여 10입방광년의 공간 속에 1,000개 정도의 별들이 들어 있으며 별과 별 사
이의 충돌도 자주 일어나게 된다.

　구상성단에서는 종종 초신성폭발이 일어나 무거운 원소(중원소/重元素)[51]로 이루

어진 별 티끌(星塵, stardust)들을 우주공간에 쏟아 내게 되고 이들은 별을 만들고 남아있는 가스구름과 섞이게 된다. 그리고 이렇게 무거운 원소를 포함한 가스구름으로부터 새로운 별들이 만들어지는데 이들은 100개 내지 1,000개씩 무리를 지어 산개성단(散開星團, open cluster)을 형성한다. 이와 같이 구상성단은 수소와 헬륨으로부터 만들어진 오래된 별들만을 포함하고 있는데 이런 별들을 종족(種族, population)Ⅱ별이라고 하고 이에 비하여 무거운 원소들을 포함한 산개성단 속의 젊은 별들은 종족Ⅰ별이라고 한다. 이런 성단들이 수없이 모여 수많은 별로 이루어진 은하를 형성하게 된다. 이렇게 만들어진 은하의 크기는 별의 개수가 1조 개가 넘는 것부터 1억 개 미만인 것까지 다양하지만 대개 수천억 개 정도이다. 또 거대분자구름이든 은하든 우주공간에 존재하는 모든 것은 회전을 하기 때문에 그 회전력에 따라 은하는 나선형, 타원형 등 여러 가지 형태로 만들어진다. 그리고 이와 같이 은하 중심부의 블랙홀이 주변의 별이나 물질들을 활발하게 빨아들이는 은하를 활동성 은하라고 한다.

2. 비활동성 은하

은하의 중심부에 있는 블랙홀이 가까이 있는 별들이나 가스를 모두 빨아들여 주변에 더 이상 빨아들일 물질이 없을 때에는 더 이상 준성이 유지되지 못하고 블랙홀은 활동을 중지하게 되는데 이러한 은하를 비활동성 은하라고 한다.

3. 행성(行星, planet)을 거느린 별들의 등장

우주 초기에는 수소와 헬륨밖에 없었기 때문에 중력붕괴를 일으킬 때에도 한 덩어리씩 뭉쳐져 하나의 별로 만들어졌다. 그래서 오래된 별인 종족Ⅱ별들은 행성을 가지지 않는다. 그러나 초신성폭발이 일어나기 시작한 후에는 그로 인하여 각종 물질이 우주공간으로 쏟아져 나와 별을 만드는 가스구름에는 수소나 헬륨만이 아니라 죽은 별에서 만들어진 일산화탄소와 같은 제3의 가스나 탄소와 실리콘, 철 기타 현재 지구상에서 발견할 수 있는 각종 원소로 구성된 담배연기 입자 크기의 먼지입자들이 포함되게 되었다. 따라서 이들로부터 종족 I별들이 만들어질 때에는 밀도 차이 때문에 대개 공 모양이 아니라 회전하는 원반 형태가 되며 중심부에는 주로 수소와 헬륨가스가 모이고 이보다 무거운 물질들은 원반을 형성하게 된다. 그리고 이들 회전하는 가스구름이 붕괴되기 시작하면 구름의 회전은 더욱 빨라지고[52] 일부 물질을 우주로 내버리면서 각운동량이 어느 정도 줄어들게 된다.

구름 중심부에 별이 만들어지고 빛을 내기 시작할 때 원반에는 물질이 가라앉으면서 공간이 좁아지기 때문에 입자들은 더 자주 충돌하게 된다. 이와 같은 충돌로 인해 입자들은 폭이 수 mm인 큰 입자가 되며 이들 큰 입자들이 충돌하여 더 큰 입자가 되고 결국 이들은 조약돌만 한 크기를 거쳐 바위덩어리만 하게 되면서 서서히 중력의 작용을 받게 된다. 이들 바위덩어리가 커지면 커질수록 중력의 작용도 커져서 다른 바위덩어리들과 합쳐져 지름이 수 km에서 수백 km인 미행성(微行星, planetesimal)들을 형성하고 이들이 점점 더 커져서 결국은 공 모양의 원시행성(原始行星, protoplanet)을 만들게 되는데 원반이 원시행성을 이룰 때까지는 대략 100만 년 정도가 소요된다.

그런데 이와 같이 원시행성이 만들어지는 과정에서 중심별에 가까운 행성은 별에서 불어오는 별 바람(복사에너지)으로 인하여 뭉치던 가스를 많이 날려 버리기 때문에 큰 행성으로 자라지 못하며 또 중심별이 발산하는 열로 인하여 휘발성물질은 증발되고 얇은 대기층(大氣層, atmosphere)만을 가진 공 모양의 단단한 바위덩어리만 남게 된다. 그리고 중심별에서 상당히 멀리 떨어진 행성들은 행성의 핵이 상당량의 가스를 그대로 지닌 거대행성이 되며 대기층도 두꺼우나 밀도는 낮다. 그러나 중심별과 너무 멀면 초기 성운물질의 양이 너무 적어 큰 행성이 될 수 없다. 또 뭉쳐지던 덩어리들 중 미처 행성이 되지 못한 작은 덩어리들은 행성계 내부나 외곽의 소행성들이 된다. 한편 이들은 모두 만들어질 때와 마찬가지로 같은 평면상에서 공전(公轉, revolution)을 하게 된다.

행성을 가진 별들도 다른 별들과 똑같은 진화의 과정을 겪는다. 따라서 진화의 과정에 따라 행성계가 큰 변화를 겪겠지만 적색(초)거성이나 백색왜성, 중성자별 중에서도 행성을 가진 것들이 많이 있다.

은하의 종류

1. 타원형(楕圓形, elliptical) 은하

이름 그대로 은하 전체의 형태가 타원형으로 생긴 것인데 공과 같이 거의 둥근 것으로부터 긴 지름이 짧은 지름의 배 이상 되는 것까지 여러 가지 형태가 있으며 크기도 1조 개 이상의 별을 가진 매우 큰 것부터 아주 작은 것까지 다양하다.

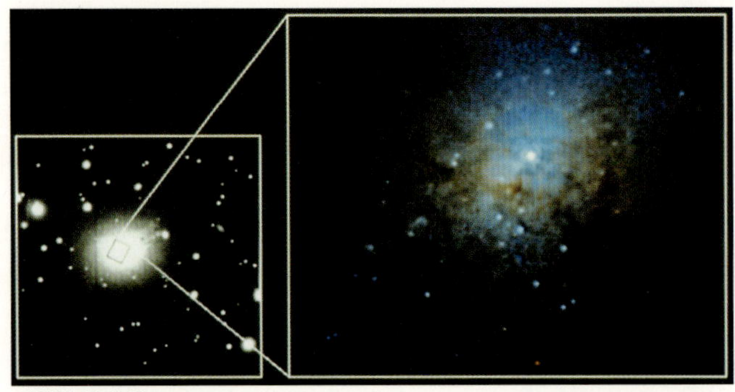

타원형 은하 ⓒstsci.edu

2. 일반 나선형(螺旋形, normal spiral) 은하

일반 나선형 은하의 은하 중심부(bulge)는 두터운 공의 형태이고 그 가운데에 거대 블랙홀을 가진 은하핵(銀河核, galactic nucleus)이 있으며 변두리부분은 엷은 원반 모양의 은하판(銀河板, galactic plane)으로 되어 있어 바깥쪽에서 보면 거대한 달걀프라이와 비슷하다. 그리고

일반 나선형 은하 ©stsci.edu

은하판에는 은하 중심부로부터 바깥쪽으로 감긴 나선 팔(spiral arms)이라는 밝은 별 꼬리를 가지고 있다. 그러나 나선 팔들 사이에 별들이 없는 것은 아니고 단지 나선 팔의 별들이 더 젊고 무거워 다른 곳들에 비해 밝게 보이는 것뿐이다. 은하 중심부는 대부분의 구상성단과 약간의 산개성단으로 이루어져 있는데, 주로 오래된 별들

안드로메다 은하의 헤일로 ©stsci.edu

NGC4565 은하의 옆줄 ©nasa.gov

암흑 후광 ⓒDon Dixon/cosmographica.com

이 차지하고 있으며 가스나 먼지는 거의 없다. 그러나 은하판 내의 나선형 팔은 주로 산개성단으로 이루어져 있고 구상성단은 그리 많지 않아 주로 젊거나 어린 별들이 자리 잡고 있으며 가스와 티끌을 포함하고 있다. 그리고 나선 팔 끝부분에는 이온화된 수소(H$^+$)와 먼지로 된 구름들이 자리하고 있어 이들이 나선형 밀도파와 충돌하면서 끊임없이 수많은 별들을 생성하는 별들의 아기방(stellar nursery) 역할을 한다. 은하판 내의 모든 별들은 가스나 티끌과 함께 은하 중심부를 축으로 회전하지만 그들의 움직임은 서로 묶여 있지 않고 각자 독립적이며 중심 쪽에 있는 별들이 바깥쪽의 별들보다 빨리 움직인다. 보통 은하판 전체를 구상성단들이 둘러싸게 되는데 이것을 후광(後光, 헤일로/halo)이라고 한다. 그리고 이러한 은하 전체를 암흑물질로 이루어진 암흑후광(暗黑後光, dark halo)이 둘러싸고 있다.

3. 막대 나선형(barred spiral) 은하

막대 나선형 은하는 다른 부분은 일반 나선형 은하와 똑같으나 은하 중심부가 둥근 공 모양이 아니라 막대 모양으로 생긴 은하이다.

막대 나선형 은하 ⓒstsci.edu

4. 불규칙(不規則, irregular) 은하

타원형도 아니고 나선형도 아니며 어떤 특정 형태라고 이름 붙이기 어려운 모습의 은하들을 통틀어 불규칙 은하라고 한다.

5. 암흑(暗黑, dark) 은하

은하의 내부를 관측할 수 없어 그 안에 무엇이 있는지 알 수 없으나 암흑물질로 이루어져 있을 것으로 예상되는 은하를 암흑 은하라고 한다.

불규칙 은하 ⓒstsci.edu

6. 나체(裸體, nude) 은하

일반적으로 은하들은 암흑 후광을 비롯한 후광으로 둘러싸여 있는데 후광이 전혀 없는 은하를 나체 은하라고 한다.

7. 은하군(銀河群, group of galaxies), 은하단(銀河團, cluster of galaxies), 초은하단(超銀河團, supercluster of galaxies)

별들이 은하를 이루면서 모여 있는 것처럼 은하들도 우주공간에 골고루 퍼져 있는 것이 아니라 군데군데 무리를 지어 있게 되는데 수십 개의 은하가 집중적으로 모여 있는 것을 은하군이라고 하며 크기는 수백만 광년에 달한다. 이들 은하군이 모여 수백 개 내지 수천 개의 은하가 무리를 이룬 것을 은하단이라고 하며 은하단의 크기는 1,000만 광년 정도이다. 그리고 은하단들이 모여 있는 것을 초은하단이라고 하는데 그 크기는 수천만 광년에 달하며 이들 초은하단이 모여 우주를 형성하

은하군 ⓒstsci.edu

은하단 ⓒstsci.edu

게 된다. 또 은하군 내의 일부 은하들의 무리를 국부은하군(局部銀河群, local group of galaxies)이라고 한다.

8. 은하들의 충돌

은하들은 은하군이나 은하단을 이루며 모여 있기 때문에 은하 사이의 거리는 우리에게는 매우 먼 것처럼 보이지만 우주의 규모에 비하면 실제로는 매우 가까운 것이다. 그래서 은하들은 이웃 은하의 질량이나 거리에 따라서 중력의 상호작용에 의하여 급격히 충돌하기도 하고 서서히 합쳐지기도 한다. 그러나 은하들의 관성 때문에 충돌이 한 번에 마무리되지는 않고 어느 정도 서로 지나쳤다가 다시 돌아서기를 반복하면서 최소한 두 번 이상의 충돌을 일으키게 된다. 은하와 은하가 충돌한다고 해서 꼭 별들이 충돌하는 것은 아니고 중력의 상호작용이 주가 되는 것이다.

　　큰 은하와 작은 은하가 충돌을 일으키게 되면 작은 은하는 큰 은하의 주변에 고리 모양을 형성하면서 위성은하(衛星銀河, satellite galaxy 또는 동반은하/同伴銀河, companion galaxy)로 잡혀 있다가 큰 은하에 흡수되어 버린다. 그리고 한동안은 두 개의 핵, 즉 블랙홀을 가진 은하로 남아 있겠지만 이들도 결국은 합쳐지고 이러한 충돌과정에서 수많은 새로운 별들을 탄생시켜 완전한 하나의 새로운 은하를 형성하게 될 것이다. 충돌하는 두 은하의 차이가 클 때에는 충돌 후에도 큰 은하가 작은 은하를 흡수하면서 큰 은하의 형태가 어느 정도 유지될 수 있지만 둘이 비슷한 경우에는 거대한 타원형 은하나 불규칙 은하가 되는 것이 보통이다. 그러나 타원형 은하끼리 충돌하여 나선형 은하가 되기도 한다.

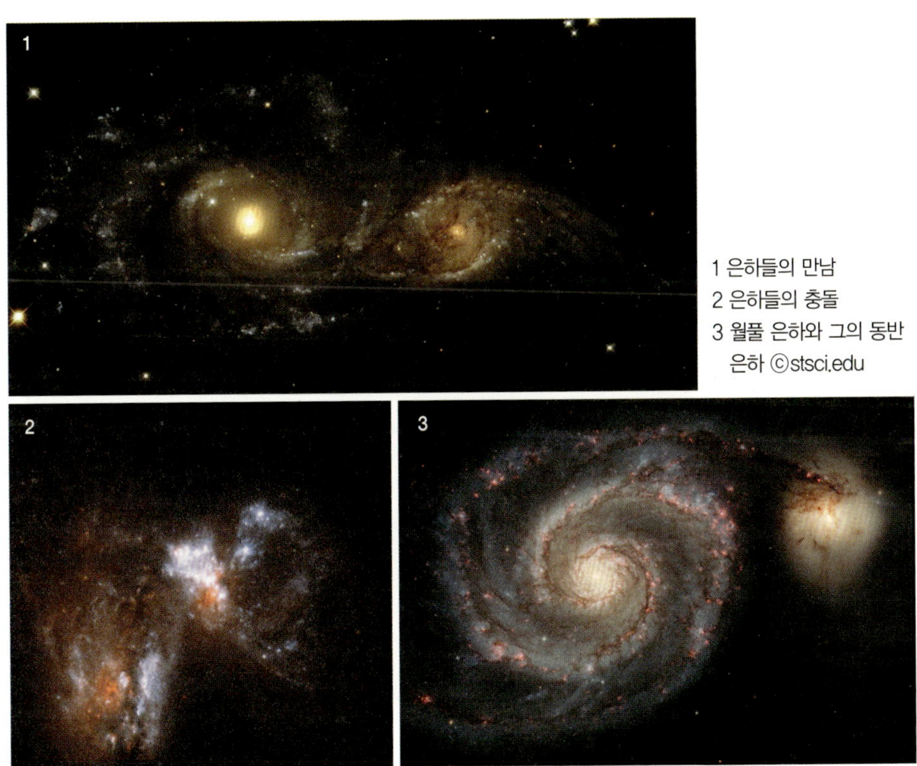

1 은하들의 만남
2 은하들의 충돌
3 월풀 은하와 그의 동반
　은하 ⓒstsci.edu

02 진화^{進化}하는 우주

• 1 •

다양해진 성운

星雲, nebula

1. 수소지역(水素地域, H region), 헬륨지역

별들이 만들어지고 은하들이 형성된 후에도 별들 사이(성간공간/星間空間, interstellar space)에는 여전히 매우 낮은 밀도의 수소 및 헬륨가스가 존재하는데 이들을 성간가스라고 한다. 우주 초기에는 우주에 이들 수소 및 헬륨가스밖에 없었지만 나중에는 별들의 진화과정에서 만들어진 무거운 원소와 기타 화합물[53]들로 이루어진 티끌들이 약 10% 정도를 차지하게 되었다. 이들을 성간물질(星間物質, interstellar medium)이라고 하는데 그 밀도가 현재 인간이 만들 수 있는 최고의 진공상태보다도 1조분의 1밖에 안 되는 것이기는 하지만 그래도 아무것도 없는 것하고는 전혀 다르다. 이들은 우주공간에 골고루 퍼져 있는 것이 아니라 곳곳에 거대한 집단, 즉 성운(성간 구름)을 형성한다.

성운 중 주로 수소들이 모여 있는 곳을 수소지역이라고 하는데 그것이 전기적으로 중성인 수소원자(H)들일 때는 HI지역이라고 하며 온도는 100°K 정도이다. 이러한 HI지역이 별에서 방출된 고온의 에너지를 흡수하면 수소들은 전자를 잃고 이온화 되는데 이와 같이 이온화된 수소(H^+)들이 모인 곳은 HII지역이라고 하며 온도는 약 1만 °K 정도이다. 이외에 주로 수소분자(H_2)들이 모인 곳도 있는데 이들 지역의 온도는 10~100°K 정도이다. 또 전기적으로 중성인 헬륨가스가 모인 곳은 HeI지역, 전자 한 개만 잃은 헬륨(He^+)가스가 모인 곳은 HeII지역, 전자 두 개를 모두 잃은 헬륨(He^{2+})가스가 모인 곳은 HeIII지역이라고 하지만 수소지역에 비해 훨씬 적다.

수소지역(M17 오메가 성운) ⓒstsci.edu

2. 방출(放出, emission)성운

HⅡ지역의 하나로서 스스로 빛을 발산하지는 않지만 성운의 내부 또는 외부의 빛을 흡수하여 붉은빛을 방출하는 성운이다.

방출성운(IC 1396 H-Alpha) ⓒstsci.edu

3. 반사(反射, reflection)성운

역시 HⅡ지역의 하나이나 외부의 별빛을 반사하여 푸른빛으로 보이는 성운이다.

반사성운 1 NGC1999 ⓒnasa.gov

반사성운 2(HH666) ⓒnoao.edu

4. 확산(擴散, diffuse)성운

주로 수소분자로 이루어진 가스와 먼지가 넓게 퍼져 있는 성운으로서 온도는
100°K 정도이며 크기는 1광년 미만에서 크게는 수백 광년, 질량은 태양의 10배에
서 수백만 배에 달하기도 한다. 이들 성운은 밀도가 낮아 그 뒤에 있는 별빛을 볼
수가 있다.

5. 암흑(暗黑, absorption)성운

규모는 확산성운과 비슷하나 온도는 10~20°K 정도로서 매우 낮고 밀도는 1만 배
정도 더 높아 스스로 아무 빛도 발하지 않을 뿐만 아니라 성운 뒤에서 지구로 오는 모
든 빛을 차단하기 때문에 주위보다 어둡게 나타나는 성운이다.

확산성운(게 성운) ⓒstsci.edu

암흑성운(barnard68) ⓒnasa.gov

6. 거대분자(巨大分子, giant molecular)성운

성분은 확산성운이나 암흑성운과 비슷하고 규모가 이들보다 더 커서 너비는 수백 광년에 이르기도 하며 질량은 태양의 수십만 배에서 수백만 배에 달하기도 한다. 온도는 암흑성운보다도 더 낮은 $10°K$ 정도이며 밀도는 암흑성운의 약 100만 배, 확산성운에 비해서는 약 100억 배 정도 더 높아 별이 되기 가장 좋은 조건을 갖춘 성운이다.

거대분자성운(오리온 성운) ⓒstsci.edu

2

촉진되는 별의 생성

1. 나선형 밀도파(密度波, spiral-density waves)

초기 우주에서는 저절로 수소나 헬륨가스가 성운을 이루고 이들이 중력만으로 별로 만들어져야 했기 때문에 별이 만들어지기가 매우 어려워 처음 별들이 만들어지기까지에는 1억 년이 넘는 세월을 기다려야 했다. 그러나 일단 별이 만들어지고 은하가 형성된 후에는 별이 훨씬 더 쉽게 만들어질 수 있는 환경이 조성됨으로써 수많은 별들이 짧은 시간에 만들어지게 되었는데 그 첫 번째가 나선형 밀도파이다. 흔한 형태의 은하인 나선형 은하의 나선 팔 끝부분에는 별을 만들다 남은 이온화된 수소(HⅡ)구름이 자리하고 있다. 이들 성운은 은하핵을 중심으로 회전하는데 은하핵에 가까울수록 속도가 빠르고 멀리 떨어져 있을수록 속도가 느리기 때문에 이들이 서로 충돌하면서 충격파, 즉 나선형 밀도파를 발생시킨다. 이 나선 팔 속의 밀도파는 거의 영구적인데 은하 주변을 1초에 약 30km 정도의 속도로 움직인다. 그리고 이곳을 지나가는 별들과 가스 및 먼지구름은 1초에 약 250km의 속도로 움직여 충격파를 추월해 통과하며 압착을 일으킨다. 이와 같이 별들 사이의 엷은 가스가 은하의 나선 팔 부근을 돌아다니다 압착되어 분자구름이 만들어진다. 이들 거대분자성운은 중력에 의해 형태가 유지되므로 독립된 개체로 볼 수 있으며 이들로부터 수많은 새로운 별들이 만들어지는 것이다.

2. 초신성폭발 충격파(supernova percolation)

초신성 폭발이 일어나면 막대한 에너지의 충격파가 발생하여 주변으로 퍼져 나가게 된다. 그러다가 거대분자성운을 만나게 되면 성운 내의 가스와 먼지를 압착하고 압착된 부분의 가스덩어리가 최대한도로 커지면 순식간에 중력붕괴를 일으켜 새 별이 탄생하게 된다. 이와 같이 초신성폭발 충격파는 1,000만 내지 2,000만 년에 걸쳐 거대한 가스구름 전체를 가로질러 퍼져 나가면서 별들을 폭발적으로 만들어 낸다. 뿐만 아니라 초신성폭발로 인하여 쏟아져 나온 물질들은 별들 사이의 공간에 흩어지면서 차세대 별들의 원료가 될 새로운 분자구름을 만들기도 한다. 이러한 초신성폭발은 한 세기에 두세 번 정도에 불과하며 이렇게 재활용되는 물질은 사실 1년에 태양질량의 몇 배 정도밖에 안 된다. 그렇지만 수십억 년이라는 세월이 흐르는 동안 수억 번의 초신성폭발이 있었고 이런 식으로도 수많은 별들이 만들어지게 되는 것이다.

3. 은하충돌 밀도파(density waves by galactic collisions)

은하와 은하가 충돌하면 밀도파가 발생하게 되고 이것 역시 나선형 밀도파나 초신성폭발 충격파와 마찬가지로 거대분자성운을 만나면 새로운 별들이 만들어지도록 하고 또 성간물질들이 모여 성운이 만들어지도록 하기도 한다.

오늘날의 우주와 그 미래

1. 오늘날의 우주

우리 우주는 지금도 팽창을 계속하고 있으며 팽창으로 인하여 은하들이 멀어지는 속도는 지구로부터의 거리에 비례하는데 100만 광년을 기준으로 초속 15km 정도이다.[54] 따라서 1억 광년 밖에 있는 은하는 초속 1,500km로 멀어지고 있다. 별들의 단위집단인 은하는 평균 2,000억 개 정도의 별들로 이루어져 있으나 1억 개 미만의 작은 것으로부터 별이 100조 개에 달하는 초대형도 있는데 지금까지 발견된 은하는 약 1,500억 개[55] 정도로서 이들의 약 77% 정도가 나선형 은하이며 타원형 은하가 20%이고 불규칙은하가 3%, 그리고 소수의 기타 은하들로 되어 있다.

현재 우주공간의 평균온도는 2.735°K로서 이것은 빅뱅 때의 잔열(殘熱)이 우주배경복사로 남아 있는 것이다. 그런데 이 우주배경복사는 우주 전역에 걸쳐 매우 균일하게 분포되어 있어 초기 우주가 저(低)엔트로피의 균질분포상태였으며 빅뱅 이후의 우주의 진화도 전 지역에 걸쳐 거의 비슷하게 진행되어 왔다는 것을 알 수 있다. 이 의미는 우주의 모습이 어디나 똑같다는 뜻은 아니며 우주는 매우 다양한 모습을 가지고 있으나 수억 광년의 범위에서 평균을 취하면 매우 균일한 결과를 얻을 수 있다는 뜻이다.

우주공간은 그 안에 불규칙 은하 몇 개와 소량의 물질밖에 없이 거의 텅 비어 있다시피 한 엄청난 규모의 거품과 같은 공간들이 벌집 형태를 이루고 있고 은하들은 이들 거품의 경계면에 해당하는 곳에 몰려 있다. 이들 거품의 크기는 지름이 1억 5,000만 광년에서 무려 8억 광년에 달하는 것도 있다. 은하들은 이들 경계면에서

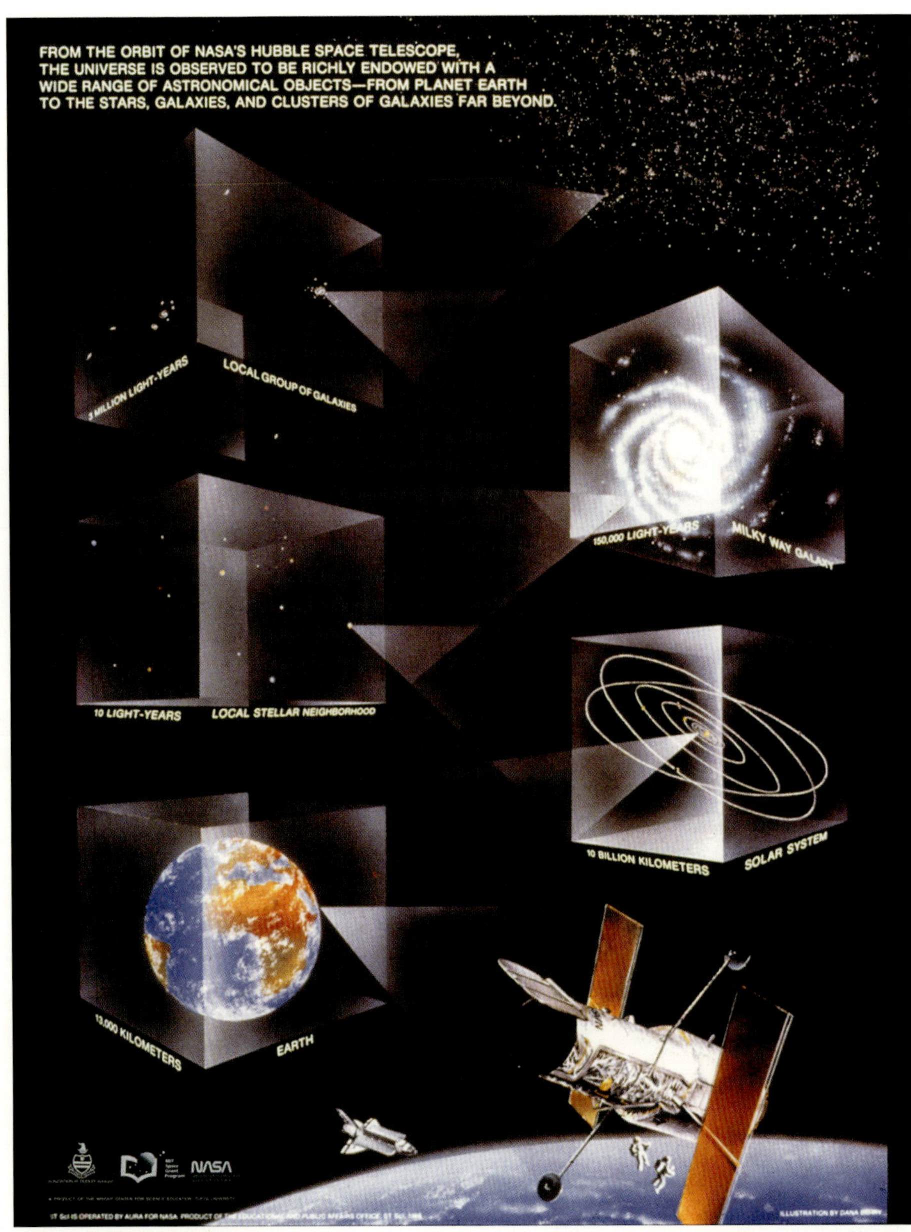

우주의 규모와 크기 ⓒtufts.edu

수십 개씩 무리를 지어 크기가 수백만 광년에 달하는 은하군을 형성하고 또 이들 은하군이 모여 크기가 1,000만 광년 정도이고 수백 개 내지 수천 개의 은하가 무리를 이룬 은하단을 구성한다. 그리고 은하단들이 모여 초은하단을 이루는데 그 크기는 수천만 광년에 달하며 이와 같이 은하들이 밀집해 있는 곳에서의 은하와 은하 사이의 평균거리는 약 100만 광년 정도이다.

이들 별무리 중에는 길이가 5억 광년, 폭 2억 광년, 두께 1,500만 광년에 수천 개의 은하가 몰려 있는 은하단이 있는데 여기에는 거대장벽(巨大障壁, The Great Wall)이라는 이름이 붙어 있다. 또 우리 은하와 약 1억 광년 떨어진 곳에는 우리 은하보다 약 1만 배나 많은 물질들을 지닌 거대중력원(巨大重力源, The Great Attractor)이 있어 우리 은하를 비롯한 주변의 은하들을 끌어당기고 있다. 그리고 그 너머 약 세 배 정도의 거리 뒤에는 거대중력원보다도 1만 배나 더 많은 물질들을 가지고 있는 초은하단인 셰이플리(Shapley)집단이 존재하고 있다. 그리고 종족 II별들이 만들어질 때는 행성들이 만들어지지 않았으나 종족 I별들이 만들어질 때는 대부분 행성과 같이 만들어졌기 때문에 우리 은하에는 물론 다른 은하에도 태양계와 같은 행성계가 수없이 많이 존재하고 있으며 지구와 비슷한 조건을 가진 행성도 무수히 많을 것이다.

아인슈타인이 생각했던 우주의 모습은 크기는 유한하나 중심도 없고 경계도 없는 것으로서 2차원이라면 풍선의 표면에 해당하는 3차원 초구체(超球體, hypersphere)가 이런 특성을 가진다. 이것은 수학적으로는 양(+)의 곡률을 가지게 되는데 아인슈타인의 방정식에 의하면 우주상수(宇宙常數, cosmological constant)의 값에 따라 우리 우주는 수학적으로 양뿐만 아니라 0(영/零, zero)이나 음(−)의 곡률을 가질 수도 있다. 곡률이 0이라는 것은 우주가 모든 방향으로 영원히 확장될 수 있고 크기는 무한하거나 또는 유한하지만 경계가 없는 평평(平平, flat)한 공간이라는 뜻이다. 사각형 화면을 가지는 비디오게임에서 위쪽 경계로 사라진 화면이 아래쪽 경계에 이어져 나타나고 왼쪽 경계로 사라진 화면이 오른쪽 경계에 이어져 나타나며 그 반대도 성립한다면 화면의 크기는 유한하나 경계는 없는데 이런 면을 2차원 원환면(圓環面, 2-dimensional torus)이라고 한다. 마찬가지로 주사위와 같은 육면체의 각 면이 반대편의 면과 각각 연결되어 있어서 한 면에서 사라진 물체가 반대편의 면에서 이어져 나타나게 되면 역시 크기는 유한하나 경계가 없는 공간이 되는데 이것을 3차원 원환체(圓環體, 3-dimensional torus)라고 하며 이것 역시 아인슈타인이 생각한 우주의 모습과 같은 특성을 가지게 된다. 이때 우주의 질량과 에너지밀도는 어떤 임계값, 즉 임계밀도가 되며 따라서 실제 밀도와 임계밀도의 비를 오메가(Ω)라고 한다면 오메가는 1이 된다. 오메가가 1보다 작으면 우주는 음의 곡률을 가지게 되는데 이런 평면은 한없이 큰 말안장과 비슷해서 앞뒤로는 위로 휘고 좌우로는 밑으로 휜 공간이다. 그리고 오메가가 1과 같거나 작아서 우주가 0이나 음의 곡률을 가지게 되면 우주는 팽창하려는 힘이 팽창을 저지하려는 중력보다 같거나 커서 영원히 팽창을 계속하게 되는 반면 오메가가 1보다 크면 우주는 양의 곡률을 가지게 되고 우주는 팽창력이 중력보다 작아서 언젠가는 팽창을 멈추고 대수축(大收縮, Big Crunch)을 시작하여 빅뱅의 역과정이 일어나게 될 것이다.

2. 우주의 미래

현재까지 관측된 우리 우주의 질량-에너지밀도는 임계밀도의 약 3%에 불과하며 지금까지 알려진 암흑물질의 밀도는 임계밀도의 약 27% 정도이

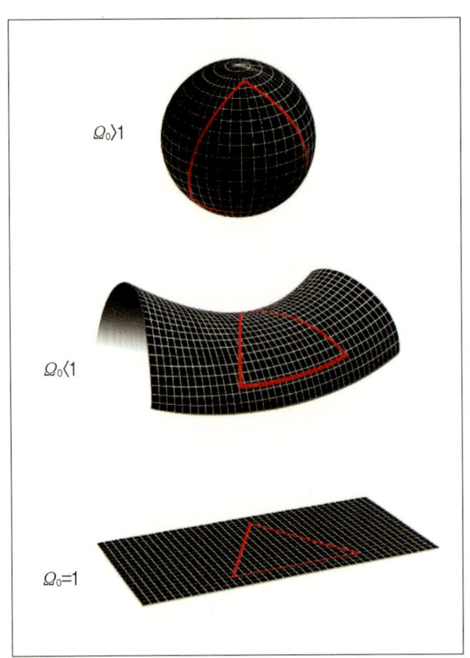

우주의 형태

므로 이들을 다 합쳐도 오메가는 30% 정도밖에 안 된다. 그런데 최근의 연구에서 우주공간에는 이들 외에 암흑에너지(dark energy)가 존재하고, 이들은 정상물질 및 암흑물질을 합한 실제물질과 함께 오메가 결정요인으로 작용할 뿐만 아니라 우주가 팽창하여 실제물질의 질량-에너지밀도가 낮아지면 그만큼 더 생겨나 오메가를 1.0 또는 1.0에 가깝게 유지시켜주며 또 우주를 팽창하게 하고 팽창속도를 가속시키는 성질이 있다는 것도 밝혀졌다. 따라서 우리의 우주는 평평하고, 실제물질의 질량-에너지밀도가 상대적으로 크던 우주 초기에는 암흑에너지의 밀도가 작았으나 우주의 팽창과 함께 실제물질의 질량-에너지밀도가 감소함에 따라 암흑에너지의 밀도는 점점 더 커졌지만 그 값이 50%를 넘기 전인 대략적으로 대폭발 이후 70억 년까지는 중력이 상대적으로 더 커서 팽창속도는 점점 줄어들었을 것이며 이것은 관측 결과와도 부합된다.

그러나 암흑에너지의 밀도가 50%를 넘은 후에는 실제 밀도에 비해 상대적으로 점점 더 커짐으로써 팽창속도는 점점 더 빨라지고 있으며 앞으로도 영원히 가속적으로 증가할 것이다. 그리고 수백억 년이 지나면 은하들은 희미해지기 시작하고 결국은 별들도 모두 사라질 것이며 나중에는 블랙홀들마저 폭발해 버리고 우주는 차고 어두워져 서서히 식어가는 광자, 중성미자, 전자와 양전자들의 복사를 가득 채운 채 영원 속으로의 여행을 계속할 것이다. 그러나 이 모든 것은 우주의 지평선(地平線, cosmic horizon) 내에서 관측한 결과에 의한 것이므로 그 너머에 무엇이 있느냐에 따라 달라질 수도 있으며, 또 그런 일이 일어난다고 해도 그것 역시 아주 먼 훗날의 일이 될 것이다. 그리고 더욱 중요한 것은 우리 우주가 언제까지 지속될 것이냐가 아니라 우리 인류가 우리에게 주어진 시간 동안 얼마나 빨리 지금과 같은 정치적, 경제적, 사회적, 종교적 분열(分裂, breakup)과 갈등(葛藤, discord)과 혼돈(混沌, chaos)에서 벗어나 더 높은 차원으로의 진화를 이룩함으로써 참으로 즐겁게 살 만한 가치가 있는 인간사회를 이룰 수 있느냐 하는 것이다.

4

우주의 특성

1. 시간(時間, time), 공간(空間, space)과 시공간(時空間, spacetime)

시간은 물질우주와 마찬가지로 빅뱅과 더불어 비롯되었다. 빅뱅은 북극점과 같은 일종의 특이점으로써 북극점보다 더 북쪽은 없고 어느 쪽이든 남쪽이듯이 빅뱅 이전은 존재하지 않으며 오로지 이후만 있을 뿐이다. 빅뱅 이후 시간은 흐르고 흘러 오늘날까지 왔다. 그러나 물리학의 세계에서는 시간의 흐름이나 경과는 존재하지 않으며 각각의 시점만이 존재한다. 더욱이 이들 시점은 임의로 옮겨질 수 있으며 그런 임의의 시점으로부터 생긴 시간 간격만을 시계로 측정할 수 있을 뿐이다. 그나마 누구에게나 똑같은 순간이 되는 시각이나 똑같은 속도로 흐르는 시간, 즉 누구에게나 공통적인 절대시간(絶對時間, absolute time)은 존재하지 않으며 그가 어디에 있고 어떤 속도로 움직이느냐에 따라 다 다르다.

실제로 광속(光速, velocity of light)[56]으로 움직이는 입자에게는 시간이란 존재하지 않으며 미시의 세계에서는 시간이 역행한다고 해도 아무런 문제

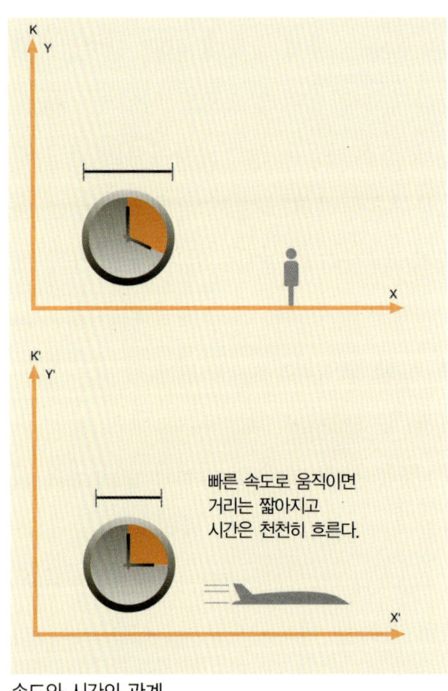

속도와 시간의 관계

도 생기지 않는다. 그러나 거시의 세계에서는 과거는 기억되고 기록될 수 있으나 미래는 그렇지 못하고, 엔트로피(entropy)[57]는 시간에 따라 증가하며 우주의 팽창 역시 시간에 따라 진행되고 있기 때문에 시간은 미래라는 한 방향으로만 흐른다고 보게 되는데 이것을 열역학적 시간의 화살(thermodynamic arrow of time)이라고 한다. 또 생명체들에게는 세포 안에 있는 가변적인 화학적 평형상태의 주기가 시간개념과 결합되어 있어서 시간의 흐름을 느끼게 된다.

공간(空間, space)은 중력이 작용하는 장(중력장/重力場, gravitational field)으로서 역시 빅뱅과 더불어 비롯되었다. 현재 우리들이 살고 있는 공간은 전후, 좌우, 상

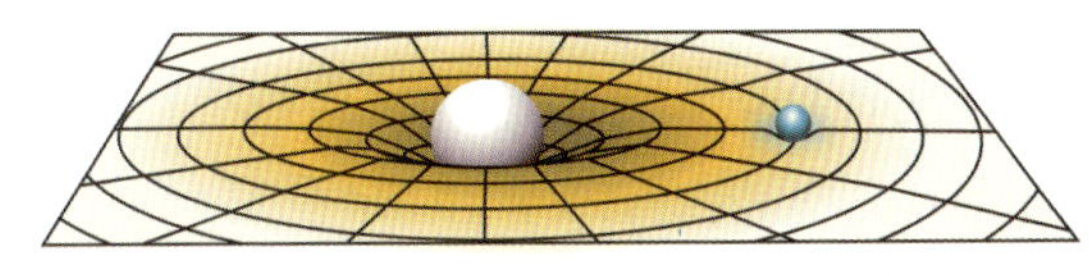

중력장

하의 3차원(次元, dimension)으로 되어 있고 시간과 같은 방향의 제약은 가지고 있지 않다. 또 물체를 담고 있는 각각의 공간은 각 물체의 중력에 따라 각각 다른 곡률로 휘게 되고 이러한 중력장 안에서 움직이는 물체는 가상의 중력선(重力線, gravitational line)을 따라 이동하게 된다. 즉 유클리드(Euclid)적 동질의 공간, 즉 절대공간(絕對空間, absolute space)은 존재하지 않으며 공간은 물체가 어떻게 움직일 것인가를 알려주고 물체는 공간이 어떻게 휠 것인가를 알려주는 것이다.

그래서 중력에 의해서 휘어진 공간에서는 빛조차 휘게 되는데, 예를 들어 멀리 있는 두 별이 지구와 일직선을 이루고 있을 때는 앞에 있는 별이 뒤에 있는 별에서 오는 빛을 굴절시킴으로써 뒤에 있는 별을 여러 개로 보이도록 한다. 또 경우에 따라서는 무거운 별이 근처를 지나가는 별빛을 휘게 하여 본래의 별빛과 중첩시킴으로써 별을 더욱 밝게 보이도록 하는데 이런 현상을 중력렌즈(gravitational lens)효과라고 한다. 또한 중력은 가속운동(加速運動, accelerated motion)[58]과 물리적으로 같

은 현상으로서 중력을 느낀다는 것은 가속운동을 하고 있다는 뜻이며 이것을 등가 원리(等價原理, principle of equivalence)라고 한다.

그런데 시간과 공간은 따로 분리되어 있는 것이 아니라 3차원 공간에 시간이 결합된 4차원 시공간으로서 같이 연결되어 있으며 이것은 절대적인 것이 아니라 매우 역동적인 것으로서 질량과 에너지의 분포에 따라 얼마든지 변할 수 있는 것이다. 그리고 아인슈타인의 특수상대성이론은 우주 안의 모든 물체가 시공간 내에서 항상 광속으로 이동하고 있어 비록 공간상에서는 정지하고 있더라도 시간을 따라 광속으로 이동하고 있는 것이며 공간상에서 어떤 속도로 이동할 때에는 그만큼 시간을 따라가는 속도가 늦어져 시간이 느리게 진행되는 것이라고 설명하고 있다. 그러나 최근에 등장한 '초끈이론'과 'M-이론'에서는 우주가 10차원 또는 11차원 시공간이기를 요구하고 있어 우리에게는 지금 아직도 장막에 가려 있는 예닐곱 개의 차원이 더 있을 수도 있다.

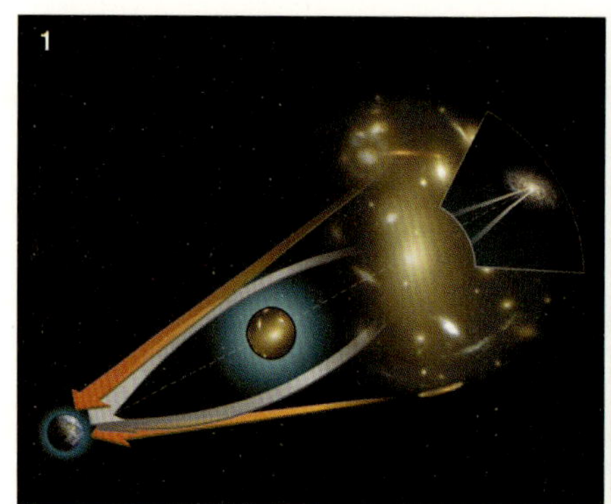

1. 중력렌즈효과 ⓒ stsci.edu
2. 중력렌즈효과의 실례 ⓒnasa. gov

2. 물질의 구조

우리 우주의 모든 물질은 원자(原子, atom)로 구성되어 있다. 이들 원자는 중앙에 원자핵(原子核, atomic nucleus)이 있고 그 주변에 전자가 분포되어 회전하고 있는데 전자가 분포되어 있는 구역은 순수한 허공과 마찬가지이다. 원자의 크기는 전자가 분포할 수 있는 제일 바깥쪽 경계면까지의 크기가 되는데 직경이 대략 10^{-8}cm인데 비해 원자핵은 대략 10^{-13}cm밖에 되지 않는다. 그런데 전자는 원자핵에 비해 워낙 질량이 적으므로 정작 실제 물질이라고 할 수 있는 부분은 원자핵뿐이고 이것은 원자 전체의 크기에 비해 길이 단위로 10만분의 1(10^{-5}), 부피로는 1,000조분의 1(10^{-15})에 불과하다. 따라서 원자핵의 크기를 지구만 하게 만들면 아무리 가까운 다른 원자핵도 지구와 태양 사이의 거리의 거의 일곱 배 이내에는 있을 수 없게 되므로 물체라고 하는 것들이 입자의 입장에서 보면 우리가 마치 우주공간을 바라보는 것과 비슷한 형태이며 아무리 단단해 보여도 실제로는 허공과 다를 바 없는 것이다.

원자핵은 가장 가벼운 원소인 수소만 하나의 양성자로 되어 있고 나머지 모든 원소는 양성자와 중성자로 이루어져 있는데 가벼운 원소는 대개 양성자와 같은 숫자의 중성자가 원자핵을 구성하나 무거운 원소로 갈수록 중성자의 수가 많아진다. 예를 들어 두 번째로 가벼운 원소인 헬륨은 양성자와 중성자가 각각 두 개씩이고 탄소는 여섯 개씩, 질소는 일곱 개씩 산소는 여덟 개씩 등이다. 그러나 철은 양성자 26개와 중성자 30개이고, 은은 47개와 61개, 금은 79개와 118개, 납은 82개와 125개, 우라늄은 92개와 146개 등이다. 이들

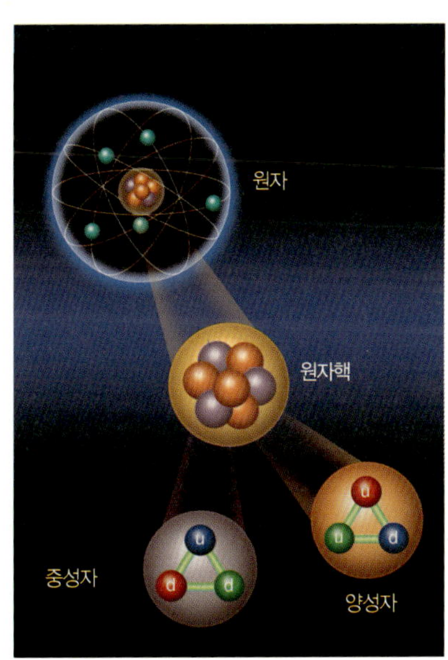

원자의 구조

원소의 화학적 성질은 모두 양성자의 수에 관계되며 이것이 곧 그 원소의 원자번호 (原子番號, atomic number)가 된다.

그리고 각 원소의 양성자수와 중성자수를 합치면 그 원소의 원자량(原子量, atomic weight)이 되는데 헬륨은 4, 철은 56, 우라늄은 238 등이다. 그러나 원소들이 항상 같은 수의 중성자만 가지는 것은 아니어서 예를 들어 헬륨-3은 양성자는 두 개이나 중성자는 한 개로서 원자량이 3이고 산소-17은 양성자는 여덟 개이나 중성자는 아홉 개로서 원자량이 17이다. 또 우라늄-23은 양성자는 92개이나 중성자는 143개로서 원자량이 235인데 이런 원소들을 동위원소(同位元素, isotope)라고 하며 동위원소들은 원소에 따라 여러 개가 있어 주석과 같은 원소들은 동위원소들을 10가지나 가지고 있다. 그리고 모든 원자들은 중성자의 수에는 관계 없이 양성자, 즉 원자번호와 똑같은 수의 전자를 가짐으로써 전기적으로 중성이 된다.

이와 같이 물질들을 이루고 있는 양성자와 중성자, 그리고 전자와 같은 입자들을 물질입자라고 한다. 그리고 이런 입자들은 각운동량(角運動量, angular momentum)과 관계되는 고유(固有)스핀(spin)이라는 값을 가지는데 물질입자들의 고유스핀은 어떤 특정 값의 반 홀수 배, 즉 1/2배, 3/2배, 5/2배 등이며 이런 입자들을 페르미온(fermion)이라고 한다. 또 전자는 더 이상 나눌 수 없는 기본입자이지만 양성자와 중성자는 각각 세 개씩의 쿼크로 이루어져 있다. 이들 중 양성자와 전자는 매우 안정된 입자이며 중성자 역시 원자핵 내에서는 매우 안정적이나 독립적인 중성자는 900초 이내에 하나의 양성자와 전자, 그리고 중성미자로 붕괴된다.

물질의 기본적인 구성입자는 여섯 가지의 쿼크와 여섯 개의 경입자(輕粒子, 렙톤/lepton) 등 모두 12가지의 소립자이다. 여섯 개의 쿼크는 각각 업, 다운, 참(charm),[59] 스트레인지(strange),[60] 톱(top),[61] 바텀(bottom)[62]이라고 구분하는데 이를 맛(향/香, flavor)이라고 하며 경입자는 전자, 뮤온(muon),[63] 타우(tau),[64] 전자중성미자, 뮤온중성미자, 타우중성미자의 여섯 가지이다.[65] 그러나 이들은 모두 반입자(反粒子, antiparticle)를 가지기 때문에 기본입자가 실제로는 24가지가 된다.

쿼크는 전하(電荷, electric charge)를 가지는데 업, 참, 톱의 전하는 +2/3e이고 다운, 스트레인지, 바텀의 전하는 –1/3e이며 스핀은 모두 1/2이다. 쿼크는 또 세 가지 종류의 성질 중 한 가지를 가지는데 성질 자체를 색(色, color)이라고 하며 세 가지 성질에는 각각 빛의 삼원색인 빨강(red), 초록(green), 파랑(blue)이라는 이름이 붙어 있다. 양성자나 중성자는 세 개의 쿼크가 강력에 의해 결합된 것으로서 이러한 입자를 중입자(重粒子, 바리온/baryon)라고 하며 그 외에 두 개의 쿼크가 강력에 의해 결합된 입자를 중간자(中間子, 메존/meson)라고 한다. 그리고 강력에 의해 결합된 이런 입자들을 통틀어 강입자(强粒子, 하드론/hadron)라고 하며 이에 대하여 경입자들을 약입자(弱粒子)라고도 한다.

양성자와 중성자를 만드는 데 쓰이는 쿼크는 여섯 가지 중 업과 다운 두 가지뿐이다. 즉 업 두 개와 다운 한 개가 결합되면 전하가 +e인 양성자가 되고 업 한 개와 다운 두 개가 결합되면 전기적으로 중성인 중성자가 되는 것이다. 그런데 쿼크는 색을 가진 채로 독자적으로 존재할 수는 없고 반드시 다른 쿼크와 결합하여 색이 없는 상태로만 존재할 수 있으며[66] 강력은 색이 다른 입자 사이에만 작용하기 때문에 양성자나 중성자를 이루는 쿼크는 세 가지 색 중 각각 다른 한 가지 색을 가져야 한다.

그러나 중간자는 두 개의 쿼크로 만들어지기 때문에 쿼크끼리만으로는 이러한 조건을 만족시킬 수 없다. 따라서 중간자는 쿼크와 그의 보색(補色)을 가지는 반 쿼크를 결합시킴으로써 이러한 조건을 만족시킨다. 중간자 중 가장 중요한 파이중간자의 경우 업 쿼크와 반업 쿼크, 다운 쿼크와 반다운 쿼크가 결합되면 전기적으로 중성인 π중간자가 되지만 업 쿼크와 반다운 쿼크가 결합되면 전하가 +e인 π^+중간자, 다운 쿼크와 반업 쿼크가 결합되면 전하가 –e인 π^-중간자가 된다.

결국 우주공간을 채우고 있는 모든 물질은 두 가지의 쿼크와 전자 등 단 세 가지

의 경입자로 만들어져 있으며 다른 입자들은 강입자나 약입자들을 막론하고 대부
분 빅뱅과 같은 아주 극한적인 상황에서만 존재한다. 한편 이들 반 홀수배의 고유
스핀을 가지는 물질입자들은 다수의 입자를 포함하는 계(系, system)에서 두 개 이
상의 입자가 같은 양자상태를 취할 수 없다. 예를 들어 원자 내에서 하나의 양자궤
도에는 똑같은 양자상태의 전자가 두 개 들어갈 수 없기 때문에 반드시 반대 스핀
을 가지는 두 개의 전자만이 존재할 수 있으며 이것을 파울리의 배타원리(排他原理,
Pauli' s principle)라고 한다.

3. 힘(force, 또는 상호작용/相互作用, interaction)의 성질

우주공간에는 이와 같은 물질들 외에 물질 사이에 상호 작용하는 네 가지 힘이 존
재하며 이들도 몇 가지 입자들의 교환에 의해서 전달되는데 이러한 입자들을 매개입
자라고 한다. 이들은 물질입자와는 달리 어느 특정 값의 0배, 1배, 2배 등 정수배의
고유스핀 값을 가지며 이러한 입자를 보손(boson)이라고 한다. 그중 첫 번째 힘인 중
력은 질량이 없고 스핀이 2인 중력자에 의해 전달되는데 한 가지 종류만 있는 질량
사이에 작용하며 거시세계(巨視世界, macroscopic world)를 구성한다. 즉 별들의 세계
가 유지되는 것은 모두 중력의 작용이고 전자기력이나 핵력은 전혀 영향을 미치지 못한다. 중력은 무한대까지 작용하나 네 가지 힘 중 가장 약해서 강력의 10^{-38}밖에

중력

안 되며 그 크기는 질량에 비례하고 거리의 제곱에 반비례한다.

두 번째 힘인 전자기력은 질량이 없고 스핀이 1인 광자에 의해 전달되는데 +와 −, 두 가지 종류가 있는 전하 사이에 작용하며 미시세계(微視世界, microscopic world)를 구성한다.

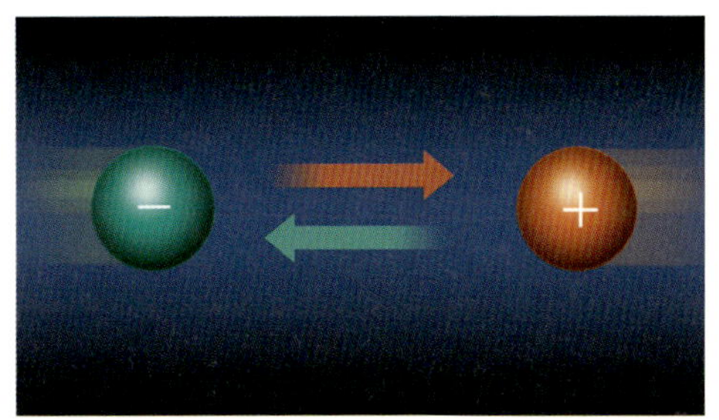

전자기력

즉 원자핵이 전자를 붙잡아 원자를 구성할 수 있도록 해 주는 것은 전자기력이며 중력이나 핵력은 전혀 관계가 없는데 +와 −가 균형을 이루기 때문에 전기적 특성이 밖으로 나타나지 않는 중성이 된다. 또 원자들이 결합하여 분자들을 만들고 분자들이 결합하여 물질을 만드는 것도 모두 전자기력의 작용이다. 전기력(電氣力, electric force)은 전자기력 중 전하들 사이에 작용하는 힘이고 자기력(磁氣力, magnetic force)은 움직이는 전하들 사이에 작용하는 힘이다. 그래서 전기장(電氣場, electric field)이 움직이면 자력이 발생하고 자기장이 움직이면 전력이 발생한다. 전자기력 역시 무한대까지 작용하나 대개 +와 −, 그리고 N극(極, pole)과 S극이 상쇄됨으로써 실제로는 멀리까지 작용하는 경우가 거의 없으며 세기는 강력의 1/100 정도이다. 전자기력 역시 전하의 크기에 비례하고 거리의 제곱에 반비례한다.

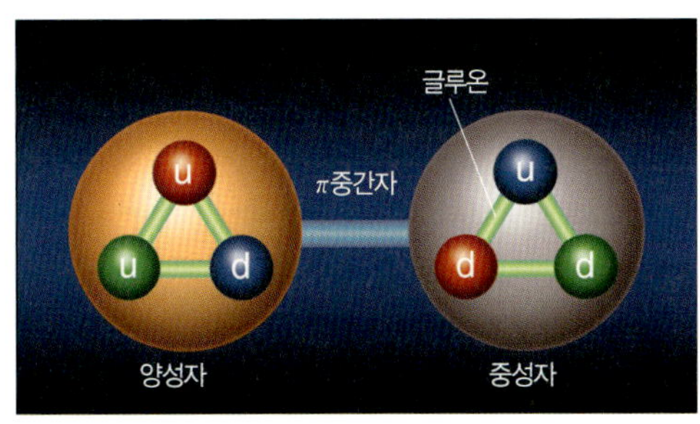

강한 핵력

세 번째 힘인 강한 핵력(강력)은 두 가지가 있는데 원자핵 내부에서 작용하며 극미세계(極微世界, super-microscopic world)를 구성한다. 먼저 세 가지 색의 쿼크를 묶어 양성자와 중성자를 만들어 주는 것은 질량이 없고 스핀이 1인 글루온이라는 매개입자이다. 글루온은 쿼크와 작용하여 이들의 색을 바꾸어 줌으로써 이들을 결합시키는데 어떤 색을 어떤 색으로 바꾸어주느냐에 따라 여덟 가지가 있다. 글루온 역시 자체의 색을 가지고 있어 쿼크와 마찬가지로 따로 존재하는 것은 불가능하며 양성자나 중성자 안에서만 존재할 수 있다. 또 양성자와 중성자들을 묶어 원자핵을 만들어 주는 것은 스핀이 0인 파이중간자이다. 이들 글루온과 파이중간자에 의해서 전달되는 강력은 네 가지 힘들 중 가장 강해서 전자기력의 100배 정도이지만 작용 범위는 10^{-13}cm로서 원자핵 내에서만 작용한다.

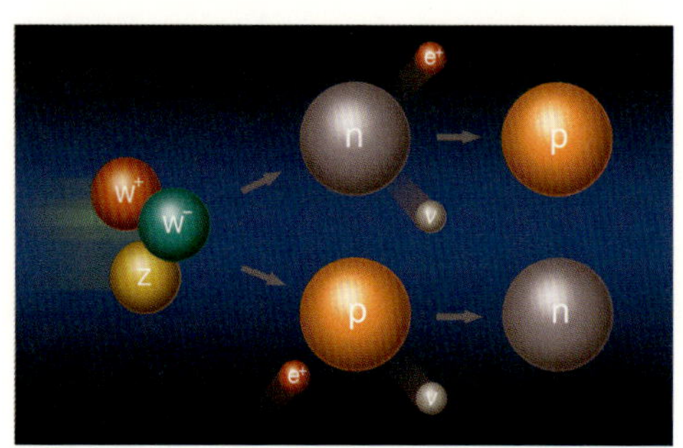

약한 핵력

네 번째 힘인 약한 핵력(약력)은 중성자가 β붕괴를 일으켜 전자와 중성미자를 방출하고 양성자로 바뀌도록 해 주거나 역으로 양성자가 전자를 포획하여 중성미자를 방출하고 중성자로 바뀌도록 해 주는 힘인데 매개입자는 전하를 가진 W^+입자와 W^-입자, 그리고 전기적으로 중성인 Z^0입자이며 스핀은 모두 1이다. 약력의 세기는 강력의 10^{-13} 정도이며 작용범위도 강력보다 더 좁은 10^{-16}cm 정도로서 양성자나 중성자 내에서만 작용한다. 그런데 약력을 전달하는 입자들은 매우 무겁지만 빅뱅 이후 약력과 전자기력이 나뉘었을 때와 같은 온도 이상이 되면 질량을 잃어 광자와 구별이 불가능해지며 약력과 전자기력은 같은 작용이 된다. 그리고 이들 정수배의 고유스핀을 가지는 매개입자들은 파울리의 배타원리와 관계가 없어 같은 계 안에 얼마든지 많은 입자가 같은 양자상태로 존재할 수 있다.

이와 같이 우주공간을 채우고 있는 모든 물질이나 그 사이에 작용하는 모든 힘들은 모두 몇 가지의 기본적인 입자들로 이루어져 있으며 이들은 빅뱅의 어느 단계에선가 빛으로부터 갈라져 나온 것들이다. 따라서 빅뱅의 과정을 거꾸로 거슬러 올라가면서 이들이 갈라지기 이전의 단계로 돌아가면 이들은 다시 통합을 이루게 되고 궁극적으로는 물질이나 힘이나 모두 대통합을 이루어 다시 단 하나, 빛(광자)만 남게 될 것이다.

4. 양자요동(量子搖動, quantum fluctuation), 광자와 중성미자, 파동(波動)과 입자의 이중성(二重性, wave-particle dualism), 양자중첩(量子重疊, quantum superposition)

전자와 양전자가 충돌하면 큰 에너지를 가진 전자기파, 즉 정지질량을 가지지 않는 두 개의 광자로 방사되는데 이와 같은 고(高)에너지 광자를 γ선이라고 한다. 또 반대로 충분한 에너지를 가진 광자, 즉 전자기파가 충돌하면 전자와 양전자가 생성된다. 이와 같이 미시의 세계에서는 물질이 에너지가 되고 에너지가 물질이 되는 것이 얼마든지 가능하다. 그리고 광자나 전자와 같은 입자들은 가질 수 있는 에너지가 연속적이지 않고 특정 값의 정수배로만 가능하기 때문에 이들을 양자(量子, quantum)라고 하는데 이들 세계에서는 에너지, 즉 물질이 텅 빈 공간, 즉 진공(眞空 vacuum)에서 생성될 수도 있다. 그렇지만 실제로는 완전히 비어 있는 공간이란 있을 수 없고 어떤 진공상태에서도 잠재적인 소립자들이 부글부글 끓고 있으며 끊임없이 생성되었다가 소멸되는데 이를 양자요동이라고 한다.

광자는 우주공간에 가장 많이 존재하는 입자로서 1cm³당 평균 약 500개가 존재하는데 질량은 없지만 정해진 양의 에너지를 가지고 항상 빛의 속도로 움직이며 절대로 정지하지 않는다. 빅뱅 초기에 광자보다도 더 먼저 다른 물질들과 분리된 중성미자는 보통 물질과는 거의 상호작용을 일으키지 않아 지구나 태양과 같은 단단한 물질도 쉽게 관통한다. 중성미자도 반입자를 포함하여 1cm³당 평균 약 400개가 존재하며 평균 에너지도 광자보다는 약간 낮지만 거의 비슷하다. 그러니까 우주는 광자와 중성미자의 바다라고 할 수 있으며 별들을 포함하여 우주에 존재하는 모든 물질들은 이 바다

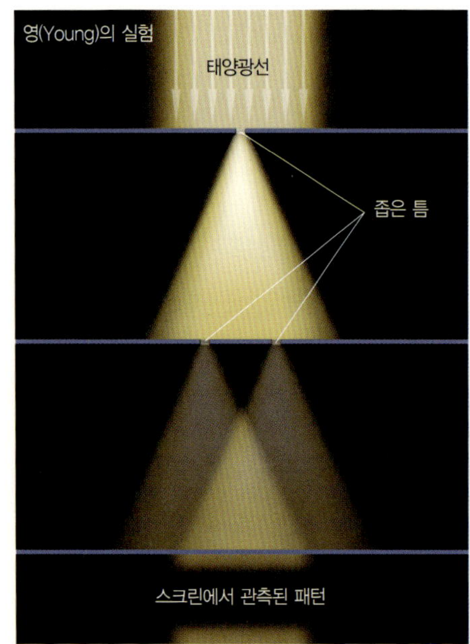

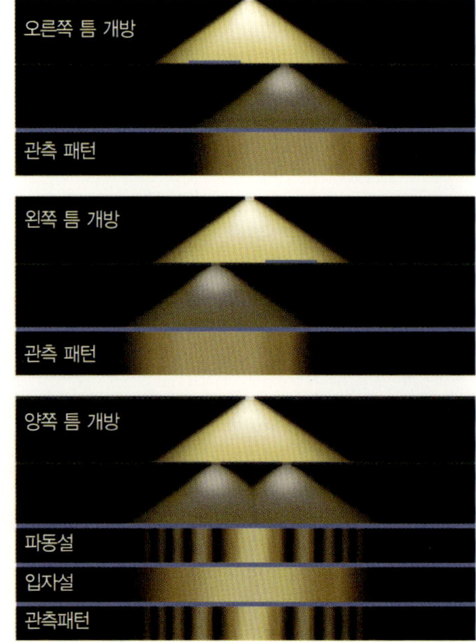

파동과 입자의 이중성 ⓒnobelprize.org

에 떠 있는 것이나 마찬가지인데 이들은 우주의 팽창과 함께 에너지를 잃으며 서서히 식어가고 있다. 중성미자는 아직 질량을 가졌는지 아닌지조차도 밝혀지지 않았는데 워낙 이들의 수가 많기 때문에 이들이 아주 작은 질량만을 가지고 있다고 해도 전체 질량은 우주의 미래가 달라질 정도로 큰 값이 된다.

사실 광자나 전자와 같은 소립자 즉 양자들은 객관적인 존재가 아니어서 관측하기 전까지는 어느 곳에나 있으면서 어느 곳에도 존재하지 않으며 또 우리와 상호작용하는 방법에 따라 입자도 되고 파동도 되므로 입자로 검출하려고 하면 입자로 나타나지만 파동으로 검출하려고 하면 양자상태가 붕괴되어 파동으로 나타난다. 이들은 파동도 아니고 입자도 아니면서 파동인 동시에 입자인 이중성을 가지고 있는 것이다. 또 이들은 파동과 입자라는 각각 다른 상태로 존재할 수 있을 뿐만 아니라 동시에 여러 곳에 존재할 수도 있으며 이들은 서로를 간섭하는데 이를 양자중첩이라고 한다.

5. 비국지성(非局地性, 초공간성/超空間性, non-locality), 홀로그램(hologram, 입체영상/立體映像) 우주, 프랙탈(Fractal) 구조[67]

미시세계에서는 소립자들이 독립된 존재라기보다는 다른 입자들과 서로 연결되어 있는 것으로 보인다. 이를 양자상태의 얽힘(entanglement)이라고 하는데 그래서 하나의 부분 영역에서 발생하는 변화가 순간적으로 다른 부분 영역에 전달될 수 있으며 그 전달 속도는 빛보다 훨씬 더 빠를 수도 있다. 따라서 이런 현상은 정보의 전달에 의해서라기보다는 이들 소립자가 빅뱅이 일어났을 때 공통으로 생성됨으로써 어떤 양자역학적인 방식으로 연결되어 있고 그로 인해 나타나는 우주의 비국지성(초공간성) 때문인 것으로 보고 있다. 이들 연구에서 밝혀진 바에 의하면 거시세계에서는 원자와 분자로 만들어진 분리된 객체가 존재하지만 이들 원자와 분자를 구성하고 있는 소립자의 수준에서는 이러한 분리는 사라져 버리고 우리 우주공간에는 분리될 수 있는 것이 아무것도 없으며 만물이 다른 만물 속에 침투해 있고 또 다른 만물에 의해 침투되어 있다는 것이다.

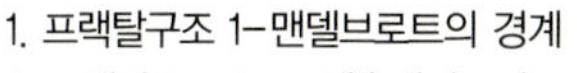

1. 프랙탈구조 1-맨델브로트의 경계
2. 프랙탈구조 2-브랜슬레이즈의 고사리

한편 홀로그램을 만드는 필름은 2차원 평면 속에 3차원 영상을 담은 것으로서 일반 필름과는 달리 아무리 작은 조각 속에도 해상도(解像度, resolution)만 떨어질 뿐 전체의 영상을 모두 간직하는데 우리 우주는 홀로그램과 같은 특성을 가지고 있어서 아무리 작은 티끌 속에도 우주 전체의 모습과 정보가 담겨 있어 그 자체가 일종의 거대한, 유동(流動)하는 홀로그램이다. 또한 우주는 무한대까지 반복되는 것은 아니지만 부분 속에 전체의 모습이 들어 있고 또 그 부분 속에도 전체의 모습이 들어 있는 프랙탈 구조로 되어 있다.

6. 초(超)끈이론(superstring theory), M-이론(M-theory)

초기의 끈이론(string theory)은 양성자나 중성자 또는 중간자 속에서 쿼크를 분리하려다가 실패하자 이들이 끈으로 연결되어 있다고 본 이론인데 양자색역학이 쿼크들에 색을 부여하여 이 문제를 성공적으로 설명하자 사라져 버리는 듯하였다. 그러나 이 이론과 관련된 연구로부터 그때까지 불가능할 것으로 여겨졌던 양자적 중력이론이 성립되면서 다시 생명력을 얻게 되었다. 당시까지의 전통적인 입자물리학은 전자와 쿼크를 크기가 없는 점 입자로 간주하였으며 이 경우 중력을 받아들일 수가 없었다. 그런데 새로운 끈 이론에서는 물질입자든 매개입자(중력자 포함)든 관계없이 모든 입자는 굵기가 없는 플랑크 길이 정도의 진동하는 끈으로서 끈의 진동패턴에 따라 각기 다른 입자의 형태로 나타난다는 것이다. 이렇게 되면 물질이나 힘을 이루는 최소 단위는 하나뿐이며 여기에는 중력까지도 포함된다. 그리고 진동패턴은 항상 짝을 지어 나타나며 한 쌍의 진동은 스핀이 1/2단위로 차이가 난다는 것을 알게 되었는데 이들 정수 스핀과 반정수 스핀 사이에 존재하는 대칭성(對稱性, symmetry)[68]에 초대칭(超對稱, supersymmetry)이라는 이름이 붙게 되었고 끈이론도 초대칭 끈이론, 줄여서 초끈이론으로 부르게 되었다.

초끈이론은 다른 이론으로는 불가능했던 일반상대성이론과 양자역학의 결합을 가능하게 함으로써 많은 관심을 끌게 되었으나 결점도 많았는데 가장 결정적인 것은 초끈이론이 성립하려면 시공간이 지금보다 6차원 더 많은 10차원[69]이 되어야 한다는 점이었으며 또 하나는 수학적으로 타당한 초끈이론이 다섯 가지나 있다는 것이었다. 그러나 3차원 공간보다 더 큰 차원의 우주공간이 가능하다는 이론은 이미 오래전부터 제기되고 있었기 때문에 다섯 가지의 초끈이론이 하나로 통합될 수 있음이 밝혀지자 이 이론은 물리학계의 최대 화두가 되었다. 이 이론에는 M-이론이라는 이름이 붙었는데 M이 Master의 약자인지 또는 Majestic, Mother, Magic, Mystery, Matrix의 약자인지는 분명치 않다.

M-이론은 아직도 상당 부분이 베일에 가려져 있지만 M-이론이 성립하기 위해서는 초끈이론보다 한 차원 더 많은 11차원 시공간이 필요한 것으로 밝혀졌다. 그리고 우주의 최소 단위는 1차원 끈만이 아니라 2차원 막(膜, membrane)일 수도 있고 3차원 객체일 수도 있는 것으로 나타났다. 이로서 M은 membrane의 약자일 수도 있게 되었으며 membrane은 2차원이지만 차원 문제를 일반화하기 위하여 2-브레인(two-brane)이라고 부르고 1차원 끈은 1-브레인, 3차원 객체는 3-브레인, p차원(10차원 이내)으로 확장된 막은 p-브레인으로 부르게 되었다.

이와 같은 p-브레인은 꼭 작아야 될 이유는 없으며 최근에는 우리가 알고 있는 우주만물이 더 높은 차원 속에 설치된 3-브레인 스크린 위에 존재한다는, 즉 우주 자체가 하나의 브레인이라는 브레인세계(braneworld) 가설도 등장하였다. 이 가설에 의하면 광자는 3-브레인 안에서 얼마든지 자유롭게 이동할 수 있으나 3-브레인을 이탈할 수는 없으며 따라서 여분의 차원으로 인한 공간이 아무리 커도 우리는 그것을 볼 수 없다는 것이다. 또 끈이나 다른 고차원 브레인들이 모두 점 입자와는 다른 0-브레인의 집합으로 이루어져 있다는 매트릭스(Matrix)이론도 나왔는데 이 이론에 의하면 시공간조차도 0-브레인의 적절한 조합으로 이루어져 있다는 것이다. 앞으로 M-이론의 발전과 함께 많은 우주의 비밀들이 밝혀질 것으로 기대되고 있다.

7. 우주를 구성하는 물질들의 특이한 성질 – 골딜락스(goldilocks) 효과

원자핵이 원자의 크기에 비해 굉장히 작지만[70] 전자에 비해서는 훨씬 무겁고 전자가 매우 가볍다는 것은 원자들이 이웃하는 원자들의 원자핵과 원자핵 또는 전자와 전자 사이의 전기적 반발을 극복하고 안정적인 분자상태를 유지하는 데 결정적인 역할을 하고 있다.

원자핵 내에서는 양성자와 양성자 사이의 전기적 반발력과 양성자와 중성자 사이의 강한 핵력이라는 두 가지 힘이 작용한다. 그런데 강한 핵력이 지금보다 조금만 더 약했더라면 전기적 반발력 때문에 수소 이외의 원소들은 존재하기 어려웠을 것이고 별들도 만들어지지 못했을 것이다. 그러나 반대로 강한 핵력이 조금만 더 강했다면 보통의 수소는 존재할 수 없었을 것이며 세상은 전혀 달라졌을 것이다.

중력은 전자기력이나 핵력에 비하여 엄청나게 약하다.[71] 그런데 중력이 이보다 더 강했더라면 빅뱅 이후 우주의 팽창이 순조롭게 진행되지 못하고 별도 지금 같은 크기를 가지지 못했을 것이며 반대로 더 약했더라면 별의 생성 자체가 불가능했을 것이다.

주계열별에서 수소핵이 핵융합으로 헬륨핵을 합성할 때 0.7%의 질량이 줄어들고 줄어드는 이 질량이 열에너지로 바뀌어 별을 안정적으로 유지하게 되는데 이 양이 조금만 더 크거나 작았더라면 열에너지와 중력압이 평형을 이룰 수 없어 별은 만들어지지 못하고 오늘날과 같은 우주는 존재할 수 없었을 것이다.

양성자의 질량은 전자의 약 1,836배이며 중성자의 질량은 1,838배로서 중성자의 질량이 양성자보다 1/900 정도 더 무겁다. 이 차이는 매우 사소해 보이지만 전자 질량의 두 배에 해당하는 것으로서 만일 전자의 질량이 이처럼 가볍지 않았다면 전자는 쉽게 양성자와 결합하여 중성자를 만들어 냄으로써 이 세상에 수소는 전혀 남아있지 못했을 것이다.

우주에 존재하는 모든 물질은 물을 제외하고는 온도가 올라가면 밀도가 작아지고 온도가 내려가면 밀도가 커진다. 그런데 물만은 4℃때 최대 밀도가 되며 온도가 그 이하로 내려가면 밀도가 오히려 작아진다. 그래서 다른 액체들은 밑에서부터 얼어 올라오지만 물은 표면부터 얼고 또 표면의 얼음이 물속 깊이까지 얼어붙는 것을 어렵게 함으로써 물속의 생태계가 보존되고 더 나아가 지구의 생태계가 유지될 수 있는 것이다.

이외에도 우리 우주를 구성하고 있는 물질들의 성질들은 우주가 지금과 같이 진화하여 인간과 같은 생명체들이 등장하고 생존해 나가는 데 매우 적합한 조건들을 갖추고 있으며 이것을 골딜락스 효과라고 한다.

03 우리 은하와 태양계

1

우리 은하

our galaxy, the Galaxy, Milky Way galaxy

1. 우리 은하의 구조와 움직임

지구를 가진 태양계가 속해 있는 우리 은하는 전형적인 막대 나선형 은하로서 나이는 은하들 중에서는 중년에 속하는 100억 년 정도이고 생성과정도 다른 은하들과 별로 다를 것이 없다. 중앙에는 은하핵을 포함한 은하중심부가 자리 잡고 있으며 그 주위를 나선 팔을 가지고 있는 원반 모양의 은하판이 둘러싸고 있다. 전체 지름은 약 9만 8,000광년이며 약 2,000억 개의 태양과 같은 별을 가지고 있고 전체 질량은 블랙홀과 암흑물질을 포함하여 태양의 약 6,000억 배 정도이다.

우리 은하는 은하핵을 중심으로 평균 2억 2,500만 년에 한 번씩 자전(自轉, rotation)을 하는데 그 속도는 은하핵에 가까울수록 빠르고 멀리 떨어져 있을수록

느리다. 그리고 우리 은하는 우리 은하가 속해 있는 국부은하군 내에서 초속 40km의 속도로 움직이고 있다. 또 이 국부은하군은 이것이 속해 있는 은하단 내에서 초속 600km의 속도로 움직이고 있으며 이 은하단은 또 이것이 속해 있는 초은하단 내에서 거대중력원을 향하여 초속 700km의 속도로 움직이고 있다.

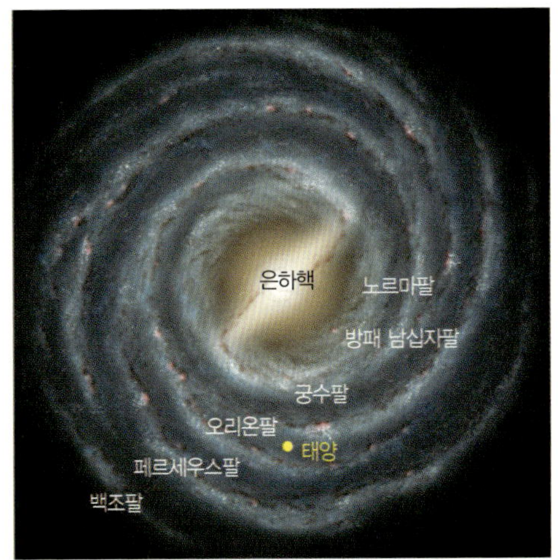

우리 은하의 구조

2. 은하핵과 은하 중심부

은하 중심부의 중심에는 은하핵이 있으며 이곳에는 질량이 태양의 약 300만 배에 달하는 거대한 블랙홀이 자리 잡고 있지만 활동은 중단한 상태이며 γ선을 방출하고 있다. 은하핵을 포함하고 있는 은하 중심부는 미식 축구공 모양으로, 긴 쪽의 지름이 약 2만여 광년, 짧은 쪽이 약 1만 2,000여 광년이고 두께는 약 3,000여 광년으로서 은하판에 비해 상당히 두껍다. 은하 중심부는 적게는 1만여 개에서 많게는 100만 개까지의 늙은 종족 II별로 이루어진 구상성단이 대부분을 차지하고 있으며 수소원자(HI)가스나 먼지는 주로 은하핵이 있는 안쪽에 몰려 있다. 그리고 많지는 않지만 수백 개씩의 젊은 종족 I별로 이루어진 산개성단도 존재한다.

3. 은하판

은하 중심부를 원반 모양의 은하판이 둘러싸고 있고 우리 은하의 은하판 내에는 몇 개의 나선 팔이 있는데 우리 태양계가 존재하는 오리온(Orion)팔을 비롯하여 페르세우스(Perseus)팔, 백조(白鳥, Cygnus)팔, 궁수(弓手, Sagittarius)팔, 방패-남십자(防

牌-南十字, Scutum-Crux)팔, 노르마(Norma)팔 등이 그것이다. 이곳은 주로 산개성단으로 이루어져 있고 구상성단은 그리 많지 않아 주로 젊거나 어린 별들이 자리 잡고 있으며 끊임없이 수많은 별들이 만들어지고 있다. 은하판의 두께는 변두리로 갈수록 얇아져 태양이 있는 위치에서는 약 2,000광년이고 제일 바깥부분은 1,000광년 미만이다.

4. 후광과 암흑후광

우리 은하의 후광은 약간 납작한 공 모양으로 우리 은하 전체를 둘러싸고 있으며 지름은 약 13만 광년이고 약 150개의 구상성단으로 구성되어 있다. 그리고 그 주위를 암흑물질로 이루어진 암흑후광이 둘러싸고 있는데 지름은 약 40~50만 광년이고 질량은 은하 전체 질량의 90% 정도이다.

5. 이웃 은하와의 관계

우리 은하는 이미 오래전에 지금은 우리 은하 내에서 오메가 센타우리(Omega Centaury) 구상성단이 되어 있는 은하와 충돌하여 이를 흡수하였다. 그리고 물병 은하(Aquarius galaxy)도 이미 우리 은하와 여러 번 충돌을 일으켜 붕괴, 흡수가 진행되고 있으며 큰 개 은하(Canis Major galaxy) 역시 은하핵이 이미 우리 은하에 진입해 있는 상황이다. 그러나 큰 개 은하는 그 질량이 우리 은하의 1% 정도밖에 되지 않아 완전히 충돌을 일으킨다 하여도 그 영향이 그리 크지 않을 것이다. 그 밖에 불규칙 은하인 궁수은하(弓手銀河, Sagittarius galaxy)도 우리 은하와는 7만 8,000광년밖에 떨어져 있지 않은데 우리 은하의 지름이 9만여 광년임을 감안할 때 매우 근접해 있음을 알 수 있다. 또 큰 마젤란은하(Large Magellanic galaxy)는 우리 은하와 약 16만 광년, 작은 마젤란은하(Small Magellanic galaxy)는 21만 광년 떨어져 있는데 이들 역시 둘 다 불규칙 은하이다. 그 외에도 우리 은하는 30여 개의 작은 위성 은

궁수은하 ⓒstsci.edu

큰 마젤란은하 ⓒstsci.edu

작은 마젤란은하-새 별들이 탄생하고 있음 ⓒstsci.edu

이중핵을 가진 안드로메다 은하 ⓒstsci.edu

하들을 가지고 있는데 대부분의 은하들은 우주가 팽창함에 따라 우리 은하로부터 멀어져가고 있지만 이들 중 몇몇은 서서히 우리 은하로 접근하고 있다.

지구 북반구에서 가장 밝게 보이는 나선형 은하인 안드로메다은하(Andromeda galaxy)는 우리 은하와 같이 처녀자리 은하단(Virgo cluster of galaxies)의 가장자리에 있는 국부은하군에 속해 있으며 두 개의 핵을 가진, 우리 은하보다 훨씬 더 큰 은하로서 최대 지름 20만 광년, 평균 지름 16만 광년이고 우리 은하로부터 약 230만 광년 떨어져 있다. 그런데 이 안드로메다은하 역시 현재 시속 48만 km, 그러니까 초속 약 130여 km의 속도로 우리 은하와 접근하고 있다. 이 두 은하가 이러한 접근을 계속하여 결국은 충돌을 일으킬지 아니면 방향을 바꾸어 비켜갈지는 알 수 없지만 설혹 그런 일이 일어난다고 하여도 지금으로부터 약 50억 년 후의 일로서 그때는 이미 태양이 적색거성의 단계를 지나 태양계는 엉망진창이 된 후일 것이기 때문에 우리 태양계의 안위와는 별 관계가 없는 일이 될 것이다.

• 2 •

태양계

太陽系, solar system

1. 태양계의 생성

우주가 시작된 지 약 90억 년이 지난 지금으로부터 약 46억 년 전, 한 막대 나선형 은하의 중심으로부터 약 2만 6,000광년 떨어진 오리온나선 팔 안쪽에 새로운 종족 I별이 여덟 개의 행성과 함께 만들어졌다. 우리는 이들을 태양계라고 부르며 그 중심별을 태양이라고 부른다. 태양계를 생성한 가스구름은 중성자별들의 충돌과 초신성폭발의 영향으로 무거운 원소들을 많이 함유하고 있었기 때문에 태양계는 우주 그 어느 곳보다도 무거운 원소들을 많이 가지고 있다.

여덟 개의 행성을 태양에서 가까운 순서대로 보면 수성, 금성과 현재 우리가 살고 있는 지구, 그리고 화성, 목성, 토성, 천왕성, 해왕성 등이다. 이들 중 단단하고 얇은 대기층만을 가진 소위 지구형 행성(地球形 行星, terrestrial planet)은 수성, 금성, 지구, 화성이고 행

태양계의 생성 ⓒDon Dixon/cosmographica.com

성의 핵이 상당량의 가스를 그대로 지닌 거대행성으로서 밀도가 낮고 대기층이 두꺼운 소위 목성형 행성(木星形 行星, Jovian planet)은 목성, 토성, 천왕성, 해왕성이

태양계의 구조 ⓒstsci.edu

다. 지구형 행성은 비교적 작고 자전속도가 느리며 위성(衛星, satellite) 수는 적고 고리가 없는 데 비하여 목성형 행성은 크고 자전 속도가 빠르며 위성 수는 많고 고리를 가지고 있다. 그리고 화성과 목성 사이에는 미처 제대로 된 행성이 되지 못한 소행성들이 모여 있다.

또 지구를 포함하여 지구보다 안쪽에 있는 수성, 금성을 내행성(內行星, inner planet), 지구보다 바깥쪽에 있는 화성부터 해왕성까지의 다섯 개의 행성을 외행성(外行星, outer planet)이라고 한다. 이들은 모두 태양을 중심으로 같은 평면상에서 공전을 하고 있으며 또 스스로 자전을 하는데 지구의 북쪽을 위라고 하였을 때 모두 반시계 방향으로 자전을 하지만 금성과 천왕성만은 시계방향으로 자전을 한다.

뿐만 아니라 태양계 역시 우리 은하의 핵을 중심으로 공전하고 있는데 속도는 초속 약 250km로서 한 번 공전하는 데 약 2억 2,500만 년이 걸리므로 태양계가 생성

행성들의 기울기 ⓒsolarviews.com

된 이후 지금까지 20번 정도 공전했을 것이다. 태양계는 또 6,000만 년을 주기로 은하의 적도면을 아래위로 오르내리고 있다. 그 외에 태양은 주위의 별들인 국부항성계 내에서 행성들을 거느리고 헤르쿨레스(Hercules) 별자리를 향해 초속 20km의 속도로 움직이고 있다.

그리고 얼마 전까지도 태양계의 아홉 번째 행성으로 간주되던 명왕성(冥王星, Pluto)[72]은 공 모양의 얼음 덩어리로서 명왕성이 돌고 있는 궤도를 중심으로 태양으로부터 30AU[73]에서 50AU 정도인 궤도에는 태양계 생성 시 미처 행성이 되지 못한 3만 5,000여 개의 소행성들이 자리하고 있으며 그들 중에는 크기가 명왕성보다 더 큰 것들도 있는데 이곳이 단주기 혜성의 고향으로서 카이퍼 벨트(Kuiper belt)라고 한다. 또 태양으로부터 5만 AU에서 15만 AU 사이의 공간에는 티끌을 포함한 1조 개 이상의 수많은 얼음 덩어리들로 이루어진 오르트 구름(Oort cloud)이 태양계를 둘러싸고 있는데 이곳이 장주기 혜성의 고향이다.

카이퍼 벨트 ©solarviews.com

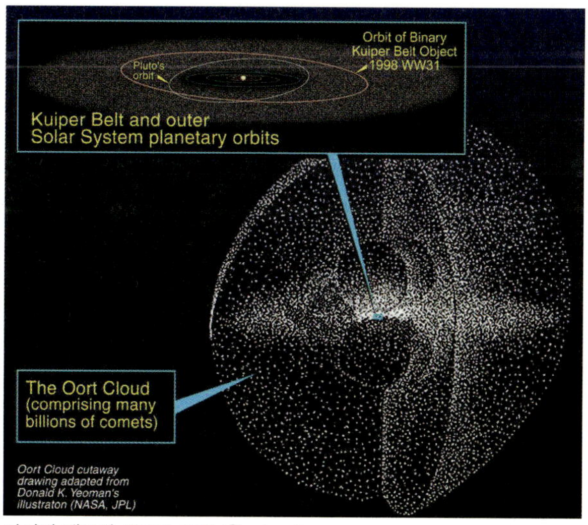

카이퍼 벨트와 오르트 구름 ©solarviews.com

2. 태양(太陽, Sun)

태양은 주계열별로서 약 50억 년을 지내 온 비교적 가볍고 매우 평범한 종족 I별 중의 하나이며 지름은 지구의 약 109배인 139만 km이고 질량은 지구의 약 33만 3,000배이나 밀도는 1/4 정도이다. 태양은 전체 질량의 약 72%가 수소이고 헬륨이 약 25%이며 나머지 약 3%를 탄소, 질소, 산소 등의 중원소가 차지하고 있다. 태양의 중심부에는 목성 크기의 두 배만 한 핵(solar core)이 있는데 중력으로 인한 그 안의 기압은 30억 기압에 달한다. 그 안에서는 다른 주계열별에서와 마찬가지로 수소가 양성자-양성자반응이라는 열핵융합과정을 통해 헬륨을 합성하며 고온의 열을 발생시키는데 그 온도는 약 1,500만°K에 달하여 중력압과 평형을 이룸으로써 태양을 안정적으로 유지시킨다. 태양의 중심핵에서 일어나는 반응은 이와 같은 양성자-양성자반응이 85% 정도로서 대부분이지만 그 외의 반응도 15% 정도를 차지하고 있다.[74]

이와 같은 중심핵을 수소와 헬륨의 플라스마로 구성된 복사층(輻射層, radiation zone)이 둘러싸고 있고 중심핵에서 발생되는 열은 이 층을 통해 복사 방식으로 그 외부에 전달된다. 핵에서 방출되는 고온의 가스들이 복사층을 통과하면서 대부분의 열을 빼앗겨 플라스마가스들은 원자의 형태를 갖추게 되고 또 태양 외부의 온도는 더욱 낮기 때문에 복사층 바깥쪽에서는 복사가 아닌 대류방식으로 열이 전달

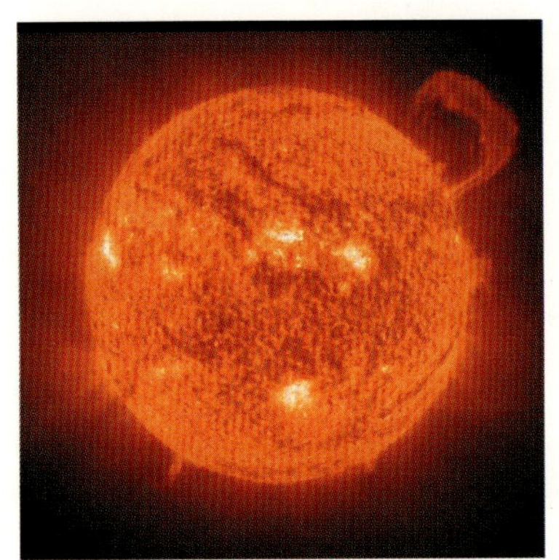

태양 ⓒnasa.gov

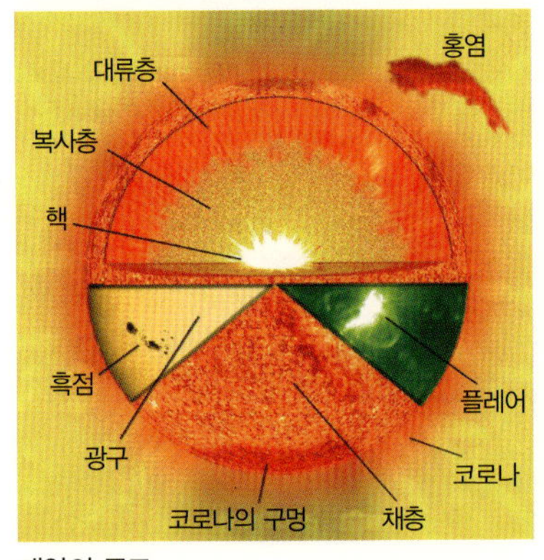

태양의 구조

되는데 이 부분을 대류층(對流層, convective zone)이라고 하며 표면에서 약 18만 km 까지의 두께가 이에 해당된다.

대류층의 바깥쪽이 태양의 겉껍질에 해당하는 광구(光球, photosphere)로서 두께는 약 500km 정도이고 온도는 약 6,000°K이다. 이와 같이 여러 층으로 된 태양은 자전을 하는데 자전 속도가 깊이에 따라 다르고 위치에 따라서도 다르다. 이런 현상은 태양이 고체가 아니기 때문에 발생하는 것으로서 예를 들어 태양의 양극 부분은 자전주기가 34일인데 적도 부분은 25일이며 따라서 태양 각 부분의 상대적 위치는 계속 바뀌게 된다. 또 광구의 표면에는 뜨거워져 내부에서 솟아오르는 플라스마가스와 표면에서 열을 빼앗겨 원자 상태로 돌아가 어두워진 물질 사이에 쌀알 모양의 경계가 생기는데 이를 쌀알무늬(granule)라고 하며 너비는 약 200~300 km이다.

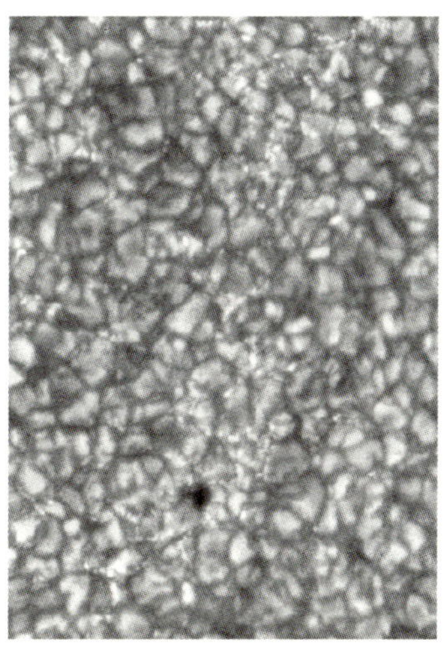

태양의 쌀알무늬

한편 태양 내부에는 지구 자기장의 1,000배에 달하는 강력한 자기장이 존재하는데 태양 내부의 상대적 위치가 바뀌는 바람에 자기장이 꼬이게 된다. 그리고 이것 때문에 플라스마가스의 대류가 방해를 받아 광구에 주위보다 온도가 낮아 어둡게 보이는 부분이 나타나는데 이것이 흑점(黑點, sunspot)이다. 흑점의 온도는 약 4,000°K로서 주위보다 약 2,000°K 낮으며 크기는 지름이 2,500~5만 km 정도이다. 흑점은 크기에 따라 수일에서 수개월 동안 존속하며 어떤 때는 아주 많이 출현하는 극대기(極大期)가 되었다가 줄어들기를 반복한다.

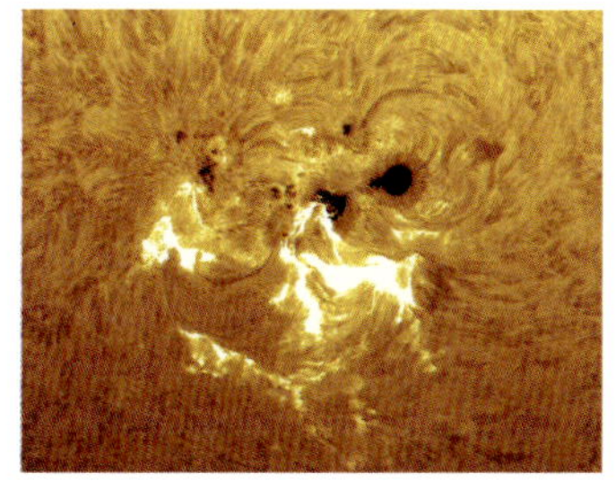

흑점

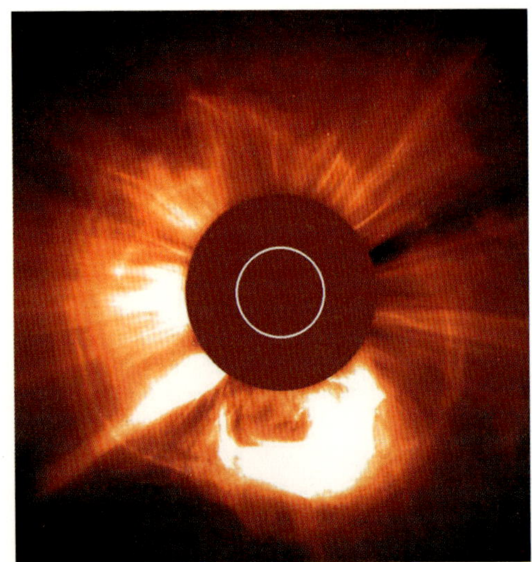

플레어

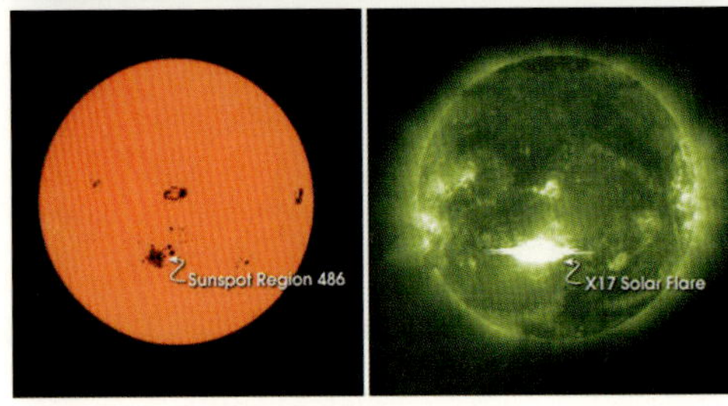

태양풍 ⓒnasa.gov

때때로 흑점 가까이에서 엄청난 양의 에너지가 밝은 빛을 내면서 수천 km 길이로 방출되는데 이것을 플레어(flare)라고 하며 이것 역시 자기장의 에너지에 의한 것이다. 이런 현상은 수십 분에서 한 시간 정도 지속되는데 내부온도는 1,000만 ~2,000만 °K 정도이며 때로는 1억 °K에 육박하기도 한다. 플레어는 흑점 극대기에는 하루에도 여러 개 때로는 10개 이상씩도 발생하지만 흑점이 적을 때에는 며칠에 한 개 정도 발생한다.

플레어가 발생하면 강한 X선이나 자외선, 전자파 등이 방출되며 플레어 물질의 상당 부분 역시 고속의 전자나 양성자, 헬륨원자핵 등의 하전입자(荷電粒子, charged particle)[75]로 이루어진 태양풍(太陽風, solar wind)의 형태로 방출된다. 태양풍의 평균속도는 초속 500km이고 태양 표면에서 폭발이 있을 때에는 초속 2,000km에 달한다. 태양풍은 1~2일 후에는 지구까지 날아와 자기폭풍(磁氣暴風, magnetic storm)을 일으켜 전파장애를 야기하며 극 지역에 도달한 태양풍은 또 지구대기의 산소나 질소의 원자나 분자와 충돌해서 에너지를 줌으로써 그들이 빛을 발하도록 하는데 이것이 오로라(aurora)이다.

태양으로부터 떨어져 나온 플라스마가스들이 태양의 중력과 자기장에 붙잡혀 태양의 대기층이 된다. 이 중 광구로부터 두께 약 2,000km인 부분을 채층(彩層, chromosphere)이라고 하며 온도는 $4,500 \sim 6,000^\circ K$이다. 그리고 채층을 둘러싸고 있는 대기의 제일 바깥부분이 코로나(corona)인데 개기일식으로 광구가 가려졌을 때 그 주변으로 태양의 몇 배나 되는 면적이 희게 빛나는 부분이다. 채층과 코로나의 경계면에서는 약 $6,000^\circ K$이던 온도가 수십만 $^\circ K$로 급격히 상승하며 광구에서 4,000km 정도 떨어진 곳의 온도는 100만 $^\circ K$ 이상이다.

1. 오로라 ⓒRemi Boucher
2. 1999년 일식 때의 코로나 ⓒLuc Viatour

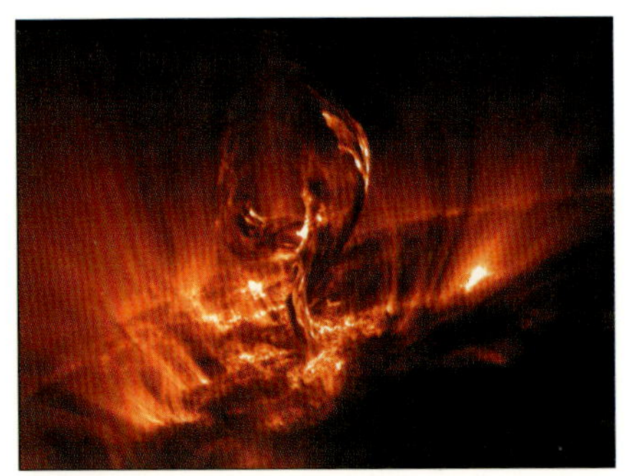

흑염(홍염)

한편 플레어가 발생할 때에는 태양의 대기층에서 플라스마가스가 수만 km 상공까지 솟아올라 구름처럼 떠 있기도 하는데 이들이 태양의 정면에 나타나면 밝은 태양에 비해 어둡게 보이기 때문에 흑염(黑焰, filament)이라고 하고 태양의 가장자리에서 어두운 우주 공간을 배경으로 나타나면 붉게 보이기 때문에 홍염(紅焰, prominence)이라고 하지만 이 두 가지는 같은 것이다. 이들의 수명은 짧게는 수시간에서 길게는 몇 달에 이르기도 하며 마지막에는 대개 태양의 중력으로 인하여 다시 태양으로 돌아오지만 때로는 태양의 중력으로부터 벗어나 우주공간에 흩어지기도 한다.

또한 태양의 강한 자기장으로 인한 자력선(磁力線, line of magnetic force)은 태양으로부터 멀리 떨어진 카이퍼 벨트까지 뻗쳐 태양계 전체를 둘러싸고 있는데 이 영역을 태양권이라고 하며 외부 우주에서 태양계로 들어오는 대부분의 우주선(宇宙線, cosmic rays)[76]을 차단해 줌으로써 태양계 특히 지구의 생태계를 보호해 주는 역할을 한다.

3. 수성(水星, Mercury)

-영어의 머큐리(Mercury)는 로마신화(神話, mythology)의 메르쿠리우스(Mercurius)로서 그리스 신화의 헤르메스(Hermes)에 해당하며 상업(商業)과 상인(商人)을 수호하는 신(神)이다.-

태양에서 가장 가까워 육안으로 보기가 쉽지 않은 수성은 태양계에서 가장 작은

mariner10이 촬영한 수성 ⓒnasa.gov

행성이며 궤도이심율(軌道離心率, orbital eccentricity)[77]은 가장 커 원일점(遠日點, aphelion)[78] 때가 0.47AU, 근일점(近日點, perihelion)[79] 때가 0.31AU, 평균 0.39AU로서 원일점 때가 근일점 때의 1.5배나 된다. 지름은 지구의 약 38%인 4,880km이고 질량은 지구의 약 5.5%이나 밀도는 거의 비슷하다. 자전축은 0.1° 밖에 기울어져 있지 않은데 자전주기는 약 59일이고 공전주기는 약 88일이다. 그리고 수성의 하루는 176일로서 88일이 낮인 데다가 태양에서 가까워 낮에는 온도가 340℃ 이상까지 올라가고 88일 동안인 밤에는 −120℃ 이하로 떨어진다. 수성은 질량이 작아 인력이 약하기 때문에 공기를 붙잡아 둘 수 없어 대기가 아주 희박해서 지구의 1/1,000밖에 안 되며 물도 없고 위성도 없다. 또 표면에는 달처럼 크고 작은 많은 크레이터(crater, 운석 충돌 구덩이)들을 가지고 있다. 수성의 중심부는 지름의 3/4 이상이 철로 된 핵이며 그 바깥 부분을 밀도가 낮은 암석물질인 맨틀(mantle)이 둘러싸고 있다.

4. 금성(金星, Venus)

–영어의 비너스(Venus)는 로마신화의 베누스로서 그리스신화의 아프로디테(Aphrodite)에 해당하며 사랑과 미(美)의 여신(女神)이다.–

지구에서 가장 가깝고 초저녁의 서쪽 하늘이나 새벽녘의 동쪽 하늘에서 가장 밝게 빛나는 별로서 예로부터 개밥바라기(초저녁) 또는

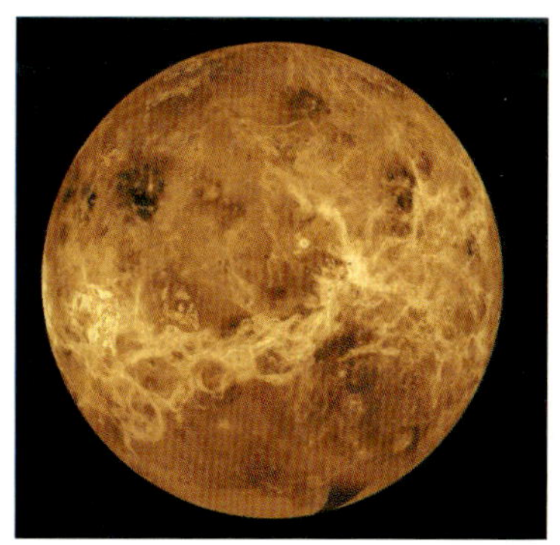
금성 ⓒstsci.edu

샛별(새벽)이라 부르던 금성은 태양으로부터 두 번째로 가까운 행성으로서 태양으로부터의 거리는 0.72AU이다. 지름은 지구보다 약간 작은 1만 2,104km이고 질량은 지구의 0.82배이며 밀도도 약간 작지만 거의 비슷하다. 자전축이 177° 기울어져 있어 지구와는 반대 방향으로 자전을 하며 자전주기는 243일로서 공전주기인 225일보다도 오히려 더 길다. 금성의 하루는 117일로서 낮과 밤이 각각 약 59일씩이다. 금성은 원시대기인 이산화탄소를 아직도 대기로 그대로 가지고 있고 그 양은 지구보다 약 95배 많아 대기압도 지구보다 95배 정도 크다. 그리고 대기의 상층부에는 약 20km 두께의 두꺼운 구름층이 존재한다. 이와 같은 두꺼운 구름층과 이산화탄소의 온실효과(溫室效果, greenhouse effect)[80] 때문에 금성 표면의 온도는 낮이나 밤이나 400℃ 이상이다. 또 높은 온도 때문에 물이 없어 지표면은 건조하고 약하다. 그래서 지하의 용암이 쉽게 분출하여 반구형의 화산(火山, volcano)을 만들며 또 지면이 뜨거워 용암이 쉽게 식지 않기 때문에 수백 km씩 흘러가기도 한다. 금성 역시 많은 크레이터를 가지고 있으며 위성은 없다.

5. 지구(地球, Earth)

–지구를 상징하는 대지(大地)의 여신은 로마신화에서는 텔루스(Tellus)이며 그리스 신화에서는 가이아(Gaia/Gaea)이다.–

지구

지구는 태양과 세 번째로 가까우며 태양계 내에서 생명체(生命體, living things)를 가진 유일한 행성으로서 태양까지의 평균 거리는 약 1억 5,000만 km이고 반지름은 1만 2,756km이다. 자전축은 23.5° 기울어져 있는데 고정되어 있는 것이 아니라 회전하는

팽이의 축이 천천히 회전하듯이 2만 5,800년을 주기(항성에 대한 주기이며 공전면에 대해서는 2만 1,000년임)로 세차운동(歲差運動, precessional motion)을 하며 자전주기는 24시간이고 공전주기는 365.26일이다. 지구의 가장 안쪽에 있는 내핵은 지표면으로부터 깊이 5,100km, 반경 1,270km인 부분으로서 압력이 높아 철과 니켈이 고체 상태로 존재한다. 내핵 바깥층인 외핵은 지표로부터 깊이 2,900km까지로서 온도가 약 4,000℃에 달해 철과 니켈이 녹아 있는 상태이다. 외핵의 바깥쪽에는 깊이 670km까지 하부맨틀이 자리하고 있는데 규산염 광물이나 산화 광물이 주성분이며 그 바깥쪽의 상부맨틀은 철과 마그네슘이 풍부한 암석이 주성분으로서 이들 맨틀층이 부피로는 지구의 82% 이상, 질량으로는 68% 정도를 차지하고 있다.

맨틀의 바깥쪽인 지구의 겉껍질 부분을 지각(地殼, lithosphere)이라고 하는데 두께는 10~35km로서 바다가 있는 부분은 얇고 높은 산이 있는 곳은 훨씬 두껍다. 지구표면의 71%를 바다가 차지하고 있으며 이 속에 지구가 가진 물의 97%가 들어 있다. 바다의 평균 깊이는 3.8km이고 가장 깊은 곳은 11km도 넘으며 바닷물은 3.5%의 소금분과 그 외에 다양한 광물질을 가지고 있다. 지각의 가장 바깥 부분인 지표면은 두꺼운 대기로 덮여 있는데 그 성분은 질소 78%, 산소 21%, 아르곤 0.9%, 이산화탄소 0.03%, 그리고 미량의 네온, 헬륨, 오존 등으로 되어 있다. 이와 같은 대기로 인하여 지구상의 생물들이 숨을 쉴 수 있을 뿐만 아니라 태양의 복사에너지가 지구 밖으로 빠져나가는 것을 막아주어 생물들이 살아갈 수 있게 해 준다. 대기의 가장 아래쪽이 대류권(對流圈, troposphere)인데 두께는 위도나 계절에 따라 다르지만 10~15km 정도이고 이곳에서는 공기의 대류가 활발하게 일어난다. 지구의 표면에서는 대류활동으로 바람이 불어 흐르는 물이나 지구의 내부 활동인 지진 및 화산활동 등과 더불어 지구의 모습을 끊임없이 바꿔 왔다.

대류권 위로 지표면에서 50~60km 높이까지가 성층권(成層圈, stratosphere)인데 이곳에서는 공기의 흐름이 별로 활발하지 않다. 성층권 중 지표면에서 높이가

20~25km 정도인 곳에는 대기 중의 산소 분자가 파장이 짧은 태양자외선을 흡수하여 분해함으로써 만들어진 오존이 층을 이루고 있고 이 오존층(層, ozone shield/ozonosphere)이 인체나 생물들에게 해로운 자외선(紫外線, ultraviolet rays)을 흡수함으로써 지구의 생태계가 유지되는 데 크게 기여하고 있다. 성층권의 바깥쪽은 대기의 농도가 희박하고 태양으로부터 오는 전자파가 산소 등의 분자나 원자와 충돌하여 이온화시킴으로써 이들 이온과 전자가 플라스마상태로 존재하는 전리층(電離層 또는 이온층, ionosphere)으로서 이 역시 태양풍의 차폐막 역할을 함으로써

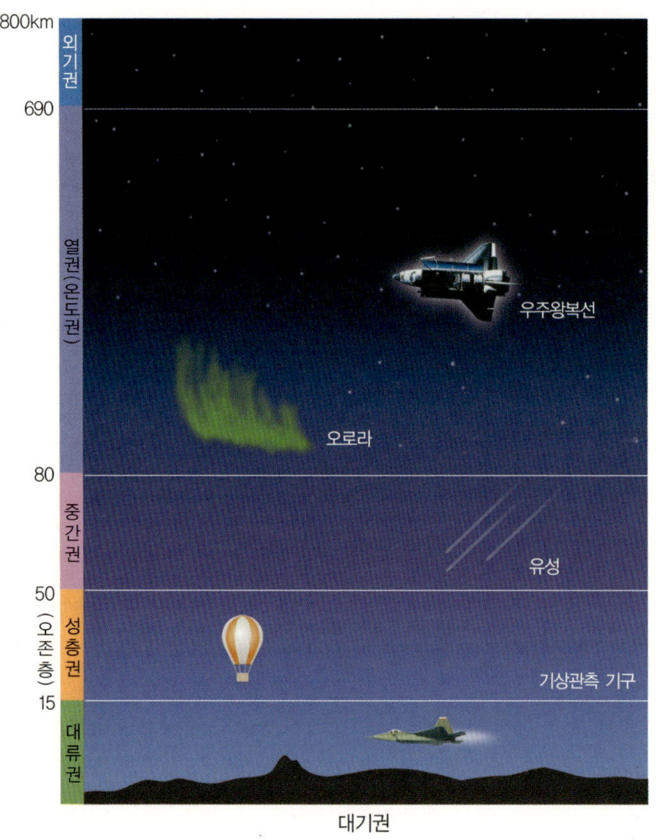

대기권

지구의 생태계가 유지되는 데 크게 기여하고 있다.

지구는 또 그 자체가 하나의 커다란 자석으로서 이를 지(구)자기[地(球)磁氣, terrestrial magnetism]라고 하며 지(구)자기가 영향을 미치는 영역을 지(구)자기장(地(球)磁氣場, terrestrial magnetic field)이라고 한다. 지자기장은 대체로 남북 방향으로 향해 있으나 지자기의 북극은 지리적인 북극에서 약 1,800km 정도 떨어진 캐나다 북부의 허드슨(Hudson) 만 근처에 있으며 지자기의 세기는 지역과 고도에 따라 차이가 있다. 지자기장 역시 태양풍의 플라스마와 우주선을 붙잡아 밴앨런복사대(–輻射帶, Van Allen radiation belt)를 만듦으로써 태양풍과 우주선으로부터 지구상의 생명체를 보호해 주는 역할을 하고 있다. 지자기장의 방향은 항상 일정한 것이 아니라 조금씩 변하며 지난 500만 년 동안 20번 이상 극이 바뀌었는데 자기장의 배열이 현재와 같은 시기를 정자극기(正磁極期, normal polarity), 반대였던 시기를 역자극기(逆磁極期, reverse polarity)라고 한다.

지구의 위성인 달(moon)은 태양계가 형성되던 초기에 화성 크기의 또 다른 원시 행성이 모습을 거의 갖추어 가던 지구와 충돌하여 무수한 파편들을 우주로 날려 보

지구와 원시행성의 충돌(달이 만들어짐)
ⓒDon Dixon/cosmographica.com

지구와 달 ⓒnasa.gov

지구의 달 ⓒstsci.edu

내면서 무거운 원소들은 지구에 흡수당하고 나머지 파편들이 중력에 의해 모아지면서 형성되었다. 이렇게 만들어진 달은 지구 주위를 도는 파편들을 끌어 모으면서 빠르게 성장을 거듭해 1년 정도 만에 오늘날의 모습을 갖추게 되었고 지구에게는 매우 좋은 선물이 되었다.

달의 지름은 지구의 1/4보다 약간 큰 3,476km이고 질량은 지구의 약 1.2%이며 밀도는 지구의 60% 정도이다. 달의 공전주기(항성주기/恒星週期, sidereal revolution)[81] 와 자전주기는 27.3일로서 정확하게 일치하기 때문에 지구에서는 늘 달의 한쪽 면밖에 볼 수가 없다. 이와 같이 공전과 자전주기가 같은 운동을 동조화(同調化)운동이라고 하며 두 천체 사이에서 일어날 수 있는 에너지가 가장 적게 들면서도 가장 안정된 운동이다. 그러나 달의 삭망주기(朔望週期, synodic period)는 29.5일이어서 이것이 음력의 기준이 된다. 달에는 공기도 물도 없고 낮과 밤의 길이가 굉장히 길기 때문에 기온이 낮에는 100℃ 이상으로 올라가고 밤에는 –150℃ 이하로 내려간다. 그리고 표면에는 많은 크레이터들을 가지고 있다.

지구에는 그 외에도 두 개 이상의 위성이 있다. 두 번째 달은 지름이 5km인 크루인야(또는 크뤼트네, Cruithne)로서 지구궤도 가까이서 돌던 소행성이 지구의 중력에 붙잡혀 지구를 수평으로 돌고 있는 것이다. 그러나 크루인야가 지구를 도는 공전주기는 385년이나 되며 또 지구를 공전하는 동시에 지구와 같은 공전주기로 태양을 공전하기 때문에 정상적인 위성들과 구분하기 위하여 준달(또는 준위성/準衛星, quasi-satellite)이라고 한다. 그 외에 지구를 수직으로 공전하는 달도 있다.

6. 화성(火星, Mars)

–마르스(Mars)는 로마신화에서 농업신(農業神)이자 전쟁신(戰爭神)이고 전설상으로는 로마 건국 시조 로물루스의 아버지이며 그리스 신화의 아레스(Ares)에 해당한다.–

화성의 극관 ⓒstsci.edu

화성은 태양으로부터 평균 1.52AU 떨어져 있어 금성 다음으로 지구와 가까워질 수 있는 행성이다. 지름은 지구의 1/2보다 약간 큰 6,794km이고 질량은 지구의 약 10.7%이며 밀도는 71% 정도이다. 화성의 자전축은 25° 기울어져 있어 지구와 거의 비슷하며 자전주기도 지구와 거의 비슷한 24시간 37분이다. 그러나 공전주기는 약 687일로서 지구의 1.9배가 된다. 화성에도 대기가 있으나 매우 희박하여 기압은 지구의 1/100밖에 안 되며 주성분은 이산화탄소가 95%이고 약간의 산소와 수분이 포함되어 있다.

화성의 표면에는 지금은 물이 없으나 과거에는 많은 물이 흘렀다. 화성은 적도 부근의 온도가 낮에는 20℃ 정도이나 밤에는 –140℃ 이하까지 내려가기 때문에 지금은 그 물이 모두 땅속에 스며 두꺼운 동토층(凍土層, freezing land layer)을 만들어 놓았다. 이 동토층의 두께가 적도 부근에서는 1km 정도이고 극지방에서는 얼음과 이산화탄소가 얼어붙은 드라이아이스가 두께 50~100m 정도씩 층을 이루고 있는데 전체 두께는 약 4km에 달하며 크기는 60km 정도로서 하얗게 보이는 이 부분을 극관(極冠, polar cap)이라고 한다. 극관은 양극에 동시에 나타나지는 않고 교대로 만들어지는데 봄부터 녹기 시작하여 수증기와 이산화탄소를 대기 중에 방출함으로써 늦여름에는 완전히 사라지며 대기의 양을 30% 정도 증가시키지만 겨울에는 다시 얼어붙기를 되풀이한다.

화성의 내부 구조는 지구와 같이 지각, 맨틀, 중심핵으로 이루어져 있으나 다른

화성과 그 위성 ©solarviews.com

지구형 행성들과는 달리 핵에는 철 성분이 적게 포함되어 있는 반면, 표면에는 붉은색의 산화철이 섞인 모래와 먼지가 많아 행성 전체가 붉게 보인다.

화성의 북반구에는 태양계에서 가장 큰 화산인 올림푸스(Olympus)화산이 있는데 폭은 600~700km로서 지구에서 가장 큰 것의 다섯 배, 높이는 26km로서 세 배 정도이며 화구의 폭은 90km이고 깊이는 9km 정도이다. 화성은 두 개의 소행성을 붙잡아 위성으로 거느리고 있는데 포보스(Phobos)라는 위성은 화성으로부터 약 6,000km 떨어진 궤도에서 7시간 39분 만에 화성을 한 바퀴 공전하며 데이모스(Deimos)는 약 2만 km 떨어진 궤도에서 30시간 20분 만에 공전한다.

7. 목성(木星, Jupiter)

-영어의 주피터(Jupiter)는 로마신화의 유피테르로서 그리스신화의 제우스(Zeus)에 해당하며 태양과 달을 지배하는 광명(光明)의 신이자 바람, 비, 천둥, 폭풍우, 번개 따위를 지배하는 천상(天象)의 신이다.-

목성은 태양으로부터 평균 5.2AU 떨어져 있는 태양계에서 가장 큰 행성으로서 지름은 지구의 11배인 약 14만 km이고 질량은 318배로서 태양계 전체 행성의 71%를 차지하고 있으나 밀도는 지구의 1/4에도 못 미친다. 자전축은 3°밖에 기울어져 있지 않으며 자전주기는 지구보다 거의 세 배나 빠른데 적도에서 9시간 50분, 극 부근에서는 9시간 55분[82]이며 태양 주위를 한 번 공전하는 데는 약 12년이 걸린다. 목성은 자전속도가 이와 같이 빠른 데다가 단단한 물질이 아닌 액체와 기체로 되어 있어 남북으로 납작하며 구성성분은 수소가 75%이고 헬륨이 24%로서 태양과 유사하다. 다시 말해서 목성의 표면은 액체수소의 바다이고 그 위를 아주 짙은 대기가 두꺼운 구름층을 형성하여 덮고 있는데 대기의 성분은 수소가 60%, 헬륨이 36%, 네온이 3%이고 1% 미만의 메탄과 0.05% 정도의 암모니아 등으로 되어 있으며 표면의 평균온도는 -110℃이다.

목성 ⓒstsci.edu

이들 구름은 더운 공기가 위로 올라오는 부분은 밝게 나타나고 차가워진 공기가 아래로 내려가는 부분은 어둡게 나타나는데 목성의 적도 부근에서는 빠른 자전속도 때문에 초속 150m의 강한 서풍이 적도와 나란히 불고 있어 이들 무늬가 적도와 나란한 밝고 어두운 띠 모양으로 나타난다. 또한 목성의 남반구에는 대적점(大赤點, great red spot)이라는 커다란 붉은 타원 모양의 무늬가 있는데 엿새에 한 번씩 반시계방향으로 회전을 하고 있다. 이것의 크기는 지구의 2~3배 정도이며 서로 반대방향으로 움직이는 구름 표면에 나타나는 소용돌이 현상이다. 목성은 또 담배연기 입자 크기의 티끌로 된 두 개의 고리를 가지고 있다.

목성은 비록 스스로 빛을 내는 별은 아니지만 생성 당시 태양계와 같은 행성계와 비슷한 과정을 겪었다. 그래서 목성 가까이에는 작은 위성들이 만들어졌고 적당히 거리가 떨어진 곳에는 태양계에서의 목성형 행성들과 마찬가지로 목성의 위성들 중에서 가장 큰 것들인 갈릴레오(Galileo) 위성[83]들이 자리 잡고 있다. 그리고 그 외곽에는 다시 작은 위성들이 존재하는데 목성의 위성은 지금까지 발견된 것만 해도 무려 63개나 되지만 이들이 모두 목성과 같이 만들어진 것들은 아니고 그들 중 대부분은 소행성이 목성의 인력에 붙잡힌 것들이다.

갈릴레오 위성들은 모두 지구의 달과 같이 공전과 자전주기가 같은 동조화운동을 하고 있다. 이들 중 목성과 가장 가까운 이오(Io)는 크기가 달과 비슷하며 평균 밀도도 비슷하다. 이오의 표면에는 300개 이상의 화산 분화구가 있으며 지금도 태양계 천체 중에서 가장 활발한 화산활동이 일어나고 있다. 이오 바깥쪽에 있는 에우로파(Europa)는 달보다 약간 작고 평균 밀도도 달보다 약간 작다. 에우로파의 표면은 얼음층으로 되어 있고 그 아래 물의 바다가 존재한다. 에우로파의 바깥쪽에 있는 가니메데(Ganymede)는 태양계의 위성 중에서 가장 크며 수성보다도 더 크다. 그러나 평균 밀도는 물의 약 두 배로서 수성의 반보다도 작으며 표면은 얼음층으로 되어 있고 운석과의 충돌 흔적을 많이 가지고 있다. 갈릴레오 위성들 중 가장 바깥쪽에 있는 칼리스토(Callisto)는 그 크기가 가니메데보다 약간 작아 수성과 비슷하며 평균 밀도는 가니메데와 비슷하다. 표면 역시 얼음층으로 되어 있고 운석과의 충돌 흔적도 많이 가지고 있다.

8. 토성(土星, Saturn)

–영어의 새턴(Saturn)은 로마신화의 사투르누스(Saturnus)신으로서 그리스 신화의 크로노스(Cronos)에 해당하는데 노동을 돌보고 포도를 재배하며 밭에 비료를 뿌리는 일을 돌봐주는 농사(農事)신이다.–

토성은 고리를 가진 매우 아름다운 목성형 행성으로서 태양에서 평균 9.5AU 떨어진 태양계에서 두 번째로 큰 행성이며 지름은 지구의 9.4배인 12만 km이고 질량은 지구의 약 95배나 되나 밀도는 물보다도 낮은 유일한 행성으로서 물의 70%, 즉 지구의 약 1/9밖에 안 된다. 자전축은 27° 기울어져 있으며 자전주기는 적도에서 10시간 14분, 극 부근에서는 10시간 38분이고 공전주기는 29.5년이다. 중심부에는

토성 ⓒstsci.edu

토성의 테 상세도 ⓒstsci.edu

지름 4만 km 정도의 철과 암석으로 된 핵이 있고 그 주위를 얼음층이 둘러싸고 있으며 가장 바깥쪽에는 액체상태의 암모니아와 메탄이 두께 2만 5,000km의 층을 형성하고 있다. 토성 역시 자전속도가 빨라 남북이 납작한 형태로 되어 있으며 적도에서는 목성에서보다도 훨씬 더 빠른 초속 500m 정도의 서풍이 불어 약간 흐리기는 하지만 표면에 목성과 비슷한 줄무늬를 나타낸다. 토성의 대기 역시 주성분은 수소와 헬륨이고 평균온도는 −125℃ 정도이다.

주로 작은 암석이 섞인 얼음 덩어리로 이루어져 있어 햇빛을 잘 반사하기 때문에 매우 아름답게 보이는 고리들이 마치 위성이 행성 둘레를 공전하듯이 토성의 적도 둘레를 공전하고 있으며 이들 고리의 가장 바깥쪽은 토성 적도 반지름의 두 배가 넘고 안쪽은 약 1.5배 정도이다. 이들은 사이사이에 빈 간극(間隙, gap/division)이 있고 공전속도도 각각 다른 11개의 고리로 되어 있는데 각 간극은 이들을 발견한 사람의 이름에 따라 카시니(Cassini) 간극, 엔케(Encke) 간극 등의 이름이 붙어 있으며 고리의 두께는 매우 얇아 15km 이하로 추정된다.

토성의 위성 중 가장 큰 타이탄(Titan)은 지름이 약 5,150km나 되어 수성보다도 크고 가니메데보다는 약간 작은, 태양계에서 두 번째로 큰 위성이다. 타이탄은 또 유일하게 많은 대기를 가진 위성으로서 대기의 양은 지구의 두 배이며 주로 질소로 이루어져 있고 메탄 등의 유기화합물도 풍부하게 가지고 있어 원시 지구와 비슷하며 위성이라기보다는 행성에 가까운 상태이다. 토성의 위성은 타이탄을 비롯하여 지금까지 발견된 것이 모두 46개이다.

9. 천왕성(天王星, Uranus)

-영어의 유러너스(Uranus)는 그리스신화의 우라노스(Uranos)로서 대지의 여신인 가이아의 아들이자 남편인 천공(天空)의 신이다.-

천왕성은 태양으로부터 19.2AU 떨어진 목성형 행성으로서 태양계에서 세 번째로 큰데 지름은 지구의 약 네 배인 5만 1,118km이고 질량은 지구의 약 14.5배이나 밀도는 지구의 1/4보다 약간 낮다. 오래전에 다른 천체와 충돌하는 바람에 자전축이 98°나 기울어져 완전히 옆으로 누워서 지구와 반대 방향으로 돌고 있으며 자전주기는 17.9시간이고 공전주기는 84년이다. 천왕성의 구성 성분은 태양과 비슷하며 대기도 수소가 83%, 헬륨이 15%이고 메탄, 미량의 아세틸렌 등으로 되어 있다. 태양으로부터 받는 광선의 양이 지구의 1/360에 불과하여 평균 온도는 -170℃ 정도이다. 천왕성은 대기권 상층부의 메탄이 붉은색을 흡수하여 청록색으로 보이며 목성과 토성에서처럼 적도와 나란한 방향의 줄무늬가 나타난다. 천왕성 역시 목성이나 토성과는 매우 다르지만 얼음 덩어리와 티끌들로 이루어진 11개의 고리를 가지고 있으며 지금까지 발견된 위성은 모두 27개이다.

천왕성 ⓒstsci.edu

10. 해왕성(海王星, Neptune)

–영어의 넵튠(Neptune)은 로마신화의 넵투누스(Neptunus)로서 그리스신화의 포
세이돈(Poseidon)에 해당하며 바다를 지배하는 해신(海神)이다.–

해왕성은 태양으로부터 30AU 떨어진 목성형
행성으로서 지름은 지구의 약 네 배인 4만
9,532km이고 질량은 지구의 약 17배이나 밀도
는 지구의 30% 정도이다. 자전축이 30° 기울어
져 있으며 자전주기는 19.1시간이고 공전주기
는 164.8년이다. 해왕성의 구성 성분이나 대기
역시 천왕성과 비슷하며 태양 광선의 양이 지구
의 1/1,000에 불과하여 평균 기온은 –200℃ 정

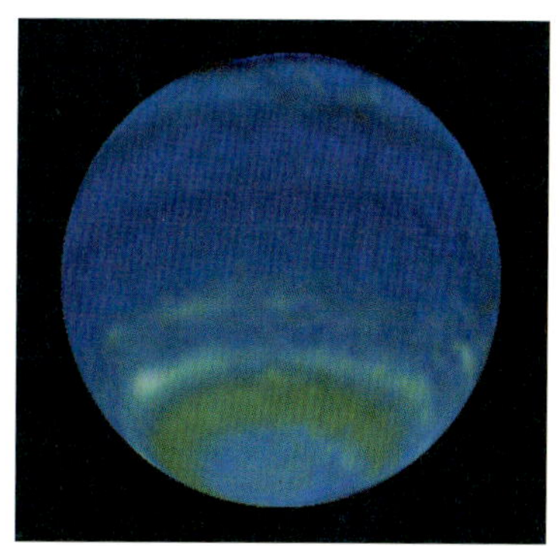

해왕성 ©stsci.edu

도이다. 해왕성은 비록 희미하나마 네 개의 고리를 가지고 있고 지금까지 발견된 위
성은 모두 13개인데 가장 큰 위성인 트리톤(Triton)은 지름이 2,700km에 이른다.

11. 소행성(小行星, asteroid)

태양과 행성들이 만들어질
때 미처 뭉쳐서 행성이 되지
못하고 남아 태양 주위를 공
전하는 작은 암석 또는 금속
물질들을 통틀어 소행성이라
고 한다. 이들은 지구궤도 안
쪽으로부터 토성궤도 바깥쪽
까지 폭넓게 분포하지만 대부

소행성 ©solarviews.com

분은 화성과 목성 사이에 있는 소행성대(小行星帶, asteroid belt)에 존재한다. 이 소행성들 중 상당수는 지구와 충돌할 수 있는 궤도를 가지고 있는데 이들을 유성체(流星體, meteoroid)라고 하며 이들이 지구의 대기권에 들어오면 유성(流星, 별똥별, meteor)이 되고 유성이 다 타지 않고 지상에 떨어지면 이를 운석(隕石, meteorite)이라고 한다. 그러나 가끔은 유성이라고 하기에는 지나치게 큰 소행성이 지구와 충돌을 일으키기도 하였다. 이들 중 75%는 탄소가 주성분인데 주로 소행성대의 바깥쪽에서 많이 발견된다. 나머지 중 실리콘이 주성분인 것들은 소행성대 안쪽에서 많이 발견되며 나머지는 철과 니켈이 주성분이다. 이들 중 세레스(Ceres)라고 이름이 붙은 가장 큰 것은 지름이 930km이고 지름이 240km가 넘는 것이 모두 16개 있으며 작은 것들은 조약돌만 한데 이들 중에는 자기의 위성을 거느린 것들도 있다.

12. 혜성(彗星, comet)

긴 꼬리를 끌며 하늘을 가로질러 가는 별을 혜성이라고 하는데 그 정체가 밝혀지기 전까지는 동·서양을 막론하고 재앙의 상징으로 여겨왔다. 혜성의 고향은 두 군데로서 한 곳은 명왕성의 궤도 부근에 있는 카이퍼 벨트인데 이곳에서는 소행성들끼리의 충돌이 자주 일어나며 그들 중 어떤 것은 태양계 밖으로 튕겨 나가지만 어떤 것들은 태양계 안으로 진입하여 주기가 200년 미만인 단주기(短週期) 혜성이 된다. 이런 단주기

핼리혜성 ⓒnasa.gov

혜성 중 가장 유명한 것이 주기가 76년인 핼리(Halley)혜성이다. 그리고 또 한 곳은 오르트 구름인데 이곳에 있는 얼음덩어리들도 어떤 원인으로 태양계 안으로 진입하는 경우가 있어 이런 것들은 주로 주기가 200년이 넘는 장주기(長週期) 혜성이 되며 전체 혜성의 약 80%가 장주기 혜성이다. 그 외에도 태양계에 한 번 들어왔다가 영원히 다시 돌아오지 않는 비주기(非週期) 혜성도 있다.

이들 혜성은 태양으로부터 멀리 떨어져 있을 때에는 티끌, 암석 등의 불순물을 포함하고 약 80%가 얼음으로 된 덩어리인 핵(核, nucleus)으로만 되어 있으며 크기는 10km 정도이다. 그런데 이들이 태양으로부터 3AU, 즉 화성과 목성궤도의 중간 정도까지 접근하게 되면 혜성의 표면이 태양열로 인하여 가열되면서 가스와 티끌이 증발하여 초속 약 1km의 속도로 방출되고 이들이 지름 10만~수백만 km의 가스체를 형성하게 되는데 이를 코마(coma)라고 한다. 따라서 우리가 보는 혜성은 이 코마가 태양빛을 반사하는 것이다. 그리고 이 코마는 코마 안에서 생성된 수소원자들로 이루어진 거대한 수소구름으로 둘러싸여 있는데 이것을 수소광환(光環, hydrogen corona)이라고 한다.

이들 혜성이 태양에 지구궤도의 거리까지 접근하게 되면 태양풍으로 인하여 코마가 떨어져 나가면서 태양의 반대쪽으로 거대한 꼬리를 만들게 된다. 혜성이 이보다 더욱 태양에 가까이 접근하면 위쪽으로는 태양풍 때문에 대전되어 이온화된 입자들이 푸른색을 발하는 이온꼬리(ion tail)가 나타나고 그 아래쪽에는 먼지들로 이루어져 태양빛을 그대로 반사하는 티끌꼬리(dust tail)가 나타나는데 티끌꼬리의 길이는 약 100만 km 정도이며 이온꼬리는 이것의 약 10배쯤 된다.

이와 같이 혜성들은 끊임없이 증발하여 떨어져 나가기 때문에 점점 작아지고 때로는 폭발을 일으켜 여러 개의 유성체로 나뉘거나 소멸되기도 한다. 뿐만 아니라 태양이나 행성과 충돌하여 소멸되기도 하고 또는 소행성들과 충돌하여 나뉘거나 소멸되기도 한다. 한편 오래된 혜성의 궤도에는 혜성의 찌꺼기들이 많이 남아 있어 지구가 그런 곳을 통과할 때는 유성이 마치 비 오듯 쏟아지게 되는데 그런 것을 유성우(流星雨, meteor shower)라고 한다.

유성우 ⓒDon Dixon/cosmographica.com

1 우리말로 빅뱅이라고 부르기도 함

2 1,000억×1,000억×1,000억×100억분의 1(10^{-43})초로서 양자물리학의 아버지라는 플랑크(Max Planck)를 기념하기 위하여 플랑크 시간이라고 하며 우주의 최소시간척도임

3 직경이 1,000억×1,000억×1,000억분의 1(10^{-33})cm로서 플랑크 길이라고 하며 우주의 최소길이척도임

4 온도는 1,000억×1,000억×100억(10^{32})°K(절대 0°K는 −273.16°C로서 모든 원자가 운동을 멈추는, 더 이상 낮아질 수 없는 온도임)

5 입자로서의 빛을 광자(光子) 또는 포톤(photon)이라고도 함

6 전령입자(傳令粒子) 또는 게이지입자(gauge particle)라고도 함

7 일반적으로 물리학에서는 전자기력, 약력, 강력이 통합된 힘을 말하나 여기에 중력도 포함되어야 할 것임

8 질량은 $9.11×10^{-28}$g이고 전하는 $−1.6×10^{-19}$쿨롱이나 이 당시에는 질량이 없었음

9 전자와 질량 및 전하의 크기가 같고 전하의 부호가 +인 입자로 현 우주에서는 특수한 상태로만 존재함

10 쿼크와 경입자들 사이에서 전하와 색을 전달하며 전기적으로 중성이고 질량은 전자의 약 3,000배 정도이나 우주 초기와 같은 조건에서만 존재할 수 있는 입자임

11 1974년에 조지아이와 글래쇼가 세운 통일장이론에 의하면 우주 탄생 직후에 빛에서 X입자와 그 반입자가 대량 만들어졌으며 X입자는 질량이 양성자의 1.5~2배인 중입자이나 이 시기에는 어떤 입자도 질량을 가지고 있지 않아 입자들 사이에 완벽한 대칭(對稱, symmetry)이 존재하여 쉽게 변환이 가능하였다고 보고 있음

12 1,000억×1억(10^{19})GeV(1eV는 전자 한 개가 1V의 전위 차 사이에서 가속될 때 얻는 에너지임)

13 중력을 전달하며 질량이 없는 가상적인 입자로서 아직 발견되지 않았음

14 빅뱅이 일어나고 1,000억×1,000억×1,000억×100분의 1(10^{-35})초 후

15 1,000억×1,000억×100만분의 1(10^{-28})cm

16 1,000억×1,000억×100만(10^{28})°K, 온도가 이 이하로 떨어져 첫 번째 상전이(相轉移, phase transition)가 일어나 입자들에게 질량을 주는 것으로 알려진 힉스입자(Higgs particle)들에 의한 대통일 힉스장(grand unified Higgs field)이 등장하여 입자들의 대칭성이 깨지고 강력이 분리된 것으로 보고 있음

17 실제로 색을 가진 것은 아니고 세 가지 다른 성질을 이와 같이 구분한 것임

18 질량은 전자의 약 8.7배이고 전하는 +2/3e임

19 질량은 전자의 약 13.7배이고 전하는 −1/3e임

20 원 쿼크와 전하의 부호가 반대이며 원 쿼크의 보색(補色)을 가짐

21 전기적으로 중성이고 아무리 두꺼운 어떤 물체라도 가볍게 투과하며 다른 물질과 상호작용을 거의 하지 않는, 질량이 있는지 없는지조차 밝혀지지 않은 입자로서 전자−, 뮤온−, 타우− 등 세 가지가 있음

22 원자핵 내에서 쿼크와 양성자, 중성자들을 결합시켜 주는 힘으로서 전자기력보다 훨씬 강하나 아주 짧은 거리에서만 작용하며 강한 상호작용(相互作用, strong interaction) 또는 강력(强力, strong force)이라고도 함

23 1,000억×1,000억×1,000억×10분의 1(10^{-34}) 초까지

24 높은 온도나 전자기파와의 충돌로 인하여 물질을 이루고 있는 분자나 원자에서 전자가 떨어져 나와 양이온들과 전자가 같이 섞여 있는 상태임

25 1,000억×1,000억×100억분의 1(10^{-32})초

26 1,000억×1,000억×1,000억×10분의 1(10^{-34})초

27 10^{27}cm

28 1,000억×10만(10^{16})°K, 온도가 이 이하로 떨어지면서 두 번째 상전이가 일어나 약전자기(弱電磁氣, electroweak) 힉스장이 등장하여 약력이 분리되고 입자들이 질량을 가질 수 있음

29 상온에서는 매개입자들 중 이들만, 그것도 매우 큰 질량을 가지고 있는데 W입자는 전자의 약 16만(양성자의 86) 배, Z입자는 18만(양성자의 97) 배이나 이들이 처음 등장할 당시의 온도에서는 질량을 잃고 광자와 같은 성질을 가지게 됨. 현재 거대 입자가속기(粒子加速器, particle accelerator)에서는 순간적이나마 이러한 온도를 재현할 수 있어 사실이 밝혀짐

30 원자핵 내에서 β붕괴를 일으켜 중성자가 전자와 중성미자를 방출하고 양성자로 바뀌도록 하거나 역으로 양성자가 전자를 포획하여 중성미자를 방출하고 중성자로 바뀌도록 해 주는 힘으로써 약한 상호작용(相互作用, weak interaction) 또는 약력(弱力, weak force)이

31 1,000억×1,000억×1,000억×1,000억×1,000억×10(10^{56})g

32 20×1,000억(2×10^{12})°K

33 전하가 +e이고 질량은 전자의 1,836배임

34 전기적으로 중성이며 질량은 전자의 1,838배임

35 글루온은 각각 색이 다른 입자 사이에 작용하여 색이 없는 입자를 만듦

36 양성자와 전자가 결합하여 중성자와 중성미자가 되는 것을 전자포획(電子捕獲, electron capture), 그 역 과정을 역-β붕괴(崩壞, decay)라고 하며 양성자가 중성자와 양전자, 중성미자가 되는 것을 β붕괴, 중성자가 양성자와 전자, 그리고 반중성미자가 되는 것을 -β붕괴라고 함

37 질량은 π중간자가 전자의 264배, π^+중간자와 π^-중간자는 273배임

38 현재까지 알려진 임계밀도는 10^{-23}g/m³로서 1m³당 수소원자 다섯 개 정도의 밀도임

39 학자에 따라서는 약 대여섯 배 정도라고도 하며 어떠한 전자기파로도 관측되지 않고 오직 중력을 통해서만 그 존재를 인식할 수 있는데 그 구성성분은 아직도 밝혀지지 않은 상상의 물질임

40 수소 핵은 양성자 한 개로 이루어져 있으나 여기에 중성자가 결합되어 있는 수소의 동위원소로서 중양성자(重陽性子)라고도 함

41 양성자가 두 개이고 중성자가 한 개인 헬륨의 동위원소임

42 양성자가 한 개이고 중성자가 두 개인 수소의 동위원소임

43 빅뱅 순간의 열에너지의 잔재로서 우주의 전 방향에서 마이크로파의 형태로 옴

44 우주의 거리단위로서 빛이 1년간 이동하는 거리, 즉 9.46×10^{12}km임

45 블랙홀에서 흡수된 물질들은 블랙홀과 벌레구멍(또는 웜홀, wormhole)으로 연결되어 있는 화이트홀(whitehole)을 통하여 방출되며 이들이 새로운 우주를 만들어 다중우주(多重宇宙, multiverse)를 구성하는데 우리 우주는 그 중의 하나라는 다중우주론도 제기되고 있음

46 이 질량을 발견자의 이름을 붙여 찬드라세카 한계질량이라고 하며 좀 더 정확하게는 태양의 1.44배임

47 이 단계를 양성자-양성자 고리라고 함

48 이러한 과정을 양성자-양성자(p-p)반응에 의한 항성 핵융합이라고 함

49 세페우스자리에서 처음 발견되어 이런 이름이 붙었으며 그 별이 속한 은하까지의 거리를 측정하는데 이용됨

50 예전에 천문학이 발달하기 전에는 백색왜성의 관측이 불가능하여 별이 없던 곳에서 갑자기 밝은 별이 나타나자 새로운 별이 나타난 것으로 생각하고 신성(新星)이라는 이름을 붙였으나 실제로는 별의 일생에서 마지막 단계임

51 헬륨보다 무거운 원소들의 통칭

52 중력붕괴로 크기가 작아지면 같은 각운동량을 유지하기 위해 회전속도가 빨라지게 됨

53 성간물질에는 중원소들 뿐만 아니라 생명체와 관련이 깊은 여러 가지 아미노산을 비롯하여 다양한 종류의 유기화합물들이 포함되어 있음

54 이것을 허블상수라고 하며 초속 15~30km 정도이나 15에 가까울 것으로 보고 있음

55 최근에는 은하의 개수가 1조 개는 될 것으로 추정하고 있음

56 빛의 속도로서 초속 30만 km임

57 주어진 물리계의 무질서한 정도를 나타내는 양으로서 자연계에서는 이것이 항상 증가하며 반대의 경우는 자발적으로 일어날 수 없다는 것을 엔트로피(증가)의 법칙이라고 함

58 속도가 계속 변하는 운동이며 속도가 일정한 운동은 등속운동이라고 함

59 업 쿼크와 성질이 같으며 질량만 약 340배임

60 다운 쿼크와 성질이 같으며 질량만 약 20배임

61 업 쿼크와 성질이 같으며 질량만 약 4만 200배임

62 다운 쿼크와 성질이 같으며 질량만 약 700배임

63 전자와 성질이 같으며 질량만 약 200배임

64 전자와 성질이 같으며 질량만 전자의 약 3,520배임

65 전자, 전자중성미자, 업 쿼크, 다운 쿼크를 입자족(粒子族, family) 1, 뮤온, 뮤온중성미자, 참 쿼크, 스트레인지 쿼크를 입자족 2, 타우, 타우중성미자, 탑 쿼크, 바탐 쿼크를 입자족 3이라고 함

66 이를 밝힌 이론이 양자색역학(量子色力學, quantum chromodynamics)임

67 임의의 작은 부분 속에도 전체의 모습이 들어 있는 구조

68 어떤 변환을 가해도 달라지지 않는 공통적인 속성을 말함

69 여분의 차원은 끈 속에 숨겨져 있으나 너무 작아서 우리가 볼 수 없으며 칼라비-야우 형태(Calabi-Yau shape)일 것으로 가상하였음

70 원자핵의 지름은 원자의 1/10만 정도임

71 $1,000$억 $\times 1,000$억 $\times 1,000$억 $\times 1,000$분의 $1(10^{-36})$배임

72 2006년 8월 24일 체코 프라하에서 열린 국제천문연맹(IAU) 총회에서 행성 명단으로부터

퇴출되었음

73 astronomical unit(천문단위)의 약자로서 태양으로부터 지구까지의 평균거리가 1AU임

74 헬륨으로 베릴륨을 합성하고 베릴륨과 양전자로 리튬을 합성하는 반응이 15% 정도를 차지하고 있으며 아주 극소(0.02%)하지만 베릴륨과 양성자로 보론을 만든 후 다시 헬륨으로 분해되는 반응도 일어나고 있음

75 +나 − 전기를 띤 입자

76 우주에 떠돌아다니는 높은 에너지를 가진 미립자와 그로 인한 방사선임

77 행성 공전궤도의 일그러진 정도임

78 행성이 궤도상에서 태양과 가장 멀어지는 점

79 행성이 궤도상에서 태양과 가장 가까워지는 점

80 햇빛을 받아 더워진 지면이 발산하는 열을 공기 중의 이산화탄소나 수증기가 흡수하였다가 다시 방출하여 지면의 온도가 더욱 높아지는 현상을 말함

81 무한히 먼 지점을 기준으로 한 공전주기를 항성주기라고 하며 태양을 기준으로 달이 지구를 한 번 도는 주기를 회합주기 또는 삭망주기라고 함

82 목성뿐만 아니라 목성형 행성은 모두 고체가 아니기 때문에 태양과 같이 위도에 따라 자전속도가 다름

83 갈릴레이가 스스로 제작한 망원경으로 목성의 위성들 중 처음으로 발견한 네 개의 위성들임

2 푸른 생명별 지구

아름답고 푸른 생명별 지구,
그러나 지구가 처음부터 지금처럼 아름다운 것은 아니었다.

01 선^先캄브리아대 Precambrian eon[1]

암흑대

暗黑代, Hadean eon: 45억~39억 년 전

1. 원시대륙(原始大陸, primitive continent)의 생성

46억 년 전 태양계의 한 가족으로 등장하여 태양 주위를 돌던 지구를 향해 수억 년간 미행성(微行星, planetesimal)[2]과 혜성, 그리고 운석들이 마구 쏟아졌고 지구는 눈덩이처럼 커졌다. 이 시기를 대충돌기(大衝突期, great bombardment period)라고 하는데 이들이 부딪칠 때마다 새로운 암석이 쌓였고 지구의 크기도 커졌다. 동시에 폭발적인 에너지가 생기면서 지구의 온도는 $1,800^{\circ}$C까지 솟구쳤다. 융해된 암석(마그마/magma)들은 깊이 수백 km의 바다를 이루어 지구를 덮었으며 운석 속에 있던 방사능(放射能, radioactivity) 물질이 붕괴되면서 지구 내부의 온도를 더욱 상승시켰다. 용광로가 된 지구의 온도는 곧 철의 융해점(融解點, melting point)을 넘어섰고

"

대충돌기 ⒸDon Dixon/cosmographica.com

철들은 중력의 힘에 이끌려 지구 가운데로 모였다. 지름 1km의 융해된 철 덩어리가 지표면에서 지구의 중심으로 이동하는 데 100만 년 정도씩 걸렸지만, 이렇게 지구의 구성물이 형성되기 시작하였다.

철로 된 중심핵을 융해된 바위가 둘러싸 맨틀(mantle)층을 이루어 대류를 일으켰고, 충돌하는 미행성의 수가 급격히 줄어들자 지표면은 빠르게 식어 갔으며 현무암(玄武巖, basalt)으로 이루어진 얇은 원시지각(地殼, crust)이 형성되기 시작하였다. 대류가 상승하거나 하강하는 부분은 상대적으로 밀도가 낮기 때문에 섬처럼 높은 지형을 이루었고 여기서 최초의 풍화(風化, weathering), 침식(浸蝕, erosion), 운반, 퇴적(堆積, sedimentation)작용이 일어나면서 퇴적물들이 섬 주변에 쌓여 지각을 형성하는 것이다. 뿐만 아니라 화산활동도 격렬하게 일어나 새로운 지각을 만들기도 하였다.

그러나 그때까지도 미행성의 충돌이 종종 있었기 때문에 먼저 만들어진 지각은

뜨겁고 메탄가스가 가득했던 초기 지구의 모습 ⓒDon Dixon/cosmographica.com

계속 파괴되어 맨틀 속으로 빠져 들어갔으며 그 속에서 융해된 지각물질은 낮은 밀도로 인하여 지표면으로 떠올라 상대적으로 높은 고도를 이루면서 대륙지각을 형성하였다. 이렇게 하여 약 1억 년 후 지구는 어느 정도 모습을 갖추게 되었다. 그 후 시간이 흐르면서 대륙지각은 점점 더 넓어지고 부피도 늘어났으며 이런 일은 대충 돌기가 끝나는 5억 년 이상 계속되었지만 그 당시의 지구의 모습은 지금과는 거의 닮지 않았다. 그리고 자전속도는 훨씬 빨라 몇 시간 만에 밤과 낮이 바뀌었으며 1년의 일수(日數, number of days)는 오늘날보다 훨씬 더 많았고 달은 지금보다 더 가까이 있었다.

2. 원시대기(原始大氣, primitive atmosphere)와 바다

지구 초기의 대기는 태양계가 만들어지던 가스구름의 잔재로서 주로 수소(H_2)와 헬륨(He) 외에 메탄(CH_4), 암모니아(NH_3) 등이었으며 이를 제1차대기(primary atmosphere)라고 하는데 태양의 진화 초기에 발생한 강력한 태양풍으로 인하여 목성과 토성 부근까지 날려가 버렸다. 그러나 지구와 충돌하는 미행성이나 혜성들이 암석만 가지고 오는 것은 아니었고 특히 혜성은 80% 이상이 얼음인 데다가 많은 유기물질들을 포함하고 있어서 원시지구의 마그마 바다(magma ocean)에서 방출되는 휘발성 화산기체(火山氣體, volcanic gases)와 함께 제2차대기(secondary atmosphere)를 이루었는데 수증기(H_2O)가 85%로서 대부분을 차지하였고 이산화탄소(CO_2)가 12%였으며 그 외에 질소(N_2), 수소, 이산화황(SO_2), 황화수소(H_2S), 염산(HCl) 등이 포함되어 있었다.

이때는 대기의 압력이 지금보다 약 100배 정도 높았으며 대기 중 수증기의 압력이 마그마 바다의 수증기 농도와 용해평형(溶解平衡, dissolution balance)을 이루게 되었다. 즉 대기 중의 수증기가 많아지면 온실효과(溫室效果, greenhouse effect)로 기온이 올라가 마그마가 더 많이 융해되어 대기 중의 수증기를 더 많이 흡수하게 되고 이로 인하여 대기 중의 수증기가 줄어들면 온도가 낮아져 마그마 바다가 식으면서 수증기를 방출하여 대기 중의 수증기가 다시 증가하게 되는 것이다.[3] 이러한 과정이 끊임없이 반복되면서 지표면의 온도는 점점 낮아졌다. 그러다가 지표면의 온도가 물의 임계온도(臨界溫度, critical temperature)[4]인 374°C보다 낮아지자 수증기가 비로 내리기 시작하였으며 처음에는 곧바로 증발하여 다시 수증기가 되었으나 이러한 과정이 되풀이되면서 원시지구가 생성된 지 약 1억 년 후에 지구상에 원시

최초의 비 ©Don Dixon/cosmographica.com

최초의 바다 ©Don Dixon/cosmographica.com

식은 후의 초기 지구 모습(달이 가까이 있어 더 크게 보임) ⓒDon Dixon/cosmographica.com

바다가 등장하게 되었다.

대기 중의 이산화탄소, 이산화황, 염산 등이 물에 녹으면 탄산(H_2CO_3), 아황산(H_2SO_3), 히드로늄이온(H_3O^+) 등의 산이 만들어져 원시바다는 초기에는 산성(酸性, acid)을 띠었고 온도도 150°C 정도로 상당히 높았으나 시간이 지나면서 온도는 차츰 낮아졌고 바닷물도 지각에 들어 있는 나트륨, 마그네슘 등의 알칼리 성분과 반응하여 중화(中和, neutralization)되었다. 그리고 수증기가 빠져나간 대기 중에는 이산화탄소가 80% 정도로 가장 많게 되었고 질소가 15% 정도였으며 그 외에 아르곤 등이 있었다. 이때는 대기 중에 산소는 전혀 없었으며 수소와 같은 가벼운 기체는 대기권 밖으로 빠져나갔다. 그러나 이산화탄소는 대기 중의 수증기와 결합하여 탄산이 되고 탄산은 암석들을 풍화시키면서 중탄산이온(HCO_3^-)이 되어 바다로 흘러 들어가 대륙붕에 엄청난 두께의 석회질(石灰質, calcium carbonate ; $CaCO_3$) 퇴적물

(堆積物, deposit/sediment)로 쌓여 석회암(石灰巖, limestone)을 형성하면서 대기 중의 이산화탄소는 급격히 감소하기 시작하였다. 그리고 대기의 밀도와 기압이 점점 낮아지면서 물에 녹지 않는 질소는 대기 중의 비율이 꾸준히 증가하게 되었다.

• 2 •

시생대

始生代, Archean eon: 39억~25억 년 전

1. 암석의 순환(cycle of rocks)

이때까지도 맨틀이 극도로 활동적이어서 왕성한 화산활동으로 지금의 용암(1,350°C)보다 더 뜨거운 용암(1,600°C)이 분출됨으로써 철과 마그네슘을 많이 포함하고 있는 유색광물질(有色鑛物質, mafic mineral)[5]의 화성암(火成巖, ultramafic volcanics/komatiite)이 생성되어 이 시기의 지층에서 흔히 발견되고 있으나 그 이후에는 이런 종류의 암석은 거의 생성되지 않았다.

이들은 처음에는 화강암(花崗巖, granite)과 녹암(綠巖, greenstone)의 혼성상태로 존재하다가 화강암이 녹암층에서 분리된 후 변성작용(變成作用, metamorphism)에 의해 변성암(變成巖, metamorphic rock)인 편마암(片麻巖, gneiss) 덩어리를 이루었다. 또 낮은 변성작용을 받은 유색광물질 화성암, 현무암, 무색광물질(無色鑛物質, felsic mineral)[6] 화성암이 이어져 띠 모양을 이루었다가 풍화작용이나 침식작용에 의해 잘게 부서져 깊은 바다로 흘러들어 저탁암(低濁巖, turbidite),[7] 수암(燧巖, 각암/

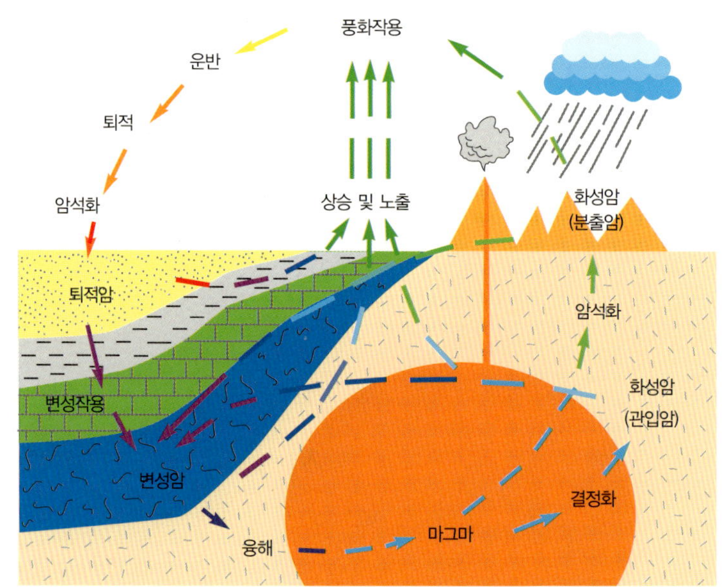

암석의 순환
ⓒminsocam.org

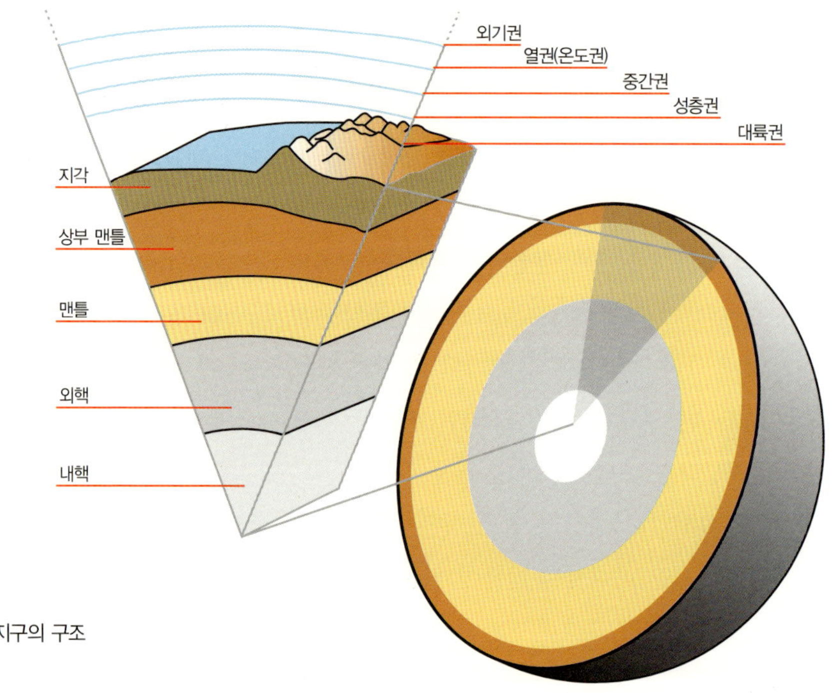

지구의 구조

角巖, 처트/chert)[8] 등과 같은 해저 퇴적암(堆積巖, sedimentary rock)을 형성하였다.

그리고 엄청난 양의 금속성 광물들이 매장되었으며 해저화산활동으로 만들어진 호상열도(弧狀列島, island arc)[9]들이 연결되어 석영(石英, quartz)이 풍부한 사암(砂巖, sandstone), 혈암(頁巖, shale) 등의 쇄설성(碎屑性, clastic)[10] 퇴적암[11]들과 석회암들로 얕은 바다와 육지를 이룬 꽤 큰 땅덩어리들이 형성되었다.

한편 지금으로부터 약 27억 년 전쯤 마그마 바다가 식고 지각과 맨틀이 굳어지며 고체인 내핵(內核, inner core)과 액체인 외핵(外核, out core)이 형상을 갖추게 되자 이들의 배열과 상대적 움직임에 따라 지자기(地磁氣, terrestrial magnetism)가 발생하게 되었다. 그리고 지자기가 태양에서 오는 대전입자(帶電粒子, electrified particle)들을 붙잡아 반알렌대(Van Allen radiation belts)가 형성되었는데 지자기는 약 20억 년 전을 정점으로 그 후 점점 약해지고 있다.

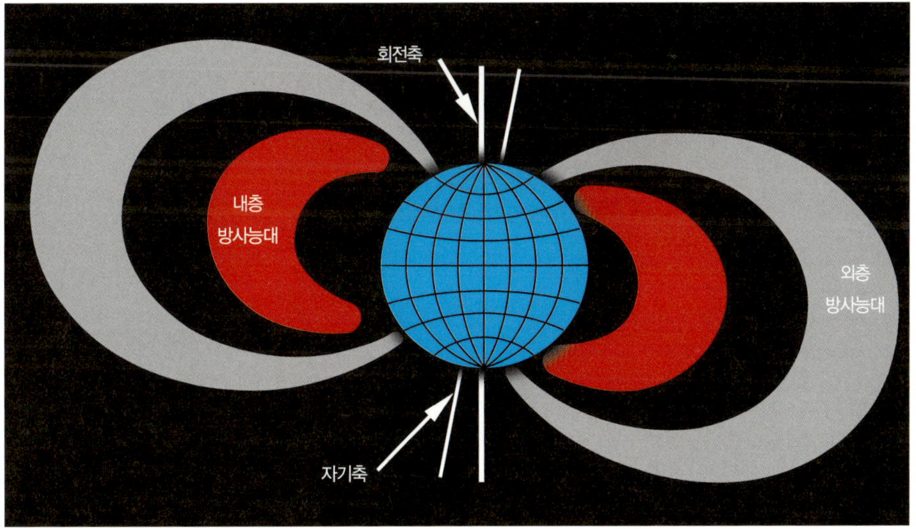

반알렌 방사능대

2. 원시생명체(原始生命體, primitive organisms)의 출현[12]

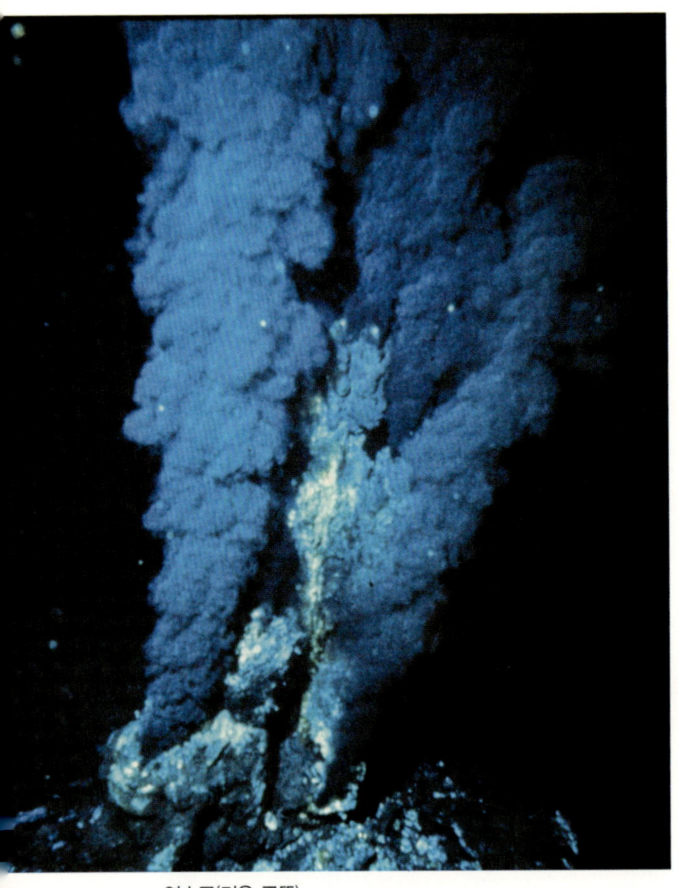
열수공(검은 굴뚝)

지구가 태어난 지 약 7억 년이 지난 지금으로부터 약 39억 년 전, 대충돌기는 지났지만 아직도 미행성이나 운석의 충돌은 종종 일어났으며 화산폭발도 매우 격렬하여 이들로 인한 기후와 기압의 변화는 극심하였다. 뿐만 아니라 오존층이 없던 당시에는 태양광의 자외선이 치명적이어서 지표면은 생명체가 발생하고 살아가기에는 매우 부적합한 환경이었다. 그러나 해령(海嶺, oceanic ridge)[13] 근처에 있는 열수공(熱水孔, hydrothermal vent)[14] 부근의 해저나 해저 밑의 퇴적층, 지하수가 있는 지하 1km 이하의 다공성암석(多孔性巖石, porous rock)층에서는 지표면의 열악한 환경으로부터 보호받을 수 있었고 지열(地熱, subterranean heat)이 100~150°C에 달하는 적당한 온도의 에너지로 작용하였으며 여러 가지 무기물(無機物, inorganic elements)도 풍부하여 최초의 생명체가 탄생하고 서식하는 데 매우 적합하였다.

먼저 무기물로부터 여러 가지 간단한 유기화합물(有機化合物, organic compound)

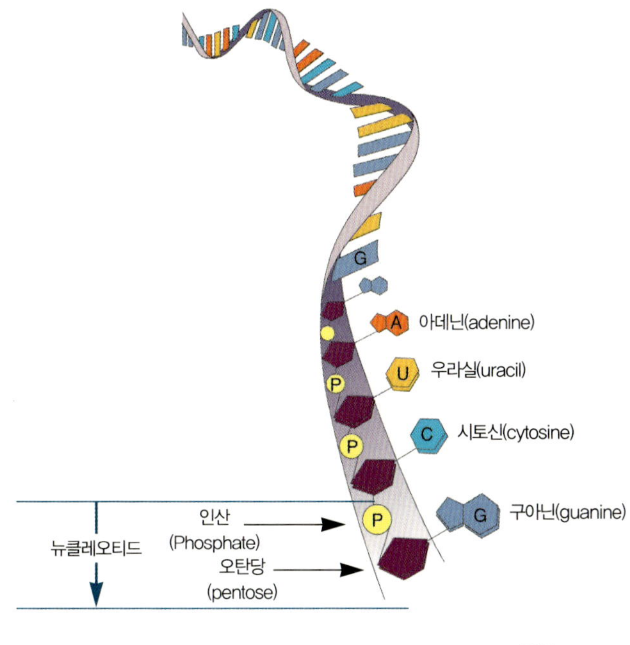

RNA

이 합성되었다. 그리고 이들 유기화합물들이 결합하여 좀 더 복잡한 고분자화합물(高分子化合物, macromolecule)인 아미노산(amino acid)과 함께 뉴클레오티드(nucleotide)[15]가 만들어졌다. 그리고 여러 개의 뉴클레오티드가 연결되어 RNA(리보핵산/核酸, ribonucleic acid)가 만들어졌는데 이들은 유전정보(遺傳情報, genetic information)를 전달하는 유전자(遺傳子, gene) 역할과 동시에 촉매(觸媒, catalyst)작용을 하는 효소(酵素, enzyme)로서의 역할을 수행함으로써 자기복제(自己複製, self replication)를 통하여 RNA세계(世界)(RNA World)를 형성하였다.[16] RNA는 인산(燐酸, phosphoric acid)과 5탄당(5炭糖)인 리보오스(ribose)가 교대로 배열되어 있고 리보오스에 네 종류의 질소염기(鹽基, base) 중 하나가 연결된 것인데 이들 중 두 개는 푸린(purine)에 속하는 아데닌(adenine, A)과 구아닌(guanine, G)이고 두 개는 피리미딘(pyrimidine)에 속하는 시토신(cytosine, C)과 우라실(uracil, U)이다.

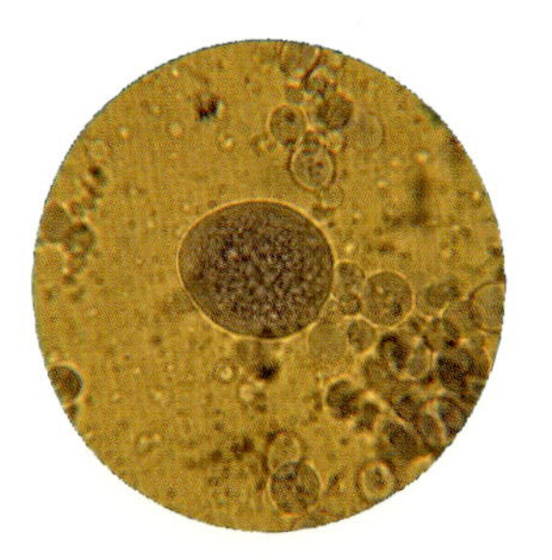

코아세르베이트
©homepage3.nifty.com/ymorita/hisa1.htm

이들 RNA들은 아미노산으로 단백질(蛋白質)성 물질(프로티노이드/proteinoid)을 합성하기 시작하였으나 이들은 그때까지도 아무런 살아 있는 구조를 가지지 않은 생명 전 물질(生命前物質, prebiont)이었다. 그러다가 RNA와 단백질성 물질이 물속에서 물 분자로 된 막으로 둘러싸이고 주위의 물로부터 물질들을 선별적으로 흡수하여 자신의 구조 속에 혼합시키는 코아세르베이트(coacervate)를 형성하였다. 그 후 코아세르베이트는 지질(脂質, lipid)로 된 이중막(二重膜, double membrane)으로 둘러싸인 작은 덩어리(미세구체/微細球體, microsphere)를 이루어 주변과 격리되고 막 바깥의 물질을 선택적으로 흡수하여 성장하는 동시에 자기복제에 의한 분할을 시작함으로써 핵산(核酸, nucleic acid)과 폴리펩티드(polypeptide)를 가진 원세포(原細胞, protocell)가 되었다. 그리고 하나의 끈으로 된 RNA는 이중나선(二重螺旋, double helix)으로 된 DNA(디옥시리보핵산, deoxyribonucleic acid)를 만들어 자신이 하던 역할의 상당 부분을 좀 더 안정적인 DNA에게 넘겨주었다.

DNA의 기본단위 역시 뉴클레오티드이나 RNA와의 차이는 5탄당이 리보오스 대신 디옥시리보오스(deoxyribose)라는 점이고 네 종류의 질소염기도 푸린인 아데닌(A)과 구아닌(G), 그리고 피리미딘 중 시토신(C)까지는 일치하나 우라실은 티민(thymine, T)으로 대체되어 있다. 그리고 DNA의 가닥 역시 인산과 디옥시리보스가 교대로 배열된 것이며 염기들은 디옥시리보스에 연결되어 있으나 RNA와는 달리 두 가닥으로 된 이중나선 구조로서 한쪽 가닥에 연결된 A는 반드시 다른 쪽 가닥의 T와, 그리고 G는 C와 수소를 매개로 연결된다. 이와 같은 방법으로 많은 뉴클레오

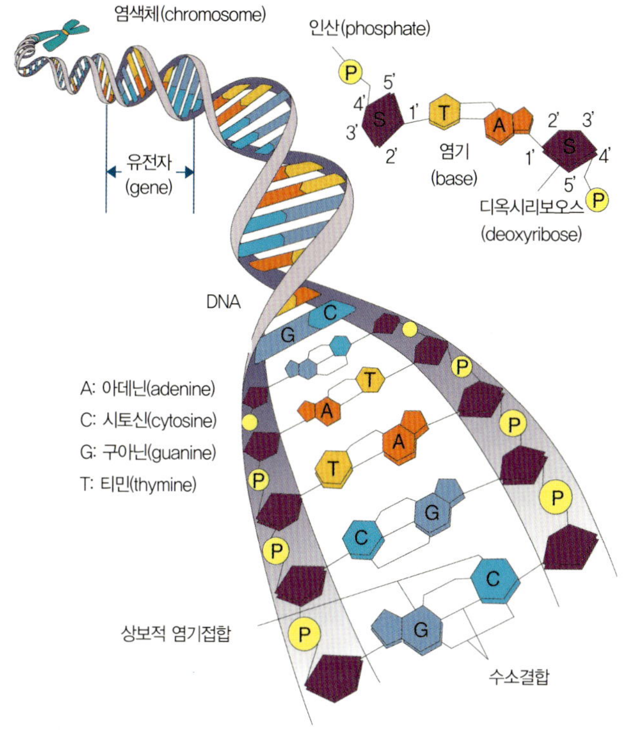

염색체와 DNA의 구조

티드들이 연결되어 일정한 길이의 DNA사(絲, strand), 즉 유전자가 되며 이들이 많이 모여 있는 것이 염색체이다. 이와 같이 유전자 내에는 네 가지 종류의 염기밖에 없지만 이들의 배열, 즉 염기서열(鹽基序列, base sequence)에 따라 무수히 많은 조합이 가능하기 때문에 그 생물의 독특한 유전정보를 보유하고 전달할 수 있는 것이다.

이와 같은 화학진화(化學進化, chemical evolution)를 거쳐 최초의 생명체가 등장하게 되었는데 이들은 원핵생물(原核生物, prokaryote)[17]이며 모네라(Monera)계(界, kingdom)[18]인 고세균(古細菌, archaeabacteria)[19]들이었다. 초기의 고세균들은 단백질성 물질을 필요로 하는 종속영양생물(從屬營養生物, heterotroph)이며 모두 혐기성

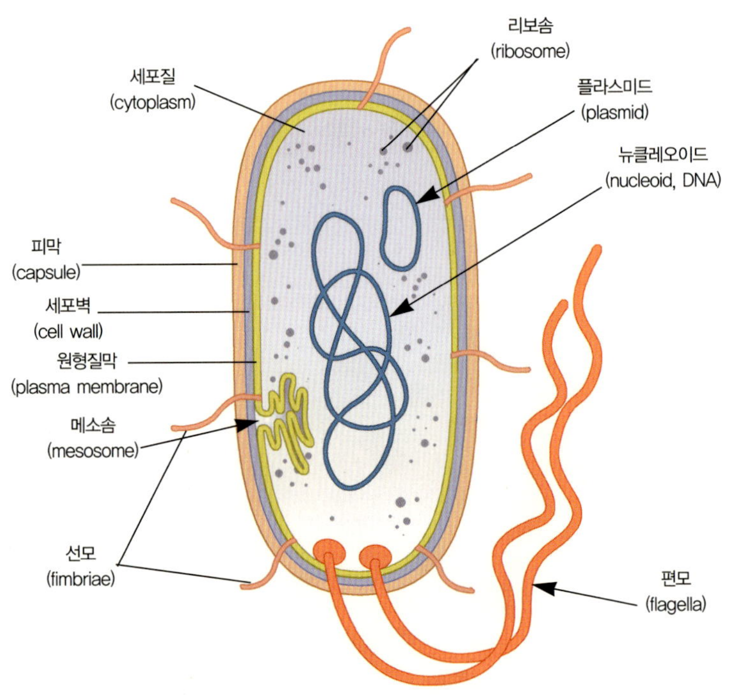

(嫌氣性, anaerobic)[20]이었다. 그러나 이들은 얼마 지나지 않아 수소와 이산화탄소를 합성하여 얻은 메탄에서 에너지를 얻는 메탄생성 박테리아(methanogen), 120°C 이상의 온도에도 견디는 초고온성(超高溫性) 박테리아(extreme thermophile /hyperthermophile), 사해(死海, Dead Sea)처럼 염도가 높은 호수는 물론 거의 포화에 가까운 염도의 물속이나 심지어는 소금광산 같은 곳에서도 살 수 있는 초호염성(超好鹽性) 박테리아(extreme halophile) 등으로 진화하였다.

그래서 이들은 화산으로부터 흘러나오는 뜨거운 용액 속의 황이나 철, 망간 등의 무기물들과 물속에 녹아 있는 이산화탄소와의 대사(代謝, metabolism)로부터 직접 에너지를 획득하여 생명을 유지하며 빛이나 산소, 심지어 유기물질과도 전혀 상관이 없는 화학독립영양생물(化學獨立營養生物, chemolithoautotroph)들이 되었다. 이들

고세균 중에는 금속을 녹일 정도로 강한 산이나 매우 강한 알칼리를 좋아하는 것들도 있고 남극의 빙산 밑과 같이 매우 추운 곳을 좋아하는 것들도 있으며 대부분의 생물들에게는 치명적인 방사능에도 끄떡없는 박테리아도 있어서 이들을 일명 슈퍼박테리아(superbacteria)라고도 부른다. 결국 이들의 공통점은 매우 극한적인 환경 속에서도 잘 견딜 수 있는 극한생물이라는 점이며 따라서 초기 지구의 열악한 환경 속에서도 잘 적응할 수 있었다.

생명체가 무엇인가 하는 정의는 그렇게 쉽지는 않지만 대개 다음과 같은 여섯 가지 특성을 가지고 있다. 첫째는 조직화되어 있어 엔트로피 증가에 역행하려는 경향이 있다. 둘째, 주위환경으로부터 물질과 에너지를 얻어 생명을 유지한다. 셋째, 번식을 통해서 자손에게 유전물질을 전달한다. 넷째, 환경의 자극에 대해 반응한다. 다섯째, 여러 세대에 걸쳐 환경에 적응하면서 진화한다. 여섯째, 항상성(恒常性, Homeostasis)[21]을 유지하려는 경향이 있다. 그래서 바이러스와 같은 경우는 그것이 생명체냐 아니냐 하는 논란의 여지가 있지만 이상의 특성 중 두세 가지만을 가지고 있으므로 생명체로 보지 않는 것이 일반적이다. 한편 지구상의 모든 생명체는 대부분 수소, 산소, 탄소, 질소의 원소로 구성되어 있고 어떤 생명체든 나머지 원소는 다 합쳐도 1%가 안 되는데 이들 미량원소 중 중요한 것들에는 인, 황, 나트륨, 마그네슘, 염소, 칼륨, 칼슘, 철 등이 있다.

3. 생물의 기본적 분류(分類, classification)

생물 분류의 가장 기본적인 단위는 종(種, species)이다. 한 종이란 어떤 공통의 유전체(遺傳體, genome)[22]를 공유하는 개체들의 집단이며 다른 종의 집단과는 원칙적으로 생식(生殖, reproduction)이 불가능하나 간혹 생식이 이루어지더라도 이렇게 태어난 잡종(雜種, hybrid)은 말과 당나귀 사이에서 태어난 노새처럼 번식능력이 없다.

서로 관련이 깊은 종들이 모여 속(屬, genus)을 이루고 계통적으로 가까운 속들이 모여 과(科, family)를 이룬다. 이와 같은 맥락으로 과들이 모여 목(目, order)을 이루고 목들이 모여 강(綱, class)을 이루며 강들이 모여 문(門, division/phylum), 문들이 모여 계(界, kingdom)를 이룬다.

최상위체계에는 모네라계 이외에 원생생물계(原生生物界, Protista), 균계(菌界, Fungi), 식물계(植物界, Plantae), 동물계(動物界, Animalia) 등 모두 다섯 가지가 있다. 그리고 이들을 다시 고세균령, 진정세균(眞正細菌, eubacteria)령과 진핵생물(眞核生物, eukaryote)[23]령의 세 영역(領域, domain)으로 분류하기도 하는데 고세균령과 진정세균령은 모네라계에 속하며 진핵생물령에는 나머지 네 계가 모두 포함된다.

4. 진정세균의 등장

초기의 미생물 군체(群體, 콜로니/colony)[24]는 충분한 무기물과 에너지로 인하여 폭발적인 속도로 퍼져 나갔다. 그러나 그들이 생존하기에 적합한 곳을 다 차지하자 더 이상의 번식이 어렵게 되었다. 그러다가 그들이 등장한 지 약 1억 년이 지난 약 38억 년 전, 지구의 온도가 낮아지고 화산활동이 줄어들면서 일부 미생물 군체가 차가운 지역에 고립되게 되었으며 막이 단단하여 저온에 적응하기 어려운 그들의 대부분은 발육이 중지되거나 죽어갔으나 우연히 더 유연한 막을 얻을 수 있게 된 돌연변이는 생존하고 번식해 나갈 수 있게 되었다. 이제 더 차가운 환경에 적응하게 된 그들은 지표면에 가까운 연안까지 번식하게 되었으며 그들 중에서 우리가 흔히 세균(細菌, bacteria)이라고 부르는 진정세균이 등장하게 되었는데 이들 역시 고세균들과 마찬가지로 원핵생물이자 모네라계이다.

연안의 얕은 바닷물 속에는 열수공 부근과 같이 무기물들이 풍부하지 않았기 때문에 이곳의 미생물들 중 일부는 화학물질 대신 태양빛에서 에너지를 얻는 소위 광영양생물(光營養生物, phototroph)이 되었는데 초기에는 원시적인 형태의 광합성(光

진핵생물령
균계
식물계
동물계
버섯
지의류
곰팡이
효모
속씨식물
겉씨식물
양치식물
선태식물
석송식물
곤충
도마뱀
해면
불가사리
해파리
규조류
원생생물계
짚신벌레
아메바
홍조류
녹조류
유글레라
고세균령
진정세균령
극호염균
메탄생성균
모네라계
세균
남세균
우주적
원종(源種)

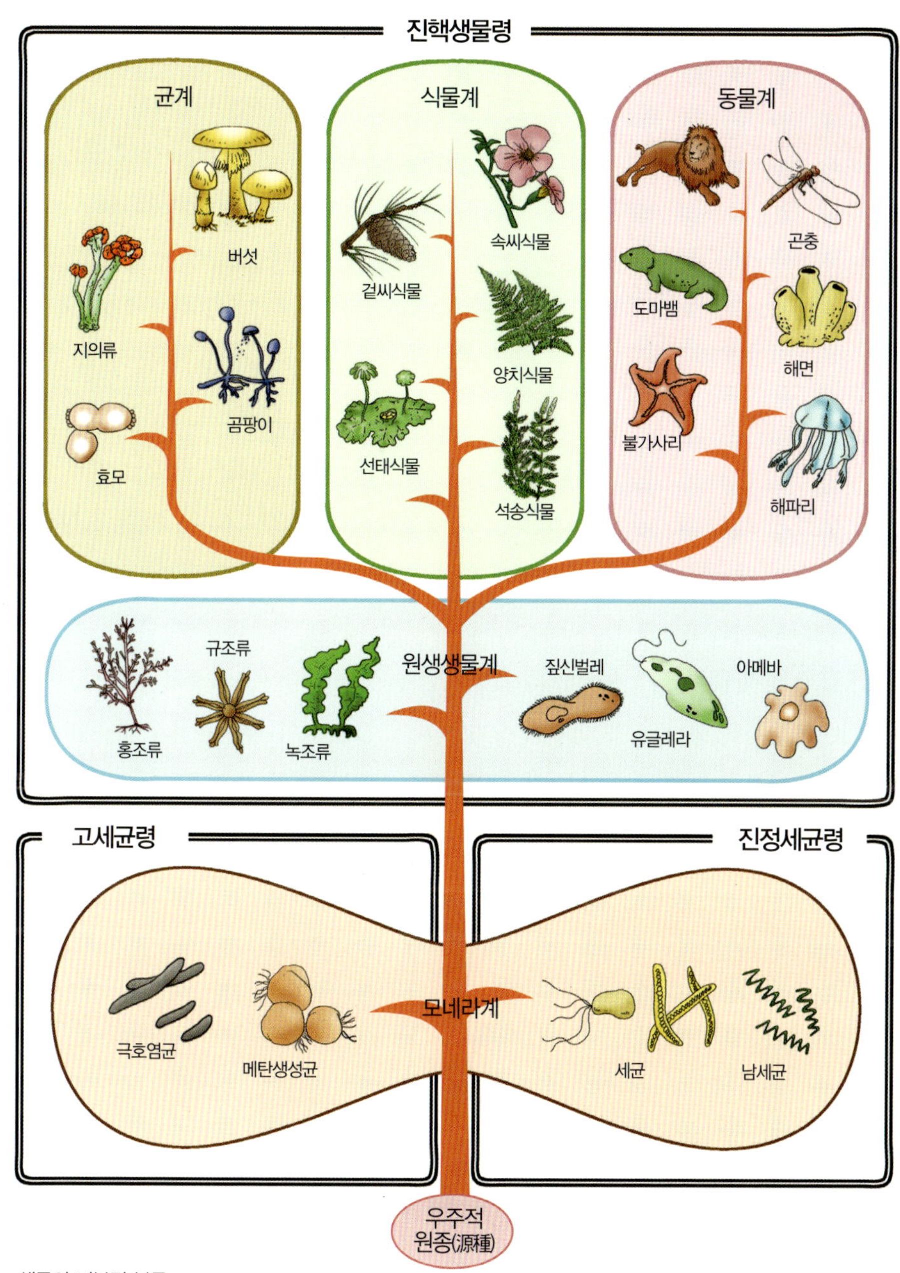

생물의 기본적 분류

남세균 ⓒStephen Durr

合成, photosynthesis)을 이용하였으나 나중에는 엽록소(葉綠素, chlorophyl)를 이용하여 물, 이산화탄소 및 태양빛만으로 산소와 대부분의 생물에게 필수적 유기물질인 탄수화물(炭水化物, carbohydrate)을 만들어 내게 되었다. 그리하여 약 37억 년 전에는 가장 대표적 광합성 생물 중의 하나인 남세균(藍細菌, cyanobacteria)[25]이 등장하게 되었으며 그 후 이들 진정세균들이 급속히 지구의 바다 속을 정복해 나갔다. 그리고 이들로 인해 대기 중의 이산화탄소가 급격히 감소해 35억 년 전에는 20%, 27억 년 전에는 15% 정도로 떨어진 반면 산소가 만들어지기 시작하였고, 남세균들은 콜레니아(Collenia) 등과 같은 다른 미생물들과 함께 군체를 이루어 살다가 마치 오늘날의 석탄광맥과 비슷한 형태의 스트로마톨라이트(stromatolite)[26]를 형성해 나갔으며 약 26억 년 전에는 박테리아들이 육지에 올라와 육상에도 얇은 층을 만들기 시작하였다.

캄브리아대에 만들어진 스트로마톨라이트
ⓒAlgonquin College

샤크만에 있는 오늘날의 스트로마톨라이트

5. 미생물(微生物, microorganism)의 진화(進化, evolution)

박테리아를 비롯한 미생물들은 스스로를 똑같이 복제하여 증식한다. 그러다가 어느 박테리아가 유전자를 잘못 복제하면 돌연변이(突然變異, mutation)[27]가 일어나 복제된 박테리아는 돌연변이체(突然變異體, mutant)가 되고 그 후손들은 모두 변이된 형질(形質, character)을 물려받게 된다. 그러나 미생물들은 태어난 후에도 새로운 유전자를 얻을 수 있다. 많은 종류의 박테리아가 염색체(染色體, chromosome)[28]와는 관계없는 DNA루프인 플라스미드(plasmid)를 자기와 종이 같거나 다르거나

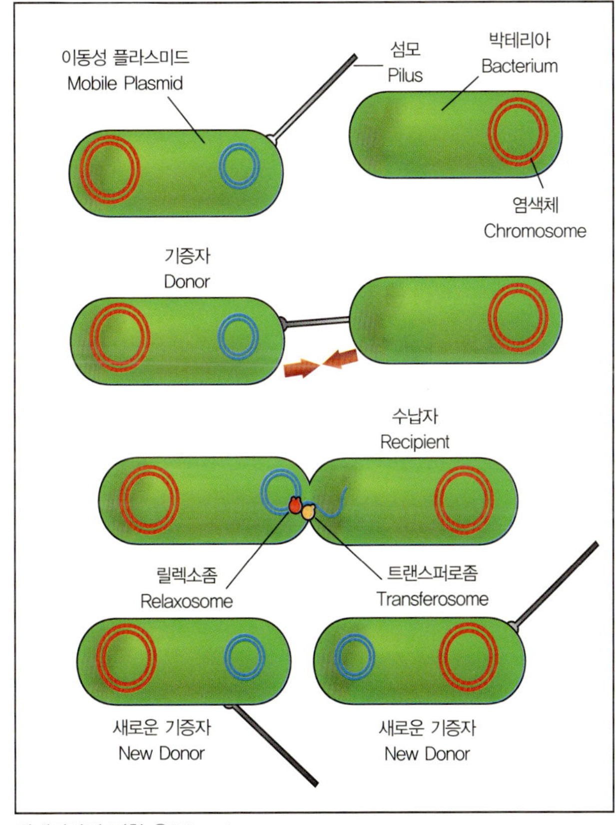

박테리아의 접합 ⓒMike Jones

관계없이 다른 박테리아에게 전달할 수 있다. 바이러스들도 어떤 박테리아에 기생하면서 유전물질을 빼내서 다른 박테리아에 전달할 수 있다. 또 어떤 박테리아의 염색체는 유전자의 일부를 절단해서 다른 미생물에게 주입할 수도 있다. 그리고 어떤 박테리아가 죽어서 DNA가 흘러나오면 가끔 다른 박테리아가 이것을 가져다가 자기 게놈의 일부로 만들기도 한다.

아키오글로부스 풀기두스(archaeoglobus fulgidus)는 해저의 기름이 흘러나오는 곳 근처에 사는 고세균인데 다른 모든 점은 전형적인 고세균의 특성을 다 가지고 있으나 이 미생물은 다른 고세균들에는 없고 박테리아에만 있는 효소를 사용하여 기름을 소화시킨다. 그 옛날 생명체가 등장한 초기에는 복제시스템이 엉성해서 유전자가 한 세대에서 다른 세대로 전달되는 것보다는 한 미생물에서 다른 미생물로 옮겨가기가 더 쉬웠다. 이들은 단순했기 때문에 종은 물론이고 영역에도 관계없이 유전자를 주고받았다. 따라서 미생물들은 뚜렷한 계보로 분화되지 못했고 단일한 종도 없었으며 이런저런 유전자가 섞인 미생물들이 지구를 덮고 있었다.

그러나 어느 정도 시간이 지나자 유전자시스템은 좀 더 복잡하게 진화하였고 전에 단순한 유전자들이 모여 하던 일보다 더 어렵고 많은 일을 할 수 있게 되었으며 항상성이 정립되어감에 따라 유전자를 주고받는 일은 매우 어려워졌다. 이러한 유전자시스템은 더욱 특화되었고 유전자는 세대에서 세대로 정확히 전달되기 시작했으며 생명체의 분명한 계보가 만들어졌다. 그렇지만 이들 각각에는 과거에 유전자를 주고받던 흔적이 남아 있다.

• 3 •

초기원생대

初期原生代, Paleoproterozoic eon: 25억~16억 년 전

1. 산소의 생성 및 호상철광층(弧狀鐵鑛層, Banded Iron Formations)의 퇴적

초기 지구에는 대기 중에 산소가 전혀 없었으나 광분해(光分解, photolysis)[29]에 의하여 산소가 조금씩 만들어졌다. 그러다가 남세균이 나타난 이후에는 광합성에 의해서도 산소가 만들어지기 시작하였으나 이때 만들어진 산소는 대기 중에 축적되거나 해수에 녹을 틈도 없이 곧바로 대륙의 암석을 풍화시키는 데 소모되었고 또 해수에 많이 녹아 있던 철 이온과 결합하여 엄청난 산화철(酸化鐵, oxidized iron)을 만들었으며 이들은 퇴적하여 적색층(赤色層, red bed)[30]이나 호상철광층[31]을 형성하였다. 따라서 산소의 증가량은 매우 미미하여 원생대 초의 대기 중 산소함유량은 1% 정도에 불과하였다. 한편 대기 중의 이산화탄소는 꾸준히 줄어 그 비율이 8% 정도로 떨어졌으며 질소는 꾸준히 증가하여 지금의 비율인 78%에 육박하게 되었다.

적색층 하상으로 강물이 붉게 물들고 있음　　호상철광석 ⓒAndre Karwath

　　호상철광층의 퇴적은 오랜 세월에 걸쳐 이루어졌으나 대부분은 25억 년 전에서 20억 년 전 사이에 집중적으로 이루어졌다. 초기의 퇴적층에는 우라늄의 산화광물인 우라니나이트(uraninite, UO_2)가 존재하고 있으나 대기와 얕은 바다에 산소가 조금씩 존재하게 된 23억 년 전 이후의 퇴적층에는 더 이상 우라니나이트가 존재하지 않게 되었으며 일부 호기성(好氣性, aerobic)[32] 박테리아도 등장하게 되었다.

우라니나이트 ⓒuraniumminerals.com　　대륙빙에 덮힌 남극대륙을 인공위성에서 본 모습

2. 지구의 기후변화와 최초의 빙하기(氷河期, glacial epoch/ice age)[33]

　　지구의 기후는 지구가 얼마나 많은 태양 복사에너지를 흡수하느냐 또는 반사하느냐에 따라 달라진다. 태양에너지의 반사율을 알베도(albedo)라고 하는데 모두 반

사할 경우가 1이고 모두 흡수할 경우가 0이다. 알베도는 빙하가 0.8로서 가장 높고
구름도 높으며 일반적으로 바다보다는 육지가 더 높다. 그러나 같은 육지라고 해도 사막은 매우 높지만 숲이 우거진 경우에는 0.1 정도밖에 안 된다. 알베도가 가장 낮은 곳은 적도지방의 바다로서 0.05인데 비하여 극지방의 바다는 0.12 정도이다.

스위스의 알레치(Aletsch)빙하

따라서 대륙의 면적이 늘고 이들이 주로 적도지방에 분포할 때 기후는 좀 더 계절적이 되고 전반적으로 추워지게 된다. 그 결과 극지방이나 그에 가까운 대륙에 대륙빙(大陸氷, ice sheet)[34]이 형성되는데 이때 극지방에도 어느 정도의 대륙이 있어야 빙하의 확장이 용이해진다. 이와 같이 대륙빙이 형성되면 알베도가 높아져 더 많은 태양에너지를 반사해 내보내는 한편 물이 얼음에 갇힘으로써 해수면은 더 낮아지

빙하로 인해 U자형으로 파인 계곡

빙하의 찰흔 ⓒM.Braeunlich/kristallin.de

고 더 많은 대륙이 드러나 기온은 더욱 낮아지게 된다.

반면에 어떤 계기로 지구의 기온이 더워지기 시작하면 빙하가 녹아 알베도는 낮아지고 해수면은 높아지게 되며 이로 인하여 대륙의 면적이 줄어들어 알베도는 더욱 낮아지면서 기온도 더 올라가게 된다. 이와 같이 지구의 기온은 한번 더워지기 시작하면 점점 더 더워지고 추워지기 시작하면 점점 더 추워지는 순환체계를 가지고 있다.

이외에도 지구의 기후변화에 영향을 미치는 요인이 몇 가지 더 있는데, 그중 하나는 지구 자전축 기울기(경도/傾度, obliquity)의 변화로서 21.5~24.5°의 범위에서 4만 1,000년을 주기로 변하고 있으며 기울기가 작으면 극지방이 더 추워진다. 그다음으로는 지구의 공전궤도가 약 10만 년을 주기로 이심률이 변하여 원형에 가까웠다가 좀 더 타원형으로 되는 것인데 타원형일 때 빙하가 더 잘 형성된다. 세 번째는 지구의 자전축이 2만 1,000년을 주기로 세차운동을 하는 것인데 지구의 공전궤도가 타원이기 때문에 자전축의 방향이 어디냐에 따라 지역별 기온에 차이가 생긴다. 이상과 같은 세 가지 주기가 어떻게 겹치느냐에 따라 지구에 빙하시대가 오거나 기

캐나다의 빙퇴석 호수 ⓒsocr.uwindsor.ca

빙력암 ⓒhi.is~oi

미아석 ⓒJohn Koivurinta, Finland

온이 따뜻해지는 데 큰 영향을 미치게 되며, 이것을 밀란코비치주기(Milankovitch cycle)라고 한다.

지금으로부터 23억 년 전에 지구 최초의 빙하기가 있었는데 당시 만들어진 빙하(氷河, glacier) 퇴적물은 캐나다의 5대호 부근을 비롯하여 미국의 와이오밍, 핀란드, 남아프리카, 인도 등 넓은 지역에 남아 있어 매우 큰 규모의 대륙빙이 형성되어 있었음을 알 수 있다. 빙하는 흘러내려 가면서 본래의 V자형 골짜기를 U자형으로 바꾸는 한편 엄청난 찰흔(擦痕, striation)을 남기고 자갈, 모래, 점토 등이 고르게 섞인 많은 암석 부스러기를 운반하여 빙하의 끝자락에 퇴적시키는데 이를 빙퇴석(氷堆石, moraine)이라고 하며 바위가 되면 빙력암(氷礫巖, tillite)이라고 한다. 빙하는 또 엄청나게 큰 암석 덩어리를 운반하기도 하는데 이렇게 주변에 같은 종류의 암석이 없는 바위를 표석(漂石, 미아석/迷兒石, erratic boulder)이라고 한다.

3. 진핵생물의 등장

지구상에 박테리아들이 번성하자 이들 간의 생존경쟁(生存競爭, struggle for existence)도 매우 치열해졌다. 그래서 이들은 서로 먹고 먹히기를 거듭하였는데 이들은 단세포생물이므로 이들이 먹고 먹힌다는 것은 결국 하나가 다른 하나의 속으

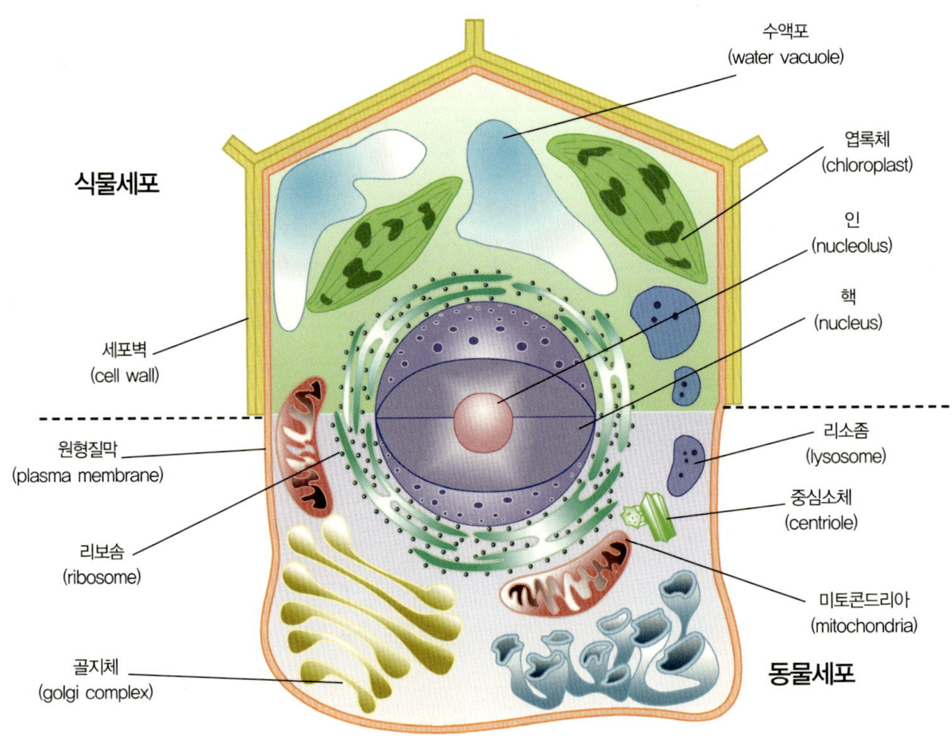

진핵생물의 세포

로 들어가는 것이었다. 예를 들어 두 박테리아 ㉮와 ㉯가 있을 때 만일 ㉯가 ㉮ 속으로 들어갔다면 겉보기에는 ㉮가 ㉯를 먹었고 ㉯는 ㉮에 먹힌 것이 된다. 그 후 ㉮가 살아남고 ㉯가 죽었다면 이것은 사실이 되며 이때 ㉮는 ㉯를 섭취(攝取, ingestion)하였다고 한다. 그러나 생물의 세계가 그렇게 단조롭지만은 않아서 오히려 ㉯가 살아남고 ㉮가 죽을 수도 있는데 이때는 ㉮가 ㉯에 감염(感染, infection)되었다고 한다.

이와 같이 박테리아들이 섭취와 감염을 되풀이하면서 오랜 세월이 흐르자 이들은 서로 상대에게 익숙해짐으로써 둘 다 살아남는 공생관계(共生關係, symbiosis)를

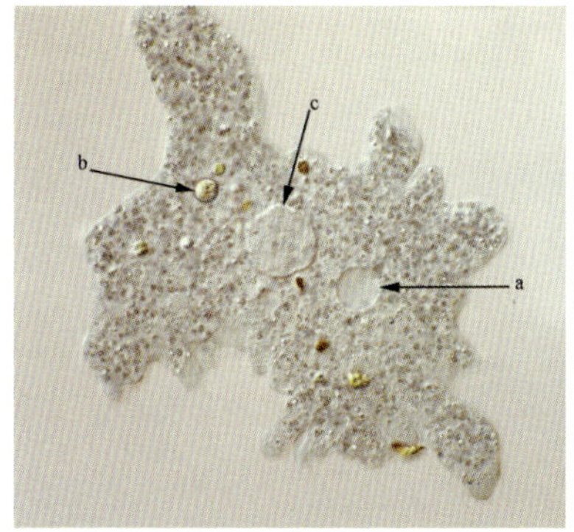

아메바 ⓒStephen Durr

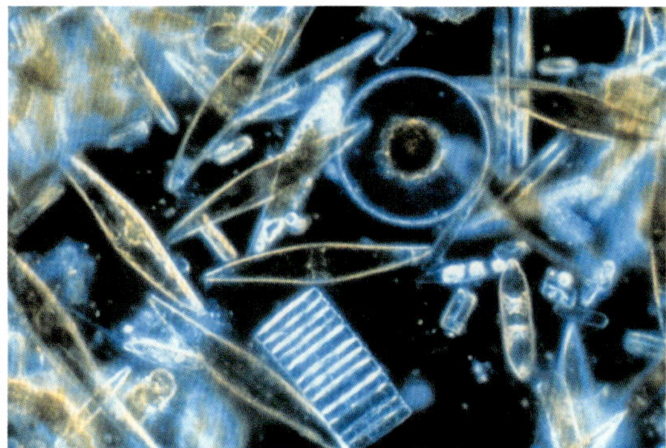

규조류

이룩하게 되었다. 먼저 다른 원핵생물을 먹은 원핵생물은 먹힌 원핵생물들이 시간이 지나도 죽지를 않자 이들에 의해 유전자가 오염되는 것을 막기 위하여 이중으로 되었던 세포막을 둘로 나누고 안쪽의 막으로 유전정보를 전달하는 DNA가 실타래처럼 들어 있는 염색체나 RNA와 같은 주요 세포물질들을 둘러싸 세포핵[細胞核, (cell) nucleus]을 이루었다. 그리고 나머지 세포물질들은 안쪽의 막과 바깥쪽의 막 사이에서 세포질(細胞質, protoplasm)이 되었으며 먹힌 원핵생물들은 그 안에서 세포 소기관(小器官, organelle)으로 자리 잡게 되었다. 예를 들어 남세균과 같이 엽록소를 가진 광합성 박테리아는 엽록체(葉綠體, chloroplast)가 되었고 홍색세균(紅色細菌, purple bacteria)과 같은 호기성 박테리아는 호흡을 담당하는 미토콘드리아(mitochondria)가 됨으로써 이들은 세포핵을 가진 진핵생물로 진화하게 된 것이다. 그래서 엽록체와 미토콘드리아는 아직도 본세포와는 전혀 다른 유전자를 가지고 있지만 이들은 독립생활을 하던 조상들이 가지고 있던 유전자들을 많이 잃었다.

최초의 진핵생물은 약 22억 년 전에 등장하였는데 독립영양생물인 해조류(海藻類, marine algae)의 일종으로 우리가 보통 식물성 플랑크톤이라고 부르는 단세포 조류(藻類, algae)들과 간단한 아메바(amoeba)와 같은 원생동물(原生動物,

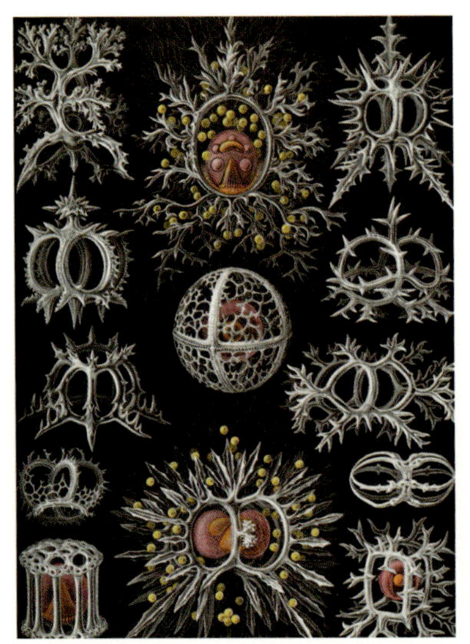

방산충류

유공충 ©io.uwinnipeg.ca

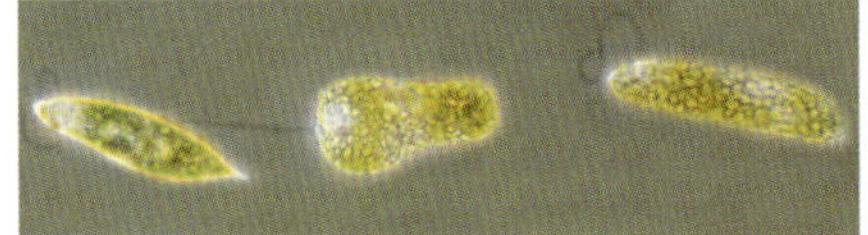

유글레나 ©Stephen Durr

Protozoa)[35]들로서 이들은 일반적으로 한 개의 핵을 가진 단세포생물들이었으며 원생생물계로 분류된다. 조류 중 가장 많은 양을 차지하는 규조(硅藻, diatom)는 껍질의 성분이 규석(硅石, 실리카/silica 또는 이산화규소/二酸化硅素, silicon dioxide, SiO_2)질로서 이들이나 방산충(放散蟲, radiolaria)류가 퇴적하면 규조토(硅藻土, diatomite)가 되고 석회질 난노플랑크톤(calcareous nannoplankton)은 이름 그대로 크기가 매우 작은데 이들이나 유공충(有孔蟲, foraminifera)류가 퇴적하면 석회암(石灰巖, limestone)이 된다. 한편 연두벌레라고도 하는 유글레나(euglena)나 황갈조류(黃褐藻類, Chrysophyta) 등과 같은 편모조류(鞭毛藻類, flagellates)는 편모를 가진 조류로서 세포에는 한 개 또는 여러 개의 핵과 수축포(收縮胞, contractile vacuole)[36]가 있고 대부분 엽록체나 기타 색소체(色素體, plastid)[37]를 가지고 있지만 그렇지 않은 것도 있다.

한편 원생동물들은 처음에는 구조가 매우 간단하였으나 세월이 흐르면서 다세포동물의 기관에 대응해서 하나의 세포 속에 여러 가지 세포기관이 발달하게 되었으며 또 일부는 군체를 이루어 일부분이 다세포생물의 특정기관과 같은 역할을 하기도 한다. 예를 들면 아메바, 유공충, 방산충 등은 위족(僞足, pseudo podium)[38]을 이용하여 다른 생물들을 잡아먹게 되었다. 그리고 이들 중 아메바는 얇은 세포막으로만 싸여 있으나 유공충류는 석회질의 껍데기를, 방산충류는 규석질의 껍데기를 가졌으며 이들은 유공충류를 제외하고는 매우 작았다. 또 몸 앞에 나와 있는 한 개 이상의 편모(鞭毛, flagellum)[39]로 운동을 하는 편모충류(鞭毛蟲類, mastigophora) 중에는 엽록소를 가지고 광합성을 하는 종도 있어 이들이나 편모조류는 동물과 식물의 중간적인 성질을 지니고 있다.

4. 판 구조론(板 構造論, plate tectonics)

대륙지각(大陸地殼, continental crust)과 해양지각(海洋地殼, oceanic crust)이 만들어지면서 지각과 함께 상부 맨틀의 일부를 포함하는 단단한 암석권(巖石圈, lithosphere)으로 이루어진 여러 개의 크고 작은 판(板, plate)들이 만들어졌다. 판에는 대륙을 포함하는 대륙판(大陸板, continental plate)과 해양만 포함하는 해양판(海洋板, oceanic plate)이 있으며 이들은 상대적으로 서로 움직이는데 움직이는 속도는 1년에 약 5cm 정도이다. 판의 두께는 해양지각 밑에서는 평균 70km 정도로서 가장 얇은 곳은 약 10km, 가장 두꺼운 곳은 100km 정도이며 대륙지각 밑에서는 가장 얇은 곳이 125km, 두꺼운 곳은 200~250km 정도이다. 암석권(판) 밑에는 연약권(軟弱圈, asthenosphere)이 있는데 부분적으로 녹아 있는 상태이며 판의 이동을 원활하게 해 주는 역할을 한다. 그리고 그 아래의 상부 맨틀 부분은 중간권(中間圈, mesosphere)이라고 부른다.

맨틀의 대류활동으로 인하여 서로 멀어지고 있는 두 판의 해저경계에서는 그 틈으로 상부 맨틀의 뜨거운 용암이 분출되므로 화산활동이 활발하며 얕은 지진도 자주 발생하게 된다. 용암의 성분은 주로 현무암이나 감람암(橄欖巖, peridotite)으로, 감람암은 물과 만나 사문암(蛇紋巖, serpentinite)으로 변하게 되며 이들은 베개 모양

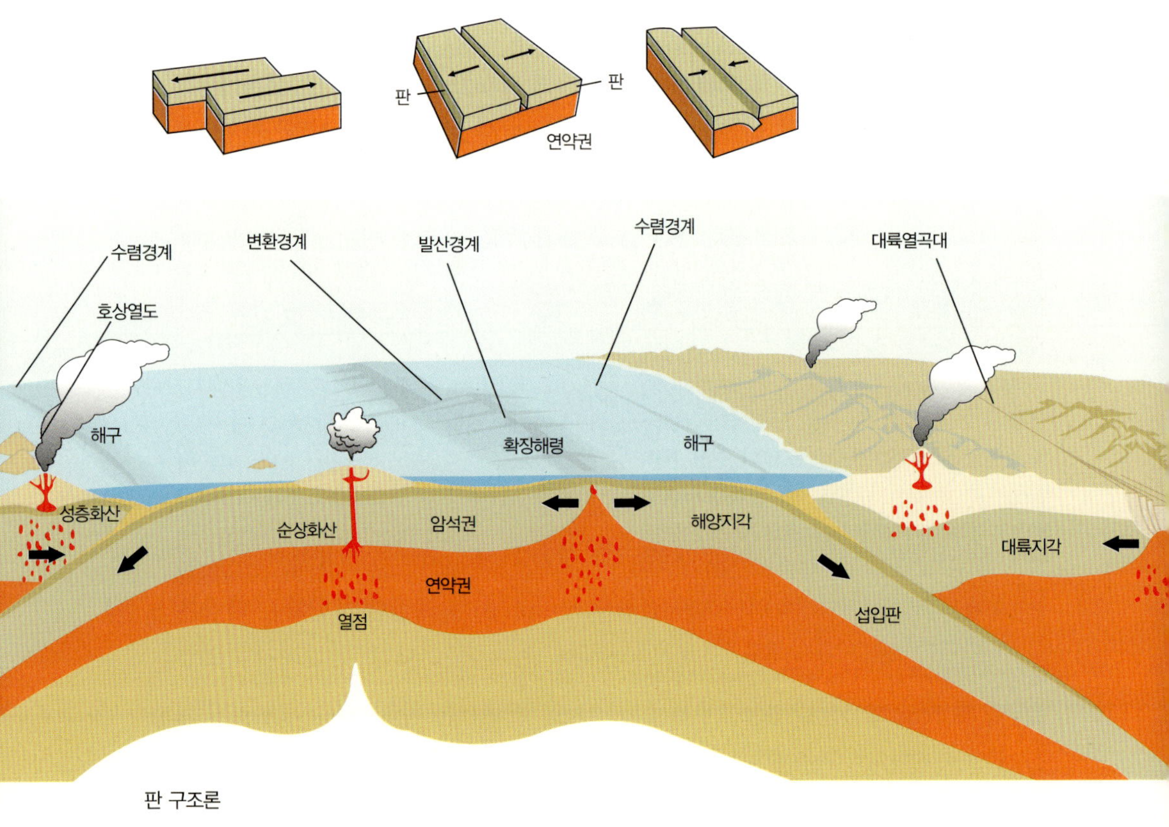

판 구조론

으로 굳으면서 갈라진 틈의 양쪽에 산맥과 같은 새로운 해양지각을 형성하게 되는데 이것이 바로 가운데 골짜기가 있는 해저산맥인 해령인 것이다. 해령 옆의 해저는 끝없이 재탄생하기 때문에 지구에서 가장 연령이 어린 지각이 차지하고 있다. 그리고 이런 현상은 대륙에서도 일어나는데 이렇게 만들어진 골짜기가 열곡대(裂谷帶, rift valley)이다. 이와 같이 새로운 지각물질이 생성되는, 서로 멀어지는 판의 경계를 발산경계(發散境界, divergent boundary)라고 한다.

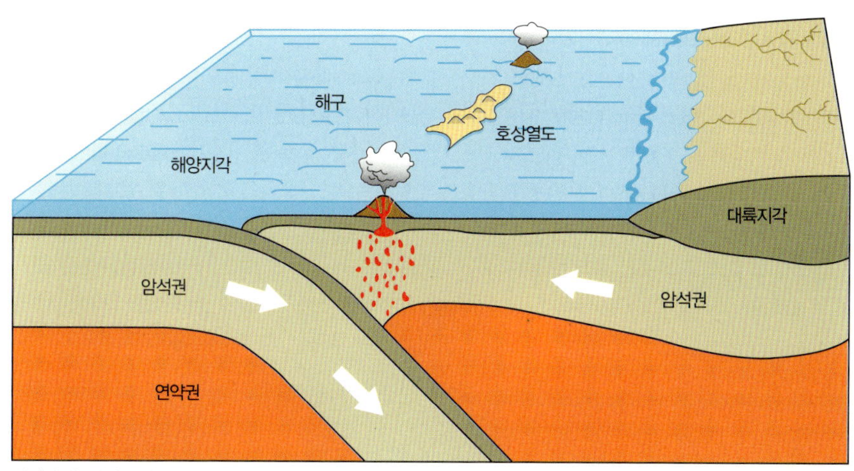

해양판과 해양판의 수렴경계

　해령에서 새로 만들어지는 해양지각으로 인하여 판은 밀리게 되고 반대쪽에 있는 경계에서 인접한 판과 충돌을 일으키며 해저확장(海底擴張, sea-floor spreading)이 일어나게 되는데 이러한 경계를 수렴경계(收斂境界, convergent boundary) 또는 충돌경계(衝突境界, collisional boundary)라고 하며 해양판이 다른 해양판 또는 대륙판과 만나 지구 내부로 들어가는 곳은 깊은 해구(海溝, trench)를 형성하게 된다. 이와 같이 판이 다른 판의 밑으로 미끄러져 들어가는 것을 섭입(攝入, subduction)이라고 하며 섭입으로 인하여 두 판이 맞닿아 있는 면을 섭입대(攝入帶, subduction zone)라고 하고 따라서 수렴경계를 섭입경계(攝入境界, subduction boundary)라고도 한다. 섭입대에서는 미끄러져 들어가는 판이 온도와 압력의 증가로 녹아서 용암이 될 때까지 계속 마찰이 일어나기 때문에 얕은 지진과 깊은 지진(최대 670km 깊이)이 모두 발생하며 또 용암의 화산활동으로 인하여 해구와 나란히 호상화산대(弧狀火山帶, volcanic arc)를 형성하는데 이들로 이루어진 섬들을 호상열도라고 한다. 대륙판과 해양판의 충돌이 계속 진행되어 해양판이 모두 섭입되면 해양판 뒤에 따라오던

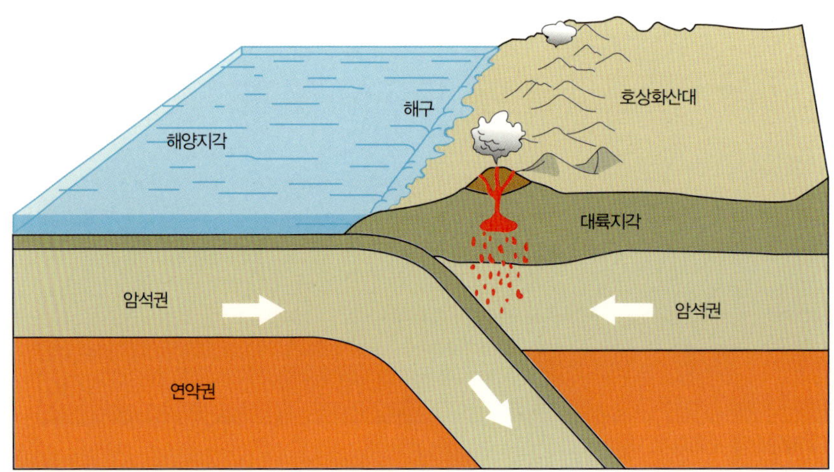

해양판과 대륙판의 수렴경계

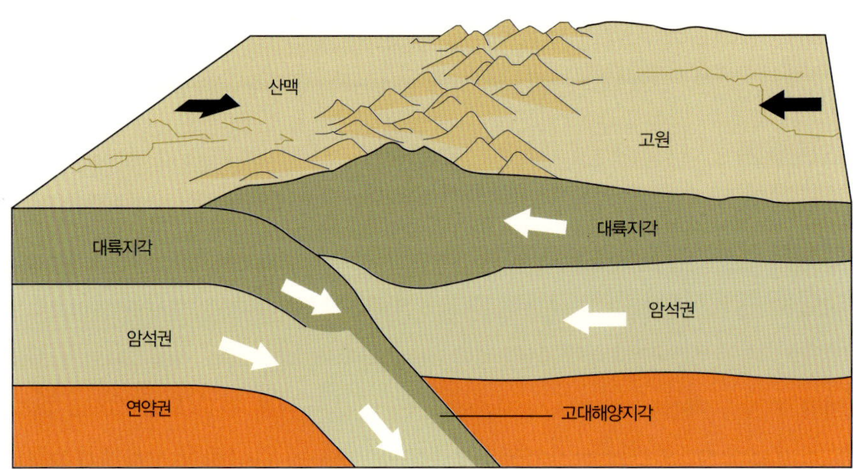

대륙판과 대륙판의 수렴경계

대륙판이 대륙판과 충돌하게 되는데 이렇게 되면 섭입은 더 이상 진행되지 못하고 지각을 밀어 올려 높은 조산대(造山帶, mountain building zone)를 형성하게 된다.

판과 판의 경계에서 이들이 멀어지거나 섭입이 일어나지 않고 서로 반대방향으로 미끄러지기도 하는데 이를 변환단층(變換斷層, transform fault)이라고 하며 이런 경계를 변환경계(變換境界, transform boundary)라고 한다. 또 이 경계에서는 지각물질이 생성되거나 사라지지 않기 때문에 보존경계(保存境界, conservative boundary)라고도 하는데 대부분 해저에 분포하며 주로 해령과 해령 사이에 존재하나 해구를 따라 나타나기도 하며 판이 미끄러지면서 얕은 지진은 자주 발생하지만 화산활동은 거의 일어나지 않는다.

5. 초대륙(超大陸, supercontinent) 로렌시아(Laurentia)의 등장과 플룸 구조론(plume tectonics)

판이 만들어지고 이들의 이동이 시작되면 대륙판과 해양판이 만나는 곳에서는 해양판이 대륙판 밑으로 섭입되고 해양판의 섭입이 끝나면 해양판 뒤의 대륙판과 충돌을 일으켜 결국 대륙과 대륙들이 모임으로써 초대륙이 형성되며 그 반대쪽에는 새로운 바다가 만들어지게 된다. 이렇게 하여 19억 년 전 현재의 북아메리카(North America)의 핵심부와 그린란드(Greenland)가 합쳐진 최초의 초대륙 로렌시아가 등장하였으며 그 외의 주요 지괴(地塊, block 또는 대륙괴/大陸塊, craton)[40]들도 이때 형성되었다.

그런데 섭입이 진행되는 해양지각은 대륙지각에 비해 얇기 때문에 상대적으로 열전달이 더 잘 일어나 해양지각 밑의 맨틀은 더 많은 온도를 잃고 하강류를 발생시키게 된다. 뿐만 아니라 섭입되는 해양지각 역시 지구 중심을 향해 가라앉으면서 강력한 하강류를 만들어 낸다. 이들은 상·하부 맨틀의 경계인 깊이 670km 지점에서 거대한 덩어리(메갈리스/megalith)를 형성한 뒤 하부 맨틀로 가라앉게 되는데 이

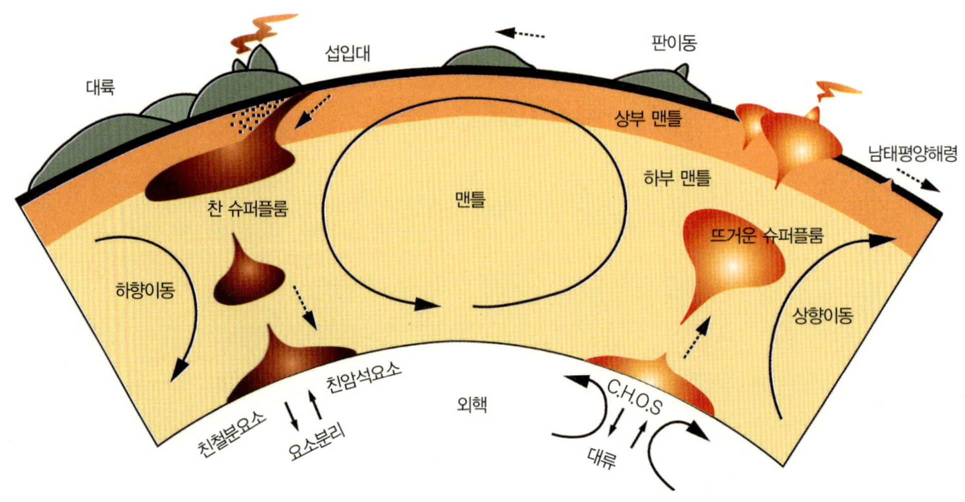

플룸 구조론 ⓒterrapub.co.jp

것을 찬 플룸(cold plume)이라고 하며 이로 인하여 맨틀대류의 방향이 완전히 뒤바뀌게 된다.

찬 플룸의 하강과 함께 맨틀과 외핵의 경계로부터 위쪽으로 약 100~200km 지점에서 외핵의 영향으로 뜨거워진 용암이 거대한 덩어리를 이루어 찬 플룸과 균형을 이루는 대류를 형성함으로써 상승하게 되는데 이것을 슈퍼플룸(super plume)이라고 한다. 그리고 이들 슈퍼플룸이 초대륙 밑에서 올라오면 초대륙이 여러 대륙으로 갈라지게 되고 엄청난 규모의 화산활동으로 인하여 생물들의 대량 멸종이 일어난다. 맨틀층에서 플룸이 올라오는 곳을 열점(熱點, hot spot)이라고 하는데 이곳에서 용암이 지각을 뚫고 분출하여 화산활동이 일어나게 되는 것이다.

또 갈라진 곳에 물이 들어오면 새로운 바다가 생겨 다시 해령이 만들어지고 해저확장이 일어나며 판들이 이동하기 시작하여 초대륙의 길로 들어서게 된다. 이와 같이 초대륙이 만들어졌다가 갈라지고 다시 만들어질 때까지는 약 4억 년 내지 5억 년 정도가 걸리는데 이것을 윌슨주기(-週期, Wilson cycle)라고 한다. 따라서 최초의 초대륙으로 알려진 로렌시아도 이와 같은 길을 걸어 약 2억 년 후인 17억 년 전에는 여러 대륙으로 갈라졌을 것이다.

● 4 ●

중기원생대

中期原生代, Mesoproterozoic eon: 16억~10억 년 전

1. 초대륙 콜롬비아(Columbia)와 다세포생물(多細胞生物, multicellular life)의 등장

로렌시아 대륙이 분열된 지 약 2억 년 후인 15억 년 전에는 또 다른 초대륙 콜롬비아가 등장하게 되었다. 그리고 당시까지 군체를 이루고 살던 조류들의 일부가 부분적으로 약간의 역할 분담을 하면서 개체의 연결이 공고해지고 항구화되거나 다핵(多核, multinuclear)의 단세포조류 중 일부의 세포가 여러 개의 세포로 나누어져 홍조류(紅藻類, red algae/Rhodophyta)나 녹조류(綠藻類, green algae/Chlorophyta)와 같은 다세포조류로 진화하여 물속에서 번성하게 되었는데 이들이 최초의 다세포생물이다. 같은 조류라고 해도 단세포조류는 일반적으로 원생생물에 포함시키며 다세포조류부터 식물계로 분류하는데 여기에는 김, 우뭇가사리 등과 같은 홍조류와 청각, 파래 등과 같은 녹조류, 다시마, 미역 등과 같은 갈조류(褐藻類, brown algae

홍조류 ⓒDirk Schories

녹조류 ⓒDirk Schories

갈조류 ⓒDirk Schories

또는 Phaeophyta) 등이 있다.

식물계에는 이들 조류(藻類, algae) 외에도 흔히 이끼류로 알려진 선태식물(蘚苔植物, Bryophyta), 양치식물(羊齒植物, Pteridophyta), 그리고 종자식물(種子植物, Spermatophyta) 등이 있는데 이들 식물(植物, plant)은 세포막 바깥쪽에 세포벽이 있고 광합성으로 독립영양생활을 하며 원칙적으로 이동하지 않는다.

또 색소체가 없이 종속영양생활을 하던 편모조류의 일부는 곰팡이나 버섯과 같은 균류(菌類, fungi)로 진화하였는데 이들은 여전히 주변의 죽은 생물로부터 유기물을 흡수하여 살아가는 종속영양생물이다. 이들은 키틴질의 세포벽을 가지고 있

야생버섯(색이 화려한 것은 독이 있음)

바위에 붙은 지의류

으며 몸체인 균사체(菌絲體, mycelium)는 가느다란 세포의 끝과 끝이 연결된 균사(菌絲, hyphae)로 이루어져 있고 세포질은 다핵체(多核體, coenocyte)이다. 이들 중 자낭균류(子囊菌類, sac fungi) 등은 남조류(남세균)나 녹조류와 공동체(共同體, consortium)를 이루어 바위나 오래된 나무껍질 등에 붙어 있는 지의류(地衣類, lichen)를 형성한다. 지의류는 균류가 조류를 둘러싸고 있는 형태로서 조류는 광합성을 하여 균류와 자신에게 필요한 영양분을 만들고 균류로부터는 물과 무기물을 얻으며 건조할 때 보호를 받는데 이들 균류나 지의류 역시 지상에서 퍼져 나가기 시작하였다.

2. 초대륙 로디니아(Rodinia)의 등장

초대륙 콜롬비아 역시 초대륙 로렌시아와 비슷한 길을 걸어 약 13억 년 전에 여러 대륙으로 분열되었고 그 후 약 2억 년이 지난 11억 년 전에는 다시 초대륙 로디니아가 등장하였다. 로렌시아(최초의 초대륙 로렌시아의 일부)가 로디니아의 중심부에 있었고 그 북쪽에는 현재의 남극대륙(南極大陸, Antarctica)과 오스트레일리아(Australia) 대륙이 붙어 있었으며 남쪽은 아마존(Amazon/남아메리카의 일부), 또 그 남쪽은 사하라(Sahara/아프리카의 일부)로 이루어진 거대한 대륙이었다. 동쪽에는 시베리아(Siberia, 또는 동아시아/East Asia)지괴, 동남쪽에는 발티카〔Baltica, 또는 스칸디나비아(북유럽)/Scandinavia〕지괴가 따로 떨어져 있었고 서쪽에는 콩고(Congo)지괴가 있었으며 그때까지 태평양(太平洋, Pacific Ocean)은 없었다.

3. 유성생식(有性生殖, gamogenesis)의 시작

이 시기에 조류와 균류들이 유성생식을 시작함으로써 유전적 다양성을 확보하는 동시에 환경의 변화에도 더 잘 적응할 수 있게 되었다. 그러나 지속적으로 유성생식을 하는 것이 아니라 대부분 유성생식 세대와 무성생식 세대가 교대로 나타나거나

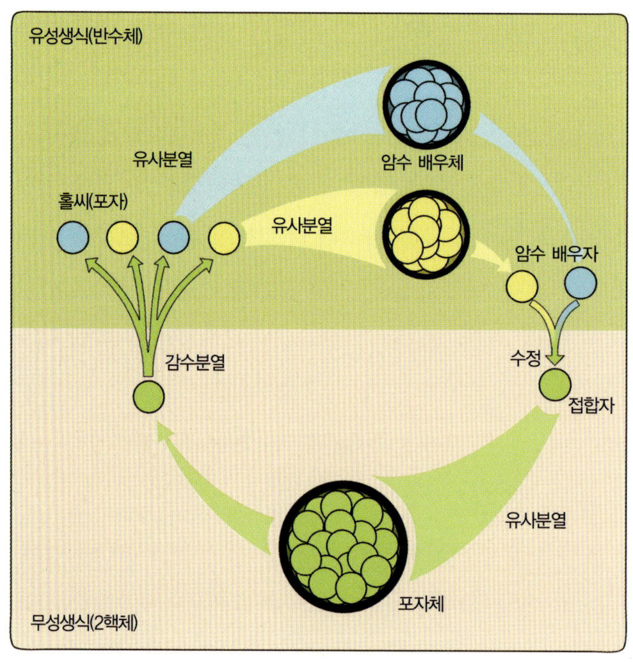

또는 불규칙하게 바뀌는 세대교번(世代交番, alternation of generations) 방식이었다. 조류의 경우 포자체(胞子體, sporophyte)에서 만들어진 포자(胞子 또는 홀씨, spore)가 자라서 암수 배우체(配偶體, gametophyte)가 되고(무성생식) 이들 배우체에서 만들어진 암수 배우자(配偶子, gamete)[41]는 유성생식으로 포자체를 만듦으로써 세대교번이 이루어진다. 세대교번에는 포자체와 배우체의 크기나 모양이 거의 같은 동형(同形) 세대교번이 있고 크기나 모양이 전혀 다른 이형(異形) 세대교번이 있다.

균류의 경우에는 감수분열(減數分裂, meiosis)[42]이자 유사분열(有絲分裂, mitosis)[43]인 핵분열에 이어지는 세포분열(細胞分裂, cell division)로 포자가 만들어지는데 포자는 반수체(半數體, haploid)[44] 핵과 탈수로 인해 매우 축소된 세포질을 가지고 있고 포자벽으로 둘러싸여 있으며 공기와 물을 이용해 이동하나 떨어진 장소가 생존에 적당하지 않으면 발아(發芽, germination)하지 않는다. 포자가 발아하여 성장하면 배우체가 되고 이들이 결합하여 접합자(接合子, zygote)를 만들어서 유성생식을 하게 된다. 그런데 대부분의 경우 배우체가 결합하면 두 핵도 바로 결합하지만 균류의 경우에는 두 개의 반수체 핵을 가진 2핵체(2核體, dikaryote) 상태로 지속되다가 뒤늦게 생식기관이 나타난다. 그리고 두 핵이 결합되면 즉시 다시 감수분열, 유사분열인 핵분열에 뒤이어 세포분열이 일어나 포자가 만들어짐으로써 세대교번이 이루어진다. 그러나 균류 중에는 암수의 구별이 뚜렷하지 않거나 세대교번을 하지 않는 것도 있다.

무성생식(無性生殖, asexual reproduction)을 하는 생물은 자가복제에 의해 번식을 하기 때문에 모든 개체의 유전자가 동일하다. 따라서 박테리아나 바이러스가 한 개체의 약점을 알게 되면 그 개체군 전체가 위험에 처하게 되나 유성생식을 하게 되면 모든 개체의 유전자가 각각 다르게 되어 이런 위험에서 벗어날 수 있다. 실제로 어떤 우렁이는 평소에는 자가복제에 의해 번식하다가 서식지에 미크로팔루스(microphallus)라는 기생충이 나타나면 유성생식으로 전환한다. 또 유성생식에 의해 각각 다른 유전자를 가진 개체들 중에서는 자연선택(自然選擇, natural selection)에 의해 열등한 개체가 먼저 도태(淘汰, weeding out)될 확률이 높으며 또 동물의 세계에서는 암컷이 상대를 고를 때 강하거나 아름다운 수컷을 선호하여 더 나은 유전자가 후대에 이어지도록 함으로써 진화에도 크게 기여하게 된다. 따라서 유성생식의 시작은 생물계가 한 단계 더 도약했음을 의미하는 것이다.

5

후기원생대

後期原生代, Neoproterozoic eon: 10억~5억 4,000만 년 전

1. 로디니아의 분리와 태평양의 탄생

지금으로부터 7억 5,000만 년 전 슈퍼플룸으로 인하여 초대륙 로디니아가 두 개의 큰 대륙으로 나누어지고 그 사이에 판탈라사 대양(大洋, Panthalassic Ocean, 원시

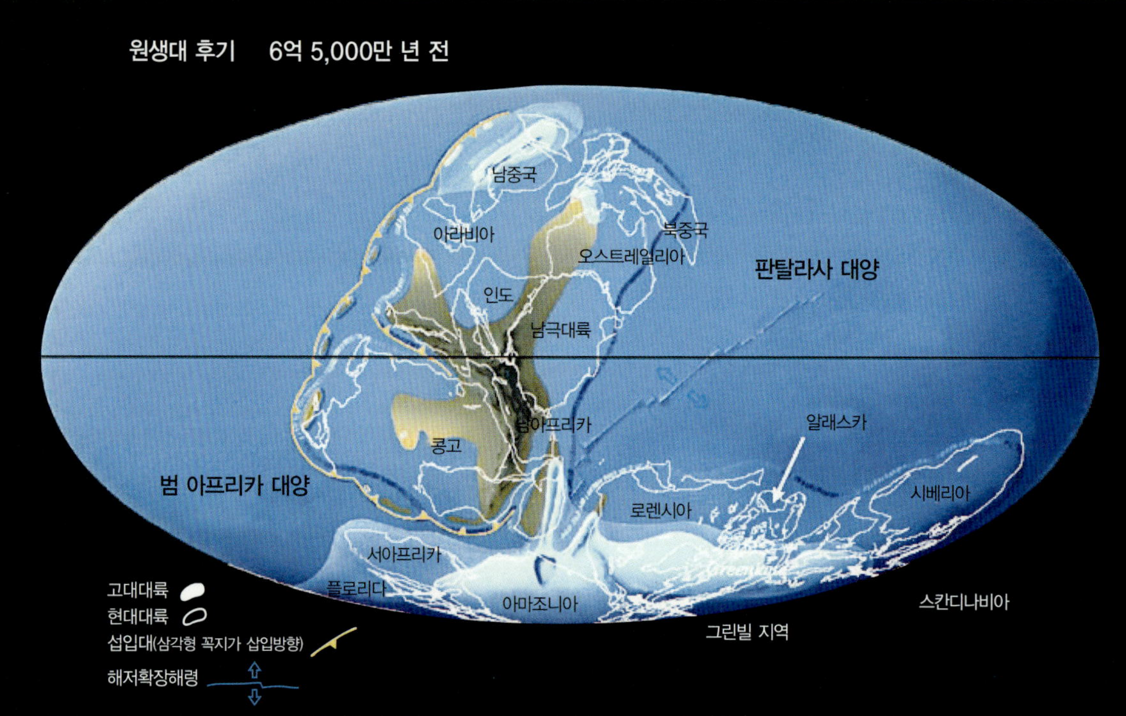

6억 5,000만 년 전의 대륙과 바다 ⓒscotese.com

태평양/原始太平洋, Proto Pacific Ocean)이 탄생하게 되었다. 두 대륙 중 하나인 북(北)로디니아는 오스트레일리아, 남극 대륙, 남아프리카(South Africa, 당시 아프리카는 콩고, 서아프리카, 남아프리카지괴로 나뉘어 있었음), 인도(India), 아라비아(Arabia)를 포함하였으며 적도(赤道, equator)를 중심으로 남북으로 길게 자리를 차지하고 있었다.

다른 하나인 남(南)로디니아는 로렌시아(북아메리카의 대부분과 아일랜드 북부, 스코틀랜드 및 노르웨이의 일부), 서아프리카, 아마조니아(Amazonia, 남아메리카의 북부), 그린란드, 시베리아(Siberia와 카자흐스탄/Kazakhstan), 발티카로 이루어져 있었으며 현재의 남극〔南極, South (Antarctic) Pole〕을 중심으로 동서로 길게 자리하고 있었다. 그리고 콩고지괴가 두 대륙 사이에 자리하고 있었다.

현재의 한반도 일부 및 북중국에 해당하는 중한지괴(中韓地塊, Sino-Korean block)와 한반도의 경기육괴(陸塊, massif)[45] 및 남중국에 해당하는 양자(揚子)지괴(Yangtze block)는 북로디니아 대륙의 북쪽에서 따로 이동하고 있었다. 그리고 원시태평양의 가장자리에 있던 로렌시아, 오스트레일리아, 남중국 등에는 두꺼운 퇴적층이 쌓였는데 당시의 퇴적 기록이 이들 대륙에 지금도 남아 있다.

2. 바랑 빙하시대(氷河時代, Varangian glacial period)

초대륙 로디니아가 분리되던 시기를 전후한 7억 5,000만 년 전에서 6억 년 전 사이에 지구는 새로운 기후변화 패턴으로 인하여 네 번의 혹독한 빙하기를 맞이하였는데 이 시기를 바랑 빙하시대라고 한다. 로디니아가 분리되면서 적도 부근에는 많은 작은 대륙들이 남게 되었다. 그리고 침식과 풍화작용 때문에 대기 중의 이산화탄소가 많이 소모[46]됨으로써 온실효과가 줄어들어 기온이 하강하고 극지방에는 총빙(叢氷, 군빙/群氷, pack ice)[47]이, 산악 지역에는 대륙빙하가 형성되면서 알베도가 높아져 지구는 온도가 점점 더 낮아지는 순환체계에 들어가게 되었다.

극지방에서 적도까지 지구의 대부분이 빙하로 덮였고 물의 순환이 중단되어 침식작용도 같이 중단되었으며 얼음의 두께는 수백 m에서 1km까지 되었다. 햇빛이 닿는 곳에서는 생물이 살 수 없었고 바다에서는 산소가 사라져갔다. 생물들은 얼음의 갈라진 틈새나 바다의 중앙해령 부근에서 겨우 명맥을 유지하였다. 그러나 물의 순환이 중단되고 더 이상 눈이 내리지 않자 빙하는 더 이상 만들어지지 않았고 대륙으로부터 서서히 미끄러져 내렸다.

이러한 빙하기는 화산활동으로 이산화탄소가 1,000만 년 이상에 걸쳐 서서히 누적되면서 초온실효과를 가져올 때까지 지속되었다. 그러다가 지구가 더워지기 시작하자 빙하는 급속히 녹았으며 알베도가 낮아져 지구는 다시 더욱 더워지는 순환체계로 들어서게 되었다. 이와 같은 간빙기에는 지구는 매우 무더웠으며 생물들은 대량으로 번성하였고 탄산염(炭酸鹽, carbonate)도 다시 대량으로 급속히 퇴적되었다. 이러한 주기가 이 기간 중 최소한 네 번 정도 반복되었는데 특히 6억 년 전의 마지막 빙하기는 지구 역사상 가장 규모가 큰 빙하시대로서 이때의 지구를 눈 덩어리 지구(Snowball Earth)라고 부른다.

3. 대기의 변화

빙하시대가 끝나고 지구의 기온이 평온을 되찾자 그때까지 살아남은 남세균이나 조류들이 다시 지구를 뒤덮기 시작하였다. 그리고 이들의 활발한 광합성으로 대기 중 산소 함유량은 급속히 증가하여 약 15% 정도가 되었고 바다의 산소량도 지금의 절반 정도의 수준에 다다랐으며 이산화탄소의 함유량은 1% 이하로 떨어짐으로써 이제 본격적으로 산소로 호흡하는 생명체들의 시대가 시작될 수 있게 되었다.

4. 다세포동물(多細胞動物, multicellular animal)의 등장

이 시기에 원시적 해파리(jellyfish)인 모소나이트(Mawsonite)나 벌레처럼 생긴 스프리기나(Spriggina), 그리고 바다조름(sea pen)을 닮은 카르니오디스쿠스(Charniodiscus) 등과 같은 다세포동물이 최초로 등장하였다. 이들은 후대의 동물들과 차이가 많아 독립적인 동물군으로 보는 이론도 있으나 현대적인 분류에 따르면 강장동물(腔腸動物, Coelenterata, 자포동물/刺胞動物, Cnidaria)[48]이나 유즐동물(有櫛動物, Ctenophora)[49]에 가까운데 다세포동물이라고 해도 이배엽성(二胚葉性, diploblastic)[50] 방사대칭동물(放射對稱動物, radiata)로서 몸의 구조가 매우 간단하여 중추신경과 배설기가 없으며 소화계와 순환계도 분리되어 있지 않다. 그러나 그 외에도 지렁이(earthworm)나 거머리(leech)와 비슷한 환형동물[51]에 가까운 동물들도 출현하여 대륙붕 바닥을 헤치고 돌아다녔는데 이들은 최초의 삼배엽성 좌우대칭동물로서 이들 역시 매우 원시적인 동물이기는 하지만 이배엽성에 비하면 유전학적으로는 도약적인 진화가 이루어진 것이다. 이들을 통틀어 에디아카라 동물군(動物群, Ediacarans)[52]이라고 하는데 그중에서도 특히 삼배엽성 동물의 출현은 지구상의 동물이 완전히 새로운 차원의 진화를 이루는 계기가 되었다.

　일반적으로 동물(動物, animal)은 세포벽이 없는 진핵세포로 이루어진 다세포생물이며 엽록소가 없어 광합성을 하지 못하는 종속영양생물이다. 대부분 먹이를 구하기 위하여 이동운동을 하며 비록 고착생활을 하는 종류라고 하더라도 몸의 일부는 활발하게 움직인다. 단세포동물인 원생동물은 원생식물과 함께 동물계와는 별도로 원생생물계를 이루지만 동물을 분류할 때는 이를 동물계에 포함시켜 단세포

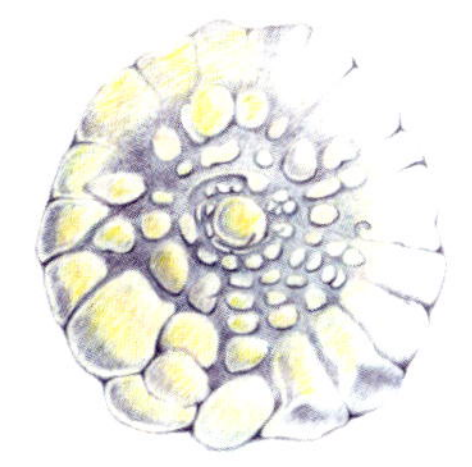

모소나이트 ⓒMeg Bernstein

스프리기나 ⓒMeg Bernstein

카르니오디스쿠스
ⓒMeg Bernstein

초기의 바다 속 벌레들   에디아카라 동물군 ⓒJohn Sibbick

인 원생동물아계(亞系), 다세포인 후생동물(後生動物, Metazoa)아계의 2아계, 32문으로 분류하기도 하는데 원생동물아계에는 원생동물문 하나만 포함된다.

또 후생동물 중에서도 여러 가지로 조직의 분화가 이루어진 동물을 진정후생동물(眞正後生動物, Eumetazoa)이라고 하며 이에 대하여 조직의 분화가 거의 없는 것은 측생동물(側生動物, Parazoa)이라고 하는데 유일하게 해면동물(海綿動物, Porifera/sponge)[53]만이 여기에 속하고 이것과 원생동물을 제외한 나머지 30문은 진정후생동물에 속한다. 진정후생동물은 다시 2배엽성인 방사대칭동물과 3배엽성(三胚葉性, triploblastic)인 좌우대칭동물(左右對稱動物, bilateria)로 분류되는데 방사대칭동물에는 강장동물과 유즐동물 등 2문이 포함되며 나머지 28문은 모두 좌우대칭동물이다.

5. 혹스(hox 또는 호메오/homeo) 유전자와 공통의 조상(共通 祖上, common ancestor)

이 시기에 최초로 출현한 삼배엽성 동물들은 그 이전의 원생동물이나 측생동물인 해면류, 그리고 진정후생동물이기는 하지만 이배엽성인 강장동물문이나 유즐동물문에 속한 동물들에게는 거의 없거나 있다고 해도 제대로 기능을 발휘하지 못하던 본격적인 총지휘 유전자를 가지게 되었다. 총지휘 유전자는 동물들이 몸의 형태를 갖추기 위한 설계를 조절하는 유전자인데 이들 중 가장 대표적인 것이 호메오 유전자로서 이들은 단백질신호물질을 만들어 다른 유전자들을 자극하고 줄기세포(stem cell)[54]들은 이들 유전자들의 지시에 따라 머리가 되거나 다리가 되거나 또는 각종 장기(臟器, viscera)가 되기도 한다.

그런데 이들 호메오 유전자는 그 역할에 따라 염기서열만 다를 뿐 그 형태는 모두 똑같이 183개의 유전자알파벳[55]으로 구성된 짧은 DNA 이중나선 고리인 호메오박스(homeobox, 줄여서 혹스/hox)로 되어 있어 이를 흔히 혹스 유전자라고 부른다. 그리고 이들 혹스 유전자는 같은 기능을 하는 경우 그 염기서열조차 곤충이나 다른 동

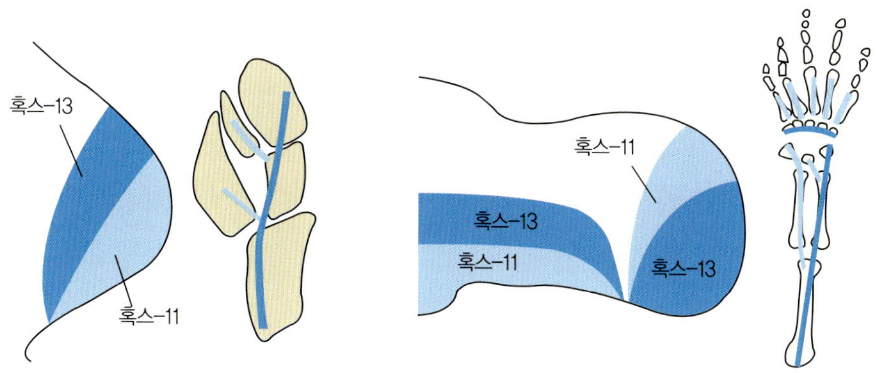

지느러미와 발의 혹스 유전자

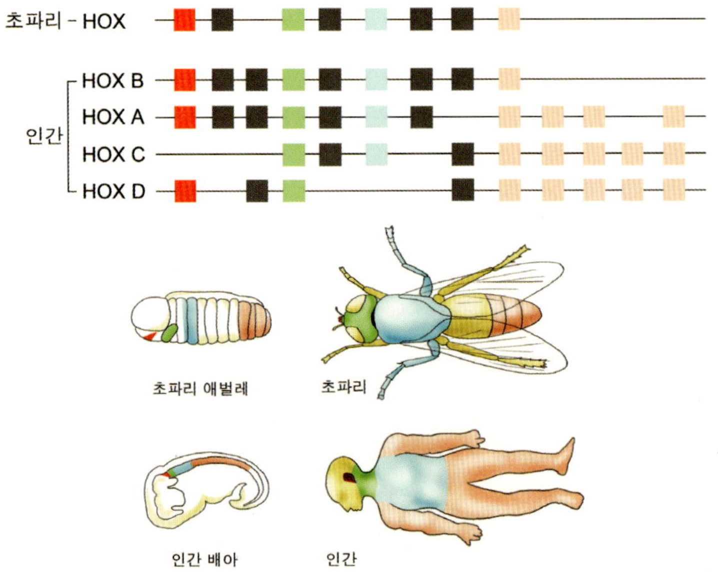

초파리와 인간의 혹스 유전자

물은 물론 인간에 이르기까지 똑같거나 거의 비슷하다. 예를 들자면 눈이 거의 없는 것이나 마찬가지인 초파리의 시각기관을 생성시키는 유전자와 쥐의 눈을 만드는 유전자가 거의 비슷하며 단단한 껍질 속에 근육이 들어 있는 게의 다리를 만드는 유전자나 중심에 뼈가 있고 근육이 이를 둘러싸고 있는 포유동물의 다리를 만드는 유전자, 그리고 어류의 지느러미를 만드는 유전자도 거의 비슷하거나 동일하다.

뿐만 아니라 이들 혹스 유전자는 처음 등장하던 이 당시부터 지금까지도 거의 달라진 것이 없다. 그리고 혹스 유전자상의 약간의 변이나 개수의 증가에 따라 전혀 다른 동물이 된다. 예를 들어 초파리나 쥐나 인간의 혹스 유전자는 염기서열에만 약간의 차이가 있을 뿐 기본적인 형태는 같다. 다만 숫자상의 차이가 있어 초파리는 여덟 개의 혹스 유전자가 한 세트로서 실 모양의 한 염색체 안에 들어 있으나 쥐나 인간 등의 포유동물은 38개의 혹스 유전자가 네 개의 세트로 나뉘어 네 개의 염색체에 들어 있다. 또 혹스 유전자의 위치는 모든 동물들이 스스로 관장하는 신체 부위의 위치와 같이 배열되어 있어 머리를 관장하는 유전자는 가장 앞에, 그리고 꼬리를 관장하는 유전자는 뒤쪽에 자리 잡고 있다.

이와 같이 혹스 유전자는 극히 일부를 제외한 거의 모든 동물들을 만들어 낼 수 있는 공통의 유전자 도구상자(common genetic toolbox)이며 따라서 현재 지구상에 존재하고 있는 32문의 모든 동물 중 원생동물, 해면동물, 강장동물, 유즐동물을 제외한 나머지 28문의 동물들은 그 모습이나 특성이 전혀 달라도 모두 혹스 유전자를 가지고 있고 이 시기에 최초로 혹스 유전자를 가지고 출현한 동물이 이 모든 동물들의 유전자적 공통 조상이 된다. 이와 같이 한 갈래로 출발한 동물들은 이후 세 가지 초등 가계로 갈라졌고 다시 오늘날과 같은 여러 종류의 동물들로 분화하게 된 것이다. 그러나 유전자의 수는 아직도 별로 큰 차이가 없어서 초파리가 약 1만 5,000개이고 애벌레가 2만 개 정도인데, 인간도 약 3만 개 정도밖에 안 된다.

이들 공통의 도구상자는 매우 탄력적이다. 예를 들어 모든 척추동물의 신경계는 등 쪽에 있고 심장과 소화기관은 앞쪽에 있는데 곤충을 비롯한 절지동물들은 이와는 정반대여서 전혀 다른 집단으로 생각할 수 있을 것이다. 그러나 이들의 신경계 발달을 통제하는 유전자는 같다. 척추동물의 배아가 성장하는 과정에서 등 쪽과 배쪽의 모든 세포들이 신경계를 형성하는 뉴런(neuron)이 될 수 있다. 그런데 척추동물의 경우에는 배아의 배 쪽에 있는 세포에서 합성되는 단백질이 세포가 뉴런이 되는 것을 방해하여 등 쪽으로 신경계가 만들어지며 절지동물의 경우에는 그 반대인 것뿐이다. 다시 말해서 척추동물이나 절지동물이나 신경계를 관장하는 유전자는 둘 다 비슷한 작업을 하며 그 서열도 거의 똑같은데 다만 작업을 하는 위치만 다른 것이다.

무체강동물	편형동물(扁形動物, Platyhelminthes)	
	중생동물(中生動物, Mesozoa)	
	유형동물(紐形動物, Nemertina)	
	악구동물(顎口動物, Gnathostomulida)	
의체강동물	윤형동물(輪形動物, Rotifera)	
	복모동물(腹毛動物, Gastrotricha)	
	동문동물(動吻動物, Kinorhyncha)	
	선형동물(線形動物, Nematoda)	
	유선형동물(類線形動物, Nematomorpha)	
	구두동물(鉤頭動物, Acanthocephala)	
	곡형동물(曲形動物, Kamptozoa 혹은 Entoprocta)	
진체강동물	열체강동물	추형동물(箒形動物, Phoronida)
		태형동물(苔形動物, Bryozoa)
		완족동물(腕足動物, Brachiopoda)
		성구동물(星口動物, Sipunculida)
		새예동물(鰓曳動物, Priapulida)
		연체동물(軟體動物, Mollusca)
		의충동물(螠蟲動物, Echiurida)
		환형동물(環形動物, Annelida)
		오구동물(五口動物, Pentastomida)
		완보동물(緩步動物, Tardigrada)
		유조동물(有爪形動物, Onychophora)
		절지동물(節肢動物, Arthropoda)
	장체강동물	모악동물(毛顎動物, Chaetognatha)
		유수동물(有鬚動物, Pogonophora)
		반색동물(半索動物, Hemichordata)
		극피동물(棘皮動物, Echinodermata)
		척색동물(脊索動物, Chordata)

척추동물(脊椎動物, Vertebrata)
- 어류(魚類, fish)
- 양서류(兩棲類, Amphibia)
- 파충류(爬蟲類, Reptilia)
- 조류(鳥類, bird)
- 포유류(哺乳類, Mammalia)

삼배엽성 좌우대칭동물의 분류

6. 삼배엽성 좌우대칭동물의 분류

체강(體腔, coelom)이란 동물의 체벽과 장 사이에 체액〔體液, humo(u)rs〕이 차 있는 빈 곳을 말하는데 삼배엽성 좌우대칭동물은 이를 체강의 유무와 성질에 따라 무체강동물(無體腔動物, Acoelomata), 의체강동물(擬體腔動物, Pseudocoelomata), 진체강동물(眞體腔動物, Eucoelomata)로 분류한다. 무체강동물은 중배엽성의 조직이 소화관과 체벽 사이를 채우고 있어서 체강이 없으며 여기에는 편형동물 등 네 개의 문이 포함된다(왼쪽의 '삼배엽성 좌우대칭동물의 분류' 참조).

의체강은 중배엽성 조직으로 완전히 둘러싸이지 않은 체강인데 의체강동물에는 윤형동물 등 7문이 포함된다. 이 중에서 유선형동물까지의 5문을 합쳐 대형동물문(袋形動物門, Aschelminthes)이라고도 하며 곡형동물은 내항동물(內肛動物, Entoprocta)이라고도 한다.

진체강은 체벽과 장 사이의 빈 곳이 중배엽성 조직으로 완전히 둘러싸인 체강인데 진체강동물은 또 체강의 발생 양식에 따라 열체강동물(裂體腔動物, Schizocoela)과 장체강동물(腸體腔動物, Enterocoela)로 분류된다. 열체강은 내배엽과 외배엽 사이에서 자라는 중배엽성 띠 모양 구조가 갈라져 이루어진 것인데 열체강동물에는 추형동물 등의 12문이 포함된다. 이 중에서 추형동물, 태형동물, 완족동물 등의 세 개는 모두 촉수(觸手, tentacle)[56]가 붙은 촉수관(觸手冠, lophophore)을 가지고 있어 이들을 합하여 촉수동물문(觸手動物門, Lophophorata)으로 분류하기도 한다.

한편 장체강은 내배엽성인 원장(原腸, archenteron)이 주머니 모양으로 부풀어 이루어진 체강인데 장체강동물에는 모악동물 등의 5문이 포함된다. 척추동물(脊椎動物, Vertebrata)은 척색동물의 한 아문인데 이것을 하나의 독립된 문으로 취급하기도 하며 다시 이를 어류, 포유류 등 다섯 가지로 분류한다.

고생대 古生代, Paleozoic(ancient life) era[57]

● 1 ●
캄브리아기
Cambrian period: 5억 4,000만~4억 9,000만 년 전

1. 초대륙 곤드와나(Gondwana)의 형성

남로디니아에 열곡대가 형성되고 대륙이 갈라져 서아프리카와 아마조니아가 한 덩어리로 떨어져 나가서 콩고지괴와 합쳐져 서곤드와나(West Gondwana) 대륙이 되었다. 나머지 대륙은 로렌시아, 시베리아, 발티카의 셋으로 나뉘었는데 로렌시아는 적도 지방에 있었고 시베리아는 그 동남쪽, 발티카는 남위(南緯, south latitude) 60° 정도의 고위도(高緯度, high latitude)에 있었으며 그 사이에 이아페투스 대양 (Iapetus Ocean, 원시 대서양/原始大西洋, Proto Atlantic Ocean)이 형성되었다.

그리고 서곤드와나 대륙은 북로디니아(또는 동곤드와나), 중한지괴, 양자지괴 등과 합쳐져 초대륙 곤드와나를 형성하였으며 현재의 아프리카 북서부에 해당하는

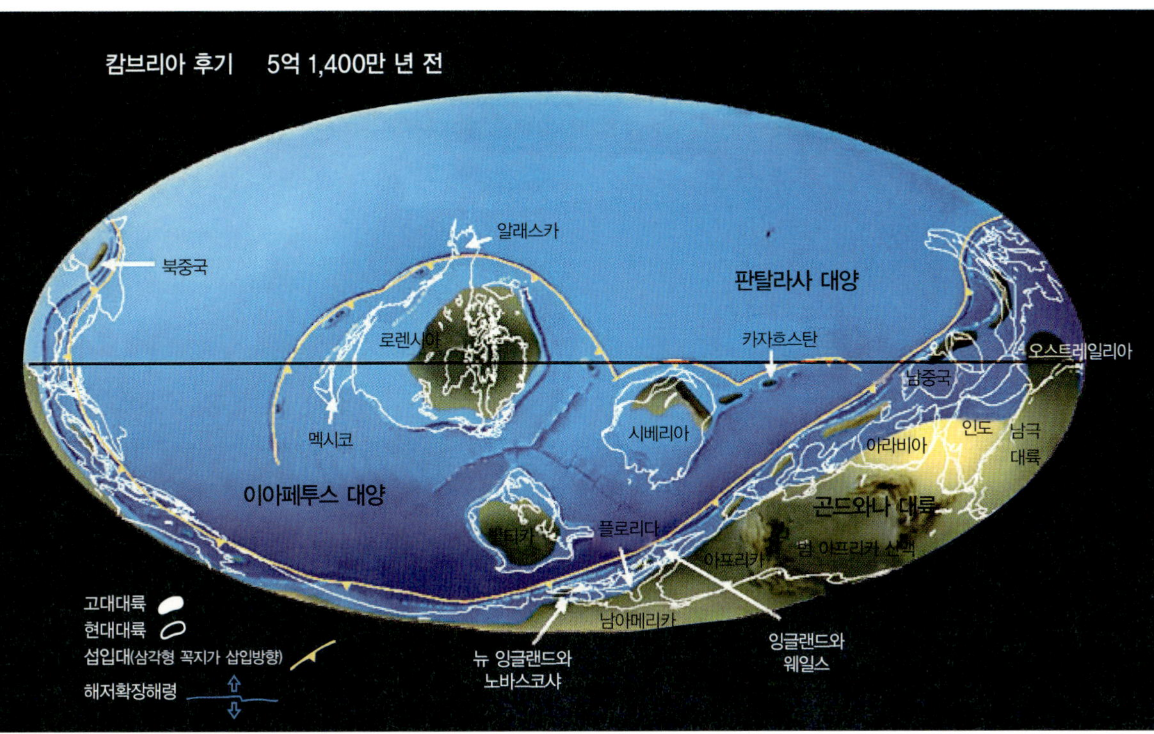

캄브리아 후기의 대륙과 바다 ⓒscotese.com

지역에서는 조산운동(造山運動, Orogeny)이 활발하게 일어났는데 이것을 범(汎)아프리카(Pan-African) 조산운동이라고 한다. 초대륙 곤드와나에는 오늘날의 남아메리카, 아프리카, 영국 남부(잉글랜드/England, 웨일스/Wales), 아일랜드(Ireland) 남부, 프랑스(France) 북부, 미국의 뉴잉글랜드(New England)와 플로리다(Florida), 캐나다(Canada) 남동부의 노바스코샤(Nova Scotia), 터키(Turkey), 중동(中東, Middle Asia), 티베트(Tibet), 인도, 인도차이나(Indochina), 중국(中國, China), 한국(韓國, Korea), 오스트레일리아, 남극대륙 등이 모두 포함되어 있었으며 북반구(北半球, Northern Hemisphere)의 중간에서 남극까지 이르는 거대한 대륙으로서 대부분이 남반구(南半球, Southern Hemisphere)에 자리하고 있었다.

이 시기에는 판탈라사 대양이 엄청나게 확장되었으며 빙하기가 끝남에 따라 해수면
이 높아져 대부분의 대륙 가장자리에는 사암, 혈암, 역암 등과 같은 쇄설암과 석회암들
로 이루어진 얕은 대륙붕(大陸棚, continental
shelf)이 넓게 자리하였고 번성하던 석회질 생
물로 인해 따뜻한 저위도(低緯度, low latitude)
지방의 대륙붕에 엄청난 두께의 석회암이 퇴
적되었다. 그리고 기후는 전반적으로 따뜻하
였다.

바위에 붙은 선류이끼

2. 식물의 상륙 및 동물종의 폭발[58]

이때까지도 지상에는 일부 박테리아나 균
류, 지의류를 제외하고는 생명체라고는 별로
없었는데 캄브리아기 말, 즉 지금부터 약 5억
년 전쯤 최초의 육상식물이라고 할 수 있는 이
끼류가 대륙의 강가나 바닷가에 깔리게 되었
다. 이끼류는 보통 선태식물이라고 부르는데

태류이끼

여기에는 물이끼, 솔이끼와 같이 뿌리, 줄기,
잎의 구별이 뚜렷한 선류(蘚類, moss)와 우산이
끼와 같이 줄기와 잎의 분화가 없는 태류(苔類,
liverwort)가 있으며 이들 역시 조류나 균류와
마찬가지로 유성생식과 무성생식의 세대교번
을 한다. 그리고 이 시기의 대기 중 산소 함유
량은 지금에 거의 근접한 18% 정도였다.

해면

　한편 원생대 말에 혹스 유전자를 가진 삼배엽성 동물이 출현한 것은 동물의 진화에 있어서 혁명과 같은 사건이었다. 더군다나 산소도 계속 증가함으로써 캄브리아기 초에 해당하는 5억 3,000만 년 전이 되자 바다 속에는 초기원생대 때부터 바다 속을 점유하고 있던 유공충, 방산충과 같은 원생동물들이 크게 번성하였으며 에디아카라 동물군은 쇠퇴해서 많이 사라진 대신 광물질의 껍데기나 골격(骨格, skeleton)을 가진 새로운 동물들이 폭발적으로 등장하였다. 이 시기에 등장한 동물 중에는 최초로 해조류를 먹을 수 있는 것들이 있었고 이들의 수가 불어나자 이들을 잡아먹는 천적(天敵, natural enemy) 동물들이 뒤이어 출현함으로써 바다 속에 복잡한 먹이사슬이 형성된 것이다.

　해면동물인 해면류가 바다 밑에서 자라기 시작하였으며 당시의 초(礁, reef)는 산호가 아니라 대부분 조류(藻類)로 이루어져 있었다. 오늘날에는 눈에 잘 띄지도 않는 별벌레(peanut worm)는 성구동물[59]에 가까웠으며 극피동물[60]인 바다나리(sea lily, Crinoid)나 꽈리조개와 같은 완족동물[61]인 스트로포메나(Strophomena)도 있었는데 이들은 여과섭식자(濾過攝食者, filter-feeder)[62]이다. 오늘날의 등잔조개의 조상

별벌레 ⓒucmp.berkeley.edu

바다나리

스트로포메나 ⓒ국립중앙과학관

할키에리아 ©palaeos.com　위왁시아 ©br-online.de　프리아풀리드 ©University of Wisconsin-Madison

다판류 ©personal.dundee.ac.uk　마렐라 ©cgnetworks.com

인 갑옷을 입은 민달팽이 같은 할키에리아 (halkieria)나 등에 화살촉이 촘촘히 박힌 바늘꽂이 같은 위왁시아(Wiwaxia), 그리고 굴속에 사는 벌레인 프리아풀리드(Priapulid)나 배 쪽에 여덟 장의 각판이 기와 모양으로 배열되어 있는 다판류 (多板類, polyplacophora)는 연체동물[63]의 조상으로서 이들 역시 매우 번성하였다.

　그중에도 당시 바다에 가장 번성했던 것은 절

할루키게니아 ©카렌 카(Karen Carr)

지동물[64]들인데 몸집이 2cm 정도로서 다른 동물들의 먹잇감이었을 마렐라(Marrella)
가 바다 속을 헤엄쳐 다녔고 등에 두 줄의 방어용 가시와 아래쪽에 두 줄의 다리를
가진 할루키게니아(Hallucigenia)도 절지동물의 친척이었다. 둥근 입과 꽉 쥘 수 있
는 기관이 있고 옆면에는 헤엄을 치기 위한 지느러미를 가진 아노말로카리스

버제스이판암이 있던 바다 속 풍경-가장 크게 보이는 것이 아노말로카리스임 ⓒJohn Sibbick

삼엽충이 있는 캄브리아기의 바다 속 풍경 ©John Sibbick

필석류 ©John Sibbick

(Anomalocaris)는 몸길이가 60cm 정도로서 삼엽충(三葉蟲, trilobite)을 잡아먹던 당
시로서는 거대한 육식성 절지동물이었으며 이 시기에 가장 번성했던 삼엽충 역시
최초의 갑각류(甲殼類, crustacean)[65] 절지동물이었는데 이 시기 말에는 크게 감소하

피카이아 ⓒAW hires

코노돈트

활유어 ⓒHans Hillewaert

였다.

그 외에 서로 연결된 컵 모양의 군집체를 이루고 살던 필석류(筆石類, graptolite), 길이가 5cm 정도의 뱀장어같이 생긴 피카이아(Pikaia), 작은 톱니 모양의 이빨을 가진 뱀장어 모양의 코노돈트(conodont) 중 길이가 40cm 정도나 되었던 프로미숨(Promissum) 등, 그리고 활유어(蛞蝓魚 또는 창고기, lancelet /Amphioxus)와 같은 척색동물[66]들도 모두 이 당시에 출현했다. 이 시기에는 이외에도 거의 모든 문의 동물들의 초기 형태가 등장함으로써 문자 그대로 동물종의 폭발을 이룬 시기였다.

3. 삼엽충

삼엽충은 최초의 갑각류 절지동물로서 고생대에 수적으로 가장 우세했던 동물인데 1만 5,000종 이상이 존재했다. 그들 중 몇몇 종은 헤엄을 치기도 하였지만 대부분 바다 밑을 기어 다녔으며 어떤 것은 요리접시보다도 더 컸다. 그들의 갑옷은 늘어나는 것이 아니어서 성장에 따라 주기적으로 갑옷을 벗어야 했다. 삼엽충은 또한 고도로 선명한 눈을 가졌던 최초의 생물이지만 이들 중에서도 굴을 파고 살았던 종류는 눈이 없었다. 그러나 대부분의 초기 삼엽충은 방해석 결정체로 만들어진 1만 5,000개의 각각 독립된 육각렌즈가 벌집처럼 촘촘하게 모여 있고 렌즈는 조금씩 다른 방향을 향하고 있어 움직이는 모든 사물을 희미하게 인지할 수 있었다. 그런데 후기의 어떤 종은 작은 렌즈가 서로 맞닿아 있고 하나의 각막이 이를 덮어 커다란 공 모양의 이중렌즈를 이루었으며 이 눈은 마치 구면수차(球面收差, spherical aberration)를 수정한 현대적인 광학렌즈와 똑같아서 물체를 매우 선명하게 볼 수 있었다.

삼엽충

4. 척추동물의 등장

그러나 이 시기에 이루어진 가장 두드러진 진화는 척추동물의 등장일 것이다. 최초의 척추동물은 칠성장어(lamprey)나 먹장어(hagfish)와 유사한 어류였는데 이들은 턱이 없는 무악어류(無顎魚類, Agnatha)[67]였다. 이들은 아마 척추동물은 아니지만 척색동물인 활유어에서 진화한 것으로 보인다. 활유어는 가장 큰 것이 6cm 미만으로서 몸 앞쪽에 홈이 패어 있는데 이것은 물고기의 아가미에 해당한다. 척추동물은 배아 시에만 척색이 있다가 성장해서 척추가 형성되면 척색은 쇠퇴해서 없어지는데 활유어는 등에 신경줄기가 달리고 있으며 이것을 척색이라는 딱딱한 막대기가 보호하여 척추 역할을 대신하고 있다. 척추동물에게는 커다란 뉴런 덩어리인 뇌가 있는데 활유어는 뇌가 없고 신경들은 조그만 덩어리에서 갈라져 나오며 눈도 없이 빛에 예민한 안점(眼點, eye spot)[68]이 있을 뿐이다. 심장도 없고 동맥만 여러 개 있으며 지느러미도 없어서 보통 바다 밑바닥의 모래에 몸을 반쯤 묻은 채 산다. 그러나 활유어 배아의 안점 세포에 작용하는 유전자는 척추동물의 눈을 만드는 유전자와 똑같으며 거의 똑같은 순서로 같은 작업을 수행한다.

활유어는 13개[69]의 혹스 유전자를 가지고 있는데 척추동물은 13개의 혹스 유전자로 구성된 세트 네 개[70]를 가지고 있으며 각 세트는 똑같은 순서로 배열되어 있다. 그러니까 최초의 유전자 세트가 똑같이 네 번 복제된 것인데 이렇게 되니까 한 세트는 원래 혹스 유전자가 하던 일을 계속했으나 다른 세트들은 몸을 좀 더 복잡하게 만드는 데 기여하게 되었다. 그래서 척추동물들은 눈을 가진 머리와 골격과 강한 근육을 갖출 수 있게 되었고 지느러미도 만들어져서 헤엄을 치고 다니면서 다른 동물들을 잡아먹을 수 있게 되었으며 몸도 점점 더 커졌다.

이런 과정에서 각 세트의 혹스 유전자 중 특정한 역할을 맡지 못한 것들은 사라지게 됨으로써 각 세트의 유전자 수가 각각 달라지게 되었다. 한편 경골어류는 척추동물 중에서도 가장 다양화된 집단인데 이들 중 중심적인 집단은 처음 등장할 때부터 다른 척추동물의 두 배(실제로는 일곱 개이며 네 세트를 이중으로 복제했다가 한 세트를 잃은 것으로 보임)에 해당하는 혹스 유전자 세트를 가지고 있다. 이것이 이들의 진화나 다양화, 그리고 적응방산(適應放散, adaptive radiation)[71]에 상당한 기여를 한 것으로 보이나 다른 동물들의 예에 비추어 혹스 유전자 세트의 증가가 반드시 그 집단이 좀 더 복잡해지고 다양해지는 데 직접 관련된 것은 아닌 듯하며 진화에는

혹스 유전자의 숫자도 관계가 있겠지만 그보다는 그들의 조절작용의 변화가 더 큰
역할을 하는 것으로 보인다.

• 2 •

오르도비스기

Ordovician period: 4억 9,000만~4억 4,300만 년 전

1. 아발로니아(Avalonia) 대륙의 분리와 라익 대양(Rheic Ocean) 및 고(古)-테티스 대양(Paleo-Tethys Ocean)의 생성

곤드와나 대륙에서 아발로니아 소대륙(小大陸, microcontinent; 잉글랜드, 웨일스,
아일랜드 남부, 프랑스 북부, 미국 뉴잉글랜드, 캐나다 노바스코샤로 이루어진 작은 대륙)
이 분리되어 북쪽으로 이동하면서 그 사이에 라익 대양이 생성되었다. 그리고 적도
부근에 있던 로렌시아를 중심으로 그 동남쪽에 있던 시베리아와 카자흐스탄 및 남
반구의 고위도에 있던 발티카는 반시계 방향으로 회전을 하여 각각 로렌시아의 동
북쪽, 즉 북반구와 로렌시아의 동남쪽으로 이동하였으며 이아페투스 대양의 양쪽,
즉 로렌시아 대륙의 동쪽과 아발로니아 대륙의 서북쪽에 해구가 형성되면서 이아
페투스 대양은 점점 좁아져 갔다.

한편 곤드와나 대륙 역시 스스로를 중심으로 반시계 방향으로 회전하면서 약간
북쪽으로 이동하였고 시베리아 및 발티카와 곤드와나 대륙 사이에 고-테티스 대양
(Paleo-Tethys Ocean)이 생성되었다.

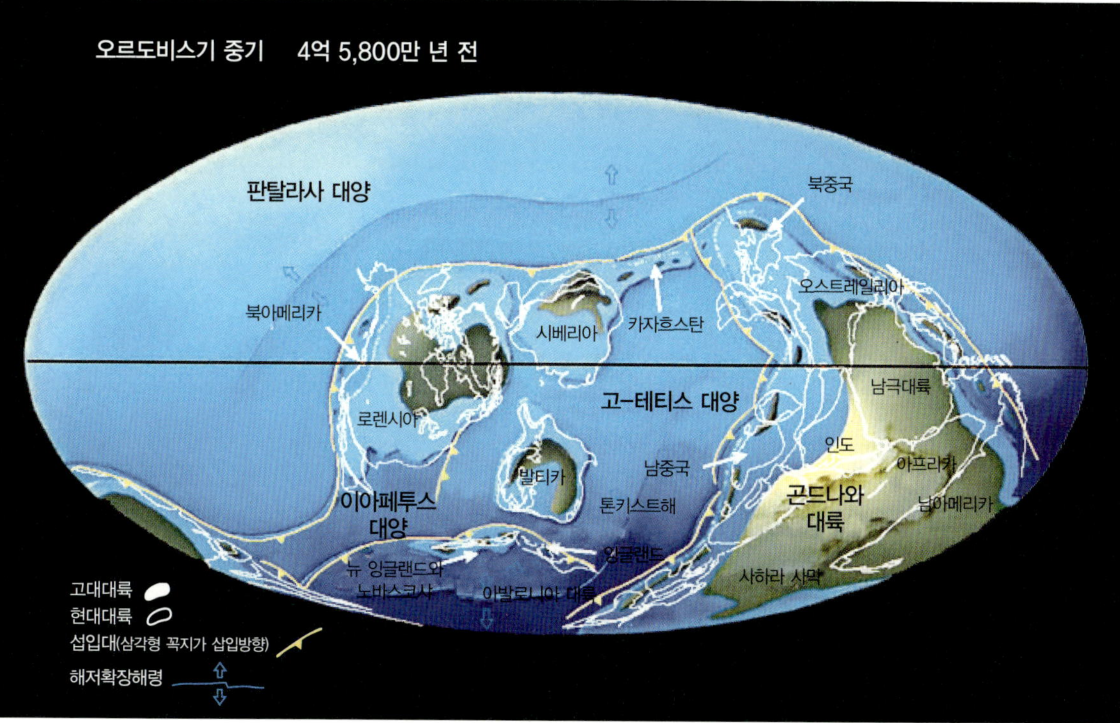

오르도비스기의 대륙과 바다 ⓒscotese.com

2. 오존층의 생성과 오르도비스기 말의 빙하기

캄브리아기까지 대기 중에 충분한 산소가 만들어지자 여기서 발생한 오존(O_3)이 오존층(ozone layer)을 생성하여 그전에 이미 만들어진 반알렌대와 더불어 지구 밖에서 오는 자외선(紫外線, ultraviolet rays)이나 태양풍 등을 차단해줌으로써 지상에서도 동식물들이 살 수 있는 환경이 마련되었다.

한편 오르도비스기 초에는 지구 대부분의 지역이 온화한 기후로 덮여 있었으며 곤드와나 대륙의 적도 지방(현재의 오스트레일리아, 인도, 중국 및 남극 대륙)에는 석회암, 암염(巖鹽, rock salt/halite) 등과 같은 온수성 퇴적층이 형성되었다. 그리고 로렌시아 대륙도 많은 부분이 얕은 바다에 덮였다가 바닷물이 빠지면서 두꺼운 석회암 층을 남겼으며 이 대륙은 뒤에 다시 바다에 덮여 석영과 사암 및 더 많은 석회암이 퇴적되었다.

그리고 오르도비스기 말에는 곤드와나 대륙 중 현재의 남극점에 가까운 위치에 있던 아프리카 북부(모로코, Morocco)와 남아메리카 대륙이 빙하로 덮였으며 빙하 활동으로 인하여 해수면이 내려가 얕은 대륙붕 지역이 뭍으로 드러났는데 이 과정에서 만들어진 부정합(不整合, unconformity)[72]이 세계 곳곳에 남아 있다. 그렇지만 로렌시아, 발티카, 시베리아 및 곤드와나의 동부는 여전히 따뜻했다.

3. 완족류와 필석류의 번성 및 포식자(捕食者, predator) 상어의 등장

바다전갈 ⓒ카렌 카(Karen Carr)

캄브리아기 말에 척추동물이 등장하였다고는 하나 이 시기까지도 여전히 무척추동물이 주류를 이루었는데 이들의 껍질은 대부분 단단한 갑옷과 같은 형태의 완전한 석회질 성분으로 발전하였다. 삼엽충은 수많은 형태로 다양화되었으며 완족류와 바다나리류도 캄브리아기에 이어 계속 번성하였다. 절지동물로서는 어류를 잡아먹으며 얕은 바다에 사는 바다전갈(sea scorpion/Euripterid)이 등장하였는데 가장 큰 프테리고투스(Pterygotus)는 사람보다도 더 커서 최대 2.3m 정도인 당시로서는 가장 무서운 포식자였다. 캄브리아 후기에 출현한 필석류는 진화 속도가 빠르고 형태적으로 진화 경향이 뚜렷하였으며 실루리아기까지도 매우 크게 번성하여 이 두 시기를 필석류의 시대라고도 한다.

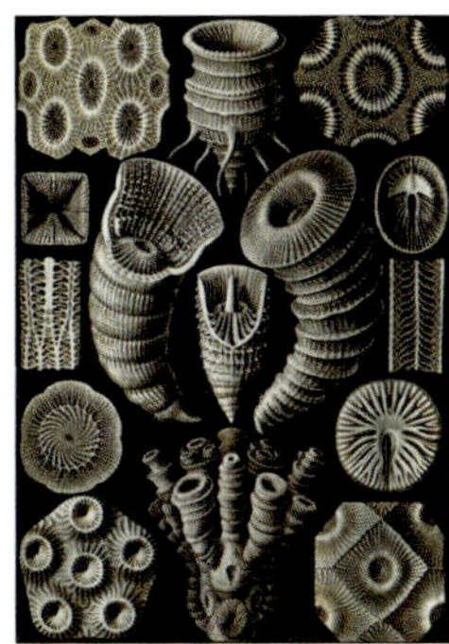

사방산호(rugosa) 화석

고대의 산호초 ©search4dinosaurs.com

강장동물에 속하는 사방산호(四放珊瑚, rugosa)가 등장하여 다른 동물들의 서식지가 되는 산호초(珊瑚礁, coral reef)를 형성하기 시작하였으며 우리가 보통 이끼벌레라고 하는 태형동물[73]의 한 종류인 태선동물(archimedes)과 연체동물인 조개(clam 또는 이매패/二枚貝, bivalvia)류도 새롭게 출현했다. 연체동물 중에서도 헤엄치는 두족류(頭足類, Cephalopoda)인 나우틸로이드(nautiloid)는 오늘날의 앵무조개인데 에스토니오케라스(Estonioceras)는 지름이 10cm 정도에 불과했지만 이와 가까운 다른 종은 지름이 5m나 되는 껍데기를 가진, 당시로서는 가장 큰 포식자로서 중요한 위치를 점하기 시작하였다.

또 골질의 갑옷으로 무장한 무악의 갑

이끼벌레류 ©Ernst Haeckel

조개류 ©korseby.net　나우틸로이드 ©Ted Gray

무악의 갑주어류   가시상어   판피어

주어류(甲冑魚類, armored fish)들과 함께 최초로 턱을 가진 어류인 가시상어류(Acanthodii)도 등장하였으며 온몸에 갑옷을 두른, 턱을 가진 갑주어류인 판피어류(板皮魚類, placoderm)도 출현하였는데 작은 것은 수 cm에서 큰 것은 10m에 달하기도 한 매우 위협적인 포식자였다. 뒤이어 연골어류(軟骨魚類, Chondrichthye)[74]인 가오리(ray)와 판피어류와 비슷한 포식자 상어(shark)가 철갑상어(sturgeon), 주걱철갑상어(paddlefish) 등과 같은 여러 가지 경골어류(硬骨魚類, teleost/Osteichthye)[75]들과 함께 등장하였다.

가오리   고대상어

철갑상어   주걱철갑상어

오르도비스기의 바다 속 풍경 ⓒJohn Sibbick

4. 첫 번째 대량 멸종(大量 滅種, mass extinction)

그러다가 이 시기 말 빙하기가 닥치면서 번성했던 생물들이 대량 멸종의 시련을 겪게 되었다. 당시 살았던 해양생물은 속 수준으로 49%, 종 수준으로는 85%가 멸종되었는데 캄브리아기부터 바다의 주인이었던 삼엽충은 그 자리를 물러났고 원시적인 극피동물도 거의 사라졌다. 크게 번성했던 완족류도 50% 이상이 타격을 받았으며 산호류도 속 수준으로 70% 정도가 멸종되었는데 멸종된 생물의 대부분은 따뜻한 환경에서 살았던 종류였다.

• 3 •

실루리아기

Silurian period: 4억 4,300만~4억 1,700만 년 전

1. 유라메리카(Euramerica) 대륙의 등장

북상하던 시베리아, 카자흐스탄은 거의 북반구 중간까지 올라갔으며 발티카는 적도 부근에서 로렌시아와 충돌하였고 그 남쪽에서 북상하던 아발로니아 대륙이 다시 이들과 충돌함으로써 유라메리카 대륙(현재의 북아메리카와 유럽으로 이루어진 대륙)이 형성되면서 그 사이에 있던 이아페투스 대양이 사라지고 그 대신 라익 대양이 크게 확장되었다. 그리고 바다에 쌓였던 퇴적물이 조산운동에 의하여 습곡산맥(褶曲山脈, folded mountains)[76]을 형성하였는데 유럽 지역에서는 칼레도니아 조산운동(Caledonian orogeny)에 의하여 스칸디나비아와 스코틀랜드(Scotland), 그리고 그

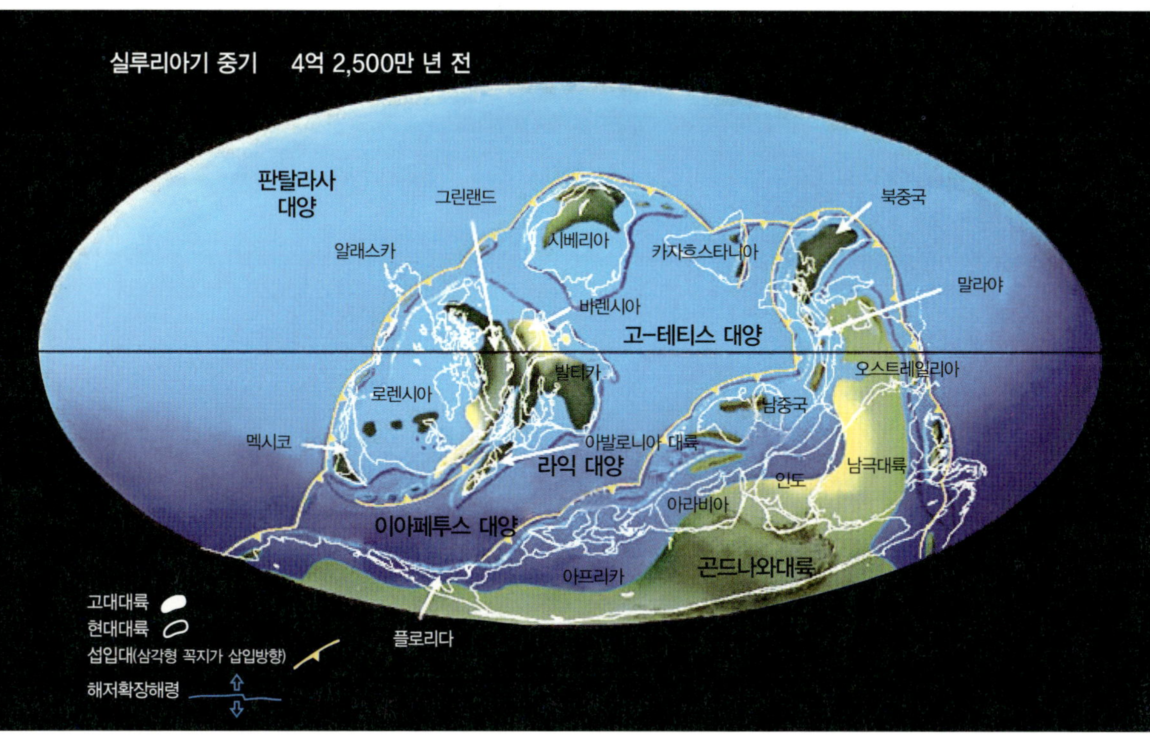

실루리아기의 대륙과 바다 ⓒscotese.com

린란드에 칼레도니아 산맥이 만들어졌으며 북아메리카 지역에서는 아카디아 조산
운동(Acadian orogeny)에 의하여 애팔래치아(Appalachia) 산맥이 만들어졌다.

유라메리카 대륙의 서쪽으로부터 곤드와나 대륙의 동쪽에 이르는 특히 북반구의
넓은 지역을 판탈라사 대양이 차지하고 있었으며 대양의 주변에는 지금의 환태평
양화산대(環太平洋火山帶, ring of fire)와 같은 섭입대가 형성되어 있었다. 그리고 남
극 지역의 빙하는 좀처럼 없어지지 않고 남아 있었다. 한편 이 시기에도 바닷물이
대륙을 얕게 덮었다가 물러나면서 산화철이 섞인 적색층을 남겼고 많은 양의 소금
을 퇴적시켰다.

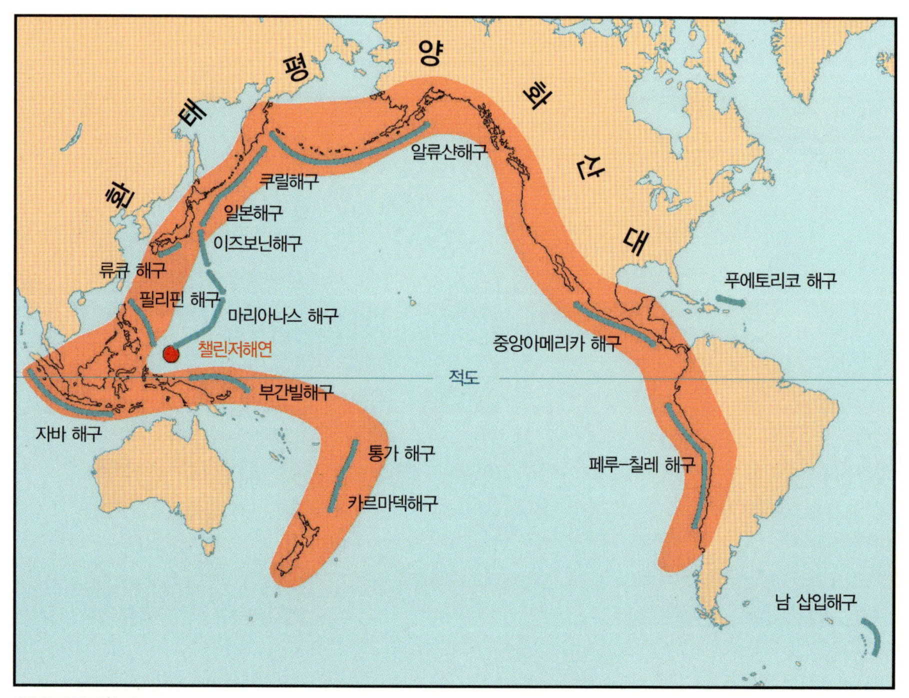

환태평양화산대

2. 관다발[(유)관속/(有)管束, vascular]식물[77]의 등장

당시까지 이끼류밖에 없던 지상에 쿡소니아(cooksonia)라는 식물이 나타났는데 잎도 없고 뿌리도 없어 땅속에 묻힌 줄기(지하경/地下莖, rootstock/rhizoma)가 뿌리 역할을 하고 광합성은 줄기에서 이루어졌다. 그리고 높이는 최대 10cm 정도에 불과하였으나 이것이 최초의 관다발식물로서 선태식물에서 양치식물로 진화하는 중간단계의 식물이며 이후 등장하는 모든 육상 식물의 직접적인 조상이라고 할 수 있다.

관다발이란 뿌리 등에서 흡수된 수분과 잎 등에서 만들어

쿡소니아

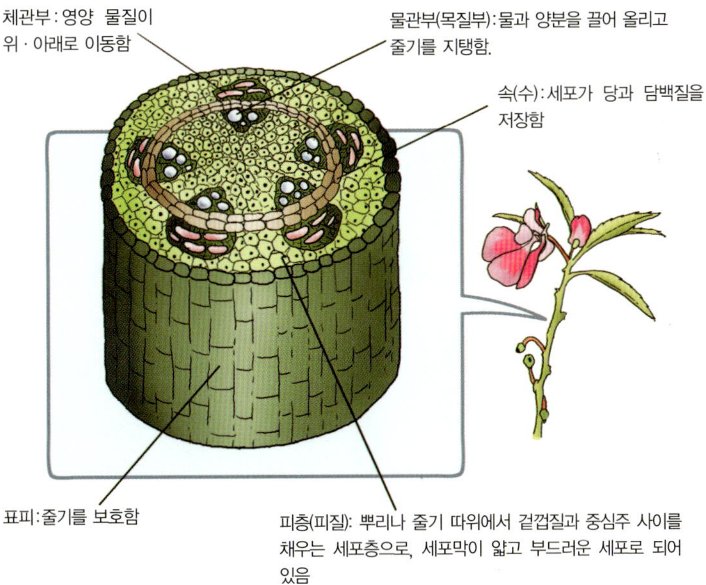

식물의 줄기 구조

진 양분 등이 식물 내에서 이동하는 통로이며 이를 가진 관다발식물은 이끼류보다 물에서 멀리 떨어져 살아갈 수 있었다. 조류나 선태식물처럼 원시적인 식물은 관다발이 없는 비관다발(nonvascular)식물이고 양치식물이나 종자식물과 같이 진화한 식물들은 관다발을 가지고 있는 관다발식물이다. 이 시기에는 또 높이가 약 25cm 정도까지 자라고 갈라지는 줄기를 가졌으며 석송과 매우 유사하게 생긴 바라과나티아(Baragwanathia)라는 식물도 등장하였다.

3. 동물의 상륙

한편 오르도비스기 말의 대량 멸종에서 살아남은 삼엽충이나 바다전갈과 같은 절지동물과 연체동물, 완족류, 바다나리류 등과 같은 무척추동물들이 다시

바라과나티아 ©carlwozniak.com

바다 밑을 점유하였고 유라메리카 대륙의 남부를 가로지르는 건조대(乾燥帶, arid belt)를 따라 맑고 따뜻한 하늘 아래 산호초가 번성하였다. 필석류 역시 이 시기에도 크게 번성하였고 먼 바다(원양/遠洋, open ocean)에서는 나우틸로이드와 같은 포식자들의 수가 증가하였으며 극피동물인 성게류(sea urchin)가 최초로 등장하였다. 무악어류는 물론 판피어류와 상어 및 가오리를 비롯한 연골어류도 여전히 번성하였으며, 여러 가지 경골어류 등 턱을 가진 어류들도 매우 다양해지면서 점점 더 큰 비중을 차지하게 되었다.

한편 대기 중이나 바다 속에 산소가 풍부해지고 오존층이 형성되어 자외선이 어느 정도 차단되자 최초로 공기로 숨을 쉬는 노래기(millipede),

실루리아기의 바다 속 풍경 ⓒ 카렌 카(Karen Carr)

성게류 ⓒRaphael Rigo

노래기 ⓒsciencemore.com

지네 ⓒ sheepmania.com

지네(centipede)와 같은 다족류(多足類, Myriapod), 거미(spider)나 전갈(scorpion)과 같은 거미류(Arachnid), 날개 없는 원시적인 곤충(昆蟲, insect/hexapod)들인 무시류(無翅類, Apterygota) 등의 절지동물들이 땅 위로 올라왔으며 환형동물인 지렁이와 선형동물인 선충류(線蟲類, nematode)[78]도 이 시기에 지상으로 올라왔을 것이다. 그런데 이들이 물속에 있을 때에는 암놈이 알(난자/卵子, ovum)을 낳고 수놈이 정액(精液, semen)을 뿌리면 물이 정자(精子, spermatozoon)들을 알까지 운반해 주는 체외수정(體外受精, external fertilization)을 했는데 지상에서는 이것이 불가능하므로 수놈의 정액을 암놈의 몸속에 직접 넣어주는 교미(交尾,

거미류 ⓒErnst Haeckel

거미

전갈

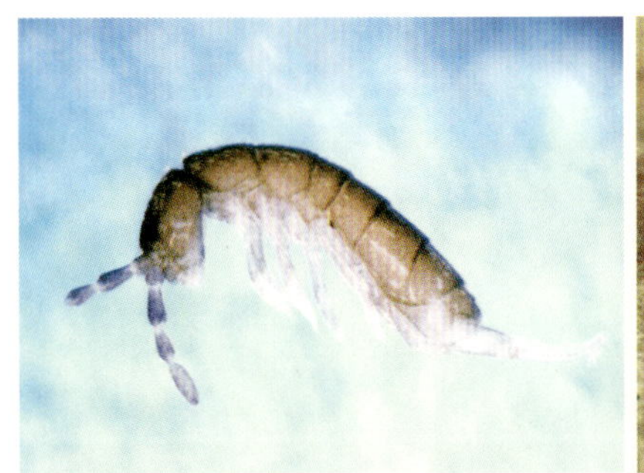
톡토기(무시류)

좀(무시류)

지렁이

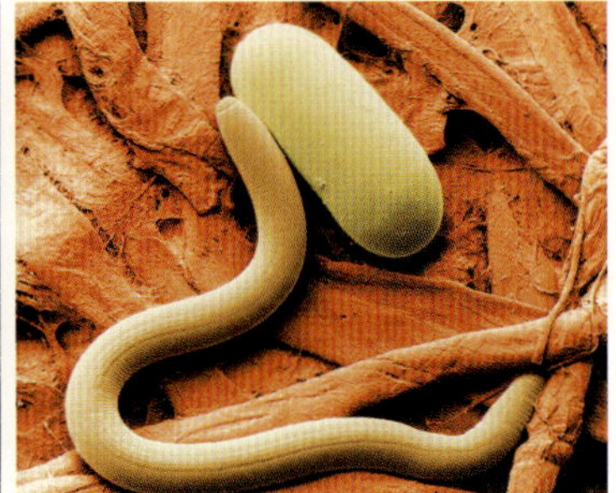
콩포낭선충

copulation)가 시작되었다. 이들 중 거미나 전갈과 같은 육식동물들은 일반적으로 수놈이 암놈보다 작고 교미가 끝나면 암놈이 수놈을 잡아먹기도 하므로 수놈들은 매우 조심스럽게 접근한다. 그래도 잡아먹히는 경우가 많은데 좀 잔인한 것 같지만 교미라는 목적을 달성한 후 알을 낳아야 하는 암놈에게 영양보충이 된다면 그것도 자연계의 한 섭리라고 보아야 할 것이다.

4

데본기

Devonian period: 4억 1,700만~3억 5,400만 년 전

1. 중한지괴와 양자지괴의 분리

이 시기에는 유라메리카 대륙이 적도를 중심으로 남북으로 놓여 있었고 그 동남

쪽에 있던 곤드와나 대륙이 전체적으로 북상하면서 시계방향으로 회전하여 유라메

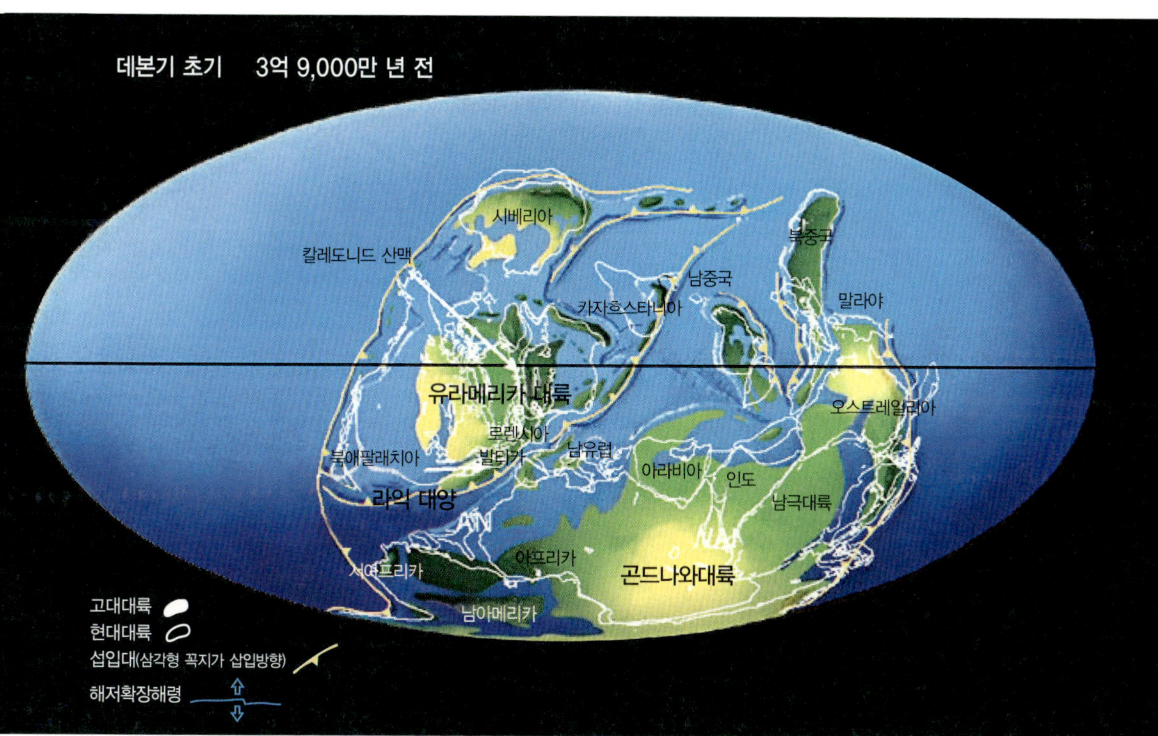

데본기의 대륙과 바다 ©scotese.com

리카 대륙과 접근함에 따라 라익 대양은 매우 좁아졌다. 그리고 중한지괴와 양자지괴는 곤드와나 대륙으로부터 떨어져 나와 고-테티스 대양을 가로질러 북상(北上)을 시작하였다.

2. 데본기의 기후

데본기 초기에는 전반적으로 따뜻하였고 유라메리카, 시베리아, 중한지괴, 양자지괴 및 오스트레일리아의 대부분 지역이 건조하였으며 냉온대성(冷溫帶性, cool temperate)[79] 바다가 남아메리카와 아프리카를 덮었다. 데본기 중기까지도 기온은 따뜻하였고 하늘은 맑았으며 따뜻하고 얕은 바다가 유라메리카와 시베리아 그리고 오스트레일리아의 많은 지역을 덮었다. 그러나 데본기 말기에는 기온이 약간 하강하여 남극 가까이 있던 아마존 분지(盆地, Amazon Basin)가 부분적으로 빙하에 덮였다.

3. 거목(巨木)의 등장

이 시기에 식물로서는 쿡소니아와 비슷한 라이니아(rhynia)가 등장하였으며 최초의 양치식물인 솔잎난(psilophyte)이 대륙의 저지대에 삼림을 형성하였고 뒤이어 전 대륙으로 퍼져 나갔다. 이들의 높이는 30cm~1m 정도로서 별로 크지는 않았지만 이끼류밖에 없던 당시로서는 매우 큰 것이었으며 위로만 자라던 줄기가 옆으로도 퍼지게 되어 식물이 전보다 더 크게 자랄 수 있게 되었다.

그리하여 데본기 중기에는 당시 적도 상에 위치하여 열대지역이었던 캐나다의 북단(北端) 섬들과 그린란드 북부 및 북유럽의 습지에 이들이 번성하여 석탄

라이니아

솔잎난

인목(고대석송)　　　　　　아르카에오프테리스

(石炭, coal)이 매장되기 시작하였다. 그리고 데본기 말기에는 역시 양치식물인 인목(鱗木, 고대석송/古代石松, early club moss/lepidodendron)이 등장하였는데 이 나무는 직경이 약 2m 정도였고 높이는 40～50m 정도로서 매우 거대하였다.

그리고 역시 키가 20m 정도까지 자란 매우 거대한 원시(原始)겉씨식물(progymnosperm)인 아르카에오프테리스(archaeopteris)도 나타났는데 이것은 양치식물이 겉씨식물로 진화하는 중간 단계의 식물이다. 데본기 말기에는 이런 여러 식물들이 많은 곳에서 울창한 숲을 이루어 캐나다 북단과 양자지괴의 열대 다우림(多雨林, rainforest) 지역에 처음으로 두꺼운 석탄층이 형성되었다. 그리고 이와 같은 숲 속에는 풍뎅이(goldbug)와 같은 새로운 곤충들이 등장하였으나 대부분은 날개가 없는 종들이 주류를 이루었으며 이들 곤충과 다른 절지동물들도 크게 번성하였다.

겉씨(나자)식물(裸子植物, gymnospermae)은 종자식물의 일종인데 밑씨(배주/胚珠, ovule)가 씨방(ovary) 밖에 노출되어 있는

오늘날 오스트레일리아 퀸즐랜드의 열대 다우림

풍뎅이

것이며 밑씨가 씨방 속에 있는 것은 속씨(피자)식물(被子植物, angiospermae)이라고 한다. 또 이들 종자식물은 모두 꽃을 피우고 열매를 맺으므로 현화식물(顯花植物, flowering plant/phanerogam)이라고 하고 양치식물과 같은 그 외의 모든 식물들은 꽃을 피우지 않아 은화식물(隱花植物, flowerless plant/cryptogam)이라고 한다.

4. 어류의 번성 및 양서류의 출현

한편 바다 속에는 여전히 완족류가 많이 번성하였는데 그중에서도 스피리퍼(spirifer)의 변화가 뚜렷하였다. 두족류로서는 나우틸로이드가 진화하여 암모나이트(ammonite)의 원시형인 고니아타이트(암몬조개, goniatite)류가 되면서 무척추동물의 주류를 이루었고 새로운 종류의 삼엽충과 현대적인 투구게(horseshoe crab)도

스피리퍼 ⓒBarry Marsh/Univ. of
Southamptonm, UK

고니아타이트

투구게 ©search4dinosaurs.com

등장하였다. 어류로서는 무악어류와 던클레오스테우스(Dunkleosteus)와 같은 대형 판피어류, 그리고 상어와 가오리를 비롯한 연골어류 및 여러 가지 경골어류 등이 더욱 다양해지고 크게 번성하여 어류시대(魚類時代, Age of Fish)를 이루었다.

　민물 속에는 평소에는 아가미로 숨을 쉬다가 기후가 건조하여 물이 마르면 폐로도 숨을 쉴 수 있는 폐어(肺魚, lungfish)가 등장하였다. 그런데 폐어는 대부분의 어류처럼 얇은 지느러미를 몸체근육으로 움직이는 기조(鰭條)어류 (ray-finned fish/Actinopterygians)가 아니라 가슴과 배에 각각 한 쌍씩 있는 지느러미를 그 자체의 근육으로 움직이는 엽상(葉狀)어류(lobe-finned

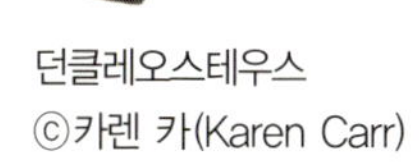

던클레오스테우스
©카렌 카(Karen Carr)

데본기의 바다 속 풍경 ⓒ카렌 카(Karen Carr)

fish/Sarcopterygians)로서 물이 없는 땅 위를 걸을 수도 있었다. 엽상어류가 지금은 폐어와 살아 있는 화석이라고 하는 실러캔스(coelacanth) 정도밖에 없지만 이 시기에는 매우 다양한 종류가 크게 번성하였다.

약 3억 7,500만 년 전에 이들 엽상어류 중에서 분명한 어류이면서도 사지동물(四肢動物, tetrapod)의 두개골과 목, 갈비뼈와 네 다리의 골격을 가지고 있고 두 눈은 악어와 같이 모두 위쪽에 있는 틱타알릭 로제(Tiktaalik roseae)가 등장하였다. 길이가 작은 것은 1.2m, 큰 것은 2.75m에 달하는 이 동물은 날카로운 이빨을 가진 포식자였으며 얕은 물속에 살다가 잠깐씩 육지로 나와 다리 역할을 하는 지느러미를 이용해 돌아다녔을 것이다. 그러나 그 뒤에 등장한 아칸토스테가(Acanthostega)와 같은 종들은 발가락 등 사지동물로서의 조건을 다 갖추었으면서도 물속에서만 살 수 있었다. 그러니까 엽상어

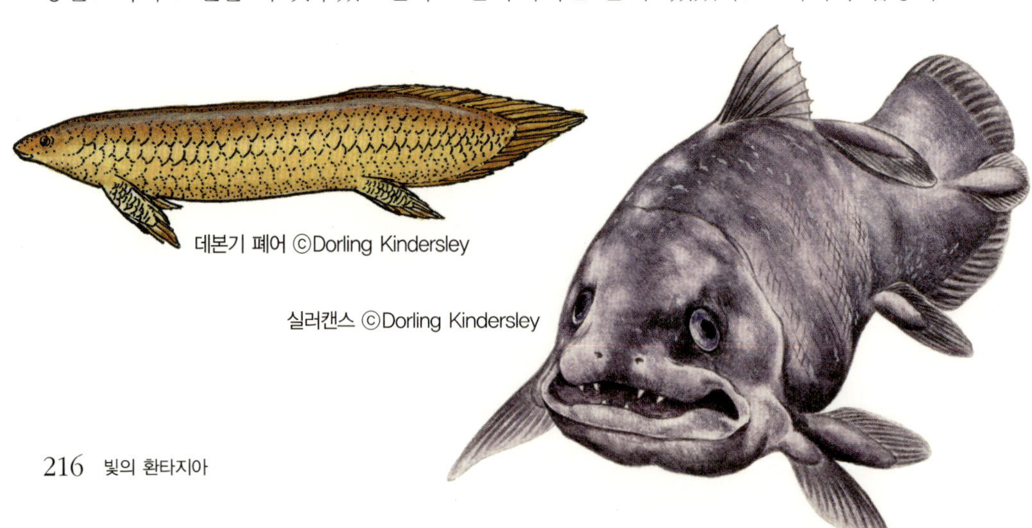
데본기 폐어 ⓒDorling Kindersley

실러캔스 ⓒDorling Kindersley

데본기 엽상어류

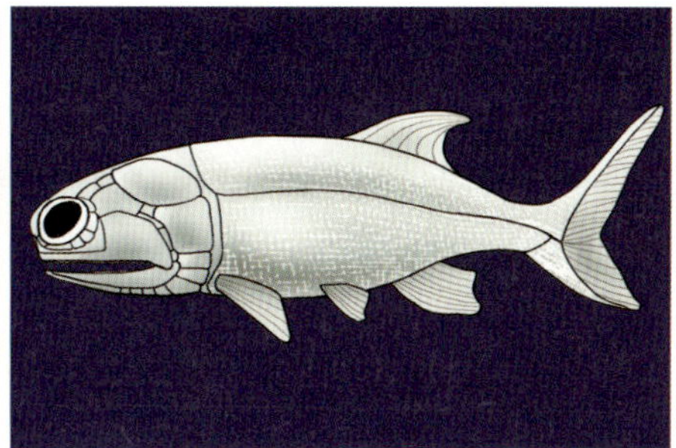

데본기 기조어류

류에 발과 발가락이 생긴 것은 처음부터 꼭 육지를 걷기 위해서는 아닌 것으로 보인다. 그러다가 최초로 폐호흡을 한 사지동물이자 척추동물이며 가장 원시적인 양서류(兩棲類, Amphibia)[80]인 이크티오스테가(Ichthyostega)가 육상을 걸어 다니기 시작하였지만 이들도 대부분의 시간을 물속에서 지냈다. 이들은 몸길이가 90cm 정도였으며 이들의 다리 역시 엽상어류의 지느러미와 비슷하여 그들로부터 진화한 것임을 알 수 있다.

틱타알릭 로제

아칸토스테가

이크티오스테가

5. 두 번째 대량 멸종

스웨덴의 실리안 호수(크레이터)

데본기 후기인 약 3억 6,500만 년 전에 두 번째 대량 멸종이 일어났다. 이 시기의 생물의 멸종 비율은 속 수준에서 47%, 종 수준에서는 82% 정도였다. 완족동물의 경우 15% 정도만 살아남았고 암몬조개도 큰 피해를 입었다. 그 당시까지 크게 번성했던 삼엽충과 필석이 거의 사라졌고 따뜻하고 얕은 바다에서 번성했던 산호초 생물의 수도 크게 감소했는데 이 시기에 멸종된 대부분의 생물도 오르도비스기 때와 마찬가지로 따뜻한 환경에서 생활했던 것들이었다.

그런데 데본기 후기의 기후는 그리 크게 춥지 않았기 때문에 멸종의 원인은 기후보다는 당시 잦았던 것으로 알려진 운석의 충돌로 인한 것으로 보인다. 실제로 스웨덴(Sweden)의 실리안(Siljan)에는 약 3억 6,800만 년 전에 만들어진 지름 52km의 크레이터가 있고 캐나다 퀘벡(Quebec)의 샤를브와(Charlevoix)에도 3억 6,000만 년 전에 만들어진 지름 46km의 크레이터가 있다. 이 정도의 크레이터가 만들어질 수 있는 운석과의 충돌에 의해서는 20~30%의 생물 종이 멸종될 수 있는 것으로 연구되고 있다.

그리고 이런 크레이터들이 오랜 세월 동안 유지되거나 발견되기가 쉽지 않다는 점을 감안한다면 당시 상당히 많은 충돌이 있었을 수도 있었을 것이다. 이에 대해서는 우리 태양계가 은하핵을 중심으로 공전을 하는데 약 3,000만 년을 주기로 은하의 밀도가 높은 부분을 통과하며 이 시기에는 혜성이나 운석과 충돌할 가능성이 매우 높다는 주장도 제기되고 있다.

5

석탄기

石炭紀, Carboniferous period: 3억 5,400만~2억 9,000만 년 전[81]

1. 판게아(Pangea)[82] 대륙의 등장과 빙하기

유라메리카 대륙과 접근하던 곤드와나 대륙이 결국 서로 충돌을 일으켜 라익 대
양은 사라지고 바리스칸(Variscan, 허시니안/Hercynian) 조산운동으로 높다란 바리

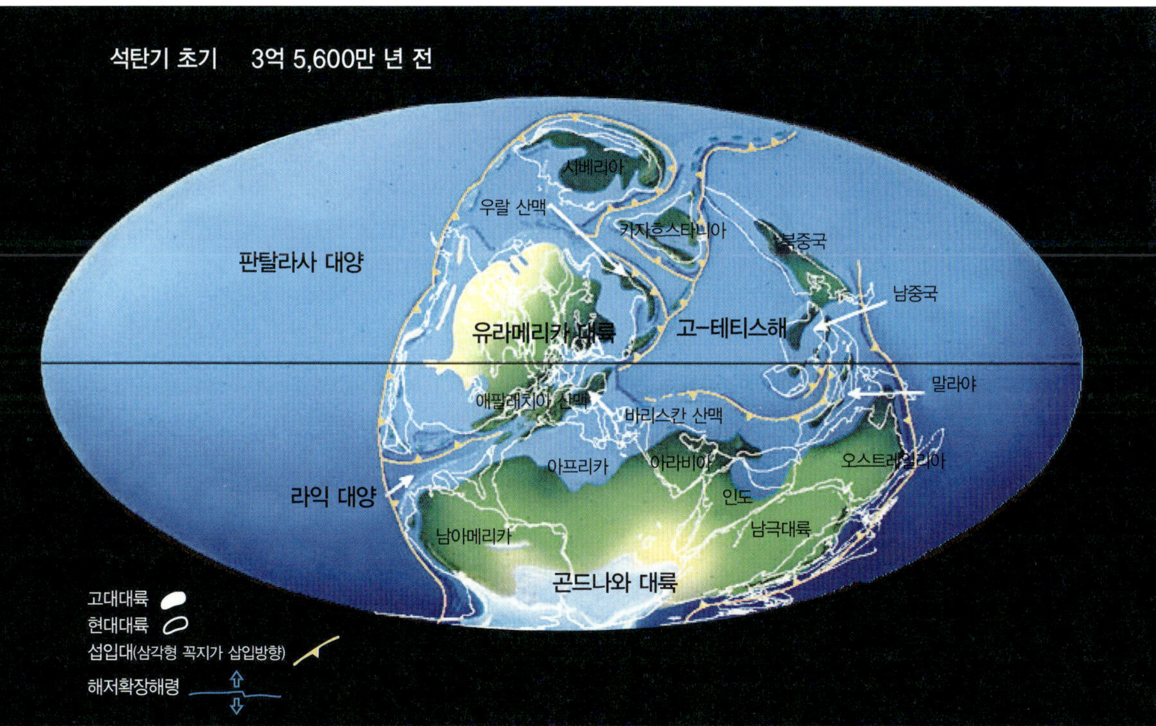

석탄기 초기의 대륙과 바다 ⓒscotese.com

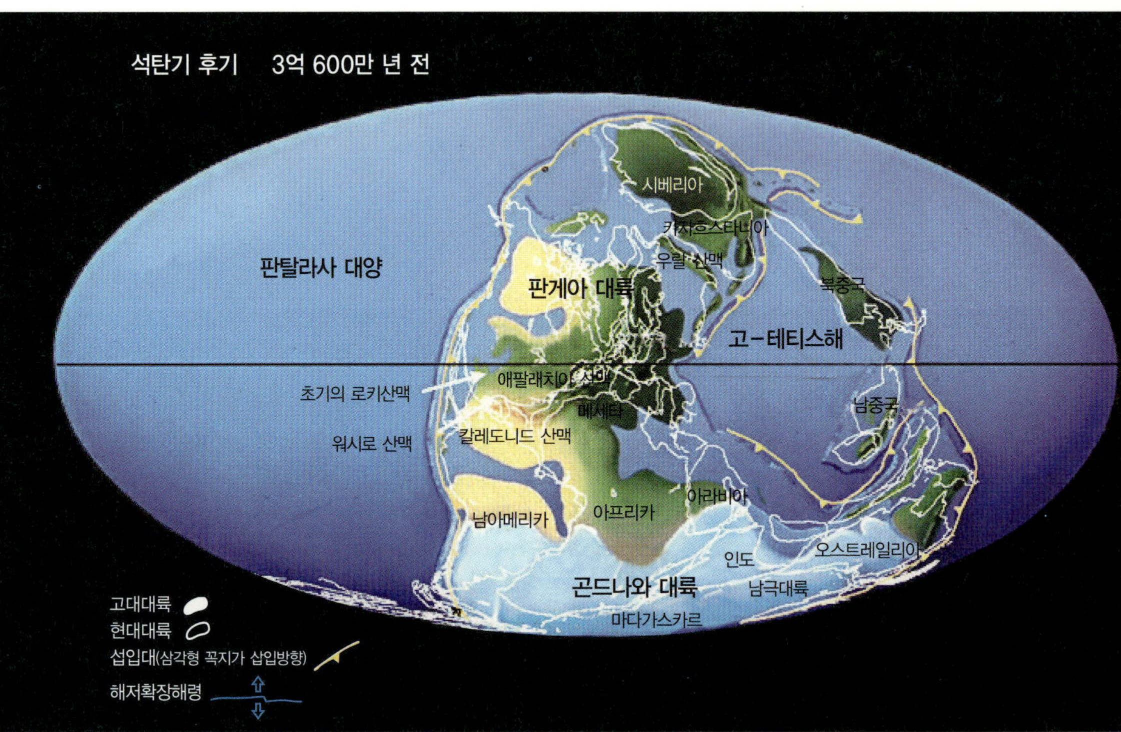

석탄기 후기의 대륙과 바다 ⓒscotese.com

스칸 산맥이 형성되었다. 그리고 결국은 유라메리카 대륙의 남쪽과 곤드와나 대륙의 서쪽이 결합함으로써 중한지괴와 양자지괴만을 제외한 모든 대륙이 모여 북극에서 남극까지 연결된 판게아 대륙이 형성되었으며 바다를 둘로 나누어 동쪽에는 고-테티스 대양, 서쪽에는 판탈라사 대양이 있게 되었다. 그리고 북아메리카 중부의 사막 지역은 줄어들기 시작하였으며 판게아 대륙의 남단, 즉 남극으로부터 빙하가 점점 북상하여 현재의 남아메리카 남부, 아프리카 남부, 남극 대륙, 인도 그리고 오스트레일리아는 석탄기 내내 빙하에 덮여 있었다.

2. 파충류의 출현

이 시기에는 식물들이 작은 관목류로부
터 큰 나무들까지 매우 무성하였으며 아르
카에오프테리스, 솔잎난, 인목, 쇠뜨기(속
새, horsetail/sphenophyte), 나무고사리
(fern/pterophyte)류와 키가 30m에 달하는

쇠뜨기   나무고사리

코데이타목(cordaite) 등이 주류를 이루었다. 이들 초기의 수목들은 균류나 이끼류
와 마찬가지로 완전한 유성생식이 아니라 세대교번을, 그것도 이형세대교번을 하
였다. 이들의 암수 배우자가 수정(受精, fertilization)을 하기 위해서는 수 배우자가
암 배우자까지 헤엄을 쳐서 가야 하며 이것이 가능하기 위해서
는 유성세대가 작고 지면에 가까이 있어야 한다. 따라서 이들
의 포자는 엽상체(葉狀體, thallus)[83]로 자라며 항상 습기가
있는 밑바닥에 암수 배우자를 방출하는데 이들 암수
배우자가 수정한 무성세대는 키가 큰 식물로 자라야만
포자를 멀리까지 보낼 수 있어 더 유리하다. 양치식물이
나 석송, 속새 등은 아직도 이런 방식으로 번식을 하지만
여기에는 큰 취약점이 있는데 우선 엽상체는 쉽게 동물의
먹이가 되며 수분이 마르면 쉽게 죽을 뿐만 아니라 키가 큰
자신의 무성세대가 햇볕

코데이타목

을 차단함으로써 성장
이나 생존에 지장을
준다는 것이다.
그 당시 적도 고원지대
(高原地帶, highland)를 형성하고

엽상체

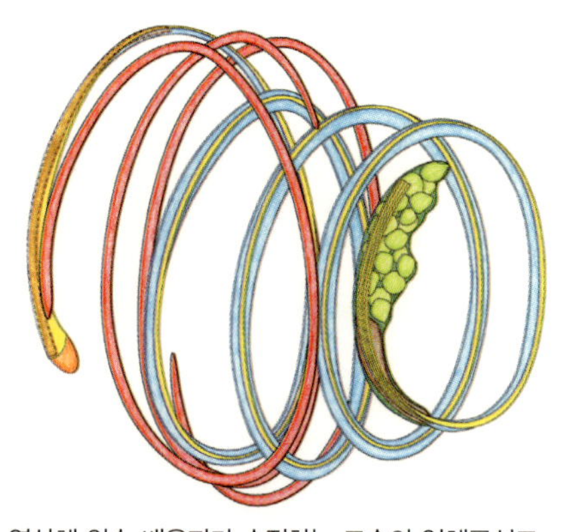

엽상체 암수 배우자가 수정하는 모습의 입체구성도
ⓒAndrew Blackwell/Botany.org

있던 광활한 중앙판게아 산맥에는 강우대(降雨帶, rainy belt)를 따라 어마어마하게 거대한 늪에 이들 식물이 우거진 석탄늪수풀(coal-swamp forest)이 무성하였다. 그런데 이 시기에 약 20% 정도이던 대기 중의 산소가 갑자기 35% 정도로 증가하면서 들불이 엄청나게 자주 일어나 목탄(木炭, charcoal)을 형성하였고 이들이 땅속에 매립되면서 현재 북아메리카의 북부, 서부 유럽, 중국 등의 지역에 두꺼운 석탄층을 만들었는데 이때 지구 전체 석탄의 90% 정도가 만들어짐으로써 이 시기를 석탄기라고 부르게 되었다.

숲 속에는 새로운 종류의 거미와 전갈들이 나타났고 바퀴(cockroach), 진딧물

석탄늪수풀 ⓒJohn Sibbick

바퀴벌레 ⓒinsectimages.org　　　진딧물　　　메가네우라 ⓒbbc.co.uk

(aphis) 같은 곤충들이 크게 번성하였으며 잠자리(dragonfly)와 같이 날개가 달린 곤충들이 등장하였는데 이 시기의 곤충들을 비롯한 절지동물들은 매우 컸다. 진딧물은 길이가 30cm 정도였고 왕잠자리 메가네우라(Meganeura)는 날개를 펴면 70cm 정도나 되어 곤충들 중에서는 가장 큰 포식자였다. 거미류 중에는 몸길이 34cm에 다리를 펴면 폭이 70cm 이상인 것도 있었고 몸길이가 60cm를 넘는 전갈도 있었으며 노래기 중에는 몸길이 2m에 폭이 15cm를 넘는 것도 있었다. 이들이 이렇게 컸던 이유는 아마 그 어느 때보다도 더 높았던 산소 함유량과 관계가 있을 것이다. 여하튼 이들 절지동물들이 크게 무성함에 따라 이들과 물속의 무척추동물들을 먹고 사는 여러 종류의 양서류가 크게 번성하여 이 시기를 양서류시대(兩棲類時代, Amphibian Age)라고도 한다.

그런데 양서류는 뭍으로 올라왔다고는 하나 물속에 알을 낳고 유생 때는 물속에서 생활하며 성체가 되어서도 물 가까이서 살았다. 따라서 이들이 생활영역을 넓히기 위해서는 물로부터 해방되어야 하는데 그중에서도 가장 중요한 것이 물 밖에서도 안전하게 자손을 번식하는 일이었다. 그 결과 배(胚, embryo)가 마르지 않도록 감싸서 보호하는 양막(羊膜, amnion)과 질긴 껍질을 가진 알을 낳음으로써 더 이상 물속에 알을 낳고 올챙이 생활을 해야 할 필요가 없는 파충류(爬蟲類, Reptilia)가 출현하게 되었는데, 양막을 가지고 있다 하여 (유)양막류〔(有)羊膜類, Amniota〕라고도 하며 이들 외에도 역시 난생(卵生, oviparity)인 조류나 태생(胎生, viviparity)인 포유

류가 모두 양막류에 포함된다.

　파충류의 알은 뜨거운 사막 모래 속에서도 아무런 문제없이 배를 보호할 수 있을 만큼 단단하나 내부의 압력에는 턱없이 약해서 부화한 새끼들이 쉽게 알을 깨고 나올 수 있다. 또 그렇게 단단해 보이는 껍질에는 숨구멍과 혈관이 있어서 산소를 공급받고 이산화탄소를 배출할 수 있으며 난황(卵黃 또는 노른자위, yolk)은 배가 생명을 유지하면서 부화할 때까지 필요한 모든 영양분을 갖추고 있다. 따라서 이들은 훨씬 더 성숙해진 뒤에 알에서 나올 수 있게 되어 양서류보다 생태학적으로 더 유리한 위치를 점할 수 있게 되었다.

　최초의 파충류는 세이무리아(Seymouria)로서 몸길이 약 60cm의 작은 네발짐승인데 몸의 구조가 양서류와 파충류의 중간형태이다. 여기서 진화한 것이 가장 원시적인 파충류인 코틸로사우루스(배룡류/杯龍類, 완룡류/腕龍類, 협룡류/頰龍類, Cotylosaurus)인데 도마뱀과 비슷하게 생겼고 모두 네발로 걸었으며 몸의 길이가 30cm 정도로 작은 육식성(肉食性, carnivorous)의 종류와 1.5m 정도인 초식성(草食性, herbivorous)의 종류가 있었다.

　한편 바다 속에는 비교적 큰 원생동물에 속하는 방추충(紡錘蟲, fusulina)이 새로 등장했으며 멸종을 면한 완족류, 바다나리류, 극피동물문의 블라스토이드(blastoid)

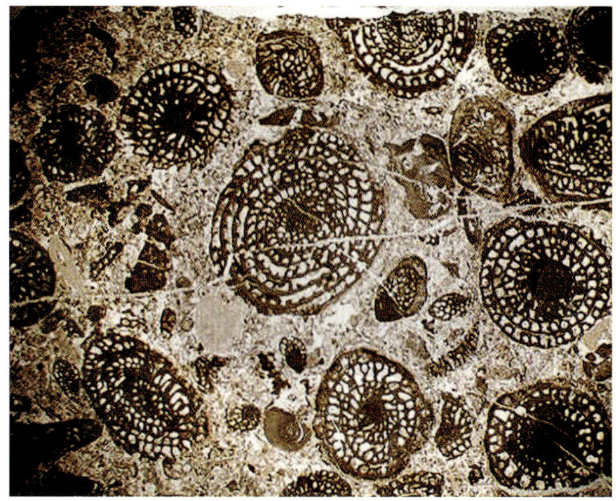

방추충 ⓒosaka-c.ed.jp

블라스토이드 ⓒErnst Haeckel

등과 같은 무척추동물들이 다시 산호초를 중심으로 번성하기 시작하였으나 삼엽충은 매우 쇠퇴하였고 먼 바다에서는 암모나이트가 주류를 이루었다. 어류들 중 무악어류와 판피어류는 데본기를 끝으로 대부분 멸절되고 상어 및 가오리를 비롯한 연골어류와 경골어류 중 다양하게 진화한 기조어류들이 크게 번성하였다.

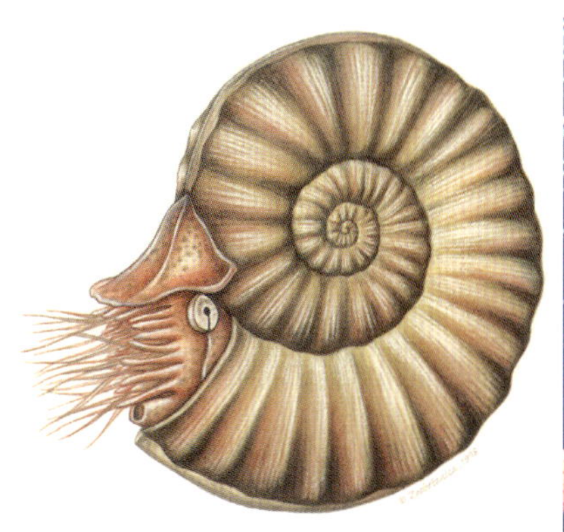

암모나이트 ⓒDebbie Maizels

해파리

석탄기 후기의 바다 속 풍경 ⓒ카렌 카(Karen Carr)

3. 파충류의 진화

초기 파충류는 눈 뒤의 구멍이 몇 개냐에 따라 무궁형(無弓型, anapsid), 단궁형
(單弓型, synapsid)과 이궁형(二弓型, diapsid), 그리고 두 개의 구멍이 하나로 합쳐진

형(euryapsid/parapsid)의 네 가지로 나누어진다. 무궁형은 눈 뒤에 구멍이 없는 종류로서 거북류(turtles)와 일부 공룡(恐龍, dinosaurs)이 여기에 속한다.

단궁형은 눈 뒤에 각각 한 쌍의 구멍이 있고 이들 구멍은 턱 근육이 바깥쪽으로 팽창하는 데 도움을 줌으로써 무는 힘이 더 강력해지고 턱 근육을 강화시키는 동시에 큰 뇌를 발달할 수 있도록 해주었으며 더 강한 청력과 후각을 가질 수 있게 함으로써 포유류형 파충류를 거쳐 포유류로 진화하게 된다. 귓속에 뼈가 자라기 시작한 최초의 동물이 바로 원시 포유류였으며 오늘날의 모든 포유류는 귓속에 세 개의 뼈를 가지고 소리를 잘 들을 수 있게 되었다.

포유류형 파충류에는 반룡류(盤龍類, Pelycosauria)와 수궁류(獸弓類, 수와류/獸窩類, Therapsida)의 두 가지가 있는데 석탄기 후기에 파충류에서 파생되어 먼저 등장한 원시적인 포유류형 파충류(mammal-like reptile) 무리가 반룡류로서 길이 3m 정도이고 송곳니를 가진 육식성의 스페나코돈(Sphenacodon)류가 진화의 중심이었으며 여기에서 어식성(魚食性)인 오피아코돈(Ophiacodon)류나 초식성인 에다포사우루스(Edaphosaurus)가 진화하였다. 당시의 식물들은 대부분 양치류로서 영양가가 높지 않아 초식동물(草食動物, herbivore)이 많이 번성하지 못하였고 이에 따라 육식동물(肉食動物, carnivore)도 그리 많지 않았다.

이궁형은 눈구멍 뒤에 두 쌍의 구멍이 있고 또 각각의 구멍 뒤에 두 개의 열린 구멍이 있는데 이것 때문에 턱을 다물더라도 뇌를 압박하지 않고 턱 근육이 위쪽과 바깥쪽으로 움직일 수가 있어 큰 뇌와 엄청난 힘을 가진 육식동물로 진화해 나갈 수가 있었다. 최초의 이궁형 파충류는 원룡류(原龍類, Protosaurus)에 속하는 아라에오스켈리스(Araeoscelis) 등으로서 이들이 후에 뱀(snakes)·도마뱀류(lizards)와 악어류(crocodiles), 공룡을 거쳐 조류로 진화하게 된다. 그리고 두 개의 구멍이 하나로 합쳐진 형은 어룡과 수장룡 등으로 진화하여 다시 물로 돌아가게 된다.

스페나코돈

오피아코돈

에다포사우루스

아라에오스켈리스

● 6 ●

이첩기

二疊紀, 페름기/Permian period: 2억 9,000만~2억 4,800만 년 전

1. 판게아 대륙의 분열과 킴메리아(Cimmeria) 대륙 및 테티스(Tethys) 대양의 등장

곤드와나 대륙(판게아 대륙의 남부) 중 고-테티스 대양의 남해안에 해당되는 부분

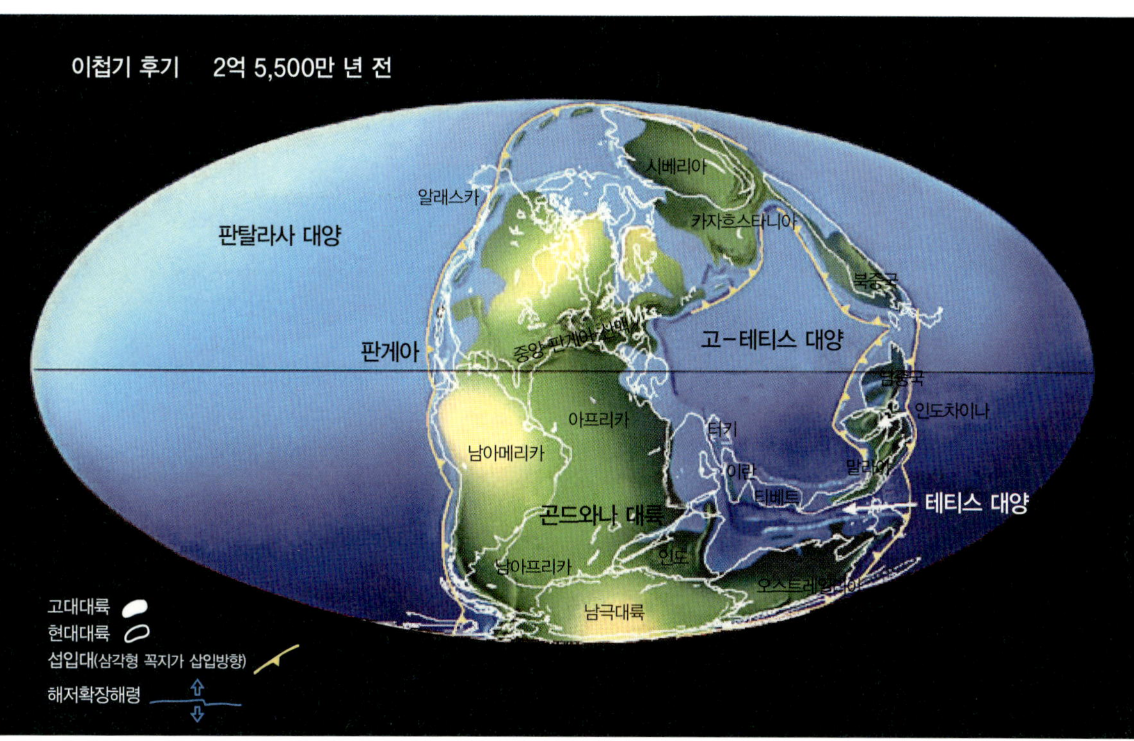

이첩기의 대륙과 바다 ⓒscotese.com

이 킴메리아 소대륙〔터키, 중동, 티베트, 말라야(Malaya), 인도차이나로 이루어진 작은 대륙〕으로 분리되어 북상하면서 곤드와나 대륙과의 사이에 테티스 대양이 형성되었다. 그리고 남북으로 길게 놓였던 판게아 대륙의 중앙 산악 지역이 기후가 건조했던 북쪽으로 이동하면서 점점 높아지는 산맥이 습기를 가진 적도바람을 차단하여 북아메리카 내륙과 북부 유럽 지역에는 사막 환경이 넓게 조성되었다.

한편 중한지괴에 속한 한반도에는 오랫동안 퇴적작용이 일어나지 않았는데 석탄기 후반에 태백산 분지와 평남 분지에 바닷물이 들어왔으나 곧 물러나고 이첩기에는 수풀이 울창하게 우거져 두꺼운 석탄층을 형성하였다. 그리고 이첩기 후반에는 전 세계적인 사막기후의 영향을 받아 식생이 빈약한 환경으로 바뀌었는데 이때 쌓인 퇴적층이 평안누층군[84] (平安累層群, Pyungan Supergroup)을 형성하였다.

2. 이첩기의 기후

이첩기 초에는 빙하 지역이 북상하여 남반구의 많은 지역이 얼음으로 덮였으며 좀 더 따뜻했던 간빙기에는 열대 다우림뿐만 아니라 온대림(溫帶林, temperate forest)에서도 석탄이 만들어졌다. 그러나 세월이 지나자 열대 다우림은 사라지고 중앙 판게아를 가로질러 사막이 확장되었으며 남반구의 대륙빙은 사라졌으나 북극〔北極, North(또는 Arctic) Pole〕에 위치했던 시베리아 동부가 만년빙으로 덮였다. 그리고 양자지괴가 적도 지역에 놓임에 따라 이 지역에 열대 다우림이 무성하게 되었다.

3. 겉씨식물의 등장과 파충류의 번성

석탄기 말의 빙하기로 인하여 인목(고대석송), 쇠뜨기(속새) 등은 사라지고 양치식물로서는 나무고사리류만이 명맥을 유지하였으며 높이가 8m 정도까지 자라는 양치종자식물[85]인 글로소프테리스(Glossopteris)가 초대륙 판게아의 서부 지역을 뒤덮었다. 그리고 본격적인 겉씨식물인 소철류(蘇鐵類, cycad)와 은행나무(杏木, ginkgo) 외에 소나무, 삼나무 등과 같이 역시 겉씨식물이자 추위에 더 잘 견딜 수 있는 침엽수(針葉樹, coniferous tree)인 송백류(松柏類, conifer)가 새로이 등장하였는데 이들은 양치식물이나 석송, 속새 등이 가지고 있던 취약점에서 벗어났다. 즉 소철류와 은행나무는 석송 등과 같이 유성세대가 엽상체로 되어 암수 배우

글로소프테리스

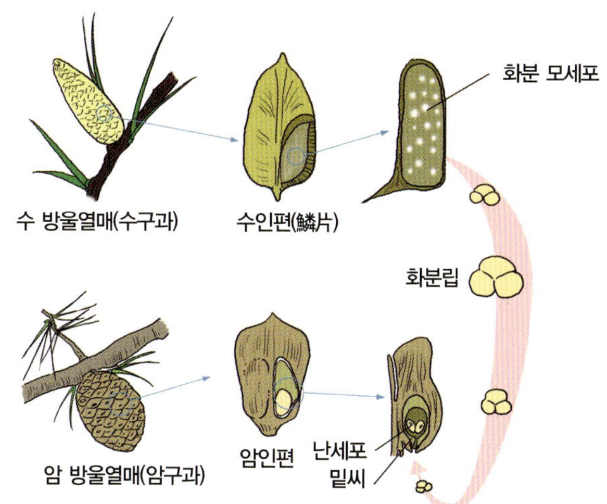

겉씨식물의 감수분열

소철의 암구과(毬果)

은행나무

자를 방출하는 대신 크게 자라면서 암 배우자, 즉 밑씨만을 가진 암꽃을 피우게 되었으며 무성세대는 포자가 수 배우자 역할을 하는 꽃가루(화분/花粉, pollen)가 되어 바람에 날려 암꽃까지 날아가게 됨으로써 세대에 관계없이 크게 자랄 수 있게 되었다.

침엽수 역시 꽃가루의 운반을 바람에 의존하기는 마찬가지이지만 소철류보다도 한 걸음 더 진화하여 밑씨를 가진 솔방울(cone)과 꽃가루를 가진 꽃이 같은 나무에 열림으로써 수정의 확률이 더 높아지게 되었으며 이들은 매우 성공적인 수목으로서 오늘날 전 세계 삼림의 1/3을 차지하고 있다. 그러나 꽃가루가 바람에 날려 솔방울에 다다를 확률은 여전히 낮기 때문에 이들은 엄청나게 많은 꽃가루를 만들어야 한다.

숲 속에는 거대했던 절지동물들이 사라진 대신 딱정벌레(beetle/Coleoptera) 같은 현대적인 곤충들이 등장하였으며 양서류로서는 길이가 1m 정도이고 부메랑 같은 머리를 가진 육식성의 디플로카울루스(Diplocaulus)가 새로 등장하기도 하였으나 전반적으로 개체 수가 크게 감소하였다.

반면에 파충류는 진화를 거듭하였는데 무궁형 파충류로는 덩치가 크고 뚱뚱한 초식파충류이며 거북류의 조상이라고 할 수 있는 파레이아사우루스(Pareiasaurs)류가 등장하였다. 또 단궁형인 포유류형 파충류 중 반룡류에도 많은 진화가 있었는데 길이 1.2m 정도의 초식파충류 카세아(Casea)와 길이 40cm~1m 정도인 최초의 민물(담수성/淡水性, fresh water) 파충류 메소사우루스(Mesosaurus)가 등장하였고 육식성인 스페나코돈류의 대표격이라고 할 수 있는 디메트로돈(Dimetrodon)도 비슷한 시기에 등장하여 초식파충류들을 잡아먹었다.

그리고 이궁형 파충류로서는 원룡류인 압시사우루스(Apsisaurus)와 클라우디오사우루스(Claudiosaurus) 등이 등장하였다. 그리고 몸길이 60cm 정도로서 곤충을 잡아먹으며 나무 위에서 살던 코엘루로사우라부스(Coelurosauravus)는 매우 특이한

송백류 ©Danielle Langlois

딱정벌레

디플로카울루스

파레이아사우루스

카세아

메소사우루스

이궁형 파충류로서 몸통 옆에 붙은 긴 피부막을 이용해 날 수 있었으며 날지 않을 때에는 피부막을 접을 수도 있었다. 이와 같이 이 시기부터 파충류들이 지상에서나 수중에서나 크게 번성함으로써 이첩기부터 백악기 말까지를 파충류시대(爬蟲類時代, Raptilian Age)라고도 한다.

　한편 바다 속에는 주로 이끼벌레와 해면류로 이루어진 거대한 산호초를 중심으

클라우디오사우루스

민물달팽이

코앨루로사우라부스
ⓒJon Hughes/Dorling Kindesley

로 다양한 무척추동물들이 크게 번성하였으며 연골어류나 경골어류들도 더욱 다양

해졌다. 그리고 민물달팽이(freshwater snail)와 민물조개도 이 시기에 등장하였다.

4. 포유류의 조상 디메트로돈과 포유류형 파충류의 진화

몸길이가 3.5m 정도인 디메트로돈은 당시까지의 어떤 파충류보다도 뛰어난 몸

구조를 가지고 있었는데 돛처럼 생긴 거대한 등지느러미가 머리 바로 뒤쪽까지 뻗

어 있어 이것이 일종의 방열기(放熱器, radiator) 같은 역할을 함으로써 열기를 빨리

얻거나 식힐 수 있는 체온조절기능을 하는 한편 짝짓기를 할 때 경쟁자를 위협하고

이성을 유혹하기도 하였다. 따라서 디메트로돈은 체온을 비교적 잘 유지할 수 있었

으므로 냉혈 파충류와 온혈 포유류 사이의 진화의 다리라고 볼 수 있을 것이다.

디메트로돈이란 '두 배나 되는 이빨' 이라는 뜻으로서 이들의 이빨은 튼튼하고

날카로웠으며 앞니와 송곳니가 있고 그 뒤쪽으로 각기 다르게 발달된 여러 크기의

이빨들이 있어 턱 앞쪽의 이와는 완전히

다른 기능을 했는데 이러

한 특징은 다른 종에서

디메트로돈 ©Bedrock Studios
/Dorling Kindersley

에스템메노수쿠스

는 찾아볼 수 없고 오직 포유류만이 이와 같은 치열 구조를 가지고 있다. 그러나 반룡류는 디메트로돈을 정점으로 쇠퇴하거나 멸종되었고 스페나코돈류는 이들보다 좀 더 진보한 수궁류로 진화하였다. 사실 당시까지의 양서류나 파충류는 네 다리가 있다고 해도 이들이 옆으로 뻗어서 걸을 때에는 배가 땅에 닿았으므로 걷는다기보다는 긴다는 표현이 더 적합하였다. 그러나 수궁류는 네 다리가 길고 밑으로 뻗어서 네 다리로만 땅을 짚고 뛸 수 있었으며 이빨의 구조도 디메트로돈보다 더 포유류에 가까워졌다. 또 머리 부분에는 2차 구개가 형성되고 입과 코 사이에 칸막이가 생겨 식사와 호흡을 따로 할 수 있게 되었으며 물질대사율도 향상되었다. 머리가 몸집에 비해 크고 무섭게 생긴 디노케팔리안(dinocephalian) 중 에스템메노수쿠스(Estemmeno suchus)는 몸길이가 3m에 달하는데 새롭게 등장한 온혈

성 육식동물 중의 하나였으며 고르고놉스(Gorgonops)는 송곳니가 매우 날카로운 육식동물로서 뼈까지 물어뜯어 씹어 먹을 수 있었다.

이들 수궁류는 더욱 진화하여 좀 더 포유류에 가까운 육식성의 키노돈트류(Cynodonts)와 부리가 있는 턱에 짧은 꼬리를 가진 초식성의 디키노돈트류(Dicynodonts)가 등장하였다. 최초의 키노돈트는 어느 정도 항온성을 가지고 있던 프로키노수쿠스(Procynosuchus)였으며 디키노돈트로서는 리스트로사우루스(Lystrosaurus)가 있었는데 길이 1m 정도의 하마 비슷하게 생긴 동물로서 이빨이 없이 위턱에 커다란 송곳니만 있었고 주로 수중식물을 뜯어 먹고 살았다. 또 다른 디키노돈트인 키스테케팔루스(Cistecephalus)는 땅을 파는 데 적합한 단단한 머리뼈를 가지고 있었는데 이들 키노돈트와 디키노돈트들을 최초의 (원시)포유류로 취급하기도 하지만 파충류와 포유류의 중간단계라고 보는 것이 일반적이다.

이첩기에는 양치식물은 거의 사라지고 종자로 번식하는 겉씨식물

이첩기의 강변 풍경 ⓒ카렌 카(Karen Carr)

혜성의 충돌 ⓒDon Dixon/cosmographica.com

들이 호수나 하천가뿐만 아니라 건조한 내륙에서도 무성하게 자라기 시작하였다.
이와 같이 삼림이 확장됨으로써 생활터전이 넓어진 데다가 이들 종자식물들은 양
치류에 비해 영양가도 더 높았기 때문에 초식동물들은 진화속도가 빨라지면서 크
게 번성할 수 있었고 이에 따라 육식동물들도 더불어 많은 진화를 이루며 번성하였
다. 이첩기 후기는 원시포유동물들에게는 매우 평화롭던 황금기였으며 진화와 더
불어 이들 혈통은 전 세계 구석구석으로 퍼져 나감으로써 지구상에 최초로 먹이사
슬(food chain)이 제대로 갖추어진 현대적인 생태계가 완성된 시기였다. 그러나 그
들에게 멸종이라는 큰 재앙이 닥쳐오게 된다.

5. 세 번째의 대량 멸종(P/T 경계 멸종)[86]

이첩기에는 중기와 말기 두 차례에 걸쳐 멸종이 일어났는데 특히 말기의 것은 지

구 역사상 가장 규모가 큰 대량 멸종으로서 과 수준에서 51%, 속 수준에서 76%, 그리고 종 수준에서는 무려 96%의 생물이 사라졌다. 지구상의 거의 모든 나무가 멸종되었고 작은 식물들도 사라졌으며 숲 속에 살던 곤충들도 다수가 멸종되었는데 곤충들이 이렇게 피해를 본 것은 전무후무한 일이었다. 이때 고생대 바다를 지배하던 삼엽충, 바다전갈, 사방산호류, 방추충 등 많은 무척추동물들이 완전히 자취를 감췄으며 일부 바다나리, 암모나이트 등이 겨우 멸종위기를 넘겼고 완족류는 단 두 종류만이 살아남았다. 지상에서는 단궁형인 포유류형 파충류로서는 스페나코돈, 오피아코돈이나 에다포사우루스 등 모든 반룡류와 키노돈트 및 디키노톤트의 일부를 제외한 수궁류의 대부분이 멸종된 반면 양서류와 무궁형인 거북류, 그리고 이궁형인 도마뱀류 및 원룡류들은 멸종을 면하였다.

이 시기의 멸종은 석탄기부터 시작된 빙하기의 영향과 초대륙 판게아가 분열을 시작하면서 일어난 격렬한 지각변동 및 화산활동으로 인한 것이었다. 최근에는 현재의 오스트레일리아 대륙이 있던 위치에 혜성이 충돌함으로써 화산활동이 더욱 격렬해졌다는 주장도 제기되고 있다. 여하튼 대량 멸종이 일어나기 전 약 100만 년 동안 오늘날의 시베리아에 해당하는 지역에 있던 분화구로부터 11차례의 거대한 폭발을 통하여 300만 km^3의 용암이 분출되었는데 이 정도면 전 지구표면을 20m의 두께로 덮을 수 있는 양이었다.

그리고 용암과 함께 분출된 화산재 및 황산화물은 구름을 만들어 햇빛을 반사함으로써 지구의 기온을 떨어뜨리는 한편 산성비를 만들어 토양을 오염시킴으로써 생태계를 파괴하였다. 또한 분화구에서는 수조 톤에 달하는 이산화탄소를 동시에 배출하였는데 이산화탄소는 반대로 기온을 상승시켜 온실효과를 일으킴으로써 지구의 급속한 온난화를 초래하였다. 이러한 여러 가지 급격한 환경의 변화가 대량 멸종으로 이어지게 된 것이다.

1

삼첩기

三疊紀, 트라이아스기/Triassic perido: 2억 4,800～2억 600만 년 전

1. 초대륙 판게아의 완성

모든 대륙이 반시계 방향으로 회전하면서 중한지괴와 양자지괴도 북상하였고 킴메리아 대륙도 적도 지역까지 북상함으로써 고-테티스 대양은 좁아지고 테티스 대양은 점점 넓어졌다. 그리하여 삼첩기 말에는 시베리아와 중한지괴, 중한지괴와 양자지괴가 충돌하여 동아시아 대륙과 한반도의 모태가 형성되었으며 한반도에서는 송림(松林) 조산운동(Songrim Orogeny)이 일어났다. 여기에 킴메리아 대륙까지 합쳐짐으로써 그 이름에 걸맞는 초대륙 판게아가 완성되었으며 이때 한반도에서는 대보(大寶) 조산운동(Daebo Orogeny)이 일어났다. 그리고 이러한 충돌과 대륙 가장자리에서 일어난 태평양판의 섭입에 의해 한반도 주변에는 구조적 변화가 일어나

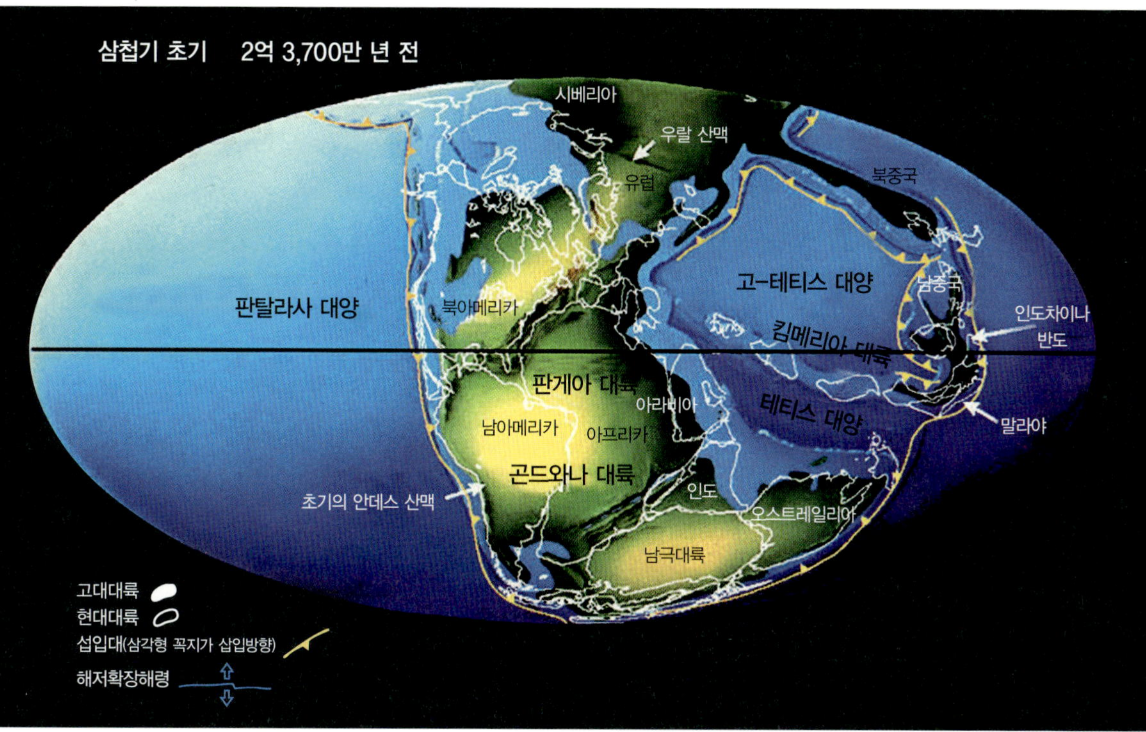

삼첩기의 대륙과 바다 ⓒscotese.com

분지가 형성되었고 호수 퇴적물이 쌓임으로써 대동(大同) 누층군(Taedong Super group)이 형성되었다.

한편 초대륙 판게아의 아래에서 슈퍼플룸이 상승하여 현재의 대서양 자리에 깊은 골짜기(rift valley)가 만들어졌고 이 골짜기가 점점 넓어지면서 대규모의 퇴적분지가 형성되었는데 해수면 상승으로 넘친 바닷물이 이 골짜기를 메운 다음 증발하여 두꺼운 소금층이 퇴적되었다. 삼첩기 말엽에는 화성활동(火成活動, igneous activity)[87]으로 이 부근을 따라 엄청난 양의 용암이 분출되어 현재의 북아메리카 동쪽, 아프리카 북서부, 남아메리카 동북부에 쌓였는데 이 지역을 중앙대서양(中央大

북아메리카 북동부의 중앙대서양 마그마 지대
ⓒauburn.edu

西洋) 마그마 지대(Central Atlantic Magmatic Province)라고 한다.

2. 삼첩기의 기후

초대륙 판게아의 내륙지역은 덥고 건조하였으며 난온대성(煖溫帶性, warm temperate) 기후가 양극지방까지 확산되어 얼음이 전혀 없었을 뿐만 아니라 겨울철 까지도 따뜻함으로써 지구 역사상 가장 더운 시기 중의 하나였다. 이첩기 말에 시작된 지구의 급속한 온난화(溫暖化, Rapid Global Warming)현상은 지구를 거대한 온실로 만들어 이 시기 대량 멸종의 한 원인이 되기도 하였다.

3. 소철, 은행 등 겉씨식물의 번성과 공룡의 등장

삼첩기 초의 지구의 모습은 황량하기 그지없었다. 지상에는 무성했던 숲이 사라지고 퀼워트(quillwort)라는 양치식물과 그 외의 몇 가지 풀들로 이루어진 풀밭만이 끝없이 이어졌다. 이런 잡초들이 토양을 회복시켜 과거의 식물들이 다시 나타나기까지에는 700만 년이 걸렸으며 그로부터도 50만 년이 더 지나서야 어느 정도 과거의 모습을 다시 찾을 수 있게 되었다. 나무고사리류와 소철류, 은행나무, 송백류 등과 같은 겉씨식물들이 다

퀼워트

시 무성하게 되었으며 소철류와 비슷한 베네티타목 (bennettitale)이 새로 등장하였다.

　동물계 역시 오랜 후에야 이첩기의 대량 멸종에서 살아남은 종들과 함께 새로운 종들이 등장하여 달라진 환경하에서 다시 번성할 수 있게 되었으나 과거와는 상황이 많이 달라졌다. 곤충의 경우 멸종 전에는 잠자리와 같이 날개를 펼치고 있는 종들이 지배적이었으나 멸종 후에는 풍뎅이와 같이 날개를 접는 종들이 흔해져서 오늘날까지 이르고 있으며 최초의 파리 (fly/Diptera)가 이 시기에 등장하였다. 그리고 미치류(迷齒類, Labyrinthodontia, 견두류/堅頭類, Stegocephalia)라고 하는 비교적 큰 양서류가 크게 번성하였으며 삼첩기 말에는 개구리(frog), 두꺼비(toad) 등과 같은 현생 양서류가 최초로 등장하였고 무궁형 파충류인 거북도 이 시기에 등장하

베네티타목

삼첩기 초기의 풍경 ⓒ John Sibbick

였다.

　이첩기 말 대량 멸종에서 겨우 살아남은 단궁형인 원시포유류로는 좀 더 진화한 키노돈트인 트리낙소돈(Thrinaxodon)이 있었는데 최초로 소리를 들을 수 있었으며 주머니쥐(opossum)와 비슷하게 생긴 털이 난 온혈동물이었을 것으로 보이지만 오늘날의 포유류만큼 따뜻하게 체온을 유지하지는 못했을 것이다. 그러나 턱뼈가 사라지거나 줄어들어 아래턱 전체가 커다란 이틀로 변함으로써 포유류와 더욱

바다거북, 암모나이트, 조개, 달팽이가 있는 삼첩기의 바다 속 풍경
ⓒ카렌 카(Karen Carr)

가까워졌고 작은 동물을 잡아먹으며 굴속에서 살았다. 수궁류의 대표격인 키노그나투스(Cynognathus)는 이보다도 포유류에 한발 더 다가선 키노돈트로서 개나 늑

트리낙소돈 ⓒJohn Sibbick

키노그나투스 ©Natural History Museum of London

대 정도의 크기였으며 매우 큰 송곳니를 가진 포식자였다.

그리고 삼첩기 초의 시노칸네메예리아(Sinokannemeyeria)는 당시의 유일한 디키노돈트로서 몸길이 3m, 무게는 1톤 정도였고 주둥이가 길었으며 커다란 엄니(tusk)를 가지고 있었다. 후기로 가면서 디키노돈트는 점점 더 줄어들었으며 덩치가 시노칸네메예리아와 비슷한 플라케리아스(Placerias)가 최후의 디키노돈트였다. 이와 같

시노칸네메예리아

플라케리아스

이 포유류형 파충류들 중 몸집이 큰 종류들은 삼첩기가 시작되면서 조룡류들의 번성과 함께 서서히 사라져 갔으며 더 거대하고 사납고 무시무시한 적수 공룡의 등장과 더불어 이들의 전성기도 끝이 났다. 그러나 작은 원시 포유류는 다행히 살아남아 공룡들과 공존할 수 있었다.

이궁형인 원룡류로서는 도마뱀처럼 생긴 몸체와 몸체보다 두 배나 긴 목을 가진 육식성의 타니스트로페우스(Tanystropheus)와 부리같이 생긴 주둥이를 가진 초식성의 린코사우르스(Rhynchosaurs)라는 도마뱀 그리고 악어 및 공룡의 조상으로 보여지는 최초의 원시 조룡류(祖龍類, 鳥龍類, 주룡류/主龍類, Archosaurs)인 프로토로사우루스(Protorosaurus)가 파생되어 삼첩기 초에 등장하였다.

조룡류는 이를 다시 조치류(槽齒類, Thecodontia), 악어류(鰐魚類, Crocodilia), 익룡류(翼龍類, Pterosauria), 용반류(龍盤類, Saurischia), 조반류(鳥盤類, Ornithischia)의 다섯 가지로 분류하는데 테코돈토사우루스(Thecodontosaurus)와 같은 조치류는 원

시적인 조룡류로서 길이가 1m 정도의 크지 않은 파충류였으며 이 시기에 크게 번성하였다. 악어류로서는 길이가 3~7m 정도인 수륙 양생의 피토사우루스(Phytosaurus)가 물속을 장악하였으며 육지에서는 몸길이 4m 정도인 포스토수쿠스(Postosuchus)와 같은 육식성의 라우이수키안(rauisuchian)과 초식성의 아에토사우루스(aetosaurs)가 번성하였다.

익룡류로서는 프레온닥틸러스(Preondactylus), 페테이노사우루스(Peteinosaurus) 등과 같은 람포린쿠스류(Rhamphorhynchoids)가 등장하였는데 이들은 간단한 원뿔 형태의 이빨과 긴 꼬리를 가지고 있었고 어류나 곤충 또는 작은 육상 동물들을 먹

고 살았다. 날개는 엄청나게 긴 네 번째 앞 발가락으로부터 몸통과 뒷다리까지 뻗어 있는 커다란 피부막으로 되어 있었으나 초기의 익룡들은 날개폭이 60~100cm 정도로 그리 크지 않았으며 잘 날지도 못했던 것 같다.

조룡류 중 용반류와 조반류를 합쳐서 공룡이라고 하는데 삼첩기 후기에 등장한 에오랍토르(Eoraptor)는 길이 1m 정도의 육식 파충류였고 헤레라사우루스(Herrerasaurus)는 길이가 3~4m 정도로서 큰 것이라야 길이가 6m 정도였으나 당시로서는 가장 큰 두 발 보행 육식 파충류였다. 이들은 모두 용반류 중 수각류에 가까운 특징을 부분적으로 가지고 있어 매우 원시적인 공룡이거나 공룡의 가까운 친척이었던 것으로 보인다.

뒤이어 등장한 원시용각류 중 가장 잘 알려진 플라테오사우루스(Plateosaurus)는 몸길이가 최대 8m, 무게는 4톤에 달했으며 목이 길어서 높은 곳에 있는 나뭇잎도 먹을 수 있었다. 그리고 리오자사우루스(Riojasaurus)는 역시 목이 길고 몸길이가 최고 11m에 달했으며 몸무게가 최대 4.5톤까지 나간 거대한 공룡이었다.

그 후에 등장한 이사노사우루스(Isanosaurus)는 용각류의 기본적인 특징을 갖춘 초기 용각류로서 역시 거대한 몸집을 가지고 있었으며 이 시기 말에는 초기 수각류인 육식성의 코엘로피시스(Coelophysis)도 등장하였는데 몸길이는 3m, 무게는 15~30kg 정도로서 몸이 가볍고 민첩한 사냥꾼이었으며 플라케리아스와 같은 초식동물들을 잡아먹었을 것이다. 이와 같이 공룡들이 급속도로 번성하게 됨으로써 이때부터 공룡들이 멸종하게 되는 백악기 말까지(또는 중생대 전체)를 파충류시대 중에서도 특히 공룡시대(恐龍時代, Age of Dinosaurs)라고 부르기도 한다.

이사노사우루스

코엘로피시스

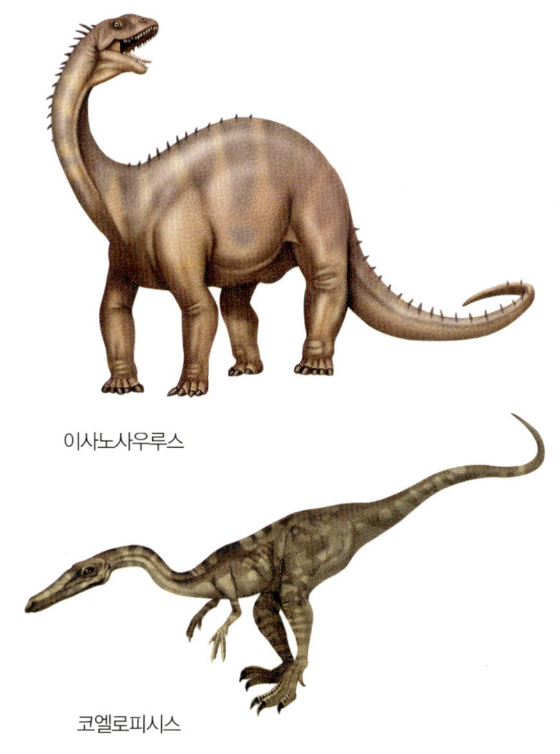

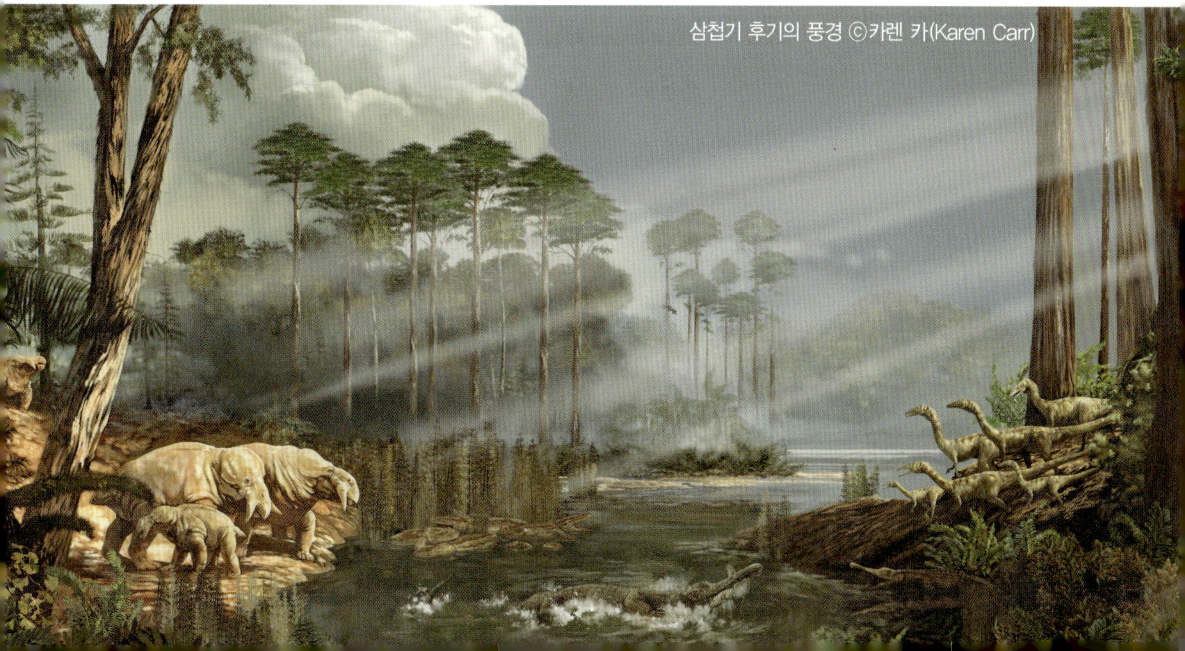

삼첩기 후기의 풍경 ⓒ카렌 카(Karen Carr)

육방산호 ⓒAndrew Dawson

복족류

레피도트 ⓒNatural History Museum of London

한편 바다 속에서는 고생대에 크게 번성했던 사방산호류가 멸종하고 육방산호(六放珊瑚, hexacoral/parasmilia)가 새로 산호초를 형성하기 시작했으며 방추충은 멸종하였지만 일부 다른 유공충들은 살아남아 명맥을 유지하였다. 새로 등장한 복족류(腹足類, gastropod), 새로운 암모나이트와 조개류 등의 연체동물들과 함께 살아남은 완족류도 다시 크게 번성하였으며 어류 최초의 현대적인 상어와 가오리가 등장하였고 경골어류도 기조어류를 중심으로 크게 번성하였다. 민물 속에서는 디켈로피게(Dicellopyge)와 같은 원시적인 기조어류가 포식자 노릇을 하였으며 좀 더 진화한 기조어류인 레피도트(Lepidote)는 길이가 사람 키만 했는데 호수나 얕은 바다에서 조개류를 부쉬 먹던 포식자이자 물고기를 잡아먹는 공룡들의 먹이가 되기도 하였다.

또 파충류 중 일부는 다시 바다로 돌아왔는데 플라코두스(Placodus)와 같은 판치류(板齒類, placodonts)와 노토사우루스(Nothosaurus)와 같은 위룡류(僞龍類, nothosaurs)는 따뜻하고 얕은 바다에서 살았으며 길이는 대부분 1m 정도였다. 플라

플라코두스

노토사우루스

코두스는 온몸이 골질판으로 싸여 겉모습이 거북과 비슷하게 생겼고 말뚝처럼 튀어나온 앞니와 입속 위아래에 많은 넙적한 이빨들을 가지고 있어서 조개를 잡고 부수기에 편리하게 되어 있었다. 또 노토사우루스는 주둥이와 목이 길고 무수히 많은 날카로운 이빨을 가진 수륙 양생 포식자로서 주로 바다에서 살았지만 쉬고 번식하는 것은 육지에서 했을 것이다.

상어나 돌고래와 비슷하게 생긴 어룡(魚龍, 이크티오사우르스/Ichthyosaurs)도 초기에는 몸길이가 1m 정도였으나 나중에는 20m 이상

이크티오사우루스

까지 자라 가장 큰 해양 파충류가 되었는데 주로 어류나 오징어와 같은 연체동물들을 잡아먹었으며 먼 바다에서 살기 편하도록 진화하여 알 대신에 새끼를 낳았다. 또 대부분의 수장룡(首長龍, 장경룡/長頸龍, 플레시오사우르스/Plesiosaurs)들은 머리가 작고 목이 길어 이런 이름이 붙었는데 플리오사우루스(pliosaurs)와 같이 목이 짧고 머리뼈만 3m에 달하는 종류도 있었으며 이들은 어류나 연체동물 이외에 다른 해양 파충류들도 잡아먹었고 바닷가에 알을 낳았다.

플레시오사우루스

플리오사우루스

4. 공룡의 분류

이궁형 파충류의 일종인 공룡은 진화 초부터 뒷다리 상반부의 뼈가 공 모양의 관

절로 골반과 연결되어 있어 뒷다리를 몸 아래에서 수직으로 뻗을 수 있었으며 걷기와 달리기에 능숙하였다. 공룡은 골반의 구조에 따라 도마뱀형 골반을 가진 용반류(龍盤類, Saurischia)와 새와 같은 형태의 골반을 가진 조반류(鳥盤類, Ornithischians)로 분류되는데 용반류는 치골(恥骨, pubis)이 앞쪽으로 뻗어 있어 좌골(坐骨, ischium)과 삼각형을 이루나 조반류는 치골이 좌골과 나란히 뒤쪽으로 뻗어 있었다.

용반류는 다섯 개의 발가락을 가지고 있는데 앞 엄지발가락은 나머지 앞 발가락과 약간 분리되어 있고 두 번째 앞 발가락은 길어 앞발로 움켜쥘 수가 있었다. 용반류에는 네 다리로 걷는 초식성의 용각형류(龍脚型類, Sauropodomorpha)와 두 다리로 걷는 육식성의 수각류(獸脚類, Theropoda)가 있다. 용각형류는 일반적으로 몸통은 커다란데 머리가 작고 목이 길어서 가만히 서서도 넓은 지역의 풀이나 나뭇잎을 뜯을 수 있었으며 이들은 다시 원시용각류(原始龍脚類, Prosauropods)와 용각류(龍脚類, Sauropods)로 분류된다. 수각류는 일반적으로 용각형류보다 몸통은 작으나 톱니와 같이 날카로운 이빨과 강력한 발톱으로 무장하고 있으며 뒷발의 첫 번째 발가락은 짧고 땅에 닿지 않아 나머지 세 개의 긴 발가락으로 걸었는데 이들로부터 조류(鳥類, Ornithothoraces)가 진화하게 된다.

조반류는 모두 초식성인데 곡룡류〔曲龍類, 갑주룡류/甲冑龍類, Ankylosaurs〕는 네 다리로 걸으며 몸이 골판(骨板, bony plate)으로 덮여 있어 갑옷공룡이라고도 불린다. 검룡류(劍龍類, Stegosaurs) 역시 네 다리로 걸으며 등뼈를 따라 골판과 골창(骨槍, bony spike)이 발달해 있다. 각룡류(角龍類, Ceratopsia)와 신각룡류(新角龍類, Neoceratopsia)는 대부분 네 다리로 걸으며 목 뒤에 프릴(frill)이라는 것이 붙어 있고 뿔을 가진 것도 많다. 후두류(厚頭類, Pachycephalosaurs)는 두 다리로 걸었으며 머리에 커다란 돔 형태의 뼈를 가지고 있어 박치기공룡이라고도 불린다. 조각류(鳥脚類, Ornithopods)는 가끔 네 다리로 걷기도 하지만 보통은 두 다리로 걸었으며 주둥이가 길게 발달한 머리를 가지고 있었다.

5. 네 번째의 대량 멸종

이 시기 후반에도 여러 차례의 멸종이 있었는데 원시 양서류를 비롯하여 전체적으로 약 40%의 속이 멸종되었으며 조개류는 90%, 완족동물은 80%가 멸종되었고 암모나이트도 큰 타격을 입었다. 지상의 척추동물들 역시 큰 타격을 입었는데 특히 수궁류는 원포유류로 진화한 한두 종을 제외하고는 완전히 멸종되었으며 원시적인 조룡류도 모두 멸종되었다. 악어류도 현생 악어로 진화하게 된 종 외에는 모두 멸종되었고 초기 익룡들도 대부분 멸종되었으며 에오랍토르나 헤레라사우루스와 같은 초기 공룡들과 플라테오사우루스 같은 원시용각류, 그리고 코엘로피시스 같은 초기 수각류 등 대부분의 공룡들도 모두 멸종되었다. 그리고 바다에서도 어룡과 수장룡을 제외한 판치류와 위룡류 등의 모든 해양 파충류가 멸종되었다.

이번 멸종의 주원인은 이첩기 말의 경우와 매우 유사해서 모든 대륙이 다 모여 이루어졌던 초대륙 판게아가 다시 갈라지고 대서양이 열리기 시작하면서 일어난 활발한 화산활동으로 인한 것이었으며 거대한 운석의 충돌이 화산활동을 더욱 격렬하게 하였다. 캐나다 퀘벡의 마니코간(Manicouagan)에는 2억 1,000만 년 전에 만들어진 지름이 100km가 넘는 크레이터가 있는데 이 정도의 충돌만으로도 종 수준에서 50% 이상의 멸종을 불러올 수 있는 것으로 알려져 있다. 그 후의 진행 과정도 이첩기 말 때와 비슷했을 것이며 다만 이첩기 때와 다른 점은 그 어느 때보다 더웠던 기온도 멸종의 한 원인으로 작용했을 것이라는 점이다.

캐나다의 마니코간 호수(크레이터)

● 2 ●

쥐라기

Jurassic period: 2억 600만∼1억 4,400만 년 전

1. 초대륙 판게아의 1차 분열과 대서양의 등장

　약 1억 8,000만 년 전 중앙대서양 마그마 지대가 가라앉고 그 자리에 중앙대서양(中央大西洋, Central Atlantic Ocean)이 나타났으며 북아메리카, 유럽과 아시아가 합쳐진 로레이시아(Laurasia) 대륙이 시계 방향으로 회전하여 북아메리카 대륙이 북서쪽으로 이동하면서 남아메리카 대륙과 사이가 벌어져 그 자리에 멕시코만(灣, Gulf of Mexico)이 만들어졌다.

쥐라기 초지의 풍경 ⓒJohn Sibbick

　그리고 나머지 유럽과 아시아가 합쳐진 부분인 유라시아(Eurasia)는 남쪽으로 이동함으로써 습도가 높은 지역에 있던 아시아가 건조한 아열대지방(亞熱帶地方, subtropics)으로 옮겨져 쥐라기 초기에는 석탄이 풍부하게 매장되던 동아시아가 쥐라기 후반기에는 사막화되고 소금이 퇴적되었다.

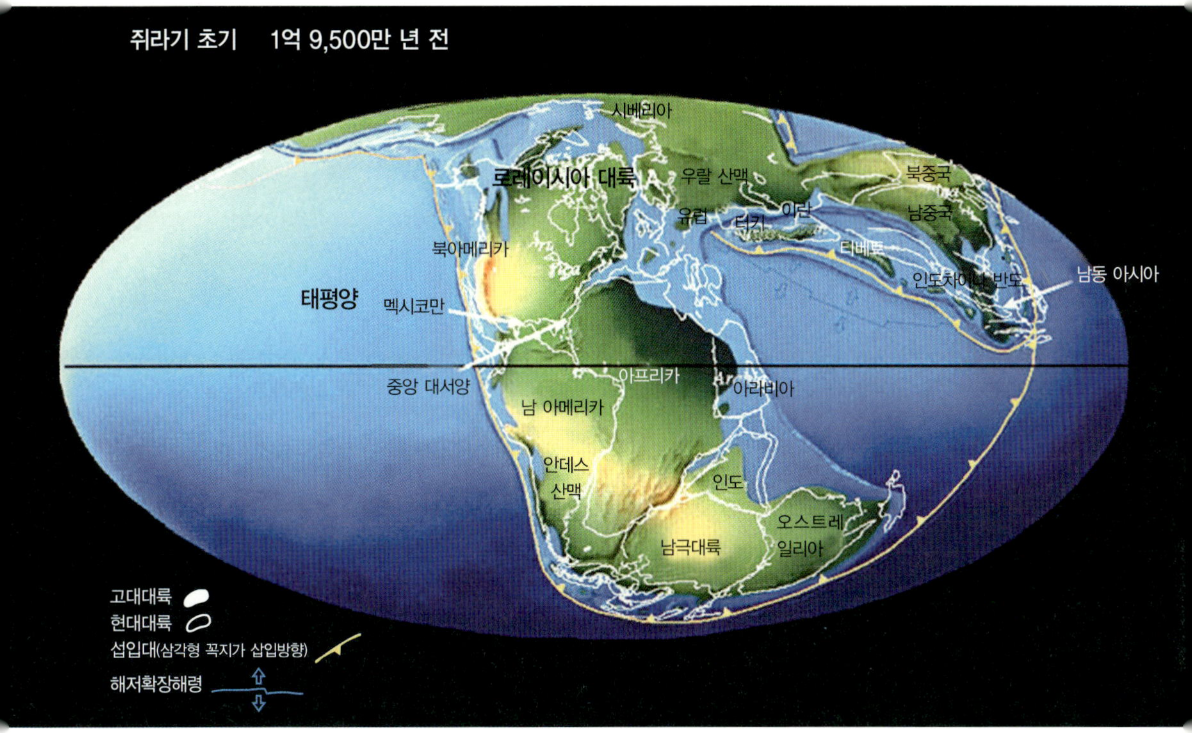

쥐라기 초기의 대륙과 바다 ⓒscotese.com

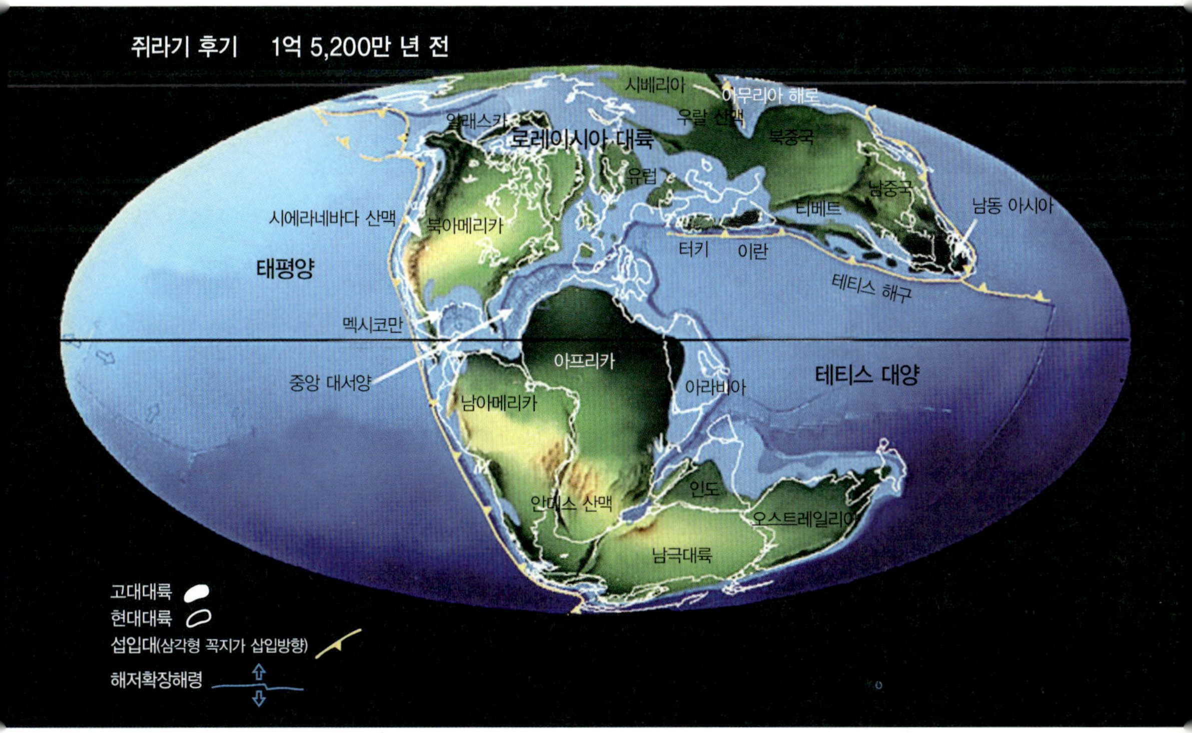

쥐라기 후기의 대륙과 바다 ⓒscotese.com

이와 동시에 곤드와나 대륙의 동쪽, 즉 아프리카, 마다가스카르(Madagascar) 및 남극대륙의 동쪽 경계를 따라 광범위한 화산폭발이 일어남으로써 인도 대륙의 분리와 인도양(印度洋, Indian Ocean)의 탄생을 선도하고 있었고 테티스 대양은 적도를 중심으로 넓고 따뜻한 바다를 이루었으며 이때부터 판탈라사 대양은 태평양(太平洋, Pacific Ocean)이 되었다.

2. 쥐라기의 기후

쥐라기의 초 · 중기에는 대규모 계절풍(季節風, monsoon)이 판게아 대륙을 휩쓸었으며 대륙의 내륙지방은 덥고 건조하였다. 지금의 아마존과 콩고의 다우림은 사막으로 덮여 있었던 반면 습기를 운반하는 바람에 둘러싸인 중국에는 숲이 푸르게 우거졌다. 쥐라기 말에는 대륙의 분열로 인하여 기후가 바뀌기 시작함으로써 내륙지방은 덜 건조해졌고 계절에 따라 극지방은 눈과 얼음에 덮였다.

나방

나비

장수말벌

3. 원포유류(原哺乳類, proto-mammal)의 등장

쥐라기 초의 지구의 모습도 삼첩기 초와 마찬가지로 황량하기 그지없었을 것이다. 그로부터 오랜 세월에 걸쳐 생태계가 서서히 회복되어 나가자 식물은 다시 소철류가 주류를 이루게 되었고 송백류와 은행나무가 널리 퍼져 나갔으며 석송, 쇠뜨기, 양치종자식물 등의 양치식물들도 살아남았다. 이들 숲 속에는 최초의 나방(moth) 및 나비(butterfly)와 함께 장수말벌(wasp)이 등장하였는데 이들은 나중에 벌(bee)과 개

미(ant)로 진화하게 된다. 그리고 쇠똥구리(dung beetle)는
이미 이 당시부터 엄청난 양의 공룡 배설물을 처리하기 시
작하였다.

　양서류로서는 도룡뇽(salamander)류와 200개 이상의 등
골뼈를 가지고 뱀처럼 다리가 없는 무족류인 아이스토포드
(Aistopods)가 이 시기에 등장하였다. 최초의 육상 악어 중
하나인 프로토수쿠스(Protosuchus)도 쥐라기 초기에 등장
하였는데 몸길이는 1m 정도였고 기다란 뒷다리로 반쯤 일
어선 채 달려가 도마뱀이나 포유류 같은 먹이를 잡아먹었
다. 쥐라기 중기에는 메트리오린쿠스(Metriorhynchus)라는
바다 악어가 등장하였는데 몸길이는 3m 정도였으며 발가
락 사이에는 물갈퀴가 있었고 다른 악어들이 가지고 있는
무거운 각질판이 없어서 몸이 재빠르고 유연했다.

쇠똥구리

도룡뇽

무족류

프로토수쿠스　　　　　메트리오린쿠스

디모르포돈

아누로그나투스

　그리고 쥐라기 초기의 익룡류로는 람포린쿠스류인 디모르포돈(Dimorphodon) 등이 있었는데 좀 더 진화가 이루어지기는 하였으나 여전히 원뿔 형태의 이빨과 긴 꼬리를 가지고 있었고 날개폭은 좀 더 커져서 1~1.4m 정도가 되었다. 몸집이 작은 익룡인 아누로그나투스(Anurognathus)는 디플로도쿠스와 같은 초식공룡의 옆구리에 붙어서 곤충세계의 포식자였던 잠자리 같은 곤충을 잡아먹으며 살았다. 쥐라기 후기에는 람포린쿠스류의 가장 대표적 익룡인 람포린쿠스(Rhamphorhynchus)가 등장하였는데 몸 크기는 오늘날의 오리와 비슷했고 날개폭은 1.8m 정도였으며 이들은 바다에서 물고기를 잡아먹던 해양 익룡이었다. 그 후에 등장한 프테로닥틸루스류(Pterodactyloids)인 프테

람포린쿠스

로닥틸루스(Pterodactylus)는 이들보다 좀 더 진화한 종인데 날개폭이 1.2~2.1m인 소형에서 더 큰 것까지 여러 종이 있었으며 이빨이 없는 종도 있었으나 수백 개의 가느다란 이빨이 털처럼 빽빽한 종도 있었고 많은 종이 머리 위에 볏을 가지고 있었다. 꼬리는 짧아지고 날개의 형태가 변해서 매우 잘 날 수 있었으나 걷는 것은 대부분 서툴렀을 것이다.

프테로닥틸루스

한편 삼첩기 말의 대량 멸종에서 수궁류 중에서는 포유류에 더욱 가까워진 키노돈트인 트리틸로돈트(Tritylodont)만이 겨우 멸종의 위기에서 살아남았으며 파충류의 특징이 거의 없어진 초기의 원포유류가 등장하였는데 이들은 원시적인 태반형태의 포유류(pantothere)였다. 원포유류의 크기나 모습은 오늘날의 뒤쥐(shrewmouse)와 비슷했으며 포유류는 그 후에도 6,500만 년 전 공룡이 멸종될 때까지 거의 비슷한 크기를 유지했는데 이들 중 모르가누코돈(Morganucodon) 등과 같은 삼돌기치목(三突起齒目, triconodont)[88]이 모든 포유류의 조상으로 인정되고 있다.

트리틸로돈트(올리고키푸스)　　　　모르가누코돈 ⓒNatural History Museum of London

제홀로덴스 ⓒCarnegie Museum of Natural History

타에니올라비스 ⓒNatural History Museum of London

같은 삼돌기치목에 속하는 제홀로덴스(Jeholodens)는 앞다리는 포유류처럼 곧게 펴져 있었지만 뒷다리는 파충류처럼 옆으로 굽어 있었으며 곤충을 잡아먹고 살았는데 이들은 단공류나 유대류 또는 유태반류 어디에도 속하지 않는 매우 원시적인 포유류였다. 또 타에니올라비스(Taeniolabis)와 같이 뾰족한 이를 많이 가진, 오늘날의 설치류(齧齒類, rodents)와 비슷한 초식성의 다구치목(多臼齒目, multituberculate) 역시 단공류나 유대류 또는 유태반류 어디에도 속하지 않는 원시적인 포유류였다. 쥐라기 후기에는 페라무스(Peramus)와 같이 좀 더 진화된 태반형태의 포유류(eupantothere)가 등장하였는데 이들로부터 유대류와 유태반류가 진화한 것으로 보인다.

이와 같이 포유류에는 단공류(單孔類, Monotremata), 유대류(有袋類, Marsupialia) 및 유태반류(有胎盤類, Placentalia, 진수류/眞獸類, Eutheria, 일자궁류/一子宮類, Monodelphia) 외에 백악기 후기에 멸종된 삼돌기치목과 신생대 초까지 살았던 다구치목이 있었다. 이 중 단공류는 현존하는 포유류 중에서는 가장 원시적인 것으로서 알을 낳으나 부화 후에는 젖으로 새끼를 키우며 백악기 초에 최초로 등장하게 된다. 유대류 역시 원시적인 포유류로서 태반이 없거나 있어도 매우 불완전하며 새끼는 발육이 불완전한 상태로 태어나 어미의 배에 있는 육아낭(育兒囊, marsupium)

속에서 젖을 먹고 자라는데 젖꼭지는 육아낭 속에 있다. 최초의 유대류는 쥐라기 후기에 등장하였는데 오늘날에는 아메리카 대륙에 아메리카주머니쥐(opossum) 정도가 있고 오스트레일리아에만 캥거루(kangaroo), 코알라(koala) 등 다양한 유대류가 있는데 중생대에는 곤드와나 대륙이나 로레이시아에서 매우 일반적인 포유류였으며 오소리(badger) 정도 크기의 북아메리카 유대류가 가장 큰 포유류였다.

유태반류는 가장 진화한 포유류로서 태반이 발달하였고 태아는 어미의 자궁 안에서 영양분을 받아 충분히 발육한 후 출생하며 단공류와 유대류를 제외한 모든 포유류가 여기에 포함되는데 최초의 유태반류 역시 단공류와 마찬가지로 백악기 초에 등장하게 되지만 초기의 유태반류는 불완전한 육아낭을 가진 것들도 있었다.

바다 속에서는 멸종을 면한 바다나리와 암모나이트가 다시 크게 번성하였으며 오징어와 비슷하게 생긴 벨렘나이트(belemnite)가 등장하였다. 경골어류도 매우 다양해졌는데 그중에는 몸길이가 12m를 넘는 여과섭식자도 있었고 아스피도린쿠스(Aspidorhyncus)와 같이 몸길이 50cm 정도의 포식자도 있었으며 현대적인 상어와 가오리도 크게 번성하였다. 그리고 삼첩기 말의 멸종에서 살아남은 해

벨렘나이트

옵탈모사우루스 ⓒ카렌 카(Karen Carr)

양 파충류인 옵탈모사우루스(Opthalmosaurus)와 같은 어룡이 전성기를 이루었으며 수장룡도 매우 다양해졌다. 목이 긴 수장룡인 크립토클레이두스(Cryptocleidus)는 몸무게가 8톤 정도였으며 네 다리는 우아한 지느러미로 변해서 매우 빨리 헤엄을 칠 수 있었고 입에는 서로 맞물려 있는 바늘과 같이 생긴 무수히 많은 이빨을 가지고 있어서 작은 물고기나 새우를 걸러 먹었을 것이다. 또 목이 짧은 수장룡인 플리오사우루스류(pliosaurs)로는 크로노사우루스(Kronosaurus)와 리오플레우로돈(Liopleurodon) 등이 있었는데 이들은 머리뼈의 길이만 3m에 달했고 끝이 뾰족한 거대한 이빨들을 많이 가지고 있었으며 연체동물이나 어류뿐만 아니라 다른 해양 파충류들도 잡아먹었다. 이들 중 크로노사우루스는 몸길이가 9m 정도였지만 리오플레우로돈은 몸길이가 25m 정도에 무게가 150톤이나 되는, 지금까지의 지구상 동물 중 가장 크고 무시무시한 포식자였다.

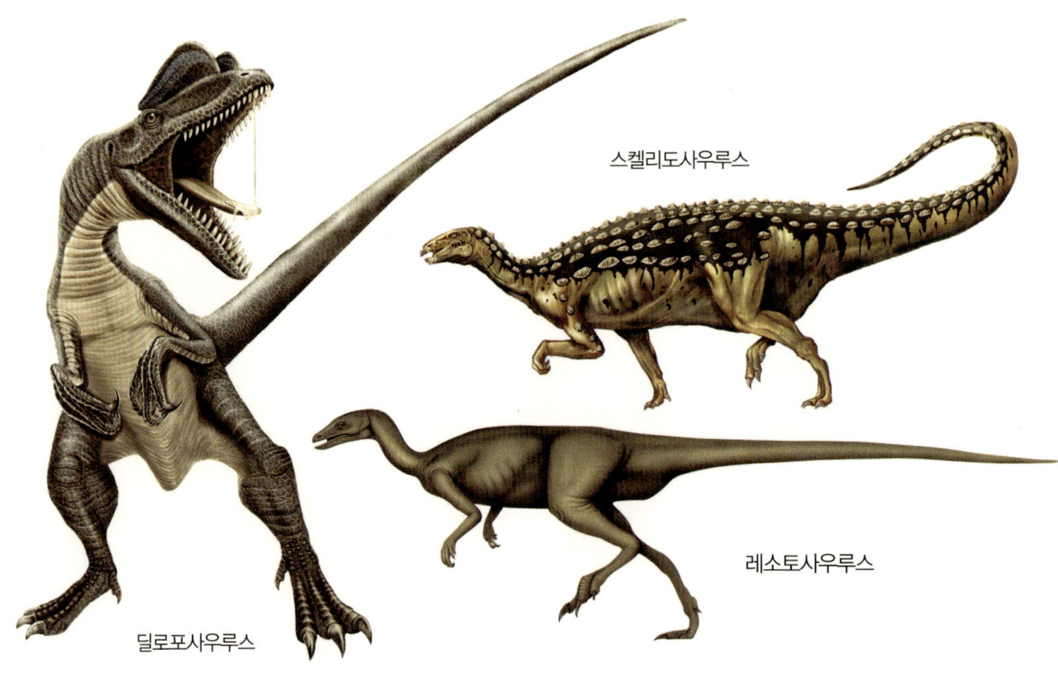

4. 공룡의 번성 및 시조새의 출현

그러나 이 시기는 무엇보다 멸종을 피한 공룡들이 크게 번성한 시기였다. 초기 수각류 중의 하나이며 머리뼈가 이상하게 생긴 딜로포사우루스(Dilophosaurus)는 몸길이가 6~7m이고 무게가 330~450kg 정도의 무서운 포식자였다. 그리고 매우 원시적 조반류인 레소토사우루스(Lesothosaurus)는 몸길이 1m, 무게는 10kg 정도였으며 역시 초기 조반류 중의 하나로서 몸이 갑옷으로 덮여 있고 등과 꼬리에 타원형 골편이 많이 붙어 있는 스켈리도사우루스(Scelidosaurus)는 몸길이 4m, 무게는 250kg 정도로서 모든 곡룡류와 검룡류 등의 조상으로 보인다.

쥐라기 후기에는 더욱 다양한 공룡들이 등장하였다. 먼저 용각류들을 살펴보면 아파토사우루스(Apatosaurus)는 흔히 브론토사우루스(Brontosaurus)라는 이름으로 알려졌는데 머리가 작고 몸길이는 27m, 무게는 35톤에 달했다. 또 브라키오사우루

아파토사우루스

브라키오사우루스

스(Brachiosaurus)는 이보다 더 커서 몸길이는 28m, 무게는 다 자라면 70톤이나 되어 오늘날의 어떤 육상동물보다도 무거웠으며 주로 나무 꼭대기의 잎을 먹고 살았는데 앞다리가 뒷다리보다 긴 유일한 공룡이었으나 앞다리가 그리 튼튼하지는 못했다. 그리고 카마라사우루스(Camarasaurus)는 북아메리카에서 가장 흔한 공룡 중의 하나로서 턱과 이빨의 구조가 비교적 질긴 식물도 잘 씹어 삼킬 수 있는 형태로 되어 있었으며 몸길이 20m, 무게 20톤 정도로 용각류 중에서는 비교적 작은 편이어서 수각류들의 표적이 되었을 것이다. 디플로도쿠스(Diplodocus)도 무게는 25톤 정도로 비슷하였으나 몸길이는 27m로 특히 목과 꼬리가 길었는데 꼬리는 육식공룡

카마라사우루스

디플로도쿠스 ©search4dinosaurs.com

과의 싸움에서 채찍과 같은 역할을 하는 중요한 무기로 사용되었으며 턱 앞쪽에 빗
살 모양의 이빨을 가지고 있어서 잎이나 줄기를 자르기보다는 훑어 먹었을 것으로
보인다.

수각류로는 몸길이 4.5~6m, 무게 0.5~1톤 정도의 케라토사우루스(Ceratosaurus)
도 있었지만 이 시기의 가장 대표적 육식공룡은 앞발에 날카로운 발톱이 있는 세
개의 발가락을 가진 몸길이 14m, 무게 3.6톤 정도의 알로사우루스(Allosaurus)로서
몸집도 그리 큰 편이 아니고 속도도 별로 빠른 편이 아니어서 작은 편에 속하는 초
식공룡이나 작은 수각류, 포유류 등을 숨어 있다가 공격하거나 시체를 먹기도 하였
을 것이다. 또 앞 발가락이 두 개인 콤프소그나투스(Compsognathus)는 가장 작은
공룡 중의 하나로서 머리에서 꼬리 끝까지 최대 1.4m 정도였으며 무게도 2.5kg 정
도였는데 도마뱀이나 포유류, 곤충 같은 작은 동물들을 주식으로 한 작지만 민첩하
고 빠른 포식자였다. 또 오르니톨레스테스(Ornitholestes)는 모든 것이 콤프소그나

투스와 비슷하였지만 몸길이가 2m 정도였고 더 잘 움켜쥘 수 있는 앞발을 가지고 있었다.

이 시기에 등장한 시조(始祖)새(Archaeopteryx)는 수각류에서 진화한 최초의 조류라고 하지만 새라기보다는 날 수 있는 수각류라고 하는 것이 더 정확할 것이다. 몸길이는 30～50cm, 무게는 500g 정도로 오늘날의 까치와 비슷한 크기였으나 완벽하게 날지는 못하였을 것으로 보이는데 앞발과 꼬리에 깃털을 가지고 있었으며 부리에는 오늘날

시조새

의 새와는 달리 약간 뒤로 구부러진 날카로운 이빨을 가지고 있었고 곤충이 주식이었다.

한편 조반류 중에는 검룡류인 스테고사우루스(Stegosaurus)가 가장 잘 알려져 있는데 몸길이는 9m, 무게는 2톤 정도였으며 목에서 등을 거쳐 꼬리 부분까지 오각형 모양의 크고 작은 골판이 나 있고 꼬리의 끝 부분에는 두 쌍의 골창이 있었다. 골판 중 큰 것은 거의 1m에 가까웠는데 디메트로돈의 등지느러미와 마찬가지로 골판에 흐르는 혈액의 양을 조절하여 체온을 조절하는 한편 육식공룡에게 겁을 주거나 이성을 유혹하는 데 쓰였던 것으로 보인다. 꼬

스테고사우루스

리 부분에 있는 골창도 길이가 60cm를 넘었는데 스테고사우루스는 속도는 느렸지만 몸을 잽싸게 돌릴 수 있는 능력이 있었으므로 육식공룡을 만나면 도망가기 보다는 몸을 잽싸게 돌리고 꼬리를 휘둘러 골창으로 공격했을 것이다.

역시 검룡류인 켄트로사우루스(Kentrosaurus)는 스테고사우루스와 모습은 비슷했으나 몸집은 훨씬 작아서 길이 2.5~3m, 무게는 450kg 정도였다. 골판은 목 뒤와 등의 앞쪽에만 있는데 스테고사우루스의 경우와 비슷한 기능을 했을 것이다. 어깨

켄트로사우루스

양 옆에 골창이 있고 등의 뒤쪽과 꼬리에도 두 줄의 골창이 나 있는데 꼬리에 있는 골창은 스테고사우루스와 마찬가지로 좌우로 휘둘러 적을 공격할 수 있었다. 조반류 중 조각류에 속하는 캄프토사우루스(Camptosaurus)는 몸길이 6m, 무게 4톤 정도로 다소 몸집이 컸으며 아래턱에는 많은 치열이 늘어서 있어 거친 식물도 잘 먹을 수 있었고 두 발로 걸었다.

캄프토사우루스

백악기

白堊紀, Cretaceous period: 1억 4,400만~6,500만 년 전

1. 초대륙 판게아의 2차 분열과 인도양(印度洋, Indian Ocean)의 등장

약 1억 4,000만 년 전 초대륙 판게아의 남부인 곤드와나가 본격적으로 분열되기 시작하였다. 먼저 남아메리카와 아프리카가 분리되면서 남대서양이 등장하였는데

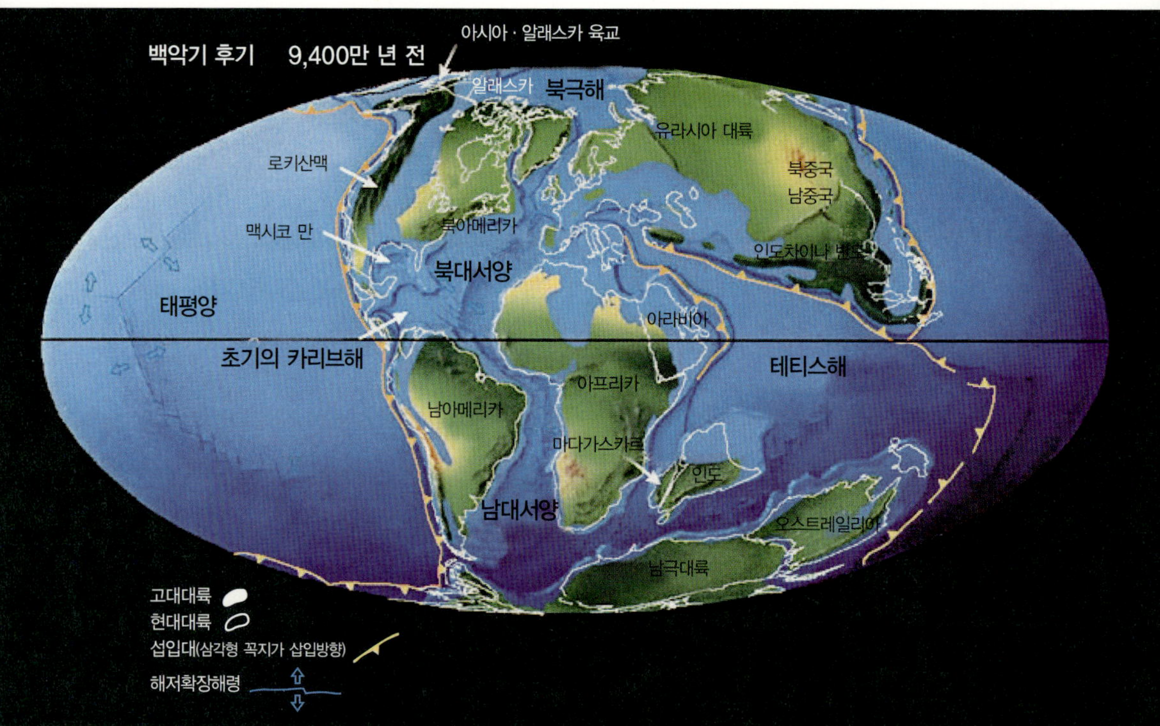

백악기 후기의 대륙과 바다 ⓒscotese.com

이들은 한 번에 분리된 것이 아니라 지퍼가 열리는 것처럼 남쪽에서 시작되어 점차적으로 북쪽으로 진행되어 왔기 때문에 남대서양은 남쪽이 더 넓어지게 되었다. 약 1억 3,000만 년 전에는 마다가스카르, 인도, 남극 대륙 및 오스트레일리아가 남아메리카 및 아프리카와 분리되면서 인도양이 탄생하였고 약 1억 년 전에는 인도가 마다가스카르와 함께 남극 대륙으로부터 분리되면서 오스트레일리아의 서해안에 동인도양이 등장하였다.

한편 북아메리카 대륙이 유럽과 분리되기 시작하면서 북대서양이 형성되어 남대서양과 연결되었고 이베리아〔Iberia, 현재의 스페인(Spain)과 포르투갈(Portugal)〕가 프랑스(France)를 중심으로 반시계 방향으로 회전을 하였으며 인도가 마다가스카르와 분리된 후 유라시아 대륙을 향하여 연간 약 15~20cm의 속도로 이동을 시작하여 인도양이 점점 넓어졌다. 그리고 대서양이 넓어지고 태평양이 좁아지면서 태평양 해양판이 북아메리카 서쪽과 아시아 동쪽으로 섭입되어 당시 태평양에 섬의 형태로 산재해 있던 여러 개의 작은 대륙들이 북아메리카 대륙과 합쳐져 알래스카(Alaska)와 캐나다 서부연안을 이루었고 아시아에서는 일본(日本, Japan)이 되었는데 이와 같이 해양지각의 일부가 대륙에 달라붙은 지괴를 이색적(異色的) 땅덩어리〔exotic (suspect)terrane〕라고 한다.
뿐만 아니라 쿠바(Cuba)와 히스파니올라〔Hispaniola, 아이티(Haiti)와 도미니카(Dominica)가 있는 섬〕 등 태평양에 있던 서인도제도(西印度諸島, West Indies)의 여러 섬들도 대서양 쪽으로 이동되어 카리브해(Caribbean sea)에 자리 잡게 되었으며 로키산맥(Rocky mountains)이

콜로라도의 로키산맥

만들어지기 시작하였다.

또한 동아시아 지역에서는 섭입하는 해구의 영향으로 화성활동이 활발하여 한반도의 남부 경상도 지방에는 넓은 퇴적분지인 경상 분지(Kyongsang Basin)가 형성되었으며 여기에 하천, 호수의 퇴적물이 두껍게 쌓여 경상 누층군(Kyongsang Supergroup)을 형성하였다.

백악기 초기의 풍경 ⓒJohn Sibbick

2. 백악기의 기후

백악기 초에는 겨울이면 양극 지방에 눈과 얼음이 있었고 냉온대림이 이들 지역을 덮고 있었다. 그러나 백악기 말에는 대서양 중심부의 해저에 새로 대서양중앙해령(大西洋中央海嶺, Mid-Atlantic Ridge)이 만들어지면서 급속한 해저 확장이 일어나 해수면(海水面, sea level)이 현재보다 100~200m 정도 더 높아졌으며 이로 인하여 얕은 바닷물이 현 대륙 면적의 30% 정도를 덮는 바람에 지금의 지중해성 기후처럼 전반적으로 온화해졌다.

뿐만 아니라 적도지방에서 더워진 바닷물이 극 지방까지 흘러가 이들 지역까지도 따뜻하게 만들었다. 따라서 백악기의 기후는 삼첩기나 쥐라기와 마찬가지로 오늘날보다 훨씬 따뜻해서 양 극지방에도 얼음이 없었으며 이들 지역과 오스트레일리아의 남쪽에도 공룡과 야자나무가 있었다. 그리고 공룡들은 계절에 따라 난온대지역과 냉온대지역 사이를 이동하며 살았는데, 예를 들어 초식성의 오리주둥이공룡인 에드몬토사우루스(Edmontosaurus)의 무리는 계절마다 3,000km 정도를 이동한 것으로 나타났다.

에드몬토사우루스

3. 속씨식물의 출현과 공진화(共進化, coevolution)

백악기에도 초기에는 겉씨식물인 삼나무, 측백나무, 칠레삼나무 등과 같은 침엽수들이 주로 삼림을 이루었으나 수정을 위해서 이들처럼 꽃가루를 바람에 날려 운

초기의 속씨식물 ⓒfieldmuseum.org

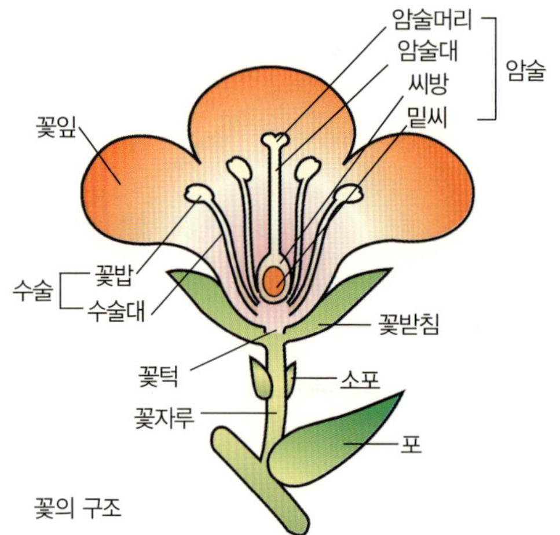

꽃의 구조

반하는 것은 상당히 비효율적인 방법이므로 식물들은 더 효율적인 방법을 찾게 되었다. 그래서 찾아낸 것이 당시까지 엄청나게 많아진 벌과 나비, 그리고 파리와 같은 곤충들을 유혹하여 꽃가루를 운반시키도록 하는 방안이었다. 더욱이 밑씨와 꽃가루가 가까우면 훨씬 더 효율적일 것이므로 밑씨를 가진 암술(pistil)과 꽃가루를 가진 수술(stamen)을 둘 다 가지고 있으면서 곤충이 좋아하는 파장의 색깔과 형태, 그리고 향기를 가진 현란한 모습의 꽃들이 등장하여 숲 속을 수놓기 시작하였다. 그러나 자화수정(自花受精, self-fertilization)을 하게 되면 유성생식의 의미가 거의 없어지므로 많은 꽃들이

꽃과 벌 ⓒAnna L. Jacobsen/botany.org

타화수정(他花受精, cross-fertilization)을 위하여 밑씨가 먼저 성숙한 후 수정이 되고 나면 자신의 수술이 꽃가루를 만드는 등 발육 시기를 달리하고 있다. 처음에는 꽃들이 모든 종류의 곤충들을 다 받아들였으나 그렇게 되면 곤충들도 여러 종류의 꽃을 돌아다니게 되므로 같은 종의 꽃가루를 받게 될 확률이 줄어든다. 그래서 꽃들은 특정 곤충들이 더 좋아하는 방향으로 진화하게 되었으며 곤충들도 특정 꽃들에 더 적합하도록 진화하는 소위 꽃들과 곤충들 사이의 공진화가 시작되었다. 꽃에 따라서는 꽃가루를 이원화하여 수정용 꽃가루 외에 곤충이 좋아하는 먹이용 꽃가루를 따로 만들게 되었으며 어떤 꽃들은 꿀〔화밀/花蜜, (floral) nectar〕을 만들어 내게 되었다. 그리고 꽃들이 맺은 열매는 초식동물들의 먹이가 되어 넓은 지역으로 퍼지게 된다.

마다가스카르의 숲 속에 있는 앙그레쿰 세스퀴페달레(Angraecum sesquipedale)

앙그레쿰 세스퀴페달레와 예언된 나방 ⓒSue Abonyi

라고 하는 난은 흰색을 띤 꽃잎 중 하나에 40cm 길이의 좁고 긴 구멍이 있고 그 속에 몇 방울의 꿀을 가지고 있다. 이 난을 찾아오는 나방은 태엽처럼 둘둘 말린 혀를 가지고 있는데 그 혀를 펴면 길이가 40cm까지 늘어나서 그 혀를 구멍 속에 밀어 넣고 꿀을 빨아 마시게 되며 그 과정에서 꽃가루를 운반하여 수정을 도와주게 된다.[89] 이와 같이 한 생명체가 다른 생명체와 짝을 이루어 서로 맞추어 가면서 진화하는 것을 공진화라고 하며 그 관계는 난과 나방처럼 서로 도움이 되는 것도 있고 포식자와 먹이가 될 수도 있다. 자연계에 존재하는 모든 생명체는 많든 적든 간에 서로 얽히는 짝이 있으며 이들은 동시에 진화하거나 하나가 먼저 진화하고 다른 것이 나중에 따라갈 수도 있지만 이들이 서로 도움이 되는 관계라면 서로에게 조금이라도 더 이익이 되는 가장 적합한 모습으로 적응해 가며 서로 먹거나 먹히는 경쟁적인 관계라면 어떻게든 상대를 이길 수 있는 형태로 변화해 나간다. 다시 말해서 자연계에 존재하는 모든 생명체는 공진화의 그물에 갇혀 있으며 또 이와 같은 공진화로 인해서 수많은 새로운 종이 등장하기도 한다.

본격적 현화식물인 속씨식물의 조상으로 여겨지는 마황류(麻黃類, gnetophyte)와 아케프럭터스(archaefructus)와 같은 초기 속씨식물들이 이 시기에 등장하였다. 이들 초기 속씨식물들은 백악기 내내 작은 풀 정도의 크기를 유지하였으

마황 ⓒGerald D. Carr

아케프럭터스 ⓒK. Simons and D. Dilcher

나 백악기 후기에 가서는 수목 같은 모습을 갖추게 되었다. 속씨식물이 차차 널리 퍼져 나가자 중생대 삼림의 주종을 이루었던 소철류나 은행나무 등과 같은 겉씨식물들은 그 자리를 물려주게 되었으며 백악기 말에는 자작나무(birch) 비슷한 베툴리테스(Betulites), 버드나무(willow), 목련(magnolia) 등과 같은 속씨식물들이 숲을 이루어 공룡들의 삶의 터전이 되었지만 비가 많이 오면 오니키옵시스(Onychiopsis)와 같은 길이 약 50cm 정도의 작은 양치식물들도 여전히 번성하였다.

버드나무

4. 포유류의 진화

이들 속씨식물들의 출현과 함께 벌, 개미, 흰개미(termite), 버마재비(mantid) 등과 같은 많은 종류의 현대적인 곤충들이 등장하여 이들의 수정을 도와주면서 공생을 시작하였고 딱정벌레, 바퀴벌레 등도 매우 다양해졌다. 도마뱀에서 진화한 뱀도 백

오니키옵시스

벌

개미

흰개미

버마재비

백악기의 다리 달린 뱀 ⓒ카렌 카(Karen Carr)

스테로포돈

알파돈

잘람브달레스테스 ⓒNatural
History Museum of London

악기 초에 등장하였으며 최초의 원시적 단공류(Prototheria)인 스테로포돈(Steropodon)도 이 시기에 등장하였는데 고양이만 한 이 동물이 오늘날 오스트레일리아에만 살고 있는 바늘두더쥐(echidna)와 오리너구리(platypus)의 조상이다. 백악기 후기에는 유대류로서 알파돈(Alphadon)이라는 주머니쥐가 있었으며 몸길이 20cm 정도의 잘람브달레스테스(Zalambdalestes)와 그보다 더 작은 유카아테리움(Ukhaatherium)은 최초의 명백한 유태반류였는데 이들이 등장함으로써 세 가지 종류의 현대적인 포유류가 모두 등장하게 되었다. 백악기 말에는 앞다리가 짧고 뒷다리가 길며 꼬리도 굵고 길어 작은 캥거루 같이 생겼고 코가 뾰족한 길이 1m 정도의 육식성 포유류 렙틱티디움(Leptictidium)이 등장했는데 이 동물은 캥거루처럼 뛰어다녔을 것으로 보이며 곤충이나 도마뱀, 또는 작은 포유류를 잡아먹었다. 이들 포유류들은 공룡이 멸종하면서 급속한 진화를 이루기 시작하였다.

렙틱티디움 ©bbc.co.uk

그리고 백악기의 익룡으로는 좀 더 진화한 프테로닥틸루스류들이 있었는데 날개폭이 최대 9m 정도인 프테라노돈(Pteranodon)은 이빨이 없고 머리 위에 뒤쪽으로 향한 기다란 삼각형의 볏을 가지고 있었으며 턱 밑에는 펠리컨처럼 주머니를 가지고 있었다. 그리고 케찰코아툴루스(Quetzalcoatlus)는 목이 길고 기다란 부리에는 역시 이빨이 없었으며 날개폭은 최대 11m나 되어 지금까지 하늘을 난 동물 중 가장 컸는데 뒷발이 커서 지상에서 지내기에도 적합하였을 것이다.

얕은 바다에는 산호초를 중심으로 매우 다양한 무척추동물들이 살고 있었는데 암모나이트와 껍데기가 있는 이끼벌레 등이 주류를 이루었으며 바다나리와 완족류는 크게 쇠퇴하였다. 게를 비롯한 여러 가지 현대적인 갑각류와 연체동물 중 포식

프테라노돈   케찰코아툴루스

전복　　　　　　소라　　　　　　청어　　　　　　뱀장어

잉어　　　　　　　　　농어　　　　　　　아르켈론 ⓒ카렌 카(Karen Carr)

성 복족류인 전복(abalone), 소라(turban shell) 그리고 굴을 파고 사는 조개 및 성게 류도 이 시기에 등장하였다. 어류로서는 좀 더 진화한 경골어류들이 엄청나게 다양 해져서 오늘날의 청어(herring), 뱀장어(eel), 잉어(carp), 농어(perch)들의 친척이라고 할 수 있는 여러 가지 종들이 등장하였으며 아르켈론(Archelon)과 같이 물갈퀴를 가진 바다거북도 이 시기에 나타났는데 몸길이가 4m에 달하는 종도 있었다.

한편 커다란 바다 도마뱀인 모사사우루스(Mosasaurs)는 처음에는 몸길이 1m 정도의 수륙 양생 포식자였는데 나중에는 15m가 넘을 정도로 커져 모든 시대를 통틀

모사사우루스 ⓒCarl Buell

데이노수쿠스

키메로수쿠스 ⓒCarl Buell

어 가장 무서운 해양 포식자 중의 하나가 되었다. 커다란 원뿔형 이빨과 강한 턱으로 큰 어류는 물론 거북이나 어룡 등 다른 해양 파충류들을 거침없이 잡아먹었으며 어룡과 마찬가지로 새끼를 낳았다. 데이노수쿠스(Deinosuchus)라는 악어도 이 시기에 등장하였는데 수명이 50년 정도인 이 악어는 평생 동안을 자랐으며 몸길이는 최대 10m, 무게는 5톤이나 나가 공룡들에게조차 공포의 대상이었는가 하면 길이 1m 미만인 키메로수쿠스(Chimerosuchus)라는 초식 악어도 있었다. 반면에 어룡은 백악기 초부터 쇠퇴하기 시작하여 백악기 말이 되기 전에 멸종되었다.

백악기의 바다 속 풍경 ⓒ카렌 카(Karen Carr)

5. 공룡의 전성시대[90]

백악기는 공룡들이 지구를 지배한 전성기였다. 백악기 전기에 가장 먼저 등장한 이구아노돈(Iguanodon)은 몸길이 7m, 무게는 4~5톤 정도의 조각류였는데 북아메리카를 비롯하여 유럽 전역과 아시아까지 넓은 지역에 서식했으며 또 백악기 중기에 이르기까지 가장 오래 유지된 종으로서 대륙이 나누어진 후에는 이 공룡으로부터 여러 공룡들이 진화한 것으로 보인다. 용각류인 아라고사우루스(Aragosaurus)는 몸길이 18m, 무게는 15톤 정도였는데 머리는 작고 목이 길어 쥐라기의 카마라사우루스와 매우 유사하였다.

수각류인 바리오닉스(Baryonyx)는 몸길이 12m, 무게는 1.5~2톤 정도였는데 악어와 비슷한 두개골에 128개의 이빨이 촘촘히 박혀 있었고 길이가 30cm나 되는 앞발톱으로 늪지를 누비고 다니며 물고기를 잡아먹는 무시무시한 포식자였다. 같은

수각류인 몸길이 1.25m, 무게 10kg 정도의 시노사우롭테릭스(Sinosauropteryx)는 다리가 길고 이빨이 날카로웠는데 새와 같이 앞 발가락은 세 개이며 피부가 작은 솜털 같은 깃털로 덮여 있었으나 오늘날의 새의 깃털과는 많이 달랐다. 역시 수각류이며 몸길이 1m, 무게 2.5kg인 카우딥테릭스(Caudipteryx)는 깃털이 오늘날의 새와 아주 비슷한 온혈성 동물이었으나 몸의 다른 특징은 새와 차이가 많아서 새와 같은 깃털이 꼭 날기 위해서 생긴 것만은 아닌 것임을 알 수 있으며 또 이 공룡은 수각류로서는 매우 드물게 위석(胃石, stomach stone)[91]을 가진 초식공룡이었다. 몸길이 2m, 무게 25kg인 펠레카니미무스(Pelecanimimus)는 가장 원시적인 타조공룡(ornithomimid)으로서 목 아래 부분이 펠리칸과 비슷해서 붙은 이름인데 주둥이 앞쪽으로 작은 송곳 같은 이빨을 220개나 가진 잡식성 수각류였다. 또 조반류 중 조각류에 속하는 힙실로포돈(Hypsilophodon)은 몸길이 2m, 무게 25kg 정도였는데 매우 민첩하고 빨라서 포식자를 만나면 재빨리 도망칠 수 있었다.

이베로메소르니스

콘푸시우소르니스(공자새)

몸길이 10cm, 무게 25g으로 제비만 한 크기의 이베로메소르니스(Iberomesornis)는 시조새보다 좀 더 진화한 새로서 오늘날의 새와 같은 꼬리 깃털을 가지고 있었으며 첫째 발가락은 뒤로, 나머지 세 발가락은 앞으로 향해 있어서 나뭇가지를 움켜쥐고 앉을 수 있고 완벽하게 날 수 있는 최초의 새였다. 또 까치 크기의 콘푸시우소르니스(Confuciusornis)는 시조새와 비슷하였으나 부리에 이빨이 없고 더 잘 날 수 있었으며 나무 위에서 무리를 지어 살았다. 그리고 참새 크기의 에오알룰라비스(Eoalulavis)는 주 날개 앞쪽에 알룰라(alula)라고 하는 작은 날개가 붙어 있어 낮은 속도로 공중에 떠 있거나 쉽게 착륙할 수 있었으며 콘푸시우소르니스보다도 더 잘 날 수 있었다. 그 외에 오늘날의 타조(駝鳥, ostrich)나 에뮤(emu)의 조상으로서 날지는 못하지만 튼튼한 다리로 빨리 달릴 수 있는 거대한 주금류(走禽類, ratites)가 곤드와나 대륙 전역에 퍼져 있었다.

고대의 주금류 ⓒNatural History Museum of London

　이 시기에 오스트레일리아는 곤드와나 대륙에서 분리되어 남극대륙과 나란히 지금의 남극권에 위치하고 있었으며 겨울에는 기온이 무척 낮았는데 계절을 따라 이동하다가 오스트레일리아에 남아 고립된 공룡들은 특이한 진화를 이룩하였다. 예를 들어 민미(Minmi)라는 갑옷공룡은 다른 갑옷공룡들의 몸길이가 4~9m임에 비하여 2~3m 정도로서 다리가 길고 몸놀림이 민첩했는데 추위를 극복하기 위하여 체구가 줄었음을 알 수 있으며 또 스스로 체온을 발생시킬 능력도 가지고 있었다. 또 티미무스(Timimus)라는 몸길이 3m 정도의 타조공룡은 시속 65km까지 달릴 수 있었으며 이빨은 없었지만 새처럼 생긴 부리로 곤충이나 작은 포유류를 잡아먹고 살았는데 겨울철에는 추위를 이기기 위하여 동면(冬眠, hibernation)한 유일한 공룡이었다.

　백악기 중기에도 여러 공룡들이 등장하였다. 몸길이가 7.5m, 무게 1톤인 카르노타우루스(Carnotaurus)는 앞발이 짧고 머리에 두 개의 뿔이 있으며 좋은 시력과 빠른 속도를 가진 수각류였으나 머리뼈가 약해서 작은 동물만을 사냥할 수 있었을 것이다. 특이한 수각류인 스피노사우루스(Spinosaurs)는 이보다 훨씬 더 커서 몸길이 15m, 무게는 4톤 정도였으며 등뼈에는 높이가 1.5m인 골질의 기다란 창이 나 있었는데 이것 역시 스테고사우루스의 골판과 비슷한 역할을 했을 것이다. 가늘고 긴

주둥이에는 많은 이빨이 있었으며 바리오닉스와 마찬가지로 주로 물고기를 잡아먹고 살았다.

그러나 스피노사우루스도 카르카로돈토사우루스(Carcharodontosaurus)를 만나면 '걸음아 나 살려라' 하고 도망쳐야 했을 것이다. 아무리 큰 먹잇감이라도 사냥할 수 있었던 가장 큰 육식동물 중 하나인 몸길이 8~14m, 무게 7~8톤의 카르카로돈토사우루스는 1.6m나 되는 큰 머리를 가지고 있었으며 먹이사슬의 가장 꼭대기를 차지하고 있던 포식자였다. 이들은 북아프리카를 무대로 삼았는데 아시아에도 이들과 크기가 비슷하며 티라노사우루스의 조상이라고 여겨지는 무서운 포식자 타르보사우루스(tarbosaurus)가 있었다.

그리고 비슷한 시기에 남아메리카에 살던 기가노토사우루스(Giganotosaurus)는 이들보다 더 큰 육식공룡으로서 몸길이 13m, 무게는 10톤이나 나갔으며 두개골의 길이만도 1.8m나 되었다. 이들은 지금까지 지구상에 존재했던 동물 중 가장 큰 것 중의 하나로 여겨지는 몸무게 100톤 정도의 용각류인 아르헨티노사우루스

데이노니쿠스 ⓒJohn Sibbick

(Argentinosaurus)를 먹잇감으로 삼았다. 한편 북아메리카에 살던 몸길이 2.5~3.5m, 무게 50~70kg인 데이노니쿠스(Deinonychus)는 몸집은 비록 작았지만 날카롭고 휘어진 발톱을 가진 긴 앞다리로 먹잇감을 붙잡고 뒷다리의 길고 날카로운 발톱으로 공격했으며 무리를 지어 커다란 초식공룡도 사냥할 수 있었다.

조반류 중 프시타코사우루스(Psittecosaurus)는 다른 각룡류처럼 뿔은 없지만 각질로 된 날카롭게 휘어진 부리를 가지고 있어 초기 형태의 각룡류임을 알 수 있으며 몸길이는 2m, 무게는 25kg 정도였고 위석을 가진 초식공룡이었다. 오우라노사우루스(Ouranosaurus)는 같은 조각류였지만 몸길이는 7m, 무게는 2톤 정도로 훨씬

프시타코사우루스   오우라노사우루스

컸으며 뒷다리로 걸었으나 앞다리도 상당히 길고 굽 모양의 발톱이 달려 있어서 때로는 네발로 걷거나 휴식을 취했을 것이다. 이 공룡의 등에는 등뼈를 따라 커다란 돛이 나 있는데 이 돛은 스테고사우루스의 등에 난 골판과 마찬가지로 체온을 조절하는 등의 역할을 했을 것이다.

백악기 후기는 이를 다시 전반부와 후반부로 나누어 보면 전반부에 등장한 주요 공룡들은 다음과 같다. 밥토르니스(Baptornis)는 몸길이 1m, 무게 7kg 정도의 잠수하는 새였는데 날개가 너무 작아 전혀 날지는 못하였다. 그러나 유선형의 몸과 커다란 물갈퀴 발 때문에 재빠르게 헤엄을 치며 물고기를 잡을 수 있었고 주둥이에는 시조새와 마찬가지로 작고 날카로운 이빨이 나 있었다. 작은 돔 형태의 머리와 이빨이 없는 부리, 그리고 이상한 골즐(骨櫛. crest)[92]을 가진 오비랍토르(Oviraptor)[93]는 몸길이 1.5~2.5m, 무게 25~35kg 정도의 작은 수각류로서 매우 빠르고 민첩했으며 알을 품었던 흔적을 남기고 있다. 같은 수각류로서 몸길이 1.8m, 무게 15kg 정도로 오비랍토르보다도 더 작은 벨로키랍토르(Velociraptor)는 온몸에 섬세한 깃털이 나 있었으며 덩치는 작았지만 깃털을 제외하면 데이노니쿠스와 여러 가지로 매우 비슷한 점이 많은 뛰어난 사냥꾼이었다.

그런데 백악기 후기에는 조반류가 용반류보다 더 번성하였다. 몸길이 2.4m, 무

게 180kg 정도의 프로토케라톱스(Protoceratops)는 머리에 뿔은 없지만 목 부분에 프릴이 있고 앵무새와 비슷한 주둥이를 가진 초기 각룡류였다. 같은 각룡류인 카스모사우루스(Chasmosaurus)는 몸길이 8m, 무게 1.5~2톤으로 덩치가 훨씬 더 컸으며 특히 머리 길이는 2m로서 모든 육상동물 중 가장 컸다. 목에 방패 모양의 큰 프릴이 있고 코 위에 뿔 하나와 눈 위에 두 개의 뿔이 있으며 여러 마리가 떼 지어 이동하며 살았던 것으로 알려지고 있다. 역시 같은 각룡류인 스티라코사우루스(Styracosaurus)는 몸길이 5.5m, 무게 3톤이었으며 코 위의 뿔은 매우 컸고 눈 위에는 뿔 대신에 두 개의 작은 돌기만 솟아 있었다. 목에 있는 프릴 뒤에 여섯 개의 프릴 창이 있고 그 바깥쪽으로 작은 창들이 솟아 있었는데 프릴은 속에 큰 구멍을 가

카스모사우루스

스티라코사우루스

마이아사우라 ⓒsearch4dirosaurs.com

코리토사우루스

진 가벼운 구조로 되어 있어서 이들이 실제적인 무기였다기보다는 과시용이거나 이성을 유혹하는 데 사용되었을 것이다.

　조반류 중 조각류에 속하지만 주둥이 앞부분이 납작한 부리처럼 생겼고 수백 개의 이빨을 가진 오리주둥이공룡(duck-billed dinosaurs, 하드로사우루스/hadrosaurs)인 마이아사우라(Maiasaura)는 몸길이 7~9m, 무게 2~3톤이었으며 같은 오리주둥이공룡인 코리토사우루스(Corythosaurus)는 몸길이 10m, 무게 3톤 정도였는데 머리에 헬멧 모양의 커다란 골즐을 가지고 있었고 피부는 작은 골편들로 이루어져 있었다. 역시 같은 오리주둥이공룡이지만 몸길이 15m, 무게 7톤으로서 이들보다 훨씬 더 컸던 람베오사우루스(Lambeosaurus)는 머리 위에 도끼 모양의 골즐

람베오사우루스

을 가지고 있었으며 머리 뒤에도 작은 골즐을 하나 더 가지고 있었다. 가장 희귀한 오리주둥이공룡의 하나인 파라사우롤로푸스(Parasaurolophus)는 몸길이 10m, 무게 5톤 정도였는데 머리 꼭대기에서 목과 어깨너머까지 관 모양의 1m가 넘는 기다란 골즐을 가지고 있었다. 이들 공룡 중 파라사우롤로푸스를 비롯한 일부 공룡들은 백악기 말까지도 존재하였으나 나머지 대부분의 공룡들은 그 이전에 이미 멸절되었다.

백악기 말이자 1억 6,000만 년 이상을 이어온 공룡시대의 마지막을 장식한 주요 공룡들은 다음과 같다. 살타사우루스(Saltasaurus)는 곡룡류가 아니면서도 지름 20cm 정도의 둥근 골편으로 이루어진 갑옷으로 무장된 매우 희귀한 용각류였는데 몸길이가 12m, 무게는 25톤 정도로서 용각류 중에서는 그리 큰 편이 아니었지만 갑옷공룡으로서는 모든 시대를 통틀어 가장 컸다. 그리고 약 6,800만 년 전에 등장하여 300만 년 간 지구를 공포의 도가니로 몰아넣었던 수각류인 티라노사우루스

(Tyrannosaurus)는 티렉스(T-rex)라는 애칭으로도 불리는 공룡의 대명사와 같은 존재인데 몸길이는 10~14m, 무게는 4.5~7톤 정도였으며 커다란 머리는 길이가 1.5m를 넘었고 머리뼈는 두껍고 무거웠다. 날카로운 원뿔 모양의 큰 이빨도 길이가 20cm를 넘었으며 다른 육식공룡들의 이빨처럼 살을 베는 것이 아니라 창처럼 꿰뚫었기 때문에 뼈까지도 부술 수가 있었는데 이들의 무는 힘은 사자의 세 배에 달했다.

테리지노사우루스   스트루티오미무스

　한편 몸길이 1m, 무게 6톤 정도였던 테리지노사우루스(Therizinosaurus)는 매우 특이한 수각류였다. 대부분의 수각류는 앞발이 그리 튼튼하지 않고 발톱도 비교적 작은 편이었는데 이 공룡은 앞다리가 2.5m 정도로 매우 길고 튼튼했으며 앞발톱도 그의 1/4인 60cm나 되었다. 그러나 이 거대한 발톱은 별로 구부러져 있지 않았기 때문에 먹이를 움켜쥐는데 사용하기보다는 나무껍질을 벗기거나 육식공룡과의 싸움에서 방어용 무기로 사용되었을 것이다. 실제로 이 공룡은 가끔 작은 도마뱀이나 포유류를 잡아먹을 수도 있었겠지만 수각류로서는 드물게 주로 초식을 하였으며 생긴 것도 용각류와 비슷하게 머리가 작고 목이 길었다.

　가장 잘 알려진 타조공룡인 스트루티오미무스(Struthiomimus)는 몸길이 3.5m, 무게 250~300kg 정도의 잡식성 수각류로서 뒷다리가 매우 길고 튼튼해서 큰 보폭으로 아주 빨리 달릴 수 있었다. 몸길이 3m, 무게 50kg 정도의 수각류인 트루돈(Troodon)은 모든 공룡 중에서 몸 크기에 비해 가장 큰 뇌를 가지고 있

트루돈

안킬로사우루스　　　　　　　파키케팔로사우루스

어서 지능도 상대적으로 매우 높았을 것이다. 그 외에도 빨리 달릴 수 있는 능력과 함께 크고 잘 볼 수 있는 눈, 고기를 자르는 데 적합한 이빨, 물건을 꽉 잡을 수 있는 앞발을 가지고 있어서 야간에도 포유류나 도마뱀과 같은 빠른 먹이를 잡을 수 있었을 것이며 이 공룡 역시 오비랍토르와 마찬가지로 알을 품어서 부화시킨 흔적도 남기고 있다.

몸길이 10~11m, 무게 4톤 정도의 곡룡류인 안킬로사우루스(Ankylosaurs)는 머리에서 꼬리까지 두꺼운 골편으로 덮여 있었고 머리 뒤쪽으로 커다란 삼각형 뿔이 뻗어 있었으며 등과 꼬리를 따라 날카로운 골창이 나 있었다. 그리고 꼬리에는 단단한 꼬리 곤봉이 달려 있어 이를 좌우로 휘두를 수 있었는데 이 공룡은 티라노사우루스처럼 무서운 육식공룡들과 같은 시대에 같은 지역에서 살았기 때문에 이와 같은 중무장이 필요했을 것이다. 몸길이 8m, 무게 1~2톤의 후두류인 파키케팔로사우루스((Pachycephalosaurus)는 머리에 두께 25cm 정도의 돔 구조로 된 두꺼운 뼈를 가지고 있고 이 뼈의 아래 뒤쪽에는 여러 개의 둥근 돌기를, 주둥이 쪽에는 뾰족한 돌기를 가지고 있다. 이 뼈는 박치기를 하는 무기로 사용되었으리라는 주장도 있으나 머리뼈가 별로 튼튼하지 않기 때문에 그리 위협적인 무기는 되지 못했을

것이다. 몸길이 9m, 무게 6톤 정도의 각룡류인 트리케라톱스(Triceratops)는 머리 폭이 1.5m나 되었고 목 뒤에 폭이 2m 정도인 프릴이 있었으며 코 위에 짧은 것 하나, 눈 위에 긴 것 두 개 등 머리에 모두 세 개의 인상적인 뿔을 가지고 있었다. 각룡류의 특징인 앵무새의 부리와 같은 주둥이, 원통형의 단단한 몸, 그리고 코끼리보다 더 튼튼한 다리를 가졌으나 몸집이 커서 그리 빨리 달리지는 못했을 것이며 오늘날의 코뿔소와 비슷한 생활을 했을 것이다.

6. 다섯 번째의 대량 멸종(K-T 대멸종)[94]

지금으로부터 6,500만 년 전 지름이 약 16km 정도의 운석이 시속 약 10만 km 정도의 속도로 멕시코 유카탄(Yukatan)반도의 칙슐럽(Chicxulub)이라는 곳에 충돌하면서 지름 170km 정도의 크레이터를 만들었는데 그 폭발력은 오늘날의 전 세계에 있는 핵무기를 다 합친 것보다 1,000배나 더 강한 것이었다.[95] 거대한 불덩이들이 주위 수천 km까지 튀면서 땅은 불길에 사로잡히고 수개월간 계속된 엄청난 불길이 주변에 있던 모든 것을 삼켜버렸다. 뿐만 아니라 운석의 충돌은 그 위력이 너무 강해서 충격파가 멕시코의 충돌 지점에서 시작해 지구의 중심을 뚫고 지나가 그 당시

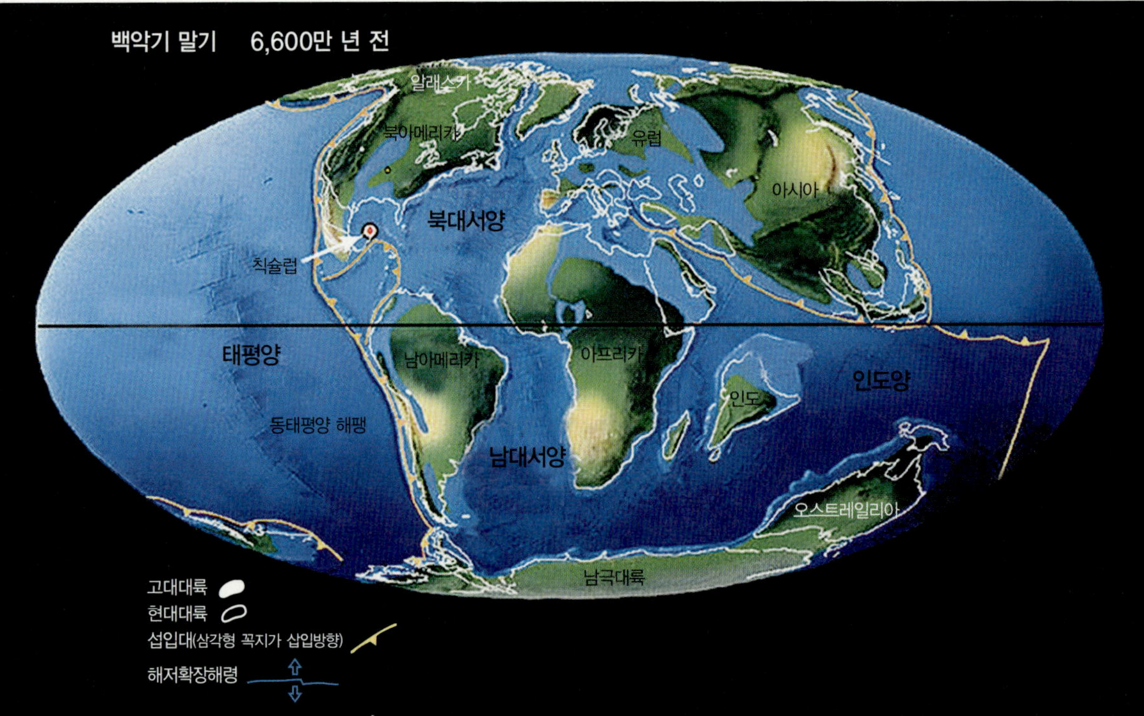

백악기 말기의 대륙과 바다 ⓒscotese.com

유카탄 반도에 충돌하는 운석 ⓒDon Dixon/cosmographica.com

정확히 반대편 지점에서 유라시아 대륙을 향하여 북상 중이던 인도를 강타하였다.

이 충격으로 화산이 폭발하면서 인도 북서부에 있는 데칸 트랩스(Deccan Traps)에 거대한 화산단층이 형성되어 약 130만 km² 의 지역에 용암을 뿜어냈고 2,400m 두께의 용암이 층층이 덮인 용암층을 만들어 냈다. 또 이때 공중으로 뿜어져 나온 수백만 톤의 화산재가 세계를 암흑천지로 만들었고 지구 가 식으면서 대기 중에 있던 질소, 유황, 산 소가 합쳐져 산성비가 쏟아지게 되었다.

용암에 덮인 데칸 트랩스

    그리고 이로 인하여 새로이 번성하던 속씨식물은 급감하고 양치식물이 다시 증가하게 되었다. 그리고 이때까지 1억 6,600만 년 동안 지구를 지배하던 공룡은 공룡에서 진화한 조류를 제외하고는 완전히 멸종되었으며 그 외에 익룡과 수장룡, 모사사우루스 등이 모두 멸종되어 먼저 멸종된 어룡과 함께 다섯 종류의 주요 파충류가 모두 멸종되었다. 뿐만 아니라 암모나이트와 중생대 이매패가 완전히 사라졌으며 벨렘나이트도 두세 종을 제외하고는 전멸하였고 녹조류와 유공충을 비롯한 대부분의 동식물성 플랑크톤도 거의 없어지는 또 한 차례의 대량 멸종을 겪게 된 것

백악기 후기의 풍경 ⓒ카렌 카(Karen Carr)

이다. 이 시기에 사라진 동물들의 비율을 보면 과 수준에서 14%, 속 수준에서 38%, 종 수준에서 65~70% 정도였는데, 곤충들은 거의 피해를 입지 않았으며 포유류와 악어, 거북, 도마뱀 같은 일부 파충류, 그리고 개구리, 도롱뇽 같은 양서류는 비교적 피해를 덜 입은 편이었다.

• 1 •

효신세

曉新世, 팔레오세/Paleocene epoch: 6,500만~5,500만 년 전

1. 지속되는 판게아 대륙의 분열

분리를 시작한 북아메리카대륙과 유럽은 점점 더 벌어졌으며 대서양이 넓어지고 태평양은 계속 좁아졌다. 시베리아도 프랑스를 중심으로 한 반시계 방향의 회전을 계속하였으며 인도대륙도 유라시아를 향한 북상을 계속함으로써 인도양은 점점 더 넓어지고 테티스대양은 점점 더 좁아졌다. 그리고 북아메리카와

효신세 초기의 풍경 ⓒJohn Sibbick

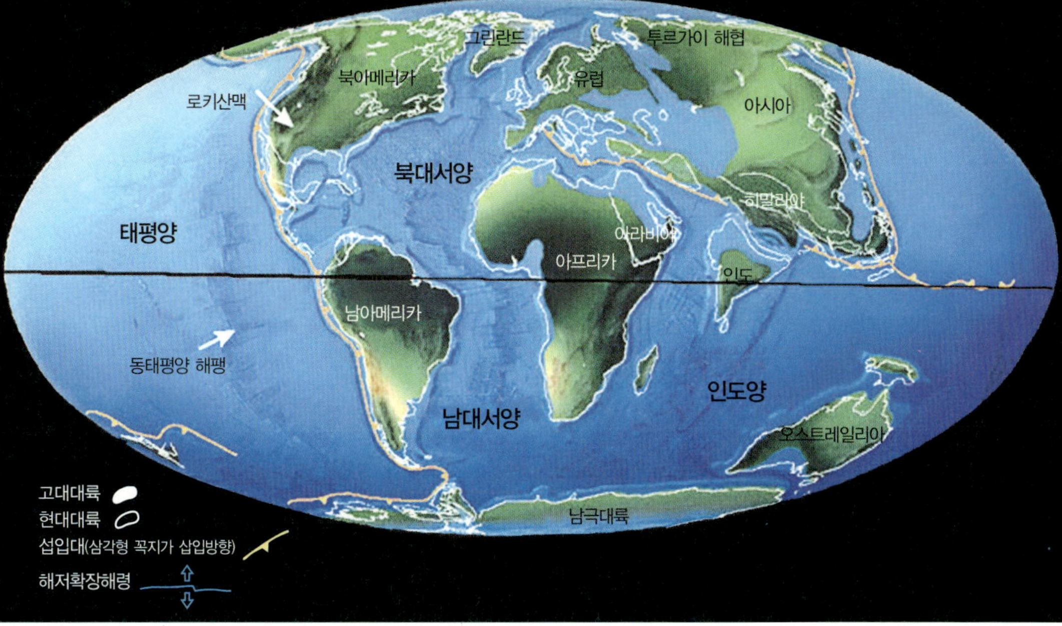

효신세의 대륙과 바다 ⓒscotese.com

그린란드, 오스트레일리아와 남극대륙이 각각 분리되기 시작하였다.

2. 효신세의 기후

효신세의 기후 역시 오늘날보다 훨씬 따뜻해서 야자나무가 그린란드와 파타고니아(Patagonia)[96]에서도 자랐으며 남부 오스트레일리아의 남위 65°인 지역에도 맹그로브(Mangrove)[97] 늪이 있었다.

맹그로브

3. 포유류의 번성

효신세 초의 지구의 모습도 쥐라기 초나 삼첩기 초와 마찬가지로 황량하기 그지없었을 것이며 그로부터 지구 생태계가 제 모습을 찾기까지에는 오랜 세월이 걸렸

야자나무

을 것이다. 다시 회복되기 시작한 숲은 따뜻한 기후로 인하여 열대삼림을 이루었으며 심지어 유럽지역에도 열대 늪지대가 형성되어 양치류, 속새류, 야자나무(palm)가 삼림의 밑부분을 차지하고 덩굴식물(vine)과 감귤류는 그들 위로 높게 자랐다. 이 시기의 식물상(植物相, flora)은 백악기 후기의 모습을 회복하였으며 나무들의 종류도 속씨식물들을 중심으로 매우 다양해져서 개암나무(hazel), 밤나무(chestnut), 무화과(sycamore), 오리나무(alder), 미루나무(poplar), 호두나무(walnut), 너도밤나무(beech), 세쿼이아(sequoia) 등도 모두

밤나무

무화과

호두나무

세쿼이아

이 시기에 출현하여 크게 번성하였다.

　공룡, 익룡 등 주요 파충류를 비롯하여 수많은 생물들이 사라지는 대량 멸종을 겪고 난 효신세 초의 육지에서는 몸길이가 최대 10m 정도인 악어 데이노수쿠스가 가장 큰 포식자로서 크게 번성하였으며 그 외에 개구리, 도룡뇽 같은 양서류와 거북, 도마뱀 같은 일부 파충류, 그리고 공룡에서 진화한 조류가 겨우 멸종을 피하고 다시 번성하기 시작하였다.

포유류는 렙틱티디움 등 상당수가 멸
종을 면했는데 이들은 처음에는 몸집과
두개골이 작고 짧은 사지와 편평한 발에
다섯 개의 발가락, 44개의 이빨을 가졌으나
점차 진화가 진행됨에 따라 몸집과 두개골이 커
지고 이빨의 수가 감소하였으며 사지의 구조도 생
활습성에 따라 달라지는 등 매우 다양하게 진화하여
지구 구석구석까지 퍼져 나감으로써 신생대를 포유류
시대(哺乳類時代, Age of Mammals)라고도 한다.
　　조류로서는 가스토르니스(Gastornis)와 같은
주금류와 함께 올빼미(owl)와 칼새(swift),

가스토르니스 ⓒJon Hughes/Dorling Kindesley

올빼미

칼새 ⓒandevard.aurelien.free.fr

백로

백로(heron), 독수리(eagle) 등과 같은 많은 새들이 등장
하였다. 가스토르니스는 키가 2m를 넘었으며 날개는 짧
아 거의 쓸모가 없었지만 길고 단단한 다리로는 빨리 달
리고 강하게 찰 수 있었고 크고 강력한 부리로는 뼈까지
도 으스러뜨릴 수 있는 무서운 포식성 주금류였으나 오늘

독수리

페나코두스 ⓒsearch4dinosaurs.com

날의 오리나 거위의 친척으로 보여진다.

포유류로서는 다구치목인 타에니올라비스도 멸종을 면하였으나 유태반류가 점점 주종을 이루게 되었다. 초기 유제류(有蹄類, ungulates)[98] 중의 하나인 페나코두스(Phenacodus)는 과절류(顆節類, Condylarthra)[99]로도 분류되는 원시 유제류로서 양 정도의 크기였으며 다섯 발가락 중 양쪽 끝의 두 개는 짧아 가운데 세 발가락으로 딛고 다녔음을 알 수 있는데 이들이 거의 모든 유제류의 조상일 것으로 여겨지고 있다. 또 판토돈트류(pantodonts)인 코리포돈(Coryphodon)은 최초로 현생 오소리보다 커진 유태반류로서 크기가 하마와 비슷하였지만 뇌의 크기는 포유류 중에서 가장 작았으며 일찍 멸종되었다.

역시 원시 유제류인 프로디노케라스(Prodinoceras)와 같은 디노케라스류(Dinoceratans)는 코뿔소처럼 생긴 초식동물로서 머리에 여러 쌍의 뿔과 엄니와 비슷한 송곳니를 가지고 있었다. 또 우라노테레류(uranotheres)는 바위너구리류

코리포돈 ⓒsearch4dinosaurs.com

프로디노케라스 ⓒsearch4dinosaurs.com

포스파테리움

아르시노이테리움 ⓒsearch4dinosaurs.com

(hyraxs), 코끼리(elephant) 등이 속하는 장비류(長鼻類, Proboscidea), 바다소(또는 해우/海牛, sea-cow)나 듀공(Dugong) 등이 속하는 바다소류(또는 해우류, Sirenia) 등이 포함되는 매우 특이한 초식성 유제류인데 이 시기에 살던 포스파테리움 (Phosphatherium)이라는 최초의 코끼리는 오늘날처럼 기다란 코를 가진 커다란 동물이 아니라 모습은 바위너구리같이 생겼고 무게가 15kg에 불과했으며 어깨까지의 높이도 60cm밖에 되지 않는 개만 한 크기의 동물이었다.

당시 크바베비히락스(Kvabebihyrax)라는 바위너구리는 하마같이 생긴 수륙양생 동물이었다. 이 시기의 또 다른 우라노테레인 아르시노이테리움(Arsinoitherium)과 같은 아르시노이테레(Arsinoitheres)는 머리뼈에 거대한 뿔이 두 개 난, 코뿔소와 비슷하게 생긴 크고 무거운 동물이었다. 이들 중 큰 것은 작은 코끼리만 했는데 코뿔소의 뿔과는 달리 뿔 속이 비어 있었고 머리뼈 뒤쪽에는 작은 뿔 두 개가 더 있었으며 작고 단순한 뇌를 가지고 있었다.

토끼류(rabbits)와 설치류도 이 시기에 등장하였는데 둘 다 백악기 후기 유태반류인 잘람브달레스테스의 후손일 것으로 여겨진다. 모습이 비슷하게 생긴 이 포유류들은 갉을 수 있는 앞니를 가지고 있었으며 주로 초식성이었다. 설치류는 어떤 다른 집단보다 종수도 가장 많고 개체수도 가장 많은 포유류 집단인데, 이 시기에는

에피가울루스 ⓒJon Hughes/Dorling Kindersley히아에노돈

몸길이 30cm 정도인 에피가울루스(Epigaulus)와 같이 주둥이 위에 뿔이 나 있고 큰 앞니를 가졌으며 길고 곧은 발톱을 가진 밀라가울루스류(mylagaulids) 등이 있었다.

　늑대 비슷하게 생긴 히아에노돈(Hyaenodon)은 사자, 호랑이, 곰 등의 공통 조상으로 여겨지는 최초의 육식성 포유동물인 크레오돈트류(creodonts)였는데 어깨까지의 높이 1.4m, 몸길이 3m, 무게 500kg 정도인 이들은 느리고 몸 구조가 비효율적이었으며 고기를 잘 자를 수 있는 열육치(裂肉齒, carnassial)라는 이빨도 갖추고 있지 않아서 진정한 식육목(食肉目, Carnivora)과는 거리가 있었다. 따라서 시신세와 점신세까지는 강자로 군림하였으나 더 발달한 육식포유류들이 나타나자 중신세에는 거의 멸종하였고 극히 일부만이 선신세까지 생존하였다. 열육치를 가진 최초의 식육목인 미아키스(Miacis)는 크기가 60cm 정도의 초기 개(dog)과에 속하는 미아키스류(miacoids)로서 몸체에 비해 뇌가 작았고 시력도 현생 식육목만

미아키스 ⓒJon Hughes/Dorling Kindersley

큰 좋은 편은 아니었다. 다섯 개의 발가락에는 뒤로 끌어당길 수 있는 날카로운 발톱이 있어서 나무 위에서 생활하는 데 편리하였으며 주로 곤충이나 작은 동물들을 잡아먹었다.

발굽이 있는 포유동물은 대부분 유제류와 같이 초식동물인데 효신세 중기에 등장한 아크레오디(Acreodi, 메소니키안/mesonychians)는 발가락 끝에 발톱 대신 발굽을 가지고 있었지만 이빨은 고기를 씹고 뼈를 부수기에 적합한 포식자로서 생긴 것은 별로 안 닮았지만 하는 짓은 늑대나 하이에나 또는 곰과 비슷하였는데 점신세 초까지 생존하였다.

효신세 후기에는 플레시아다피스(Plesiadapis)같은 초기 영장류(靈長類, primates) 플레시아다피스류(plesiadapids)가 등장하였는데 이들은 몸길이가 80cm 정도였고 움켜쥘 수 있는 발가락과 긴 꼬리를 가지고 있었으며 곤충류와 과일을 먹는 잡식성(雜食性, omnivore)이었다. 또 현생 마다가스카르 영장류인 다람쥐원숭이(aye-aye)는 세 번째 손가락이 엄청나게 길어 이 손가락으로 나무구멍 속의 굼벵이를 잡아먹는데 이 시기에도 이와 비슷한 손가락을 가진 아파테미스(Apatemys)라는 아파테미스류(apatemyids) 초기 영장류도 있었다.

영장류는 유태반류 중 원래 나무 위에 거주하던 아르콘타(Arconta)라고 하는 집

플레시아다피스 ⓒ카렌 카(Karen Carr)

다람쥐원숭이 ⓒDorling Kindersley

단에 속하는데 여기에는 박쥐(bat), 나무두더지(tree shrew), 데르몹테라(dermoptera 또는 나르는 여우원숭이/flying lemur) 등이 포함된다. 영장류의 특징은 발톱이 사람의 손톱, 발톱과 같은 모양으로 바뀌었으며 눈이 앞쪽을 향하고 있고 다른 포유류들에 비해 뇌가 크다는 점이다.

바다 속 생태계 역시 회복되는 데 오랜 세월이 걸렸다. 중생대 내내 번성하던 암모나이트는 완전히 사라졌으며 녹조류는 멸종을 면하였으나 다시는 과거와 같은 다양성을 회복하지 못하였다. 그러나 다양한 고등유공충이 등장하여 크게 번성하였고 새로운 이매패(조개)류, 복족류 등의 연체동물과 갑각류가 나타났으며 경골어류도 점점 더 다양해졌다. 그리고 해양파충류가 사라진 바다 속에서는 상어가 가장 무서운 포식자가 되었는데 큰 것은 몸길이가 14m에 달했다.

효신세의 열대 풍경 ©카렌 카(Karen Carr)

시신세

始新世, 에오세/Eocene epoch: 5,500만~3,400만 년 전

1. 판게아 대륙의 3차 분열

약 5,000만 년 전 오랫동안 로렌시아대륙의 일부로 한 덩어리를 이루고 있던 북아메리카와 그린란드가 분리되었으며 또 이들이 스칸디나비아와 분리됨으로써 북아메리카와 유럽이 완전히 갈라졌고 대서양과 북극해(北極海, Arctic Ocean)가 연결되었다. 또 북상을 계속하던 인도대륙이 유라시아대륙과 충돌해 그 밑으로 섭입하면서 유라시아판을 들어 올려 티베트고원(高原, Tibetan Plateau)을 형성하는 한편 테티스대양의 퇴적물이 융기하여 히말라야(Himalaya) 조산대가 만들어짐으로써 히말라야 산맥을 탄생시켰다. 그리고 테티스대양은 흑해(黑海, Black Sea), 카스피해(Caspian Sea), 아랄해(Aral Sea), 동테티스해, 서테티스해 등으로 갈라졌으며 인도양이 크게 확장되었다. 그리고 아프리카 북쪽 땅덩어리 일부가 떨어져 나와 서테티스해를 가로질러 유럽을 향해 움직이기 시작하였다.

이때까지도 아시아와 북아메리카는 베링육교(-陸橋, Bering Land Bridge)로 연결되어 있었는데 이 육교는 주기적으로 물 밖에 드러났다가 잠겼다가를 반복하였다. 한편 이와 비슷한 시기에 반시계 방향으로

히말라야 산맥

회전하던 스페인이 프랑스와 충돌하여 피레네 산맥(Pyrenees Mts.)을 만들었고 이탈리아(Italy)와 프랑스가 스위스(Switzerland)와 충돌하여 알프스(Alps) 조산대를 형성하며 알프스 산맥을 만들었다. 그리고 아라비아가 이란과 충돌하여 자그로스 산맥(Zagros Mts.)을 만들었으

피레네 산맥 속의 한 자연호

며 오스트레일리아와 인도네시아(Indonesia)판이 가장 늦게 충돌을 일으켰다.

대서양은 중앙해령에서 끊임없이 새로운 지각이 만들어지면서 계속 확장되고 이에 따라 태평양은 점점 더 좁아지게 되었다. 그리고 태평양 연안에서는 곳곳에서 섭입이 일어나 해양지각과 대륙지각이 충돌하는 코딜레라 조산운동(Cordilleran orogeny)에 의하여 로키산맥이, 안데스 조산운동(Andean orogeny)에 의해 안데스(Andes)산맥이 높이 치솟았다. 그리고 지금으로부터 약 4,500만 년 전에는 오스트레일리아가 남극대륙으로부터 완전히 분리되었다.

알프스 산맥 ⓒMichael Schmid

안데스 산맥의 후아스카라봉 ⓒRenzo Uccelli/Prom Peru

2. 시신세의 기후

이 시기에 왕성했던 대륙의 충돌은 대륙판을 수평적으로 압축시키면서 높은 산맥을 형성하였다. 따라서 대륙의 부피는 줄지 않았지만 기존 대륙들의 면적은 약간 줄어들었으며 더욱이 테티스대양의 소멸과 함께 대서양 해령의 해저확장속도가 가속되면서 전 지구적으로 해수면이 상승되어 대륙의 상당 부분이 바닷물에 잠겼다. 여기에 해령에서의 활발한 화산활동으로 인하여 온실가스까지 증가함으로써 기온이 매우 따뜻하여 시신세 초기에는 북극에 가까운 늪지에서도 악어들이 헤엄을 쳤고 알래스카의 남부에서는 야자나무가 자랐으며 중앙 유라시아대륙 대부분도 따뜻하고 습도가 높았다.

시신세 후기에도 지구의 온도는 지금보다 따뜻해서 인도에는 열대 다우림이 무성했고 오스트레일리아의 대부분 지역에 난온대림이 무성하여 이 시기에도 세계 곳곳에서 많은 석탄이 매장되었다. 그러나 시신세 말에는 기온이 급격히 하강하여 북아메리카와 유럽의 습한 삼림은 건조한 숲으로 바뀌었다.

3. 유제류의 다양화와 고래의 등장

시신세 초에는 효신세 때와 마찬가지로 열대 삼림이 지배적이었으나 시신세 말에 기온이 하강하면서 열대 삼림은 적도 지역에만 남고 고위도 지역에는 주로 낙엽수(落葉樹, deciduous tree)와 침엽수들이 자리하게 되었다. 그러나 이 시기에 가장 특기할 만한 사실은 이제까지 나무 외에는 기껏해야 이끼류밖에 없었던 땅 위에 풀(또는 목초/牧草, grass)이 자라고 다양해지기 시작했다는 점이다. 풀은 줄기가 땅바닥을 따라 자라고 풀잎에는 나뭇잎에 비해 세포조직 내에 다섯 배 정도

목초

프레스비오르니스 ⓒJon Hughes/Dorling Kindersley

펭귄

의 이산화규소가 포함되어 있으며 끝이 자라는 것이 아니라 밑에서부터 자라기 때문에 초식동물들이 웬만큼 뜯어먹어도 별로 손상을 받지 않았다. 풀은 이렇게 동물들의 먹이가 될 뿐만 아니라 몸을 숨길 곳도 제공하기 때문에 모든 식물 중 가장 중요한 집단의 하나이다.

땅 위에는 개구리와 악어, 거북, 도마뱀 등이 크게 번성하였으며 뱀도 새로 등장한 설치류들을 잡아먹으면서 매우 다양해졌고 조류도 역시 매우 다양해졌다. 이 시기에 살던 프레스비오르니스(Presbyornis)와 같은 새는 머리와 부리는 오리와 비슷하고 머리뼈는 플라밍고를 닮았으며 다리뼈는 물가에 사는 새처럼 생겼지만 이 이상하게 생긴 새 역시 오리(duck)와 거위(goose), 그리고 백조(Swan)와 같은 집단인 것으로 여겨지고 있다. 펭귄(penguin)도 이 시기에 최초로 등장하였는데 큰 것은 키가 1.5m에 달했고 남쪽 바다에 살았다.

그러나 이 시기의 가장 큰 특징은 대륙의 분열과 함께 동물들, 특히 포유류들이 대륙마다 각각 다른 양상으로 진화하게 되었다는 것이다. 먼저 북아메리카와 유라시아 그리고 아프리카에서는 육식성이든 초식성이든 잡식성이든 유태반류가 포유류의 유일한 주요 집단이었

우인타테리움 ⓒNatural History Museum of London

다. 원시 유제류인 이 시기의 디노케라스로는 몸집이 오늘날의 흰 코뿔소만 한 몸길이 3.5m 정도의 우인타테리움(Uintatherium)이 있었는데 코끼리와 같이 통 모양의 몸체와 기둥처럼 생긴 다리를 가지고 있었고 머리뼈의 길이는 1m나 되었으나 뇌의 크기는 여전히 작아서 10cm 정도에 불과했다.

또 이 시기에 살던 원시적 코끼리인 모에리테리움(Moeritherium)은 몸길이가 3m 정도였고 끝에 코가 붙은 윗입술이 다른 동물보다 길기는 하였으나 아직 코끼리와 같은 코를 형성하지는 못했다. 커다란 몸체는 하마와 비슷했으며 다리는 짧고 목이 길었는데 주로 수생식물을 먹었을 것이다. 코끼리와 가장 가까운 친척이며 같이 우라노테레에 속하는 바다소도 이 시기에 등장하였는데 얕은 물속에

모에리테리움 ⓒsearch4dinosaurs.com

바다소 ⓒBarry Ingham

서 해초를 먹고 살았다.

유제류 중 가장 많고 성공적인 집단은 소류 또는 우제류(偶蹄類, Artiodactyla)라고 하는 집단으로서 이들은 발가락이 두 개 또는 네 개이고 발이 좌우대칭으로 생겼는데 시신세에 주요 세 집단이 등장하였다. 첫 번째 집단인 수이포름(suiforms)에는 돼지류(pigs), 하마류(hippos), 멧돼지류(peccaries)가 포함되며 이들은 잡식성인데 고래(whale)는 이들 중 하마류에서 분기된다. 이 시기의 수이포름에는 돼지에서 들소 크기 정도의 엔텔로돈트류(entelodonts)가 있었는데 어깨가 높고 몸집이 두꺼웠으며 긴 다리에는 발가락이 두 개만 있었고 아래턱에는 강한 이빨과 구부러진 커다란 송곳니가 있는 공격적인 싸움꾼이었다. 아르카에오테리움(Archaeotherium)은 돼지 크기의 매우 성공적인 엔텔로돈트로서 북아메리카와 아시아에 널리 서식하였으며 당시 등장한 멧돼지류는 현생 멧돼지와 매우 유사하였다.

두 번째 집단인 틸로포드(tylopods)에는 낙타류(camels)가 포함되는데 원시적 낙타인 포에브로테리움(Poebrotherium) 역시 이 시기에 등장하였으나 지금처럼 사막에서 살았던 것이 아니라 삼림지대에서 번성했다.

세 번째 집단인 페코란(pecorans)

아르카에오테리움 ©Natural History Museum of London

포에브로테리움 ©Natural History Museum of London

에는 기린류(giraffes)와 사슴류(deers), 소류(cattles) 등이 포함되는데 최초로 등장한 원시적 사슴인 프로토케라스(Protoceras)같은 프로토케라스류(protoceratids)는 튼튼한 네발과 몸체를 가졌으며 수컷들의 뿔은 매우 웅장하고 복잡했다. 또 이들 틸로포드와 페코란들은 위(胃, stomach)가 네댓 개의 방으로 나뉜

프로토케라스 ⓒsearch4dinosaurs.com

되새김동물(반추동물/反芻動物, ruminants)로서 먹이를 한꺼번에 많이 먹었다가 안전한 곳에서 천천히 되새김질을 할 수 있어서 이들이 크게 번성하거나 낙타가 사막에 잘 적응하는 데에도 큰 도움이 되었을 것이다.

유제류 중 또 하나의 중요한 집단은 말류 또는 기제류(奇蹄類, Perissodactyla)라고 하는 집단으로서 이들도 발에 발굽은 있으나 우제류와는 반대로 뒷발의 발가락 수가 홀수인데 말(horse), 당나귀(donkey), 코뿔소(rhinoceros) 등이 여기에 포함된다. 이들 중에는 말과 같이 발가락이 퇴화하여 셋째 발가락 하나만 남은 종도 있고 발가락이 세 개인 종도 있으나 이 경우에도 가운데 있는 셋째 발가락이 가장 커 모든 체중이 그곳에 실린다. 그러나 앞 발가락은 맥(貘, tapir)[100]의 경우와 같이 네 개일 수도 있다. 이 시기의 기제류로는 가장 원시적 말인 프로팔레오테리움(propalaeo-

프로팔레오테리움 ⓒsearch4dinosaurs.com

브론톱스 ⓒCarl Buell

therium)이 있었는데 어깨까지의 높이가 60cm 정도였다. 또 브론토테리움(brontotherium)과 같은 브론토테레(brontotheres)는 코뿔소처럼 생긴 몸집이 큰 동물로서 초기에는 양만 한 크기였으나 나중에 등장한 브론톱스(Brontops)는 몸집이 거대해져서 몸길이 5m에 어깨까지의 높이가 2.5m에 달하고 콧잔등에 V자나 Y자형의 뿔이 나 있었으며 모로푸스(Moropus)와 같은 칼리코테레(chalicotheres)는 키가 3m 정도였고 육중하고 강력한 앞다리와 구부러진 앞발톱을 가지고 있었는데 주로 나뭇잎을 따 먹을 때 사용하지만, 강력한 방어용 무기이기도 한 발톱을 보호하기 위하여 발목이 지면에 닿게 걸었다.

두더지(mole), 고슴도치(hedgehog), 뾰족뒤쥐(shrew) 등과 같이 곤충을 잡아먹고 사는 식충목(食蟲目, Insectivora)도 이 시기에 등장하였는데 모두 특이한 주둥이근육과 머리뼈를 가지고 있다. 당시의 두더지는 뾰족뒤쥐와 비슷했으며 땅 파는 능력은 지금에 비해 덜했던 것 같다. 또 마크로크라니온(Macrocranion)이라는 당시의 고슴도치는 꼬리가 길고 몸에 가시는 별로 없었던 것 같다. 토끼와 비슷한 멧토끼류(hares)와 귀가 짧은 작

모로푸스 ⓒNatural History Museum of London

마크로크라니온 ⓒsenckenberg.de

은 토끼처럼 생긴 피카류(pikas)도 이
시기에 등장하였다.

육식동물인 고양이류(cats)가 속하
는 펠리포름(feliforms)의 원시적인
형태와 개, 곰(bear), 바다표범(seal)
등이 속하는 카니포름(caniforms)도
이 시기에 모습을 나타냈다. 헤스페
로키온(Hesperocyon)과 같은 최초의
개과 동물은 나무에도 오르고 땅도
팔 수 있는 특징을 다 가지고 있었지
만 나중에는 머리뼈가 짧아지고 움켜
쥘 수 있는 앞다리를 가진 고양이와
비슷한 포식자로 진화하였다. 그리고
곰이나 족제비(Weasel), 미국너구리

피카 ⓒvirginia carper

헤스페로키온 ⓒNatural History Museum of London

(raccoon) 등은 시신세 후기에 등장하였다. 이들 중 상당수는 나무를 타는 잡식동물

족제비 ⓒMalene Thyssen/mtfoto.dkmalene

미국너구리 ⓒapple2.org.za

이 되었고 다른 일부는 초식동물이나 작은 지하 포식자가 되었다. 시신세에 살던 아크레오디 중에서 가장 잘 알려진 메소닉스(Mesonyx)[101]는 늑대와 비슷한 포식자였으며 몸길이 6m 정도의 안드레우사르쿠스(Andrewsarchus)는 모든 시대를 통틀어 육식성 육상 포유동물로는 몸집이 가장 컸는데 강력한 턱과 무시무시한 이빨을 가지고 있었으나 나뭇잎이나 과일도 먹던 잡식성이었다. 이들 육식성 포유류들의 등장과 함께 가스토르니스와 같은 포식성 주금류들은 점차 사라져갔다.

메소닉스 ⓒCarl Buell

안드레우사르쿠스 ⓒJon Hughes/Dorling Kindersley

현생 포유류 중 설치류 다음으로 종이 다양한 박쥐류(bats) 역시 이 시기에 등장하였다. 이들은 변형된 앞다리의 발가락들이 뒷다리 발목까지 펼쳐진, 피부막으로 된 날개를 지지해주는데 당시부터 완전히 발달된 날개로 완벽하게 날 수 있었으며 초음파를 감지할 수 있는 귀를 가지고 있었다. 당시의 박쥐였던 이카로니크테리스(Icaronycteris)는 오늘날의 식충 박쥐보다 더 많은 이빨을 가지고 있었으며 음파를 발생시켜 반사되어 오는 음파를 감지함으로써 곤충을 잡아먹는 포식자였다.

이카로니크테리스 ⓒ카렌 캐(Karen Carr)

오랑우탄　　　　　침팬지 ⓒ

고릴라(gorilla), 긴팔원숭이

포하고 있다.

　우제류에서 진화한 파키

길이는 2m 이하였으며 아

에서 어류를 잡아먹고 살았

파키케투스 ⓒCarl Buell

암블로케투스 ⓒCarl Buell

고디노티아 ⓒbbc.co.uk

아피디움 ⓒbbc.co.uk

노타르크투스 ⓒSatoshi Kawasaki

안경원숭이

　한편 이 시기 유럽에는 야행성 영장류인 고디노티아(Godinotia)가 있었는데 키는 30cm 정도에 불과했지만 시력이 좋고 손을 능숙하게 사용할 줄 알아 먹이(곤충)를 잘 잡았으며 나무 위의 생활에 잘 적응하여 나무 사이도 자유롭게 이동하였다. 그리고 이집트 일대에는 역시 나무 위에서 무리를 지어 서식하던 아피디움(Apidium)이라는 영장류가 있었는데 이들의 키도 30cm 정도였으며 점프를 매우 잘했으나 곧잘 상어나 바실로사우루스의 먹이가 되기도 하였다. 또 북아메리카의 노타르크투스(Notharctus)와 같은 아다피스(adapid)류는 여우원숭이의 조상으로 여겨지고 있는데 긴 손가락과 엄지를 이용해서 사물을 단단히 움켜쥘 수 있었고 짧은 머리뼈와 유연한 등, 긴 꼬리를 가지고 있었으며 긴 발가락을 가진 긴 다리로 오늘날의 여우원숭이와 같이 민첩하게 뛰어다녔을 것이다. 이들 여우원숭이와 안경원숭이(tarsier) 등을 포함하는 원시적인 원숭이류(monkeys)

는 야행성이 많고 지

기에 크게 번성하였다

시신세 말에는 원

등장하였는데 이들은

에 활동한다. 또 원원

발달되어 있는데 이들

얼굴이 작고 턱의 돌

콧구멍은 아래쪽을 향

카의 열대에서 한랭지

이 또는 꼬리가 길어서

광비원류(廣鼻猿類,

고 털이 많다. 코는 납

하고 있다. 이들은 매

메리카에서 진화했기

를 때 꼬리를 감기 때

꼬리가 없는 것이 특

구세계원숭이

로드호케투스 ⓒJohn Klausmeyer

도루돈 ⓒMark Heine

바실로사우루스 ⓒMark Heine

였으며 이들도 아직 육지와 물속에서 반반씩 지낸 것으로 보인다.

그러나 이들의 후손인 몸길이 4~6m의 도루돈(Dorudon)은 수중생활에 적합하도록 다리와 꼬리가 지느러미로 변했으며 머리는 길고 콧구멍은 주둥이의 중간에 있었는데 주로 얕은 열대성 바다에서 살았다. 이보다 더 현생고래에 가까워진 바실로사우루스(Basilosaurus)는 몸길이가 20m 이상까지 자랐으며 길이가 1m도 넘는 머리뼈에는 구부러진 앞니와 가장자리가 톱니모양인 삼각형의 어금니가 있어서 어류뿐만 아니라 다른 해양 포유류도

엘로메릭스 ⓒSatoshi Kawasaki

아르기롤라구스

잡아먹었다. 이보다 좀 늦게 등장한 안트라코테레(anthracothere)인 엘로메릭스(Elomeryx)는 길이가 2m 정도인 하마류인데 고래와 같은 소구치(小臼齒, premolar)[102]를 가지고 있어 고래와 하마가 매우 가까운 친척임을 보여주고 있다.

한편 남아메리카에서는 유대류가 많은 진화를 이루었다. 아르기롤라구스(Argyrolagus)와 같은 아르기롤라구스류(argyrolagids)는 쥐만 한 크기의 잡식성인 남아메리카 유대류로서 뒷다리가 매우 길고 앞다리는 짧았으며 캥거루처럼 깡충깡충 뛰어다녔는데 선신세까지 생존하였다. 또 보리아에나(Borhyaena)와 같은 보리아에나류(borhyaenoids)는 몸집이 사자나 큰 곰만 한 거대한 포식성 유대류였는데 역시 선신세까지 생존하였다.

보리아에나ⓒNatural History Museum of London

개미핥기

아르마딜로 ⓒanimatedfx.net

그리고 초식성의 유태반류는 다른 대륙과 마찬가지로 유제류가 많은 진화를 이루었는데 페나코두스와 관계가 있는 것으로 보이는 디돌로두스류(didolodontids)가 남아메리카 유제류의 원시 구성원이다. 그 외에 제나르트란(xenarthran)이라고 하는 남아메리카대륙 고유의 매우 원시적인 초식성 유태반류가 등장하였는데 여기에는 현생의 나무늘보(sloth), 개미핥기(anteater), 아르마딜로(armadillo)[103] 등이 포함된다. 이들 중 개미핥기와 같은 일부 제나르트란은 이빨이 없어서 이들을 한때 빈치류(貧齒類, Edentata)라고 부르기도 하였으나 대부분의 제나르트란은 이빨을 가지고 있다.

또 이 시기에 아프리카에서 건너온 것으로 보이는 카비오모르프(caviomorphs)는 특이한 설치류 집단으로 네오코에루스(Neochoerus)나 프로토히드로코에루스(Protohydrocoerus) 같은 종은 무게가 200kg 가량이었고 가장 큰 텔리코미스(Telicomys)는 작은 코뿔소 정도의 크기로 무게가 최고 1톤까지 나갔다.

오스트레일리아 역시 육식성이든 초식성

네오코에루스

프로토히드로코에루스 ⓒNatural History Museum of London　　　텔리코미스

이든 유대류가 주류를 이루었으며 일부 단공류도 있었다. 그리고 다른 대륙으로부터 고립된 바람에 육식성의 커다란 육상파충류도 신생대 내내 살아남을 수 있었다.

바다에는 해양 속씨식물인 해초(海草, sea grass)가 전 세계 해안선을 따라 크게 번성하였으며 원반 모양의 대형 유공충인 화폐석(貨幣石, Nummulite)이 테티스 해에 번성하였다. 그리고 매우 불규칙한 극피동물인 샌드달러(sand dollar/Clypseasteroidea)라고 하는 일종의 성게가 굴을 파고 사는 성게로부터 비교적 짧은 기간 동안에 진화하였으며 이 시기

해초 ⓒMartin Attrill

화폐석

샌드달러

말에는 육방산호가 다시 산호초를 형성하기 시작하였다. 경골어류도 몸길이 약 25cm 정도인 고등어(mackerel)와 농어 등을 포함한 기조어류를 중심으로 매우 다양해지고 엄청나게 번성하였다. 민물에도 경골어류가 번성하는 한편 민물 규조류도 나타났다.

4. 또 한 번의 멸종

시신세 말에도 거대한 운석이 러시아(Russia)의 포피가이(Popigai)에 충돌하여 지름이 100km에 달하는 크레이터를 남겼으며 미국의 체서피크(Chesapeake)만[104] 근처에도 거대한 소행성이 충돌하였는데 과거의 대량 멸종에는 못 미쳤지만 이로 인하여 녹조류와 유공충 및 포유류의 상당 부분이 멸종되었으며 특히 북아메리카와 유럽이 상대적으로 많은 타격을 입었다.

러시아의 포피가이 크레이터

3

점신세

漸新世, 올리고세/Oligocene epoch: 3,400만~2,400만 년 전

1. 동해(東海, East Sea)의 탄생

약 3,000만 년 전 아시아 대륙에서 떨어져 나간 땅덩어리의 일부가 일본 열도의 모태를 이루면서 남쪽으로 이동하기 시작하였다. 이렇게 만들어진 분지는 처음에는 바다와 연결되어 있지 않아 호수를 이루었지만 점점 더 확장되어 점신세 말쯤에는 태평양과 연결되면서 바닷물이 밀려 들어와 동해를 형성하게 되었다.

2. 점신세의 기후

이 시기에는 해저의 면적이 약간 늘고 해수면이 낮아져 새로운 대륙들이 해수면 위로 드러나면서 대륙의 면적은 늘고 바다의 면적은 줄어 기온이 계속 낮아졌다. 그 결과 대륙에는 대륙빙이 형성되었으며 지구의 기온은 점점 더 추워지게

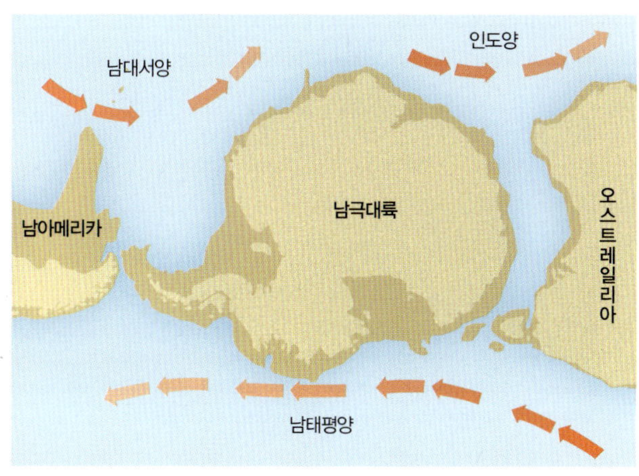

남극해류(1)

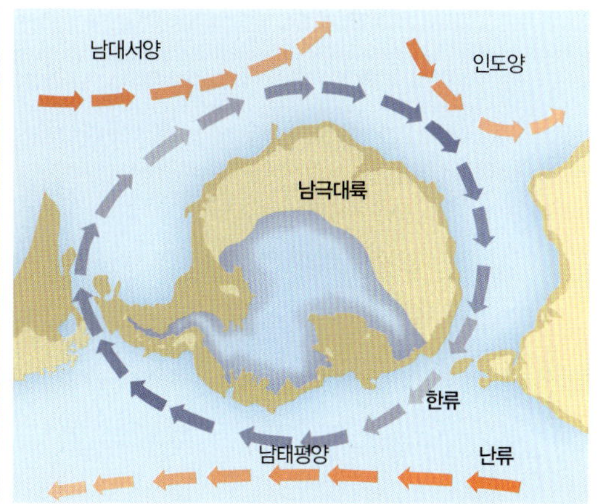

남극해류(2)

자작나무 ⓒMark Warta

떡갈나무

느릅나무

두 가지 색으로 물든 단풍나무

되었다.

이와 동시에 남극대륙과 오스트레일리아 대륙이 분리된 후 남극대륙을 둘러싸고 환남극해류(環南極海流, Circum-Antarctic Current)가 형성되어 남극대륙이 따뜻한 해류로부터 차단됨에 따라 남극대륙은 빙하로 덮이기 시작하였으나 북극에는 아직 얼음이 없었다.

3. 초원(草原, grassland)의 등장

이 시기에도 기온이 계속 낮아짐에 따라 열대림은 여전히 적도 부근에만 남게 되고 유라시아 대륙 북부와 북아메리카 대륙에는 버드나무, 자작나무, 떡갈나무(oak), 느릅나무(elm) 등과 같은 넓은 잎을 가진 낙엽수들과 침엽수들로 구성된 난온대

대초원

림이 무성하였으며 아케르(Acer)와 같은 단풍나무(maple)가 최초로 등장하여 전
세계로 널리 퍼져 나갔고 남아메리카에는 거대한 초원이 형성되었다.

　시신세 말의 멸종 후 많은 아시아의 동물들이 베링육교와 육지를 통하여 상대
적으로 큰 타격을 입은 북아메리카와 유럽으로 이동하면서 이 지역의 많은 동물
집단들이 아시아형 동물들로 대체
되었다. 그리고 그동안 멸종을 면
했던 다구치목이 점신세 초에 멸종
되었다.

　이 시기에 북부 아프리카에는 피
오미아(Phiomia)라는 원시코끼리가
등장하였는데 그 전의 코끼리보다
는 커졌지만 지금의 말 정도였으며
기둥 같은 다리와 짧은 목에 몸집에
비해 큰 머리를 가지고 있었다. 코는
대부분 짧았으며 엄니는 위턱에도
한 쌍이 있었지만 기다란 아래턱에
도 끝이 네모나고 납작한 엄니가 한
쌍 있어 모두 두 쌍의 엄니를 가지고
있었는데 아래쪽 엄니는 수생식물
을 건져 먹거나 나뭇가지와 껍질을
자르는 데 사용했을 것이다.

　이 시기의 우제류로는 다에오돈
(Daeodon, 디노히우스/Dinohyus)과
같이 수이포름에 속하는 엔텔로돈

피오미아

다에오돈 ©Karen Barnes, U.S National Park Service
Harpers Ferry Center

스테노밀루스 ⓒKaren Barnes, U.S National Park Service Harpers Ferry Center

크라니오케라스 ⓒDorling kindersiey

기라포케릭스

트가 있었는데 몸집이 커서 몸길이가 3m 나 되었고 높은 어깨와 두터운 몸통, 긴 다리를 가지고 있었으며 머리뼈와 턱에는 돌기를 가지고 있었다. 같은 우제류 중 틸 로포드에 속하는 낙타로는 몸집이 작은 스테노밀루스(Stenomylus)가 있었는데 씹 는 이빨이 엄청나게 컸고 발굽이 뾰족했으 며 걸을 때는 발가락 끝으로 걸었다. 역시 같은 우제류로서 페코란에 속하는 사슴류 로서는 팔레오메리시드(paleomerycid)인 크라니오케라스(Cranioceras)가 있었는데 어깨까지의 높이는 1m 정도였다. 대부분 의 팔레오메리시드는 수컷의 눈 위에 각질 로 된 한 쌍의 단단한 뿔을 가지고 있었으 며 특히 크라니오케라스가 속한 종은 머리 뼈 뒷부분에 털이 난 뼈로 된 세 번째 뿔이 있었다. 또 이들 중 초원에서 살던 종은 다 리가 길었으나 숲 속에서 살던 종은 짧은 다리를 가지고 있었다.

같은 페코란인 기라포케릭스(Giraffo keryx)는 원시 기린류로서 끝이 뾰족하고 털이 나 있는 뼈로 된 두 쌍의 뿔을 가지고 있었다. 그리고 시바테리움(Sivatherium) 과 같은 시바테레(sivatheres)라는 멸종된

시바테리움 ⓒsearch4dinosaurs.com

오비스 카나덴시스

기린류는 가지가 쳐진 뼈로 된 엄청나게 큰 뿔을 가지고 있어서 기린이라기보다는 사슴에 가까운 모습이었다. 페코란 중에서도 소, 양(羊, sheep), 염소(goat), 영양 (antelope), 사향소(musk ox) 등은 보보이드(bovoids)라는 집단으로 분류하는데 이들은 모두 암수의 구분 없이 머리에 뿔 갈이를 하지 않는 강력한 한 쌍의 방어용 뿔이 있었으며 이빨과 위가 풀을 먹고 소화시킬 수 있도록 진화하였다. 또 굽이 달린 발가락이 두 개인 발과 다리는 빨리 달리고 민첩하게 뛰어오를 수 있도록 되어 있었는데 이 시기의 보보이드로는 오비스 카나덴시스(Ovis canadensis)가 있었으며 이들로부터 가장 먼저 영양, 그다음으로 양과 염소 그리고 마지막에 소가 진화한 것으로 보여진다.

기제류의 일종인 코뿔소로는 달리는 코뿔소류인 히라코돈트류(hyra codontids) 가 동부 유럽과 아시아에 등장하였는데 이들은 당시에는 뿔이 없었고 긴 다리를 가지고 있었다. 이들은 초기에는 몸집이 작았으나 이 시기의 파라케라테리움(Paraceratherium)은 몸길이 9m, 어깨까지의 높이가 6m였고 머리

파라케라테리움 ⓒDorling Kindersley

인드리코테레 ©Jon Hughes/Dorling Kindersley

팔레오카스토르 ©Natural History Museum of London

뼈의 길이만 1.3m였으며 무게가 16톤이나 나가 모든 시대를 통틀어 몸집이 가장 큰 육상 포유류였다. 이들은 거대한 몸집에도 불구하고 날씬한 다리로 잘 달릴 수 있었으며 세 개의 단단한 발가락으로 체중을 지탱하였다. 같은 코뿔소류인 인드리코테레(Indricothere) 역시 매우 커서 어깨까지의 높이가 4.5m였고 무게는 수컷이 15톤, 암컷도 12톤 정도 나갔는데 목이 길고 높은 곳에 있는 나뭇잎을 따먹는 등 코뿔소류라고는 하지만 생김새나 하는 짓은 오히려 기린에 가까웠다.

비버(beaver)는 설치류 중에서는 몸집이 큰 편이지만 이 시기의 비버인 팔레오카스토르(Paleocastor)는 몸집이 작았으며 북아메리카의 평원에서 살았다. 사향고양이과(viverrids)에 속하는 사향고양이(civet), 제넷고양이(genet)와 함께 역시 같은 과에 속하는 초기 하이에나(hyena)와 몽구스(mongoose), 최초의 고양이도 이 시기에 등장하였다. 현생의 하이에나는 개와 더 닮았지만 사향고양이과에 속하며 이크티테리움(Ictitherium)과 같은 초기 하이에나는 몸집도 지금보다 훨씬 더 작았고 생긴 것도 사향고양이와 비슷했다.

사향고양이

제넷고양이

하이에나

몽구스 ⓒSchuyler Shepherd

　이 시기의 개과 동물인 보로파기네스(boropha gines) 중 짧은 머리뼈와 먹이를 짓이기는 커다란 어금니를 가진 오스테오보루스(Osteoborus)는 하이에나 비슷한 생활을 하던 늑대(wolf)의 조상으로 보이며 일부 보로파기네스는 현생 사자만큼이나 컸다. 그리고 초기 검치(劍齒, saber-toothed)고양이과 동물인 마카이로두스(Machairodus)와 같은 마카이로돈트류(machairodontines)도 등장하였는데 이들이 나중에 등장하는 유명한 검치호랑이 스밀로돈의 직계 조상이다. 영장류로서는 초기 구세계원숭이인 이집토피테쿠스(Aegyptopithecus)가 이집트에 살았는데 작은 고양이만 한 이 유인원은 오늘날의 원숭이와 비슷하였으며 나무 위에서 과일과 잎을 먹고 살았을 것이다.

마카이로두스

이집토피테쿠스 ⓒDorling Kindersley

올빼미원숭이

눈 속의 웜바트

캥거루쥐

주머니쥐 ⓒDorling Kindersley

이 시기에 거대한 초원이 형성된 남아메리카에는 동물상(動物相, fauna)에도 커다란 변화가 일어났다. 같은 초식동물이라고 하여도 과거의 초식동물들은 주로 어린 나뭇잎과 줄기를 뜯어먹고 살았으나(browsing) 이와 같이 초원이 확산되자 이들 풀들을 잘 먹고(grazing) 소화시킬 수 있느냐 없느냐에 따라 초식동물들은 살아남을 수 있느냐 없느냐 하는 도태압(淘汰壓, selective pressure)을 받게 된 것이다.[105] 그리고 초원을 배경으로 작은 동물들이 더욱 다양해졌으며 육식동물들은 무리를 지어 사냥하기 시작하였다. 그러나 브라니셀라(Branisella)와 같은 최초의 신세계원숭이나 이 시기 후기의 올빼미원숭이(owl monkey)를 닮은 트레마케부스(tremacebus)와 같은 신세계원숭이들은 목초지생활을 하지 않고 숲 속에서만 살았다.

같은 시기에 오스트레일리아는 초식성 유대류인 디프로토돈트류(diprotodontids)가 차지하고 있었는데 이 집단에는 캥거루, 코알라, 주머니쥐 등이 포함되지만 당시에는 커다란 웜바트(wombat)처럼 생긴 종이 번성하였다. 그 외에 굴을 파고 사는 작은 잡식성 유대류인 캥거루쥐(bandicoot)와 주머니고양이과(dasyuromorphs)인 주머니쥐(marsupial mouse), 주머니곰(tasmanian devils), 주머니늑대(thylacinus /tasmanian wolf) 및 주머니개미핥기(numbat) 등도

주머니곰 ⓒWayne McLean

주머니늑대 ⓒCarl Buell

이 시기에 등장했다.

점신세 후기의 우라노테레는 팔레오파라독시아(Paleoparadoxia)와 같은 데스모스틸리안(desmos tylians)이 있었는데 생긴 것은 하마와 바다코끼리의 중간 정도의 모습이었고 중신세까지 북태평양 연안 부근에서 해초를 뜯어먹으며 주로 바다에서 살았지만 새끼는 육지에서 낳았다. 점신세 말에는 곰의 가까운 친척이며 어류를 잡아먹고 사는 기각류(鰭脚類, Pinnipedia)[106]인 물개(fur seal), 강치(sea lion), 바다코끼리(해상/海象 또는 해마/海馬, walrus) 등이 등장하여 크게 번성하기 시작하였다.

바다에는 해초가 계속 번성하였

주머니개미핥기 ⓒ Gnangarra

팔레오파라독시아 ⓒNatural History Museum of London

강치 ⓒDavid Corby

바다코끼리

으며 육방산호로 이루어진 산호초도 널리 퍼져 나갔다. 조개류와 유공충도 다시 번
성하였으며 경골어류도 기조어류를 중심으로 더욱 다양해지고 엄청나게 번성하였
으나 이 시기 말에는 대형 유공충인 화폐석이 완전히 멸종되었다. 한편 민물에도
경골어류가 역시 기조어류를 중심으로 더욱 다양해지고 크게 번성하였는데 이 시
기에 등장한 레우키스쿠스(Leuciscus)라는, 이빨
이 없는 특수하게 생긴 턱으로 수중식물을 먹
고 사는 물고기는 아직도 세계 각지의 개울과
웅덩이에서 살고 있다.

레우키스쿠스

4

중신세

中新世, 마이오세/Miocene epoch: 2,400만~500만 년 전

1. 홍해(紅海, Red Sea)와 대열곡(大裂谷, Great Rift Valley)의 형성

약 2,000만 년 전 아프리카 대륙의 동쪽에 대규모 화산활동이 일어나 아라비아 반도가 아프리카 대륙에서 떨어져 나가면서 그 자리에 홍해와 아덴만(Gulf of Aden)이 생겨났고 약 1,500만 년 전에는 대륙판이 융기하면서 아프리카 대륙의 동

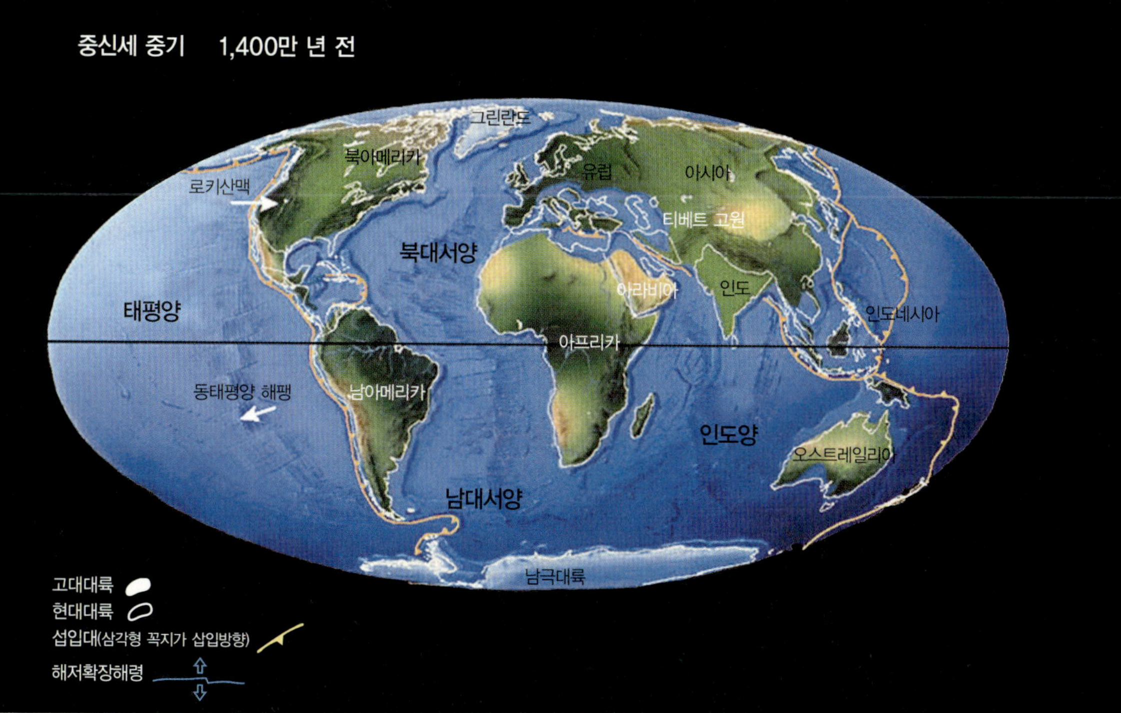

중신세의 대륙과 바다 ⓒscotese.com

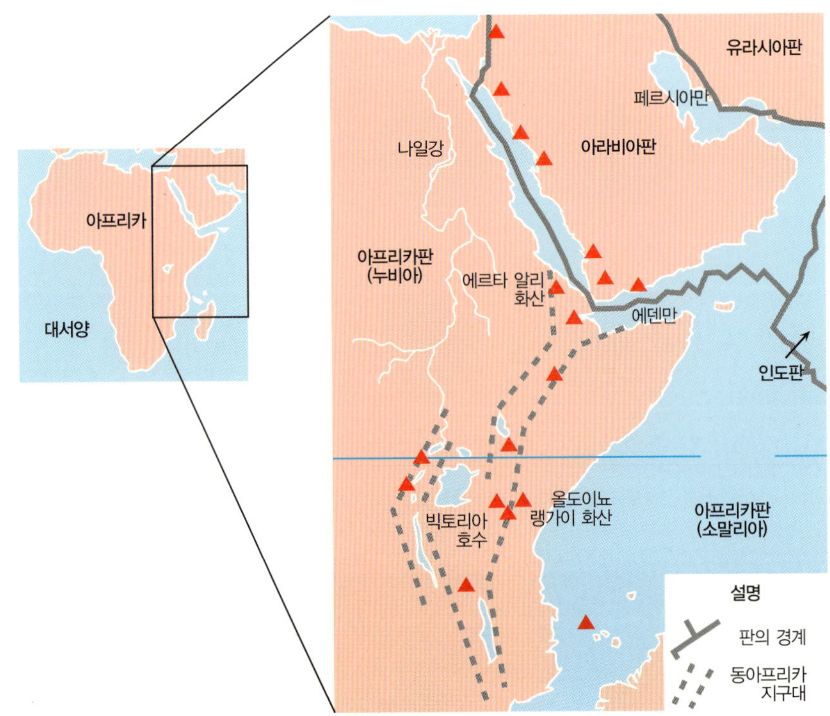

대열곡의 위치

인공위성에서 본 대열곡의 모습 ⓒChristoph Hormann

부에 길고 넓은 골짜기인 대열곡(大裂谷, Great Rift Valley, 동아프리카열곡대/East African Rift Valley)이 형성되었으며 서테티스해를 가로질러 북상하던 땅덩어리들이 유럽과 충돌하여 이탈리아, 그리스(Greece)와 같은 남부 유럽이 되었다.

그리고 아프리카 전체가 북으로 이동하면서 소규모 습곡작용으로

아틀라스 산맥

아프리카 대륙 북서부에 아틀라스(Atlas) 산맥이 만들어지고 동테티스해는 완전히 소멸되었으며 서테티스해는 매우 축소된 상태로 대서양 쪽의 입구가 막혀 지중해(地中海, Mediterranean Sea)가 되었다. 이 지중해는 600만 년 전 해수면이 극적으로 낮아지면서 엄청나게 염도가 높아졌으나 530만 년 전 지브롤터(Gibraltar)해협이 열리면서 다시 대서양과 연결되어 바닷물이 들어오게 되었다.

한편 1,300만 년 전에는 북대서양에서 대규모의 화산이 분출하여 아이슬란드

지브롤터 해협 ⓒManfred Werner

아이슬란드의 빙산 위에 있는 화산호

콜로라도 고원의 모습　　　그랜드캐니언

(Iceland)가 만들어지고 일본열도가 남하하면서 계속 확장되던 동해는 약 1,200만 년 전 일본열도가 필리핀판 및 태평양판과 충돌하면서 확장이 중단되었다. 또 북아메리카에서는 콜로라도(Colorado)고원과 함께 그랜드캐니언(Grand Canyon)이 형성되기 시작하였다.

2. 중신세의 기후

중신세 초의 기후는 오늘날과 비슷했으나 약간 더 따뜻해서 남극대륙의 빙하는 다 녹아버렸으며 이 시기에도 석탄과 석유(石油, petroleum)가 많이 매장되었다. 극지로부터 적도까지 위도에 따라 기후차가 뚜렷했으나 영국과 북부 유럽에 야자나무와 악어가 있었으며 오스트레일리아는 오늘날보다 덜 건조했다. 그러다가 지금으로부터 약 1,500만 년 전 북대서양이 넓어지고 깊어지면서 북극해의 차가운 물이 대서양으로 흘러나와 지구가 전체적으로 추워지면서 남극대륙에 빙하가 다시 성장하기 시작하였다.

3. 초원의 확산과 초기 인류의 등장

중신세 초에 쌍떡잎식물 중에서는 가장 진화한 식물들인 데이지(daisy), 쑥부쟁이(aster), 해바라기(sunflower), 상추(lettuce) 등과 같은 국화과(菊花科, Compositae/Asteraceae)식물들을 일부 포함하는 대부분의 재배식물(栽培植物, garden plant)들과 잡초(雜草, weed)들을 포함하는 허브(herb)[107]들이 등장하여 널리 퍼졌다. 이들은 처음에는 빈 들판을 차지해서 자랐지만 잘 유지되지는 않았다. 그럼에도 불구하고

데이지

쑥부쟁이

해바라기

상추

잡초

이들이 다양하게 진화할 수 있었던 것은 초원이 크게 확산되었기 때문일 것이다. 초원은 불이 자주 나서 빈 들판이 되었다가 식물이 다시 자라기를 되풀이하면서 확산되어 나갔다. 그래서 중신세 중에 초원은 아프리카. 북아메리카, 유라시아 대륙을 휩쓸었으며 이들 지역에도 남아메리카의 경우와 비슷한 동물상의 변화를 가져왔다. 이들 들판에는 피카류를 비롯한 토끼목의 동물들과 팔레오카스토르 같은 비버 등의 동물들이 크게 번성했다.

코끼리류로서는 현생 아시아 코끼리 크기의 마스토돈(Mastodon)류 곰포테리움(Gompho-therium)과 같은 곰포테레(gompho-theres)가 전

마스토돈 ⓒsearch4dinosaurs.com

플라티벨로돈 ©damisela.com

데이노테리움 ©search4dinosaurs.com

히포포타무스

헥사프로토돈

세계의 초원이나 삼림 또는 늪지에서 살았는데 이들의 위턱 엄니는 격투용이나 과시용으로 사용되었을 것이며 이들이 매머드나 오늘날의 코끼리로 진화했을 것이다. 또 플라티벨로돈(Platybelodon)이라고 하는 곰포테레도 북아메리카를 비롯하여 아프리카, 아시아, 유럽 등지에 넓게 분포하였는데 이들은 어깨까지의 높이가 3m 정도 되었으며 아래턱 끝이 기다란 주걱과 같이 생겼다. 그 외에 데이노테레(deinotheres)인 데이노테리움(Deinotherium)이라고 하는 이상하게 생긴 코끼리는 위턱에는 엄니가 없고 턱 밑에 아래쪽을 향한 비교적 짧은 한 쌍의 엄니를 가지고 있었는데 이것은 나무뿌리를 캐거나 나무껍질을 벗기는 등에 사용되었을 것이다.

우제류 중 수이포름에 속하는 최초의 하마도 중신세 말에 등장하였다. 오늘날에는 몸집이 크고 수륙양생인 히포포타무스(Hippopotamus)와 몸집이 작고 육지에 사는 헥사프로토돈(Hexaprotodon)이 남아 있는데 이들은 입 앞에 커다란 엄니가 구부

러져 나 있다. 엄니는 전투용이나 과시용
이며 수컷이 암컷보다 더 컸다. 또 틸로포
드에 속하는 낙타로서는 북아메리카에 아
에피카멜루스(Aepycamelus)와 옥시닥틸
루스(Oxydactylus) 등이 있었는데 이들은
엄청나게 긴 다리와 목뼈를 가지고 있었
으며 오늘날의 기린처럼 나무 높은 곳의
잎을 따 먹었을 것이다. 아에피카멜루스

아에피카멜루스 ⓒsearch4dinosaurs.com

는 갈라진 윗입술, 기다랗게 굽은 목, 발가락이 두 개뿐인 발 등이 오늘날의 낙타와
많은 공통점을 가지고 있었다. 이들은 다른 소류와는 달리 발가락 끝이 아니라 발
가락 전체로 걸었으며 걸을 때는 몸의 한쪽에 있는 두 다리가 동시에 같은 방향으
로 움직였다.

그리고 페코란의 일종인 이 시기의 보보이드로서는 라모케로스(Ramoceros)라는
작고 원시적인 가지뿔영양(pronghorn)이 있었는데 세계에서 두 번째로 빠른 포유
류인 현생 가지뿔영양의 조상이었다. 이들의 뿔은 길고 끝이 갈라졌으며 매년 뿔외

옥시닥틸루스 ⓒNatural History Museum of London

라모케로스

히파리온 ⓒ카렌 카(Karen Carr)

텔레오케라스

껍질을 가는데 이것 때문에 가지뿔영양을 소류보다는 사슴류에 가까운 것으로 보는 학자들도 있다.

기제류로는 매우 진화한 말인 히파리온(Hipparion)이 초원을 누비고 다녔는데 이들은 발가락이 한 개뿐인 현생 말과는 달리 발가락이 세 개였으나 대부분의 체중은 가운데 발가락에 실렸으며 거친 풀도 먹기 좋은 이빨을 가지고 있었고 몸길이는 1.5m 정도였다. 그리고 북아메리카에는 몸이 길고 다리가 짧으며 작은 코뿔을 가졌던 텔레오케라스(Teleoceras)라는 코뿔소가 등장하였는데 이들은 하마처럼 물속에서 뒹굴다가 밤에 육지로 올라와 풀을 뜯어먹었을 것이다.

한편 이 시기의 영장류로는 여우원숭이가 있었는데 나무를 기어오르는 거대한 종과 원숭이와 같이 지상에서 거주하는 종, 나무늘보와 같이 나무에 거꾸로 매달리는 팔이 긴 종 등 오늘날보다도 더 다양했으며 메갈라다피스(Megaladapis)와 같은 종은 오늘날의 오랑우탄 정도 크기의 코알라를 닮은 육중한 여우원숭이로서 기다란 머리뼈와 커다란 어금니를 가졌는데 불과 600여 년 전에 멸종되었다. 한편 사람과의 진화에서는 약 1,200만 년 전 오랑우탄이 제일 먼저 분리되어 나가고 다음 약 800만 년 전에 고릴라가 분리되어 나갔다. 그리고 중신세 말인 약 700만 년 전에 인

메갈라다피스 ⓒCarl Buell

보노보

류와 가장 가까운 동물인 보노보(또는 피그미침팬지, bonobo)[108]와 침팬지가 분리되어 나가면서 가장 오래된 인류의 조상이라고 할 수 있는 사헬란트로푸스 차덴시스(Sahelanthropus tchadensis)라는 유원인(類猿人, hominid)이 등장하였으며 약 600만 년 전에는 오로린 투게넨시스(Orrorin tugenensis), 그리고 550만 년 전에는 아르디피테쿠스 라미두스(Ardipithecus ramidus)가 등장하였다.

남아메리카에는 포식성 유대류인 보리아에나류로서는 검치고양이를 닮은 검치 보리아에나류인 틸라코스밀루스(Thylacosmilus)가 등장하였다. 이 동물은 크기나 모습이 큰 고양이와 비슷하였으나 골격 구조는 전혀 달랐고 오히려 주머니쥐와 비슷하였으며 이 동물의 검치는 다른 검치동물과는

틸라코스밀루스 ⓒBedrock Studios/Dorling Kindersley

글로소테리움 ⓒPat Gulley

달리 계속 자랐기 때문에 끝을 항상 갈아주어야만 했는데 홍적세까지 생존하였다.

그리고 이 시기에 제나르트란의 일종인 키 4m, 몸무게는 1.5톤 정도인 글로소테리움(Glossotherium)이라는 커다란 땅늘보(ground sloth)가 나타났는데 나무늘보는 나무에 거꾸로 매달려 나뭇잎을 먹는 반면 이들은 두 발로 땅을 딛고 서서 튼튼한 앞발과 발톱으로 나뭇가지를 끌어당겨 잎을 따 먹었다. 이들의 꼬리는 강력해서 두 발로 설 때 몸을 받쳐 주었으며 다섯 개의 앞 발가락에는 커다란 굽은 발톱이 있어서 나뭇가지를 끌어당길 때나 또는 방어용으로 사용했을 것이다. 그리고 이 시기에 등장한 딱딱한 육각형의 방패판으로 된 갑옷을 두른 제나르트란인 조치수(彫齒獸, glyptodonts) 중 작은 것은 아르마딜로만 하였으나 도에디쿠루스(Doedicurus)와 같이 몸집이 큰 종은 높이가 1.5m, 길이 4m, 무게는 2톤이나 나갔으며 40kg이나 되는 꼬리는 훌륭한 방어용 무기였지만 적에게보다는 주로 짝짓기 할 때

도에디쿠루스

수컷끼리 겨루는 데 사용하였을 것이다.

그리고 남아메리카의 초원에는 멸종한 가스토르니스보다 더 크고 무서운 포식성

주금류인 포루스라코스〔Phorusrhacos, 북아메리카로 이동 후 티타니스(Titanis)로 불림〕

넙치 ⓒclassicnatureprints.com

가 등장하였다. 이 날지 못하는 새는 키가 2.5m에 달했고 커다란 머리와 갈고리 모양의 강력한 부리, 움켜쥘 수 있는 발가락이 달린 앞발과 세 개의 발가락에 날카로운 발톱을 가진 길고 튼튼한 뒷다리를 가지고 있었으며 매우 민첩하고 무서운 포식자였다.

바다에는 조개류와 유공충이 계속 크게 번성하였고 넙치(flatfish)와 메갈로돈(Megalodon)이라는 거대한 백상어(Great White)도 이 시기에 등장하였으

중신세의 강변 풍경 ⓒ카렌 캐(Karen Carr)

메갈로돈 vs 백상어

며 플랑크톤을 먹는 여과섭식자인 수염고래(baleen whale)가 크게 번성하였다. 메갈로돈은 몸길이 15m 이상, 무게는 50톤 정도이며 이빨 길이가 15cm에 달했는데 이빨의 가장자리는 날카로울 뿐만 아니라 톱니 모양으로 되어 있어서 뼈까지도 잘라낼 수가 있었다. 한편 민물에는 메기(catfish)가 새로이 등장하였다.

수염고래 ©Carl Buell

메기

• 5 •

선신세

鮮新世, 플라이오세/Pliocene epoch: 500만~180만 년 전

1. 남·북 아메리카 대륙의 연결

약 300만 년 전 당시 대서양에 섬들을 이루고 있던 현재의 중앙아메리카가 남하하여 파나마지협(-地峽, Isthmus of Panama)을 형성하면서 완전히 분리되어 있던 남·북아메리카 대륙을 연결시켜 줌으로써 생태계에 많은 영향을 미쳤다.

2. 선신세의 기후

지구의 기온이 점점 더 내려가고 건조해지면서 북극해에 얼음이 얼기 시작하였다. 그러다가 남·북 아메리카 대륙이 연결되면서 태평양과 대서양의 교류가 단절되고 멕시코만으로부터 북쪽으로 흐르는 따뜻한 걸프해류가 많은 양의 수분을 북유럽과 그린란드 지역에 공급함으로써 이들 지역에서 급속히 빙하가 커져서 빙하시대에 돌입할 준비를 갖추게 되었다.

3. 고래의 번성과 남·북아메리카 간 동물의 이동

기온이 내려가고 건조해지면서 점신세 때와 마찬가지로 고위도에서는 열대식물이 점점 사라졌으며 침엽수나 자작나무처럼 추위에 잘 견디는 나무들로 이루어진 숲들이 북아메리카와 유럽 및 아시아의 북쪽 지방으로 퍼져 나갔고 강가에는 버드나무와 과일나무가 많이 들어섰다. 특히 이 시기에 등장한 리퀴담바르(Liquidamber, 풍향수/sweetgum)라고 하는 나무는 25m까지 자랐으며 전 세계에 널리 분포했는데 온

리퀴담바르

테트랄로포돈 ⓒ Carl Buell

대림에서 중요한 위치를 차지하고 있었다. 가구와 펄프의 재료가 되는 이 나무는 오늘날에도 경제적으로 매우 중요하다. 한편 나무가 무성하던 대초원에서는 나무가 거의 사라졌으며 건조한 대초원은 더욱 널리 퍼져 나갔고 나무의 어린잎을 먹던 동물들 대신에 풀을 먹는 동물들이 번성하게 되었다.

그리고 이 시기의 동물들은 대부분 오늘날의 동물들과 거의 비슷했는데 발가락이 하나뿐인 말, 낙타, 코끼리, 영양 등과 같은 유제류들이 새로 들어서는 대초원에서 다양하게 진화하였다. 특히 효신세에 처음 등장한 코끼리는 이 시기까지 오늘날의 코끼리와 거의 비슷할 정도로 진화해서 세계 대부분의 지역으로 퍼져 나갔다. 아프리카와 유럽, 그리고 아시아에 살던 테트랄로포돈(Tetralophodon)이라고 하는 코끼리는 오늘날의 코끼리에 비해 머리뼈가 길고 때로는 아래턱에도 엄니를 가지고 있었는데 이들이 매머드나 현생 코끼리의 직접 조상이라고 여겨지고 있다.

고양이과 동물들이 등장한 이후 이들은 진화하면서 송곳니와 열육치는 커졌지만 앞니와 어금니는 작아지거나 사라졌으며 검치고양이과 동물들은 송곳니가 극도로

디노펠리스 ⓒJon Hughes/Dorling Kindersley

스밀로돈

커졌다. 이 시기에 등장한 검치고양이과 동물인 디노펠리스(Dinofelis)는 크기나 모습이 오늘날의 표범(leopard)이나 재규어(jaguar) 비슷했으며 검치호랑이라고 할 수 있는 스밀로돈(Smilodon) 이나 호모테리움(Homotherium)은 오늘날의 사자나 호랑이보다 더 커서 많은 먹이를 필요로 했기 때문에 먹잇감이 줄어들자 쉽게 멸종했다. 한편 이 시기에는 목초지에서 풀과 그 밖의 먹이를 먹던 테로피테쿠스(Theropithecus)와 같은 구세계원숭이들이 다양하게 진화하였는데 이들은 몸길이가 2m에 달하기도 하였다.

남아메리카에는 이 시기의 제나르트란으로서 글로소테리움보다 더 큰 땅늘보인 에레모테리움(Eremo therium)이나 메가테리움(Megatherium) 등이 나타났는데 이들은 몸길이 6m에 무게는 3톤이나 되었으며 상당히 최근에 멸종하였다.

선신세 중간에 남·북아메리카 대륙이 연결되기 전에는 남아메리카에는 유대류가, 북

호모테리움 ⓒ Carl Buell

테로피테쿠스

메가테리움 ⓒ search4dinosarus.com

스컹크

아메리카에는 유태반류가 지배적이었다. 그러다가 두 대륙이 연결되자 북아메리카에서는 스컹크(skunk), 멧돼지, 늑대, 여우(fox), 곰, 말, 낙타, 원시코끼리인 곰포테리움, 맥, 개, 고양이, 스밀로돈 등 수많은 유태반류가 남아메리카로 이동하였으며 남에서 북으로 이동한 것에는 아메리카주머니쥐와 같은 유대류, 호저(豪豬, porcupine)[109]와 같은 설치류, 땅늘보, 나무늘보, 개미핥기, 아르마딜로와 같은 제나르트란, 그리고 원숭이와 무서운 포식성 주금류인 티타니스 등이 있는데 북에서 남으로 이동한 것들보다는 훨씬 적었다. 이렇게 이동한 동물들 중에는 새로운 삶의 터전에서 성공적으로 적응하지 못하고 멸종된 것들도 많았다.

남아메리카에는 북아메리카로부터 말과 낙타가 넘어온 후 이들과 비슷하게 생겼

여우 ⓒ classicnatureprints.com

호저 ⓒJ.Glover

마크라우케니아 ⓒ ceskatrelevize.cz

토아테리움 ⓒNatural History Museum of London

으면서도 특이한 메리디운굴라테스(meridiungulates)라는 유제류 집단이 등장하였다. 이들 중 마크라우케니아(Macrauchenia)와 같은 리톱테른(litopterns)은 몸길이 3m로 오늘날의 낙타만 했으며 단단한 네 다리에는 세 개씩의 발가락이 있었다. 코끼리 코와 비슷하지만 맥의 것과 같이 짧은 코와 긴 목을 가졌으며 뼈로 된 콧구멍이 두 눈 사이에 있는 것이 특이하였다. 이와 같이 대부분의 리톱테른류는 세 개의 발가락에 체중을 싣고 달렸으나 디아디아포루스(Diadiaphorus)는 가운데 발가락을 제외한 양쪽 발가락은 퇴화하여 작아졌으며 토아테리움(Thoatherium)의 경우에는 발가락이 한 개만 남고 없어졌다.

톡소돈 ⓒNatural History Museum of London

같은 메리디운굴라테스 중에서도 노토운굴라테스(notoungulates)라는 집단에 속하는 톡소돈트류(toxodonts)는 크기가 돼지만한 것에서 코뿔소만 한 것까지 다양했는데 그중 하마만 한 크기의 톡소돈(Toxodon)은 커다란 씹는 이빨과 튀어나

온 앞니를 가지고 있었다.

선신세 후기의 북반구에는 대륙빙이 형성되면서 툰드라(동토대/凍土帶, tundra) 생물군계(生物群系, biome)가 형성되었는데 여기에는 털 매머드(woolly mammoth), 털 코뿔소(woully rhino), 들소(bison, 버팔로/buffalo), 사향소 등이 포함된다. 코끼리의 일종인 털 매머드는 북아메리카와 아시아, 유럽 등에 널리 분

툰드라

털 매머드 ⓒJon Hughes/Dorling Kindersley

털 코뿔소

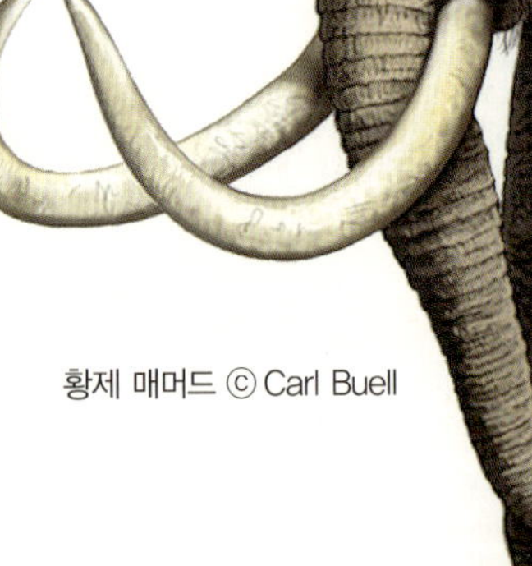

들소

포하였는데 키가 3.3m 정도였고 엄청나게 기다랗고 구부러진 엄니를 가지고 있었으며 무리를 지어 살면서 코를 이용해 풀이나 작은 식물들을 뜯어먹었다. 또 아시아와 유럽에 살던 코엘로돈타(Coelodonta)라는 털 코뿔소는 두 개의 커다란 뿔과 어깨 혹을 가지고 있었고 어두운 색깔의 긴 털이 온몸을 덮고 있었으며 다리는 굵고 단단했다. 그러나 키가 3.7m이고 4.3m에 달하는 거대하고 구부러진 엄니를 가졌던 황제 매머드(imperial mammoth)는 따뜻한 북아메리카에서 살았기 때문에 겉에 툰드라의 털 매머드와 같은 털이 없었다.

선신세 전 기간을 통하여 툰드라 지역은 오늘날보다 훨씬 더 생산성이 높아서 더욱 다양한 식물과 동물들이 살았다. 커다란 극지동물들은 툰드라지역의 대초원(大草原,

황제 매머드 ⓒ Carl Buell

steppe)에서 이불처럼 덮인 풀밭을 뚫어 구멍을 내고 엄청난 양의 배설을 했으며 이것이 비료로 작용하여 식물들이 발을 붙일 새로운 장소가 되었다. 이렇게 하여 식물들이 점점 더 다양해졌고 이에 따라 작거나 중간 정도 크기의 초식동물들도 매우 다양해졌다.

한편 이 시기의 인류로는 오스트랄로피테쿠스 아나멘시스(Australopithecus anamensis), 오스트랄로피테쿠스 아파렌시스(afarensis), 오스트랄로피테쿠스 아프리카누스(africanus), 오스트랄로피테쿠스 가르히(garhi) 등과 같은 오스트랄로피테쿠스계가 주류를 이루었으나 이 시기 말에는 최초의 사람속(屬, Homo)인 호모 루돌펜시스(rudolfensis), 호모 하빌리스(habilis), 호모 에르가스테르(Homo ergaster) 등이 등장하였다. 그리고 이들 사람속이 등장한 시기에 보노보와 침팬지도 분리되었다.

바다에는 조개류나 소형 유공충류를 비롯하여 연체동물, 완족류, 성게류, 산호 등이 크게 번성하였으며 현존하는 모든 어류들이 이 시기에 이미 진화를 이루었다.

향유고래 ©omplace.com

혹등고래

범고래 ©Carl Buell

돌고래

고래도 원시적인 형태에서 벗어나 향유고래(sperm whale), 혹등고래(humpback), 무시무시한 포식자인 범고래(killer whale) 등과 많은 현대적인 돌고래(dolphin)들이 모두 이 시기에 등장하였다. 지금은 인간들의 무분별한 포획으로 거의 멸종 위기에 처한 발라에나(Balaena)라고 하는 수염고래는 몸길이가 20m까지 자라며 거대한 입에는 가늘고 긴 고래수염이 있어서 바닷물 속의 먹이를 걸러 먹는 여과섭식자이다. 이 시기 중반에 남·북아메리카가 연결되면서 육상에서는 많은 동물들의 이동이 있었으나 해양 동물들은 오히려 태평양과 대서양 사이의 물길이 막혀 이동이 불가능함으로써 카리브해에는 다른 곳에서는 찾아볼 수 없는 특이한 어류나 해양 동물들이 많이 생겨나게 되었다.

05 신생대 제4기 Quaternary period

홍적세

洪績世, 플라이스토세/Pleistocene epoch: 180만~1만 년 전

1. 빙하시대

홍적세는 가장 최근에 빙하가 지구를 반복적으로 엄습한 시기로서 일반적으로 그냥 빙하시대라고 부르기도 한다. 그러나 실제로 최근의 빙하시대가 시작된 것은 지금부터 약 250만 년 전인 선신세 후기이다. 이 시기의 대륙의 위치는 현재와 거의 일치하였으며 다르다고 해도 최대 100km 이내였는데 빙기에는 북반구 대륙의 30% 정도가 빙하로 덮였다. 그런데 빙기에 북아메리카의 북부, 즉 캐나다, 그린란드, 미국의 북부와 북유럽 그리고 남극대륙은 두꺼운 빙하로 덮였으나 같은 위도의 아시아 지역에는 빙하가 없었다.

홍적세 중 북아메리카와 유럽에는 네 번의 주요한 빙기와 세 번의 간빙기가 있었

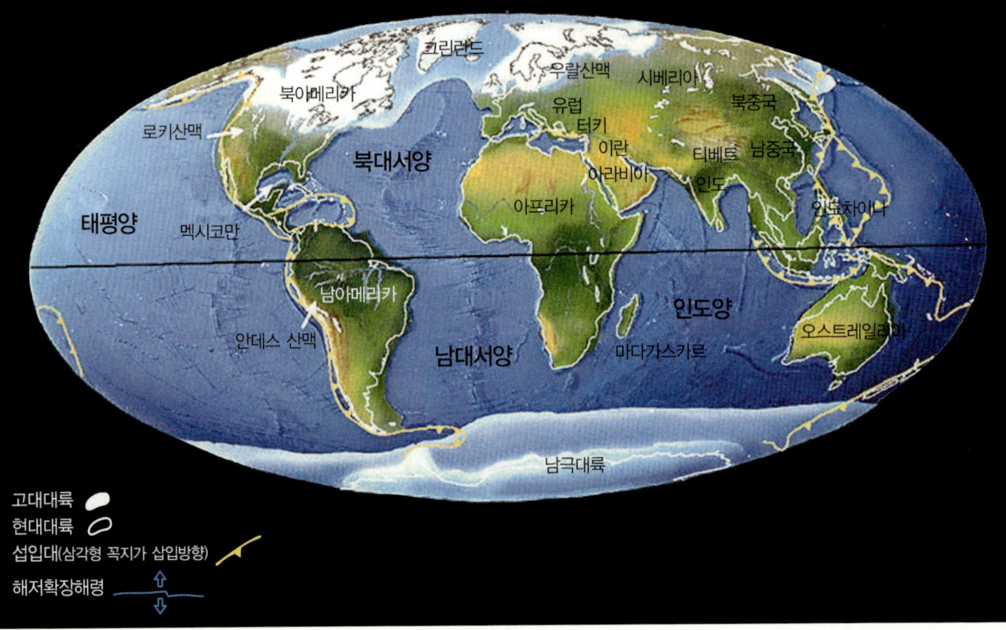

마지막 빙하기인 1만 8,000년 전의 대륙과 바다 ©scotese.com

는데 첫 번째를 북아메리카에서는 네브래스카(Nebraskan) 빙기라고 하고 유럽에서는 권츠(Gunz) 빙기라고 하며 시작된 시기는 분명치 않으나 지금으로부터 약 120만 년 전에 끝이 났다. 그러나 유럽에는 이들보다 먼저 한 번의 주요한 빙기가 더 있었는데 이를 도나우(Donau) 빙기라고 하며 이 빙기와 권츠 빙기 사이를 도나우-권츠(Donau-Gunz) 간빙기라고 한다.

첫 번째 빙기 이후의 간빙기를 북아메리카에서는 애프턴(Afton) 간빙기, 유럽에서는 권츠-민델(Gunz-Mindel) 간빙기라고 하며 약 20만 년간 지속되었다. 그 후 지금으로부터 약 100만 년 전 시작된 빙기를 북아메리카에서는 캔자스(Kansas) 빙기, 유럽에서는 민델(Mindel) 빙기라고 하며 약 40만 년간 지속되었다. 그 뒤를 이어 지금으로부터 약 60만 년 전에 시작된 간빙기를 북아메리카에서는 야머스(yamouth) 간빙기, 유럽에서는 민델-리스(Mindel-Riss) 간빙기라고 하며 약 30만 년간 지속되었다.

세 번째 빙기는 지금으로부터 약 30만 2,000년 전에 시작되어 17만 년간 지속되다가 13만 2,000년 전에 끝이 났는데 북아메리카에서는 일리노이(Illinois) 빙기, 유럽에서는 리스(Riss) 빙기라고 한다. 빙기가 끝나고 해수면이 높아지면서 영국이 유럽대륙으로부터 완전히 분리되었다. 이 빙기의 뒤를 이은 간빙기를 북아메리카에서는 생가몬(Sangamon) 간빙기, 유럽에서는 리스-뷔름(Riss Wurm) 간빙기라고 하며 5만 3,000년간 지속되다가 7만 9,000년 전에 끝이 났다.

가장 최근의 빙기를 북아메리카에서는 위스콘신(Wisconsin) 빙기라고 하고 유럽에서는 뷔름(Wurm) 빙기라고 하는데 약 7만 9,000년 전에 시작되었다가 약 1만 1,600년 전에 끝이 났다. 그러나 이외에도 약 14번 정도의 크고 작은 빙기가 더 있었던 것으로 보이며 또 일리노이 빙기 이전의 빙기나 간빙기의 연대는 여러 가지로 불확실한 점이 많아 이들을 통틀어 선(先)일리노이 빙기 또는 홍적세 초·중기(初·中期) 빙기라고 구분하기도 한다.

빙기가 닥칠 때에는 1.5~3km 정도 두께의 대륙빙이 형성되기 때문에 엄청나게 많은 양의 물이 얼음 속에 갇혀서 해수면이 100m 이상 낮아진다. 이와 같이 해수면이 낮아지면 베링해협(海峽, Bering Strait), 북해(北海, North Sea) 등과 같은 얕은 바다가 뭍으로 드러나면서 대륙이 연결되어 생물의 이주가 가능해져 생태계에 커다란 변화를 가져오게 된다. 한편 지구상에서 가장 추운 곳인 남극대륙은 홍적세 전 기간 동안뿐만 아니라 그 전의 선신세 때부터도 얼음에 덮여 있었다.

2. 특이한 진화와 동물의 이동

이 시기에 들어와 기온이 낮은 북위도 지역에는 초원이 더욱 확산되었는데 여기에는 풀만 자라는 것이 아니라 지의류, 이끼, 사초(莎草, sedge), 그리고 작은 버드나무와 자작나무들이 같이 자랐다. 그리고 북쪽의 초원 지대와 남쪽의 온대 낙엽수림

사초

타이가 ⓒScott & Ruth Bassett

사이를 새로운 침엽수림인 타이가(taiga)가 점령해 나갔다. 북반구의 이 광활한 삼림의 많은 부분을 피케아(Picea)라고 하는 가문비나무(spruce)가 차지하였는데 가늘고 키가 큰 이 나무는 가지가 아래로 처져 있어서 나무가 마치 층을 이루고 있는 것처럼 보인다. 한편 기온이 좀 따뜻해지는 간빙기에는 북쪽에도 포도나무(grapevine)와 개암나무, 떡갈나무 등이 다시 나타나기도 하였다. 그리고 남아메리카와 아프리카의 다우림은 초원에 둘러싸여 작은 섬들처럼 여기저기 남게 되었다.

그러다가 이 시기 말에 간빙기를 맞아 기온이 약간 풀리면서 초원이 점차 줄어들게 되었다.

북반구의 기온이 내려가자 도마뱀이나 뱀 등과 같이 따뜻한 기후에 적응된 동물들

피케아(가문비나무)

포도나무

동굴사자 ⓒsearch4dinosaurs.com

동굴곰 ⓒNatural History Museum of London

은 남쪽으로 밀려났으며 그 자리를 몸집이 크고 털로 뒤덮여 추위에 좀 더 잘 견딜 수 있는 매머드나 거대한 코뿔소, 동굴사자(Cave Lion), 동굴곰(Cave Bear), 거대한 사슴 등이 대신하게 되었다. 이 시기에 아시아와 아프리카에는 현존하는 코뿔소와 같은 리노케로스과(rhinocerotid)에 속하는 엘라스모테리움(Elasmotherium)이 등장하였는데 몸길이는 5m에 달했고 이마에는 높이가 2m나 되는 원통형 뿔이 있었다. 또 사슴류로는 가장 큰 수컷의 경우 한쪽 뿔의 길이가 3.7m나 되는, 지금까지 가장 거대한 뿔을 지녔던 메갈로케로스(Megaloceros)가 있었는데 이들의 뿔은 단순한 전시용이

엘라스모테리움 ⓒNatural History Museum of London

메갈로케로스 ⓒNatural History Museum of London

보스 프리미게니우스 ⓒsearch4dinosaurs.com

펠로로비스 ⓒSatoshi Kawasaki

아니라 싸움에도 사용되었다. 사슴류의 뿔은 수컷에게만 있으며 순록을 제외하고는 매년 떨어져 나가고 다시 자란다.

또 보보이드로는 오늘날의 야생 및 집소를 포함한 거의 모든 소들의 조상인 보스 프리미게니우스(Bos primigenius, 오로크스/aurochs)가 있었는데 오늘날의 소에 비해 몸집이 커서 몸길이가 3m 정도였고 사나웠으며 유럽과 아시아, 아프리카 대륙의 숲에서 널리 서식하다가 최근에 멸종되었다. 이들의 뿔은 뿔갈이를 하지 않으며 안에 뼈로 된 심이 있고 그 겉을 단단한 껍데기가 둘러싸고 있는데 아프리카들소의 조상이라고 여겨지는 원시적인 소 펠로로비스(Pelorovis)는 뼈 심의 길이만 2m였고

야크

껍데기까지는 4m 정도 되었다. 이들로부터 집소들은 물론 오늘날의 야생소인 아메리카들소, 야크(yak) 등이 진화하였을 것이다.

한편 같은 시기에 북아메리카에 살았던 카니스 디루스(Canis dirus)라는 개과 동물은 현생 늑대보다 더 넓은 머리와 더 강력한 턱과 더 큰 이빨을 가졌던 늑대였는데 다리는 짧았

고 발가락으로만 걸었으며 발톱
은 뒤로 감춰지지 않았다.

　지중해의 해수면이 상승하면서
대륙의 일부였던 곳이 섬이 되자
이곳에 남게 된 동물들은 특이하
게 진화하였다. 예를 들어 하마나
코끼리, 사슴 등은 몸집이 그
들 조상의 절반 이하로 작아
졌는데 팔레올록소돈 팔코네
리(Paleoloxodon falconeri)라는
난쟁이코끼리(dwarf elephant)는

카니스 디루스 ⓒJon Hughes/Dorling Kindersley

홍적세의 대륙풍경 (1) ⓒ카렌 카(Karen Carr)

일반코끼리와 팔코네리

홍적세의 대륙풍경 (2) ⓒ카렌 카(Karen Carr)

몸길이 1.5m에 어깨까지의 높이가 90cm밖에 되지 않았다. 반면에 도마뱀과 올빼미, 겨울잠쥐(dormice) 등은 다른 지역에 비해 매우 커졌다. 예를 들어 몰타(Malta)섬과 시칠리아(Sicily)에 살던 레이티아(Leithia)라는 겨울잠쥐는 다람쥐만 한 크기인 40cm 정도로서 현생 겨

레이티아 ⓒNatural History Museum of London

울잠쥐와 비교하면 거인이나 다름없다. 이와 비슷한 일이 동시베리아에서 약 200km 떨어진 한 작은 섬에서도 일어났다. 약 1만 2,000년 전쯤 정상적인 크기의 매머드들이 얼음 바다를 건너 이 섬으로 갔는데 인간이라는 천적이 없는 매머드들은 기하급수적으로 번식했고 섬 안의 먹이는 일정했으므로 여기서도 소형화가 일어나서 불과 수천 년밖에 지나지 않은 3,500년 전의 이 섬의 매머드는 어깨 높이가 1.8m에 불과하였다.

남아메리카의 드넓은 목초지와 삼림지대에는 마크라우케니아와 같은 리톱테른이나 톡소돈과 같은 노토운굴라테스 등의 메리디운굴라테스 집단에 속하는 유제류들이 번성하였다.

오스트레일리아에는 초식성 유대류인 디프로토돈류 중에서 크기가 코뿔소만 한 디프로토돈(Diproto don)이 등장하였다. 그러나 빙하기가 닥쳐 열대성 숲이 목초지로 변하자 거대한 디프로토돈류는 점점 사라지고 건조한 풀을 뜯어먹고 사는 캥거루가 번성하게 되었다. 그리고 날카로운 이빨과 강력한 턱을 가진 포식자 주머니늑대가 캥거루를 포함한 디프로토돈류들을 사냥했다.

빙하기가 닥치면서 툰드라지역의 동물들은 간빙기에는 북극을 향하여, 그리고 빙기가 되면 적도 쪽으로 이동하였다. 또 유럽 대륙으로부터 분리된 영국에는 따뜻한 기후를 좋아해서 모여들었던 하마, 코뿔소, 숲코끼리

디프로토돈 ⓒNatural History Museum of London

등이 번성했으며 이 시기에 베링육교
를 통하여 동물들의 많은 이동이 있
었는데 말과 낙타 등이 북아메리카에
서 아시아로 이동했고 들소와 털매머
드 등이 아시아에서 북아메리카로 이
동했다.

바다쇠오리 ©search4dinosaurs.com

바다 속의 무척추동물들의 세계는
과거와 별로 달라진 것이 없었다. 그
러나 해수면이 낮아짐에 따라 산호와 산호초에 서식하는 동물들은 영향을 받았다.
그리고 추운 기후로 인해 오늘날에는 극지방에서만 발견할 수 있는 찬 바닷물에 사
는 바다 새와 기타 해양 포유류들이 좀 더 넓게 분포했는데 예를 들어 극지방동물
인 바다쇠오리(auk)와 해마들이 일본과 남유럽에서도 서식했다.

3. 현대 인류의 등장과 여섯 번째 대량 멸종의 시작

이 시기에 들어와 좀 더 현대인류에 가까워진 호모 에렉투스(Homo erectus)와
네안데르탈인(Neanderthals/Homo neanderthalensis)이 등장하였으며 이 시기 후기
에 아프리카에서 호모 사피엔스(Homo sapiens)를 거쳐 현생인류인 호모 사피엔스
사피엔스(Homo sapiens sapiens)가 등장하였는데 이들은 곧 서아시아를 지나 아시
아와 유럽으로 퍼져 나갔다. 그 후 이들은 바다를 건너 오스트레일리아와 태평양의
섬들로까지 퍼져 나갔으며 아메리카대륙에는 지금으로부터 약 2만 5,000년 전에서
늦어도 약 2만 년 전에 건너간 것으로 여겨지고 있다. 이와 같이 인류가 전 세계로
퍼져나가면서 인류의 남획으로 인하여 동물의 생태계가, 특히 몸집이 큰 동물들을
중심으로 커다란 위험에 처하게 되었다.

오스트레일리아에서는 큰 유대류가 남·북아메리카보다 수천 년 전에 이미 멸종

하였다. 마다가스카르의 거대 여우원숭이는 또 다른 시기에 멸종하였다. 털매머드는 중국에서는 약 1만 8,000년 전에, 영국에서는 1만 4,000년 전에, 스웨덴에서는 1만 3,000년 전에, 그리고 시베리아에서는 1만 2,000년 전쯤 절멸하였다. 매머드나 검치호랑이 같은 것들은 비록 시차는 있었지만 모든 대륙에서 멸종한 반면 말과 낙타 같은 것들은 일부 대륙에서는 멸종했지만 다른 대륙에서는 살아남았다. 이들의 멸종은 그 원인이 대부분 인류의 남획이었지만 시베리아의 매머드는 다른 원인도 있었다. 날씨가 따뜻하고 비가 많아 온몸이 젖어 있던 매머드들에게 한랭기가 닥쳐 기온이 갑자기 영하 20℃ 이하로 떨어지자 이들은 꼼짝 못하고 동사하였으며 그 위에 눈이 덮쳐 얼음 속에 갇히게 된 것이다.

인류가 북아메리카로 이동한 후인 지금부터 1만 1,000년에서 1만 800년 전에 북아메리카에서도 매머드, 마스토돈, 검치호랑이, 땅늘보와 같은 거대 육상 포유류들이 멸종하였으며 이 역시 인류의 남획이 그 원인이었을 것이다. 특히 아시아나 아프리카처럼 인류가 오랫동안 거주했던 지역보다는 아메리카처럼 뒤늦게 인류가 정착한 지역에서 더 많은 멸종이 일어나고 있다. 한편 툰드라 지역은 거대한 극지동물들이 멸종되자 풀밭이 툰드라를 덮었고 비료 역할을 하던 이들의 배설물도 더 이상 존재하지 않게 되어 새로운 식물들이 발붙일 곳이 없어지면서 동물들의 다양성도 감소되어 오늘날의 툰드라가 되었다.

일반적으로 홍적세 빙하기 중 북아메리카 대륙에서 멸종한 포유류들을 보면 작은 동물(성체 몸무게 45kg 이하)의 경우 속 수준에서 5%, 종 수준에서 10% 정도인 반면 큰 동물의 경우에

북아메리카에서 약 1만 년 전에 멸종한 땅늘보 ⓒCarl Buell

는 속 수준에서 65%, 종 수준에서는 72% 정도로서 작은 동물들에 비해 월등히 높다. 그리고 그 원인은 큰 동물들이 작은 동물들에 비해 상대적으로 개체 수가 적은 데다가 더 많이 인류의 사냥감이 되었기 때문인 것으로 분석되고 있다.

• 2 •

충적세

沖積世, 홀로세/Holocene epoch: 1만 년 전~현재

1. 대륙의 움직임과 앞으로의 지구

현재 지구에는 일곱 개의 큰 판과 일고여덟 개의 작은 판이 있다. 큰 판에는 유라시아판, 인도-오스트레일리아판, 태평양판, 북아메리카판, 남아메리카판, 아프리카판, 남극대륙판이 있고 작은 판은 필리핀(Philippine)판, 후안드푸카(Juan de Fuca)판, 코코스(Cocos)판, 나스카(nazca)판, 카리브(Caribbean)판, 스코샤(Scotia)판, 아라비아판 등이다.

그런데 이들 판의 움직임을 보면 유라시아 판은 남남동, 인도-오스트레일리아 판은 북북동, 태평양판은 북북서, 남북아메리카 판은 서쪽, 아프리카 판은 북북동, 남극대륙은 북북서, 나스카판은 동쪽 등으로 이동하고 있어 이들이 서로 부딪치고 있는 인도 북부나 인도네시아, 일본, 캘리포니아를 비롯한 남·북아메리카의 서해안 등에서는 많은 지진이 일어나게 된다.

만일 판들이 계속 오늘날과 같이 이동한다면 대륙들은 전반적으로 북상하고 대

서양은 넓어지며 아프리카는 유럽과 충돌하여 지중해가 소멸되면서 새로운 산맥이 만들어질 것이다. 오스트레일리아는 동남아시아와 충돌하고 캘리포니아는 북쪽 알래스카 해안으로 미끄러질 것이다. 그 후 북아메리카와 남아메리카의 동해안에는 새로운 섭입대가 형성되어 이들과 아프리카를 분리하고 있는 해양판을 소멸시키기 시작함으로써 앞으로 약 1억 5,000만 년 후에는 현재의 대서양 중앙해령은 섭입되고 대서양과 인도양이 합쳐지며 대륙들은 매우 가까워질 것이다.

결국 약 2억 1,000만 년 후에는 남·북 대서양 해저가 남·북 아메리카 동해안 밑으로 섭입되면서 지금의 모든 대륙이 합쳐진 새로운 초대륙 판게아 울티마(Pangaea Ultima)가 형성되고 그 가운데에는 대서양의 잔해가 작은 내해(內海, inland sea)로 남게 될 것이다.[110]

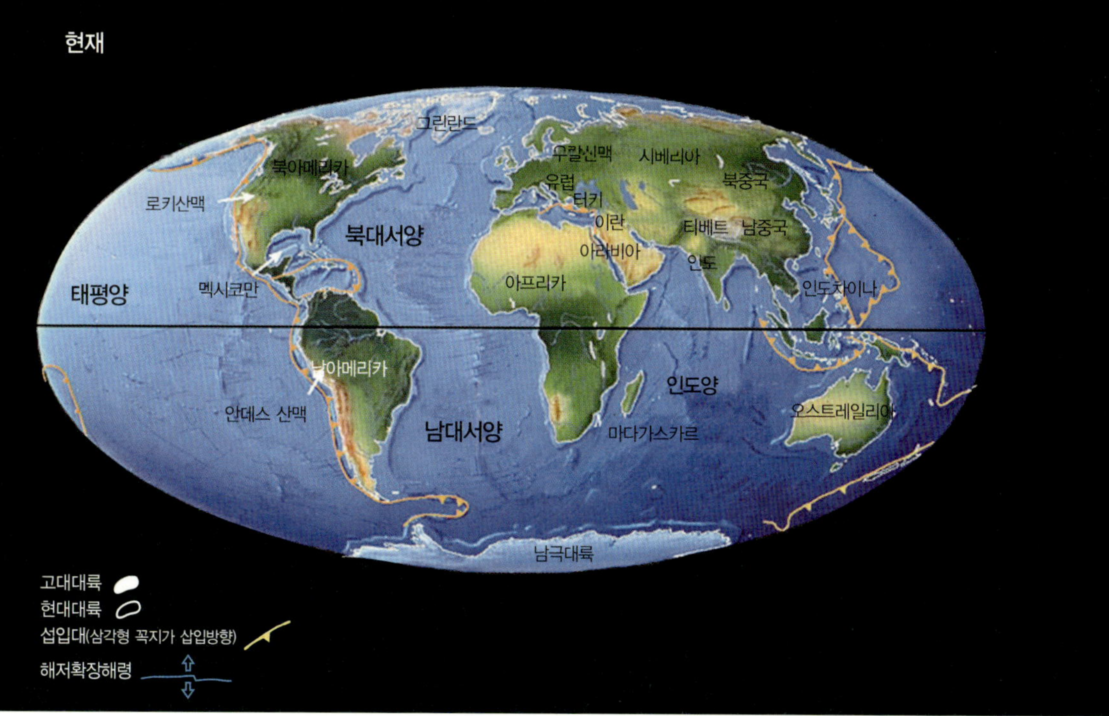

현재의 대륙과 바다 ⓒscotese.com

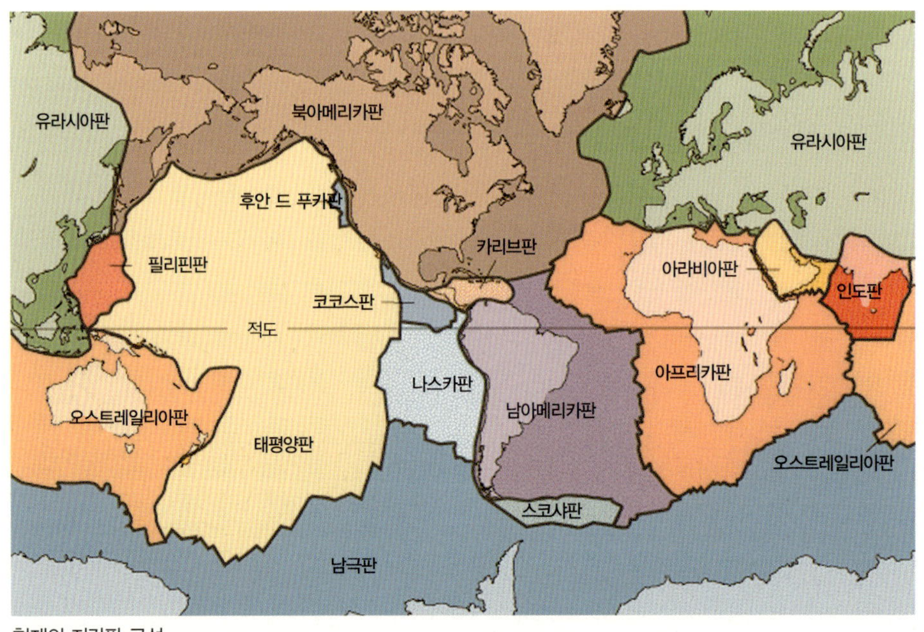

현재의 지각판 구성

2. 기후의 변화

기후는 뷔름 빙기를 벗어난 후 춥고 덥기를 되풀이하면서 차차 따뜻해져 왔으며 이로 인하여 얼음이 녹아 해수면이 상승했는데 충적세 중기에 절정에 달했다. 그 후 기후는 다시 작은 기복을 나타내면서 점점 추워져 소빙하기(小氷河期, Little Ice Age)[111]를 맞았고 해수면도 하강했다. 그러나 최근에는 다시 기온이 오르고 있어 지난 100년간 약 0.5℃ 정도가 올랐는데 인류는 현재 온실가스인 이산화탄소를 많이 배출하고 있어 앞으로 이를 통제하지 않는다면 서기 2100년까지 지구의 평균온도는 최저 2℃에서 최고 5℃까지 상승할 것으로 예상되고 있다.

이와 같은 온도상승이 어떤 영향을 미칠지 정확하게 예측하기는 어렵지만 바다에 가까운 지역에는 더 많은 비가 내리는 반면 내륙 지방은 점점 더 건조해질 것이다. 실제로 현재에도 사하라사막의 남부 사헬(Sahel)지방에서는 매년 수 km씩 사막

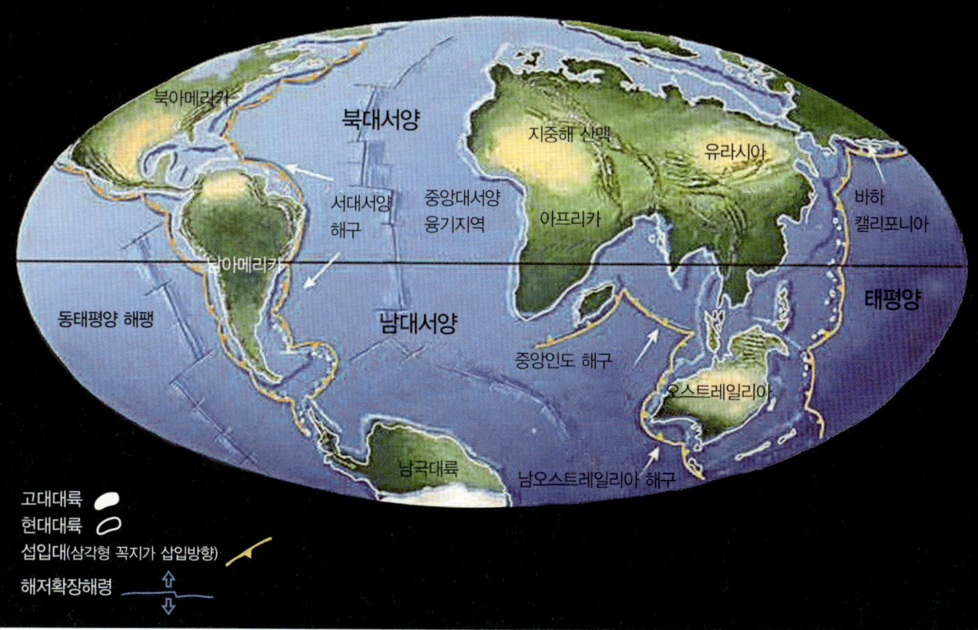

5,000만 년 후의 대륙과 바다 ⓒscotese.com

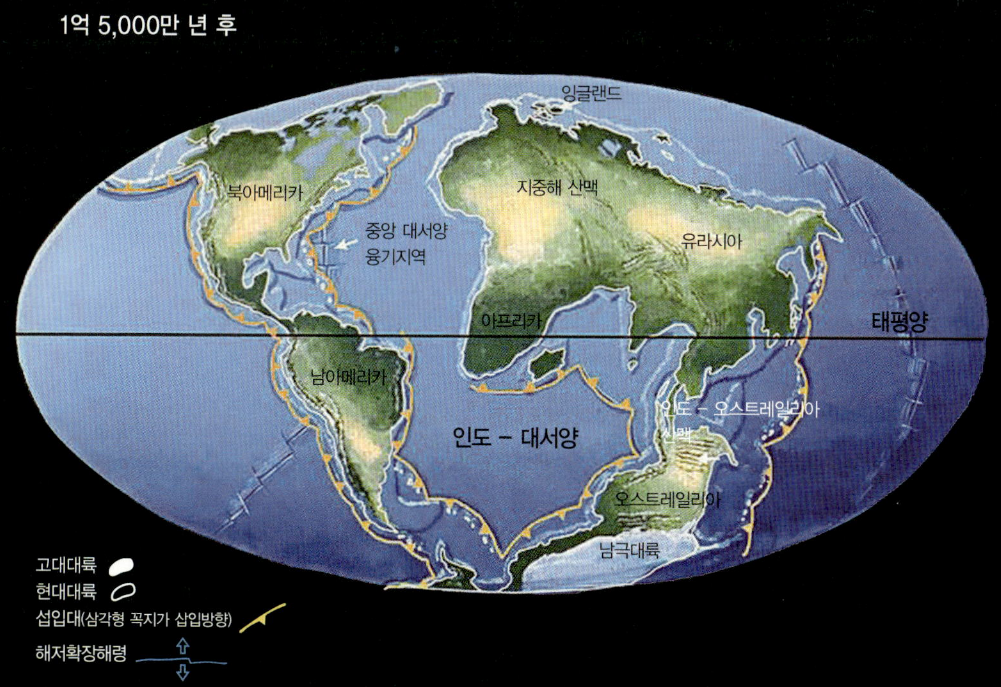

1억 5,000만 년 후의 대륙과 바다 ⓒscotese.com

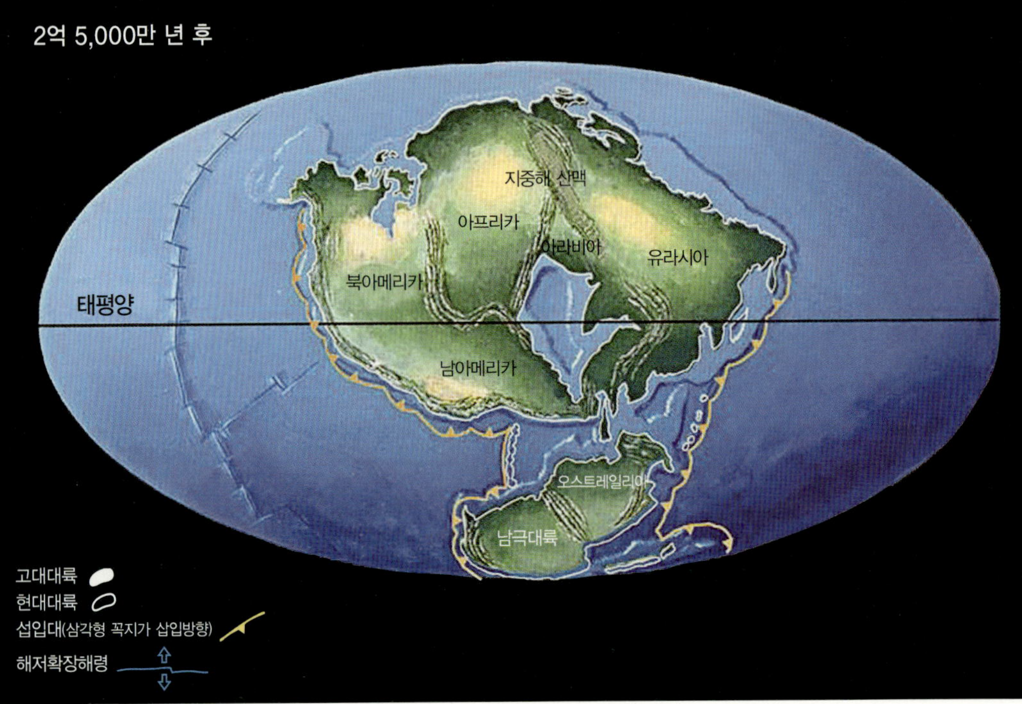

2억 5,000만 년 후의 대륙과 바다 ⓒscotese.com

이 남쪽으로 확장되고 있으며 남아메리카와 중국의 북부 지역에서도 사막화가 급속히 진행되고 있어 중국 북부에서 발생하여 우리나라에까지 막대한 피해를 입히고 있는 황사현상도 매년 점점 더 심해지고 있다. 뿐만 아니라 기온이 계속 높아지면서 서기 2100년까지는 해수면이 약 50cm 정도 상승하여 많은 지역이 물에 잠기게 될 것으로 예상되고 있는데 현재 약 10억의 인구가 바닷가에 살고 있어 50cm 정도의 해수면 상승만으로도 인류의 생활은 큰 위협을 받게 될 것이다.

현재 우리는 빙하시대 중의 간빙기에 살고 있으며 지금까지의 주기로 보면 곧 새로운 빙기에 접어들 시기가 가까워지고 있다. 그러나 지금은 온도가 상승하고 있고 앞으로도 더욱 상승할 것으로 예상되고 있기 때문에 당분간은 빙기-간빙기의 주기에 관계없이 점점 더 따뜻해질 수도 있을 것이다. 그러나 과거의 전반적인 기온변화의 주기로 볼 때 머지않아 지구에는 다시 빙기가 찾아올 것으로 예상된다.

3. 여섯 번째 대량 멸종의 진행

충적세 초기에는 느릅나무, 자작나무 및 침엽수들로 이루어진 숲들이 전에 얼음으로 덮였던 북반구를 차지해 나갔다. 한편 이 시기에 인류는 야생의 풀들을 씨를 많이 생산하고 빨리 자라도록 길들이기 시작하였다. 에머(emmer)는 서아시아에서 최초로 재배되기 시작한 원시적인 밀(wheat)이었는데 인류는 이를 다른 풀들과 교배시킴으로써 점점 더 단단하고 수확이 많은 밀을 만들어 나갈 수 있었다. 뿐만 아

에머　　　　　　　　보리　　　　　　　　벼　　　　　　　　옥수수 ⓒMaize

니라 인류는 소, 말, 돼지, 개, 낙타, 닭, 오리 등과 같은 동물들도 길들여 가축으로 만들었다. 그리고 농사를 짓기 위하여 자연 식물군들을 파괴한 후 이들 지역에 밀, 보리(barley), 벼(rice plant), 옥수수(Indian corn) 등과 같은 몇 가지 종류의 곡류(穀類, cereal)만을 집중적으로 재배하였다. 또한 황야나 대초원 같이 겉으로는 자연스러워 보이는 곳도 대부분 인류가 이를 조성하고 유지해 왔으며 이러한 장소에 가축을 방목하였다.

이러한 과정에서 인류는 엄청나게 증가하였으며 지구의 구석구석까지 퍼져 나갔다. 그리고 이들이 집을 짓고 먹고살기 위해 방대한 면적의 숲들은 물론 늪지나 열대림까지도 파괴되어 동물들은 서식처를 잃게 되었으며 또 사냥으로 엄청나게 많은 동물들이 목숨을 잃고 심지어는 수많은 종이 멸종에 이르게 되었는데 인도양의 모리셔스(Mauritius)섬에 살다가 17세기에 멸종된 날지 못하는 비둘기 도도(dodo) 역시 수많은 예 중 하나에 불과하다.

　이러한 상황은 바다라고 다를 것이 없었다. 몇
몇 종류의 물개와 바다소가 사냥으로 멸종되었으
며 19세기에 발명된 작살로 고래잡이가 시작된
이래 거대한 고래 종류는 거의 멸종에 이르렀는
데 그중의 하나인 긴흰수염고래(giant Blue
Whale)는 몸길이 30m에 무게는 120톤이나 되어
지금까지 지구상에서 살았던 동물 중 가장 큰 편
에 속하는 것이다. 한편 북반구 전역에 걸쳐 호수
나 강과 바다에 서식하고 있는 연어(salmon)는
수천 년 동안 인류의 중요한 양식이 되어 왔는데

도도 ⓒlistology.com

긴흰수염고래 ⓒwhales.org.au

이들 역시 남획과 수질오염으로 개체 수가 크게 줄어
들고 있다. 이와 같이 어업이라는 이름으로 자행되는
대규모 고기잡이로 인하여 바다 생태계는 균형을 잃
었으며 강과 바다는 화학물질과 하수와 쓰레기로 더
렵혀지고 있다.

　현재 지구상에는 수백만 종 이상(많게는 약 4,000만
종 정도까지이며 우리 인간은 그중 약 10% 정도를 파악하
고 있는 것으로 추산됨)의 생물이 살고 있는데 지금까지
지구상에 존재했던 생물은 적게는 50억 종에서 많게는

연어 ⓒclassicnatureprints.com

150억 종에 달하고 있으므로 이들 중 99.9%는 멸종하고 단 1/1,000만이 남아 있는 셈이다. 물론 시생대 때부터 지구상에 존재해 온 박테리아를 비롯한 원시유기체들은 오랜 세월 동안 별다른 변화도 없이 대부분 초창기의 모습과 구조를 그대로 유지하고 있고 또 살아 있는 화석이라고 하는 잠자리나 바퀴벌레 같은 곤충들, 상어, 실러캔스 등과 같이 수억 년을 유지해 오고 있는 종들도 있으나 대부분의 종의 평균수명은 약 400만 년이다.

따라서 현재 지구상에 약 4,000만 종의 생물들이 존재하고 있다면 1년에 평균 10종 정도가 자연적인 원인으로 멸종할 것이라고 보아야 한다. 그러나 실제로는 이것의 약 1,000배에 달하는 매년 1~2만 종의 생물이 멸종되고 있고 또 훨씬 더 많은 생물들이 멸종 위기에 처해 있는데 이는 과거의 어떤 대량 멸종 시기보다도 빠른 속도이다. 그리고 과거와는 달리 그 원인의 대부분은 인류의 활동, 즉 생물의 남획, 서식지(棲息地, habitat)의 대량 파괴와 같은 생태계 파괴, 환경오염(環境汚染, environmental pollution) 등에 기인하는 것이다. 그 외에 또 다른 변화는 생물상(生物相, biota)의 지역에 따른 차이가 줄고 전 세계적으로 균일해져 간다는 것이다.

그런데 이제까지의 사실을 돌이켜보면 새로운 과나 목을 발생시키는 폭발적인 종의 분화(分化, differentiation)는 늘 대량 멸종 이후에 일어났다. 공룡과 같은 거대한 파충류의 멸종이 없었더라면 오늘날과 같은 포유류의 번성은 기대하기 어려웠을 것이다. 종의 소멸이 없다면 생물의 다양성은 포화 수준에 이를 때까지 증가한 후 종의 분화를 멈추게 될 것이다. 포화가 되어도 자연선택은 이루어지고 부분적인 진화는 계속되겠지만 새로운 신체 구조나 생활 방식을 가지는 혁신적인 진화는 기대하기 어렵다.

따라서 진화에서의 대량 멸종의 역할은 종을 줄이고 다양성을 감소시켜서 혁신적인 진화를 위한 생태적, 지리적 공간을 만들어 주는 것이며 이것이 대량 멸종의 긍정적인 면이라고 볼 수 있다. 그러나 인류의 부적절한 활동, 즉 생물의 남획, 생

태계 파괴, 환경오염 등으로 인하여 발생하는 대량 멸종 이후에도 이와 같은 긍정
적인 결과를 얻을 수 있을지는 큰 의문이 아닐 수 없다.

4. 진화의 속도

앞에서 지중해와 동시베리아의 섬 안에서 하마나 코끼리 또는 매머드 같은 대형
동물들이 수천 년이라는 상대적으로 매우 짧은 기간 내에 크기가 절반 이하로 줄어
든 사실을 설명하였는데 이와 같이 짧은 기간에 진화가 이루어진 예는 또 있다. 동
아프리카 탄자니아의 빅토리아 호수에 서식하는 시클리드(Cichlid)과 물고기는 무
려 500여 종이나 되는데 이들은 먹이 습관이 매우 다양하고 이에 따라 입이나 이빨
의 구조도 모두 다르다. 시클리드들은 이와 같이 종에 따라 먹이나 그에 따른 생활
공간이 다른 탓에 호수 생태계에서 독특한 자리를 차지하고 있어 생존경쟁을 통한
자연선택을 피할 수 있었다. 그런데 빅토리아 호수는 1만 2,000년 전만 해도 호수
가 아니었음이 확인되면서 새로운 종의 발생이 지금까지 알려졌던 것보다 매우 짧

비교적 짧은 기간에 다양한 종으로 진화한 시클리드 ⓒcichlidresearch.com

은 기간 내에도 가능한 것이 밝혀졌는데 이들이 이렇게 다양한 종·으로 분화된 데에는 암컷들의 성적(性的, sexual) 선택이 크게 기여한 것으로 연구되었다.

1977년에는 한 미국 동물학자가 멸종을 연구하기 위하여 도마뱀 몇 마리를 몇몇 고립된 섬에 이주시켰다. 그런데 이들은 사멸하기는커녕 날로 번성했으며 오히려 20년이라는 매우 짧은 기간 안에 신체의 형태가 변하는 것을 관찰할 수 있었다. 원래 이 도마뱀들이 있던 지역은 키 큰 나무들과 덤불이 우거진 기름진 곳이었는데 새로 이주시킨 곳은 작은 덤불들만 자라는 매우 척박한 곳이었으나 새로운 환경에 잘 적응했을 뿐만 아니라 새로 태어나는 후손들은 작은 덤불들 사이에서 살기에 더 편리하도록 더 짧은 다리를 가지고 태어났던 것이다. 최근 생물학계는 이와 같이 짧은 기간 내에 진화가 이루어지는 사례를 많이 관찰할 수 있게 되었다.

트리니다드(Trinidad) 섬에 있는 한 강에 거피(guppy)라는 물고기가 그들을 잡아먹는 천적들과 함께 살고 있는데 1980년대 초에 한 미국 연구팀은 이들 중 일부를 천적이 살지 않는 폭포 상류 쪽으로 옮겨놓았다. 그런데 천적들과 함께 사는 거피들은 적에게 먹히기 전에 유전자를 다음 세대에 전달하기 위하여 성장과 번식이 빨랐으나 천적이 없는 곳으로 옮겨진 거피들은 훨씬 더 오래 살 뿐만 아니라 몸집이 훨씬 더 커졌고 짝짓기 시기는 더 늦어졌으며 새끼의 수도 줄었다. 이렇게 생존전략이 바뀌는데 암컷은 2~3년밖에 안 걸렸으며 수컷도 4년 정도가 걸렸다. 그래서 11년(거피로는 18세대)이 지나자 이들은 암수 모두 몸집이 훨씬 더 커지고 짝짓기 시기는 늦어졌는데 이러한 변화는 개체 수가 적을수록 빈번하다는 것도 밝혀졌다.

거피 ©topzoo-siegen.de

미주

1 캄브리아기 전의 모든 지질시대(地質時代, geologic age)를 말하며 은생누대(隱生累代, Cryptozoic eon)라고도 하는데 이는 화석이 별로 많지 않아 감춰진 시대라는 의미임

2 큰 행성들의 재료가 된 작은 행성

3 이런 현상을 헨리의 법칙(Henry's Law)이라 함

4 기체상이 액체상으로 상전이(相轉移, phase transition)되는 최고온도임

5 흑운모, 각섬석, 휘석, 감람석 등 검은 색의 광물질

6 석영, 장석, 백운모 등 밝은 색의 광물질

7 혼탁류에 의해 운반된 깊은 바다의 퇴적물

8 주로 이산화규소로 이루어진 화학적 퇴적암

9 해구와 나란한 호상화산대의 활동으로 만들어진 열도

10 암석이 잘게 부스러진 알갱이로 만들어진 것을 말함

11 쇄설성 퇴적암 중에는 주로 자갈로 이루어진 역암(礫巖, conglomerate), 모래로 이루어진 사암, 실트로 이루어진 침니암(沈泥巖, siltstone), 점토로 이루어진 점토암(粘土巖, claystone), 실트나 점토질이면서 층리면에 나란히 벗겨지기 쉬운 혈암, 모래, 실트, 점토가 섞인 이암(泥巖, mudstone) 등이 있음

12 이외에도 생명체가 어디서 발생했는가에 대해서는, 생명체는 우주 공간 어디에서나, 특히 혜성과 같은 곳에서 만들어질 수 있으며 그중의 일부가 지구에 도달했으리라는 포자범재설(胞子汎在說)과 태양계 초기에는 화성이 지구보다 생명체의 발생에 더 유리하여 화성에서 만들어진 생명체가 지구로 왔으리라는 화성도래설(火星到來說)등 여러 가지가 있음

13 바다 속 산맥으로 화산 분출에 의하여 지각이 새로 만들어지는 곳이며 지각열류량(地殼熱流量, heat flow)이 다른 곳의 다섯 배 정도임

14 해저화산의 분화구로서 뜨거운 물을 분출하는 곳이며 검은 굴뚝(black smoker)이라고도 함

15 핵산(核酸, nucleic acid/DNA, RNA)의 기본 단위로서 당분과 인산 그리고 하나의 염기로 구성됨

16 생명체의 기원에 대해서는 이외에도 단백질이 먼저 만들어졌다는 단백질 우선설과 RNA와 단백질이 동시에 만들어졌으며 점토가 둘 사이의 촉매 역할을 했으리라는 동시 우선설 등이 있음

17 크기가 작은(1~10㎛) 단세포생물로서 세포 내에 핵이나 막으로 싸인 다른 구조가 없으며 DNA로 이루어진 원형(圓形, circular)의 단일 염색체를 가짐

18 고세균과 진정세균 등 모든 단세포 원핵생물을 포함하는 생물의 계임

19 가장 오래된 생명체인데 일반 세균과 행태가 비슷하나 염기서열 분석 결과 전혀 다른 생물체로 밝혀짐

20 산소를 필요로 하지 않는다는 뜻임

21 생태계를 정상 상태로 유지하려고 하는 성질을 말함

22 유전체(genome)란 유전자(gene)와 염색체(chromosome)의 합성어로서 하나의 생명체가 완성되기 위해 최소한으로 필요한 염색체 또는 유전자의 전체를 말함

23 세포 안에 핵막으로 둘러싸인 세포핵을 가진
생물

24 세균 등 미생물들의 집단

25 종종 남조류(藍藻類, blue-green algae/
Cyanophyta)라고 하여 원핵식물(原核植物)
로 별도로 분류되기도 하지만 다른 조류(藻
類, algae)들과는 별 유사성이 없어 세균으로
분류하는 것이 더 적합함

26 남조류 위에 작은 퇴적물 입자들이 겹겹이 쌓
여 형성된 퇴적구조의 화석으로서 지금도 세
계의 일부 지역에서 계속 생성되고 있는데 특
히 서부 오스트레일리아의 샤크만(Shark
Bay)에서 많이 자라고 있음

27 유전자의 염기서열이 바뀌어 생물의 형질이
달라지는 현상

28 세포의 핵분열 때 핵 내 유전자(DNA)가 포함
되어 있는 염색질이 모여서 이루어진 작은 막
대기 모양의 소체

29 대기권의 상층부에서 물 분자가 자외선에 의
하여 산소와 수소로 분리되는 현상으로서 이
중 가벼운 수소는 대기권 밖으로 날아가고 무
거운 산소만 대기권으로 들어옴

30 붉은 철 산화물을 포함한 퇴적암층임

31 철 성분이 15% 이상 들어 있는 층 상의 암석
으로 어두운 부분은 주로 자철석이나 적철석
이고 밝은 부분은 수암으로 이루어져 있음

32 생존하는 데 산소를 필요로 한다는 뜻임

33 빙하가 세계적으로 잘 발달한 시대를 말하며
빙하시대나 빙기〔빙하시대 중에서도 기후가
더욱 한랭하여 빙하가 더 많이 발달했던 시기,
빙기와 빙기 사이를 간빙기(間氷期, interglacial
period)라고 함〕의 뜻으로 쓰임

34 넓은 대륙을 덮고 있는 빙하를 말하며 빙상

(氷床)이라고도 함

35 원생동물은 원생식물과 함께 동물계와는 별도
로 원생생물계로 분류하기도 하지만 이를 동
물계에 포함시켜 단세포인 원생동물아계(亞
系)의 원생동물문으로 분류하기도 함

36 배설이나 체내의 수분 조절을 담당하는 세포
기관

37 식물세포에서 색소를 만들거나 엽록체와 같이
색소를 함유한 세포소 기관

38 원생동물들의 세포체에서 돌기된 부분으로 운
동에 이용됨

39 생물의 세포 표면으로부터 돌기된 운동성 있
는 세포기관으로 섬모에 비해 수가 적고 하나
하나가 긴 것

40 사방이 단층으로 둘러싸인 지각 덩어리

41 암수 구분이 있는 포자

42 유성생식을 하는 생물의 체세포는 2배성(2n)
의 염색체를 가지는데, 생식세포를 만들 때는
염색체의 수가 그것의 반(n)인 두 핵으로 분
열되는 현상

43 세포분열 과정에서 염색체가 나타나고 방추사
가 생기는 핵분열의 한 형식

44 감수분열에 의해 만들어져 염색체의 수가 체
세포의 반인 것

45 지괴보다 작은 지각 덩어리

46 이산화탄소는 대기 중의 수증기와 결합하여
탄산이 되었다가 암석의 풍화 과정에서 중탄
산이온이 되고 이것이 바다로 흘러 들어가 석
회질 퇴적물이 되어 이산화탄소를 잡아 둠

47 바다의 부빙(浮氷, drift ice)이 모여 얼어붙
은 것

48 히드라류, 해파리류, 산호류를 포함하는 한 동
물문(動物門)으로서 고착성인 폴립형과 자유

유영형인 해파리형이 있으며 자포(刺胞, nematocyst)를 가지는 자세포가 있고 산만형 신경계를 가짐

49 강장동물과 비슷하나 자포가 없고 여덟 줄의 즐판대(櫛板帶, comb row; 운동성을 부여함)가 있음

50 동물의 발생 초기 배체(胚體)에는 장래 표피 등을 만드는 외배엽(外胚葉, ectoblast/ectoderm)과 신장, 근육 등을 만드는 중배엽(中胚葉, mesoblast/mesoderm) 및 소화기관, 생식기 등을 만드는 내배엽(內胚葉, endoblast/endoderm) 등 삼배엽이 형성되는데 이 중 중배엽이 없는 원시동물들을 이배엽성이라고 함

51 몸은 안팎으로 체절성(體節性)이 뚜렷하며 체벽은 신축성이 크고 자웅동체형(雌雄同體型, hermaphrodite)과 자웅이체형(雌雄異體型, gonochorism)이 있음

52 이들의 화석이 호주의 에디아카라 힐스에서 다량으로 발견되어 붙여진 이름임

53 몸에는 구멍이 많고 몸속에 골편을 가지는 것이 많으며 대부분 바다에 살고 있음

54 수정란은 증식과 분화 과정을 거쳐 하나의 온전한 개체를 이룰 수 있기 때문에 만능(萬能, totipotent)줄기세포라 함. 수정란이 세포분열을 지속하여 사나흘 만에 배반포(胚盤胞, blastocyst)를 형성하면 그 속의 세포들은 많은 종류의 세포들로 분화할 수 있는데 이를 배아(胚芽, embryonic/pluripotent)줄기세포라 하며 이들이 더욱 분화하여 특정 기능을 가지는 세포들로만 분화할 수 있게 되면 다기능(多機能, multipotent 또는 성체/成體, adult)줄기세포라 함. 이들 줄기세포를 이용하면 수

많은 불치병들은 물론 선천적 유전질환까지도 치료할 수 있을 것으로 기대되고 있어 많은 연구가 진행 중임

55 네 가지 종류의 염기인 A(아데닌/Adenin), G(구아닌/Guanin), C(시토신/Cytosin), T(티민/Thymin)을 의미함

56 하등동물의 입 주위나 몸의 앞쪽에 가늘고 길게 돌출하여 있는 돌기물

57 고생대(캄브리아기) 이후의 모든 지질시대를 현생누대(顯生累代, Phanerozoic Eon)라고 하는데, 화석이 많아 잘 알려진 시대라는 의미임

58 이 시기의 화석은 캐나다 브리티시컬럼비아 주의 버제스 이판암(Burgess Shale)에서 대량 발견되었음

59 몸은 원통형이고 촉수를 가진 채 몸속을 드나드는 구문부와 동부로 이루어져 있으며 소화관이 심하게 꼬여 있음. 순환계는 퇴화되고 배설기는 한 쌍의 후신관이며 자웅이체임

60 유생은 좌우대칭이나 성체는 방사대칭으로서 몸속에는 골편이나 골판이 있으며 표면에 가시를 가진 것들이 많음. 수관계라는 특수한 구조가 운동, 순환, 배설을 담당하며 감각기관은 발달되지 않음. 바다나리류, 불가사리류, 성게류, 해삼류가 여기에 포함됨

61 몸의 등과 배에 두 장의 껍데기가 있어 우리가 보통 조개라고 부르는 연체동물문의 이매패와 매우 비슷하나 촉수관이 있으며 껍데기 안쪽이 외투막으로 덮여 있고 내장 기관이나 껍질의 특성이 조개류와는 뚜렷이 구분됨

62 물을 걸러 플랑크톤 등과 같은 물속의 양분을 흡수하는 동물

63 열체강동물에 속하는 문 중의 하나로서 많은 종류가 껍데기가 있음. 몸은 머리, 내장낭, 발

및 외투막의 네 부분으로 되어 있고 조개류, 달팽이, 오징어, 낙지, 문어 등이 여기에 속함

64 가장 많은 종류를 포함하는 문으로서 체절성이 뚜렷하고 관절이 있는 다리들을 가지며 몸은 부위에 따른 분화가 뚜렷함. 거미류, 진드기류, 갑각류, 노래기류, 지네류와 모든 곤충류가 다 여기에 속함

65 수중 생활을 하는 절지동물로서 몸은 머리 · 가슴 · 배로 나뉘고 마디로 되어 있으며 탄산칼슘으로 된 갑각으로 둘러싸여 있는데 새우, 게, 가재 등이 여기에 속함

66 어릴 때나 또는 일생 척색이라는 몸의 지지 구조를 가지며 몸의 등 쪽에 관상의 신경색이 있는데 유생 때 꼬리에 척색을 가지는 미색동물, 일생 동안 머리에서 꼬리까지 척색을 가지는 두색동물 그리고 등뼈와 두개(頭蓋, cranium)를 가지는 척추동물의 세 가지로 분류됨

67 어류에는 이외에 턱이 있는 종류로서 연골어류와 경골어류가 있음

68 하등동물의 시각기관

69 최근 활유어와 실러캔스(coelacanth), 그리고 뿔상어(horn shark) 유전자 세트에서 14번째 혹스 유전자가 발견됨으로써 한 세트의 최대 유전자수가 문제가 되었으나, 최대 14개까지인 것으로 조사되었음

70 좀 더 단순한 동물들은 혹스 유전자 세트 수나 세트 속의 유전자 수가 더 작을 수도 있음

71 생물의 한 분류군(分類群)이 환경에 적응해 나가는 과정에서 식성이나 생활 방식에 따라 형태적 · 기능적으로 다양하게 분화하는 현상

72 새로운 지층이 낡은 지층위에 침식면을 경계로 하여 겹치는 현상

73 주로 군체를 형성하는데 촉수관이 있고 항문은 촉수관 밖에 열리며 배설계, 순환계, 호흡계가 없음. 일반적으로 자웅동체임

74 턱이 있고 내부 골격이 연골성인 어류로서 상어류, 홍어류 등이 있음

75 단단한 뼈를 가진 물고기인데 오늘날의 대부분 물고기들의 조상인 기조어류와 물에서 육지로 이동한 척추동물의 조상인 엽상어류가 있음

76 조산운동 등의 지각변동으로 해저에 퇴적했던 지층이 습곡 · 단층 등의 변형을 받아 전체적으로 융기하여 만들어진 큰 산맥

77 식물체 내에서 뿌리 등에서 흡수된 수분과 잎 등에서 만들어진 양분 등의 이동 통로가 되는 조직을 관다발이라고 하며 관다발을 가진 식물을 관다발식물이라고 함

78 동식물에 기생하는 대부분의 기생충이 여기에 포함되나 자유로운 생활을 하는 종류도 있음

79 온대 중에서 위도가 높아 비교적 온도가 낮음을 나타내며 위도가 낮아 온도가 높은 것을 난온대성이라고 함

80 유생 때에는 아가미로 수중 호흡을 하며 물에서 살고 성체가 되면 폐로 호흡을 하면서 육상에서 사는 동물로서 현재로서는 개구리류(frogs), 도롱뇽류(salamanders), 무족류〔無足類, apod(i)a〕 등 세 가지 종류가 있음

81 북아메리카 대륙에서는 석탄기를 다시 둘로 나누어 전기를 펜실베이니아기(Pennsylvanian), 후기를 미시시피기(Mississippian)라고 함

82 판게아는 모든 땅이라는 뜻임

83 줄기, 잎, 뿌리가 분화하지 않은 단순한 구조의 식물로서 전체가 잎의 작용을 하여 물과 양분을 흡수하고 광합성을 함

84 지질도상에 나타낼 수 있을 정도로 규모가 큰, 쉽게 식별할 수 있는 유사한 지층, 암석의 집합체

85 양치류와 유사한 겉씨식물

86 P는 이첩기(페름기) T는 삼첩기(트라이아스기)의 약자임

87 화산분출, 심성암이나 화산암의 생성 등 지하 용암의 직·간접적 작용으로 일어나는 모든 현상

88 어금니에 세 개의 송곳돌기가 있는 중생대의 육식성 원시 포유류

89 다윈이 앙그레쿰 세스퀴페달레를 보고 이러한 곤충이 있을 것이라고 예언하였는데 후에 이 나방이 발견됨으로써 예언된 나방(predicted moth)이라는 이름이 붙게 되었음

90 쥐라기까지는 대부분의 대륙들이 연결되어 있어서 같은 공룡들이 여러 대륙에서 살았으나, 초대륙 판게아가 여러 대륙으로 나누어지면서 백악기에 와서는 각 대륙마다 다른 형태로 진화하게 되었음

91 이빨이 약한 초식동물이 위 안에서 먹이가 잘게 부수어지도록 하기 위하여 먹은 위 속의 돌

92 눈 앞 위로 튀어나온 돌기 또는 볏

93 처음에 다른 공룡의 알들과 함께 발견되어 알도둑이라는 뜻의 오비랍토르라는 이름이 붙여졌으나 나중에 자신의 알을 보호하고 있던 것으로 밝혀졌음

94 백악기는 석탄기, 캄브리아기와의 혼동을 피하기 위해 독일어의 첫 글자인 K를 쓰고 T는 제3기의 약자임

95 이리듐이라는 원소는 지구상에는 매우 희귀하지만 대부분의 운석들은 엄청난 양의 이리듐을 포함하고 있는데 이 크레이터의 이리듐의

수치는 정상보다 1만 배가 더 높아 운석충돌로 만들어진 것임을 알 수 있음

96 남아메리카의 남단에 있는 지방

97 열대의 습지나 해안에서 많은 뿌리를 지상으로 뻗어 숲을 이루는 홍수과 리조포라속 교목·관목의 총칭

98 소나 말 등과 같이 발끝에 각질의 발굽(hoof)이 있는 동물

99 신생대 초에 생존했던 최초의 초식성 원시 유제류임

100 코와 윗입술이 길게 자라 코끼리와 비슷하게 보이는 포유동물

101 과거에는 이 동물이 고래의 조상으로 알려졌었음

102 작은 어금니를 말함

103 갑옷 같은 등을 가진 포유동물

104 미국 동부의 메릴랜드 주와 버지니아 주 사이에 있는 만

105 나뭇잎 대신 풀을 뜯어 먹고 사는 초식동물을 영어로는 grazer라고 함

106 다리 대신 지느러미를 가진 해양 육식포유류

107 꽃과 종자·줄기·잎·뿌리 등을 약이나 향신료 등으로 사용하는 식물

108 인간을 제외하고는 유일하게 암수가 마주보고 성행위를 하는 동물임

109 고슴도치와 비슷한 설치류

110 판의 이동이 가능한 것은 지구 내부의 방사능이 온도를 상승시켜 지구 내부를 용해된 상태로 유지시켜 주기 때문인데 앞으로 수백만 년 후에는 지구 내부의 방사능이 고갈되어 판의 이동이 중단될 것이라는 주장도 있음

111 서기 1500년경부터 1850년경까지임

3 인류

01 유원인^{類猿人, hominid[1]}의 등장과 진화

· 1 ·

초기의 유원인들

1. 사헬란트로푸스 차덴시스(Sahelanthropus tchadensis, 투마이/Toumai)[2]

열대우림에서는 빛이 바닥까지 잘 닿지 않기 때문에 키가 큰 식물들만이 제대로 살아남을 수가 있다. 그래서 독자적으로 키가 클 수 없는 식물들은 큰 나무에 기생하거나 또는 타고 올라감으로써 생존해 나간다. 이런 열대우림에서 사는 많은 동물들의 삶은 상대적으로 안전하고 열매 등 먹이도 구하기 쉬운 나무 위에서 이루어진다. 이런 동물들 속에는 유인원(類人猿, ape)도 포함되는데 그들은 나뭇가지를 잡기 쉽도록 팔이 길었고 굽은 손과 발을 가지고 있었다. 그들은 가지를 타고 이 나무에서 저 나무로 옮겨 다녔고 나무 열매를 먹고 살았으며 안전한 나무 위를 떠나는 경우는 아주 드물었다.

그러나 그런 생활이 모든 곳에서 오래 지속되지는 못했다. 지구의 온도는 점점

케냐의 대열곡 ⓒChristoph Hormann

내려가고 또 건조해져서 전 세계적으로 열대우림이 줄어들어 이들의 생활공간도 점점 줄어들었으며 아프리카도 그런 사정은 마찬가지였다. 그러다가 약 1,500만 년 전부터 아프리카대륙의 동부는 지각판의 융기로 인하여 갈라지기 시작함으로써 거대한 단층들이 솟아올라 약 1,200만 년 전에는 대열곡(大裂谷, Great Rift Valley)이라고 알려진, 북쪽에서 남쪽으로 달리는 물결 모양의 긴 계곡이 형성됨으로써 수백 km에 걸친 거대한 동서 간의 장벽이 만들어졌다. 그리고 이 계곡의 서쪽에는 높고 거친 산맥이 형성되었으며 동쪽에는 평원과 바다가 형성되었다.

이후 산맥의 서쪽에는 그런 대로 충분한 비가 내렸고 열대우림도 보존되었다. 그러나 산맥의 동쪽에서는 기후의 변화와 함께 숲이 점점 사라져 갔으며 나무와 나무 사이의 간격이 점점 더 멀어지자 동물들은 더 이상 나무와 나무를 타고 이동할 수 없게 되었다. 이 지역에 살던 유인원들 역시 초라한 나무 몇 그루가 제공하는 볼품 없는 식량들로 절망스럽게 연명해 가며 서서히 멸종의 위기를 맞이하게 되었다. 이와 같이 비참한 삶 속에서 그들이 새 삶을 찾기 위해서는 땅으로 내려와 새로운 먹이를 찾지 않을 수 없게 되었다. 그들 중 일부는 네발로 걸었으나 또 다른 일부는 그때까지 어느 누구도 감히 선택할 수 없었던 놀라운 모험을 시도하였다. 뒷발에 힘을 주고 일어섰고 머리를 들어 앞을 보게 된 것이다. 이러한 자세를 유지한다는 것이 처음부터 쉽지는 않았을 것이다. 그러나 그들은 두 발로 선 채 힘겹게 전진했으며 뒤뚱거리고 부자연스러웠지만 결국은 두 발로 걸을 수 있게 되었다.

이와 같이 서서 걷게 되면 몸 중에서 햇빛에 노출되는 부분이 적어지며 지열도 덜 받게 되는데 나무 그늘을 잃어버리게 된 그들에게는 이 점이 매우 중요했을 것이다. 그러나 서서 걷게 되면 좌골에 가해지는 체중의 부담이 늘고 관절의 마모도 심해진다. 따라서 서서 걷게 되면서 그들에게는 여러 가지 해부학적 적응 현상이 일어났다. 몸의 중심이 높아졌으며 관절과 척추도 새로운 자세에 적응하였고 머리도 척추 위로 올라가 두 눈이 앞을 향하게 되었다. 척추는 걸을 때의 충격을 흡수할 수 있도록 S자 형태가 되었고 무릎 관절도 완전히 펴질 수 있게 되었으며 몸을 똑바로 유지시켜주기 위한 다른 근육들도 발달하였다. 그들은 이제 더 이상 유인원이 아니라 최초의 유원인이 되었으며 이제 그들은 다른 방식의 삶을 살면서 세상을 바꾸어 나가게 될 것이다. 이러한 일이 일어난 것은 지금으로부터 약 700만 년 전으로서 후세 인간들은 이들을 사헬란트로푸스 차덴시스 또는 투마이라고 부르게 된다.

투마이 ⓒPhilippe Plailly, Eurelios/
LookatSciences, Reconstruction Atelier
Daynes, Paris

2. 오로린 투게넨시스(Orrorin tugenensis)[3]

투마이가 등장한 지 약 100만 년이 지난 600만 년 전쯤 케냐(Kenya) 부근에 새로운 유원인인 오로린 투게넨시스가 등장하였다. 이들은 처음에는 키가 1m 30cm 정도에 불과한 작은 체구였지만 점점 더 커지고 강해졌으며 멀리까지 볼 수 있게 되었다. 이들 투마이나 오로린들은 돌아다니면서 스스로 먹을 것과 잠자리를 찾아야만 했다. 하지만 도처에서 먹이를 찾는 맹수들이 그들을 노리고 있었다. 냉엄한 자연 속에서 그들은 항상 약자였고 어느 누구도 자신을 지키는 방법을 잘 알지 못했다. 수많은 투마이와 오로린이 낮이나 밤이나 매일 같이 죽어갔다. 그들은 이러한 위험에 대처하기 위하여 숲 속에서 살 때보다 더 큰 무리를 지어 살게 되었으며 그로써 그들의 종족을 유지할 수 있게 되었고 직립보행에 미래를 건 이 종족들은 인간에 가까운 새로운 종이 되었다. 이 새로운 형태와 새로운 삶에 적응하는 데는 굉장히 오

에티오피아 고원

랜 세월이 걸렸으며 그중에는 절망스러운 순간도 있었고, 평화스러운 때도 있었다. 투마이와 오로린은 다른 유원인들과도 이웃으로서 평화스럽게 공존하였다.

오랜 세월 동안 투마이와 오로린은 대지로 퍼져 나갔다. 그들은 그들이 발견한 모든 것들을 물려줄 후손들을 낳아 자신들의 자리를 물려주었다. 그 후로도 환경은 계속해서 바뀌어 갔으며 대지는 말할 수 없이 건조해져 갔다. 물은 언제나 모자랐고 날씨는 무척 더워서 태양은 목숨까지 말려 버릴 듯 뜨겁기만 했다. 그들의 삶은 곧 투쟁이었으며 수많은 종족들이 사라졌다. 다만 일부 강한 종족들과 열악한 환경에 적응하고 변화한 종족들만이 살아남았고 이들 생존자들은 이제 에티오피아(Ethiopia)나 차드(Chad) 등 아프리카의 한없이 넓은 대지를 떠돌아다녔다.

3. 아르디피테쿠스 라미두스(Ardipithecus ramidus)[4]

라미두스 ⓒPeter K.A. Jensen

약 550만 년 전에서 400만 년 전까지 에티오피아 부근에 살았던 것으로 추정되는 아르디피테쿠스는 땅 위에서와 마찬가지로 나무 위에서도 잘 이동할 수 있었으며 원숭이와 비슷했지만 직립보행을 하던 원시인류였다.

오스트랄로피테쿠스의 등장

Australopithecus[5]

1. 오스트랄로피테쿠스 아나멘시스(Australopithecus anamensis)[6]

지금으로부터 420만 년 전에서 380만 년 전까지 케냐의 투르카나(Turkana)호수 근처에 살았던 이들은 두개골이 침팬지에 가까웠지만 다리뼈와 무릎 관절은 서서 걷기에 적합하도록 진화되어 있었다. 그러나 강하고 긴 팔을 가진 상체는 아직도 나무에 기어오르거나 매달려 이동하기에 적합하여 이들이 땅 위에서도 살았지만 나무에서의 생활도 포기하지는 않았음을 알 수 있다. 이들은 탁 트인 벌판보다는 주로 물이 있는 좁은 숲에서 살았으며 한 곳에서 충분한 식량을 얻기는 불가능하였으므

먼 동이 틀 때의 투르카나 호수

로 이 숲 저 숲으로 옮겨 다니며 살아야 했다. 그러기 위해서는 서서 걷는 것이 효율적인 이동 방법이었을 것이다. 또한 그들은 자신들의 생존을 위해서 과감하게 싸울 줄 알았으며 이들이 뒤에 오스트랄로피테쿠스 아파렌시스로 진화하였다고 여겨지고 있다.

오스트랄로피테쿠스 아나멘시스
ⓒhlmd.de

2. 케니안트로푸스 플라티오프스(Kenyantropus platyops)[7]

케니안트로푸스 플라티오프스 ⓒhlmd.de

지금으로부터 약 350만 년 전 케냐 부근의 숲이 있는 들판에 살았던 원시인류로서 같은 시기에 살았던 오스트랄로피테쿠스들이 원숭이처럼 얼굴이 앞으로 돌출된 것과는 달리 코뼈 밑의 얼굴 부분이 좀 더 후기 인류들과 비슷하게 납작하였다. 그리고 이빨이 특히 작았으며 잡식성이었고 먹는 것이 오스트랄로피테쿠스와는 달라 경쟁하기보다는 서로 공존했던 것으로 보인다.

3. 오스트랄로피테쿠스 아파렌시스(afarensis)[8]

약 370만 년 전에서 290만 년 전까지 에티오피아와 탄자니아(Tanzania) 부근에 살았던 원시인류로서 이들은 침팬지와 같은 긴 팔과 구부러진 손가락을 가지고 있었지만 똑바로 서서 두 다리로 걸을 수 있었다. 그리고 침팬지는 엄지발가락과 다른 발가락이 손가락과 마찬가지로 벌어져 있는 데 비하여 이들의 엄지발가락은 오늘날의 인류와 마찬가지로 다른 발가락들과 나란히 붙어 있었으며 오스트랄로피테쿠스 아나멘시스로부터 진화한 것으로 여겨지고 있다.

이들의 성인 남자 평균 키는 150cm, 체중은 65kg 정도였고 여자는 약 100cm에 30kg 정도였는데 이와 같이 남녀 간에 몸집 차이가 큰 것은 고릴라와 같은 영장류의 특징으로서 이들은 크고 강한 수컷이 다수의 작은 암컷들을 보호하며 지배한다. 따라서 오스트랄로피테쿠스 아파렌시스들도 고릴라와 비슷한 생활을 했을 것으로 보이지만 송곳니가 비교적 작은 것으로 보아서는 차이가 나는 점도 많았을 것이다. 이들로부터 오스트랄로피테쿠스 에티오피쿠스와 호모 루돌펜시스가 진화한 것으로 여겨지고 있다.

탄자니아의 세렝게티

오스트랄로피테쿠스 아파렌시스(루시) ⓒPhilippe Plailly/Eurelios/ LookatSciences, Reconstruction Atelier Daynes, Paris

4. 오스트랄로피테쿠스 아프리카누스(africanus)[9]

300만 년 전에서 200만 년 전까지 남아프리카 부근에서 살던 원시인류로서 다른 오스트랄로피테쿠스들과 마찬가지로 직립보행을 했으나 골격구조는 아직 현대인류와는 많은 차이가 있었으며 두뇌도 매우 작았다. 이들은 오스트랄로피테쿠스 아파렌시스와 여러모로 비슷했으나 남녀 사이의 차이는 훨씬 줄어들었다. 앞니는 약간 더 작았고 어금니는 상대적으로 더 컸으며 얼굴은 조금 더 납작했고 광대뼈는 더 튀어나왔다. 이들은 잡식성이지만 주로 채식을 했고 가끔 고기를 주워 먹기도 했던 것으로 보인다. 이들은 당시 표범과 같은 육식동물들뿐만 아니라 독수리와 같은 맹금류들의 먹잇감이기도 하였다. 이들로부터 오스트랄로피테쿠스 로부스투스와 호모 하빌리스가 진화한 것으로 여겨지고 있다.

오스트랄로피테쿠스 아프리카누스의 나무 위 피난처
ⓒNational Geographic

5. 오스트랄로피테쿠스 에티오피쿠스
(ethiopicus)[10]

260만 년 전부터 230만 년 전까지 동아프리카
의 에티오피아, 케냐 등지에 살았던 원시인류로
서 뇌는 작았으나 체격이 건장하고 얼굴은 넓고
편평했는데 이들로부터 오스트랄로피테쿠스 보
이세이가 진화한 것으로 여겨지고 있다.

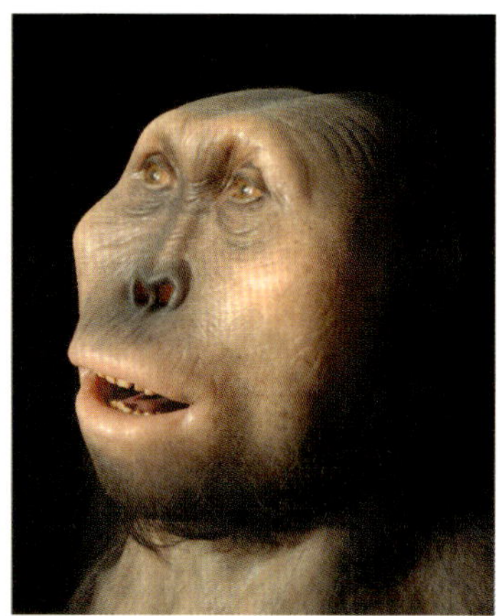

오스트랄로피테쿠스 에티오피쿠스
ⓒPhilippe Plailly/Eurelios/LookatSciences,
Reconstruction Atelier Daynes, Paris

6. 오스트랄로피테쿠스 보이세이(boisei)[11]

240만 년 전에서 110만 년 전까지 동아프리카의 에티오피아, 탄자니아, 케냐와
중부의 말라위(Malawi) 등지에 살았던 원시인류로서 체격이 건장하고 턱이 아주 두

오스트랄로피테쿠스 보이세이
ⓒNatural History Museum of
London

꺼웠다. 이들이 살던 시기는 아프리카가 점차 건조해지던 시기로서 주로 채식을 하던 이들은 좀 더 조악한 먹이도 먹을 수 있도록 큰 어금니를 가지고 있었으며 애벌레나 곤충 등을 잡아먹어 단백질을 섭취했을 것이다.

7. 오스트랄로피테쿠스 로부스투스(robustus)[12]

180만 년 전에서 130만 년 전까지 남아프리카 부근에서 살았던 원시인류로서 보이세이와 매우 비슷해서 아프리카누스보다 체격이 더 크고 어금니는 맷돌처럼 납작하게 생겼다. 이들은 주로 채식을 했으나 동물의 뼈를 이용하여 흰개미 집을 파서 흰개미를 잡아먹기도 하였는데 흰개미는 이들에게는 단백질이 풍부한 최고의 영양식이었을 것이다. 이들 오스트랄로피테쿠스 보이세이와 오스트랄로피테쿠스 로부스투스는 최초의 사람속인 호모 루돌펜시스나 호모 하빌리스, 호모 에르가스테르와도 모두 비슷한 시기에 살다가 더 이상 진화하지 못하고 멸종의 길을 걸었던 것으로 여겨지고 있다.

오스트랄로피테쿠스 로부스투스 ⓒNatural History Museum of London

02 사람속^{屬, Homo}의 등장과 신화

사람속^{屬, Homo}의 등장과 신화

• 1 •
초기의 사람속

1. 호모 루돌펜시스(Homo rudolfensis)[13]

약 250만 년 전의 아프리카는 기후가 점점 건조해지면서 먹이를 구하기가 어려워져서 당시 대열곡의 동쪽 올두바이(Olduvai) 골짜기 부근에 살던 원시인류들은 새로운 먹이를 구해야만 하였다. 이들은 그때까지 먹지 않던 단단한 열매를 깨고 뿌리를 파내거나 또는 비교적 큰 동물의 고기를 먹기 위하여 최초로 돌로 도구를 만들어 사용하기 시작하였다. 이를 올도완(Oldowan)형 석제도구[14]라 하며 이때부터 올도완 문화가 시작되었다. 그들은 모루(anvil) 역할을 하는 돌 위에 8~10cm 정도의 조약돌[pebble/cobble (stone)]을 올려놓고 해머 역할의 돌(hammerstone)로 이것들을 때려 몸돌(석핵/石核, core/nucleus)에서 격지(박편/剝片, flake)를 떼어 냈을 것이다. 몸돌에서는 격지를 여러 번 떼어 낼 수도 있고 격지 역시 재가공하여 필요

올두바이 골짜기

한 크기의 도구를 만들 수 있다. 한 면만 때려낸 몸돌은 외날찍개(unifacial chopper)가 되고 양면을 때려내면 양날찍개(bifacial chopper)가 되며 가공된 격지는 돌날(석인/石刃, blade) 또는 긁개(소기/搔器, scraper) 등으로 사용되었는데 이와 같이 격지를 떼어 내어 만든 석기를 뗀석기(타제석기/打製石器, chipped stone tool)라고 한다. 그들은 이러한 도구를 이용하여 처음으로 작은 동물을 포획하거나 큰 동물의 사체에서 고

호모 루돌펜시스 ⓒhlmd.de

기를 구할 수 있게 되었다. 그리고 그들은 돌로 만든 도구로 동물의 가죽을 벗기고 고기를 자를 수 있게 되었으며 때로는 위를 갈라 그 내용물을 먹거나 뼈를 부수고 골수를 꺼내먹기도 하였는데 이와 같이 잡식을 하게 되면 식량을 구하기가 훨씬 쉬워진다. 이들은 작은 앞니와 빈약한 송곳니를 가지고 있고 근육도 약해서 돌로 만든 도구가 없었다면 이빨만으로는 육식이 거의 불가능하였을 것이다.

현대인의 뇌는 평균 1,450cc로서 같은 체중인 포유류의 아홉 배이며 고등영장류

올도완형 석제도구 ⓒlithiccastinglab.com

와 비교해도 여섯 배가 된다. 뇌(腦, brain)는 인간에게 인지와 판단 능력을 부여하는 매우 중요한 기관으로서 체중의 약 2%에 불과하지만 에너지는 전체의 약 20%를 사용한다. 제대로 된 육식을 시작한 호모 루돌펜시스는 고기에 함유된 프로테인이 뇌를 발달시켜 뇌가 커지기 시작하였는데 이들의 뇌는 750cc 정도로 현생인류에 비해서는 절반 남짓하지만 오스트랄로피테쿠스들보다는 거의 두 배 가까이 커진 것으로서 인간으로서의 진화에 큰 발걸음을 내딛은 것이다. 그리고 이와 같이 뇌가 커진 만큼 지능도 더 발달해서 그들은 다른 도구들도 만들어 내게 되었다. 지식은 흉내를 통해서 빠르게 전파되었으며 손에 손을 거치면서 기술은 점차 완벽해져 갔다. 호모 루돌펜시스는 이들 새로운 무기들과 함께 세상에서 가장 위협적인 존재가 되어 갔으며 지식의 나눔과 함께 무리들 사이의 관계는 더욱 단단해지고 유대감이 더욱 강해져서 외부의 위험에 공동으로 대응할 수 있게 되었다. 이렇게 하여 구석기시대〔舊石器時代, the Paleolithic(Old Stone)Age〕가 시작되었으며 이와 같이 비교적 단순한 뗀석기들은 이후 약 100만 년이 지나서야 좀 더 정교한 석기로 발전하게 된다.

그들은 더 이상 거대한 동물들을 겁내지 않게 되었고 그들의 능력과 돌로 만든 도구는 그들에게 용기를 가져다주었으며 그들은 자신을 지킬 수 있게 되었다. 하지만 잠자는 동안에는 새로운 무기도 소용없어 많은 무리들이 죽었다. 이들은 더 많은 돌과 나무를 모아야 했으며 이것은 모든 무리들의 참여를 유발했다. 무리에는 우두머리가 필요하게 되었으며 우두머리는 작업을 분배하고 식량과 도구를 분배함으로써 무리의 조직이 완성되어 갔다. 인간들의 사회가 구성되기 시작되었지만 거기에서 갈등과 대결도 자라나게 될 것이다. 유독 이 지역에서 이러한 진화가 이루어진 것은 이 지역에 살던 원시인류들이 다른 원시인류들에 비해 유연하고 적응력이 뛰어났으며 또 이

고기를 먹는 원시인류 ⓒNational Geographic

지역이 다른 지역으로부터 비교적 고립되어 있어서 독자적인 발전이 가능했다는 점 때문이었을 것이다.

그들은 최초로 은신처도 만들어 냈다. 그들은 정복의 정신을 지니고 있었고 삶에 대한 의지를 지니고 있었다. 그러나 이들은 아직 생활 조건의 변화에 적응할 능력이 부족하였다. 그래서 초기에는 에티오피아나 케냐 등 주로 아프리카의 동북부에 살던 이들이 기후의 변화로 동물들이 이동함에 따라 같이 이동하면서 삶의 터전을 말라위 등 아프리카 중부까지 넓혀 나갔다. 이들은 약 180만 년 전까지 아프리카의 북부와 중부에 살았으며 이들로부터 호모 에렉투스가 진화한 것으로 보여진다.

2. 호모 하빌리스(Homo habilis)[15]

호모 하빌리스는 호모 루돌펜시스보다 더 늦은 약 220만 년 전에 출현하였지만 뇌는 더 작아 약 700cc 정도였고 체격도 더 원시적이어서 팔이 길고 다리가 짧았다. 그러나 이들도 돌로 도구를 만들어 사용하였으며 사는 방법도 호모 루돌펜시스와 거의 비슷하였을 것이다. 이들의 삶의 터전은 호모 루돌펜시스보다 훨씬 더 넓어 약 150만 년 전까지 동아프리카의 케냐와 탄자니아는 물론 남아프리카 지역에서도 살았다.

호모 하빌리스 ⓒPhilippe Plailly/Eurelios/ LookatSciences, Reconstruction Atelier Daynes, Paris

• 2 •

호모 에렉투스

직립원인/直立猿人, Homo erectus

1. 호모 에르가스테르(Homo ergaster)[16]

호모 루돌펜시스로부터 진화한 것으로 여겨지고 있는 호모 에르가스테르는 약 200만 년 전에 에티오피아와 케냐 등지에서 출현하였는데 호모 루돌펜시스보다 훨씬 크고 뇌는 880cc 정도까지 커졌으며 두개골도 발달하였다. 체격도 현 인류와 매우 비슷해져서 균형이 잡혀 있었고 에너지의 배분도 효율적이었다. 그런데 당시는 전 세계적으로 기후가 매우 불안정하여 변화가 심한 시기였고 그것은 아프리카도 예외가 아니었다. 기후에 따라 열대우림은 사라지고 대초원이 넓어졌다가 다시 숲이 우거지거나 황야가 되기도 하였다. 따라서 그 지역에 살던 동물들은 물론이고 원시인류들도 그에 대처하지 않으면 안 되었다.

비가 많이 올 때에는 사막에도 식물이 자라고 동물들도 모여들어서 원시인류들이 살아 나가는 데 별 문제가 없었다. 그러나 사막이 건조해지면서 물웅덩이가 마르고 식물이 말라죽자 동물은 새로운 서식지를 찾아 떠나고 원시인류들도 그들을 따랐다. 그들 중 일부는 그 부근에서 새 삶의 터전을 찾았으나 다른 일부는 남쪽을 향하여 이동했고 또 다른 일부는 북쪽을 향하여 이동을 시작하였다. 당시 아프리카에 남아 있던 호모 에르가스테르는 이미 병든 동족을 보호해 주고 돌보아 주는 동정심(同情心, sympathy)을 가지고 있었던 것으로 보인다. 약 170만 년 전 투르카나 호수 동쪽 기슭에 살던 한 여자는 맹수의 간을 너무 많이 먹어 심한 비타민 A 중독에 걸렸으나 말기까지 살 수 있었는데 누군가가 먹을 것과 마실 것을 가져다주고 맹수로부터 보호해 주지 않았으면 이런 일은 불가능했을 것이다.

한편 나일 강 계곡을 따라 북쪽으로 이동하던 집단은 지금의 요르단 땅을 지나면서 다시 둘로 갈라져 일부는 계속 북진해서 약 180만 년 전에는 카프카스(Kavkaz, 영어로는 코카서스/Caucasus) 산맥의 남쪽, 즉 그루지야의 드마니시(Dmanisi)[17]까지 진출했는데 당시 이곳에 살던 인류는 손에 쥐고 던지기 알맞은 크기의 강자갈을 모아 놓고 이것들을 던져 맹수들에게 대항했던 것으로 보인다. 나머지 인류는 동쪽으로 방향을 바꿔 역시 비슷한 시기에 중국과 인도네시아까지 진출하였다. 이들은 추운 시

그루지야의 드마니시 유적 ©dmanisi.org.ge

호모 에르가스테르(드마니시인)
©Philippe Plailly/Eurelios/LookatSciences, Reconstruction Atelier Daynes, Paris

기도 자주 겪어야 했기 때문에 육식이 차지하는 비중도 점점 더 커졌을 것이다. 이와 같이 호모 에르가스테르는 새로운 지역과 변화하는 환경에 적응하면서 진화하여 약 150만 년 전이 되자 그들은 이제 이전과는 또 다른 종족이 되어 있었다. 우리가 호모 에렉투스라 부르는 존재가 된 것이다.

2. 호모 에렉투스(Homo erectus)[18]

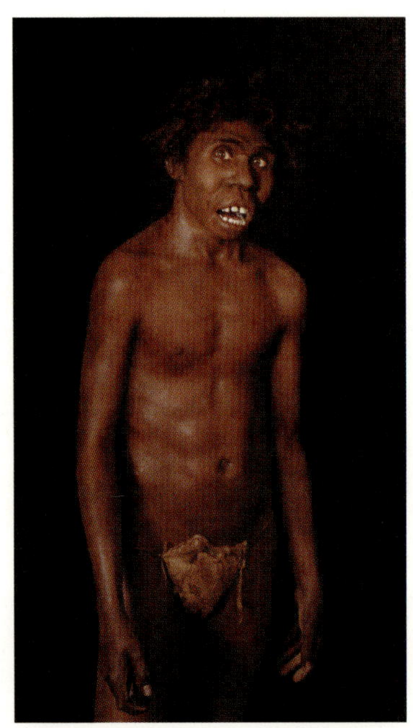

나리오코토메의 소년 ⓒPhilippe Plailly,
Eurelios, LookatSciences,
Reconstruction Atelier Daynes, Paris

지금으로부터 약 150만 년 전에 등장한 호모 에렉투스는 얼굴이 넓적하고 눈두덩이 두툼하게 불거졌으며 이마는 뒤로 젖혀진 모습이었다. 당시 투르카나 호수 서안의 나리오코토메(Nariokotome)[19] 부근에 살았던 11세 정도의 한 소년은 키가 160cm, 체중이 35kg 정도였는데 그가 성인이 되었더라면 키는 180cm, 체중은 약 70kg 정도가 되었을 것이다. 체형이 현생인류와 매우 비슷해서 이들은 팔보다 다리가 길었고 완전히 똑바로 서서 걸었으며 민첩하게 매우 잘 달릴 수 있었다. 피부는 검었으며 체모는 많이 줄어들어 피부가 노출되었고 땀샘이 형성되어 땀을 흘림으로써 체온을 조절할 수 있게 되었다. 또 여자의 체격이 커져서 남자와 여자의 체격 차이도 많이 줄어들었다.

이들은 이제 더 이상 죽은 고기를 먹지 않게 되었으며 신선한 고기를 먹기 위해 사냥을 하게 되었다. 이들은 무리지어 다니면서 사냥을 했고 늑대나 사자보다 더 위험한 야수이자 포식자가 되었다. 사냥은 인류의 풍속과 육체를 변형시킨 새로운 행위였으며 이때부터 인류는 신선한 고기를 먹게 되었고 신선한 고기는 프로테인을 다량으로 함유하고 있어 뇌의 발달을 촉진시켰다. 또 무리를 지어 사냥하면서 이들은 사냥감의 출현을 알려주거나 위험을 경고할 필요가 생겼을 것이며 이를 위해서 비록 매우 원시적이나마 언어를 사용하기 시작했을 것이다. 그들은 사냥을 위한 무기뿐만 아니라 서로 다른 일에 활용할 여러 가지 도구들이 필요하였다. 이때부터 인류는 가로날도끼 (cleaver), 찌르개(첨두기/尖頭器, point), 주먹도끼〔양면핵석기/兩面核石器, (bifacial) hand ax〕 등 비교적 크고 새로운 도구들을 만들기 시작하게 되었다. 이들 중 대표적인 것이 주먹도끼로서 눈물방울 모양의 좌우대칭 형태를 갖춘 것이 가장 흔하지

아슐리안 주먹도끼 ⓒlithiccastinglab.com

만 그 외에도 타원형 등 여러 가지 형태로 만들어졌는데 이 도구들을 만드는 데는 상당한 기술과 힘이 필요했을 것이며 이때부터 구석기시대 중에서도 아슐리안 (Acheulean)문화[20]의 태동기에 접어들게 되었다.

　도구들이 정교해져 가면서 기술은 더욱 복잡해졌고 제작을 위해서 더 많은 시간이 들었다. 어떤 이들이 사냥을 하거나 과일들을 따는 동안 다른 이들은 공동체를 위해 각종 도구를 만드는 등의 일을 했다. 그들은 가능한 한 더 많은 일손들을 필요로 했으며 좀 더 정교한 작업을 위해 교육이 필요하게 되었다. 늙은이들은 사냥을 하지는 못하지만 많은 경험을 가진 훌륭한 기술자로서 젊은이들을 가르쳤고 교육은 이들에게 매우 중요한 일이 되었다. 대자연 안에 최초의 학교가 세워진 셈이다.

　지금으로부터 100만 년 전 남아프리카의 스와트크란스(Swatkrans) 동굴에 살던 인류는 불을 사용하여 음식을 익혀 먹을 수 있게 되었다. 구운 고기는 씹기도 편하고 맛도 더 좋았으며 배도 편하게 했을 뿐만 아니라 쉽게 상하지도 않았다. 그리고 날로는 먹을 수 없던 나뭇잎과 콩과 같은 열매들도 구워서는 얼마든지 먹을 수 있었다. 불은 맹수에 맞설 수 있게 해 주었고 어둠을 밝혀주었으며 따뜻하게 해 주기도 하였다. 그러나 불을 다루기는 힘들었을 것이며 오랜 세월에 걸쳐 수많은 실패

를 거듭한 끝에 불을 피우고 간직하며 끄는 방법을 알게 되었을 것이다. 불을 먼저 사용할 수 있게 된 집단은 그렇지 못한 집단에 비해 엄청난 이점을 누렸을 것이며 이로부터 점점 더 많은 집단이 불을 사용할 수 있게 되었을 것이다. 그리하여 어느 때부터인가는 모든 인류가 불을 사용할 수 있게 되었으며 그때부터 인류의 삶은 크게 달라졌다.

한편 음식을 익혀 먹게 되면서 소화 부담이 줄어 내장과 흉곽이 작아지고 골반이 상대적으로 좁아진 반면 턱 근육은 줄어들었으며 뇌의 용량은 약 1,000cc 정도로 커졌고 두개골의 크기도 점점 더 커졌다. 따라서 아기의 머리가 산도(産道, birth canal)를 통과하기 힘들어져 자식의 출산에 심각한 문제가 발생하게 되었으며 자연히 인류는 아기의 두뇌가 다 커지기 전에 미숙아인 상태로 조산(早産, premature birth)을 하게 되었다. 어미가 갓난아기를 스스로 생명을 지킬 수 있을 때까지 양육

호모 에렉투스의 주거지
ⓒDorling Kindersley

하는 데는 엄청난 세월이 걸리게 되었으며 그동안에는 먹이를 구한다든가 하는 다른 일들을 하기가 어려워 혼자 이 일을 감당할 수는 없게 되었다. 그래서 남자들은 자신의 자식을 낳은 여자와 자식을 돌보지 않으면 안 되게 되었고, 이로서 가족의 개념이 생기게 되었다. 이들은 서로 보호하며 돌봐주었고 부모들의 권위가 발생하였으며 이웃도 생기게 됨으로써 공동체가 형성되었다.

호모 에렉투스가 등장하기 전에는 약 다섯 종류의 원시인류가 동시에 지구상에 존재하였다. 그러나 지금으로부터 100만 년 전에는 호모 에렉투스만이 지구상의 유일한 인류가 되었다. 세계 각지로 뻗어 나간 호모 에르가스테르의 후손인 이들은 당시 아프리카 전역과 유럽 및 아시아 등 구세계의 거의 모든 지역에 거주하게 되었으며 100만 년 전쯤 아프리카의 호모 에렉투스는 다시 한 번 서부 유럽으로 진출했던 것으로 보인다. 이들에게 빙하기가 돌아오면서 추위가 닥쳐왔으나 그들은 추위를 이겨내고 비슷한 진화 과정을 겪으면서 서서히 또 다른 인종으로 진화해 나갔다. 그들은 새로운 도구를 개발했으며 그들의 지식을 나누었고 지식의 축척에 따라서 새로운 사회를 건설해 나갔다. 인간들은 엄청난 비약을 겪으며 자신의 삶을 변화시킬 발견을 이어 나갔다.

한편 지금으로부터 약 70만 년 전 남아프리카 후지쯔 펀드 부근에서는 이상한 일이 벌어졌다. 동물들이 거대해져서 물소는 뿔의 길이가 지금의 2.5배인 3m에 달했으며 얼룩말도 무게가 지금보다 80kg이나 더 나갔다. 그리고 이렇게 거대해진 동물들을 사냥하기 위하여 이 지역의 호모 에렉투스들도 덩달아 커져서 키는 2m에 가깝고 체중도 90kg 정도인 거인족(Goliath)[21] 으로 변했는데 이들은 보통 사람들보다 두 배의 에너지를 소모하였으나 피부 면적은 1.5배밖에 되지 않아 열을 발산하는데 어려움이 있었을 것이다. 이들은 최초로 창을 던져 동물을 사냥하였으며 약 50만 년 전에 초기 원시형 호모 사피엔스로 진화하여 이들 중 일부는 또다시 서부 유럽의 스페인, 프랑스 등으로 진출하였다.

호모 하이델베르겐시스
ⓒPhilippe Plailly/Eurelios/LookatSciences,
Reconstruction Atelier Daynes, Paris

호모 안데세소르 ⓒjlmaral

3. 유럽의 호모 에렉투스

오늘날의 그루지야에서 카프카스 산맥을 넘어 유럽으로 향한 호모 에렉투스들은 지금으로부터 약 150만 년 전 스페인 남쪽의 오르세(Orce) 계곡 부근까지 진출하였으며 약 100만 년 전에는 오늘날의 슬로베니아와 크로아티아에 붙은 이스트리아(Istria) 반도에서도 살면서 나무창을 이용하여 멧돼지나 사슴과 같은 비교적 작은 동물들을 사냥하였다. 그리고 약 73만 년 전 이탈리아의 이제르니아 라 피네타에 살았던 인류는 코끼리, 코뿔소, 들소, 곰 등과 같은 커다란 동물들을 사냥하였다. 이들은 약 60만여 년 전에는 독일의 하이델베르크 부근까지 진출했으며 이들에게는 호모 하이델베르겐시스(Homo heidelbergensis)[22]라는 이름이 붙게 되었다. 이들은 아래턱뼈와 두개골을 연결하는 부위가 매우 넓어서 음식을 씹는 근육이 강했으며 잡식성이었다.

한편 아프리카에서 진화한 호모 에렉투스의 일부는 약 100만 년 전에도 바다를 건너 스페인으로 와서 약 78만 년 전에는 스페인 북부의 그란돌리나(Gran Dolina) 부근까지 진출하였는데 이들은 조악한 석기를 사용해 말과 들소, 사슴 등을 사냥하였으며 이들에게는 호모 안테세소르(homo antecessor)[23]

라는 이름이 붙게 되었다. 그리고 50만
년 전에는 아프리카에서 진화한 초기 원
시형 호모 사피엔스의 일부가 또다시 서
부 유럽의 스페인, 프랑스 등으로 건너
옴으로써 이 이후의 유럽 인류는 아프리
카에서 세 차례에 걸쳐 이동한 인류의
혈연관계가 복잡하게 얽혔을 것이다.

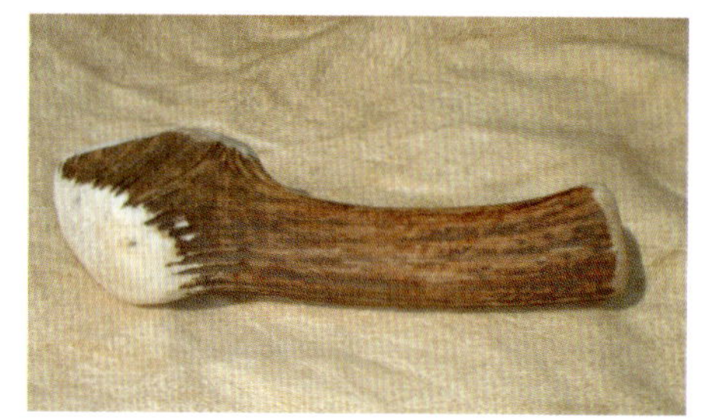

사슴뿔 망치 ⓒbeyond2000bc.co.uk

　약 50만 년 전 영국 웨스트서식스 주의 복스그로브 부근에 살던 호모 하이델베
르겐시스에게는 선행인류에 비해 큰 변화가 일어났다. 당시까지 인류는 사냥꾼이
자 맹수의 먹잇감이기도 하였기 때문에 사냥을 할 때에도 맹수들에 대한 경계를 늦
출 수 없었으며 신속히 행동해야 했다. 그러나 이들은 신중하게 계획을 세우고 맹
수들에 대한 두려움 없이 매우 여유 있게 사냥하였으며 잡은 고기도 합리적으로 분
배하였다. 이들은 그 지역의 명실상부한 지배자가 된 것이며 아마 상당한 수준의
의사소통을 할 수 있는 언어능력도 가지고 있었을 것이다. 이들은 또 당시의 거대
한 사슴 메갈로케로스의 가지 뿔을 정교하게 가공한 뿔 망치를 사용하였는데 이것
을 가지고 다니면서 각종 석기를 만들
거나 경우에 따라서는 무기로도 사용
하였던 것으로 보이며 이것이 아마 최
초의 사유재산이었을 것이다.

　또 약 40만 년 전에는 프랑스 남부
의 토타벨(Tautavel) 부근에도 원시인
류가 살았는데 이들은 얼굴이 약간 앞
으로 튀어나왔고 눈썹 뼈가 도드라졌
으며 머리뼈는 호모 에렉투스처럼 각

토타벨인 ⓒcathares.org

1 테라 아마타의 오두막
2 빌징슬레벤의 거주지 환경
ⓒlandesmuseum-fuer-vorgeschichte-
halle.de

이 지고 두터웠으나 이마는 호모 에렉투스보다 넓었고 뇌의 용량도 1,160cc로 호모 에렉투스보다 커서 그들보다 한발 더 진화한 인류로 보여진다.[24] 비슷한 시기에 역시 프랑스 남부 니스(Nice)의 테라 아마타(Terra Amata)에 살던 인류는 길이가 8~15m에 폭이 4~6m 정도인 주거지에 살았는데 집의 내부 한가운데 화로가 있었고 잠자는 곳, 일하는 곳뿐만 아니라 배설하는 곳, 즉 화장실도 따로 있었다. 약 40만~30만 년 전에 그리스 북부의 페트랄로나(Petralona) 부근에 살았던 인류는 뇌 용량이 1,220cc 정도였으며 호모 에렉투스와 네안데르탈인의 특성을 둘 다 가진 과도기적 인류였다.[25]

독일 튀링겐지방의 빌징슬레벤(Bilzingsleben)[26]에는 조그만 개울이 흘러드는 작은 연못이 있고 연못가는 편평하다. 지금으로부터 약 37만 년 전, 이 지역의 기후는 평균기온이 지금보다 더 높아서 여름에는 따뜻하였고 겨울에는 추웠지만 견딜 만하였으며 강수량도 충분한 데다가 계절의 변화도 뚜렷해서 오늘날의 지중해성 기후와 비슷하였다. 호수 주변에는 갈대와 참나무, 보리수, 단풍나무 등이 우거진 숲이 있었고 라일락, 향나무, 산딸기 덩굴 등이 자랐으며 숲 속에는 코끼리, 들소, 코뿔소,

말, 사슴 등이 살았다. 그리고 당시 이곳에 살
던 호모 에렉투스는 아프리카의 올두바이 협곡
에 살던 호모 에렉투스나 자바원인 또는 베이
징원인과도 매우 유사하였으며 뇌의 용량은
1,100cc 정도였다. 이들은 직경 3~4m 정도의
나무껍질이나 풀 더미로 지붕을 얹은 오두막을
짓고 살았으며 오두막 입구의 앞이나 옆에는
불을 피워 두었고 간단한 옷도 만들어 입었던
것으로 보인다. 그들은 돌과 동물의 뼈로 거친
작업과 섬세한 작업에 쓰이는 도구를 구분하여
제작하고 사용하였다. 그들은 또 무리를 지어
서 코끼리와 코뿔소, 동굴 곰, 말, 붉은 사슴 등
과 같은 커다란 야생동물들을 사냥하였다.

빌징슬레벤의 나뭇잎 화석
ⓒlandesmuseum−fuer−vorgeschichte−
halle.de

　　비슷한 시기에 독일의 쇠닝겐(Schoeningen)에 살던 호모 에렉투스는 독일 가문
비나무나 유럽 소나무로 만든 창으로 사냥하였다. 창들은 대개 길이가 2m 정도에
지름은 6cm 정도였고 창 촉은 돌을 정성스럽게 갈아서 바늘처럼 미끈하게 만들었
으며 창 자루는 나무의 본래 생김새를 이용하여 끝으로 갈수록 가늘게 만들었을 뿐

빌징슬레벤의 석제도구
ⓒlandesmuseum−fuer−vorgeschichte−halle.de

빌징슬레벤의 사슴뿔 망치
ⓒlandesmuseum−fuer−vorgeschichte−halle.de

만 아니라 그 끝은 창 촉이 딱 들어맞도록 정교하게 갈라져 있었다. 당시 호모 에렉
투스들이 살던 곳은 이곳뿐만 아니라 헝가리의 베르테스조엘로스(Verteszoeloes)나
체코, 이탈리아 등 여러 곳이었다.

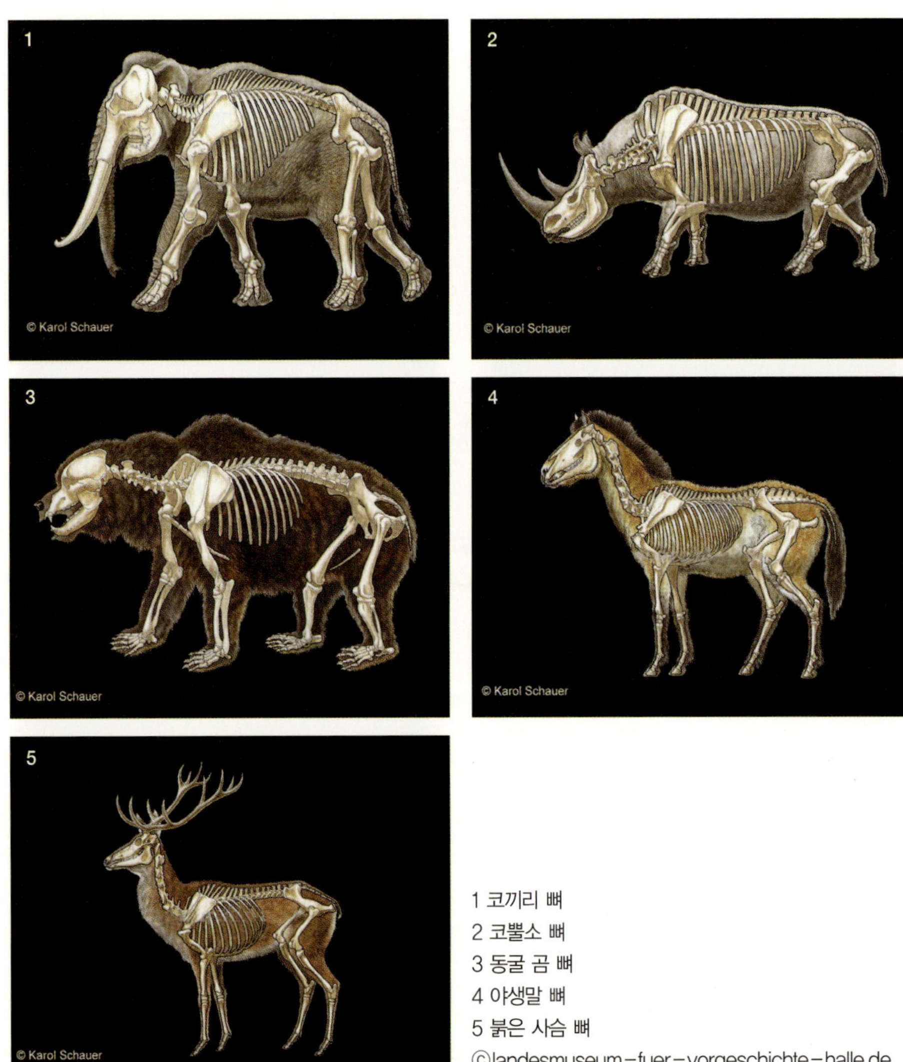

1 코끼리 뼈
2 코뿔소 뼈
3 동굴 곰 뼈
4 야생말 뼈
5 붉은 사슴 뼈
ⓒlandesmuseum-fuer-vorgeschichte-halle.de

호모 슈타인하이멘시스(남)
ⓒuni-stuttgart.de

호모 슈타인하이멘시스(여)
ⓒuni-stuttgart.de

또 약 30만 년 전 독일의 슈타인하임(Steinheim) 부근에 살던 인류는 초기 원시형 호모 사피엔스와 호모 에렉투스의 특징을 동시에 가지고 있던 인류로서 호모 슈타인하이멘시스(steinheimensis)라는 이름이 붙게 되었는데 두개골의 뒷부분이 네안데르탈인과 비슷해서 안테 네안데르탈인으로 부르기도 한다. 또 비슷한 시기에 스페인 북부 부르고스(Burgos) 부근에 살았던 사람들 역시 초기 원시형 호모 사피엔스와 비슷하게 키가 크고 코가

스완즈컴의 호모 하이델베르겐시스 ⓒNatural History Museum of London

컸으며 얼굴 가운데 부분이 돌출해 있었는데 눈두덩이 두툼한 것 등 호모 에렉투스의 특징도 가지고 있었지만 여러 가지 면에서 네안데르탈인과 비슷한 특성도 많이 가지고 있었다.[27] 영국의 스완즈컴(Swanscombe) 부근에도 호모 하이델베르겐시스로 분류되는 후기 호모 에렉투스가 살았는데 그들은 아슐리안형 석제도구를 사용하였다. 이들 유럽 각지에 살던 원시인류는 불을 이용할 줄 알았고 집을 지어 살았으며 옷을 입어 몸을 보호할 줄도 알았다. 그들은 생각을 할 줄 알았고 공동의 힘이 강하다는 것도 알았으며 서서히 또 다른 인종인 네안데르탈인으로 진화하였다.

4. 아시아의 호모 에렉투스

약 200만 년 전 호모 에르가스테르로서 아프리카를 떠나 서아시아(西-, West Asia)[28] 지역을 거쳐 180만 년 전 자바(Java)의 모조케르토(Mojokerto)에 도착한 이들은 160만 년 전에서 100만 년 전까지는 인근의 생기란(Sangiran)에서 살았으며 90만 년 전에는 트리닐(Trinil)에서 살았다. 이 지역에서 독자적으로 호모 에렉투스로 진화한 이들에게는 자바원인(Java man)[29]이라는 이름이 붙었는데 다른 지역의 호모 에렉투스들이 늦어도 25만 년 전 이전에 모두 사라진 것에 비하여 이들은 자바의 응간동(Ngandong)에서 약 5만 3,000년 전부터 약 2만 7,000년 전까지 살았다. 이들은 불을 사용했으며 석제도구는 그들이 아프리카를 떠나올 때 가지고 온 올도완형에 그치고 더 이상 발전시키지는 못했으나 이 지역에 흔한 대나무 등의 목재를 이용하여 여러 가지 필요한 도구들을 만들어 썼던 것으로 보인다. 이들은 80만~70만 년 전에 바다를 건너서 자바

자바원인 ⓒNatural History Museum of London

와 오스트레일리아 사이에
있는 플로레스(Flores) 섬과
티모르(Timor) 섬까지도 진
출하였다.

플로레스 섬에는 포유류
라고는 바다를 헤엄쳐 건너
온 원시 코끼리 스테고돈

스테고돈 왕도마뱀 등 작아지고 커진 동물들 ⓒNational Geographic

(stegodon)[30]과 바다의 부유물을 타고 건너온 것으로 보이는 설치류뿐이었는데 이
와 같이 고립된 섬에는 먹이나 포식자가 많지 않아서 스테고돈은 원래의 약 1/20로
작아짐으로써 무게가 약 350kg 정도에 불과하였다. 반면에 쥐나 도마뱀 등은 훨씬
더 커져서 코모도왕도마뱀(Komodo dragon) 같은 것은 길이가 3m나 되었다. 이 고

호모 플로레시엔시스와 코모도왕도마뱀 ⓒNational Geographic

립된 섬에 도착한 호모 에렉투스는 세월이 지남에 따라 점점 작아져서 나중에는 키가 1m도 안 되고 체중도 25kg 정도이며 두뇌의 크기는 380cc에 불과한 호빗(Hobbit)[31]족이 되었는데 거인족과 함께 인류의 체격이 주위 환경에 따라 얼마든지 변할 수 있다는 것을 보여주는 좋은 예가 되고 있다. 호모 플로레시엔시스(Homo floresiensis)라는 이름이 붙은 이들은 돌 촉을 부착한 창으로 스테고돈을 사냥하였으며 현생인류와도 약 4만 년간은 공존하였을 것으로 여겨지는데 1만 2,000년 전에 있었던 어마어마한 화산폭발로 인하여 스테고돈과 함께 멸종되었다.

현생인류를 만난 호모 플로레시엔시스
ⓒNational Geographic

또 자바원인과 비슷한 시기에 비슷한 경로를 따라 아시아로 오던 사람들은 170만 년 전 중국 남부 윈난 성(雲南省)의 원모 부근에 도착하였는데 이들에게는 원모원인(元謀原人)이라는 이름이 붙었으며 또 비슷한 시기에 베이징 부근의 니헤완(Nihewan)에도 도착하였다. 아시아에서 진화한 호모 에렉투스는 약 100만 년 전에는 산시 성(陝西省)의 남전 부근에 살았는데 이들에게는 남전원인(藍田原人)이라는 이름이 붙었다. 또 67만 년 전에서 41만 년 전까지 베이징 근처의 저우커우뎬(周口店, Zhoukoudian)에도 원시인류가 살았는데 이들에게는 베이징원인(北京原人, Peking man)[32]이라는 이름이 붙었으며 이들은 불과 원시적인 석제도구를 사용하였

베이징원인 ⓒPhilippe Plailly/Eurelios/
LookatSciences, Reconstruction Atelier
Daynes, Paris

다. 한편 한반도(韓半島)에는 연천(漣川)의 전곡리(全谷里) 일대에서 35만 년 전 것으로 보이는 아슐리안형 석기들이 발견되고 있어 당시 이것들을 사용하던 아시아형 호모 에렉투스들이 살았던 것으로 여겨지며 그 외에 함북(咸北) 웅기(雄基) 굴포리(屈浦里)와 공주(公州) 석장리(石壯里) 등 여러 곳에서 구석기시대에 사람들이 살았던 유물이 발견되고 있다.

그리고 약 140만 년 전에는 요르단의 우베이디야(Ubeidija) 부근에도 호모 에렉투스들이 살았는데 이들 역시 올도완형 석제도구를 사용하였다.

한반도의 구석기 유물

03 호모 사피엔스 Homo sapiens 종의 등장과 진화

원시형 호모 사피엔스

1. 초기 원시형 호모 사피엔스

아프리카의 호모 에렉투스는 지금으로부터 70만 년 전에 거인족이 되었다가 약 50만 년 전에 현생인류와 좀 더 가까워진 원시적 초기 호모 사피엔스로 진화하였는데 호모 사피엔스란 '생각(thinking)하는 인간' 또는 '지혜 있는 인간' 이라는 뜻이다. 그렇다고 해서 돌로 도구를 만들고 이를 발전시켰으며 동정심을 가지고 동족을 돌보아주었을 뿐만 아니라 좀 더 살기 좋은 곳을 찾아서 전 세계로 퍼져 나간 선행 인류들이 전혀 생각할 능력을 가지고 있지 않다는 뜻은 아니며 다만 호모 사피엔스에 이르러서야 본격적인 사고활동이 가능하였다는 의미로 보아야 할 것이다.

2. 후기 원시형 호모 사피엔스

지금으로부터 20만 년 전까지 아프리카의 초기 원시형 호모 사피엔스는 현생인류와 거의 차이가 없는 후기 원시형 호모 사피엔스로 진화하였다. 그리고 15만 년 전 지구에는 다시 한 번 빙하기가 찾아와서 만년설이 증가하였고 해수면은 지금보다 120m나 낮게 되었다. 당시 북아프리카는 드문드문 작은 초원이 분포한 광활한 사막이었는데 인류는 무리를 지어 해마다 먼 곳으로 떠돌아다니면서 사냥과 채집으로 살아 나갔다. 이 시기를 전후하여 이들에게는 엄청난 변화가 일어났는데 입과 혀에 관련된 유전자(DNA)가 변형을 일으켜 언어를 유창하게 구사할 수 있게 된 것이다. 먼저 육체적 변화로서는 두개골이 얇아졌고 뇌에도 화학적 변화가 일어났다. 그러나 참으로 중요한 것은 언어를 통해 약자들이 연합하여 힘을 모아 대항함으로써 사회적 폭력을 제거할 수 있게 된 것이다.

무릇 무리를 지어 사는 동물들의 대부분은 가장 강한 자가 우두머리가 되고 약한 자는 무조건 복종하거나 쫓겨나는 수밖에 없으며 인간도 당시까지는 비슷했을 것이다. 그러나 언어를 사용하게 되면서 작은 무리는 더 큰 사회를 이루게 되고 사회 내에서 평화적이고 협조적인 새로운 인간으로 탈바꿈을 하게 되었다. 그리고 어느 동물보다도 협동심이 많으며 창조적인 호모 사피엔스사피엔스로 진화하게 된다.

● **2** ●

네안데르탈인
Homo sapiens neanderthalensis[33]

1. 초기 네안데르탈인

    지금으로부터 약 25만 년 전 유럽의 기후는 몹시 험악하고 변동이 심하여 북부 지방은 거대한 얼음으로 덮이는가 하면 빙하가 녹아 해수면이 갑자기 높아지기도 하였으며 식물대도 기후에 따라 위도를 오르내렸다. 이와 같은 악천후로 인하여 다른 지역의 인류는 유럽으로 이동하지 않았고 좀 더 살기 좋은 지역을 찾을 수 없었던 유럽의 호모 에렉투스들은 현지의 기후에 적응하면서 초기 네안데르탈인으로 진화하여 약 9만 년 전까지 유럽 전역과 이스라엘, 서아시아, 우즈베키스탄에 이르기까지 넓은 지역에 걸쳐 살게 되었다.

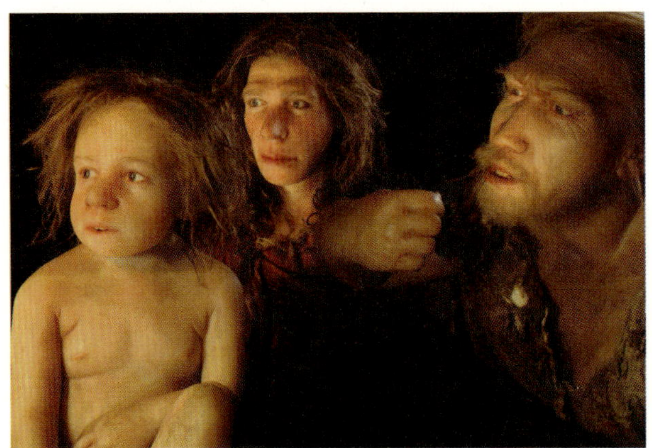

네안데르탈인 ⓒPhilippe Plailly/Eurelios/LookatSciences,
Reconstruction Atelier Daynes, Paris

이들의 두개골은 현대인의 두개골이 높고 둥근 데 비하여 길고 편평했으며 눈 위의 돌출부가 강하게 도드라져 있고 얼굴의 중심부도 앞으로 튀어나와 있었다. 이들은 추운 기후 속에서 숨을 따뜻하게 하기 위해 코가 커졌고 턱

모양은 현대인처럼 분명하지는 않았으며 마지막 어금니 뒤에는 빈 공간이 있었다. 이들은 매우 튼튼하고 근육질이었으며 관절과 근육 연결부위가 크고 뼈도 두꺼웠다. 대퇴골과 상완골은 비교적 길고 다리는 짧았으며 체형은 추위에 잘 견딜 수 있도록 둥글고 땅딸막하였는데 평균 키가 남자들은 167cm, 여자들은 160cm 정도였고 체중은 남자가 64kg, 여자는 50kg 정도였다.

이들이 살았던 시기가 추웠다고는 하지만 온난한 시기도 많았으며 또 유럽에는 프랑스의 남서부나 이베리아 반도 등과 같이 살기 좋은 지역도 많았다. 이들 지역은 추운 시기에도 기후가 온난해서 여름은 오늘날과 비슷하였고 겨울만 좀 더 길고 더 추웠다. 12만 7,000여 년 전, 빙하기가 끝나고 다시 따뜻해지기 시작하자 빙하들은 녹았으며 툰드라지대였던 곳에 숲이 다시 무성해지고 해수면이 높아지면서 영국이 유럽대륙과 분리되었다. 당시 숲속에 살던 숲코끼리의 모습은 지금의 아프리카코끼리와 비슷하였지만 몸집은 훨씬 더 커서 어깨까지의 높이가 5m 정도인 초대형 동물로서 자연계에는 천적이 별로 없었으나 네안데르탈인들은 여러 집단이 서

사냥하는 네안데르탈인 ⓒNatural History Museum of London

무스티에 유적지

무스티에형 석제도구

로 협력하여 숲코끼리를 사냥하였으며 그 외에 말, 사슴, 순록 및 당나귀 등도 사냥하였다. 그들은 거북이나 새도 잡아먹었고 새들의 둥지를 뒤져 알을 모으기도 하였으며 조개도 잡아먹었다.

11만 5,000년 전 따뜻했던 간빙기가 끝나고 날씨는 다시 추워졌으며 숲이 줄어들고 초원이 다시 확산되었다. 초기 네안데르탈인들은 동굴 속의 벽에 나무막대를 기대놓고 가죽을 덮어씌워 집을 만들었다. 또 추위와 바람을 피할 수 있고 물도 고여 있는 분화구도 그들이 선호하는 주거지였다. 그들은 주먹도끼와 같은 대형석기보다는 아슐리안형 석제도구와 비슷하기는 하나 더욱 정교하게 만들어진 격지석기인 찌르개, 여러 종류의 긁개, 돌날 등 작고 다양한 도구들을 주로 사용하였는데 이를 무스티에(Moustier) 문화라고 하며 이 시기부터 중기

구석기시대에 접어들게 되었다. 이들은 약 9만 년 전 원래의 특징을 유지하면서도

크게 변하여 고전적 네안데르탈인으로 진화하였다. 이들은 또 현생인류에게는 못 미치지만 어느 정도의 언어능력을 가지고 있었을 것으로 보이나 정확한 것은 아직도 미지수로 남아 있다.

2. 고전적 네안데르탈인

인간의 모든 종들 중에서 네안데르탈은 가장 튼튼했고 인내력이 있었다. 그들은 추위와 눈에도 불구하고 어려움을 극복하면서 자연에 적응해 나갔다. 그들의 두뇌는 평균 1,500cc로 현대인의 두뇌보다도 조금 더 컸으며 그들은 다른 선행인류들과 마찬가지로 계절에 따라 동물들을 쫓아다니며 사냥과 채집을 하여 먹고 살았다. 사냥을 다니다가 동굴을 만나면 동굴 속에서 야영을 하였다. 그들은 동굴 입구의 중앙에 불을 피우고 불 근치에서 돌로 도구를 만들었다. 그들은 질이 좀 떨어지더라도 주변에서 구한 재료로 필요한 도구를 만들었으며 먼 곳에서 구한 흑요석(黑曜石, obsidian) 등과 같이 훌륭한 재질의 돌은 여러 차례 다시 손질해서 오랫동안 사용하였다. 그들은 황철광으로 만든 부싯돌로 불을 피울 줄 알고 있었고 불을 다룰 줄 알았으며 더 이상 어느 것도 겁내지 않았다.

흑요석

그들은 어렸을 때부터 앞니와 석제도구를 사용하여 동물의 가죽을 가공하는 바람에 대부분 앞니가 많이 닳았다. 그들은 귀가 달린 바늘은 없었지만 동물의 가죽과 여러 가지 재료를 사용하여 옷을 만들어 입었을 것이다. 그들은 씨족 관계인 여남은 명 정도의 어른들과 그 자녀들로 집단을 이루고 살았으며 결속력이 뛰어나 병자와 부상자들도 잘 보살폈다. 그러나 당시의 수명은 매우 짧아서 약 10% 정도만이 35세를 넘길 수 있었기 때문에 충분한 경험을 축적하고 이를 다음 세대에 물려주기가 매우 어려웠다. 이런 상황에서 이와 같은 소집단만으로 살아가기는 매우 어려웠을 것이며 이웃 집단들과 더 큰 집단을 이루어 사냥이나 채집을 하였을 것이다.

지금으로부터 약 7만 년 전 온도는 더욱 떨어지고 북쪽으로부터 빙하가 밀려내려 와서 스칸디나비아 반도를 완전히 덮었을 뿐만 아니라 베를린까지 뒤덮었다. 유럽의 많은 지역에서 숲이 사라지고 초원은 더욱 넓어졌으며 식물대의 이동과 함께 순록, 산양, 매머드, 동굴곰, 동굴하이에나, 동굴사자 등 추위를 좋아하는 북극지방의 동물들이 유럽 중부까지 내려왔는데 이들은 어느 종을 막론하고 오늘날보다 몸집이 더 컸다. 그리고 이들 지역의 네안데르탈인들은 다시 혹독한 추위와 싸워가며 이들 거대한 동물들을 사냥감으로 삼았다.

이들은 또 병자와 부상자들만 잘 보살폈을 뿐 아니라 죽은 자는 묘혈을 파고 매장을 해 주었으며 시신에게 꽃을 덮어 주거나[34] 뿔이나 석제 도구 등 간단한 물건들을 함께 묻어주기도 하였다. 그들은 염료를 사용할 줄도 알았으며 화석산호 등 바다화석을 수집하기도 하였고 조개나 성게 화석이 든 석회암으로 도구를 만들기도 했다. 또 투명한 수정으로 주먹도끼를 만들기도 하였고 동물의 뼈나 이빨에 구멍을 뚫어 펜던트를 만들기도 하였으며 곰의 뼈에 일정한 간격으

네안데르탈인의 매장 ⓒDorling Kindersley

로 구멍을 뚫어 피리와 비슷한 악기까지도 만들었다. 이와 같이 뼈나 이빨을 자르고 구멍을 뚫는 것은 무스티에 문화에서 한걸음 더 발전한 것으로서 이를 샤텔페롱(Chatelperron) 문화라고 하며

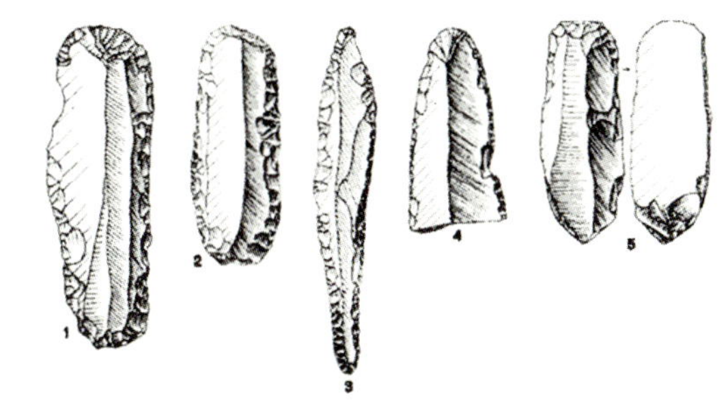

샤텔페롱의 석제도구 ⓒContext of a Late Neanderthal

약 3만 5,000년 전에 등장하였다가 5,000년 뒤에 사라졌는데 그리 널리 퍼지지는 못했고 프랑스의 몇몇 지역에만 있었다.

이상과 같이 네안데르탈인은 지금으로부터 약 25만 년 전에 등장하여 빙하기의 추위도 극복하고 22만 년간 유럽을 지배하며 유럽 전역은 물론 쿠르디스탄(Kurdistan)[35]과 이스라엘, 그리고 중앙아시아의 우즈베키스탄에까지 진출해 있었

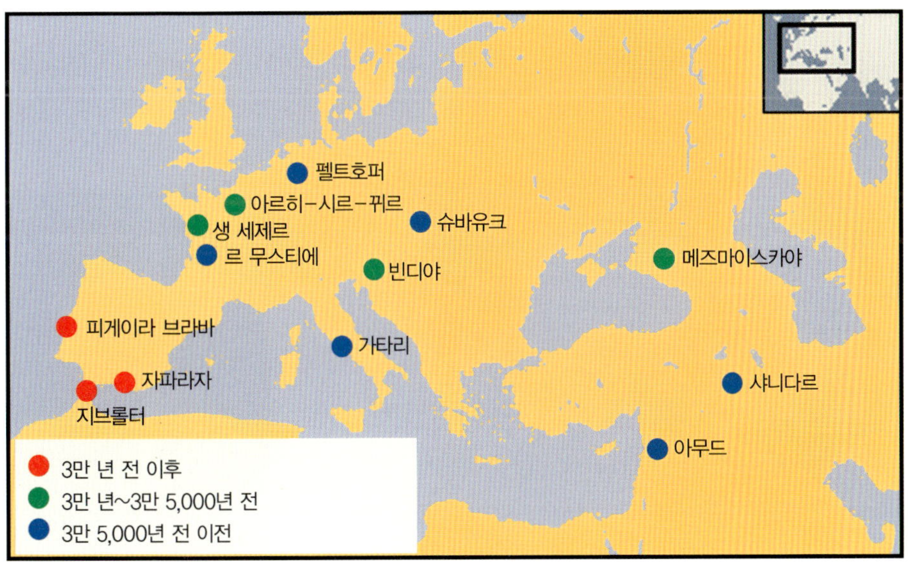

네안데르탈인의 거주지 분포

다. 그들은 약 11만 년 전부터 아프리카를 떠난 현생인류와 서아시아지방에서는 적어도 약 5만 년 이상,[36] 그리고 유럽에서는 약 1만 년간 공존하면서 수많은 기술들과 문화적 관습들을 교환하였다. 그리고 그들 사이에서 혼혈아[37]가 태어나기도 하였으나 약 3만 년 전[38] 갑자기 거의 모두 멸종하고 말았는데 그 정확한 원인은 밝혀지지 않고 있다. 또 이들은 얼마 전까지도 현대 인류의 직접적인 조상으로 알려졌으나 DNA 분석결과 유전적으로 유사성이 없음이 밝혀졌다.

● 3 ●

호모 사피엔스사피엔스

Homo sapiens sapiens

1. 아프리카

현생인류인 호모 사피엔스사피엔스는 지금으로부터 약 13만 년 전 아프리카의 에티오피아 부근에 처음으로 등장하였는데[39] 이들의 뇌 용량은 1,400cc 정도로서 오늘날과 매우 비슷하였으며 이들은 한동안 후기 원시형 호모 사피엔스와 공존하였다. 이들은 12만 년 전에는 남아프리카공화국의 클라지스 강가에서도 살았고 9만 년 전에는 중앙아프리카 자이르의 카탄다 부근에서도 살았는데 이곳에 살던 인류는 매우 정교하게 만들어

뼈 작살

진 뼈 작살을 사용하였다. 이들 중 일부는 아프리카에 남아서 니그로이드(흑인종/黑人種, Negroid)[40]의 조상이 되고 다른 일부는 약 12만 년 전부터 아프리카를 떠나 전 세계로 퍼져 나갔다. 그리고 그들이 도착하는 곳마다 그곳에서 진화한 인류와 유전자를 나누거나 그들을 대체함으로써 지구상에 살고 있는 전 세계의 인류는 피부색이나 겉모습의 차이에도 불구하고 놀라울 정도의 유전적 동질성을 가지게 되었다.

지금으로부터 10만 년 전에서 5만 년 전까지 아프리카 남부의 블롬보스(Blombos) 부근의 바닷가에 살던 인류는 정신적 대도약을 이룩하였다. 동굴 안에 주거공간을 마련한 이들은 맹수들의 침입을 막기 위해 동굴 입구에 불을 피워놓고 잠자리는 안쪽 편안한 곳에 만들었다. 도구와 무기도 많이 개량되었으며 특히 촉은 지금도 손색이 없을 정도로 매우 훌륭하였다. 이들은 주로 바닷가에서 물고기와 조개를 잡아먹었는데 해산물이 제공하는 양질의 단백질은 지능 발달에 크게 기여하였을 뿐만 아니라 사냥보다 용이하여 시간에도 많은 여유가 생겨서 돌을 갈고 조각을 하여 무늬를 넣은 후 황토색 물감 칠을 한 용도 미상의 물건을 만들기도 하였다. 그리고 7만 5,000년 전에는 조그

블롬보스 동굴

블롬보스의 양면 촉과 긁개 ©University of Bergen

무늬를 새긴 돌 ©University of Bergen

블롬보스의 조개구슬 ©University of Bergen

만 조개껍질에 색칠을 하고 구멍을 뚫어 최초로 목걸이나 팔찌와 같은 장신구를 만들었으며 7만 2,000년 전에는 의복을 입고 화장을 하기도 하였다. 지금까지 생존에만 급급하던 인류에게 문화가 싹트기 시작한 것이다.

한편 8만 년 전 세계는 다시 얼어붙어 만년설이 증가하였고 땅은 말라버려 생활이 매우 어려워졌다. 당시 북아프리카에 살던 인류는 사냥감이 북쪽으로 이동하자 이들을 따라서 북진하다가 홍해(紅海, red sea)를 만나게 되었는데 바다에서는 가뭄에 관계없이 물고기와 조개, 굴 등을 잡아먹을 수 있었다. 그러나 가뭄이 계속되자 홍해의 염도가 높아져 그나마도 먹이를 구하기가 어려워졌다. 그래서 그들은 바다를 건너 오늘날의 예멘(Yemen) 땅으로 건너가게 되었는데 당시에는 해수면이 지금보다 45m 정도 낮았기 때문에 홍해를 건너가기가 그리 어렵지는 않았을 것이다. 한편 7만 년 전 아프리카에는 엄청난 화산폭발이 있었는데 이로 인한 화산재가 하늘을 덮어 기온이 크게 내려갔으며 극심한 가뭄이 뒤따라 아프리카의 인류는 약 2,000명밖에 남지 않을 정도로 멸종 직전의 위기까지 갔으나 위기를 넘기고 다시 번성하게 되었다.

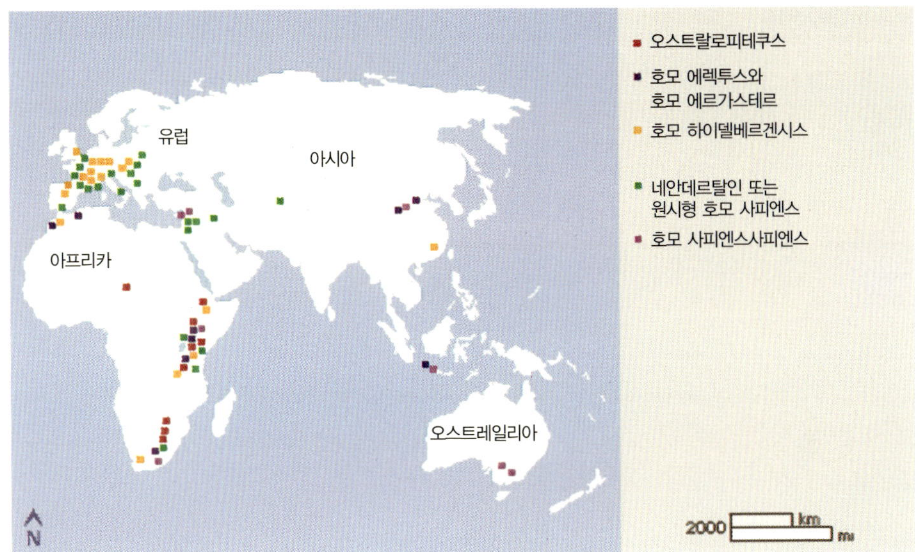

고대인류의 주요 거주지

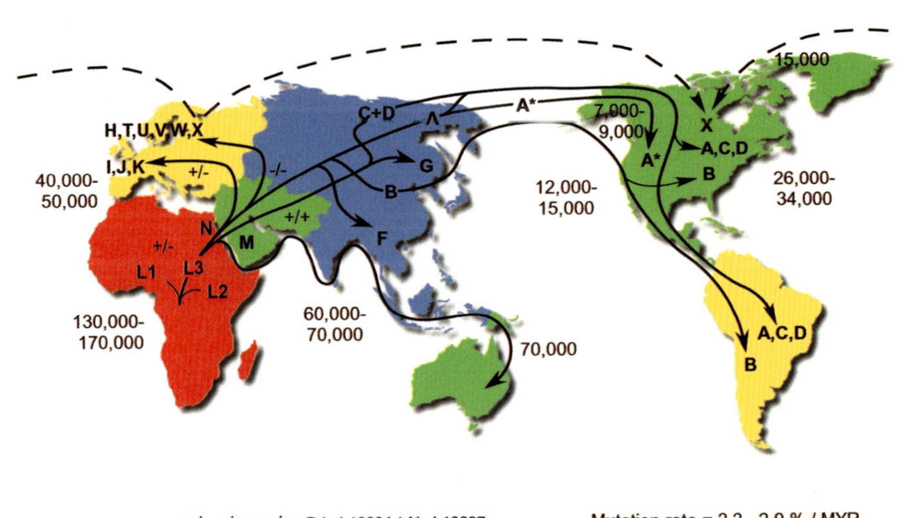

유전자인류학에 의한 현생인류의 주요 이동경로 ⓒmitomap.org

2. 아시아

지금으로부터 12만 년 전 아프리카를 떠나 북쪽으로 향했던 인류는 멀리 가지 못하고 서아시아 갈릴리(Galilee)의 나사렛(Nazareth) 부근에 정착하였는데 11만 년 전 강추위가 닥쳐 서아시아 지역을 사막화하자 남쪽 사하라사막과의 사이에 갇힌 이들은 혹독한 시련을 치러야 했다. 그러나 8만 년 전 홍해를 건너 예멘에 도착한 인류는 아덴만(Gulf of Aden) 연안에서 신선한 물과 사냥감이 풍부한 비옥한 안식처를 발견하게 되었으며 그들은 약 250명씩 무리를 지어 흩어져 살았다. 이들은 사우디아라비아(Saudi Arabia) 사막에 가로막혀 북쪽으로는 이동을 하지 못했으나 일부는 동쪽으로 이동하여 어떤 무리는 아라비아 해(Arabian sea) 연안에 머물렀고 다른 무리는 인도 북부에서 히말라야를 지나 중앙아시아의 광활한 초원으로 향했으며 또 한 무리는 중국과 그 북쪽 지역까지 올라갔다. 그리고 중국으로 가다가 남쪽으로 향한 인류는 7만 4,000년 전에 말레이시아까지 다다랐는데 이들 아시아로 온 인류들은 육류 섭취가 줄어들어 키가 작아졌다.

이 시기에 수마트라의 토바에서는 지난 200만 년 중 가장 규모가 컸던 화산폭발이 일어나 화산재가 40km나 치솟았고 동남아시아뿐만 아니라 인도나 서아시아까지도 엄청나게 두꺼운 화산재를 뒤덮었으며 6년 간이나 겨울이 지속되었다. 한편 아시아로 온 인류 중 일부는 4만 년 전에는 인도네시아의 북부 니아(Niah)동굴 부근까지 진출하였으며 2만 년 전에는 중국의 저우커우뎬까지 진출하였는데 이들에게는 저우커우뎬 산딩둥인(山頂洞人, Shandingdongren)이라는 이름이 붙었다. 한편 아프리카에서 먼저 와 아시아의 각 지역에 흩어져 살던 자바원인, 베이징원인 등 아시아 호모 에렉투스들은 그들이 살던 지역에서 진화를 거듭하였는데 뒤에 온 현생인류는 이들 원주민들을 대체하거나 그들과 유전자를 교환하면서 그 지역의 특이한 호모 사피엔스사피엔스로 진화하였으며 이들이 몽골로이드(황인종/黃人種, Mongoloid)[41]의 직접 조상이 되었다.[42]

3. 유럽

지금으로부터 5만 년 전 서아시아의 기후가 눈에 띠게 달라져 많은 비가 내렸고 사막은 비옥한 땅으로 바뀌었다. 아프리카에서 홍해를 건너 약 3만 년간이나 예멘에 정착했던 인류 중 일부는 사냥감이 북쪽으로 이동하자 그 뒤를 따라 페르시아 만(Persian Gulf)을 거쳐 시리아 사막과 이란의 자그로스 산맥(Zagros Mts.) 사이에 있는 메소포타미아 지역으로 진출하였는데 자그로스 산맥 기슭에는 사냥감이 넘쳐흘렀다. 또 다른 무리는 홍해 연안을 따라 북진하여 4만

공중에서 본 자그로스산맥

4,000년 전에는 이스라엘과 레바논 등까지 진출하였는데 이 당시 레바논에 살던 인류는 무덤을 만들어 죽은 자를 매장하였다. 이 지역에 머물던 인류 중 일부는 지중해 남안을 거쳐 다시 북아프리카로 갔으며 다른 일부는 아나톨리아(Anatolia, 소아시아/Asia Minor) 반도[43]와 발칸(Balkan) 반도를 거쳐 약 4만 년 전 중부유럽에 도착하여 그곳에서 다시 북쪽과 서쪽으로 진출하였다. 당시 유럽은 많은 지역이 얼음으로 덮여 있었고 비옥한 식물대는 오늘날보다 훨씬 남쪽에 있었다. 그러다가 2만 5,000년 전, 지구는 더욱 추워져서 북서 유럽과 알프스는 물론이고 육지 면적의 약 1/3이 거대한 얼음으로 덮였다. 빙하기는 약 1만 8,000년 전에 정점에 달해 어떤 곳은 얼음의 두께가 3km에 달하였으며 해수면은 오늘날보다 120m나 낮아 오늘날의 대륙붕은 대부분 육지로 드러나 있었다.

그 후 약 1만 5,000년 전 지구의 기온은 다시 상승해서 얼음이 녹으면서 해수면이 올라가 드러났던 대륙붕들이 다시 물에 잠겼고 황량하였던 툰드라나 사막지역에도 다시 숲이 무성해져서 인간과 동물들이 살기 좋은 지대가 되었다. 마지막 한랭기는 1만 2,000년 전에 닥쳤는데 여름철 기온이 섭씨 10°로 떨어지고 녹기 시작하였던 얼음 덩어리들이 다시 커졌으나 그 기간은 약 500년 정도 유지되다가 다시 오늘날과 같은 기후를 회복하였다. 이와 같이 현생인류인 호모 사피엔스사피엔스가 유럽에 진출한 4만 년 전부터 충신세 즉 현세의 시작인 1만 년 전까지는 지구의 기후가 변화무쌍하였던 시기였으며 현생인류는 이러한 악조건을 극복하면서 살았다.

동굴벽화를 그리는 호모 사피엔스사피엔스
ⓒDorling Kindersley

지금으로부터 약 3만 3,000년 전 프랑스 남부 아르데슈(Ardeche) 협곡 부근에 살았던 사람들은 근처 쇼베(Chauvet) 동굴의 벽에 붉은 색의 대자석(代裏石)[44]과 검은색 숯으로 코뿔소, 사자, 물소, 표범, 사슴 등 300마리 이상의 동물들을 그려 놓았다. 이들 그림에는 원근법이 적용되어 있으며 벽의 일부를 세심하게 긁어내어 윤곽을

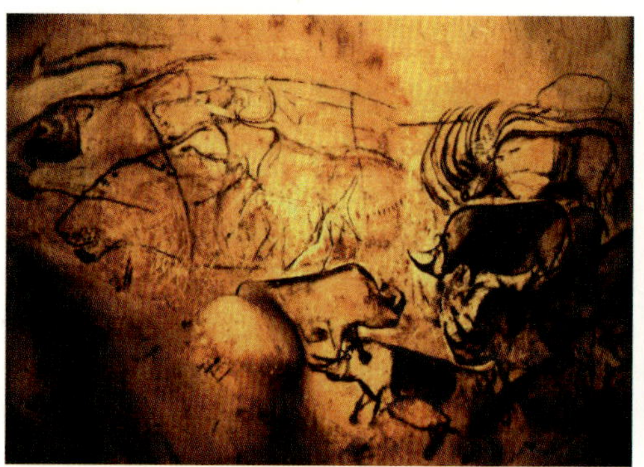

아르데슈 쇼베 동굴의 벽화(1)

아르데슈 쇼베 동굴의 벽화(2)

돌보이게 함으로써 그 효과를 더욱 높였고 물감도 매우 정교하게 칠하였다. 이들 그림은 그 뒤에 그려진 어떤 동굴벽화보다도 뛰어났고 놀라운 감성과 지각을 보여주고 있어 당시 인류는 이미 예술에 대해 세련미를 가지고 있었음을 알 수 있다. 또 약 3만 년 전 프랑스의 오리냐크(Aurignac) 부근에 살던 인류는 동굴곰과 큰사슴, 들소 등을 사냥하였으며 중앙에 구멍이 난 뼈로 장식용 원반을 만들었고 동물의 뼈로 플루트를 만들기도 하였다.[45] 비슷한 시기에 프랑스 남

오리냐크의 석제도구

부의 크로마뇽(Cro-Magnon) 동굴 부근에 살던 인류는 모피로 된 옷에 구멍 뚫린 소라껍질을 장식으로 달기도 하였다.[46] 역시 프랑스 남부인 랑드 지방에 살던 사람들은 곰과 동굴사자 이빨에 물고기, 물개, 말 등의 동물모양 무늬를 만들어 넣고 구멍을 뚫어 목걸이를 만들기도 하였다.[47] 그리고 이탈리아의 그리말디(Grimaldi) 부근에 살던 사람들도 소라 장식이 붙은 모피 모자를 썼으며 뼈로 단검을 만들었고 뼈와 돌로 만든 팔찌를 착용하였다. 이들에게는 크로마뇽인이라는 이름이 붙게 되었으며 코카소이드(백인종/白人種, Caucasoid)[48]들의 직접 조상이 된다.

그리고 이 시기를 전후한 지금부터 약 4만 년 전에서 2만 5,000년 전까지의 문화를 오리냐크문화라고 하며 이로부터 후기 구석기시대가 시작되었다. 오리냐크문화의 특징은 뼈로 만든 날이 더 날카로워졌으며 촉은 더 뾰족해지고 살에 고정시킬 수 있도록 밑 부분이 갈라져 있게 만들었다. 또 소라껍질이나 북극여우의 이빨에 구멍을 뚫고 영양이나 코끼리뼈, 상아 등으로 구슬이나 펜던트를 만들고 이것으로 목걸이, 팔찌 등과 같은 장신구를 만들었다. 이들은 작은 조각품들도 만들었는데

크로마뇽인 ⓒPhilippe Plailly, Eurelios, LookatSciences, Reconstruction Atelier Daynes, Paris

1. 동물 이빨 목걸이
2. 매머드 이빨로 만든
여자 상 목걸이장식
ⓒJ Jelinek, 'The
Evolution of Man'

약 3만 5,000년 전 돌이나 기타 물체의 표면에 여성의 성기를 새겨 넣은 것도 있었으며 동굴의 벽에 스케치, 암벽화, 부조 등을 남겨놓기도 하였다. 프랑스 남서부 도르도뉴(Dordogne)의 라스코(Lascaux) 언덕에 있는 동굴의 벽에는 주로 들소, 말, 사슴, 염소 등과 함께 드문드문 고양이나 주술사로 보이는 사람의 그림 등 모두 800점이 넘는 벽화가 그려져 있다. 이 그림들은 대체로 커서 검은 소는 5m가 넘으며 대부분은 빨강, 검정, 노랑, 갈색의 채색화지만 홈을 판 선각화(線刻畵)도 꽤 있고 여러 종류의 짐승

라스코 동굴의 벽화(1)

라스코 동굴의 벽화(2)

이 겹친 것도 있는데 이것은 이들 짐승을 좀 더 쉽게 잡으려는 주술행위로 보인다. 이보다 전의 무스티에문화는 이름은 문화지만 석기가 좀 더 정교해지고 다양해졌다는 것뿐 문화라고 할 만한 것이 별로 없었다. 그러나 오리냐크문화는 문화의 폭발 또는 문화혁명이라고 할 만큼 새로운 문화가 폭발적으로 등장한 것이다. 오리냐크문화 및 샤텔페롱문화는 크로마뇽인 즉 유럽의 현생인류와 네안데르탈인이 공유하였던 문화였지만 그 주역은 어디까지나 현생인류였다.

지금으로부터 약 3만 년 전, 혹독하게 추웠던 빙하기도 잘 견디며 20만 년 이상 유럽을 지배한 유일한 인종(人種, human race)이었던 네안데르탈인은 적도의 더운 아프리카에서 진화한 크로마뇽인이 유럽에 도착한 지 약 1만 년 만에 거의 동시에 슬그머니 사라지고 말았다. 두 종이 같은 자원을 가지고 경쟁을 하면 세월이 지남에 따라 조금이라도 열등한 종이 밀려나게 마련인데 같은 호모 사피엔스의 두 아종으로서 같은 생활공간에서 공존하게 된 현생인류와 네안데르탈인에게도 이러한 현상이 나타난 것으로 보인다. 네안데르탈인은 체격이 커서 칼로리 소모가 많고 더 많은 식량을 필요로 하였을 것이다. 그러나 사냥무기나 사냥방법은 현생인류가 오히려 더 우수하였다. 네안데르탈인은 유아사망률이 높고 부상을 많이 당하였으며 평균수명도 짧았다. 그러나 현생인류는 수명이 비교적 길어서 노인들이 아이들을 돌볼 수 있었고 많은 경험과 지식을 물려줄 수도 있었다.

그러나 이런 차이만으로 신체적으로도 강건하고 20만 년 이상을 유럽에 적응한 네안데르탈인이 더운 지방에서 진화해서 온 크로마뇽인에게 밀려났다는 것을 납득하기는 그리 쉽지 않다. 아마도 좀 더 중요한 이유는 현생인류가 네안데르탈인에 비하여 정신(情神, mind)이나 의식(意識, consciousness)의 수준이 적어도 한 단계 이상 더 높아졌기 때문이 아닐까 한다. 그리고 이로 인하여 문화예술의 수준도 더 높고 언어를 통한 의사소통도 훨씬 더 원활하였을 것이라는 점이다. 이러한 능력으로 현생인류는 사회적 유대감을 더욱 공고히 하고 열매나 과일이 많은 숲과 좋은 사냥터에 관한 정보를 나눌 수 있었으며 도구나 물자를 교환하면서 지배구조를 점점 더 확고히 할 수 있었으나 네안데르탈인은 그러지 못했던 것 같다. 실제로 네안데르탈인의 활동 영역은 최대 50km 정도였던 것에 비하여 현생인류는 320km 정도의 거리까지도 물자 교류가 이루어졌다. 이러한 차이가 네안데르탈인의 멸종을 가져온 결정적인 원인이었을 것이다.

약 3만 년 전부터 체코의 돌니베스토니스(Dolni Vestonice) 부근에 살던 사람들은 절벽에 약 1.7m 깊이의 토굴을 파고 그 앞에 나무 기둥을 세운 후 짐승의 가죽을 덮어 벽을 만들었으며 갈대나 싸리나무 또는 짐승의 털가죽을 씌워 지붕을 만든 움막집에서 100여 명이 함께 살았다. 이들은 점토에 상아나 뼛가루를 섞어

돌니베스토니스 거주지 복원도
©K. Sklenar, 'Hunters of the Stone Age'

여자의 상 등 여러 가지 형상을 만들어 대량으로 불에 구워냈으며 바구니와 그물을 만들기도 하였다. 이들은 이 지역에 산사태가 나자 파블로프(Pavlov)로 이동하였는데 이곳에서는 토굴 움막집뿐만 아니라 털가죽으로 덮은 원형 또는 타원형 움막을 짓기도 하였다.

약 2만 8,000년 전 모스코바 북동쪽 블라드미르 근처의 순기르(Sungir)에 살던 사람들은 순록, 매머드, 말, 북극여우 등을 사냥하였으며 동물의 뼈나 뿔 그리고 조개껍질이나 상아 등을 이용하여 수많은 도구와 장신구들을 만들었다. 당시 매장되었던 50세 전후로 보이는 한 남자의 시신에는 털모자, 가죽과 모피로 만들어진 윗저고리, 긴 바지와 무릎까지 올라오는 털신이 입혀져 있었는데 의복에는 3,000개의 상아구슬이 달려 있었고 모자는 구멍을 뚫은 북극여우의 이빨로 장식되어 있었으며 팔에는 20개의 상아팔찌가 끼워져 있었다. 또 이로부터 약 3m 떨어진 곳에는 13세 정도의 소년과 10세 정도의 소녀가 머리를 마주한 채로 매장되어 있었는데 소년의 옷 역시 5,000개의 구슬로 장식되어 있었고

돌니베스토니스의 석제 도구
ⓒJ Jelinek, 'The Evolution of Man'

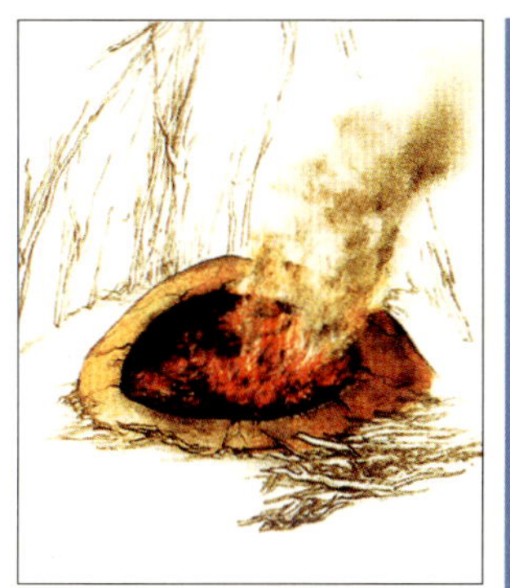

돌니베스토니스의 토기가마 복원도
ⓒK. Sklenar 'Hunters of the Stone Age'

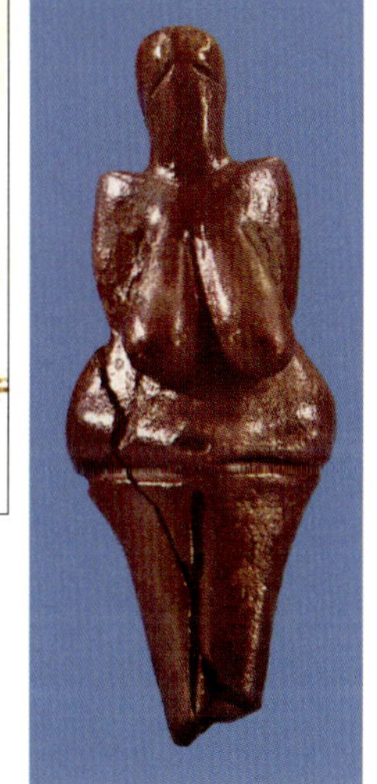

돌니베스토니스의 도자기 비너스 ⓒJ Jelinek, 'The Evolution of Man'

1. 순기르의 생활상 복원도
2. 순기르의 성인유골 매장 및 복원도
3. 순기르의 두 어린이 유골 매장 및 복원도 ⓒLibor Balak

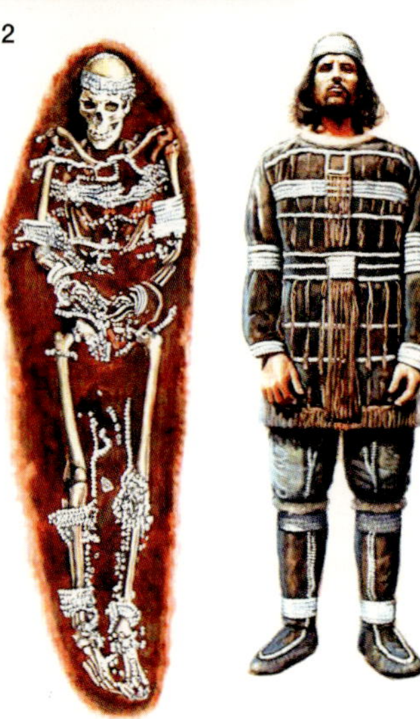

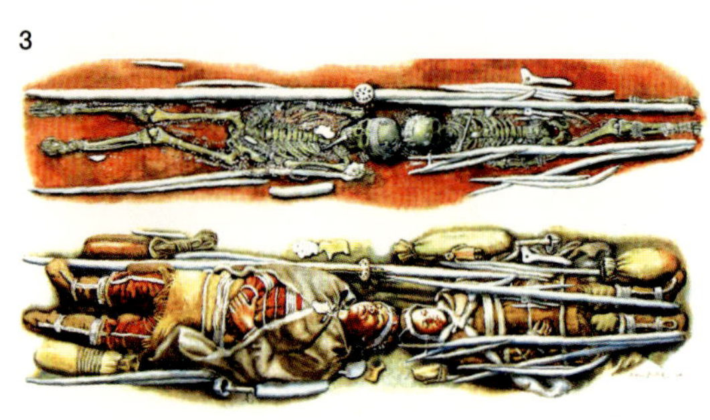

허리끈에는 250개가 넘는 구멍 뚫린 북극여우 이빨들이 매달려 있었으며 격자무늬
로 장식된 상아팔찌와 귀고리도 있었다. 몸 아래에는 상아로 만든 매머드의 조각이
있었고 그 옆에 길이가 2.4m 정도의 창이 있었는데 끝이 매우 뾰족하였으며 무게는
20kg이 넘었다. 소녀도 5,200점이 넘는 상아구슬과 구슬조각으로 덮여 있었고 상

아 창들도 있었는데 그중 하나는 길이가 1.6m였으며 구멍이 뚫리고 장식된 뿔 두 개와 둥근 격자무늬 상아원반도 네 개 있었다. 돌과 뿔로 만든 도구만으로 상아로 구슬을 만들고 구슬이나 이빨에 구멍을 뚫는다는 것이 얼마나 어려운 일인가를 감안한다면 이들은 권력을 가지고 있거나 매우 존경받는 집단의 일원이었을 것이며 당시에는 이와 같이 특별한 사람들만이 매장되었을 것이다. 그리고 인류는 당시 이미 꽤 높은 문화적 수준에 도달하였고 상당한 사회적 계층구조가 성립되어 있었음을 짐작할 수 있다.

그라베트 석제도구 ⓒaquincum.hu

네안데르탈인들이 멸망하고 현생인류가 지구상의 유일한 인류가 된 뒤인 약 3만 년 전에서 2만 년 전까지의 유럽문화를 그라베트(Gravett)문화라고 하며 이 시기는 후기 구석기시대의 중기에 해당한다. 이 시기에는 크로마뇽인들이 사는 전 지역에 걸쳐 작은 비너스 상이 유행하였는데 풍만한 육체에 커다란 젖가슴과 불쑥 튀어나온 골반을 가지고 있었으며 대개 성기는 분명하게 도드라졌지만 얼굴에는 별다른 특징이 없다. 이들 중에는 임신한 여인의 상도 있었으며 이들은 뼈, 뿔, 매머드상아, 돌, 점토 등 다양한 재료로 만들어졌다. 오스트리아의 빌렌도르프(Willendorf) 부근에서 발견되어 '빌렌도르프의 비너스'라는 별명이 붙은 것들 중에는 석회암으로 된 길이 약 10cm짜리가 있는데 이목구비는 분명

빌렌도르프의 비너스

1. 매머드 이빨 여자머리 상
ⓒJ Jelinek, 'The Evolution of Man'
2. 매머드 이빨 팔 없는 미녀

치 않지만 머리가 울퉁불퉁하게 생겼고 발은 없으며 전체가 붉은 황토로 칠해져 있었다. 그리고 매머드의 상아로 만들어진 또 하나는 이보다 훨씬 날씬하고 더 컸는데 이들은 모두 임신과 출산이 무사히 이루어지도록 하는 주술적인 의미를 가졌던 것으로 보인다. 또 상아나 기타 다른 자료로 몇 cm 크기의 작고 사실적인 동물 상들도 만들었는데 독일 바덴뷔르템베르크의 하이덴하임(Heidenheim)에서 발견된 들소, 털코뿔소, 매머드, 호랑이 등의 상에는 고리의 흔적이 있어 사냥을 위한 주술용으로 가지고 다녔던 것으로 보인다. 그 외에 여러 가지 자료로 장식용 체인도 만들었고 상아로 만든 팔찌와 창에도 추상적인 장식을 새겨 넣음으로써 전보다 매우 다양해진 예술적 표현을 보이고 있다.

약 2만 년 전에 솔뤼트레(Solutre) 부근에 살았던 사람들은 수지(樹脂, resin)로 불을 밝힐 줄 알았는데 그들은 이를 이용하여 동굴 깊숙이 들어가 동굴 벽들을 부조로 장식했고 돌로 작은 예술작품들을 만들기도 했다. 이들은 또 석기제작기술이 매우 뛰어났는데 긁개, 새기개(조각도/彫刻刀, burin), 뚜르개(borer/piercer/perforator)

1. 새기개
2. 뚜르개
3. 월계수잎 돌날
ⓒprimtech.net

1. 버들잎 돌날
2. 한쪽에 단이 진 찌르개
©primtech.net

등 다양한 도구를 가지고 있었으며 특히 월계수 잎(laurel-leaf)이나 버들잎(willow-leaf)과 같이 생긴 돌날과 한쪽에 단이 진 찌르개(shouldered point)가 돋보인다. 이들 문화는 프랑스의 서남부와 그 인접 지역에서 약 3,000년간 지속되었는데 이를 솔뤼트레문화라고 한다.

후기 구석기시대의 끝에 해당하는 약 2만 년 전에서 1만 년 전까지 인류는 빙하기 기후에 완벽하게 적응하게 되었다. 빙하지역 끝자락의 툰드라지역에 살던 사람들은 순록이나 말과 같은 대형 야생동물들을 무리를 지어 대량으로 사냥하였다. 그들은 석제도구들 외에 여러 가지 종류의 새로운 골각기(骨角器, bone tool)를 사용하였으며 유럽의 남부나 남서부 바닷가에 살던 사람들은 작살로 물고기를 잡았을 뿐만 아니라 이를 말리거나 소금에 절여 바다에서 멀리 떨어진

각종 골각기 ©primtech.net

알타미라 동굴 벽화

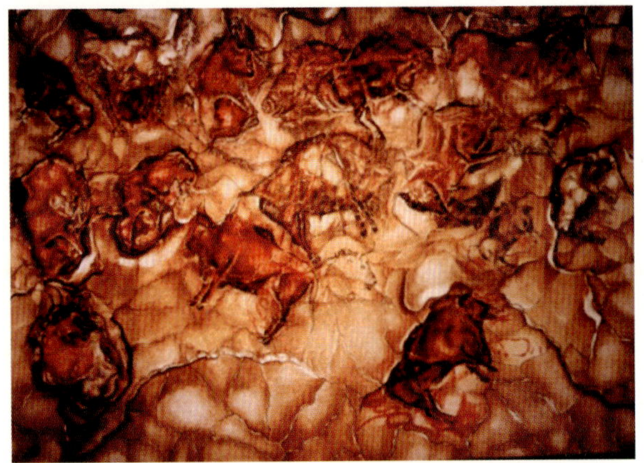

알타미라 동굴 천정화 ⓒAmerican Museum of Natural History

내륙까지 운반하기도 하였다. 이들은 주로 동굴이나 길게 튀어나온 바위 밑에서 살면서 여러 가지 색깔의 안료(顔料, pigment)로 동굴 안에 사냥 장면이나 물고기 등을 생생하게 그려 놓았다. 스페인 북부 알타미라(Altamira) 부근의 동굴 천장에는 빨강, 보라, 검정색으로 칠해진 19마리의 들소가 살아 꿈틀대며 움직이듯이 그려져 있고 그 외에 멧돼지 세 마리와 말 두 마리, 이리 한 마리도 그려져 있다. 이 그림들은 마치 입체적 효과를 노린 듯이 바위의 들어간 곳과 나온 곳이 동물의 머리와 배 부분이 되도록 했으며 갈라진 틈까지도 그림의 일부분으로 활용하였다. 이들은 또 대나무나 뿔 등을 이용하여 사람이나 기타 휴대 가능한 작은 조각품들을 만들기도 하였다. 프랑스의 마들렌(Madeleine)을 중심으로 한 이 문화를 마들렌문화라고 하는데 이와 유사한 문화는 유럽과 아시아에 널리 분포되어 있었다.

4. 오스트레일리아

오스트레일리아에는 늦어도 약 7만 년 전부터 사람이 살았는데 처음 이주한 사람들은 아프리카에서 진화한 후 예멘에 정착하였다가 아시아로 향했던 사람들의 일부로서 중국 남부를 거쳐 온 것으로 보이며 코카소이드의 특징을 가지고 있었다. 그들은 선박을 이용하여 대양을 건넜겠지만 한 번에 오스트레일리아까지 가지는 못했을 것이며 이 섬 저 섬을 거치면서 여러 세대가 걸렸을 것이다. 그들은 아마 오늘날에도 대나무로 만든 뗏목을 타고 바다에 나가 고기를 잡는 인도네시아의 주민들처럼 동남아시아에 비교적 흔한 대나무를 이용하여 뗏목을 만들었을 것이다. 그들이 왜 바다를 향해 떠났는지 알 수 없지만 살던 곳에 인구가 늘어 식량이 부족해져서 그랬을 수도 있고 화산 폭발과 지진 등으로 고향을 떠나지 않을 수 없어서였을 수도 있을 것이다.

오늘날의 뭉고호수 주변

이들은 오스트레일리아 동남부의 월란드라(Willandra) 호수 지역에 있는 여섯 개의 호수 중에서도 가장 유명한 뭉고(Mungo)호수 주변에 자리를 잡았다. 이들 지역은 약 1만 5,000년 전부터 물이 없이 바싹 마른 모래구덩이지만 그 이전에는 물이 가득 고여

코우 스왐프

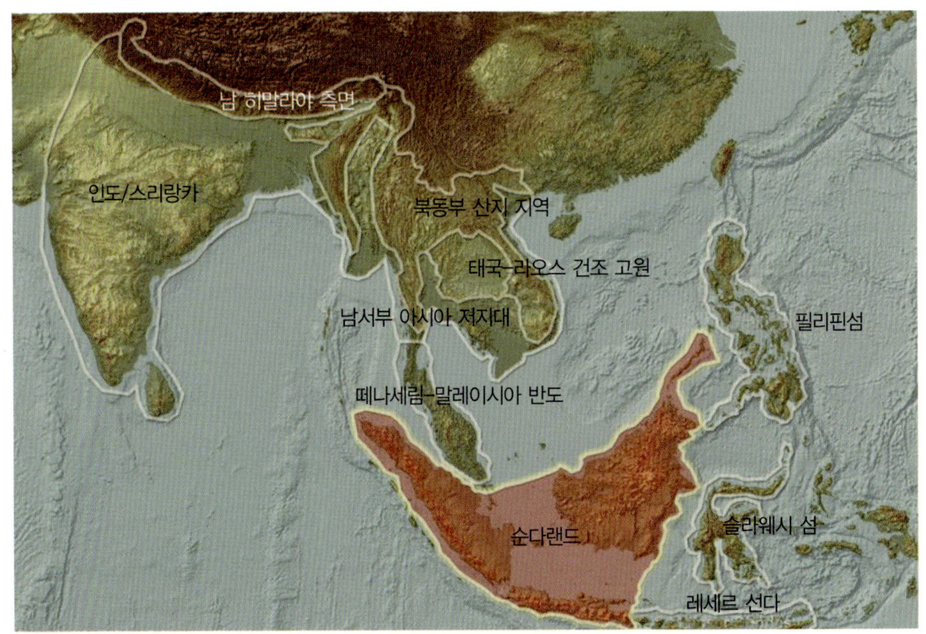

순다랜드 ⓒJeet Sukumaran, frogweb.org

있어 그 주변으로 사람이나 동물들이 모여들었다. 그러나 윌란드라 호수 지역의 북쪽 끝에 있는 가른풍 호수 근처나 남쪽으로 약 300km 정도 떨어진 코우 스왐프(Kow Swamp) 근처에 살던 인류는 이들과는 전혀 달라 오히려 호모 에렉투스를 닮았으며 뇌 용량은 1,500cc가 넘어 현생인류보다도 더 컸다. 이들은 아마 자바원인 등과 같이 동남아시아에서 진화한 몽골로이드로 여겨지며 수천 년의 시차를 두고 오스트레일리아로 와서 뭉고호수 주변에 살던 인류와 서로 유전적으로 섞이면서 오스트레일리아의 원주민이 된 것으로 보이는데, 이들을 오스트랄로이드(Australoid)라고 한다.

과거의 한랭했던 빙기에는 해수면이 지금보다 150m나 더 내려가 인도네시아의 보르네오나 수마트라, 자바와 발리 등과 같은 수많은 섬들은 섬들이 아니라 아시아

대륙과 일체가 되어 순다랜드(Sundaland)라
는 반도를 이루고 있었고 오스트레일리아
역시 뉴기니(New Guinea), 태즈메이니아
(Tasmania) 등과 함께 그레이트 오스트레일
리아(Great Australia) 또는 사훌(Sahul)이라
고 하는 커다란 하나의 대륙을 이루고 있어
아시아와 오스트레일리아 사이의 바닷길은
오늘날보다는 훨씬 더 가까웠다. 그렇다고
하더라도 그 당시에 세대를 이을 수 있는

사훌

규모의 사람들이 배를 타고 그 넓은 바다를 건넜다는 것은 불가사의한 일이 아닐
수 없다.

　최초로 오스트레일리아에 도착한 사람들은 새로운 땅이 그렇게 넓으리라고는 상
상도 못하고 주로 바닷가에 살았으며 내륙으로 들어가는 일은 드물었다. 배를 타고
바다에 나가 창과 작살로 큰 고기들을 잡았고 그물로 작은 고기들을 잡았다. 간단
한 덫으로 게도 잡았고 조개와 미역도 쉽게 채집할 수 있었다. 바다는 그들이 필요
로 하는 거의 모든 식량을 제공해 주었다. 그러나 지구의 온도가 높아지자 극지방
의 빙산이 녹아 해수면이 높아지면서 그들이 살던 곳이 물에 잠기게 되었고 그들은

새로운 삶의 터전을 찾아 다른 바닷가나
내륙으로 이동하게 되었다. 그들은 주로
호숫가에 정착하여 민물고기를 잡거나
왈라비, 캥거루, 웜뱃, 그리고 오늘날에
는 멸종한 태즈메이니아호랑이 등을 사
냥하였다. 이들이 약 4만 년 전에 오스
트레일리아 북쪽 노던 주의 빅토리아

오스트레일리아의 암각화

(Victoria) 강가에 그린 암각화는 프랑스 아르데슈 동굴이나 라스코 동굴의 벽화보다 5,000년이나 앞선 것인데 이들 벽화와 놀랍도록 비슷하였으나 이들은 나중에는 그들만의 고유한 문화를 이루었다. 이들은 3만 5,000년 전에는 멜라네시아(Melanesia)[49]의 일부 섬까지 진출하였으며 약 3만 년 전에는 대륙 남단의 한랭한 태즈메이니아 섬까지 진출해서 중앙부의 사막지대를 제외한 거의 모든 지역에 사람들이 살게 되었다.

5. 아메리카

아메리카에 언제 최초로 인류가 건너가서 살게 되었는지는 아직도 불확실하지만 콜럼버스 이전에 적어도 두 차례 이상의 집단 이주가 있었으며 처음에는 세계가 혹독한 빙하기에 접어들어 베링해협(Bering strait)이 얼어붙고 아시아와 아메리카가 연결되어 있던 2만 5,000년 전에서 늦어도 2만 년 전 이전에 시베리아, 중국, 중앙 아시아에서 일본과 말레이시아에 이르기까지 아시아의 여러 지역에서 베링해협을 통하여 아메리카에 온 것으로 보인다. 이들은 약 1만 5,000년 전에는 버지니아의 캑터스 힐(Cactus Hill) 부근에 자리를 잡았으며 비슷한 시기에 펜실베이니아 남서

클로비스 돌촉 ©lithiccastinglab.com

부의 메도우크로프트(Meadowcroft)에도 살았는데 바구니를 만들어 식물과 열매나 민물조개 등을 채집했으며 덫을 놓아 작은 야생동물들을 잡았다. 그들은 또 뼈로 만든 바늘로 동물의 가죽뿐만 아니라 식물성 섬유로 된 직물을 바느질하여 만든 옷을 입기도 하였다.[50]

그리고 약 1만 3,000년 전에는 사우스캐롤라이나의 토퍼 사이트(Topper site)나 캘리포니아 앞바다의 산타로사(Santa Rosa) 섬에서도 그들이 살았다. 그들은 뉴멕시코 동부 클로비스(Clovis)[51]에는 1만 1,200년 전부터 약 500여 년간 살아 이 시기 전후의 아메리카인에게는 클로비스인이라는 이름이 붙게 되었는데 이때쯤에는 이들이 북아메리카 거의 전 지역에 걸쳐 살면서 정교하게 제작된 돌촉 등을 사용하여 매머드나 들소 등과 같은 대형 야생동물들을 사냥함으로써 멸종에까지 이르게 하였다. 또 남아메리카에도 약 1만 2,700년 전에 이미 칠레의 몬테베르데(Monte Verde)에 사람들이 살고 있었다. 그들은 일정한 장소에 집을 짓고 20~30명씩 무리를 지어 살았으며 별도로 분리된 침실들을 가지고 있었다. 그들은 마스토돈을 사냥하여 그 가죽으로 오두막을 덮고 바닥에 깔기도 하였다. 그들은 사냥을 하고 채집

몬테베르데의 생활상 ⓒphil.muni.cz

도 하였지만 토착 식물인 야생 감자와 다른 곡식들뿐만 아니라 향정신성 식물까지도 재배하였다. 1만 1,500년 전에는 브라질 동부의 라파베르멜라(Lapa Vermelha)에도 사는 등 그들은 남아메리카 바닷가의 여러 곳에 삶의 흔적을 남겨 놓았다.

약 9,500년 전 오레곤의 케너윅(Kennewick) 부근에 살았던 케너윅 인은 키가 170cm 이상, 체중은 70kg 이상으로서 꽤 크고 날씬했으며 그들은 들소 사냥만 한

케너윅인 ⓒandaman.org

것이 아니라 물고기도 잡아먹었다. 이들은 몽골로이드 피가 섞인 코카소이드인 아이누(Ainu)족과 매우 닮았는데 이들 뿐만 아니라 이전에 살던 아메리카 인들은 비록 아시아에서 왔다고 하더라도 코카소이드의 특성을 많이 가지고 있었다. 그런데 지금으로부터 1만 년 전에서 9,000년 전 사이에 시베리아 동북부계의 몽골로이드가 베링해협을 건너거나 태평양 해안선을 따라 내려와 남·북아메리카에 먼저 이주해 살고 있던 인류와 충돌을 일으켰으며 케너윅인의 유골 중에도 이들에게 부상당한 것으로 보이는 흔적이 남아 있다. 그리고 이들 새로운 인종이 먼저 인류를 대체한 것으로 보이는데 사라진 사람들이 어떻게 되었는지는 역시 아직 아무것도 알려지지 않고 있다. 다만 한 가지 확실한 것은 9,000년 전 이후의 아메리카 인디언은 기본적으로는 모두 몽골로이드이며 이들을 아메린드(Amerind)라고 구분하여 부르기도 한다.

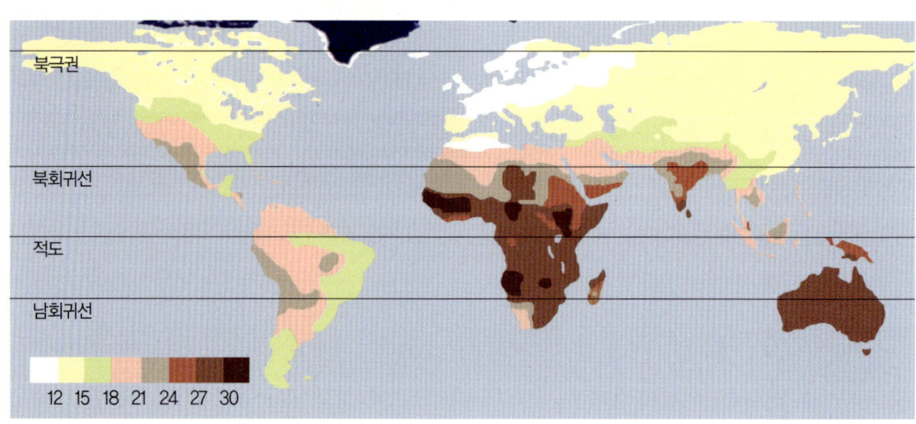

인류의 피부색 분포

04 현세의 인류

1

농업혁명

農業革命, Agricultural Revolution[52]

현세에 들어와 인류에게는 커다란 변화가 일어났는데 식량을 채집, 수렵에 의존하고 뗀석기를 사용하던 구석기시대에서 벗어나 농경, 목축으로 식량을 생산하고 식량을 저장하거나 익혀 먹기 위해 토기(土器, pottery)를 만들며 〔지역에 따라서는 중석기시대(中石器時代, Mesolithic Age)[53]를 거쳐〕 간석기(마제석기/磨製石器, polished stone tool)를 사용하는 신석기시대

간석기 ⓒMichael Greenhalgh

농업시대 초기의 농기구
ⓒDave King/Dorling Kindersley, The Museum of London

선무늬토기

〔新石器時代, New Stone(Neolithic) Age〕로 넘어가게 된 것이다. 이러한 변화가 가장 먼저 일어난 곳은 서아시아 지역으로서 약 1만 년 전부터 가축 사육과 함께 본래 이 지역에 야생으로 많이 자라던 보리와 밀의 재배가 시작되었고 이것이 인도, 중앙아 시아와 중국의 황허(黃河, Yellow River) 유역 및 북아프리카와 유럽 등지로 퍼져 나 갔다. 그리고 그 기술이 전파되어 아프리카에서는 사탕수수, 동남아시아에서는 감 자 등을 재배하다가 가축에게 쟁기를 끌게 하여 벼를 경작하게 되었다. 이와 같이 농경, 목축에 의한 생산경제(生産經濟) 단계에 먼저 도달한 지역에서는 주로 선무늬 토기(선문토기/線文土器, corded ware pottery)를 사용하였는데 이를 '신석기 A군(群) 문화(Pre-Pottery Neolithic A)'라 한다. 그리고 스칸디나비아반도나 시베리아, 몽 골, 만주, 한반도 등 이들 지역에서 멀리 떨어져 늦게까지도 생활을 주로 채집, 수 렵에 의존하였던 획득경제(獲得經濟) 단계의 지역에서는 주로 빗살무늬토기(즐문토 기/櫛文土器, combed ware pottery)를 사용하였는데 이를 '신석기 B군 문화(Pre-Pottery Neolithic B)'라 한다.

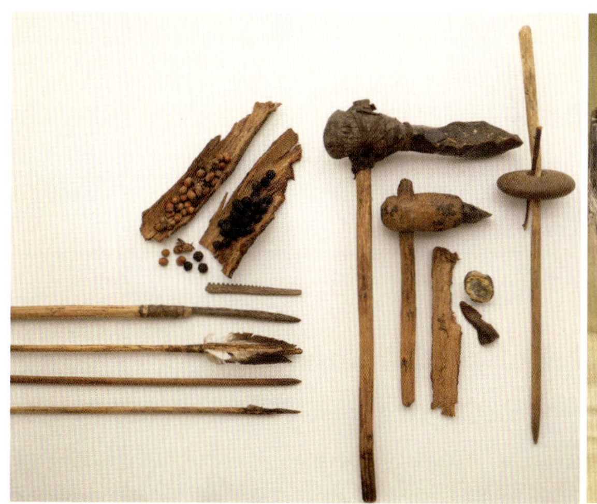

농업시대 초기의 사냥 및 채집기구
ⓒDave King/Dorling Kindersley, The Museum of London

빗살무늬토기

또 지역에 따라서는 토지가 척박하여 농사는 짓지 않고 계절 따라 가축을 이동시키며 유목생활(遊牧生活, nomadic life)을 하는 종족도 등장하였는데 이들 중 극소수는 아직도 그런 생활을 계속하고 있다. 한편 아메리카 대륙에서는 중앙아메리카에서 옥수수를 재배하여 남·북아메리카에 보급하였던 것으로 보이며 안데스의 라마 사육과 같은 예외적인 경우를 제외하고는 가축을 사육하지 않았다.

농경생활은 토지에 정착하여 살며 계절적 변화를 보이는 곡물의 재배에 의존해야 하기 때문에 농번기(農繁期), 농한기(農閑期)라는 생활리듬이 생겨 농한기에는 문화 활동에 전념할 수 있게 되었으며 바구니를 만들고 옷감 짜는 기술 등 수공업이 등장하였다. 인구의 증가에 따라 촌락이 형성되었고 하늘(天, Heaven)과 지모신(地母神, Prthivi)을 숭배하는 신앙이 싹트기 시작하였으며, 이것이 고대문명(古代文明, ancient civilization)이 발생하는 모태가 되었다.

2

메소포타미아문명
Mesopotamia[54] 文明, civilization

1. 메소포타미아문명의 출현과 수메르문명(Sumerian civilization)

농사가 가장 먼저 시작된 서아시아에는 터키의 아르메니아(Armenia)고원에서 시작되는 티그리스(Tigris)강과 유프라테스(Euphrates)강이 흐르는데 그 두 강 사이 하류에 펼쳐진 메소포타미아 땅에서 가장 먼저 도시문명이 탄생했다. 이 지역은 본래 갈대만 무성한 진흙 밭이었으며 처음에 사람들은 메소포타미아 서쪽의 구릉지대에서 농사를 짓고 가축을 기르다가 인구가 늘고 기후가 바뀌자 지금으로부터 약 7,000년 전 평야 지대로 내려왔다. 그러나 평야는 저지대라 강이 범람할 위험이 있고 비도 거의 내리지 않아 농사 짓기에 적합한 땅이 아니었는데 이들은 수로(水路, waterway)를 파서 강물을 끌어들이는 관개(灌漑, irrigation)공사를 함으로써 이 두 가지 문제를 동시에 해결하였다. 이들은 또 가래를 개량하여 소 두 마리가 끌면서 밭을 갈도록 하였고 쟁기 위에 용기를 달아 씨를 뿌렸는데 수확이 날로 증가하자 사람들도 점점

문명의 요람

증가하여 곳곳에 취락이 생겼으며 취락은 마을로 그리고 도시로 계속 발전하였다.

　도시 내에는 풍요의 신을 모시는 신전(神殿, temple)이 건설되기 시작하였는데 이 지역에는 석재가 부족했기 때문에 햇볕에 말린 벽돌을 쌓아 올려 건설하였다. 그런데 햇볕에 말린 벽돌은 물에 약해서 나중에는 벽돌을 구워 강도를 높였으나 연료가 넉넉지 못하여 불에 구운 벽돌은 신전과 같은 주요 건축물에만 사용하였다. 처음에는 제단(祭壇, altar)과 제상(祭床)뿐인 작은 신전들이 건설되었으나 도시가 커짐에 따라 신전도 점점 더 크고 호화로워졌으며 모시는 신들은 도시마다 달랐다.

　지금으로부터 약 5,500년 전, 즉 기원전 3500년경 이 지역에 우르(Ur), 에리두(Eridu), 우루크(Uruk), 라가시(Lagash), 니푸르(Nippur) 등과 같은, 인구 3만 명 정도의 수메르(Sumer)인 도시국가(都市國家, city－state)들이 탄생하였다. 도시는 성벽으로 둘러싸이고 도시계획(都市計劃, city planning)에 따라 왕궁(王宮, palace), 도로, 광장과 여러 개의 신전 등이 건설되었으며 도시 중심부에는 그 도시의 수호신을 모시는 주신전(主神殿, main temple)과 함께 지구라트(ziggurat)라고 하는 건축물이 세워졌다. 지구라트는 위로 올라갈수록 좁아지는 피라미드 형태의, 높이가 수십 m에 딜하는 탑인데 계단을 따라 올라가면 정상에는 사당(祠堂, shrine)이 있었다. 신전은 종교의식의 장소일 뿐 아니라 정치, 경제, 외교의 중심 역할도 하였으며 그 주위에는 재판소, 학교, 도서관, 공방(工房, workshop) 등 각종 시설들이 있었다. 각 도시에는 왕이 신의 대리인으로 존재하고 왕의 주위에는 신관(神官, hierarch)이 있었으며 그 아래 관료(官僚, bureaucracy)나 군인(軍人, soldier), 상인(商人, merchant),

지구라트 ⓒDawnrazor

지구라트가 부분적으로 복원된 우르 유적지 ⓒLasse Jensen

기술자(技術者, technician), 농민(農民, peasant) 등의 시민계층(市民階層, citizens)이 형성되었고 최하층에 노예(奴隷, slave)가 된 전쟁포로들이 있었다. 이 지역에 남아도는 밀을 저장하였다가 다른 곳에서 오는 여러 가지 새로운 물건들과 교환하는 상인이라는 새로운 직업이 등장하였고 유목민(遊牧民, nomads)들도 모습을 나타내기 시작하였다. 이로부터 인류 최초의 수메르문명이 탄생하게 된 것이다.

도시국가들이 건설되기 시작한 기원전 3500년부터 기원전 3100년까지는 가장 먼저 등장한 도시 중의 하나인 우루크를 중심으로 번영하였기 때문에 이 시기를 우루크기(期)라고 하며 이 도시에서 문자도 발명되었다. 처음에는 그림문자 형태였으나 세월이 지나면서 쐐기모양의 설형문자(楔形文字, cuneiform script)로 발전하였는데 점토판 위에 갈대로 만든 붓으로 간단히 쓸 수 있었으며 기원전 2500년경에는 수메르의 다른 도시들에서도 사용되기 시작하였다. 뿐만 아니라 이들은 우리가 아직도 시간에 사용하고 있는 60진법을 발명하였으며 면적을 구하는 데 필요한 제곱과 제곱근, 부피를 측정하는 데 필요한 세제곱과 세제곱근의 개념도 생각해냈다. 문자의 사용과 함께 서기(書記, clerk)라는 새로운 인기 직업이 생겼으며 서기를 양성하기 위한 학교도 설립되었다. 설형문자는 처음에는 뜻글자(표의문자/表意文字, ideogram)에 가까웠으나 나중에는 소리글자(표음문자/表音文字, phonetics)로 정리되어 다른 언어도 표기할 수 있었으므로 기원전 13세기경에는 오리엔트(Orient)[55] 전역에서 사용되었다.

설형문자 점토판

수메르인들은 도시국가 초기부터 이미 물레(녹로/轆轤, a potter's wheel)를 사용하여 토기를 제작하였는데 처음에는 무늬가 없었으나 나중에는 선과 기하학적 무늬를 새기고 색채도 입히게 되었으며 크고 작은 질 좋은 토기들을 대량 생산할 수 있게 되었다. 토기 역시 우루크 제품이 가장 우수하여 다른 도시들로 전파되었으며 그 외의 다른 여러 가지 제품들도 많이 생산되었고 이 시기에 바퀴(wheel)가 달린 수레도 발명되는 등

물레 ⓒbanglapedia.search.com.bd

바퀴

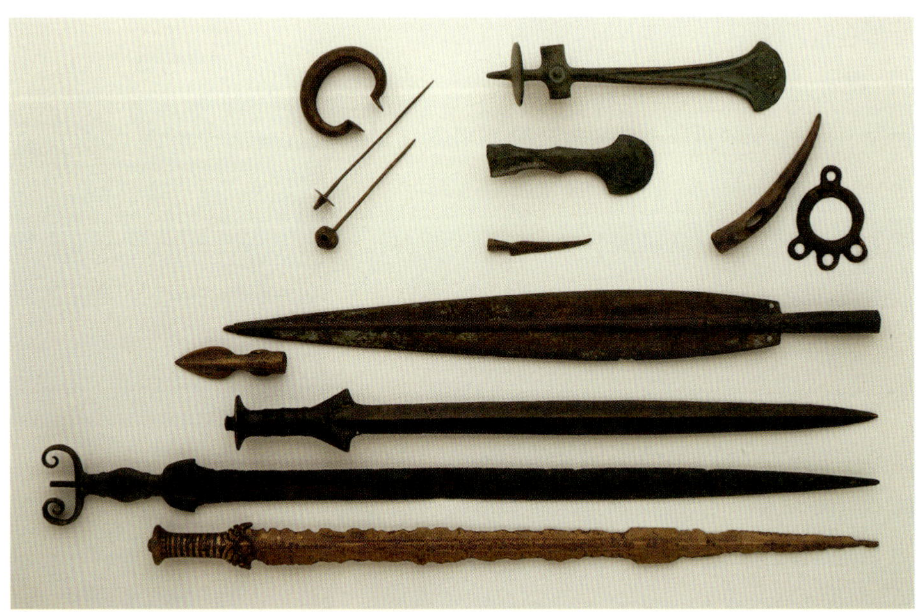

청동무기 ⓒDave King/Dorling Kindersley, The Museum of London

수송기술도 비약적으로 발전되었다. 이들은 또 보리를 이용하여 30종류 이상의 맥주(麥酒, beer)를 만들었으며 대추야자로는 술과 식초, 당밀 등을 만들었다.

이 지역에서는 기원전 3000년경부터 세계에서 가장 먼저 청동기시대(青銅器時代, the Bronze Age)가 시작되어 청동[56] 제조법은 물론 각종 금속가공기술이 발달했으며 각 도시에는 금속세공사나 대장장이 등의 기술자 집단이 형성되었다. 그들은 그때부터 이미 납으로 거푸집을 만들고 여기에 녹은 쇳물을 붓는 방법으로 각종 무기나 도구와 특히 여러 가지 아름다운 장신구들을 만들어 수출하였다. 자원이 별로 없는 수메르 도시들은 금속, 목재, 석재 등을 수입하고 이들을 가공하여 만든 장식품 등의 상품을 식량, 가축, 작물, 토기 등과 함께 수출하였는데 교역국은 인접 지역뿐 아니라 멀리 이집트나 아프가니스탄까지 포함되었다. 수송 수단으로는 육상에서는 주로 나귀가 이용되었고 티그리스강, 유프라테스강이나 주변의 운하를 이

청동 장식품 ©Dave King/Dorling Kindersley, The Museum of London

용한 수상 수송도 활발하였다. 강에서는 골풀(등심초/燈心草, rush)로 짜서 만든 작은 배나 굵은 갈대줄기를 엮은 뗏목을 이용하였으며 바다를 건널 때는 대형 범선(帆船, sailing ship)도 사용했다.

이와 같이 약 1,500년간이나 번영을 구가하던 수메르문명에 기원전 2000년경부터 이상 조짐이 나타나기 시작하였다. 안락한 도시생활에 물든 수메르인들이 농지 관리를 소홀히 하는 바람에 농토가 염해(鹽害, salt damage)를 입어 곡물 생산량이 보리는 2/3, 밀은 1/3로 줄어들게 되었으며 이들이 같이 경작하던 콩류, 참깨, 대추야자나 양파, 오이 등도 거의 재배가 불가능하게 되었다. 그래서 이들은 비교적 염분에 강한 보리와 대추야자만 재배하게 되었으나 나중에는 보리조차 견디지 못하여 대추야자만 남게 되었다. 이와 같이 농업 생산이 위축된 데다가 왕이나 신관들의 부패마저 만연하여 수메르의 도시들은 점차 쇠퇴하게 되었다. 이들은 과거의 영광을

길가메시
©boe.qacps.k12.md.us

돌이켜보고자 수메르왕조의 역사나 영웅 이야기인 '길가메시(Gilgamesh)[57] 서사시(敍事詩, epic)'를 쓰기도 하였는데 여기에는 노아의 홍수의 원전이라고 할 수 있는 홍수에 대한 기록도 수록되어 있다. 그러나 이런 노력에도 불구하고 홍수가 자주 일어나고[58] 경제마저 기울자 교역을 통하여 평화롭게 공존하던 도시들은 서로 다른 도시들을 공격하게 되었다.

2. 아카드(Akkad)왕국

한편 수메르의 북쪽인 키시(Kish)에는 수메르인들보다 조금 늦게 셈어(Semitic)[59]를 쓰는 셈족(Semite)의 한 갈래인 아카드인들도 도시국가를 만들었다. 아카드는 사르곤 1세 대왕(Sargon the Great) 때에 도시국가들을 통일하고 오늘날의 시리아 지역에 아가데(Agade)[60]를 수도로 하여 왕국을 수립하였을 뿐만 아니라 기원전 2340년부터는 수메르 도시국가들까지 모두 정복하여 메소포타미아 최초의 통일국가를 건설함으로써 그를 사루킨(Sharru-kin)[61] 또는 '아가데의 신(神, the god of Agade)'이라고 부르게 되었으며 통용어도 수메르어에서 셈어로 바뀌게 되었다. 사르곤대왕은 기원전 2334년부터 기원전 2279년까지 재위 56년간 아카드와 수메르는 물론 아나톨리아와 엘람(Elam)[62]까지 포함하는 대제국을 건설하였으며 강력한 군사력을 배경으로 관료를 임명하는 등 중앙집권제(中央集權制, centralism)를 확립하고 도량형(度量衡, weights and measures)을 통일하기도 하였다.

그의 후계자가 된 두 아들은 별로 신통치 못해 변두리 지역에서는 반란이 일어나고 결국 둘 다 암살당하고 말았지만 대왕의 손자인 제4대 왕 나람신(Naram-Sin)은 기원전 2254년부터 기원전 2218년까지의 재위 기간 동안에 반란을 진압하고 사르

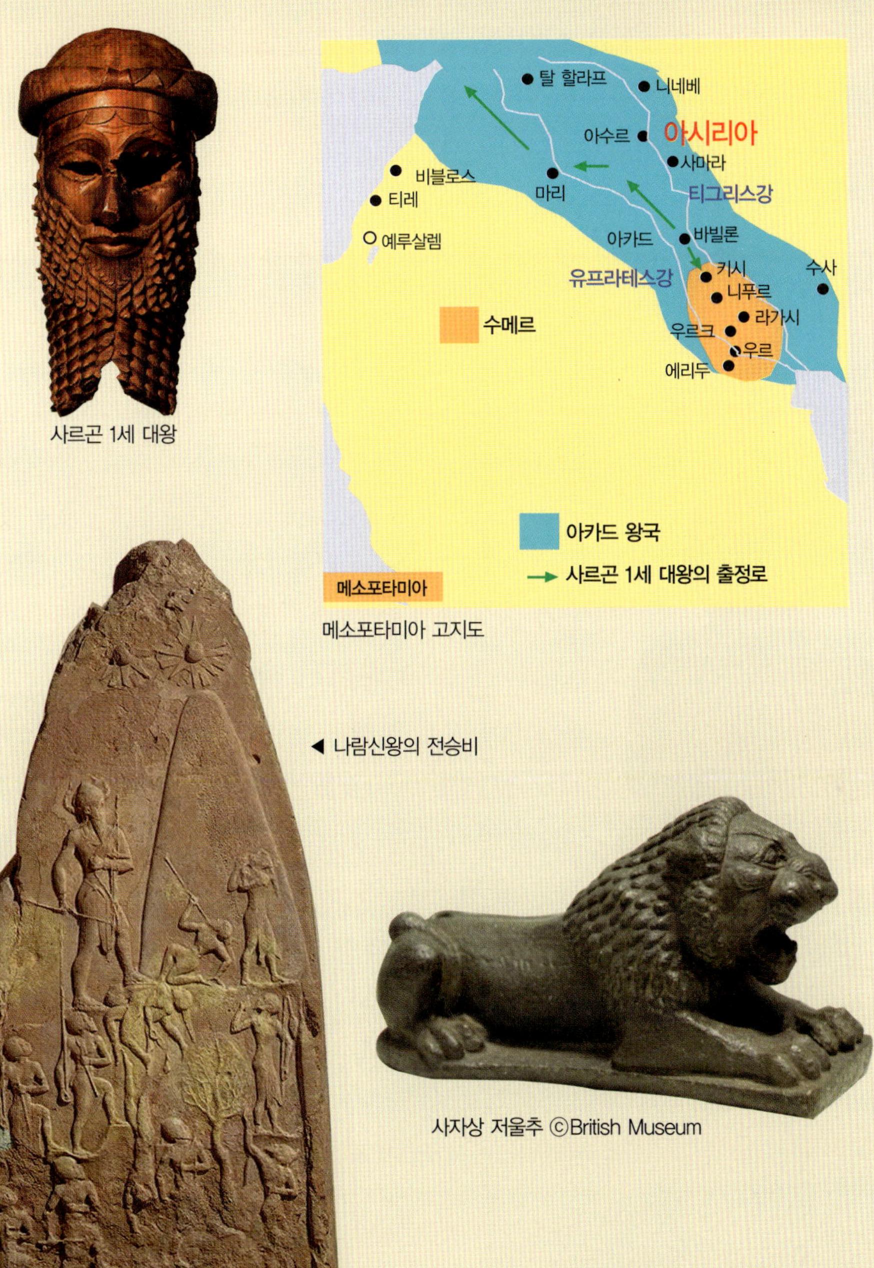

사르곤 1세 대왕

메소포타미아 고지도

◀ 나람신왕의 전승비

사자상 저울추 ⓒBritish Museum

곤시대의 제국을 회복하여 '사계(四界)의 왕(King of the four quarters)'으로 불렸고 또 할아버지와 마찬가지로 '아가데의 신'으로 신격화되었다. 그러나 그 후에는 국력이 점점 쇠퇴하여 기원전 2150년경 이란고원에서 온 구티(Guti)족에게 멸망당하였다. 아카드는 수메르문명을 셈화하여 후대에 전달하였으며 특히 예술 면에서 많은 걸작을 남겼는데 사르곤왕으로 보이는 청동제 두부상(頭部像, bronze head)과 나람신왕의 전승비(戰勝碑, victory monument)가 유명하다.

3. 우르 제3왕조(Third dynasty of Ur)

아카드가 멸망하자 라가시의 왕 구데아(Gudea)가 수메르문명을 다시 부활시켜 신전과 운하를 건설하고 많은 종교적 문서를 남겼으며 빈민과 과부의 보호, 여자의 상속권 확인 등의 조치를 하였는데 이 시기를 기르수왕조(王朝, Girsu dynasty) 또는 제2왕조라고 한다. 뒤를 이어 기원전 2112년 우르의 우르남무(Ur-Nammu)왕은 우르 제3왕조를 세워 수메르문명의 번영을 되찾았는데 이를 '수메르 르네상스(Sumerian Renaissance)'라고 하며 공문서는 다시 수메르어로 작성되기 시작하였으나 통용어로는 셈어가 그대로 사용되었고 수메르어는 점차 사라지게 되었다. 우르 제3왕조는 제5대 왕까지 100여 년을 지속하다가 기원전 2004년 엘람인(Elamite)들의 침입으로 멸망하였다.

기르수왕조의 구데아왕

우르남무왕 ©morganlibrary.org

4. 바빌론 제1왕조(First dynasty of Babylon, 또는 바빌로니아왕국)

함무라비왕

당시 메소포타미아에서는 수메르인과 아카드인이 각축을 벌였으나 이 이후에는 타 민족의 영향 아래 놓이게 되었는데 이때부터 기원전 1595년까지의 시기를 구바빌로니아(Old Babylonia)라고 부른다. 초기에는 서(西)셈족 계열인 아모리인(Amolite)들이 수립한 이신(Isin)이 우세하였고 한때는 라르사(Larsa)[63]가 이신을 정복하기도 하였다. 그러나 기원전 1763년에 같은 아모리인들이 세운 바빌론 제1왕조의 제6대 왕 함무라비(Hammurabi, 재위: 기원전 1792년~기원전 1750년)가 이신과 라르사는 물론 주변 지역을 모두 평정하여 엘람에서 시리아와 가나안(Canaan)에까지 이르는 대제국을 건설하였다. 그는 수도 바빌론에 성벽을 쌓고 바빌론의 수호신이던 마르두크(Marduk)를 메소포타미아 최고의 신으로 승격시켜 종교를 통한 국가 통일을 도모하는 한편 왕은 마르두크의 대리인으로서 강력한 중앙집권제를 확립하였는데 이때부터 바빌론은 성(聖)스러운 도시(holy city)로서 1,000

마르두크

일부 복원된 바빌론시 ⓒfanaticus.org

1. 함무라비 법전이 새겨진 비석 ©daviddfriedman.com
2. 함무라비 법전이 새겨진 비석의 상단부 ©clendening.kumc.edu
3. 비석 뒷면에 새겨진 함무라비 법전 ©philo.ucdavis.edu

년 이상 이 지역의 중심지 역할을 하였다. 그는 또 아카드어를 국어로 정하고 역(曆, calendar)을 통일하였으며 282조(條, article)로 된 함무라비법전(法典, the Code of Hammurabi)을 제정, 공포하였는데 그 안에는 "눈에는 눈, 이에는 이"라는 잘 알려진 동해보복형(同害報復刑, lex talionis)의 구절이 포함되어 있다.

5. 카시트(Kassite/Kossaean)왕국

그 후 바빌로니아 왕국은 점점 더 번영하여 광대한 영토를 다스렸으나 약 200년이 지난 기원전 1595년에 무르실리(Mursili) 1세가 이끄는 히타이트(Hittite)[64]에게 멸망당했으며 바빌로니아는 이란의 산악지대에서 온 카시트인[65]들이 차지하고 카시트왕조를 수립하였다. 카시트는 바빌론을 카르두니아시(Kar-Duniash)로 개칭하고 계속 수도로 사용하였으며 이 도시는 여전히 서아시아의 성스러운 도시로 존재

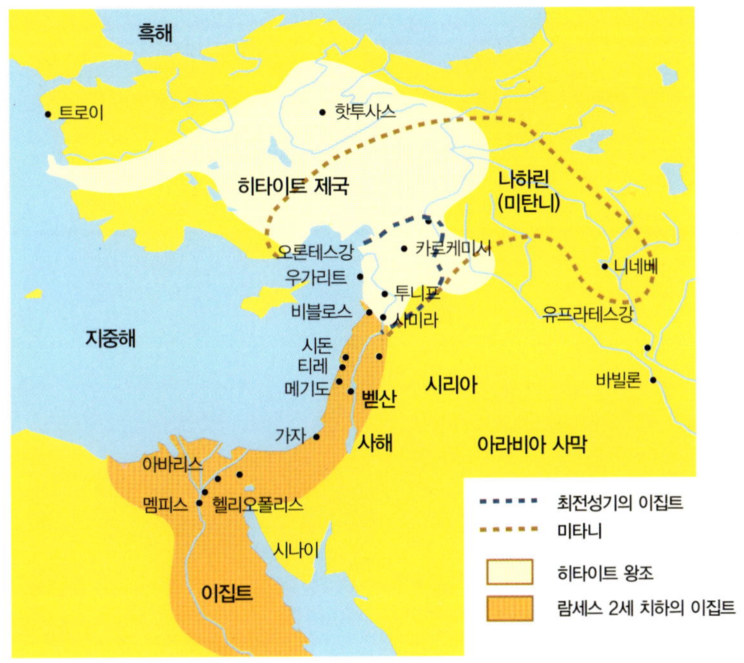

전성기의 히타이트 영토

하였다. 카시트의 왕들은 아시리아의 왕족과 인척관계를 맺었고 사람들은 바빌로니아인들에게 동화되어 갔다. 이 시기는 문화적으로 빈약하였으며 바빌로니아 역사상 가장 어두운 시대로서 서아시아에 대한 영향력을 잃어 시리아와 가나안은 독립하였고 아수르(Assur/Ashur)의 사제(司祭, priest)들은 스스로 아시리아(Assyria)의 왕이 되었다. 카시트왕조는 기원전 1155년에 아시리아에게 멸망당하였다.

6. 아시리아왕국

아시리아는 바빌론의 북쪽 지방으로서 이곳에는 원래 스바르투인들이 살았는데 기원전 3000년경부터 이곳에도 아카드인들이 들어와 세력을 가지게 되었으며 그

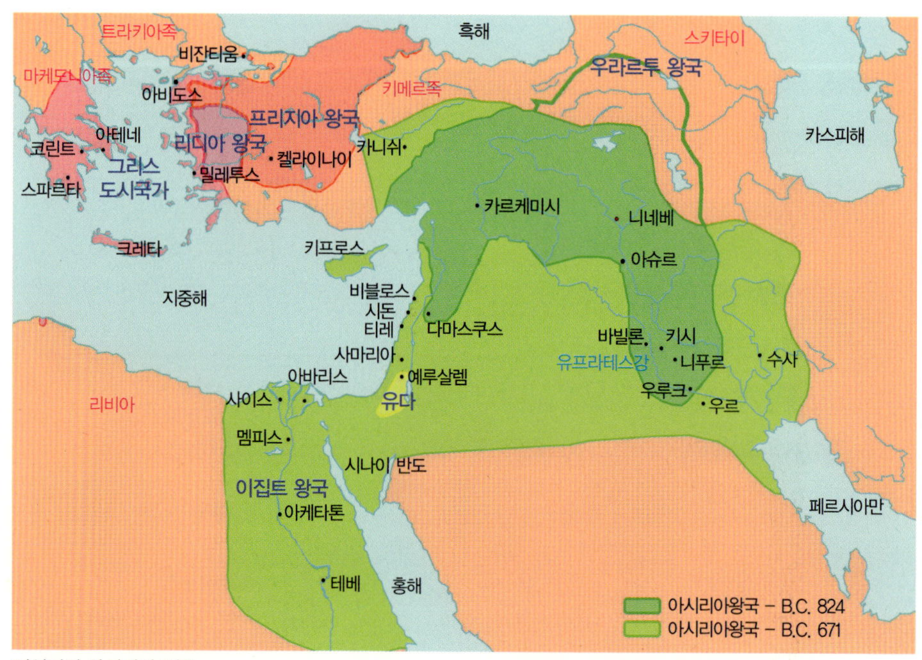

전성기의 아시리아 영토

중심지인 아수르는 기원전 2500년경에 도시국가가 되었다. 이 도시는 수메르 북방의 전진기지로서 자원은 별로 없었으나 이집트에 전차(戰車, chariot)나 청금석(靑金石, lapis-lazuli)을 수출하고 바빌로니아에 없는 금속, 보석, 목재, 석재 등을 교역하는 등 일찍부터 다른 나라와의 무역이 활발하였다. 이들은 수메르의 끊임없는 침략에 시달리면서 강건하고 용감한 민족성을 형성하였으며 기원전 1350년경 나라 이름을 아시리아로 바꾸고 부국강병을 도모하여 점차 세력을 확장하였다. 때마침 이지역에서 세계 최초로 철기시대(鐵器時代, the Iron Age)가 시작됨에 따라 철제무기와 전차로 무장한 이들은 전쟁에서 잇따라 승리하여 기원전 700년경에는 바빌로니아와 이집트까지 정복함으로써 오리엔트 전역의 지배자가 되었다.

철은 다른 광물과는 달리 광석 이외에도 사철(砂鐵, iron sand), 운철(隕鐵 또는 운

고대의 전차

청금석 펜던트

아시리아의 전함

석(隕石, meteoric iron) 등의 형태로 지구상에 널리 존재하며 실제로 청동기시대에도 운철을 사용한 장신구나 단검류가 제작되기도 하였다. 그러나 당시에는 원료도 귀하고 고온의 노(爐, furnace)도 없었기 때문에 대량생산은 불가능하였으며 또 철광을 제련하여 얻을 수 있는 소량의 연철(鍊鐵, wrought iron)은 약해서 청동보다 못하였다. 그 후 기원전 15세기경 아르메니아와 소아시아 서부 지역에서 철을 목탄(木炭, charcoal)으로 가열하고 망치로 두들기면서 탄소와 화합시켜 강인한 철을 만드는 기술이 개발되어 미타니(Mitanni)인과 히타이트인에게 전해졌고 기원전 13세기경에는 메소포타미아에도 보급되었다. 강철은 무기나 각종 도구의 재료로 청동보다 우수하고 가격도 저렴하여 이 기술이 전파된 곳에서는 바로 철기시대가

전성기의 스키타이 영토

스키타이 전사상 ⓒartsales.com

스키타이 전사상이 조각된 장식빗

시작되었는데 이집트에는 기원전 12세기, 인도에는 기원전 10세기에 전달되었고 이탈리아에서도 기원전 9세기경에 철기시대가 시작되었다. 그리고 유라시아의 초원지대에도 기원전 8세기경 철의 야금술이 도입되어 스키타이(Scythian)와 같은 유목기마민족(遊牧騎馬民族, mounted nomads)이 형성되는 데 결정적인 역할을 하였다.

아시리아는 수도를 아수르에서 다른 곳으로 여러 차례 옮겼으며 이들은 다른 나라를 정복할 때마다 미술 공예품들을 약탈하여 왕궁에 진열하였다. 특히 아슈르바니팔(Ashurbanipal)왕은 아시리아 전국에서 신화, 전설, 문학, 의학 등 모든 종류의 기록을 수집하여 당시의 수도 니네베(Nineveh) 왕궁 도서관에 보존토록 하였다. 아시리아는 함무라비법전을 연구하는 한편 여성의 인권 보호 항목까지 들어 있는 새로운 법전을 제정하기도 하였으며 문화 면에서는 대체로 바빌로니아를 이어가고 있었으나 미술 분야에서는 특히 기원전 10세기 이후에 조각상이나 부조 등에 뛰어난 작품을 많이 남겼다. 그러나 이처럼 번영하던 아시리아도 지나치게 넓은 영토를 효율적으로 다스리지 못하고, 기원전 612년 신바빌로니아왕국과의 전쟁에서 패하여 멸망하고 말았다.

아슈르바니팔왕

아슈르바니팔왕의 사냥

아시리아의 반인반수 상

7. 신바빌로니아왕국

바빌로니아는 기원전 625년 나보폴라사르
(Nabopolassar)왕 때에 독립하고 주변 여러 나라와
제휴하여 아시리아왕국을 멸망시킨 후 다시 바빌
론을 수도로 하는 신바빌로니아왕국을 세웠다. 그
뒤를 이은 네부카드네자르(Nebuchadnezzar) 2세
는 유다(Judah) 왕국의 수도 예루살렘(Jerusalem)
을 점령하고 유대인들을 포로로 잡아 바빌론으로
끌고 왔으며 그 외의 주변 국가들도 정복하여 결
국 오리엔트 대부분의 지역을 지배하에 두게 되
었다. 그는 또 도량형을 통일하여 교역을 용이하
게 했으며 금융업을 발전시키기도 하였고 아시리
아왕조 때 철저하게 파괴되어 폐허가 됐던 바빌론
을 재건하여 세계 7대 불가사의의 하나
인 공중정원(空中庭園, Hanging Gardens)
과 바벨탑(Tower of Babel)을 건립하였
다. 공중정원은 네부카드네자르 2세가
왕비를 위해 만든 대규모 정원으로서 갖
가지 꽃과 식물이 넘쳐 나는 계단 모양
의 정원이 마치 공중에 떠 있는 것처럼
보여 이런 이름이 붙게 되었다. 또 바벨
탑은 바빌론 중앙 왕궁 남쪽에 있는 마

네부카드네자르왕궁의 안마당

바빌론의 고대 경기장(복원)

포로가 된 유대인들

르두크신전에 세워진 높이 90m의 7층짜리 대규모 지구라트로서 '에 테멘 앙키'[66]
라고도 불렸으며 둘레에 정상까지 이어지는 나선형 계단이 있었다. 그는 또 도시

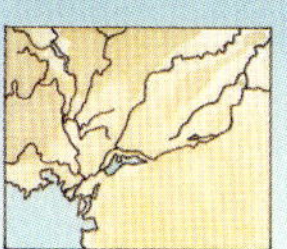

공중정원과 재건된 바빌론 ©Dorling Kindersley

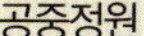
공중정원

바벨탑

이슈타르 문

이슈타르 문의 동물상

입구에 유약을 발라 구운 채색벽돌로 높이 12m의 이슈타르(Ishtar) 문을 만들었는데 문 전체는 청색이고 황소, 사자, 무슈푸슈라고 하는 성수(聖獸, holy animal) 그림을 다양한 색으로 선명하게 그려 넣었다. 문을 들어서면 폭 23m의 포장도로가 신전까지 뻗어 있었으며 길 양쪽 벽도 신이나 동물 그림으로 장식되어 있었다. 바빌론에는 전성기에 1,000개가 넘는 신전이 있었고 헤로도토스(Herodotos)[67]에 의하면 바빌론은 그 유래가 없을 정도로 아름답게 정비된 도시였다. 그러나 왕의 서거 후 다른 나라들과의 관계가 순조롭지 못하여 기원전 539년 페르시아(Persia)에 멸망당하였다.

헤로도토스

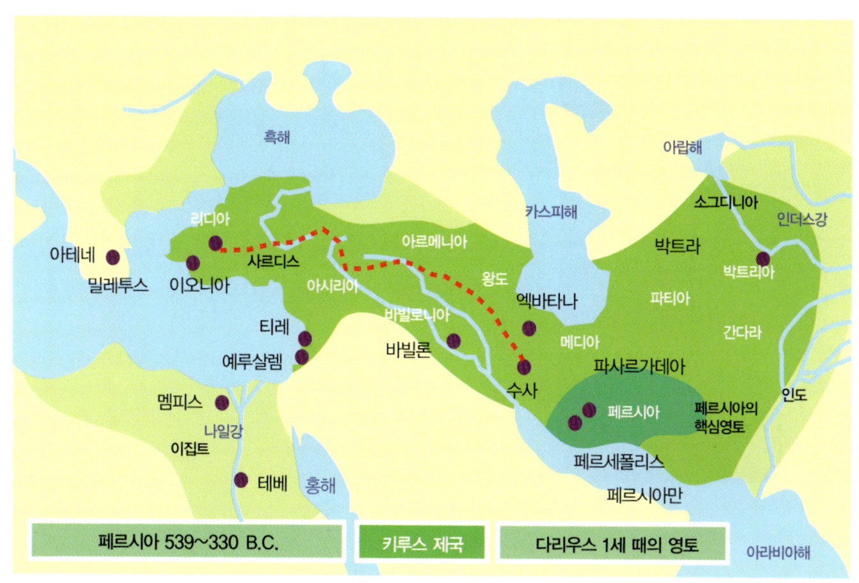

전성기의 페르시아 영토

페르시아는 기원전 700년경 이란고원에서 일어난 나라로서 아케메네스왕조(Achaemenian dynasty)의 키루스(Cyrus) 2세 때에 서쪽으로 진출하여 신바빌로니아를 멸망시키고 잡혀 있던 유대인들을 해방시키는 한편 바빌로니아문화를 존중하고 그들이 믿는 신도 존중하는 평화정책을 씀으로써 바빌론은 계속 번영을 누릴 수 있었다. 그의 아들 캄비세스(Cambyses) 2세는 기원전 525년에 오리엔트 전역을 장악하였으며 그 뒤를 이은 다리우스(Darius) 1세는 영토를 최대로 넓혔고 그리스까지 정복하고자 하였으나 실패로 끝났다. 그 후 페르시아와 그리스의 대결이 계속되다가 기

다리우스 1세

알렉산드로스대왕

원전 333년 다리우스 3세가 마케도니아 (Macedonia)와 그리스(Greece)의 연합군을 이끌고 온 알렉산드로스대왕(Alexandros the Great)에게 이수스(Issus)전투에서 참패하여 영토를 빼앗겼고 기원전 330년 다리우스 3세가 암살당하자 그 후 문명의 중심은 지중해 연안의 그리스와 로마로 넘어갔으며 바빌론은 이후 서서히 쇠퇴하여 폐허가 되고 말았다.

전성기의 마케도니아제국 영토

이수스 전투

● 3 ●

이집트문명

Egypt

1. 이집트문명의 출현과 초기왕조시대(初期王朝時代, Early Dynastic Period)

나일(Nile)강은 중앙아프리카의 빅토리아(Victoria)호에서 시작되는 백(白)나일 (White Nile)과 에티오피아의 아비시니아(Abysinia)고원에서 발원한 청(靑)나일(Blue Nile)이 합류하여 북쪽의 지중해로 흘러드는 세계에서 가장 긴 강으로서 길이는 약

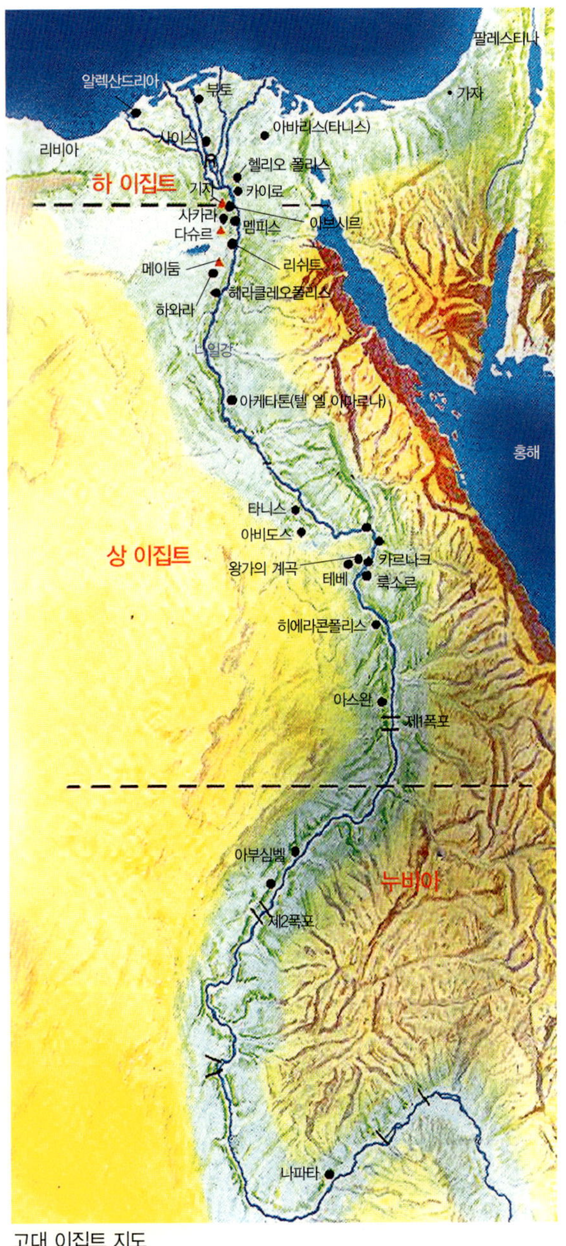

고대 이집트 지도

6,700km이다. 이집트는 이 나일강 하류의 비옥한 토지를 바탕으로 일찍 농경이 발달하였으며 이곳에서 이집트문명이 이루어졌다. 이집트는 동, 서, 남쪽이 모두 사막인 데다가 북쪽은 지중해여서 적이 쳐들어오기가 힘들어 메소포타미아문명에 비해 정치·문화적 색채가 단조로웠으며 외부의 침입 없이 2,000년 동안 고유문화를 간직할 수 있었다. 이 지역에는 오늘날 수단과의 국경지대인 남부 이집트를 중심으로 기원전 8000년, 즉 지금으로부터 1만년 전부터 사람들이 살았고 기원전 6000년경에는 집을 짓고 가축을 길렀으며 기원전 4000년경에는 토기를 만들어 사용하기도 하였다.

이집트에는 거의 비가 내리지 않지만 상류에는 매년 7월에서 10월까지 넉 달에 걸쳐 장마가 들고 물이 불었으며 8월이 되면

물이 세 배로 불어나 강이 범람하고 강 양안의 농경지 전부가 물에 잠겼다. 사람들이 처음에는 자연스럽게 물이 넘치고 빠지게 두었으나 나중에는 수로를 만들고 밭을 일구었으며 이를 위해 측량기술이 발달하게 되었다. 강물이 불어나면 물이 수로를 타고 밭으로 흘러들며, 수심이 1m 이상 되면 수문을 닫고 40~60일간 물을 보관했다가 강물이 줄어들면 밭에 있던 물을 다시 강으로 흘려보냈다. 이렇게 하면 밭에는 나일강 상류로부터 씻겨 내려온 기름진 검은 진흙만 남게 되는데 이를 베이슨(Basin) 관개라고 한다. 이 땅에 밀이나 보리를 심으면 대풍년이 들었기 때문에 이집트인들은 이것을 나일강의 은혜라고 생각하고 나일강의 신 하피(Hapi)를 진심으로 존경하였으며 강물이 불기 시작하면 여기저기서 하피신을 기리는 축제를 개최하였다. 그리고 그들은 검은 빛을 띠는 자기 나라를 '케메트(Kemet/the black)'라 불렀으며 주위의 사막을 '데시렛(Deshret/the red)'이라 불렀는데 이는 죽음의 세계를 의미하였다.

1. 이집트의 관개설비 샤두프
2. 하피
3. 데시렛

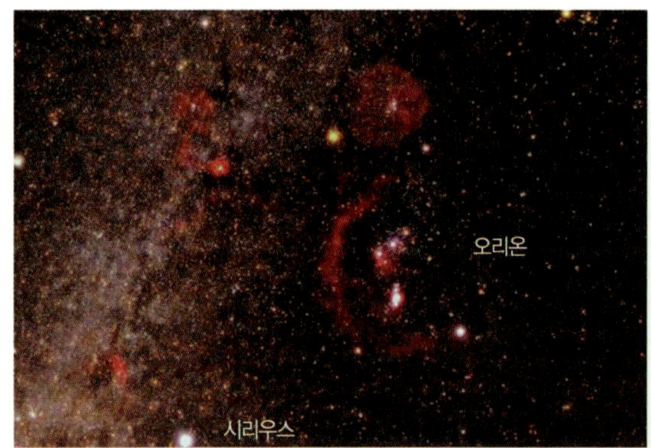

오리온과 시리우스

오리온과 시리우스가 이집트나 피라미드와 밀접한 관계가 있다고 생각하는 사람들도 있음. ⓒenterprisemission.com

소티스

이집트에서는 매년 7월 중순이 되면 해 뜨기 직전 동녘 하늘에 푸르스름한 빛의 시리우스(또는 天狼星, Sirius)가 나타난다. 고대 이집트인들은 이를 '소티스(Sothis)[68]의 아침'이라 불렀으며 그들은 오랜 천체관측을 통하여 '소티스의 아침'이 오면 나일강물이 불어나기 시작할 것을 알게 되었다. 당시 이집트에서는 이러한 관측을 위하여 천문학(天文學, Astronomy)이 발달하였으며 또 이러한 관측을 바탕으로 1년을 365일로 하는 태양력(太陽曆, the solar calendar)도 만들었다. 그들은 또 나일로미터라는 수위계(水位計, hydrograph)를 나일강의 여러 곳에 설치하여 강의 범람 규모를 정확하게 예측할 수 있었으

나일로미터

며 범람 후의 경지 측정을 위해 기하학(幾何學, Geometry)도 발달하였고 수학에서는 10진법이 사용되었다.

나르메르왕

이집트에는 기원전 3700년경부터 함(Ham)족이 세운 40여 개의 주(州, Nomos)라고 하는 군소왕국들이 있었는데 이들은 주마다 각각 다른 동물신들을 모셔 수호신으로 삼았으며 먼저 문명이 발달하기 시작한 메소포타미아와 활발한 교역을 이루어 원통형의 인장, 햇볕에 말린 벽돌 등이 도입되었다. 이들은 기원전 3200년경에 히에라콘폴리스(Hierakonpolis)를 수도로 하는 나일계곡(Nile Valley)의 상(上)이집트(Upper Egypt)와 부토(Buto)를 수도로 하는 나일삼각주(三角洲, Nile Delta)의 하(下)이집트(Lower Egypt) 두 왕국으로 통합되었다. 그 후 기원전 3000년경에 상이집트의 메네스(Menes 또는 나르메르/Narmer)[69]왕이 하이집트를 병합하여 통일 왕국을 수립한 후 상·하이집트의 경계인 멤피스(Memphis)[70]를 수도

호루스

로 정하고 수많은 신들 가운데 자신들의 신, 즉 매의 머리와 인간의 몸을 한 호루스(Horus)[71]를 수호신으로 삼았으며 왕은 호루스의 화신으로서 앞날을 점치고 예언을

파피루스

하는 권위자로 높이 받들도록 하였다.

왕조가 성립되면서 그들은 파피루스(papyrus)로 만든 종이 위에 그들이 발명한 상형문자(象形文字, hieroglyph)를 사용하여 기록을 남기도록 하였으며 왕명을 보존하고 문화양식을 통일하는 한편 신의 이름으로 국가를 통치하도록 하였다. 이때부터 제2왕조가 끝나는 기원전 2650년(?)경까지의 약 350년 동안을 초기 왕조시대라고 하는데 왕의 권력이 점차 막강해졌으며 왕들이 죽으면 햇볕에 건조시킨 벽돌을

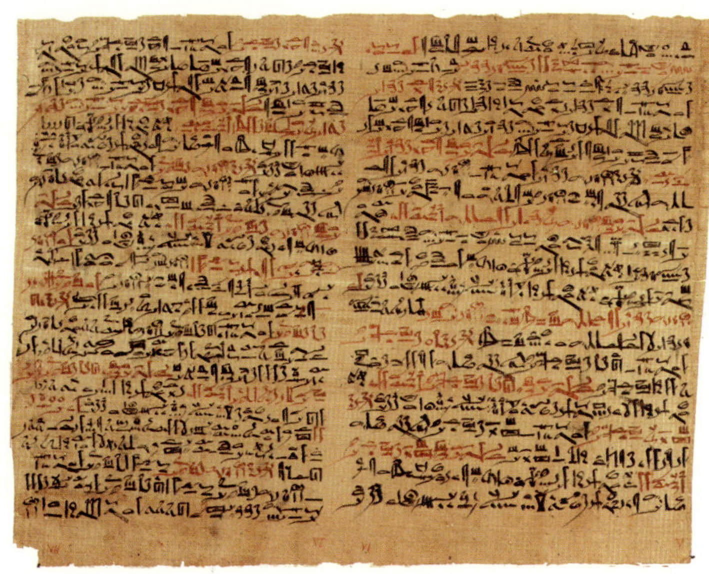

파피루스 위에 쓴 상형문자

마스타바

사다리꼴로 쌓아 올려서 만든 마스타바 (mastaba)라는 분(墳, tomb)에 매장하였다. 그리고 고대 이집트인들은 사후세계를 살기 위해서는 넋이 머물고 있는 육체를 완전한 형태로 남겨두어야 한다는 생각을 가지고 있었다. 그래서 유해에서 내장을 꺼낸 후 아마포(亞麻布, linen) 붕대

미라 만들기 ⓒpupipo.com.ne.kr

로 전신을 감은 미라(mummy)를 만들기 시작한 것도 이때부터였으며, 이로 인하여 외과의학이 발달하게 되었다.

2. 고왕국(古王國, Old Kingdom)[72]

　기원전 2650년(?)에 시작된 제3왕조의 제2대인 조세르(Djoser)왕은 강력한 왕권을 바탕으로 중앙집권체제를 갖추기 시작하였고 사회적인 제도나 관습도 정비하였다. 그는 또 당시까지의 마스타바에 만족지 않고 재상 임호테프(Imhotep)로 하여금 좀 더 웅장한 건축물을 만들도록 하였다. 임호테프는 멤피스에서 멀지 않은 나일강 서안의 사카라(Sakkara/Saqqara)에 마스타바를 6단 쌓아 올린 형태의, 높이가 무려 60m에 달하고 위로 올라갈수록 좁아지는 계단식 피라미드(Step Pyramid)를 완성하였는데 재료도 벽돌 대신 석회암을 사용하였다. 전체 규모는 동서로 277m, 남북으로 545m이며 총연장 1,645m, 높이 10.5m의 외벽으로 둘러싸인 안에는 장제전(葬祭殿, Mortuary Temple), 제전(祭殿, Temple), 안치실(安置室, burial chamber), 왕의 조각상(彫刻像, statue of Djoser), 의식용 중정(中庭, courtyard) 등이 갖추어져 있는데 이를 피라미드 복합체(Pyramid complex)라고도 한다. 그리고 이때부터 제6왕조가 끝나는 기원전 2150년(?)까지를 고왕국이라고 한다. 이때부터 이집트의 국왕은 태양신 라(Ra/Re)의 아들이자 파라오(pharaoh)[73]라는 절대적 존재로서 백성들은 물론 신관, 재판관, 군인 등 모든 사람 위에 군림하였다.

조세르왕 ⓒ aegyptenfans.de

조세르왕의 계단식 피라미드

기원전 2575년(?)에 제3왕조가 끝나고 제4왕조가 시작되었는데 시조인 스네프루(Snefru)왕은 3개의 피라미드를 건설하였으며 이때 최초로 경사면이 계단식이 아니고 평탄한 피라미드가 건설되었다. 그가 처음 메이둠(Meidum)에 건설한 피라미드는 먼저 여러 개의 계단으로 건설하고 계단 부분들을 나중에 돌로 채운 후 그 위에 석회암 판을 덮어서 몇 개의 평탄한 경사면을 가지도록 한 것이다. 그다음에는 다슈르(Dahshur)에 처음부터 경사면이 평탄하게 설계된 피라미드를 건설하였는데 이 피라미드는 밑 부분은 경사면이 51°를 이루나 약 절반쯤 올라가서는 경사면의 각도가 43°로 낮

태양신 라

스네프루왕 ©Jon Bodsworth

스네프루왕의 메이둠 피라미드

굴절 피라미드

아져 굴절(屈折) 피라미드(Bent Pyramid)라는 이름이 붙게 되었다. 그는 그것에 그치지 않고 같은 다슈르에 또 하나의 거대한 피라미드를 건설하였는데 이것은 밑변의 길이가 213m, 높이가 97.5m, 경사면의 각도가 약 43°여서 웅크린 모습이기는 하지만 이것이 각추형(角錐形) 피라미드로서는 가장 오래된 것이다.

스네프루왕의 세 번째 피라미드

그의 아들인 제2대 왕 쿠푸(Khufu)는 해가 저무는 나일강 서쪽 기슭에 있는 기자(Giza)에 이집트 최대의 피라미드를 건설하였다. 피라미드를 설계하고 건설을 총지휘한 재상 헤몬(Hemon/Hemionu)은 커다란 돌을 운반하기 위하여 도르래나 지렛대를 발명하기도 하였다. 피라미드의 네 모서리는 정확히 동서남북을 향하도록 하였으며 정확한 방향과 각도를 측정하기 위하여 별을 관측하였다. 또 건설할 땅의 지반을 수평으로 하기 위하여 암반에 바둑판 모양으로 홈을 파고 여기에 물을 채운 후 수면보다 높은 바위는 수면과 같

쿠푸왕 ⓒNational Geographic

은 높이로 깎았으며 기초를 단단하게 하기 위하여 놀로 홈을 메웠다. 피라미드의 본체를 이룬 돌은 대부분 기자고원 자체에서 채석된 것이며 일부 석회암은 나일강 건너 투라(Turah)에서 가져왔고 안치실과 같이 중요한 곳에 사용되는 돌은 상류인 아스완(Aswan)에서 채취하였다. 쿠푸왕의 피라미드는 평균 2.5톤 정도의 돌 약 230만 개로 이루어져 전체 무게는 600만 톤에 달하는데 이를 쌓기 위해서는 어떠한 형태든가 경사로(傾斜路, ramp)가 이용되었을 것이다. 피라미드의 건설은 나일강의 장마철에 행해졌는데 거대한 돌은 나무로 만든 썰매에 싣고 미끄러지기 쉽도록 만든 길 위로 지렛대를 사용하여 강변까지 운반하였으며 여기서부터는 불어난 강물을 이용하여 배로 건설 현장까지 운반하였다.

헤로도토스는 신관에게 들었다면서 쿠푸왕이 피라미드를 건설하기 위하여 10만

여 명의 인력을 3개월씩 교대로 투입하여 노예처럼 혹사시키면서 20년에 걸쳐 완성하였다고 그의 저서 『역사』에 기록하였는데 과거에는 이것을 정설로 믿었으나 최근에는 이것이 사실과 달랐음이 밝혀지고 있다. 피라미드의 건설은 장마철의 농한기에 실업대책의 일환으로 실시되는 일종의 취로사업(就勞事業, a job-producing project)으로서 전국에서 모여든 사람들은 공사장 부근에 지어진 공동주택에 합숙하면서 즐겁게 공사에 참여한 것으로 보이는데 아직까지도 카이로 근처의 채석장에는 '국왕 만세', '집에 돌아가 배불리 먹자' 등의 낙서가 남아 있다. 쿠푸왕의 피라미드는 밑변의 길이가 약 230m, 높이가 146m로서 기자의 3대 피라미드 중에서도 가장 커서 '대(大)피라미드(Great Pyramid)'라고도 하는데 각 변의 모서리는 정확히 동서남북을 가리키고 있으며 경사면의 각도는 51° 52′으로서 아무리 멀리서 보아

기자의 3대 피라미드, 앞에서부터 멘카우레왕, 쿠푸왕, 카프레왕의 피라미드

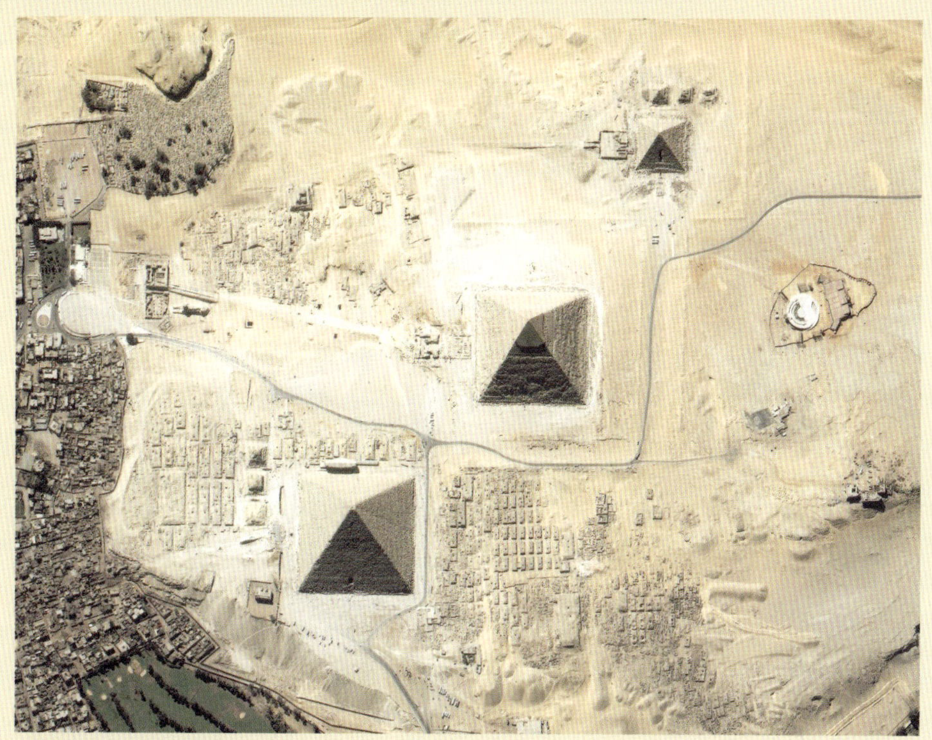
공중에서 본 기자의 피라미드

석양의 3대 피라미드
ⓒAladdin Khalifa, ask-aladdin.com

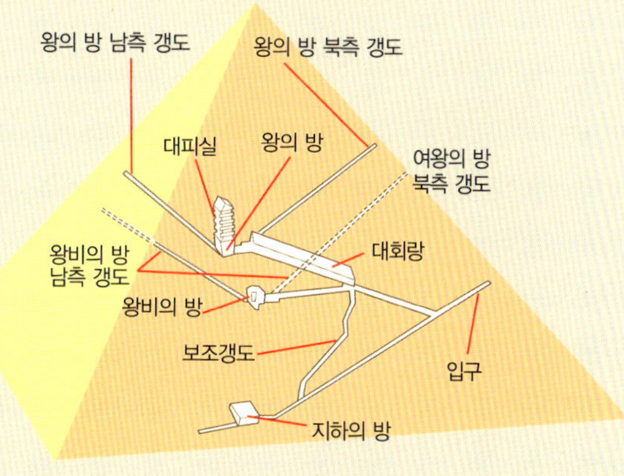

대 피라미드의 내부

1. 왕의 방 2. 왕비의 방

도 정확한 정삼각형으로 보인다. 이 대피라미드가 43세기 이상을 지구상에서 가장 높은 인공구조물 노릇을 해왔으며 세계 7대 불가사의 중에서도 첫 번째로 꼽히고 있다. 내부에 있는 여러 개의 방에는 '왕의 방(King's chamber)', '왕비의 방(Queen's room)', '지하의 방(Underground chamber)' 등의 이름이 붙어 있으나 이들 이름은 실제의 기능과는 아무 관계가 없다. '왕의 방'은 높이가 5.8m, 길이가 10.5m, 폭이 5.25m로서 길이와 폭이 정확히 2대 1이고 세로축과 가로축은 정확히 동서와 남북방향을 향하고 있다. 바닥에는 15장의 두꺼운 화강암 판이 깔려 있고 벽은 하나의 무게가 70톤이 넘는 거대한 화강암이 5단으로 쌓여 있으며 천장은 50톤 정도 나가는 아홉 장의 화강암으로 덮여 있다. 안에는 빈 석관이 하나 놓여 있으나 이곳에는 왕의 미라가 안치되었던 흔적이 전혀 없다. 대피라미드의 동쪽에는 쿠푸왕의 장제전이 있으며 장제전 좌우에는 '태양의 배(solar ship/sun boat)'[74] 보관소가 있다.

태양의 배

　　대피라미드의 남서쪽에는 대피라미드보다 좀 작은 제4대 왕인 카프레(Khafre)왕의 피라미드가 있는데 장제전 등 피라미드복합체의 보존 상태가 양호하며 동쪽으로 뻗은 참배로(參拜路, causeway)를 따라가면 대스핑크스(Sphinx)와 하곡신전(河谷神殿, valley temple)을 만나게 된다. 이를 제2피라미드라고도 하는데 하곡신전은 대개가 200톤이 넘는 거대한 화강암들로 이루어져 있으며 그 남서쪽에는 다른 피라미드보다 절반 이하의 크기인 제5대 왕 멘카우레(Menkaure)왕의 피라미드가 있다. 스핑크스는 사자의 몸에 인간의 얼굴을 한 재생과 부활 또는 영원한 생명의 상징인 태양신의 모습으로서 이집트인들은 이를 오랫동안 숭배해왔다. 스핑크스는 과거에는 카프레왕의 피라미드와 함께 그의 수호신으로 만들어졌다고 믿어져 왔으나, 최근에는 누가 언제 무슨 목적으로 만들었는지 모르지만 피라미드보다 훨씬 오래

카프레왕의 참배로

카프레왕의 하곡신전

카프레왕

스핑크스

전에 만들어졌으며 쿠푸왕이 스핑크스가 있는 이 성스러운 장소를 피라미드 건설지로 정하였을 가능성이 있다고 보고 있다.

그러나 피라미드 자체에 대해서도 수없이 많은 의문이 제기되고 있는데 첫째는 과연 피라미드가 최근까지 알려졌던 바와 같이 실제로 그것을 건설한 왕의 무덤이었느냐 하는 점이다. 사실 이제까지 어느 피라미드에서도 미라가 발견된 적이 없었고 도굴을 감안하더라도 다른 왕묘처럼 벽화나 부장품이 없었음은 물론 그것들이 있었던 흔적조차 없었으며 내부 구조도 다른 왕묘들과는 전혀 다르기 때문이다. 그리고 또 그것이 자신의 무덤이라면 스네프루왕은 무엇 때문에 피라미드를 세 개씩 건설하였느냐 하는 것도 의문이다. 더 나아가 기자의 3대 피라미드가 쿠푸왕을 비롯한 세 명의 왕들이 건설하였다고 하는 것은 이 지역의 장제전이나 보조 피라미드에 이들의 이름이 자주 등장하기 때문인데 학자들에 따라서는 세 왕이 건설한 것은 이런 부속구조물들뿐이고 3대 피라미드와 하곡신전은 스핑크스와 마찬가지로 누가 언제 왜 건설하였는지는 모르지만 이들 왕의 시대보다 훨씬 전에 건설되었을 것이라고 주장하고 있다. 그것은 3대 피라미드 자체에는 이들 세 왕에 관련된 흔적이 전혀 없고 그 이후에 건설될 수는 더욱 없었으며 또 당시의 이집트인들로서

멘카우레왕

는 50톤이나 70톤, 혹은 200톤이나 되는 화강암을 가공하고 운반할 능력이 없었기 때문에 먼 과거에 어떤 초능력적인 존재들에 의해서 건설되었을지도 모른다는 것이다. 이런저런 의문점들로 인해 매우 경이로운 존재인 피라미드나 스핑크스에 얽힌 비밀은 그리 쉽게 밝혀지지는 않을 것이다.

피라미드 건설은 제5~6왕조 때에도 계속되었으나 규모가 작아지고 양질의 돌을 사용하지 않았기 때문에 지금은 풍화하여 산과 같은 형태로만 남아 있다. 제5왕조의 제6대 왕인 네우세르라(Nyuserra)는 아부시르(Abu Sir)에 그의 피라미드를 건설하였으며 여기서 북쪽으로 약 1.5km 떨어진 오늘날의 아부구라브(Abu Gurab)에는 태양신 라를 제사하는 대규모 태양신전(太陽神殿, solar temple)을 건설하였는데 또 하나의 이집트의 상징인 오벨리스크(또는 방첨탑/方尖塔, obelisk)[75]가 이곳에 최초로 건립되었으나 지금은 남아 있지 않다. 또한 제5왕조 마지막 왕 우나스(Unas)의 피라미드 내부에는 최초로 피라미드 텍스트(Pyramid Text)[76]가 새겨졌으며 그러한 전통은 제6왕조에서도 계속되었다. 그러다가 제6왕조 말부터 왕권은 약화되고 각 주의 지사들이 세습화되어 반독립국같이 되었는데 제6왕조가 끝나는 기원전 2150년

네우세르라왕의 피라미드

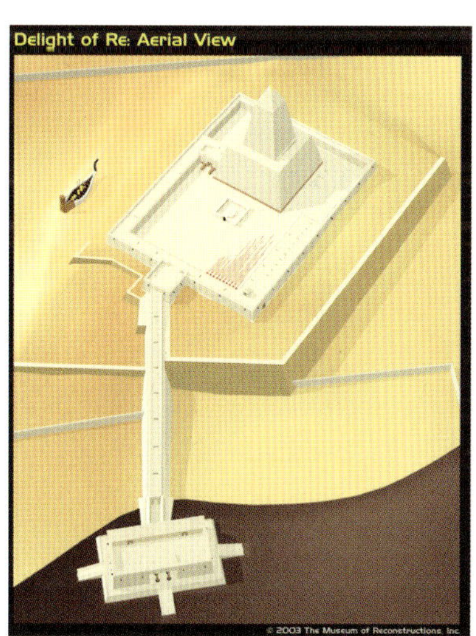

태양신전 입체복원도

1. 우나스왕의 피라미드
2. 피라미드 텍스트 ⓒpyramidtextsonline.com

(?)부터 제10왕조가 끝나는 기원전 2050년(?)까지를 제1중간기(第一中間期, 1st Intermediate Period)라고 하며 이 기간 중에는 관료정치에 강한 반감을 품어오던 민중이 봉기하여 사회는 혼란스러웠고 사막에서 이민족이 침입하기도 하였다.

3. 중왕국(中王國, Middle Kingdom)

멘투호테프 2세 ⓒegyptarchive.co.uk

한편 제10왕조 말인 기원전 2034년(?)에 테베〔Thebes, 현재의 룩소르(Luxor)가 테베의 남부 교외임〕에서 안테프(Antef)의 제11왕조가 독립하여 대치하다가 제11왕조의 멘투호테프(Mentuhotep) 2세 때 이집트를 통일하고 수도를 테베로 옮겼으며 남쪽의 누비아(Nubia)[77]도 원정하였는데 이때부터 제12왕조가 끝나는 기원전 1783년(?)까지를 중왕국이라고 한다. 그 후 약 1,000년간 테베는 이집트의 정치, 종교의 중심지가 되었으며 이 시기에 나일강 하류의 항구에서는 서아시아와의 교역이 활발하게 이루어졌다. 제11왕조는 멘투호테프 2세 이후 쇠퇴하여 혼란을 겪다가 마지막 왕의 재상이던 아메넴헤트(Amenemhet) 1세가 제12왕조를 열었으며 이때부터 테베의 수호신인 아몬(Amon)신이 가장 중요한 신으로 부상하여 테베 동쪽 기슭에 아몬신의 총본산인 카르나크(Karnak) 신전을 건설하였다. 그리고 제12왕조 때 수도를 리쉬트(Lisht) 근처로 옮겼기 때문에 이때부터는 리쉬트나 하와라(Hawara) 등에도 피라미드나 신전이 건설되었다.

아메넴헤트 1세

▲ 카르나크 사원의 아몬신 ⓒGuillaume Lelarge

카르나크사원의 첫 번째 탑문

세누세르트 1세

카르낙의 세누세르트 1세 사원

또 세누세르트(Senusert) 1세는 태양신앙의 중심도시인 헬리오폴리스(Heliopolis)[78]에 높이가 20.7m, 무게는 약 120톤 정도인 오벨리스크를 건립하였는데 이것이 지금 남아 있는 것들 중에는 가장 오래된 것이다. 이 시대에는 평민이 귀족 대신 관리에 등용되기도 하고 농노가 자유민이 되기도 하는 등 어느 때보다 민중이 대우를 받았다. 종교적으로도 왕이나 귀족의 전유물이었던 사후의 세계가 민중들에게도 개방되어 그들도 미라가 되어 공동묘지에 매장됨으로써 영원한 생명을 기약할 수 있게 되었다.

그러나 기원전 1783년(?) 제12왕조가 붕괴되면서 이집트는 다시 혼란기로 들어가 많은 왕이 교대로 즉위하거나 여러 왕조가 병립하기도 하였는데 이 혼란을 틈타 기원전 1640

헬리오폴리스의 오벨리스크

년(?)에는 서아시아의 힉소스(Hyksos)인
이 침입하여 삼각주지대의 아바리스
(Avaris)에 성채를 구축하고 약 100년 동
안 주로 하이집트를 지배하였다. 힉소스
의 문화 수준은 이집트보다 낮았으나 이
집트에 아직 알려지지 않은 무기를 사용
하고 말이 끄는 전차를 앞세워 침입하자
이집트가 이를 당해내지 못하였던 것이
다. 그 후 기원전 1600년경 테베를 중심
으로 제17왕조의 왕들이 힉소스의 전차
전술을 습득하여 힉소스와의 항쟁을 시

힉소스의 지배

작하였으며 카모세(Kamose)왕 때인 기원전 1540년(?) 왕의 동생인 아모세
(Ahmose)가 아바리스를 함락시키고 힉소스인들을 서아시아로 추방하였는데 제12
왕조 붕괴 시부터 이때까지를 제2중간기(第二中間期, 2nd Intermediate Period)라고
한다.

4. 신왕국(新王國, New Kingdom)

아모세는 귀국하여 아모세 1세로서 제18왕조를 일으켰는데 이때부터 제20왕조
가 끝나는 기원전 1070년(?)까지의 약 500년간을 신왕국이라고 하며 고왕국, 중왕
국에 이어지는 세 번째의 융성기로서 역사상 가장 번영한 시기였다. 아모세 1세의
뒤를 이은 투트모세(Thutmose) 1세는 서아시아 방면으로는 팔레스티나(Palestine)
까지 파병하고 남쪽으로도 누비아 지방까지 진출하는 등 군사원정을 거듭하며 영
토를 확장해 나갔으며 그의 대외정책을 계승한 투트모세 3세 시대에는 영토를 최대
로 확대하여 오리엔트 전역의 지도적 국가가 되었다. 투트모세 1세는 카르나크의

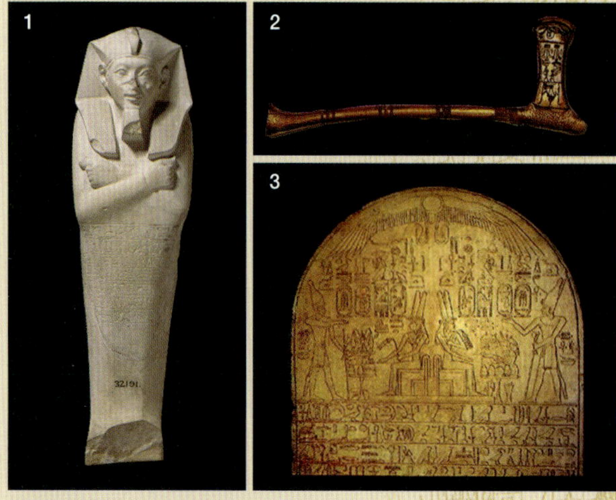

1. 아모세 1세 ⓒancientneareast.net
2. 아모세 1세의 전투용 도끼
3. 아모세 1세 비

투트모세 1세와 하트셉수트여왕의 오벨리스크

투트모세 1세
ⓒ Midland Travel, Egypt

하트셉수트여왕
ⓒegyptmyway.com

하트셉수트여왕의 신전(룩소르)

아몬신전 앞에 아스완의 화강석으로 높이 약 23m, 무게 약 143톤의 오벨리스크를, 뒤를 이은 하트셉수트(Hatshepsut)여왕은 높이 약 30m, 무게 약 325톤의 오벨리스크를 각각 건립하였는데 오늘날 카르나크신전에는 이외에 나중에 세티(Seti) 2세가 건립한 7m짜리 소형 등 모두 세 개의 오벨리스크가 남아 있다. 그리고 투트모세 3세는 카르나크신전에 두 개, 헬리오폴리스에 두 개 등 모두 네 개의 오벨리스크를 건립하였으나 이들은 지금 이스탄불과 로마 그리고 런던과 뉴욕의 센트럴파크에서 각각 그 위용을 자랑하고 있다. 수도 테베는 나일강 연안에 자리하고 있는데 동쪽 기슭은 상공업의 발달로 화려한 도시로 성장했으며 왕은 화려한 궁전에서 살았다. 투트모세 3세는 한 명이던 재상을 두 명으로 늘려 상·하이집트의 내정에 전념토록 하였으며 광대한 영토를 유지하기 위하여 강력한 상비군을 두었는데 이것이 나중에는 국력을 약화시키는 원인이 되었다. 이 당시 승리는 국가신인 아몬의 힘에 의

투트모세 3세

이스탄불에 있는 투트모세 3세의 오벨리스크

아멘호테프 3세

한 것으로 생각되어 왕이나 귀족은 토지를 기증하고 신전을 잇달아 건립하였으며 신관단(神官團, group of hierarch)은 큰 세력을 가지게 되었다. 투트모세 3세 이후 아멘호테프(Amenhotep) 3세 때는 이집트가 가장 안정되고 융성한 시대로서 전쟁은 거의 하지 않고 신전 등의 건축공사에 힘을 기울였으며 서아시아제국과 활발한 교류를 함으로써 국제화가 이루어졌는데 이 시기를 아마르나(Amarna)시대라고 한다.

뒤를 이은 제10대 왕 아멘호테프(Amenhotep) 4세(재위 기원전 1379년~기원전 1362년)는 절대세력을 가지게 된 테베의 아몬 신관단에게 반발하여 아몬을 중심으로 한 전통적인 신들을 부정하고 태양신 아톤(Aton/Aten)만

아멘호테프 3세 사원의 거대 초상

을 숭배하도록 하였다. 그리고 오늘날의 텔 엘 아마르나(Tell el Amarna)의 땅에 아톤을 수호신으로 하는 새로운 도시를 조성하여 아케타톤(Akhetaton)[79]이라고 이름 짓고 수도를 이곳으로 이전하였으며 자신의 이름도 아멘호테프[80]에서 이케나톤(Ikhenaton 또는 아케나톤/Akhenaton)[81]으로 바꿨다. 이러한 개혁으로 왕은 정치권력을 되찾는 데는 성공하였으나 아톤을 유일신으로 하는 신앙은 국민들에게 외면당하여 왕이 죽자 아톤신앙은 사라지고 수도가 옮겨간 아케타톤도 폐허로 변해버렸다. 그러나 예술 분야에서는 고정적이던 전통이 무너지고 개방적인 분위기가 도입되었으며 외국과의 문화교류도 이루어져 사실적이고 밝은 성격의 아마르나예술이 등장하였으며 지금까지도 높이 평가받고 있다.

이케나톤의 뒤를 이은 제11대 세멘크카라(Smenkhkara)는 3년 만에 죽고 제12대 투탕카멘(Tutankhamen), 정확히는 투트 앙크 아멘인 그는 9세이던 기원전 1361년

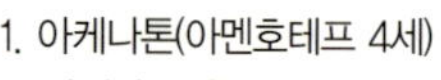

1. 아케나톤(아멘호테프 4세)
2. 아케타톤 유적지
ⓒkuthumadierks.com
3. 태양신 아톤에게 기도하는
아케나톤왕과 네페르티티왕비
ⓒhomestead.com

(?)에 왕이 되었는데 그 전에 이미 안케센아멘 (Ankhesenamen)과 결혼 하였다. 그의 이름은 처 음에는 아톤신앙을 나타 내는 투트 앙크 아텐이 었으나 즉위 4년째에 아 몬신앙을 나타내는 투트 앙크 아멘으로 바꾸고 수도도 아마르나에서 다

투탕카멘왕의 황금마스크

안케센아멘왕비
ⓒglintofgold.org

시 테베로 옮겼다. 어린 그가 왕 노릇을 하였지만 실질적인 권한은 재상 아이(Ay)와 노장 호렘헤브(Horemheb)에게 있었으며 그는 왕이 된 지 9년 만에 18세의 어린 나 이로 생을 마감하였는데 사망원인이나 재위 시의 업적에 대한 것은 알려진 바가 없 고 다만 그의 왕묘에서 발견된 눈부시게 아름다운 황금마스크 와 화려한 부장품들로 유명해졌 다. 그의 부장품으로는 조각상, 왕이 사용하던 전차나 무기, 침 대나 의자와 같은 가구, 포도주 단지, 장난감 외에 과일바구니, 구운 오리고기, 빵, 케이크 등이 든 음식물 상자와 함께 한 다발 의 수레국화도 있었다. 그의 사 후 재상이던 아이가 전 왕비 안

아이
ⓒ Keith Schengili-Roberts

아툼에게 봉납하는 호렘헤브
ⓒGerard Ducher

투탕카멘왕의 소형관

투탕카멘 왕좌
ⓒMidland Travel, Egypt

태양의 배

미라용 단지

부장 인형

부장 미술품

기타 부장품 1

기타 부장품 2

기타 부장품 3

케센아멘과 결혼을 하고 왕이 되었으며 그 뒤를 이어 호렘헤브도 왕이 되었으나 후사가 없자 기원전 1307년(?) 군인 출신의 람세스(Ramesses/Ramses) 1세에게 왕위를 물려줌으로써 제18왕조는 끝이 나고 제19왕조가 시작되었다.

제19왕조의 제2대 왕 세티 1세는 전성기 때의 영토를 어느 정도 회복하였으며 그의 아들이자 이집트 최후의 위대한 왕인 람세스 2세[Ramesses the Great, 재위 B.C. 1279년(?)~B.C.1213년(?)]는 재위 67년 중 처음 20년간을 전쟁으로 보내면서 부왕보다 더 넓은 영토를 확보하였는데 재위 5년째인 기원전 1274년(?) 당시 서아시아에서 한창 융성하던 히타이트와의 카데시 전투(the Battle of Kadesh)는 매우 치열하였던 전투로 역사에 남았다. 그러나 그는 재위 약 20년째인 기원전 1258년(?)에는 히타이트와 평화조약을 체결하고 눈을 남쪽으로 돌려 누비아를 정복한 후 그곳 아부심벨(Abu Simbel)에 자신의 거대한 조각상을 새겨 넣은 신전을 건설하였으며 왕비 네페르타리(Nefertari)를 위해서 하트호르(Hathor)[82] 신전도 건설하였다. 그는 또 부왕과 함께 카르나크 신전에도 높이 13~21m의 기둥 134개가 나란히 서 있는 대

람세스 2세

카데시 전투의 람세스 2세 ⓒfontes.lstc.edu

네페르타리왕비

아부심벨의 람세스 2세 신전과 상

하트호르 신전

다주실(大多柱室, the Hypostyle Hall)을 증축하였으며[83] 왕가의 계곡 왕묘 건설이나 룩소르신전의 증축도 단행하였다. 람세스 2세는 또 이 시기를 전후하여 모세(Moses)가 노예생활을 하던 이스라엘(Israel)인들을 이끌고 출애굽(出埃及, the Exodus)을 한 것으로 알려져 있는데 그 이유는 다음 왕인 메르네프타(Merneptah/Merenptah)의 석비(石碑, stele)에 최초로 이스라엘인에 대한 기록이 나오기 때문이다.[84] 여하튼 이후 이집트는 다시 쇠퇴하기 시작하여 제20왕조 때까지 자주 리비아(Libya)인 등의 침입을 받았으며 국내적으로도 신관단에 비하여 왕실이 더 쇠약해짐으로써 결국은 기원전 1070년(?) 신관 헤리호르(Herihor)에게 왕위를 찬탈당하고 신왕국은 막을 내리게 되었다.

모세의 발견 ⓒEdwin Long

돌에서 물을 흐르게 하는 모세 ©Bacchiacca

메르네프타왕

메르네프타왕의 석비

　한편 나일강의 서쪽 기슭에는 투트모세 1세가 도굴꾼들로부터 보물을 지키기 위해 무덤을 만든 이래 신왕국 최후의 왕 람세스 11세까지 이곳에 무덤을 만듦으로써 죽은 자의 도시가 되었으며 후에 '왕가(王家)의 계곡(Valley of the Kings)'으로 부르게 되었다. 이와 같이 신왕국시대에는 왕들이 피라미드 대신 무덤이나 신전을 만들어 내세의 소망을 기원하였으며 왕의 무덤 벽화에는 신들의 모습이나 내세의 상상도가 그려졌고 귀족의 무덤에는 당시의 의복이나 음식 등 일상생활의 모습이 그려져 있어 이를 통해 당시의 신앙이나 생활상을 알 수 있다. 이들 벽화는 '사자(死者)의 서(書, Book of the Dead)'[85] 못지않은 종교문서로서 왕이 사후에 여러 가지 난관

왕가의 계곡

사자의 서

을 이겨내고 거듭 태어난다는 내용이 자세하게 묘사되어 있다. 왕의 장례식은 나일강 가까이 있는 장제전에서 성대히 치러졌으며 매장은 왕의 미라를 도굴꾼들로부터 지키기 위하여 조용히 진행되었다. 미라 만들기는 초기왕조시대부터

미라용 단지 ©Tanya Kukucka

시작되었으나 그 기술이 완성된 것은 신왕국시대로서 심장은 시신 안에 남겨둔 채 먼저 왼쪽 옆구리를 통하여 폐, 간, 위 및 창자를 꺼내 호루스의 네 아들을 상징하는 아름답게 조각된 네 개의 특별한 용기(canopic jars)에 보관하고 시신에 소금을 뿌려 건조시킨 다음 몸속에 삼베나 향료 등을 메워 형태를 잡은 후 삼베로 둘둘 말아 관 속에 넣는 것이다. 그리고 묘 속의 부장품으로는 평소에 죽은 자가 즐겨 사용하던 것을 넣는데 예를 들어 군인은 전차와 무기, 음악가는 악기, 그리고 여인들에게는 화장품이 반드시 포함되었다.

왕묘와 장제전을 짓기 위해서는 전문 기술자가 필요하였기 때문에 인가로부터 멀리 떨어진 왕가의 계곡 근처 델 엘 메디나(Deir el Medina)에 노동자 마을을 건설하였는데 길이 132m, 폭 50m 정도의 면적에 흙벽돌로 지은 70채가량의 집이 있었고 출입구는 하나밖에 없었다. 왕묘를 도굴꾼들로부터 보호할 수 있도록 무덤 위치의 비밀을 지키기 위하여 미라 만드는 사람들과 토목 기술자들은 다른 사람들로부터 격리된 이곳에서 약 400명가량이 살았다. 고대 이집트의 식생활은 풍부한 편으로서 밀이나 보리로 만든 빵이나 맥주 외에 야채나 생선 등이 식탁에 올랐으며 부유한 사람들은 와인을 마시고 거위, 소고기, 과일 등도 먹었다. 당시 노동자의 임금은 이런 식품이나 의류 등 생활필수품으로 지급되었는데 기원전 1150년경인 람세

스 3세 때에는 급료 지급이 두 달 이상 늦어지자 노동자들이 여드레 동안 파업을 단행했다는 역사상 최초의 파업 기록이 남아 있다.

델 엘 메디나 유적지

5. 후기왕조시대(後期王朝時代, Late Dynastic Period)

프삼티크 1세

헤리호르가 테베에서 왕위를 찬탈할 무렵 네스바네브두드(Nesbanebdjed)가 타니스(Tanis/Thanis)에서 제21왕조를 수립함으로써 이집트는 양분되었으며 그 후에는 리비아인들의 지배를 받기도 하고 몇 개의 왕조가 병립하기도 하였는데 이때부터 이집트인에 의한 왕조가 끝나는 기원전 332년까지를 후기왕조시대라고 한다. 나파타(Napata)를 수도로 한 제25왕조는 누비아(오늘날의 에티오피아)인들의 왕조였으며 기원전 671년~기원전 664년 사이에 이집트는 세 차례에 걸친 아시리아 아슈르바니팔 왕의 침략을 받아 테베가 두 번이나 점령당하였다. 기원전 664년 프삼티크(Psamtik) 1세가 삼각주지대의 사이스(Sais)에 제26왕조를 열고 그리스인의 힘을 빌려 아시리아인을 추방한 후 삼각주지대를 통일하여 한동안 번영하였다. 그러나 다시 쇠퇴하기 시작하여 기원전 525년 페르시아의 캄비세스에 정복당함으로써 제27왕조시대는 페르시아의 한 속주에 불과하였다. 그 후 기원전 404년 페르시아에서 벗어나 한때 세력을 회복하기도 하였으나 기원전 343년 다시 페르시아에 정복당하였으며 페르시아 점령하의 제31왕조마저 기원전 332년 알렉산드로스대왕에게 정복당함으로써 이집트인에 의한 왕조시대는 끝났다.

6. 프톨레마이오스(Ptolemaios)왕조

프톨레마이오스 1세

알렉산드로스대왕은 자기가 점령한 땅에 자기 이름을 붙인 도시를 건설하였는데 그중에서도 이집트의 지중해 연안에 건설된 알렉산드리아(Alexandria)가 가장 번영하였으며 또 대왕은 이집트의 문화와 종교를 존중해 주었기 때문에 백성들의 환영을 받았다. 기원전 323년 알렉산드로스대왕이 죽은 후에도 기원전 305년까지는 마케도니아왕의 지배를 받았다. 그러나 기원전 305년 마케도니아 귀족 출신인 프톨레마이오스는 대왕이 임명한 이집트 태수를 추방하고 스스로 신왕조를 수립하였다. 그는 수도를 알렉산드리아로 옮긴 후 공용어를 그리스어로 바꾸고 그리스에서 학자, 상인, 기술자, 용병 등을 이주시키는 한편 70만 권의 장서를 자랑하던 대도서관, 무세이온(Museion),[86] 천문대 등을 건립하였다. 그리고 파로스(Pharos)섬에는 세계 7대 불가사의의 하나인 거대한 등대(燈臺, lighthouse)[87]의 건설에 착수하는 등 이 도시를 헬레니즘(Hellenism)문화[88]의 중심지로 만들었으며 이집트는 한동안 과거의 번영을 되찾았다. 그 후 기원전 196년 프톨레마이오스 5세는 자신이 발표한 칙령(勅令,

15세기에 지어진 성채

알렉산드리아 도서관 내부 복원도

세계 최초의 등대 파로스
ⓒSalvador Dali

샹폴리옹

로제타석

Royal edict)을 상형문자[89]와 데모틱
(또는 민중문자/民衆文字, Demotic),[90]
그리고 그리스어의 세 가지 문자로
돌에 새기도록 하였다[이 돌이 1799년 이집트로 간 나폴레옹 원정대에 의해 로제타에서
발견되어 로제타석(石, Rosetta Stone)이라는 이름이 붙었으며 1822년 샹폴리옹(J. F.
Champollion)이라는 프랑스 고고학자가 이를 해독함으로써 수천 년간 베일에 싸였던 이집
트문명을 밝힐 수 있는 계기가 되었다].

카이사르

이렇게 세월이 흐르다가 프톨레마이오스 12세의 딸로 태어난 클레오파트라(Cleopatra) 7세[91]는 동생인 프톨레마이오스 13세와 패권을 다투게 되었는데 로마의 장군 카이사르(Gaius Julius Caesar)[92]의 도움으로 동생을 물리치고 이집트의 여왕이 되었으며 그와 함께 살면서 아들을 하나 낳았다. 그러나 잠시 로마로 돌아갔던 카이사르가 암살당하고 로마에서는 세 명의 장군에 의한 삼두정치(三頭政治, triumvirate)

클레오파트라 7세

카이사르의 죽음 ⓒVincenzo Camuccini(1798)

안토니우스

악티움 해전 ⓒLorenzo A. Castro(1672)

클레오파트라의 죽음 ⓒJean Andre Rixens

옥타비아누스(아우구스투스)

가 이루어졌는데 클레오파트라는 그중의 한 명인 안토니우스(Marcus Antonius)와 다시 사랑에 빠져 둘이 함께 살면서 세 명의 아이를 낳았다. 그러나 기원전 30년 안토니우스와 이집트의 연합함대가 카이사르의 양자 옥타비아누스(Octavianus)[93]와의 악티움해전(the Battle of Actium)에서 패하여 안토니우스가 자살하자 클레오파트라도 뒤따라 자살함으로써 프톨레마이오스왕조도 끝이 나고 이집트는 그 뒤 600여 년간을 로마의 식민지로 지내게 되었다.

7. 이집트의 신들

이집트는 오리엔트의 다른 나라처럼 다신교(多神敎, polytheism)를 믿었으며 신들의 수는 매우 많았다. 그중에서 가장 위대한 태양신 라는 그의 아버지인 물의 심연 눈(Nun)으로부터 나타났다. 태양신 라가 처음 내쉰 공기가 생명력인 공기의 신 슈(Shu)가 되었고 처음 내뿜은 습기가 세상을 편성하는 이치인 습기의 신 테프누트(Tefnut)가 되었다. 이들은 서로 결혼하여 대지의 신 게브(Geb)와 하늘의 여신 누트(Nut)를 낳았으며 게브와 누트가 결혼하여 오시리스(Osiris)와 이시스(Isis), 그리고 세트(Seth)와 네프티스(Nephthys)를 낳았는데 라를 비롯한 이들이 헬리오폴리스의 아홉 신이다. 이어 오시리스는 이시스와 결혼하였으며 땅을 풍요롭게 다스려 식량이 넉넉히 생산되도록 하였는데 네프티스와 결혼한 악(惡, evil)의 신 세트가 형을 시샘하여 죽였다. 그러자 이시스와 네프티스는 오시리스의 시신을 찾아내어 다시

하늘의 여신 누트와 공기의 신 슈, 대지의 신 게브

눈

테프누트

오시리스와 이시스 및
호루스의 네 아들

세트

네프티스

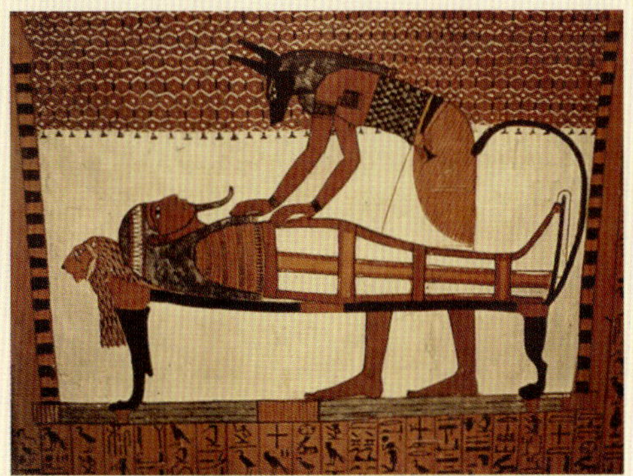

아누비스

살린 후 아들 호루스를 낳았으며 세트의 아내인 네프티스 역시 오시리스와의 사이에 장의(葬儀, funeral)의 신 아누비스(Anubis)를 낳았다. 세트는 부활한 오시리스를 다시 찾아 죽였고 오시리스의 아들 호루스와 세트는 격렬한 싸움을 벌인 끝에 세트가 패하여 사막으로 쫓겨났으며 호루스는 파라오들의 수호신이자 이집트 번영의 보호자가 되었다.

한편 모든 신을 창조한 전능의 존재 프타(Ptah)는 눈(Nun)과 동일시되고 있으며 '존재하지 않음', '가득 차 있음'이 어원인 아툼(Atum/Atoum)은 원래 헬리오폴리스의 지방신이었으나 아주 일찍부터 사제들에 의해 태양신 라와 동일시되어 아툼-라로 불렸다. 그리고 그리스어로 태양의 도시라는 뜻의 헬리오폴리스는 태양 신앙의 중심지가 되었는데 고대 이집트 이름은 이누였으며 성경에는 온(On)이라는 이름으로 나온다. 또 '감추어진 존재'라는 의미의 아몬(Amon, Amun, Amen, Ammon 등 여러 가지로 쓰이며 기도가 끝날 때 사용하는 아멘도 여기서 유래한 것임)은 중왕국시대 테베의 최고신으로 숭배되었으나 나중에는 역시 태양신 라와 동일시되어 아몬-라 등으로 불렸다. 태양신 라와 함께 가장 숭배를 받던 신은 오리온성좌의 상징이며 나일강의 신이고 저승에 가서는 죽은 자의 왕이자 최고 재판관이 된 오시리스였는데 초기의 하피나 사(Sah)와 동일시되고 있으며 그의 아내이자 시리우스의 상징인 이시스 역시 초기의 소티스 또는 사티(Sati)와 동일시되고 있다. 또 지혜의 신 토트(Thoth)도 다른 신들을 도와 중요한 역할을 하고 있다.

지혜의 신 토트

4

인더스문명
Indus

1. 인더스문명의 출현과 전(前)하라파(pre-Harappa)문화

인더스문명 발상지

인더스 지역은 히말라야산맥에서 발원하여 수많은 지류들과 합류하면서 아라비아해로 흘러드는 길이 약 2,900km의 인더스강 유역으로서 기후가 따뜻하고 기름진 토양과 풍부한 물로 농경에 매우 적합한 곳이며 강은 또 사람이나 물자 수송에도 매우 편리하였다. 지금으로부터 9,000년 전, 그러니까 기원전 7000년경 남아시아에서는 최초로 인더스계곡 서쪽인 오늘날 발루치스탄(Balochistan)이라고 부르는 언덕의 메가(Mehrgarh)라고 하는 곳에서 농경문화가 시작되었는데 당시 농부들은 밀을 재배하고 소와 같은 가축들을 길렀다. 그들은 이 시기에 이미 의술(醫術, medicine)과 치의술(齒醫術, dentistry)에 관한 지식도 가지고 있었는데 최근 이 지역에서는 당시에 제작 및 사용된 것으로 보이는, 부싯돌을 날

인더스강 유역 위성사진

발루치스탄 언덕 ⓒhumayun kaka

메가 유적지

스카르두 부근의 인더스강 모습

카롭게 갈아 만든 치과용 송곳(drill)이 발견되었으며 같이 발견된 치아에는 지름 1~3mm, 깊이 0.5~3.5mm 정도의 다양한 구멍이 뚫려 있었다. 그리고 기원전 5500년경에는 토기를 사용하기 시작하였는데 이 지역 주민들은 기후가 변하여 발루치스탄이 건조해지자 토지가 비옥한 인더스계곡으로 이주하였다. 그래서 오늘날의 파키스탄과 인도의 서북부 지역이자 신드(Sindh)와 펀자브(Punjab) 주가 있는 충적평야(沖積平野, alluvial plain)[94]로 농경문화가 확산되었다. 이 지역은 매년 6~8월이면 계절풍(季節風, monsoon)의 영향으로 장마가 지는 데다가 이 시기에는 히말라야에서 빙하가 녹은 물이 대량으로 흘러나와 하류 지역에는 강이 자주 범람하였으며 때로는 강물기의 방향까지 바뀌기도 하였다. 더욱이 인더스강은 나일강과 같이 매년 일정한 시기에 범람하는 것도 아니고 또 강줄기가 바뀌면 삶의 터전을 옮기지 않으면 안 되었으나 강이 범람하고 나면 토지가 비옥해져 농사가 잘되기 때문에 그래도 사람들은 인더스강에 감사해 하며 농사를 지었다.

기원전 4000년경 이 지역에 독특한 문화가 출현하였는데 이를 전(前)하라파문화라고 한

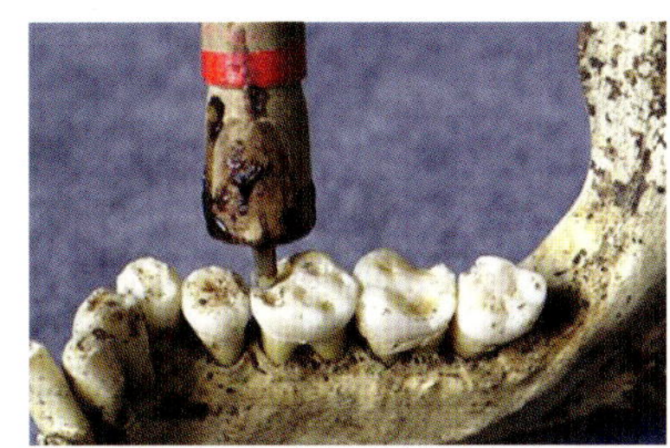

9,000년 전의 치과 치료 ⓒLuca Bondioli

쟁기모형

나무에 돌날을 박은 농기구

돌도구들

다. 사람들은 보리와 밀 외에도 완두콩(pea), 깨(sesame), 대추야자(date), 목화(木花, cotton) 등을 토착화(土着化, domestication)하였으며 오늘날까지도 아시아의 많은 지역에서 농사짓는 데 이용되고 있는 물소(water buffalo)를 비롯하여 소나 양, 산양 등과 같은 가축들도 사육하였다. 그러면

물소

서도 그들은 주위에 사는 동물들이나 나무를 신성시하였고 특히 물을 매우 성스럽게 여겼다.

　이들은 관련 지역과 문화를 교류하기도 하고 꽤 먼 곳으로부터 청금석이나 홍옥수(紅玉髓, carnelian) 등 구슬을 만드는 원자재를 들여와 가공하거나 금은을 세공하여 목걸이, 팔찌 등과 같은 장신구를 만들기도 하였다. 또 일찍부터 물레를 돌려 채문토기(彩文土器, decorated pottery)를 만들고 양모나 면사로 의복을 짰으며 뱃길을 따라 이들을 교역함으로써 부와 문화를 축적하였다.

홍옥수 등 준보석 및 채색구슬

청금석, 홍옥수 등으로 만들어진 목걸이 ⓒharappa.com

채문토기(1)

채문토기(2)

2. 하라파-라비기(-期, Harappan Ravi Phase), 하크라기(Hakra Phase) 및 코트디지기(Kot Diji Phase)

인더스문명의 다음 단계는 하라파-라비기인데 인더스강의 지류인 라비 강변의 하라파가 중심지였으며 대략 기원전 3500년~3300년경부터 기원전 2800년까지 약 500년에서 700년 정도 지속되었다. 그리고 비슷한 시기에 인더스강 동쪽에서 인더스강과 거의 나란히 흐르다가 지금은 건천(乾川, dry stream)이 된 가하-하크라(Ghaggar-Hakra)강[95] 계곡과 그 서쪽에는 하크라기문명이 있었고 뒤이어 기원전 2800년경부터는 모헨조다로(Mohenjo-daro)[96]에 가까운 신드 주 북부의 코트디지(Kot Diji)를 중심으로 코트디지기가 시작되어 기원전 2600년경까지 지속되었다. 이 지역에서는 하라파-라비기부터 인더스문자가 사용되었는데 메소포타미아나 이집트와 비슷한 시기였으며 하라파문명이 성숙되기 시작한 것은 기원전 2600년경부터 였다.

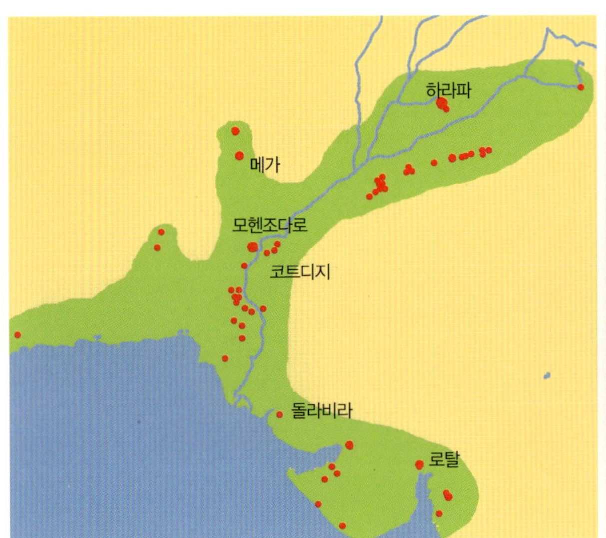
인더스의 고대도시

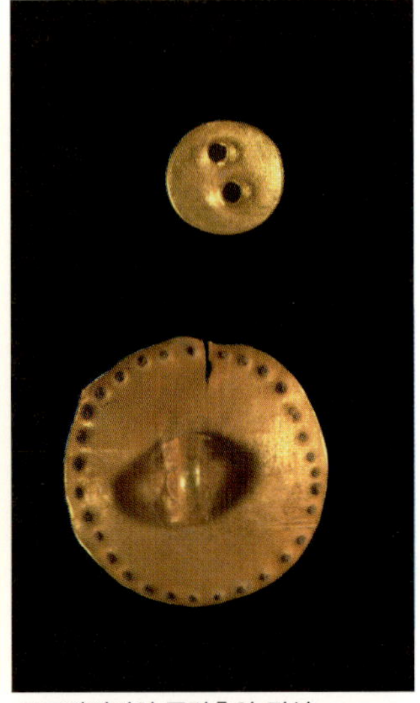
코트디지기의 금단추와 장식
ⓒharappa.com

3. 하라파문명

이 지역에는 가하-하크라강 지역에 500여 개, 인더스강 지역에 800여 개 등 모두 1,000여 개의 도시와 주거 지역이 있었는데 여기에는 하라파, 모헨조다로, 로탈(Lothal), 돌라비라(Dholavira) 등이 포함된다. 그런데 이들은 작은 마을들이 차차 커진 것이 아니라 처음부터 치밀한 도시계획하에 건설된 계획도시들이었다. 하라파문명의 중심지이자 가장 오래된 도시인 하라파는 완전한 격자형(格子形, gridiron) 가로망을 가지고 있었고 시민들이 사는 시가지와 거대한 성채(城砦, citadel)로 나누어져 있었는데 성채는

인더스문자가 새겨진 하라파 인장
ⓒharappa.com

출입구에서 본 하라파(복원도) ⓒharappa.com

메소포타미아의 대부분의 지구라트보다 더 컸으며 성문은 매우 정교하고 앞선 기술로 만들어졌다. 도시는 성벽으로 둘러싸였고 그 안에 조선소(造船所, dockyard), 곡물창고(穀物倉庫, granary), 창고, 벽돌공장 등이 있었는데 특히 조수(潮水, tide), 파도(波濤, wave), 해류(海流, current) 등을 주의 깊게 조사하여 선거(船渠, dock)를 축조하는 기술이 뛰어났다. 그들은 조사를 위한 새로운 도구들을 발명하였으며 야금술(冶金術, metallurgy)도 발전시켜 새로운 기술로 구리, 청동, 납, 주석 등을 생산하기도 하였다.

수레 모형

모헨조다로 역시 완전한 격자형

하라파 곡물창고 유적 ©harappa.com

구리 및 청동제품

하라파의 오수통 및 수세식 변소의 유적

가로를 가진 계획도시로서 주위가 4~5km 정도인 이 도시도 두 구역으로 나뉘어 높은 곳에 있는 성채에는 신관왕(神官王, priest king)이나 신관들이 살았으며 아랫마을(lower town)에는 일반 시민들이 살았다. 성채 내에는 대형 목욕탕이 있었고 그 중심에는 길이 12m, 폭 약 7m, 깊이 2.4m나 되는 벽돌로 만든 커다란 욕조가 있었

모헨조다로 성채부 유적 ⓒharappa.com

신관왕

모헨조다로의 아랫마을과 인더스강 ⓒharappa.com

대형 목욕탕 ⓒharappa.com

으며 그 주위에는 수많은 작은 방들이 있었는데 몇몇 작은 방에도 나무로 만든 작은 욕실이 있었다. 신관왕이나 신관들은 이 대형 목욕탕에서 목욕재계한 후 인더스 여러 도시의 풍작이나 번영을 기원하였는데 이런 대형 목욕탕은 다른 곳에서는 발견되지 않아 모헨조다로가 정치, 문화의 중심지였음을 짐작하게 한다. 성채의 서쪽 성벽에는 길이 45m, 폭 23m의 거대한 목조 곡물창고가 있어 각지로부터 배나 소달구지로 운반해온 곡물을 보관하였는데 바닥에는 통풍을 위해

대형 목욕탕의 배수로 ⓒharappa.com

거대한 곡물창고 유적 ⓒharappa.com

모헨조다로의 제일로(First Street) ⓒharappa.com

소형 주택 유적 ⓒharappa.com　　대형 주택 유적 ⓒharappa.com

구멍도 뚫어 놓았다.

　아랫마을에는 굽은 길은 하나도 없었고 반듯반듯하게 뻗은 도로 중 넓은 것은 폭이 9m나 되었으며 도로로 구획된 블록에는 크고 작은 집들이 들어서 있었다. 당시 이 도시에는 3~4만 명의 사람들이 살았는데 집은 모두 구운

공동우물 ⓒharappa.com

벽돌로 지었으며 건물이 안마당을 둘러싼 형태로 되어 있었다. 도로 쪽의 벽에는 방범이나 햇볕 방지는 물론 소음이나 악취로부터도 보호받을 수 있도록 창을 내지 않았으며 방은 적게는 두 개에서 많게는 10여 개가 있었다. 집에는 집집마다 우물 (또는 공동우물)과 욕실이 있었는데 물을 성스럽게 여기는 이들에게는 목욕은 신관들뿐만 아니라 일반인들에게도 단순히 몸을 씻는 행위가 아니라 일종의 종교의식

배수로와 연결되어 있는 화장실 ⓒharappa.com

벽 속에 설치된 테라코타 배수관 ⓒharappa.com

뚜껑이 덮힌 배수로 ⓒharappa.com

(宗敎儀式, ritual)이었다. 이들은 화장실도 수세식(水洗式, flushing)이었으며 욕실이
나 화장실에서 흘러나온 물은 벽에 만든 배수로를 통해 오늘날의 정화조(淨化槽,
septic tank) 역할을 하는 배수항아리로 흘러 들어간다. 밖에 묻어놓은 배수항아리
에서는 물의 일부가 땅속으로 스며드는 한편 오물이 침전되고 난 후 넘치는 물은
배수로를 통하여 하수도로 흘러가게 되는데 이들 하수시설(下水施設, sewage
system)들은 구운 벽돌로 단단히 만들어져 절대 새지 않도록 되어 있었다. 더군다나
곳곳에는 쓰레기를 제거하기 위한 맨홀까지 만들어져 있었는데 이렇게 완벽한 하
수시설을 갖춘 도시는 어느 문명에도 없었으며 같은 지역의 오늘날 시설보다도 오
히려 앞선 것이었다.

　모헨조다로의 남쪽이자 지금은 건천이 된 가하-하크라강 하구의 바닷가에 있던
돌라비라는 해상교역의 중요한 거점이었다. 돌라비라 역시 하라파나 모헨조다로와
마찬가지로 잘 계획된 도시로서 남쪽에는 긴 성벽에 둘러싸인 성채부가 있었고 북
쪽에 아랫마을이 있었다. 그리고 그 사이에는 다른 도시에는 없는 큰 경기장이 있
었는데 이곳에서 외국 손님들을 위한 스포츠 이벤트가 개최되었다고 한다. 성채부
북문 근처에서 인더스문자 10개가 들어 있는 간판(看板, signboard)이 발견되었는데
문자 하나의 크기는 30cm 정도이며 이것은 성채 출입문 정면에 걸려 있던 세계에
서 가장 오래된 간판이라고 여겨지고 있다. 이들 인더스문자는 5,500년 전부터 사
용되었으며 400개 이상이 있었던 것으로 판단되나 역사서나 비문 같은 것은 남아
있지 않고 간판에 쓰인 것도 드문 경우였다.

　문자는 주로 인장에 다른 동물상들과 함께 새겨지기도 하고 도기주전자나 종교
의식에 사용되는 물건 등 대량 생산품에 나타나는데 보통 네 자 내지 다섯 자이나
대부분 매우 작고 정교하며 한 면에 가장 많이 들어간 것은 가로 세로가 각각 2.5cm
미만인 사각형에 17자가 들어간 것이다. 그리고 한 물건을 통틀어 가장 길게 들어
간 것도 세 면에 26자가 들어간 것이 고작인데 이들 문자는 아직도 해독되지 않고

돌라비라의 성채부 유적 ©shunya.net

원형의 방 ©shunya.net

시장 ©shunya.net

북쪽 입구 ©shunya.net

북쪽 입구 위의 세계에서 가장 오래된 간판
©shunya.net

돌라비라의 원주민 여인들 ©shunya.net

모헨조다로의 인장 ⓒhrappa.com

들소인장 ⓒharappa.com

테라코타 인형

춤추는 소녀 상

동물 상

있다. 인장은 테라코타(terracotta),[97] 청동, 동석(凍石, steatite)[98] 등으로 만들었는데 보통 사각형이고 뒷면에는 쥐기 좋게 둥근 손잡이가 붙어 있으며 화물의 봉인(封印, sealing)용이나 소유자를 밝힐 목적으로 사용되어 용도는 오늘날과 비슷하였다. 그들은 또 비슷한 재료로 해부학적으로도 매우 상세한 작은 상(像, figurine)들을 잘 만들었는데 그중에서도 춤추는 소녀 상은 매우 뛰어났다.

인더스의 여러 도시들은 최초의 도시계획대로 철저히 유지되어 나중에 확대된 일이 없었으며 내부 구조도 성채와 아랫마을로 나누어지는 등 비슷한 형태였다. 또 메소포타미아나 이집트에서는 햇볕에 말린 벽돌이 주로 사용되고 구운 벽돌은 신전 등의 주요 건축물에만 사용되었으나 인더스에서는 일반 주거지에도 구운 벽돌이 사용되었으며 그 크기도 정확하게 세로 4, 가로 2, 두께 1의 비율로 규격화되어 있었다. 인더스에서는 도량형(度量衡, weights and measures)도 정확하게 통일되어 있었으며 무게를 잴 때 쓰는 저울추로는 입방체의 돌이 사용되었는데 가벼운 물건에 쓰는 가장 작은 것은 0.856g이었고 다음은 두 배, 네 배, 여덟 배, 16배 등으로 증가하여 일반적으로는 16배인 13.7g짜리가 가장 널리 쓰였다. 그리고 더 무거운 것들을 달 때에는 그것들의 10배, 100배짜리들을 사

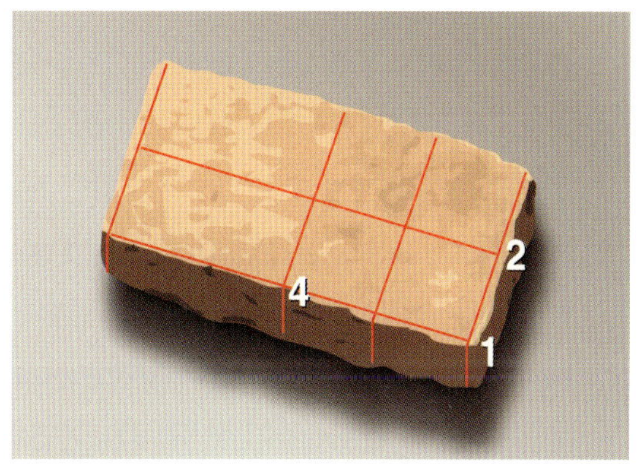

표준화된 벽돌

저울추 ©harappa.com

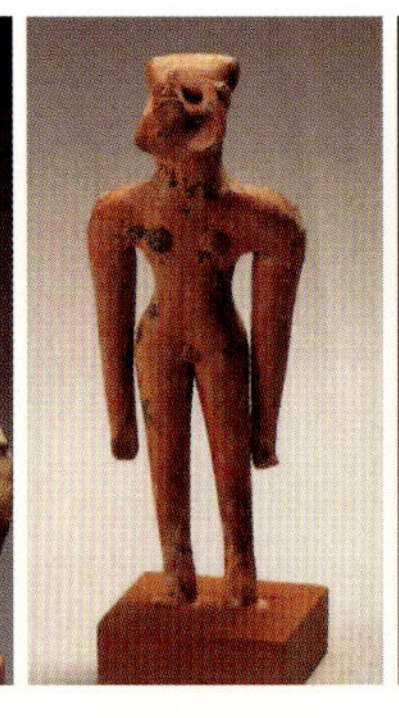

시민 상

용함으로써 2진법과 10진법을 동시에 적용하였으며 이때 이미 원둘레와 지름의 비인 원주율(圓周率, π) 값도 알고 있었던 것으로 여겨지고 있다.

그러나 인더스문명의 가장 큰 특징은 다른 지역과는 달리 전쟁이 전혀 없었다는 점이다. 성벽은 있으나 너무 낮아서 군사적 목적으로는 적합지 않았고 그보다는 홍수로부터 보호하기 위한 목적이 더 컸을 것으로 여겨지고 있다. 구리로 만든 창이나 화살촉이 있었으나 실전용은 못 되었으며 개량의 흔적도 보이지 않는다. 왕과 왕의 가족들이 살던 왕궁이나 왕묘는 물론 신전조차 없다. 인더스의 최고권위자는 신관왕으로서 도량형을 통일하고 치밀한 계획하에 여러 도시들을 건설한 것으로 볼 때 여러 도시를 통솔하는 강력한 힘을 가졌던 것으로 보이지만 다른 지역들처럼 절대 권력을 휘두르는 존재는 아니었다. 시민들은 대부분 무역상이나 숙련공(熟練工, artisan)들로서 같은 직업을 가진 이웃들과 사이좋게 잘 지냈으며 다른 지역들과는 달리 사람들이 수직적 위계로 차별화되지 않은 인류평등주의(人類平等主義, egalitarianism)가 구현된 사회였다.

인더스문명 초기에는 당시 한창 번영하던 메소포타미아와의 교역이 주로 이란고원을 경유하는 육로로 이루어졌으며 수송 수단은 소가 끄는 수레가 많이 이용되었다. 그러나 기원전 2500년 이후에는 육상교통이 쇠퇴하고 수상 교역이 활발해졌는데 강은 연안도시들을 연결시켜줄 뿐만 아니라 바다를 통해 먼 나라와의 교역도 가능하게 해주는 중요한 수송로였다. 인더스강에서는 요즈음도 이용되고 있는 작고 바닥이 편평한 배가 이용되었겠지만 바다에서는 큰 배가 이용되었을 것이며 나침

인더스강의 배 ⓒharappa.com

반이나 지도도 없던 당시 바다를 항해할 때에는 육지에서 멀리 떨어지기보다는 육지를 보면서 연안을 따라 항해하거나 육지가 보이지 않을 때에는 별을 보고 방향을 잡았을 것이

홍옥수와 금으로 만든 장신구

다. 상품으로서는 인더스의 특산품인 목면이 특히 인기가 있었으며 그 외에도 금이나 보석으로 만든 팔찌나 목걸이, 상아, 목재, 채문토기 등이 수출되었고 양모나 직물이 수입되었다.

4. 인더스문명의 쇠퇴

이렇게 번영하던 인더스문명도 기원전 2000년경이 되자 도시들이 흔들리면서 쇠퇴하기 시작하였는데 그 원인은 홍수설, 지구 건조설, 염해설 등이 있으나 어느 것도 확실치 않으며 아마 여러 가지 원인이 겹쳐진 결과일 것이다. 이렇게 되자 메소포타미아의 교역 중심도 자연히 페르시아만에서 지중해로 옮겨가게 되었으며 그 결과 인더스의 경제는 더욱 기울고 도시는 황폐화하여 기원전 1800년경에는 그 모습이 사라지고 말았다. 그러나 물을 성스러이 여기고 목욕을 습관화하며 소를 성스러운 동물로 여기는 등 인더스문명은 오늘날 인도의 일상생활에 아직도 많은 영향을 미치고 있다.

인더스에서 바닷길로 메소포타미아에 가려면 페르시아만을 거쳐야 하는데 이곳 연안에는 마간(Magan)과 딜문(Dilmun)이라는 나라가 두 지역의 교역을 중계하면서

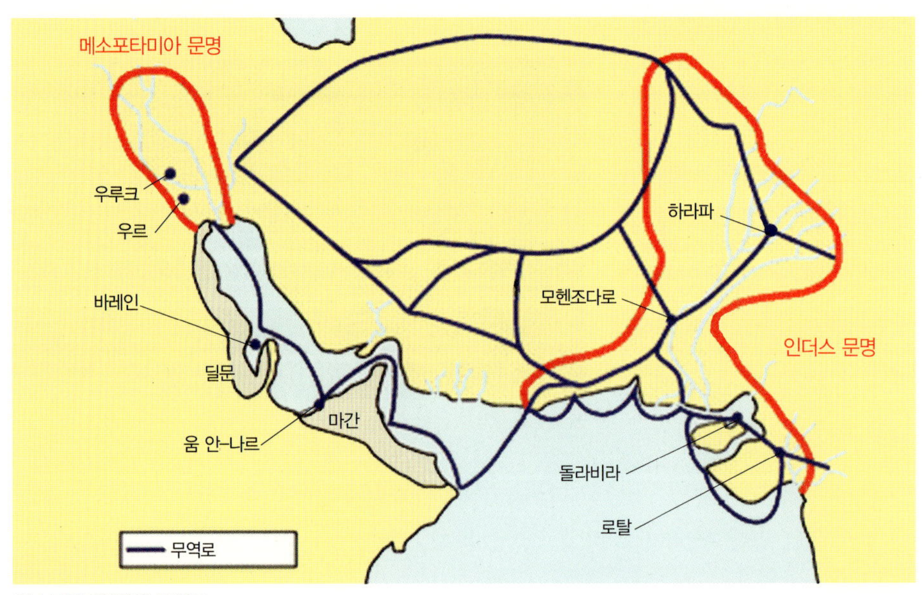

메소포타미아와의 무역로

크게 번영하여 메소포타미아나 인더스에는 못 미쳤지만 나름대로 고대문명의 꽃을 피웠다. 마간은 오늘날의 오만반도 일부 지역으로서 움 안-나르(Umm an-Nar)[99] 섬이 중심이었는데 구리가 많이 산출되어 이를 메소포타미아에 수출하기도 하였으나 인더스가 쇠퇴하기 시작한 기원전 2000년경부터 같이 쇠퇴하여 번영의 중심이 딜문으로 넘어갔다. 딜문은 오늘날의 바레인(Bahrain)섬과 그 연안 일대로서 다양한 과일과 지하수가 풍부하여 '낙원의 섬'[100]으로 불리기도 하였으며 선박들의 보급기지이자 메소포타미아와 인더스 특산품의 중개무역항으로 크게 번영하였는데 이곳에서 인더스 본토에서는 흔치 않은 둥근 모양의 인더스 인장이 발견되기도 하였다. 그러나 딜문 역시 인더스가 사라진 기원전 1800년경부터 내리막길로 들어서 서서히 쇠퇴하게 되었다.

● 5 ●

황허문명

黃河, Yellow River

1. 황허문명의 출현과 삼황오제(三皇五帝, Three Cultural Heroes and Five Kings)

중국에는 서부 청해성(青海省)에서 발원한 두 개의 큰 강이 흐르고 있는데 황허는 총길이가 5,460km로서 유역은 건조하여 가뭄의 피해도 입기는 하나 홍수도 자주 발생하였다. 한편 양쯔강(揚子江, Yangtze River)은 총길이가 6,300km로서 유라시아

황허문명 발상지

싯누런 물살을 일으키며 흐르는 중국 어머니의 강 황허

대륙에서 가장 길며 유역의 기후는 고온다습하였다. 이 두 강 유역에서도 고대문명이 발생하였는데 주로 황허 유역에서 시작하여 다른 지역으로 퍼져 나갔다고 생각되었기 때문에 황허문명이라고 부르게 되었다. 그러나 최근 양쯔강 중류인 팽두산(彭頭山) 부근에서는 지금으로부터 9,000년 전인 기원전 7000년경부터 벼농사가 시작되었으며 하류 지역인 하모도(河姆渡, Hemudu) 부근에서도 기원전 5000년경부터 벼농사를 지었다는 사실이 밝혀지면서 양쯔강 유역에서도 독자적으로 고대문명이 발생하였을 가능성이 대두되고 있다.

황허 유역에는 중앙아시아의 건조한 지역에서 날아온 황사(黃砂, yellow

장강이라고도 불리며 삼협을 감돌아 흐르는 양쯔강

sand)가 오랫동안 퇴적되어 두께 수십 m의 황토층을 형성하였는데 황허가 범람하면 황토가 물을 흡수하여 기름진 흙이 되고 농사를 지으면 풍작이 되었다. 그래서 황허 유역 특히 중류 지역 일대에는 아주 오래전부터 많은 사람들이 모여 농사를 지으며 풍요로운 삶을 누렸는데 이 지역에서는 양쯔강 유역과는 달리 주로 밀과 수수(millet)를 재배하였다. 또 황토는 바람에 잘 날리고 빗물에 쉽게 씻겨 내리는 결점도 있으나 굳으면 매우 단단해지기 때문에 황토로 집을 짓거나 토기도 만들고 경작지 주변에 담을 쌓아 동물들로부터 농작물을 보호하기도 하였다. 그리고 황허는 유역에 있는 마을들을 연결시켜주는 수송로 역할도 하였기 때문에 마을들은 인적, 물적 교류를 통하여 더욱 번창하게 되었다.

기원전 4500년경부터 황허 중류 지역의 남부에서는 매우 아름다운 토기인 채도(彩陶, colored pottery)를 만들었으며 수혈식(竪穴式) 주거지[101]에 살면서 수수, 조

중국 고대의 벼농사

양사오의 채색토기 ©upf.es

룽산의 검은간토기 ©hist.umn.edu

등을 재배하고 돼지 등의 가축을 길렀는데 이를 양사오(Yangshao)문화(앙소문화/仰韶文化)라고 한다. 그 후 기원전 2500년경에는 황허 하류 지역을 중심으로 골각기와 검은 토기(흑도/黑陶, black pottery) 등을 만들어 사용하였는데 이를 룽산(Lungshan)문화(용산문화/龍山文化)라고 한다.

이 시기보다 조금 앞선 기원전 2800년부터 기원전 2600년을 전후하여 중국에는 고고학적으로는 밝혀지지 않은 전설적인 삼황오제가 등장한다. 첫 번째인 복희(伏義, Fu Hsi)씨는 머리는 사람이고 몸은 뱀의 모습이었는데 팔괘(八卦, the Eight Trigrams for divination)를 만들어 숫자를 알게 하였고 아직 문자가 없었으므로 새끼로 매듭을 묶어 의사전달을 하도록 하였다.

또 결혼제도도 만들었는데 한 쌍의 사슴 가죽을 예물로 교환토록 하였으며 그물을 사용해서 물고기를 잡고 사냥을 해서 고기를 먹는 법과 야생동물을 길들여 기르는 방법도 가르쳤다고 한다.

여와와 복희씨

팔괘

신농씨

뒤에 등장한 신농(神農, Shen Nung)씨는 강(姜)족이었는데 몸은 사람이고 머리는 소의 모습으로서 나무로 쟁기와 보습, 그리고 가래를 만들어 사람들에게 밭 가는 방법을 가르쳤으며 소의 머리로 여러 가지 풀 맛을 보고 병을 고치는 데 적합한 약초를 찾아내기도 하였고 시장을 열어 물물교환(物物交換, barter)을 하는 방법도 가르쳤다고 한다. 그러나 세상을 다스리던 신농씨의 세력이 약해지자 여기저기서 싸움이 벌어졌으며 그즈음 헌원(軒轅)이라는 사람이 나타나 반대세력을 규합하여 왕이 되고 신농씨까지도 굴복시켰는데 그가 삼황[102]의 마지막인 황제(黃帝, Yellow Emperor)이다. 그는 나무를 파서 배를 만들고 누에를 쳐서 섬유를 뽑아 옷을 만드는 방법을 가르쳤으며 십간(十干, ten celestial stems), 십이지(十二支, twelve horary signs)를 제정하여 역법(曆法, calendar)을 만드는 한편 바퀴 달린 수레를 발명하기도 하였다. 그는 최초로 씨족사회를 통일하여 화하족(華夏族)을 이루었는데 이들이 바로 한족(漢族)의 전신이며 황제는 중국 민족통합의 상징으로 받들어지고 있다.

황제

고대중국의 방직술

2. 요(堯, Yao) 순(舜, Shun)시대

삼황의 뒤를 이은 오제의 첫 번째는 황제의 손자인 전욱(顓頊)이고 그 다음은 그의 아들인 제곡(帝嚳)인데 이 두 사람은 별다른 업적이 없었다. 그러나 기원전 2350년경 왕이 된 제곡의 아들 요는 매우 어질고 지혜로워서 백성들은 태평성대를 구가하였으며 모두 그를 사모하고 따라 해를 보듯 우러러보았다고 한다. 그는 평양(平陽)[103]에 도읍을 정하였는데 궁전이 지극히 검소하여 띠풀로 지붕을 잇고 추녀는 너덜너덜하였으며 정문의 계단은 진흙을 굳혀 세 층으로 쌓아 올렸다고 전해진다. 요임금은 아들이 후계자로 적합하지 않다고 생각되자 총명함과 뛰어난 재주로 소문이 자자한 순에게 두 딸을 주어 사위로 삼고 선위(禪位, abdication)[104]하였는데 그때가 개략 기원전 2250년경이었다. 순임금 역시 요 못지않게 나라를 잘 다스려 '요순 시절'하면 백성들이 매우 행복한 태평성대를 나타내는 말이 되었으며 아들이 변변치 않자 왕위도 아들이 아닌 우(禹, Yu)에게 선위하였다.

우의 아버지 곤(鯀)은 요의 명령으로 9년간 치수사업(治水事業, flood control)을 벌였으나 별 효과를 거두지 못하였다. 그러자 요임금은 곤의 아들인 우에게 대신 이 일을 맡겼는데 그는 13년 동안이나 한 번도 집에 들르지 않고 공적인 일에만 전력을 기울였다. 그는 중국 전체를 개척하여 아홉 개 구역으로 나누고 전국의 하천을 정리하여 물길을 통하게 한 후 못과 호수에 제방을 쌓아 물의 범람

요임금

순임금

우임금

을 막았으며 산지를 측량하여 치수사업을 완성하였다. 순임금은 이것을 보고 우를 후계자로 삼게 되었으며 기원전 2070년경 순임금이 죽자 우가 왕이 되었는데 이것이 하왕조의 시작이다. 우임금 역시 대단한 선정(善政)을 베풀었으며 그가 죽자 아들 계(啓)가 뒤를 이어 이때부터 왕위가 세습되었다.

3. 하(夏, Hsia/Xia)왕조

한편 그전에도 중국에는 예락(醴酪)이라고 하는 약한 발효주가 있었으나 우임금 때 의적(儀狄)이라는 사람이 처음으로 본격적인 술을 만들었는데 우임금이 이를 마셔보고 "후세에 반드시 술로 나라를 망치는 자가 있으리라"고 걱정하였다고 한다. 하왕조의 제17대이자 마지막인 걸(桀, Chieh)은 매우 포악하였을 뿐만 아니라 고기를 산같이 쌓아 놓고 육포(肉脯, jerked beef)를 수풀같이 널어 놓은 후 술 연못을 만들어 3,000명의 사람들이 소가 물을 마시듯 술을 마시도록 하였다고 하는데 이를 육산포림(肉山脯林)이라고 한다. 걸은 정복한 종족으로부터 받은 말희(末喜)라고 하는 여인에게 빠져 그가 하자는 대로 갖은 못된 짓을 다하며 이 같은 주연(酒宴, banquet)을 즐기다가 기원전 1600년 우임금이 걱정한 대로 은나라를 세운 탕(湯, T'ang)왕에게 멸망당했다.

탕왕

하왕조에 대해서는 얼마 전까지도 역사적 기록만 남아 있을 뿐 고고학적 증거가 없었으나 하왕조 시절인 기원전 2000년경에 황허 유역에는 성벽이나 해자(垓字, moat)[105]로 둘러싸인 궁전을 가진 도시국가들이 여럿 있었고 최근에는 황허 중류에 있는 허난성(河南省) 얼리터우(二里頭, Er li tou)가 발굴됨으로써 이 지역이 하왕조의 수도로 가장 유력시되는 동시에 하왕조도 실제로 존재하였음이 인정되고 있다. 얼리터우에는 중앙에 두 개의 궁

얼리터우의 청동용기

얼리터우의 토기

전이 있었는데 회랑에 둘러싸여 있는 궁전은 가운데 넓은 정원이 있었으며 주변에는 청동기와 골기, 토기 등의 제작소가 있었다.

4. 은(殷, Yin 또는 상/商, Shang)왕조

하의 뒤를 이은 은왕조는 처음에 얼리터우에서 6km 정도 떨어진 얀저우(偃州)의 시향구(厂鄕溝)에 도읍을 정하였고 그 후 한때 정저우(鄭州)의 얼리강(二里崗)도 수도였던 것으로 알려지고 있다. 그들은 거대한 식량창고와 커다란 제단을 만들었으며 정사를 다루기 위한 왕궁도 건설하였는데 그것은 동서가 108m, 남북이 100m 정도의 규모였다. 그들은 그 후 기원전 1300년경에는 은허(殷墟, Yin Ruins, 지금의 안양/安陽, Anyang)에 정착하여 지배력을 강화하였으나 직접적인 지배가 가능하였던 지역은 반경 20km 정도

은허박물관 ⓒskhlkmss.edu.hk

은허의 왕궁터 ⓒcescass.cn

은시대의 청동검

은시대의 청동기

에 불과하였고 지방의 권력자들과는 영지나 재산을 보장한다는 조건으로 군사적 협력관계를 유지하는 한편 점술(占術, prognostication)이나 의식(儀式, ceremony)을 이용하여 왕의 신비적 권위를 높임으로써 세력을 유지하였다. 당시 왕을 장례 지낼 때에는 엄청난 양의 부장품과 함께 1만 수천 명의 순사자(殉死者)들을 같이 매장하였는데 이들은 아마 전쟁포로인 이민족이었을 것이다.

중국에 청동기가 들어온 것은 메소포타미아에서 그것이 발명된 지 약 1,000년이 지난 기원전 2000년경이었는데 처음에는 모양도 단순하고 무늬도 없었으나 은왕조에 들어와 형태가 다양하고 문양이 복잡한 제품들이 만들어지기 시작하였다. 당시 청동은 대단히 귀중해서 청동으로 만든 술잔이나 술병, 식기, 악기, 무기

은시대의 청동화병

등은 주로 권력자들의 의례
도구나 사치품으로 사용되
었고 일반 사람들은 이때까
지도 아직 석기를 사용하였
다. 이들 청동기는 입자가
매우 미세한 황토를 물에 갠
찰흙으로 거푸집을 만들었
기 때문에 대단히 섬세하고
정밀한 무늬를 가질 수 있었
으며 황토가 없었다면 중국

사모무대방정 ⓒskhlkmss.edu.hk

의 청동기문명은 탄생할 수 없었을 것이다.
그 시절 왕에게는 자연을 지배하고 행복과
재난을 좌우할 수 있는 힘이 있다고 믿었으
며 이를 위하여 조상이나 자연신에게 제사(祭
祀, worship)를 자주 지냈는데 이때에는 신성
하다고 인식되고 있던 술을 반드시 바쳤다.

갑골문

술을 담는 용기는 사용 방법에 따라 10여 가지의 이름이 붙어 있었으며 검정수수와
튤립뿌리로 만든 술이 제사에 사용되었다는 기록이 남아 있다. 그리고 제례(祭禮,
sacrificial ritual)용 제기(祭器) 중에는 무게가 약 850kg이나 되는 거대한 사모무대방
정(司母戊大方鼎, Simuwu square vessel)[106]이라는 것이 있었는데 이것은 동서남북의
모든 곳을 다스리는 불멸의 힘을 가진 왕의 상징이었다.

　당시 왕들은 거북의 뱃가죽이나 소뼈를 불에 구워 그것이 갈라진 모양에 따라 점
을 치고 그 내용을 거북의 등껍질(tortoise carapace)이나 소의 어깨뼈(flat cattle
bone)에 글자로 새겨 넣었는데 이를 갑골문자(甲骨文字, ancient scripts on bone and

tortoise carapace)라 하며 그 수는 대략 3,000자로서 그중 약 절반이 해독되었다. 이들로부터 오늘날 사용되고 있는 한자(漢字)가 나왔으며 그 내용에는 제사, 군사(軍事, military affair), 천문(天文, astronomy), 사냥, 농사 등에 관한 것이 많아 은대의 정치, 경제, 사회 등이 밝혀졌다. 이런 점은 열흘에 한 번씩 정기적으로 실시되었으며 36회를 한 주기(週期, cycle)로 하는 달력도 만들어졌는데 이 주기는 실제 1년에는 며칠이 모자라기 때문에 윤일(閏日, leap day) 또는 윤달(閏-, leap month)을 두어 이를 조절하였다. 달력이 만들어지자 왕이 죽은 날은 중요한 날로 정해져 제사를 모시게 되었고 이런 제례는 백성들 사이에도 뿌리를 내려 가정에서도 조상에게 제사를 지내게 되었다. 당시 사회는 같은 씨족의 모임인 읍(邑, town)을 기본단위로 하였고 읍민들은 대개 동굴 생활을 하면서 공동으로 수수, 밀, 조 등을 재배하였는데 작물의 일부는 지배자에게 바쳐야 했을 뿐만 아니라 전쟁이 일어나면 전쟁에 참

은시대의 수레 ©skhlkmss.edu.hk

삼성퇴의 청동인두상

여하거나 사역에 강제 동원되는 등 이들의 생활은 매우 힘겨웠다. 한편 은과 비슷한 시기에 양쯔강 상류인 사천성(四川省) 삼성퇴(三星堆, Sanxingdui) 부근에 은에 못지않은 독자적인 청동기문화가 있었는데 폭이 1.4m가 넘는 가면이나 기괴한 모습의 인두상(人頭像)이 만들어지기도 하였다.

은왕조의 마지막은 하왕조의 걸 못지않게 포악한 주(紂, Chou)가 장식하게 된다. 그는 술을 좋아해서 술에 빠질 정도로 마셨으며 여자도 좋아해서 달기(妲己)라는 미녀에게 푹 빠져 무엇이든 그녀가 하자는 대로 하였다. 그리고 세금을 과하게 거둬들여 녹대(鹿臺)[107]에는 금은보화가 가득하였으며 거대한 창고에는 곡식이 넘쳐 났다. 커다란 연못을 술로 채우고 주위의 나무에 고기를 매단 후

달기 ⓒsjy-art.org

남녀를 발가벗겨 뛰어다니게 하면서 밤낮을 가리지 않고 잔치를 베풀었다. 이를 주지육림(酒池肉林)이라고 하는데 주는 누가 이에 대해 간(諫)하거나 원망을 하거나 하면 포락지형(炮烙之刑)[108]이라는 잔혹한 형벌로 처형하였다. 그래서 하왕조의 걸과 함께 '걸주(桀紂)'라고 하면 지독한 폭군(暴君, despot)을 상징하는 말이 되었다. 당시 중국의 각 지방은 왕의 지배를 받는 제후(諸侯, feudal prince)라고 하는 권력자들이 다스렸는데 주의 제후이자 주(紂)의 신하 중 가장 높은 삼공(三公) 중의 하나에 서백(西伯)[109] 희창(姬昌)이라는 매우 덕망이 높은 사람이 있었다.

삼공들 중 나머지 둘은 주에게 처형당하고 희창도 구속되었으나 신하들의 노력으로 석방된 후 그는 밖으로 드러나지 않게 덕행을 계속하면서 세력을 확장해 나갔다. 이러한 과정에서 희창은 강태공(姜太公)[110]이라는 문무를 겸비한 인재를 만나 그를 국사(國師)에 임명하였다가 다시 국상(國相)에 임명하여 정치와 군사를 통괄하

도록 하였다. 그 후 강태공의 노력으로 희창은 더욱 막강한 군사력을 갖추게 되었으며 만년에 이르러서는 은의 2/3 이상을 장악하여 은의 도읍 조가(朝歌)에 바싹 다가감으로써 은을 멸망시킬 토대를 마련하게 되었다. 그러나 그는 은을 채 멸망시키기 전에 큰 병에 걸려 세상을 떠났는데 그가 문왕(文王, Wen Wang)이며 그의 뒤를 이은 아들 희발(姬發)이 무왕(武王, Wu Wang)이다. 무왕은 즉위 11년째인 기원전 1046년경에 군사를 일으켜 목야(牧野)라는 곳에서 은나라 군대를 크게 무찌르고 주를 죽임으로써 은나라는 망하고 주나라가 중국을 통일하게 되었다.

강태공 ⓒlib.pu.edu.tw

주문왕 ⓒgreatchinese.com

주무왕 ⓒgreatchinese.com

5. 주(周, Chou/Zhou)왕조

주나라가 은을 멸망시키고 국가의 기반을 공고히 하는 데 강태공 못지않은 공로자가 있었으니 그가 문왕의 아들이자 무왕의 동생인 주공(周公, Zhou Gong) 단(旦, Dan)이다. 그는 효심이 두텁고 자애심도 깊었으며 문왕과 무왕 때에도 아버지와 형님을 잘 보필하였을 뿐만 아니라 형인 무왕이 죽은 뒤에는 어린 조카 성왕(成王)을

주공 단 ⓒchiculture.net

도와 섭정(攝政, regency)을 하면서 국가의 안정을 도모하였다. 그는 섭정을 할 때 주위로부터 제위를 노린다는 중상을 많이 받았으나 무사히 위기를 넘기고 성왕이 성장하자 권력을 돌려주었다. 그는 고귀한 신분이었음에도 불구하고 음식을 먹을 때 사람이 찾아오면 몇 번이라도 음식을 토하였으며 머리를 감을 때면 머리를 움켜쥐고 기다리게 함이 없이 그들을 만났는데 이를 토포악발(吐哺握發)이라고 한다.

주는 호경(鎬京)[111]을 도읍으로 하고 왕은 하늘로부터 권력을 위임받았다고 하여 스스로 천자(天子, Son of the Heaven)라고 칭하였으며 대체로 은의 제도를 계승하는 한편 봉건제도(封建制度, feudal system)를 확립하였다. 즉 천자는 제후를 봉하고 봉토(封土 또는 영지/領地, feudal land)를 나누어 주며 군사와 납세의 의무를 지도록 하는 한편 제후 일족이 대대로 그 권리를 세습하도록 하였다. 그리고 청동기 안쪽에 제후들의 토지 이름을 새겨 해당 제후들에게 분배하였는데 청동기에 문자를 새기려면 고도의 기술이 필요하였으며 주왕조는 이를 극비로 독점함으로써 왕조의 권위를 높이는 수단으로 사용하였다. 청동기와 같은 금속에 문자를 새기는 것은 사실은 은왕조 말부터 있어 왔는데 이를 금문(金文)이라고 하며 처음에는 글자 수도 아주 적었고 갑골문자가 사용되었다. 그러나 나중에는 글자 수가 수백 자에 달하기도 하였고 주왕조 중기부터는 대전(大篆, great seal script)[112]이라는 문자도 사용되었다. 주는 예(禮, etiquette)를 중시하고 제후들이 그를 지키도록 함으로써 왕조의 권위를 굳혀 나갔다. 여기에는 신하가 어전에 나갈 때의 예의를 비롯하여 조상을 모시는 건물의 크기나 제기의 사용방법 등 3,000가지나 되는 의례의 형태가 포함되며 또 궁정의 의식 등에 연주되는 음악도 이 무렵에 발달하였는데 이 모든 것은 『주

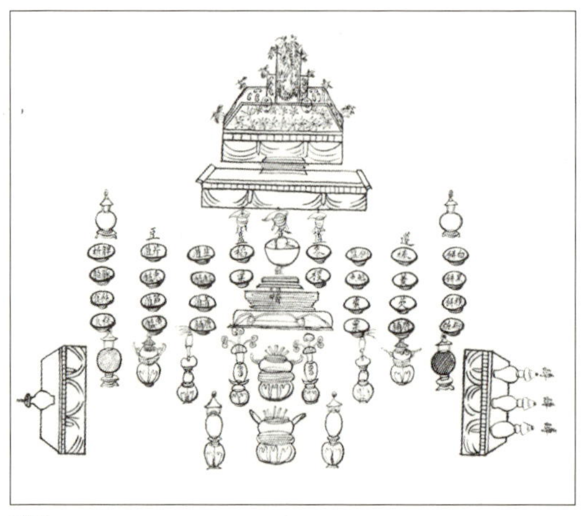

제단

제례

대전체

례(周禮)』라는 책으로 정리되었다.

6. 동주(東周, Eastern Chou), 춘추전국시대(春秋戰國時代)

그러나 기원전 9세기에 이르자 주왕조는 차츰 힘을 잃었고 제후들은 독자적으로 힘을 축적하기 시작하였다. 그러다가 기원전 770년경 북서쪽에서 이민족이 침입하여 도읍을 점령하자 도읍을 낙읍(洛邑, 지금의 뤄양 또는 낙양/洛陽, Luoyang)으로 옮겼는데 이를 기준으로 그 이전을 서주(西周, Western Chou), 이후를 동주라고 하며 동주시대에는 왕조의 힘이 극도로 쇠퇴하여 제후들 간의 분쟁이 더욱 격화되었다. 이때부터 기원전 453년경까지의 동주시대 전반을 춘추시대(Spring and Autumn period)라고 하고 그 뒤 진(秦, Ch'in)이 중국을 통일한 기원전 221년까지를 전국시대(Warring States period)라고 하며 이 둘을 합쳐

낙양의 용문석굴

도전 ©pomexport.com

춘추전국시대라고 하는데 이 500여 년간 백성들은 한없는 전쟁에 시달렸다.

　　그러나 한편으로는 이때부터 중국도 철기시대에 들어가 철제 농기구를 사용하면서 농업생산량이 크게 늘어났고 상공업도 발달하였다. 각국은 다투어 도전(刀錢, knife money)[113]과 같은 청동화폐를 만들어 냈고 큰 도시에는 저잣거리(market)가 생겼으며 상품 거래가 활발하게 이루어지는 등 사람들의 생활은 윤택해졌다. 이렇게 상존하는 전쟁의 위협 속에서도 생활에 여유가 생기자 사람들은 새로운 가치관을 찾게 되었고 이에 따라 수많은 학자와 사상가가 등장하였는데 이들을 제자백가(諸子百家, One Hundred Schools)라고 하며 그중에서도 가장 대표적인 인물이 바로 공자(孔子, Kung Tzu/Confucius)이다. 기원전 551년에 노(魯)나라에서 태어난 그는 매우 현

철하고 학문이 깊었으며 예(禮)를 가장 중시하여 예절에 의한 제도를 완비함으로써 평화를 유지할 수 있다고 하였다. 그는 천하를 두루 돌아다니며 예에 따른 도(道, truth)와 덕(德, virtue)을 설명하고 정치적 포부를 논하였으나 이상론(理想論, idealism)으로 여겨지고 받아들여지지 않자 정치에서 물러났다.

그 후 공자는 제자들을 가르치는 한편 예로부터 내려오던 『시경(詩經, Book of Odes)』과 『서경(書經, Book of History)』을 재정리하였고 노나라의 역사책인 『춘추(春秋)』를 저술하였으며 만년에는 『주역(周易, Book of Changes)』에 심취하였다고 한다. 공자의 제자들은 3,000여 명에 달하였는데 기원전 479년 그가 73세가 되던 해에 세상을 떠나자 제자들은 그의 사상을 집대성하여 『논어(論語, Analects of Confucius)』를 편찬하였다. 이같이 공자를 따르는 사람들을 유가(儒家, Confucian)라고 하고 그들의 사

공자 ⓒbeaconschool.org

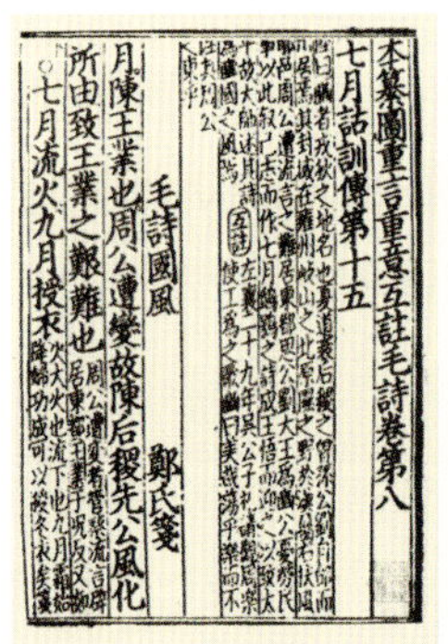

『시경』

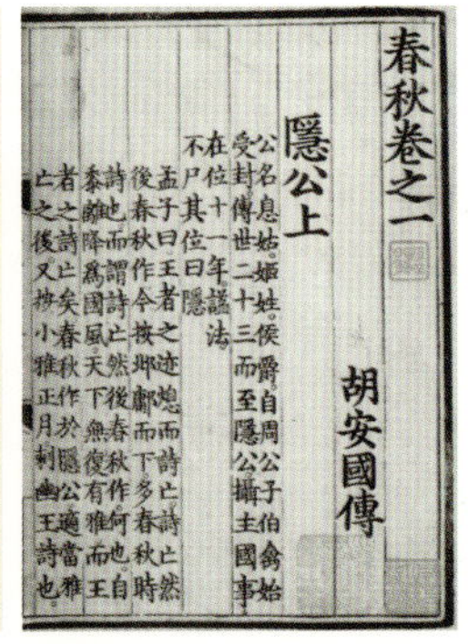

『춘추』

자사

맹자

순자

상을 유가사상(儒家思想)이라고 하며 이것이 종교화한 것이 유교(儒敎, Confucianism)로서 후대에까지 전해지게 되었다. 그리고 그 후에도 공자의 손자이자 『중용(中庸)』을 저술한 자사(子思, Tzu Ssu), 그의 문하생이자 『맹자』를 저술하고 성선설(性善說)[114]을 주장한 맹자(孟子, Mencius), 『순자』를 저술하고 성악설(性惡說)[115]을 주장한 순자(荀子, Xun Zi) 등의 사상가들이 뒤를 이었다.

공자와 같은 시대에 살았고 서로 만난 적도 있다는 노자(老子, Lao Tzu)는 초(楚)나라 사람이고 『도덕경(道德經)』을 저술한 것으로 알려져 있지만 실제로는 어느 시절 사람인지 또는 실존인물인지조차 불확실하다고 한다. 그러나 그의 후계자이자 『장자』

소를 탄 노자

노자와 공자 ⓒthetao.info

『도덕경』

를 저술한 장자(莊子, Chuang Tzu)는 확실한 실존
인물인데 그들은 유가의 인위(人爲)적인 제도에 의
한 통치를 반대하고 모든 백성으로 하여금 천지만
물의 생성원리인 도(道)의 뜻을 체득하도록 하여
유약하고 겸손하면서도 강인하고 미치지 않는 곳
이 없는 도의 능력으로 이 세계가 스스로 다스려
지도록 하자고 주장하였다. 즉 일체의 인위적인
것을 배제하고 무위자연(無爲自然)하는 속에서 자
유스러운 삶을 추구하도록 하자는 것인데 그들을

장자

따르는 사람들을 도가(道家, Taoist)라고 하고 그들의 사상을 노장사상(老莊思想) 또
는 도가사상(道家思想)이라고 하며 이것이 종교화한 것이 도교(道敎, Taoism)로서 오
늘날까지도 많은 사람들에게 큰 영향을 미치고 있다.

　또 묵가(墨家)를 창시한 묵자(墨子, Mo Tzu)는 박애(博愛, philanthropy)를 주장하
여 유가의 형식주의 계급제도를 타파하고 하늘이 모든 사람을 널리 사랑하듯이 사
람들도 서로 사랑해야 한다고 주장함으로써 사리사욕을 타파할 것을 역설하였으며

묵자

『묵자』

절검(節儉, economy)과 근면(勤勉, diligence)을 내세웠다. 한편 법가(法家, Legalist)의 사상을 대성시키고 『한비자』를 저술한 한비자(韓非子, Han Fei Zi)는 한(韓)의 왕족이었는데 유가나 묵가의 주장은 인간사회를 너무 좋게만 본 공론(空論)에 불과하므로 군주는 그런 공론에 귀를 기울여서는 안 된다고 하였다. 그리고 끊임없이 변화하는 시세(時世)에 즉응(卽應)하는 법을 제정하여 법치주의(法治主義, legalism)의 원칙에 따라 관리들의 평소의 근태(勤怠)를 감독하여 상벌을 시행하고 농민과 병사

한비자

『한비자』

를 아끼는 동시에 상공(商工)을 장악하지 않으면 안 된다고 주장하였다. 나중에 한의 사신으로 진나라에 간 한비자를 보고 시황제는 크게 기뻐하여 그를 아주 진에 머물게 하려 하였으나 시황제의 심복이자 한비자와 순자의 문하에서 동문수학하였던 이사(李斯)는 내심 이를 못마땅히 여기고 시황제에게 참언하여 한비를 옥에 가두게 한 후 독약을 주어 자살하게 하였다.

춘추시대에는 독립된 소도시 국가가 100여 개나 산재하고 있었으며 전투는 주로 귀족들의 전차전으로 치러졌다. 그러나 전국시대에 접어들면서 농업생산력의 향상과 상업경제의 발달에 따라 강대한 영역국가가 형성되었는데 그중에서도 동방의 제(齊), 남방의 초(楚), 서방의 진(秦), 북방의 연(燕), 그리고 중앙의 위(魏), 한(韓), 조(趙)나라를 전국 7웅(戰國七雄)이라고 하여 서로 호각을 다투었으며 전투는 주로 활을 가진 기마부대와 서민들로 이루어진 보병부대에 의해 치러졌다. 이 중 진나라에서는 기원전 246년, 조(趙)나라의 대상인(大商人)인 여불위(呂不韋)의 공작으로 즉위했던 장양왕(莊襄王)이 죽고 그의 아들 영정(嬴政)이 13세의 나이로 즉위하였다. 처음에는 태후의 신임을 받은 여불위와 노애가 권력을 농단하였으나 기원전 238년, 영정이 친정을 시작하여 노애의 반란을 평정하고 여불위를 제거한 후 울요(尉繚)와 이사(李斯) 등을 등용하여 강력한 부국강병책을 추진하였다. 그 결과 기원전 230년에서 기원전 221년까지 주를 비롯한 한, 위, 초, 연, 조, 제나라를 차례로 멸망시키고 셴양(함양/咸陽, Xianyang)[116]에 도읍을 정하여 중국 역사상 최초의 중앙집권제(中央集權制, centralism) 통일국가를 건설하였다.

7. 진시황(秦始皇, The First Exalted Emperor/Qin Shihuangdi)

영정은 천하를 통일한 후에 최고통치자를 '황제(皇帝)'라 규정하고 진왕조의 통치가 만대에 걸쳐 지속될 수 있기를 희망하면서 스스로를 첫 번째 황제라 하여 '시황제(始皇帝, The First Exalted Emperor/Shihuangdi)'라 일컬었는데 나중에는 그를

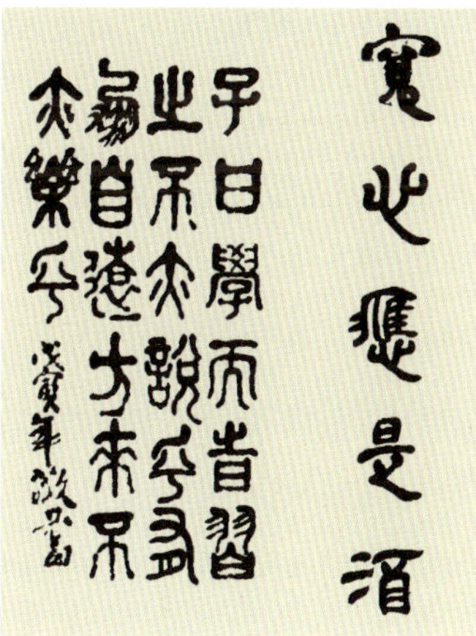

일반적으로 '진시황'이라 부르게 되었다. 그는 국가의 모든 정무를 직접 결재하였으며 봉건제도를 폐지하고 군현제(郡縣制)를 추진하여 전국을 36개의 군(郡)으로 나누고 군 아래에는 현(縣)을 설치하는 한편 군현의 장은 황제가 직접 임면하였다. 또한 군현의 장은 본인의 출신 고장에는 부임치 못하도록 했을 뿐만 아니라 정기적인 인사이동으로 한곳에 오래 머물 수 없도록 함으로써 관료가 특정 지역과 밀착하여 자기 세력을 키우지 못하도록 하였는데 이러한 제도는 그 후에도 오랫동안 시행되었다. 또 도량형과 화폐뿐만 아니라 앞서 간 수레를 따라가기 편하도록 수레바퀴의 폭까지도 통일시켰고 문자도 지역마다 다르

진시황

게 사용하던 한자를 소전(小篆, small seal script)이라는 서체로 통일시켰다. 진은 관청의 수속절차나 형벌도 통일시켰으며 이런 모든 내용을 법률로 정리하여 지방 관료에게까지도 문서로 전달하는 등 이사는 비록 한비자를 죽였으나 나라를 통치함에 있어서는 철저하게 법치주의의 원칙에 입각하였다.

다음으로 시황제는 수도 셴양을 대대적으로 개조하여 새로운 도시로 만들고 전국의 부호 12만

소전체 ⓒtougao.com

아방궁

호를 강제 이주시키는 한편 셴양궁, 아방궁(阿房宮, Efanggong) 등 호화로운 궁전을 지었으며 셴양궁에서 전국 각지로 연결되는 도로망을 확충하였는데 이들 도로는 수레 여러 대가 나란히 달릴 수 있을 정도로 넓었다. 그는 대외정책에도 적극성을 보여 기원전 214년에 남쪽으로 병력을 파견하여 백월(百越)을 평정한 후 네 개의 군을 증설하였으며 같은 해에 다시 대장군 몽염(蒙恬)을 북으로 파견하여 흉노를 정벌하고 지금의 내몽고 하투(河套) 일대를 수복, 내륙의 백성들을 그곳으로 이주시켰다. 이로써 진나라는 어느 때보다 가장 넓은 국토를 차지하게 되었으며 중국 역사상 최초의 통일된 다민족 봉건국가를 건설한 영정은 유능한 정치가로 중국역사의 발전에 많은 공헌을 하였다고 할 수 있다.

그러나 진시황의 통치시기에는 각종 부역이 많고 형벌이 혹독하였다. 백성들은 수확의 2/3 정도를 세금으로 내야 했으며 이외에도 각종 무거운 부역과 병역에 시달려야만 하였다. 그는 위수(渭水) 남쪽에 아방궁을 짓고 여산(驪山) 기슭에 자신의 능인 수릉(壽陵)[117]을 건설하는 데 거액을 쏟아 부었으며 70여 만 명의 죄수들이 동원되었다. 이 능은 두 겹의 담장으로 둘러싸인 거대한 능원의 남쪽에 있는데 그 크기가 동서로 485m, 남북으로 515m, 높이는 76m이다. 내부에는 황제가 잠드는 궁전 외에도 정원이나 상하수도도 갖추어져 있었으며 도굴을 방지하기 위하여 수은으로 강과 바다를 만들고 누가 접근하면 화살이 자동으로 발사되는 장치까지 갖추었다고 한다. 능의 동문 밖 1.5km 지점에는 거대한 병마용갱(兵馬俑坑)이 세 개 있

진시황릉 ⓒskhlkmss.edu.hk

병마용갱

병사토용 ⓒskhlkmss.edu.hk

장교의 모습 ⓒskhlkmss.edu.hk

병마토용 ⓒskhlkmss.edu.hk

는데 첫 번째 갱은 동서로 230m, 남북으로 92m이다. 그 안에는 투구와 갑옷으로 무장한 8,000여 개의 실물 크기 병사토용(兵士土俑, terra-cotta soldier)이 진짜 무기를 손에 들고 실제 군대와 똑같이 정렬해 있는데 병사토용의 얼굴 모습은 실제 병사 한 사람 한 사람을 모델로 만들

전차

었기 때문에 모두 다르다. 그 외에도 그 안에는 500여 개의 병마토용(兵馬土俑)과 130여 대의 진짜 전차(戰車, chariot)도 있으며 토용에는 정성껏 색도 칠해져 있다. 원래 중국에는 먼 옛날부터 왕이 죽으면 신하들을 죽여 같이 매장하는 순장(殉葬)이라는 제도가 있었으나 기원전 4세기부터 진은 순장을 금지시키고 그 대신 인형(용/俑)을 묻도록 하였다. 그렇지만 이렇게 상상을 초월할 정도로 많은 토용은 역사상 전무후무하며 최근에는 이것을 인류의 여덟 번째 불가사의로 꼽기도 한다.

한편 그는 또 농민을 징발하여 진(秦), 조(趙), 연(燕)나라의 북방에 있던 장성을 연결하고 동서로 더욱 확장하여 서쪽의 임도(臨洮)[118]에서 동으로는 요동(遼東)[119]에 이르는 장성을 건설하였으니 이것이 바로 그 유명한 만리장성(萬里長城, Great Wall of China)[120]이다. 당시에 축조된 장성의 높이는 평균 약 2.5m였고 평균 폭은 밑이 약 3.5m, 위가 약 2.5m로서 동쪽 산악지대에서는 돌을 쌓아 올렸으나 서쪽 황토지대에서는 나무판자로 만든 거푸집 안에 물로 반죽한 황토와 지푸라기 등을 섞어 집어넣고 단단하게 다지는 판축(版築)이라는 방법으로 축조하였는데 그것은 고대 중국의 거대한 토목공사의 하나이며 고대 중국백성들의 피와 땀이 얽힌 것이다. 당시 전국에서 병역과 부역으로 징집된 인원이 무려 150여 만 명에 달하였고 남자가 부족하면 여자들도 보급물자 수송에 잡혀가 많은 사람들이 고통에 시달리다가 죽어갔으며 농사를 지을 사람이 부족한 농촌은 생산력이 크게 떨어져 백성들의 생활은

북경 부근의 만리장성　　　　　　　　　겨울의 만리장성

매우 궁핍해졌다.

　진시황의 통치시기에는 법률도 대단히 엄격하고 가혹하였다. 백성들의 반항을 막기 위해 그는 민간의 무기를 수거하여 없앴으며 이외에도 한 사람이 죽을죄를 지으면 '족주(族誅)'라 하여 그 친족들도 함께 사형에 처하고 한 집이 법을 어기면 '연좌(連坐)'라 하여 그 마을도 모두 같은 죄로 다스렸다. 백성들은 아무 때나 법률 위반으로 고발당하여 그 벌로 힘든 부역을 하거나 다리를 잘리거나 코가 베이거나 사형에 처해질 수 있었으며 관청으로 압송되는 죄인이 항상 길에 가득하였다. 이보다 한 걸음 더 나아가 기원전 213년 진시황은 사상을 통제하기 위해 이사의 건의를 받아들여 진나라의 역사, 의약, 점술, 식수(植樹) 이외의 책은 모두 불사르게 하였다. 그 이듬해 방사(方士)[121] 노생(盧生)과 후생(侯生)은 진시황의 독재 전횡과 강압 정치에 대해 모의하였는데 뒤에 진시황이 그 사실을 알고 그들을 잡아들이려 하자 노생과 후생은 도주하였다. 이에 크게 진노한 진시황은 그에 연루된 유생 460여 명을 잡아다

전부 생매장하였으며 이 두 사건을 역사에서는 '분서갱유(焚書坑儒)'라 하는데 이를 통하여 진시황이 사상과 문화를 얼마나 혹독하게 탄압하였는지를 잘 알 수 있다.

진시황은 또 공명심이 강하고 낭비가 극심하였다. 그는 중국을 통일한 후 10년 동안에 다섯 차례나 천하순행(天下巡行)[122]에 올라 많은 관리와 군대를 거느리고 다녔으며 길가에 송덕비(頌德碑)를 세워서 자신의 공적을 천하에 과시하기도 하였다. 그러나 그는 대규모 토목공사에 국력을 낭비하였고 특히 만년에는 불로장생의 선약을 구하는 등 어리석음을 보이기도 하였으며 가혹한 법치를 수단으로 지나치게 급격히 추진된 통일정책은 인민의 고통을 가중시켰다. 진시황이 황제에 오른 지 11년 만인 기원전 210년 마지막 순행 도중 사망하자 그를 수행하던 승상 이사와 환관 조고(趙高)는 장남 부소(扶蘇)에게 왕위를 계승시키라는 유언을 위조하여 부소를 자살시키고 막내아들 호해(胡亥)를 2세 황제로 옹립하였다.

그러나 다음 해인 기원전 209년 동부 지역에서 진승(陳勝)과 오광(吳廣)이라는 두 농민이 반란을 일으키는 등 진나라는 급속히 쇠퇴하기 시작하였다. 중국 최초의 농민반란이었던 이들의 반란은 6개월 만에 평정되었으나 이를 계기로 전국 곳곳에서 반란이 일어 중국은 통일된 지 12년 만에 전국이 또다시 전란의 소용돌이에 휘말리게 되었는데 이들 반란군 중에서 가장 세력이 강대하였던 사람이 둘 다 초나라 출신인 유방(劉邦)과 항우(項羽)였다. 한편 진에서는 기원전 208년에 조고가 이사를 죽이고 권력을 독점하여 갖은 횡포를 다 부리다가 그다음 해인 기원전 207년 2세 황제가 반란을 진압하지 못한 것을 추궁하자 황제마저 죽여 버렸다. 그리고 황제의 형의 아들인 자영(子嬰)을 내세워 황제가 아닌 진왕(秦王)이라 칭하게 하였으나 자영은 조고를 죽여 버리고 진왕이 되었다가 기원전 206년 유방이 쳐들어오자 항복함으로써 진나라는 중국을 통일한 지 15년 만에 망해 버리고 말았다. 진의 항복을 받은 유방은 셴양에서 철수하였고 뒤이어 들어온 항우는 이미 항복한 진왕을 처형하였을 뿐만 아니라 궁전까지도 모두 불태워 버렸다. 그 후 한왕(漢王)을 표방한 유

한고조

초패왕 항우
©chiculture.net

방과 초패왕(楚覇王) 항우의 다툼에서 초기에는 항우가 월등 강대하였으나 나중에는 유방이 차차 우세해져 결국 기원전 202년 항우가 해하(垓下)의 전투에서 패하고 자결하자 중국은 다시 한 번 통일되었으니 유방이 바로 한나라의 시조인 고조(高祖)이다.

8. 한(漢, Han)왕조

다시 통일이 되었다고는 하지만 초기에는 여기저기 반란이 그치지 않아 온 나라가 뒤숭숭하였다. 그런 속에서도 한은 나라의 기틀을 차근차근 다져 나가 약 60년이 지난 기원전 141년에 즉위한 무제(武帝) 때에는 전성기를 맞이하여 수도 장안(長安)[123]을 중심으로 크게 번영하였다. 무제는 만리장성을 이용하여 북방의 유목민인 흉노를 무찌르고 진시황보다 더 넓은 영토를 차지하였으며 진시황으로 비롯된 강력한 중앙집권체제를 완성시켰는데 이러한 체제는 왕조가 계속 바뀌었음에도 불구하고 20세기 초

한무제 ©chiculture.net

까지 유지되었다. 한편 한왕조 초기에는 진시황의 강권통치의 영향으로 통치층 사이에 도가사상이 지배적이었는데 무위자연의 사상은 자칫 사람들을 무기력하게 만들 우려가 있어 무제는 군주와 신하 등 윗사람과 아랫사람과의 지배와 복종이라는 관계를 명확히 한 통치철학으로서의 유교를 널리 보급하여 국교(國敎, state religion)로 자리 잡도록 하였다. 또 무제는 당시 중앙아시아를 주름잡던 대월씨국(大月氏國)과 협력하여 흉노를 토벌하고자 가신(家臣, retainer)인 장건(張騫)을 대월씨국에 파

비단길(실크로드)

실크로드의 오아시스길

견하였다. 장건은 흉노를 토벌하는 데는 실패하였으나 서역(西域)[124]에 관한 많은 정보를 무제에게 전하였으며 무제는 이로써 서역에 관심을 가지고 텐산산맥(천산산맥/天山山脈, Tian Mts.) 남쪽에 있는 나라들을 정복하여 길을 개척한 것이 비단길(실크로드, silk road)이다. 이 길을 통하여 중국 특산인 비단이 서역에 전해지면서 이런 이름이 붙게 되었는데 이 길을 통하여 인도로부터 불교가 들어오고 메소포타미아의 유리그릇이 사막과 초원을

천험의 요지 교하고성–신강투루판

고창고성과 화염산–신강투루판

서왕모의 전설이 깃든 천지–신강우루무치

돈황의 명사산

거쳐 중국에 들어왔다가 한국과 일본에까지 전해지기도 하였다.

한나라는 서기 8년 왕망(王莽, Wang Mang)에게 망하고 왕망은 신(新, Hsin)이라는 나라를 세웠는데 이때까지를 전한(前漢, Former Han)이라고 하며 유수(劉秀, 광무제/光武帝)가 신을 멸하고 한을 다시 세웠다가 서기 220년 위(魏)에

왕망

광무제 ⓒchiculture.net

사마천과 사기

게 망할 때까지를 후한(後漢, Later Han)이라고 한다. 이와 같은 400여 년간의 한나라 시대 동안 중국문화의 기초가 다져졌다. 기원전 약 91년경 사마천(司馬遷)[125]이 한무제까지의 중국 2,000여 년 역사를 130권에 달하는 방대한 『사기(史記, History)』라는 책으로 엮었고 서기 100년 무렵에는 채륜(蔡倫)이 인류 최초로 종이를 발명하였으며 현재 사용되고 있는 해서체(楷書體, regular script)도 한나라 때 완성됨으로써 한자(漢字)라는 이름이 붙게 되었다. 채륜이 싸고 질 좋은 종이 만드는 법을 발명하

채륜

종이 만들기

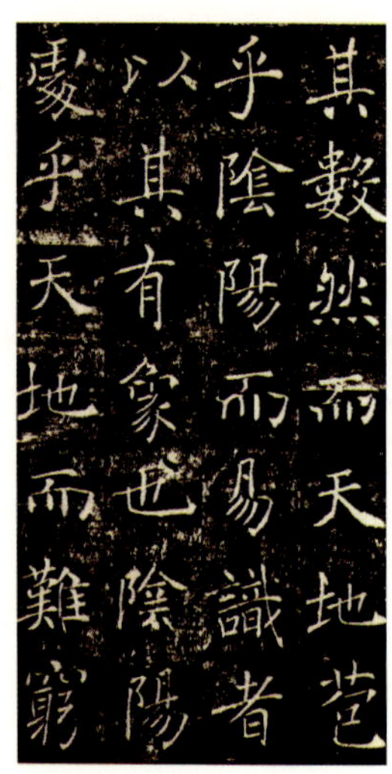

해서체

자 중국의 서예와 회화는 엄청나게 발전하였으며 이 종이 제조법은 메소포타미아와 이집트를 거쳐 유럽에까지 전해졌다. 이렇게 융성하던 한나라도 세월이 지나면서 정치가 부패하고 천재지변이 자주 일어나며 전염병까지 유행하게 되자 여기저기서 농민과 호족들의 반란이 일어나 결국은 멸망의 길을 걷게 되었다. 그러나 한나라의 문화는 한국이나 일본을 비롯한 아시아 여러 나라뿐만 아니라 전 세계에도 많은 영향을 미쳤다.

● **6** ●

산업혁명

産業革命, Industrial Revolution

1. 산업혁명의 태동

4대문명 이후에도 지구상에는 그리스문명, 로마문명, 티베트(Tibet)문명, 잉카(Inca)문명, 마야(Maya)문명 등 여러 문명이 있었고 또 수많은 역사적 사건들이 있어 왔으나 이 모든 것들은 다 농경문화를 기반으로 하고 있는 것이었으며 도구(道具, tool)나 간단한 원리의 기구(器具, apparatus)들만 있었을 뿐 기계(機械, machine)라고는 전혀 없었다. 그리고 18세기까지도 유럽의 경제는 농업경제(農業經濟, agricultural economy)로서 토지는 거의 모두를 돈 많고 대부분은 귀족(貴族, aristocrat)인 지주(地主, landowner)들이 소유하고 있었으며 소작인(小作人, tenant)들은 땅을 빌려 농사를 지은 후 작물이나 다른 생산품으로 소작료를 냈다. 수레바퀴와 같은 비(非)농산물 제품들은 일단의 전문화된 기술을 가진 개인 가정에서 생산되었다. 그런데 농업혁명이 일어난 지 약 1만 년이 지난 17세기 중엽에 영국에서는 또 하나의 거대한 혁명인 산업혁명이 싹트기 시작하였다.

영국에서는 일찍부터 중세(中世, medieval times) 봉건제도가 해체되고 중앙집권적인 절대주의(絕對主義, absolutism) 왕권이 확립되어 있었으며 사회적으로는 양모(羊毛, wool) 가격이 등귀하여 양을 대규모로 사육하기 위한 인클로저(enclosure)[126] 운동이 활발히 전개되고 있었는데 이로 인하여 농민의 실업과 이농(離農, rural exodus)현상, 그리고 빈곤이 증대하여 수차례 금지령을 내렸으나 실효를 거두지 못하고 있었다. 그래서 1558년에 즉위한 엘리자베스(Elizabeth) 1세는 인클로저 등으로 발생한 빈민들을 구제하기 위한 구빈법(救貧法, Poor Law)과 도제조례(徒弟條例, Statute of Apprentices)[127]를 제정하는 등 국정에 힘쓰는 한편 식민지(植民地, colony)를 개척하고 러시아회사, 레반트(Levant)회사,[128] 동인도회사(東印度會社, East India Company)[129]의 독점권을 설정하는 등 중상주의(重商主義, mercantilism)정책을 추진하였으며 에스파냐(Espana) 함대를 격파함으로써 영국의 절대왕정을 정점에 올려놓았다.

그러나 여왕의 사후 쇠퇴하기 시작한 절대왕권은 의회(議會, Parliament)와 팽팽히 맞서게 되었으며 여기에 시민들까지 가세하여 1648년과 1688년의 두 차례에 걸친 시민혁명(市民革命 또는 부르주아혁명, bourgeois revolution)을 겪게 되었고 결국 1689년에 권리장전

1. 엘리자베스 1세
2. 런던의 동인도회사 본사 건물
3. 1588년 스페인 무적함대 격파 ⓒPhilip James de Loutherbourg(1796)

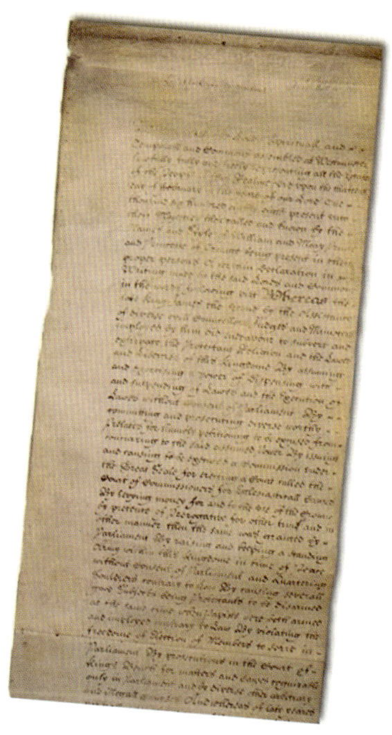

영국의 권리장전(1689)

(權利章典, Bill of Right)이 의회를 통과함으로써 영국 민주주의(民主主義, democracy)의 초석이 마련되었다.

한편 농촌에서는 제2차 인클로저운동이 일어나 농장이 대단위화 되면서 더 적은 인력으로 더 많은 농업생산이 가능하게 되어 또다시 많은 인력이 농촌을 떠나 도시로 가거나 모직물공업(毛織物工業, wool textile industry) 등에 종사하게 됨으로써 초기 자본주의(資本主義, capitalism)적 생산관계가 다른 유럽 여러 나라보다 먼저 나타나게 되었다. 이들 자본은 대부분 생산 활동보다는 상업 활동에 몰렸지만 상업 활동이 왕성해짐에 따라 제조업도 성장하였으며 이렇게 하여 상인과 자본가계급(資本家階級, capitalist class)이 형성되고 산업자본(産業資本, industrial capital)이 축적되었다. 영국의회는 상인 및 자본가계급과 매우 친밀한 관계를 가지고 있어 그들의 이익을 보호하기 위하여 앞장섰으며 따라서 귀족계급이 쇠퇴한 후에는 사회의 가치 중심이 중산층〔中産層, (petite) bourgeoisie/ middle class〕이자 시민계급(市民階級, bourgeoisie)인 이들에게로 이전되었다. 그러나 다른 나라는 여전히 귀족중심의 사회였으며 건전한 시민계급이 형성되지 못하여 귀족계급과 타협하거나 귀족이 오히려 그들을 후원하기도 하였는데 이것이 산업혁명이 영국에서 먼저 일어난 가장 큰 이유일 것이다.

산업혁명이 영국을 중심으로 유럽에서 진행된 것은 인구증가와도 밀접한 관계가 있을 것이다. 인구증가로 인하여 산업혁명이 촉발되었는지 또는 산업혁명 때문에 인구가 증가하였는지는 역사적으로 아직도 수수께끼로 남아 있지만 산업화가 진행되면 될수록 노동을 위해 더 많은 인구가 필요한 것은 사실이다. 가족경제(家族經濟, family economy)와 가족생산은 그 목표가 가족들의 생활을 유지하기 위한 것이기 때문에 이것을 기반으로 한 국가경제는 다소 차이는 있지만 기본적으로 생계(生計, subsistence)형 경제를 벗어나지 못한다. 반면에 공업경제(工業經濟, manufacturing economy)는 잉여(剩餘, surplus)경제이기 때문에 한 사람의 생산노동력은 그가 생활을 영위하는 데 필요한 양보다 훨씬 더 많은 양을 생산하게 됨으로써 이 잉여생산이 제조업체 소유자의 이윤(利潤, profit)이 되는 한편 인구성장을 촉진해 줌과 동시에 또 그것을 필요로 하게 해 준다.

한편 영국은 16세기 중엽 이후 목재 자원의 고갈로 연료 위기에 봉착하게 되었으며 이를 극복하기 위하여 석탄(石炭, coal)을 체계적으로 이용하게 됨으로써 석탄산업을 중심으로 한 여러 관련 산업의 발전이 촉진되어 산업혁명에 못지않을 정도의 생산 확대를 가져오게 되었는데 이것을 초기산업혁명(初期産業革命, early industrial revolution)이라고도 한다. 이처럼 석탄에 대한 수요와 생산이 증대함에 따라 수갱(竪坑, mine shaft)[130]의 배수(排水, drainage)문제, 석탄의 수송문제, 철광석 용해를 위한 기술개발 등이 당면 과제로 제기되었으며 이러한 과제들이 사회적, 기술적으로 해결되어 가는 가운데 산업혁명의 조건도 정비되어 갔다. 탄갱의 배수처리를 위해서 세이버리(T. Savery)는 증기펌프(蒸氣-, steam pump)를 개발하였고 그의 동업자인 뉴커먼(T. Newcomen)은 대기압기관(大氣壓機關, atmospheric engine)을 발명하여 1712년에 처음으로 물이 차는 수갱에 설치하였는데 이들은 느리고 비효율적이었으나 당시에는 다른 대안이 없었다.

세이버리 ⓒScience Museum, Science & Society Picture Library

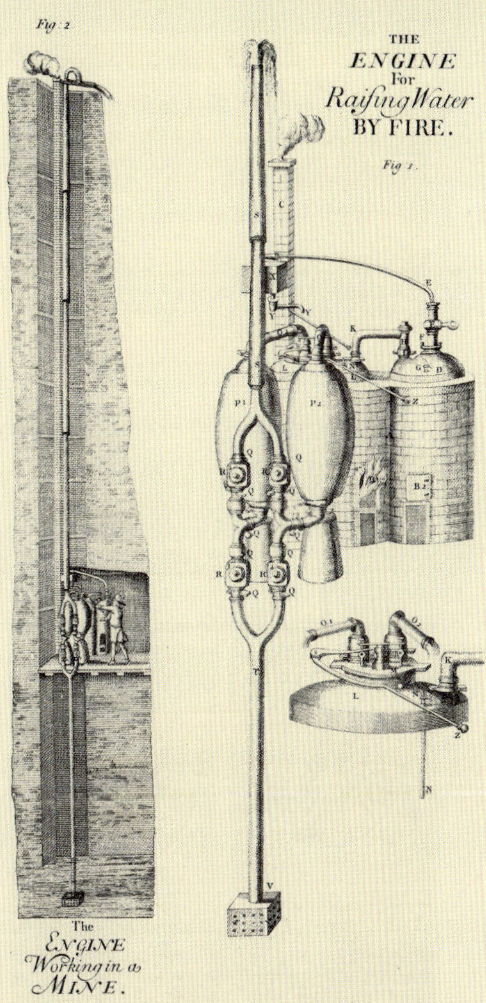

세이버리의 증기펌프
ⓒScience Museum, Science & Society Picture Library

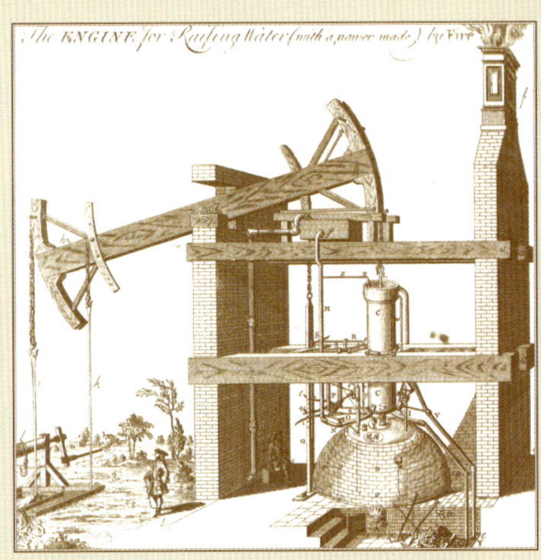

초기의 뉴커먼엔진 ⓒScience Museum, Science & Society Picture Library

2. 증기기관(蒸氣機關, steam engine)의 발명

그 후 1765년에 와트(J. Watt)가 뉴커먼의 기관을 수리하다가 실린더와 밸브로 연결된 별도의 냉각기(冷却器, condenser)를 부착함으로써 그 결점을 보완한 매우 효율적인 증기기관(蒸氣機關, steam engine)을 발명하기에 이르렀다. 와트의 증기기관 역시 원래는 수갱의 배수를 위한 것이었지만 다른 동력원으로도 매우 효율적이었으나 초기에는 사업적으로 별 성공을 거두지 못하였다. 그러다가 사업가인 볼튼(M. Boulton)을 만난 후 그의 엔진은 널리 보급되어 다른 기계들의 회전축을 위한 동력(動力, power)으로 이용되면서 수력(水力, water power), 풍력(風力, wind power), 축력(畜力, cattle power) 등 당시까지 사람들이 이용하던 동력에 혁명적인 변화를 가져왔으며 산업혁명의 원동력이 되었는데 1800년까지 모두 289대가 팔렸다.

볼튼과 와트 ⓒScience Museum, Science & Society Picture Library

볼튼과 와트의 증기기관 ⓒScience Museum, Science & Society Picture Library

한편 석탄 수송 문제는 도로개수, 운하건설 등 사회간접자본(社會間接資本, social overhead capital) 투자를 촉진시킴과 동시에 시장의 확대에도 기여했다.

그러나 이러한 여러 조건이 정비되고 충실해지는 과정에서 산업혁명은 영국의 전통적인 모직물공업이 아니라 신흥 산업인 면공업(綿工業, cotton manufacture)에서 먼저 일어나게 되었다. 그것은 영국이 17세기 말부터 동인도무역에 의해 들여온 인도산(印度産) 캘리코(Calico)[131] 면직물이 영국을 비롯한 유럽에서 의료혁명(衣料革命)을 불러일으킴으로써 면제품의 수요가 많았기 때문이다. 그래서 서인도 제도에서 나는 설탕이나 담배 등과 마찬가지로 노예노동에 의해 재배된 면화를 원료로 하여 인도산 캘리코 면직물과 경쟁할 수 있는 면제품을 제조하는 일이 18세기 초의 국민적 관심사가 되었다. 이를 해결하도록 추진시킨 것은 전래의 지배계급인 지주나 전통적인 직물업자가 아니고 주로 상인과 자영농민층이었으며 그들은 국가의 원조 없이 자주적으로 기업을 이룩하였다.

베틀(직기/織機, loom)은 아주 옛날부터 있었지만 1733년에 케이(J. Kay)가 베틀의 북(flying shuttle)을 발명하자 하나의 베틀에서 훨씬 더 넓은 천을 훨씬 더 많이 생산할 수 있게 되었으며 베틀을 돌보는 일손도 더 줄게 되었다. 그러나 이 발명은 직장을 잃을까 두려워하는 직공(織工, weaver)들에게는 인기가 없었으며 1755년에는 그들이 폭동을 일으켜 그의 베틀을 부수기도 하였다. 그의 발명은 그 후 널리 사용되면서 세상에 극적인 변화를 가져왔지만 본인 자신은 별로 빛을 못 본 채 가난하게 죽었다. 한편 방적(紡績, spinning) 부문에서는 아크라이트(R. Arkwright)가 수력방적기(水力紡績機, water frame spinning machine)를 발명함으로써 인력이 아닌 기계적 동력을 사용하게 되어 면 산업을 오두막에서 공장으로 옮겨가게 만들었으며 또 처음으로 제대로 된 면 날실(warp)을 생산함으로써 순면으로만 된 제품의 생산이 가능하게 되었다. 그리고 하그리브스(J. Hargreaves)가 발명한 다축(多軸)방적기(spinning jenny)는 그 어느 때보다 가늘고 질긴 실(yarn)을 사용할 수 있게 만들

케이 ⓒScience Museum, Science & Society Picture Library

북을 사용한 수동식 베틀 ⓒScience Museum, Science & Society Picture Library

아크라이트 ⓒScience Museum, Science & Society Picture Library

아크라이트의 방적기 ⓒScience Museum, Science & Society Picture Library

하그리브스의 다축방적기
ⓒScience Museum, Science & Society Picture Library

었으며 크롬튼(S. Crompton)은 여러 가지 방적기의 장점을 모아 뮬 정방기(-精紡機, spinning mule)를 개발하였다. 직포(織布, weave)부문에서는 카트라이트(E.

크롬튼

크롬튼의 뮬 정방기
ⓒScience Museum, Science & Society Picture Library

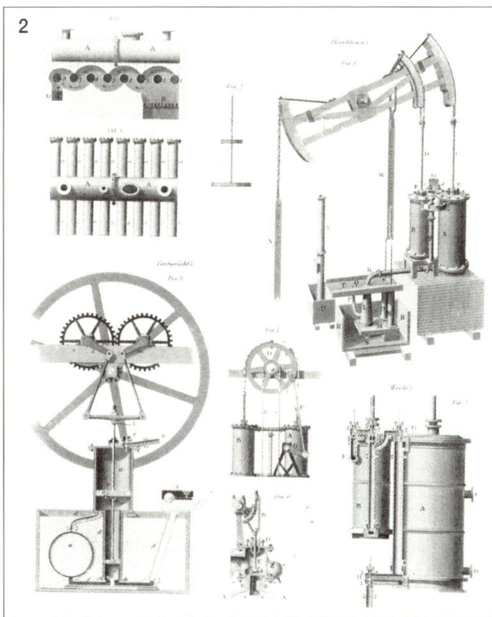

1. 카트라이트
2. 카트라이트의 증기기관
ⓒScience Museum, Science & Society Picture Library

역직기 ⓒScience Museum, Science & Society Picture Library

Cartwright)가 수동 베틀에 동력을 연결한 역직기(力織機, power loom)를 발명함으로써 증기력을 동력으로 하는 공장 생산이 가능하게 되었는데 그 중심은 맨체스터(Manchester)를 중심으로 한 랭커셔(Lancashire) 지방 및 스코틀랜드(Scotland)의 글래스고(Glasgow) 주변이었다.

그러나 한편에서는 직업을 잃을까 두려워한 노동자들이 1779년경에도 러드(N. Lud)의 인솔하에 양말 짜는 기계(stocking frame)를 파괴하였으며 한참 세월이 지난 1811~1812년과 1816년에도 노동력을 절약할 수 있는 기계들을 파괴하는 소요가 일어났는데 이를 러다이트 폭동(-暴動, Luddite riots)이라고 하고 여기에 참여한 사람들을 러다이트단원(-團員, Luddites)이라고 한다. 그들은 이런 기계를 만드는 것 자체가 인간의 노동력을 필요로 하며 이러한 기계의 발명이 궁극적으로는 인간의 노동을 감소시키는 것이 아니라 증가시킨다는 사실을 이해하지 못하였던 것이다.

한 업종의 어떤 분야에서 새로운 기계의 등장으로 생산량이 극적으로 증가하면

1. 공장을 파괴하는 러다이트 단원
2. 공장주를 암살하는 러다이트 단원 ⓒlearnhistory.org.uk

이를 따라잡기 위하여 다른 분야에서도 곧바로 새로운 발명을 필요로 하게 된다. 카트라이트의 역직기가 제대로 가동되자 영국의 면공업은 많은 양의 솜을 필요로 하게 되었다. 당시 솜은 영국의 식민지인 인도와 특히 미국의 남부에서 주로 생산되었는데 면 농사는 노동집약적(勞動集約的, labor-intensive)이어서 많은 일손이 필요하였으므로 아프리카에서 수많은 흑인들을 노예로 잡아들임으로써 아프리카를 비운의 대륙으로 만들었다. 그럼에도 불구하고 한 사람이 하루에 정제할 수 있는 솜의 양은 그리 많지 않아 솜의 생산량이 별로 시원치 않았다. 조지아(Georgia)를 둘러보면서 솜을 정제할 기구의 필요성을 느낀 휘트니(E. Whitney)는 1792년 씨아(cotton gin)[132]를 개발하여 생산하기 시작하였다. 특

휘트니

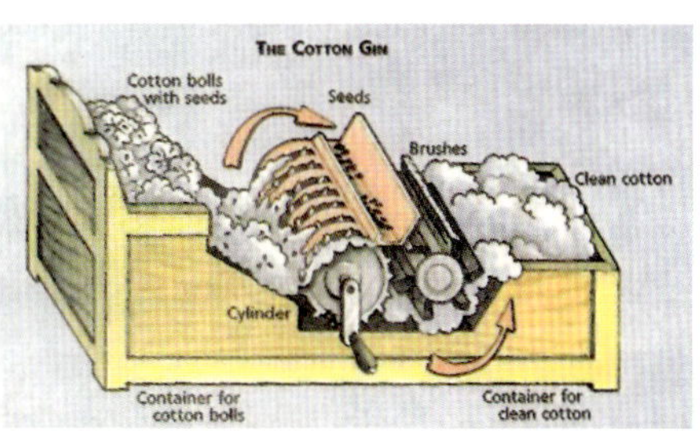

씨아

허를 받기는 하였으나 구조가 워낙 간단하여 수많은 모조품이 쏟아져 나옴으로써 상업적으로는 별로 재미를 못 보았지만 그의 발명 역시 인류의 역사에 큰 영향을 미친 것이다.

3. 철공업과 기계공업의 발전

면공업의 급속한 발전은 관련된 모든 산업의 발전을 촉진시켰으며 특히 생산재 부문에서는 철공업, 석탄업과 기계공업이 현저하게 발전하여 석탄과 철의 생산이 급속하게 증대되었다. 제철업자인 윌킨슨(J. Wilkinson)은 1775년경 실린더천공기를 발명함으로써 와트의 증기기관이 더욱 힘을 발휘할 수 있도록 해주었으며 또 양질의 선철(銑鐵)을 대규모로 생산할 때에는 숯(목탄/木炭, charcoal) 대신 석탄으로 만든 코크스(cokes)를 사용하는 로(爐)가 더 우수함을 발견하기도 하였다. 그는 1777년에 영국에서는 최초로 철로만 된 교량(철교/鐵橋, all-iron bridge)을 슈롭셔 (Shropshire) 콜브룩데일(Coalbrookdale) 근처의 세번(Severn)강에 건설하기 시작하

윌킨슨 ©Science Museum, Science & Society Picture Library

실린더천공기 ©Science Museum, Science & Society Picture Library

세번강을 가로 지르는 세계 최초의 철교

여 1779년에 이를 완공하였다. 이 교량은 본래 건축기사인 프리트차드(F. Pritchard)가 설계에 착수하였던 것이나 이를 완성하지 못하고 죽자 그 지역 제철업자인 다비(A. Darby) 3세가 설계를 완성하여 윌킨슨과 공동으로 부재(部材, member)를 주조(鑄造, cast)하고 교량을 건설하게 된 것이다. 윌킨슨은 또 세번강에서 그의 철제품을 수송하기 위하여 최초의 철제 바지(barge)선을 건조하기도 하였다.

산업혁명을 무엇보다 더욱 가속시킨 것은 바로 기계를 만들기 위한 공작기계(工作機械, machine tool) 분야의 발전이었다. 17세기 후반부터 시계공업이나 과학기구

모즐리 ⓒScience Museum, Science & Society Picture Library

자동선반 ⓒScience Museum, Science & Society Picture Library

제조업에서는 나무가 아니라 강철을 가공할 수 있는 선반(旋盤, lathe)을 필요로 하기 시작하였다. 기계공업의 아버지라고 하는 모즐리(H. Maudslay)는 1800년에 매우 정밀도(精密度, accuracy)가 높은 자동선반을 제작하였으며 그의 제자들은 평삭기(平削機, planing machine), 톱니바퀴절삭기(切削機, gear cutting machine), 천공기(穿孔機, punching machine), 플레이즈반(milling machine), 형삭반(形削盤, shaper) 등 여러 가지 공작기계들을 개발하였다. 1830년 이후에는 기계에 의한 기계의 대량생산 체제가 확립되었으며 기계는 자본재생산을 지탱하는 자립적인 체계를 갖추기에 이르렀다.

휘트워즈의 평삭기 ⓒScience Museum, Science & Society Picture Library

톱니바퀴절삭기 ⓒScience Museum, Science & Society Picture Library

천공기 ⓒScience Museum, Science & Society Picture Library

형삭반

플레이즈반 ⓒScience Museum, Science & Society Picture Library

4. 증기기관차(蒸氣機關車, steam locomotive)와 증기선(蒸氣船, Steamboat)의 등장

트레비딕 ⓒScience Museum, Science & Society Picture Library

1800년에 와트가 발명한 증기기관의 특허 기간이 만료되자 몇몇 사람이 이에 눈독을 들였는데 그중의 하나가 트레비딕 (R. Trevithick)이었다. 콘월(Cornwall)[133]의 광산에서 증기기관을 경험한 그는 1801년에 원통형 보일러와 고압증기기관을 설치한 차량을 몇 대 만들어 도로 상을 주행시켰으며 뒤이어 증기기관차를 만들어 광산에서 석탄과 광석을 운반하는 데 사용하였다. 영국에는 2세기 전부터 광산에서 가장 가까운 수로까지 석탄을 실은 마차가 다니던 목제궤도가 있었는데 철이 개량되자 목제궤도는 철로로 대체되었다. 막상 증기기관을 발명한 와트와 같은 사람들은 증기기관으로 차량을 달리게 하려는 것은 어리석은 일이라고 하였지만 트레비딕이나 스티븐슨(G. Stephenson)과 같은 사람들이 증기기관차를 만들어 냄으로써 불가능해 보이던 일을 성취시켰다. 스티븐슨이 발명한 증기기관차로 달리는 최초의 공공철도가 1825년에 스톡턴(Stockton)과 달링턴(Darlington) 사이에 개통되었고 1830년에는 맨체스터-리버풀(Liverpool) 철도가 개통되어 상업적인 면에서 성공을 거두었다. 이런 성공에 자극되어 철도망은 급격하게 영국 전토로 확대되면서 산업혁명을 더욱 가속화하였는데 18세기 중엽에는 국민소득의 불과 5%가 생산적 투자에 충당되었으나 철도 붐이 일어난 1840년대에는 10%에 달하게 되었다. 그

세계 최초인 트레비딕의 도로차량 ⓒScience Museum, Science & Society Picture Library

트레비딕의 기관차가 달리는 모습 ⓒScience Museum, Science & Society Picture Library

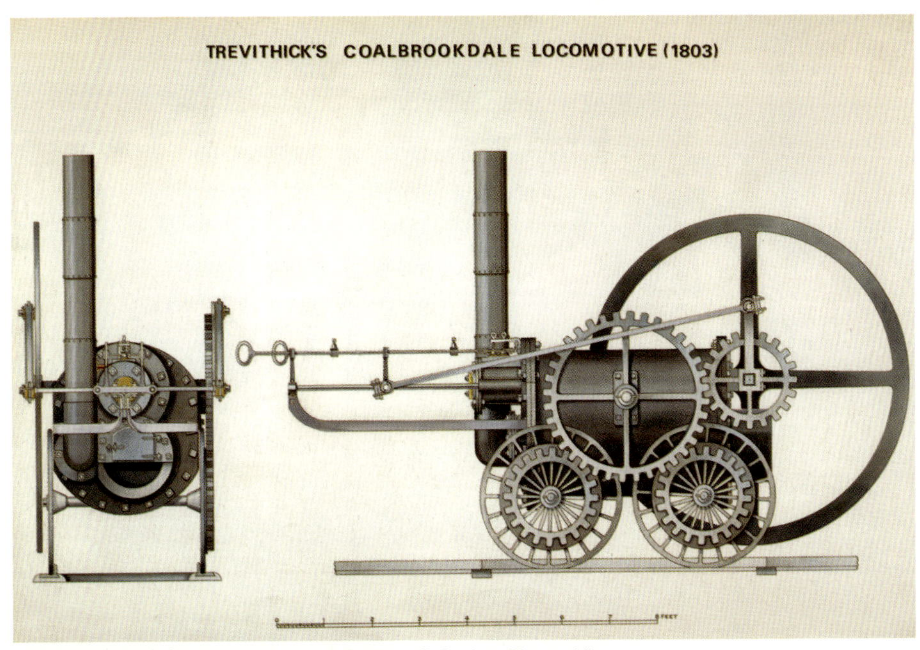

트레비딕의 기관차 ⓒScience Museum, Science & Society Picture Library

스티븐슨 ⓒScience Museum, Science & Society Picture Library

스티븐슨의 기관차 로켓 ⓒScience Museum, Science & Society Picture Library

최초의 공공철도 개통식 ⓒScience Museum, Science & Society Picture Library

리고 농업인구의 비율은 18세기 중엽의 약 70%에서 급격하게 감소하여 1850년에는 22%로 줄어들었다. 영국의 증기기관차는 영국에서뿐만 아니라 전 세계의 많은 나라로 수출되어 수송혁명을 선도하였다.

자동차나 기차뿐만 아니고 배도 증기기관으로 움직여 보려는 시도도 여러 번 이루어졌는데 최초의 실용적인 증기선은 1801년에 시밍턴(W. Symington)이 스코틀랜드에서 건조한 것이었다. 그 후 1807년에는 미국인 풀턴(R. Fulton)이 와트의 엔진을 장착한 '클레몬트(Clermont)'호를 건조하여 허드슨(Hudson)강에서 유료승객을 수송함으로써 상업적 성공을 거두었으며 이로부터 10년도 지나기 전에 증기선이 대서양을 횡단하면서 국가 간의 교역을 훨씬 더 원활하게 만들었다.

풀턴 ⓒScience Museum, Science &
Society Picture Library

최초의 증기선 클레몬트호

5. 영국의 제국주의와 산업혁명의 확산

이런 과정에서 영국의 중상주의가 다른 나라들보다 더욱 번성할 수 있었던 것은
영국에서는 상업 활동에 어떤 세금이나 의무도 부과하지 않은데 반하여 유럽대륙
에서는 상품이 조금만 이동하려 해도 수많은 세금과 의무가 부과됨으로써 영국이
무역의 주도권을 장악할 수 있었기 때문이다. 특히 영국은 18세기에 수많은 해외
식민지를 획득하여 제국주의(帝國主義, imperialism)의 선두 주자가 되었으며 이들과
의 무역을 독점함으로써 엄청난 이익을 챙길 수 있었는데 북아메리카가 가장 큰 시
장 중의 하나였다. 그들은 자유무역주의를 부르짖으면서도 그들 자신이 국가의 보
호를 필요로 할 경우에는 자신들을 위해 중상주의적인 보호규제를 이용하였는데,
예를 들면 기계의 수출은 1774년 이후 금지되었으며 특정 기술을 습득한 노동자의
해외 이주를 금지함으로써 다른 나라가 기계제품 생산의 경쟁 상대가 되는 것을 막
으려 하였다. 기계의 수출금지가 풀린 것은 영국이 산업혁명을 완성하여 생산력에
서의 우위를 확보한 1843년의 일이었다. 더욱이 인도 면제품의 경우 값싸고 질 좋

은 인도산 면제품에는 고율의 관세를 부과함으로써 그 수입을 억제하는 한편 맨체스터산 면제품을 인도로 수출할 때는 관세를 낮춤으로써 인도 면업(綿業)을 압박하고 시장을 정복하는 데 국가가 적극적인 역할을 하였다. 영국은 국제무역을 위하여 세계에서 가장 큰 무역선단과 그를 보호하기 위한 세계 최강의 해군을 보유하고 있었으며 영국이 새로운 경제체제인 자본주의의 선구자가 될 수 있었던 것은 전적으로 이들 해군의 덕이라고 해도 과언이 아닐 것이다.

영국전함 빅토리호

이후 유럽대륙의 다른 여러 나라도 급속히 공업화가 진행되었으며 영국의 산업자본을 숭심으로 한 유럽경제가 세계경제를 지배하게 되었다. 유럽의 무역과 제조업은 남극지방을 제외한 모든 대륙으로 뻗어 나갔으며 유럽제

트라팔가 해전

품의 시장이 방대하게 증가함으로써 산업화, 공업화는 더욱 가속되었다. 이런 식으로 세계는 제국주의적인 유럽의 선진적, 자립적 공업국과 이에 종속된 식민지적, 반(半)식민지적 후진국으로 재편되었으며 후진 농업국들은 선진 공업국에 원료를 공급하고 그들의 공업제품을 수입함으로써 유럽 국가들만 부(富, wealth)를 축적하게 되었다.

6. 재봉틀(裁縫─, sewing machine)의 발명

한편 19세기 중반에 재봉틀이 발명되면서 면제품의 수요는 다시 한번 폭발적으로 증가하게 되었다. 재봉틀은 최초의 주요한 소비자용 기기로서 1843년에 미국 매사추세츠(Massachusetts)의 호웨(E. Howe)가 먼저 발명하였으나 그의 재봉틀은 바느질을 직선으로밖에 할 수 없었는데 그 뒤 1851년에 보스턴의 싱어(I. Singer)가 곧은 바늘을 사용하고 페달이 달렸으며 곡선으로도 바느질을 할 수 있는 최초의 실용적인 가정용 재봉틀을 발명하였다. 당시 재봉틀의 수요는 엄청나서 싱어의 재봉틀은 널리 보급되었다.

1. 호웨
2. 호웨의 재봉틀
ⓒScience Museum,
Science & Society
Picture Library

3. 싱어
4. 싱어의 재봉틀

7. 강철 개발과 마천루(摩天樓, skyscraper)

선철(銑鐵, pig iron)에서 탄소를 제거하여 강철(鋼鐵, steel)을 만드는 방법은 먼저 미국인인 켈리(W. Kelly)가 고안하였으나 그가 파산하자 그와 비슷한 방법을 실험하고 있던 영국인 베세머(H. Bessemer)가 켈리의 특허를 사들인 뒤 송풍(送風, blast of air)으로 탄소를 제거하는 새로운 방법을 개발하여 1855년에 영국에서 특허를 획득하였다. 그는 처음에는 강철을 만드는 데 철광석의 질이 얼마나 중요한지를 잘 알지 못하여 수익성 높은 강철을 생산하는 데 어려움을 겪었으나 결국은 성공하여 셰필드(Sheffield)에 있는 그의 강철공장은 정부로부터 군용 총포와 철로(鐵路) 공식 제조업체로 지정을 받았다.

베세머가 적은 비용으로 강철을 생산할 수 있는 길을 열어놓자 건설 산업에도 강철이 쓰이게 되었으며 또 다른 발명가 덕분에 마천루가 등장하게 되었다. 풀러(G. A. Fuller)라는 한 젊은이가 그의 아저씨의 건축사무소에서 건축설계를 하고 있었는데 어느 날 그는 한 건물의 각 부분이 어느 정도의 하중(荷重, load)을 견뎌야 하는지에 관한 문제에 관심을 가지게 되었다. 그는 1880년대에 시카고(Chicago)로 가서 건

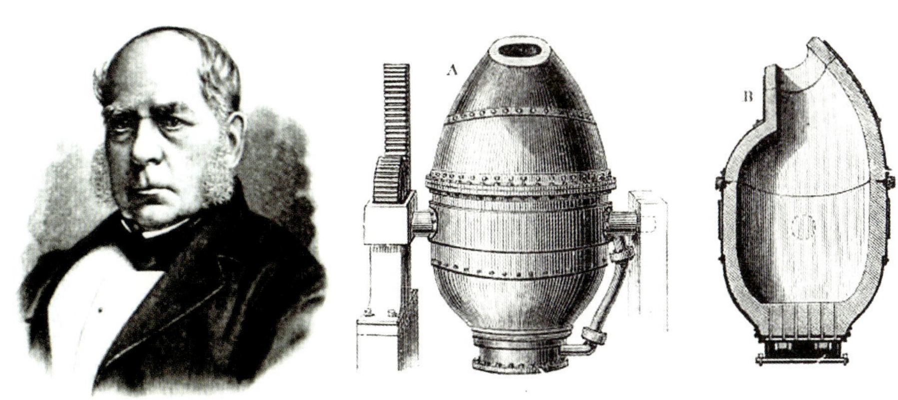

베세머   베세머의 전로(轉爐, converter)

축시공회사를 설립하고 1889년에 건물의 모든 하중을 철골(鐵骨, steel frame)로만 지지하는 타코마(Tacoma)빌딩을 건설하였는데 이 건물이야말로 건물의 외벽(外壁, outer wall)이 아무런 하중도 받지 않고 단지 내부 공간을 가려주며 외관상의 아름다움으로만 나타나는 최초의 건물이다. 그와 또 다른 건축가 번햄(D. Burnham)은 뉴욕(New York) 맨해튼(Manhattan) 중심부 브로드웨이와 23번로(路, street)가 만나는 데 있는, 돌이나 벽돌로는 10층도 올리기 어려운 조그만 삼각형 땅에도 같은 공법으로 21층짜리 플랫아이언(Flatiron) 빌딩을 건설하였는데 이것이 뉴욕 최초의 마천루이다.

타코마 빌딩
ⓒpatsabin.com

플랫아이언 빌딩

뉴욕의 마천루

8. 전신기(電信機, telegraphic device)의 등장

쿡 ⓒScience Museum, Science & Society Picture Library

휘트스톤 ⓒScience Museum, Science & Society Picture Library

1836년에는 두 영국사람 쿡(W. Cooke)과 휘트스톤(C. Wheatstone)이 여섯 가닥의 전선과 다섯 개의 키로 된 전신기를 개발하고 1839년에는 그레이트 웨스턴(Great Western) 철도노선을 따라 전신선을 가설하여 기차의 위치를 보고하도록 하였다. 그

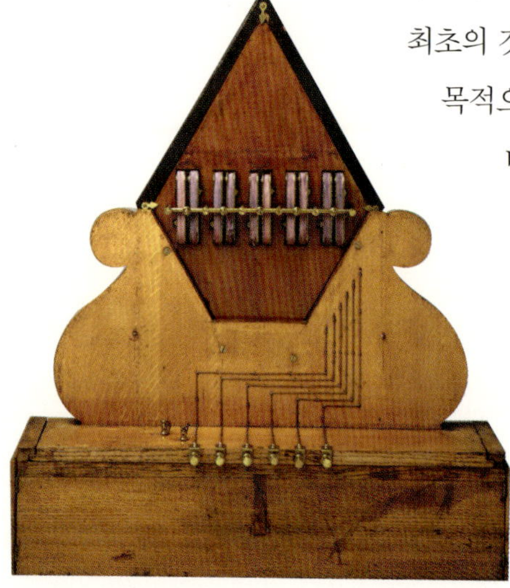

쿡과 휘트스톤의 전신기 ⓒScience Museum, Science & Society Picture Library

들의 전보는 일반 대중에게 상업적 목적으로 제공된 최초의 것이며 또한 전기(電氣, electricity)가 상업적 목적으로 사용된 최초의 예이기도 하다. 한편 비슷한 시기에 미국에서는 전신용 부호(符號, code)를 개발한 모스(S. Morse)가 의회에 끈질기게 청원하여 볼티모어(Baltimore)와 워싱턴(Washington, D.C.) 사이에 전신선을 가설하고 1844년에 최초로 자신이 개발한 부호를 사용하여 메시지를 보냈는데 한 가닥의 전선과 하나의 키로 된 이 시스템은 매우 효율적임이 바로 입증되면서 폭넓게 사용되기 시작하였다.

모스

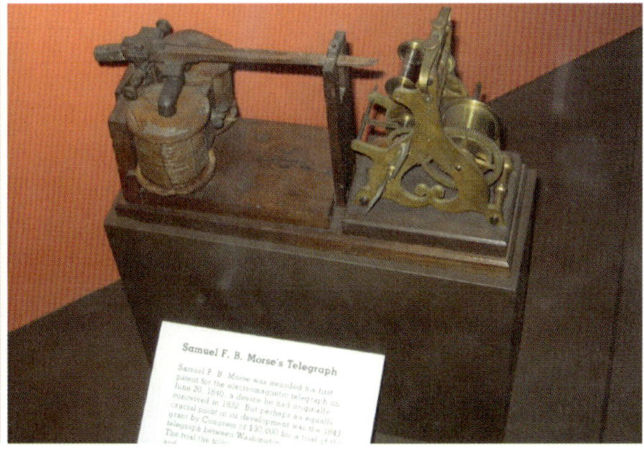

모스의 전신기

9. 발명왕 에디슨(T. Edison)

전기조명(電氣照明, electric lighting)은 에디슨이 1880년대 초에 백열등을 발명하기 훨씬 전부터 상업적으로 이용되어 왔으나 그것은 단순히 두 탄소봉(炭素棒, carbon rod) 사이에서 튀는 불꽃에 불과하였다. 그것은 경쟁 상대인 가스등보다 약간 더 밝거나 비슷하였는데 계속적으로 주의를 기울여야 하는 데다가 시끄럽고 연기까지 나서 별로 많이 사용되지 않았다. 에디슨은 영국의 스완(J. Swan)과 공동으로 오늘날의 전구(電球, light bulb)와 똑같은 원리의 백열등(白熱燈, incandescent lamp)을 발명하였는데 그들의 비결은 유리전구에서 공기를 뽑아내는데 처음으로 매우 효율적인 진공(眞空)펌프(vacuum pump)를 사용하였다는 것이며 다음으로는 오래가면서도 밝게 빛나는 전도체(電導體, conductor), 즉 필라멘트를 찾는 것이었다. 에디슨은 또 뉴욕의 펄 스트리트(Pearl Street)에 최초의 상업용 발전소(發電所, power plant)를 건설하여 1882년 9월 14일부터 가동을 시작하였다. 에디슨으로부터 전기를 공급받아 전구를 사용하는 집들이 기하급수적으로 증가하였으며 결국 에디슨이나 웨스팅하우스(G. Westinghouse) 같은 발명가들은 나중에는 조명만이

젊은 에디슨과 초기의 축음기

초기의 백열전구 ⓒScience Museum,
Science & Society Picture Library

아니라 전기모터나 다른 전기제품들을 위해서 전국의 가정이나 공장에 전기를 공급하게 되었다.

에디슨은 참으로 위대한 과학자이자 발명가였으며 뛰어난 사업가였다. 그는 누구의 도움이나 가르침도 없이 발전기(發電機, dynamo), 각종 스위치, 조정기(調整機, regulator), 퓨즈(fuse), 전류계(電流計, ammeter) 등 전기를 발전하고 공급하는 데 필요한 모든 것들의 필요성을 알아내고, 발명하고, 설계하고, 제작하였으며 하다못해 뉴욕에 전선을 가설하는 데까지도 도움을 주었다. 아무리 천재라고는 하지만 미국에서 전기산업이 완벽하게 가동되는 데 필요한 거의 모든 일을 에디슨 혼자서 해냈다는 것은 사실상 기적과 같은 일이었다. 1906년에 등장한 텅스텐(tungsten) 필라멘트 전구(나중에는 질소로 충전됨)는 전력 소비량이 에디슨 전등의 1/3에 불과하여 어

펄 스트리트의 발전소(모형) ©Science Museum, Science & Society Picture Library

증기 발전기 ©Science Museum, Science & Society Picture Library

떤 전력 생산업자는 전력 소비가
줄어들 것을 걱정하였으나 새로
운 전구와 함께 때마침 쏟아져
나온 진공청소기(眞空淸掃機,
vacuum cleaner), 세탁기(洗濯機,
washing machine), 전기난로(電氣煖爐,
electric stove), 식기세척기(食器洗滌器,
dishwasher) 등과 같은 가전제품들로 인하여
전력 소비가 줄어들기는커녕 19세기 말에는 상
상도 할 수 없을 정도로 증가하였다. 사실 100여
년 전만 해도 전기에 대해 우리 인류가 아는
것은 거의 없었으나 오늘날에는 거의 단 하
루도 전기가 없는 생활이란 생각하기조차
어려운데 이 모든 것은 19세기 말의 몇몇 유
능한 발명가와 사업가들의 덕택이다.

초기의 진공청소기 ⓒScience Museum,
Science & Society Picture Library

1인용 활동사진 영사기 ⓒScience Museum,
Science & Society Picture Library

확성기를 장치한
가정용 축음기
ⓒScience Museum,
Science & Society
Picture Library

초기의 목제 전기세탁기 ⓒScience Museum, Science & Society Picture Library

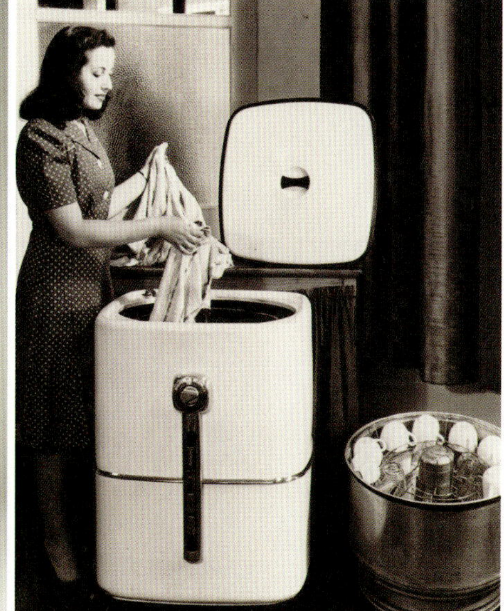
1940년대의 식기세척기 ⓒScience Museum, Science & Society Picture Library

10. 우편(郵便, post)서비스와 도로(道路, road and highway)의 발진

넓은 지역을 통치하기 위해서는 신속한 통신(通信, communication)이 자주 이루어져야 했기 때문에 우편서비스와 그를 위한 도로망의 확보는 고대 동로마제국(Eastern empire)때부터 국가의 중요한 두 가지 기능이었다. 영국에서는 1657년부터 우편서비스가 국가독점(國家獨占, state monopoly)으로 시작되었으나 1680년에 설립된 런던페니포스트(London Penny Post)와 같은 사기업(私企業, private company)들이 경쟁에 뛰어들었다. 미국도 사정은 비슷해서 1840년대 초에 많은 택배회사들이 등장하였는데 이들은 처음에는 소포(小包, parcel)만 배달했으나 이들의 서비스가 매우 효율적이었으므로 나중에는 고객들이 편지도 배달해 줄 것을 요구하였다. 전국적으로 광범위한 배달망을 가지고 있던 웰즈(H. Wells)와 같은 사람들

영국의 왕립 우편마차 ⓒScience Museum, Science & Society Picture Library

은 정부가 25센트를 받는 필라델피아(Philadelphia)-뉴욕 간의 배달을 6센트만 받고 똑같은 시간 안에 해주었다. 웰즈는 정부의 우편물을 규정된 요금의 1/5만 받고 배달해주겠다고 제안하였다가 거절당하였으며 미국편지배달회사(American Letter

세계 최초의 우표
페니 블랙(1840)

광산의 모습을 그린 초기의 우표
(1897)

Mail Company)의 스푸너(L.Spooner)는 우편서비스를 정부가 독점하는 것은 위헌(違憲, unconstitutional)이라고 소송을 제기하였다. 그러자 정부는 독점권을 포기하는 대신 우편요금을 사기업이 경쟁할 수 없을 정도까지 내려 1851년에는 3센트만 내면 전국 어디에도 편지를 보낼 수 있게 되었다.

도로를 개설하는 것 역시 오랜 옛날부터 정부의 역할이었는데 도로는 우편서비스뿐만 아니라 군사(軍事, military) 목적으로도 매우 중요하였지만 자동차가 일반화되기 전인 20세기 초까지만 하더라도 도로는 대부분 매우 열악한 상태였다. 그러나 18세기 후반부터 건설되기 시작한 사설 유료도로(有料道路, turnpike/toll road)는 매우 양호하였는데 여기에는 텔포드(T. Telford)와 머캐덤(J. MacAdam)이라는 두 명의 스코틀랜드 기술자가 크게 기여하였다. 그들은 새로운 포장(鋪裝, pavement)공법을 개발하여 지금도 쇄석(碎石, rubble)을 다진 포장을 머캐덤포장이라고 하며 이들은 또 도로 배수(排水, drainage)의 중요성을 최초로 주장하기도 하였다. 정부는 전국적인 통제를 유지하기 위하여 우편이나 조폐(造幣, mintage)와 같이 매우 중요한 사업들을 독점하려는 경향이 있으나 이들 사업이 공무원들이나 공기업의 직원들에 의해 개선되는 경우

텔포드　　　머캐덤

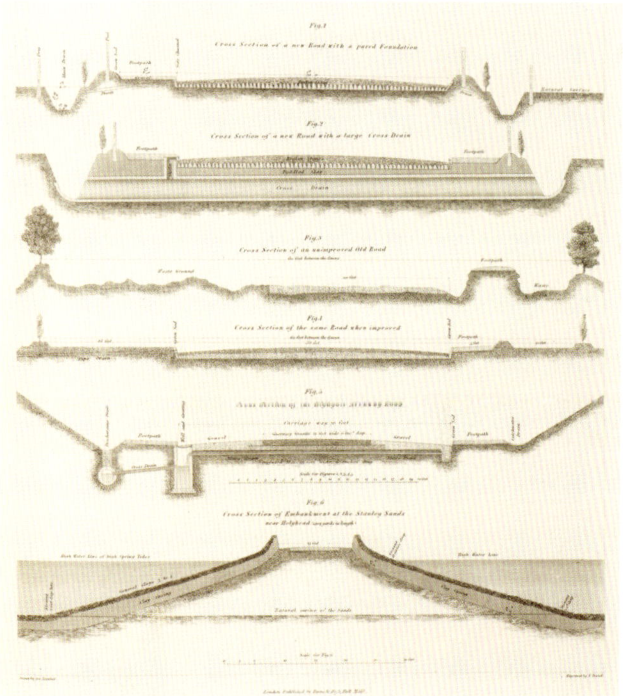

신 도로공법(1838) ⓒScience Museum, Science & Society Picture Library

는 거의 없으며 주로 더 낮은 금액으로 더 나은 서비스를 제공하는 사적(私的, private) 경쟁자들의 노력에 의해 이루어졌다.

11. 자동차(自動車, automobile)의 등장과 표준화(標準化, standardization)

18세기 후반에 말이 끌지 않고 증기기관을 설치한 괴상한 차량이 런던 시내에 등장하자 당장 두 집단의 커다란 저항에 부딪치게 되었는데 하나는 자신들의 사업이 끝날 것을 두려워하는 역마차(驛馬車, stagecoach) 업자들이었으며 또 하나는 자신들의 말이 놀랄 것을 걱정하는 시민들이었다. 결국 그들은 도로 상에서의 실험을 어렵게 만들고 증기기관의 이용을 제한하는 법을 제정하도록 하였는데 1878년에 의회를 통과한 '도로상의 증기기관차령(Locomotive on Highway Act)'이 그것이다. 보통 적기법(赤旗法, Red Flag Law)으로 더 잘 알려진 이 영(令)에는 공공도로 상을 자력으로 주행하는 차량의 최고 속도를 시속 6.4km로 제한하고 있으며 붉은 기를 든 사람이 미리 전방으로 달려가서 다가오는 마차에게 경고를 해 주도록 규정되어 있었다. 이 영은 1878년에 개정되었으나 속도제한 규정은 유지되었으며 자동차운전은 두 사람이 하고 세 번째 사람은 전방의 교차로와 같이 위험한 장소에 미리 가서 경고를 해 주도록 되어 있었다. 이러한 사회적 분위기와 법률 때문에 영국에서의 자동차의 발전은 독일, 프랑스나 미국에 비해 상대적으로 늦어지게 되었다.

내연기관(內燃機關, internal combustion engine)이란 연료의 폭발적인 연소가 실린더 내에 있는 피스톤을 밀고, 피스톤의 움직임이 크랭크축(crankshaft)을 돌리면 이것이 바퀴를 회전시키게 만드는 모든 기관을 말하는데 오늘날의 내연기관은 수많은 사람들의 노력이 결집된 결과이다. 최초의 성공적인 내연기관은 1860년에 프랑스 기술자 르누아르(E. Lenoir)가 제작한 것이었으며 1876년에는 독일인 오토(N. Otto)가 최초의 4행

르누아르

르누아르의 2행정 자동차

다임러

다임러가 만든 최초의
목제 모터사이클

다임러의 4륜차(1899)
ⓒScience Museum,
Science & Society
Picture Library

정(四行程, four stroke) 엔진을 제작하였다. 그의 직원이었던 다임러(G. Daimler)는 석탄가스 대신 휘발유(揮發油, gasoline)를 사용할 것을 제안하였으며 1885년에는 자신의 엔진을 장착한 원시적인 모터사이클을 선보였다. 다음 해인 1886년에는 독

일인 벤츠(K. Benz)가 최초로 자신의 엔진을 장착한 네 바퀴 자동차를 제작하여 현
대 자동차의 선구자가 되었다. 자동차를 상업적으로 처음 생산한 자는 프랑스의 파
나르(R. Panhard)와 르바소르(E. Levassor)가 1889년에 설립한 파나르-르바소르회
사로서 그들은 앞쪽에 다임러 엔진을 설치하고 동력을 클러치(clutch)와 삼단변속

벤츠 ⓒScience Museum, Science &
Society Picture Library

벤츠의 초기 자동차 ⓒScience Museum, Science & Society Picture
Library

르바소르 ⓒScience Museum, Science
& Society Picture Library

파나르-르바소르의 자동차 ⓒScience Museum, Science & Society
Picture Library

기(三段變速器, three speed gear) 및 차동(差動)기어(differential gear)를 거쳐 뒷바퀴로 전달하는 방식의 차량을 1891년에 처음으로 생산하였다.

그 후 미국에서도 1893년에 두리에이(Charles and Frank Duryea) 형제가 미국 최초의 가솔린 자동차를 완성하고 2년 후에 생산·판매를 시작하였으며 1894년에는 헤인즈(E. Haynes)가, 그리고 1896년에는 포드(H. Ford)가 각각 독자적으로 비슷한 형태의 자동차를 생산하였다.

이렇게 자동차업체가 여럿 생기자 이들 상호 경쟁적 관계에 있는 여러 업체들이 자발적으로 협조체제를 구축한 것은 매우 다행한 일이 아닐 수 없다. 이들이 설립한 미국 자동차공학회(自動車工學會, Society of Automative Engineers, S.A.E.)는 미국 내뿐만 아니라 전 세계적으로 자동차부품을 표준화하는 데 크게 기여하였다. 그들은 오일(oil)의 점도(粘度, viscosity)를 수치화하고 기화기(氣化器, carburetor) 설치를 표준화하였으며 타이어와 바퀴 테(rim)의 크기 및

찰스 두리에이와 그의 첫 자동차 ⓒDetroit Public Library, National Automotive History Collection

두리에이형제의 초기 자동차 ⓒhistomobile.com

헤인즈의 자동차 ⓒamericaslibrary.gov

포드

포드의 첫 자동차

세계에서 가장 많이 팔린 포드 모델 T ⓒScience Museum, Science & Society Picture Library

마력(馬力, horsepower)의 등급 등 헤아릴 수 없이 많은 항목을 규정함으로써 뒤에 등장하는 항공 산업에까지도 큰 도움을 주었다.

12. 철도(鐵道, railroad)의 표준화

이런 협력은 19세기 후반의 미국 철도에서도 필요하였다. 철도차량(鐵道車輛, rolling stock)을 같이 사용하기 위해서는 궤간(軌間, gauge)과 연결기(連結器, coupling hook) 등이 표준화되어야 하는데 철도를 처음 부설하기 시작하였을 때에는 표준궤간이 정해지지 않아서 어디서는 영국의 스티븐슨이 채택한 4ft 8 1/2in[134]를 표준으로 사용하였으나 다른

철도의 궤간

곳에서는 4ft 10in나 5ft(주로 남부에서 많이 사용), 그리고 6ft까지도 사용하였다. 1870년대에 대부분의 동북부 철도는 4ft 8 1/2in로 표준화되었으나 남부지방은 1886년이 되어서야 모두 표준화가 되었다. 당시의 철도와 관련된 또 다른 문제는 도시나 지역마다 시간이 서로 달라서 기차의 스케줄을 작성하기가 매우 곤란하였다는 점이다. 19세기 후반에 철도회사들은 미국을 몇 개의 표준시간대(標準時間帶, time zone)로 나누고 각 시간대마다 같은 표준시를 사용하자는 안을 마련하였다. 이에 대해 의회나 다른 그룹에서 정치적 적대감 등으로 원만한 합의가 이루어지지 않자 철도회사들이 스스로 시간표협약(時間表協約, Time Table Convention)을 마련하여 1883년 11월부터 이를 사용하기 시작하였는데 이것 역시 표준궤간의 결정과 함께 서로 경쟁관계에 있는 사기업들이 자발적으로 서로 양보하고 협력하여 합의를 도출한 좋은 예이며 정부의 힘만으로는 이런 일은 불가능하였을 것이다.

13. 비행기(飛行機, airplane)의 등장과 발달

오빌 라이트

월버 라이트

1903년에 라이트(Orville and Wilbur Wright)형제가 시험비행에 처음 성공하였을 때만 해도 비행기가 지금과 같이 발전하리라고는 아무도 상상하지 못하였을 것이다.

그러나 얼마 되지 않아 상업항공(商業航空, commercial aviation)의 가능성이 비쳐졌고 비행기가 막 실용화될 무렵 발발한 제1차 세계대전(第一次世界大戰, World War I)에서는 정찰(偵察, reconnaissance), 기총소사(機銃掃射, strafing)와 폭탄투하(爆彈投下, bombing)에 곧바로 비행기가 투입되었다. 비행기는 연이은 두 차례의 세계대전을 겪으면서 제트엔

라이트형제의 첫 번째 비행(1903)

진(jet engine)과 같은 새로운 엔진의 개발로 비행속도 등의 성능이 가속적으로 향상되어 전투기(戰鬪機, fighter)는 물론 민간 항공기에도 초음속기(超音速機, supersonic plane)가 등장하였으며 오늘날 수많은 비행기가 쉴 새 없이 하늘을 누비고 있다. 그리고 비행기와는 좀 다른 비행체인 로켓(rocket)도 개발되어 인간을 달 표면에 상륙시켰을 뿐만 아니라 태양계 내는 물론 이제는 태양계 밖까지도 우주탐사선(宇宙探査船, space probe)을 보내게 되었다.

첫 군용기 커티스 P-1 호크

1차대전 때 활약하던 에버하트 SE-5E기

2차대전 초의 대표적 전투기 커티스 P-40

초음속 여객기 콩코드

1. 우주선 보이저 2호의 발사
   광경
2. 아폴로 11의 달 착륙선과
   닐 암스트롱
3. 최초로 달에 착륙한 아폴로
   11의 버즈 앨드린
4. 달에서 본 지구의 모습

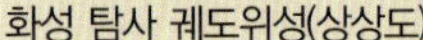

화성 탐사 궤도위성(상상도)

토성 및 그 위성 탐사용 우주선 카시니(상상도)

14. 무선전파(無線電波, radio)의 발견과 이용

독일의 물리학자 헤르츠(H. Hertz)가 1886년에 맥스웰(J. C. Maxwell)의 이론을 실험하는 과정에서 최초의 무선전파 전송(傳送, transmission)이 이루어졌다. 마르코니(G. Marconi)는 1897년에 무선(無線, wireless)으로 모스부호를 전송할 수 있는 무전기(無電機, radiotelegraph)를 개발하고 회사를 설립하여 사업을 시작하였는데 1899년 영국 해안에서 배가 침몰하였을 때 무전기 덕분에 구명선(救命船, lifeboat)을 바로 보내 인명을 구출함으로써 그 효용이 입증되었다. 그 후 10년 내에 무선 방송(放送, broadcasting)이 가능해져 뉴스와 오락을 제공하는 새로운 산업이 시작되었으며 최초의 상업방송국(商業放送局, commercial broadcasting station)은 제1차 세계대전이 끝난 직후에 설립되었다.

헤르츠

마르코니와 그의 무전기

최초의 본격적 라디오 방송국인
신시내티의 8XB(1924)

1940년대의 라디오

1928년의 GE 기계식 8각형 3인치 TV ⓒtvhistory.tv

1940년의 TV 뉴스 및 드라마 방영 장면 ⓒtvhistory.tv

1928년의 베어드 모델 C TV ⓒtvhistory.tv

1932년의 RCA TV ⓒSteve Restelli/framemaster.tripod.com

텔레비전(Television)과 전파탐지기(電波探知機, 레이더/radar)는 라디오의 부산물인데 무선으로 영상을 전송하는 것은 1920년대 말부터도 가능하였으나 일반 사람들이 재정적으로 큰 부담 없이 텔레비전을 사서 즐길 만큼 일반화된 것은 제2차 세계대전 이후였으며 여기에는 영국의 베어드(Baird)텔레비전 개발회사나 미국의 웨스팅하우스(Westinghouse), 아르씨에이(RCA) 등과 같은 회사들이 크게 기여하였다. 한편 레이더 역시 그 원리는 20세기 초부터 알려져 있었으나 그것이 실용화

최신의 장거리 레이더 안테나

된 것은 1930년대에 독일의 호전성에 위협을 느낀 영국이 일단의 과학자들을 레이더 연구에 투입하면서부터였으며 레이더는 제2차 세계대전 중에 국토방위는 물론 선박과 비행기의 방어용으로도 이용되었다.

15. 복사기(複寫機, photocopier)와 사진기(寫眞機, camera) 그리고 영화(映畵, movie)

최초로 사진이 촬영된 것은 1826년이었으며 그 후 많은 발전이 있었으나 그 정점은 아마 즉석사진(卽席寫眞, instant photo)을 찍는 폴라로이드 카메라(Polaroid Land camera)와 연속촬영이 가능한 영화촬영기(映畵撮影機, movie camera), 그리고 제록스(Xerox) 복사기일 것이다. 미국의 랜드(E. H. Land)는 1947년에 음화(陰畵, negative) 및 양화(陽畵, positive)

초기의 폴라로이드 즉석카메라

1916년의 코닥카메라 광고

19세기의 스튜디오 카메라

필름과 현상액(現像液, developer)을 같이 합쳐서 촬영 즉시 사진을 뽑을 수 있는 필름을 발명하였으며 1963년에는 컬러사진용 필름도 개발했다. 영화도 처음에는 흑백(黑白, black and white)에 무성(無聲, silent)이었으나 지금은 컬러와 소리(sound)는 물론이고 대형화면에 입체영화까지 제작하여 전 세계적으로 거대한 시장을 가진 영화산업을 구축하였다. 그 후 일반인들도 동영상을 찍을 수 있는 비디오카메라(video camera)가 등장하였다가 뒤이어 녹화와 재생이 자유로운 캠코더(camcorder)로 바뀌었다. 최근에는 모두 아날로그(analog)에서 디지털(digital)로 바뀜으로써 사진을 인화(印畵, printing)

태엽으로 작동되는 초기의 16mm 영화촬영기

1926년의 16mm 촬영기와 영사기
©Michael Rogge

1955년의 진공관식 비디콘 카메라 ©labguysworld.com

레코더가 별도로 부착된 초기의 비디오 카메라
©colin99.co.uk

최초의 가정용 캠코더(1983)

하여 앨범에 정리하던 시대는 지나고 컴퓨터에 영상(映像, image)째로 보관하였다
가 보고 싶을 때 아무 때나 화면으로 보는 시대가 되었다. 복사기는 뉴욕의 특허변
리사였던 칼슨(C. Carlson)이 1938년에 발명하였으며 1959년에 로체스타

(Rochester)의 할로이드(Haloid)사가 상업적으로 실용화한 제품을 제록스914라는 상품명으로 시장에 내놓았는데, 이때부터 복사기의 수요는 타사 제품을 포함하여 봇물 터지듯 증가하였다.

초기의 제록스복사기 모델 A

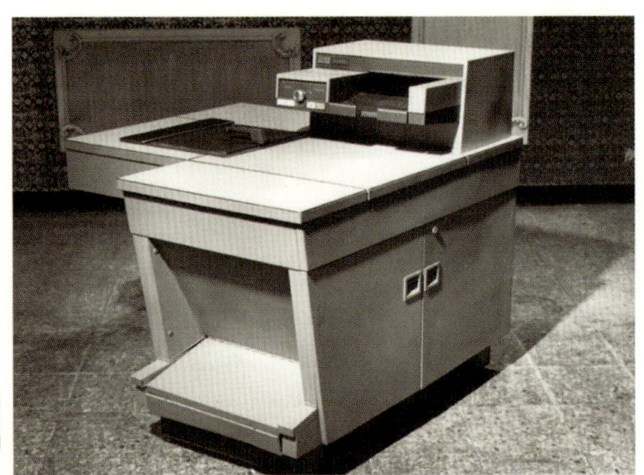

최초의 일반종이용 복사기 제록스 914

16. 컴퓨터(computer)의 등장

현대적인 계산기(計算機, calculator)의 조상은 아마 파스칼(B. Pascal)이 1642년에 만든 가산기(加算機, adding machine)일 것이다. 19세기에는 더하기와 곱하기를 할 수 있는 계산기들이 많이 제작되었으며 버로스(W. S. Burroughs)의 제품은 결과를 두루마리 종이에 기록할 수도 있었다. 영국 케임브리지(Cambridge)대학의 수학교수였던 배비지(C. Babbage)는 1833년경부터 단순한 계산이 아니라 모든 종류의 정보(情報, information)를 처리(處理, processing)하고 저장(貯藏, storage)하며 검색(檢索, retrieval)할 수 있는 해석기관(解析機關, analytical engine)을 구상했지만 당시의 기술로는 이를 실현시킬 수 없었다. 컴퓨터 발전의 또 하나의 공로자는 1890년대에 미국 인구조사국(人口調査局, Census Bureau)에 근무하던 홀러리스(H. Hollerith)인데 그는 천공(穿孔)카드(punch card)시스템과 데이터를 기록할 수 있는 전기기계계

파스칼

파스칼의 가산기

배비지

홀러리스와 그의 천공카드
식 도표작성기(1908)

버로스의 전동계산기(1926) ⓒScience Museum,
Science & Society Picture Library

수기(電氣機械計數器, electro-mechanical counter)를 개발하였다. 인구조사국을 그만
둔 후 그는 자신의 회사(Tabulating Machine Company)를 설립하고 1901년에는 데
이터 입력용 자판(字板, keyboard)을 개발하였으며 이 회사는 결국 1924년에 다른
회사들과 합쳐져 아이비엠(IBM)이 되었다. 그리고 하버드(Harvard)대학교의 에이
킨(H. Aiken)을 중심으로 메사추세츠 공과대학(Massachusetts Institute of

에이킨

Technology, MIT), 펜실베이니아(Pennsylvania)대학교 및 아이비엠의 연구진들이 힘을 합쳐 배비지의 꿈을 현실화함으로써 현대적인 컴퓨터 Mark I을 등장시켰다. 컴퓨터는 처음에는 전쟁을 위해 탄도표(彈道表, ballistic table)를 작성하거나 전후에는 인구조사 등에 사용되었으나 얼마 안 되어 컴퓨터의 용도는 정부기관에서는 물론 회사에서 가정에 이르기까지 한없이 확장되었다. 소형컴퓨터라고 할 수 있는 마이크로프로세서(microprocessor)는 군사용 무기에서 가전제품에 이르기까지 안 쓰이는 곳이 없게 되었고 컴퓨터는 인공지능(人工知能, artificial intelligence)을 가진 인공두뇌(人工頭腦, mechanical

IBM 하버드 마크 I 컴퓨터

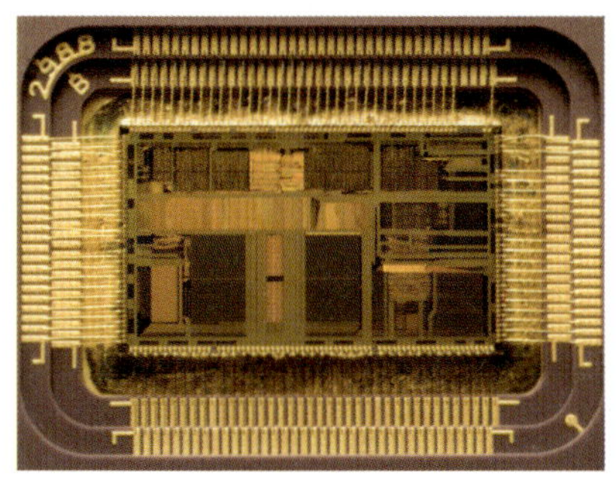
마이크로프로세서의 확대된 모습

brain)로까지 발전하게 되었으며 이제 컴퓨터 없이는 아무것도 못하는 세상이 되어 버렸다.

17. 원자력(原子力, atomic energy)

원자력의 발견 역시 인류역사상 가장 의미심장한 사건 중의 하나이다. 핵분열(核分裂, nuclear fission)과정은 중성자(中性子, neutron)를 우라늄(uranium)과 같은 무거운 원소의 원자핵과 충돌시키면 원자핵이 중성자를 흡수하면서 중(中) 정도의 무게를 가진 두 개의 원자핵으로 갈라지게 되고 이때 약간 줄어들게 되는 질량의 차이가 엄청난 에너지로 방출되는 것이다. 뿐만 아니라 핵분열 시에는 원래의 중성자수보다 더 많은 중성자를 방출하게 되는데 예를 들어 우라늄 235의 핵분열에서는 두세 개의 중성자가 새로 방출되면서 우라늄원자핵을 잇따라 분열시켜 지속적인 연쇄반응(連鎖反應, chain reaction)을 일으키게 되는 것이다. 이와 같은 핵분열이 서서히 진행되면 우리는 이것을 발전(發電, generation of electricity) 등과 같은 평화적 목적으로 이용할 수 있지만 이것이 급하게 진행되면 대량살상무기인 원자탄(原子彈, atomic bomb)이 된다. 실제로 미국은 제2차 세계대전 중 맨해튼 프로젝트(Manhattan Project)라는 이름으로 원자탄을 개발하여 1945년 8월에 일본의 두 도시 히로시마(廣島, Hiroshima)와 나가사키(長崎, Nagasaki)에 투하함으로써 일본의 항복을 좀 더 일찍 받아낼 수 있었다. 그러나 전후에도 강대국들은 경쟁적으로 점점 더 강력한 핵무기들을 개발하고 제작하여 이제 전 세계가 보유한 핵무기는 지구 전체

원자탄 폭발

를 몇 차례나 파괴하고도 남을 지경이어서 자칫 이들에 대한 통제를 잃게 된다면
상상조차 할 수 없는 엄청난 비극을 맞게 될 것이다. 한편 인류는 수많은 원자력발
전소(原子力發電所, atomic power plant)를 건설하여 원자력의 평화적 이용에도 힘써

바이런 원자력발전소

사고 후의 체르노빌 4호 원자로

왔으나 1986년 4월 26일 우크라이나의 키예프(Kiev) 남쪽 130km에 있는 체르노빌(Chernobyl)원자력발전소 제4호 원자로에서 방사능이 누출되며 폭발이 일어나 수많은 사람들이 죽거나 방사능 피해를 입어, 그전부터 있었던 원자력발전에 대한 찬반토론이 끝없이 이어지고 있다.

18. 산업혁명에 따른 인류사회의 변화

산업혁명은 단순히 경제구조에만 혁명적인 변화를 가져온 것이 아니라 정치적 사회적 구조에도 커다란 변화를 가져왔다. 종래의 지배계층이던 귀족과 지주계층이 쇠퇴하고 상인과 산업자본가 등의 시민계층이 부상하면서 이들은 1832년의 선거법 개정에 의해 피선거권(被選擧權, eligibility for election)을 얻었으며, 또한 자유주의를 표방하는 이들은 그들의 자유로운 경제활동에 방해가 되는 과거의 중상주의적인 모든 규칙과 통제를 철폐해 줄 것을 요구하였다. 그 결과 1813년에서 1814년에 걸쳐 도제조례가 폐지되었고 1834년에는 구빈법이 개정되었으며 1846년의 곡물법(穀物法, Corn Law)[135] 폐지, 1849년의 항해조례(航海條例, Navigation Act)[136] 폐지가 뒤를 이었다. 그 밖에 수출입 관세가 인하되었으며 1860년에는 자유주의 경제체제가 국내뿐 아니라 국제적으로도 거의 완성을 보게 되었다.

그러나 산업자본의 발전에는 노동자들의 희생이 뒤따랐기 때문에 이들의 단결도 불가피하였으며 그에 대한 탄압도 만만치 않았다. 1799년에는 단결금지법(團結禁止法)이 제정되었고 1819년에는 피털루 사건(Peterloo Massacre)[137]이 발생하였으며 뒤이어

피털루 사건(1819)

여섯 개의 노동탄압법령이 제정되었다. 그러나 한편으로는 공장에서의 지나친 비인도적 노동조건을 개선하려는 움직임도 있어 1802년에 제정된 최초의 '공장법(工場法, factory law)'에서는 도제에 대한 12시간 이상의 노동 및 심야작업을 금지시킨 것을 비롯하여 각각 1819년과 1833년, 그리고 1844년에 개정된 공장법에서는 점차 청소년의 노동시간이 단축되었고 1847년에는 원칙적으로 하루 노동시간을 10시간으로 하는 10시간법이 의회를 통과하였다. 또한 1824년에 단결금지법이 철폐된 이후 스트라이크가 빈발하고 노동조합(勞動組合, trade union) 결성이 전국적으로 확대되었으며 노동자는 조직력에 의해 고임금을 획득함과 동시에 노동조합과 상호부조하여 현재의 사회를 개선함으로써 새로운 사회를 이룩하려 하였다. 그리하여 1833년에는 전국노동조합대연합(全國勞動組合大聯合, Grand National Consolidated Trades Union)이 결성되었고 1844년에는 맨체스터의 로치데일(Rochdale)에 최초의 협동조합(協同組合, cooperative)이 설립되었으며 노동자들이 참정권을 얻기 위한 차티스트운동(Chartism)[138]도 격렬하게 벌어졌다. 이 운동은 당시에는

최초의 협동조합 건물이던 로치데일 박물관

차티스트운동

대가족

핵가족

성공하지 못하였으나 1867년과 1884년의 선거법 개정에서 결국 소시민과 노동자에게도 참정권(參政權, franchise)이 부여되었다.

산업혁명은 인간의 노동과 소비, 그리고 개인의 의식이나 사고(思考, thought)뿐만 아니라 가족 구조에도 큰 변화를 가져왔다. 산업혁명이 무르익은 사회에서는 농업 및 농촌경제가 자본가 및 도시경제로, 그리고 가구(家口, household), 가족경제에서 산업경제로 바뀌었으며 각 개인의 사회적 책임(責任, obligation)도 달라졌다. 농경시대의 가족은 기본적으로 대가족(大家族, multi-generation family)이고 다산(多産, fecundity)이 미덕이었으며 가부장(家父長, patriarch)의 권위가 살아 있었다. 그러나 산업화가 진행되면서 차차 핵가족(核家族, two-generation family)으로 바뀌게 되었고 자녀의 수도 줄어들게 되었다.

직업은 전문화(專門化, specialization)되었으며 많은 여성들이 직업을 가짐으로써 경제력이 개선되고 사회참여가 증가함에 따라 여성의 지위가 향상된 반면 가부장의 권위는 실추되었다. 재산(財産, property)도 농경시대에는 소유(所有, ownership)가 최우선이었으나 이제는 이용(利用, use)의 관점이 강해졌으며 부부관계에서도 이

러시아 볼세비키혁명 ⓒBoris Kustodiev

볼세비키혁명을 주도한 레닌

중국 공산혁명을 주도한
마오쩌둥

혼(離婚, divorce)이 급증하였고 지역에 따라서는 결혼(結婚, marriage)도 하지 않은 채 동거(同居, living together)만 하는 경우도 많아지고 있다. 그리고 아직도 많은 사람들이 이와 같이 극심한 가족구조의 변화에 적응하지 못하고 허우적거리고 있는 실정이다.

영국에서 일어난 시민혁명은 프랑스에도 이어져 1789년에 프랑스대혁명이 일어났으나 그 후에 여러 차례 엎치락뒤치락하였다. 그 외에 다른 나라들에서는 혁명다운 혁명이 없었고 러시아와 중국에서는 오히려 노동자계급에 의한 프롤레타리아혁명(proletarian revolution)이 일어나 공산주의(共産主義, communism)국가가 되어 버렸다. 그런 속에서도 산업혁명은 유럽 여러 나라와 미국, 러시아 등으로 확대되었으며 20세기 후반에 이르러서는 동남아시아와 아프리카 및 라틴아메리카로 확산되었다. 산업혁명이란 다시 말하면 공업화의 과정으로서 그 기원을 18세기에 일어나기 시작한 급격한 변화에 두고 있지만 어떻게 보면 사실은 그 이전부터 시작되어 온 점진적이고 연속적인 기술혁신이 좀 더 빨리 진행되면서 농업중심사회에서 공업사회로 이행되는, 아직도 끝나지 않은 역사적과정이라고 할 수 있다.

● 7 ●

정보혁명

情報革命, informational revolution

1. 정보산업(情報産業, information industry)의 발달과 컴퓨터

농업혁명에 의하여 농축산업, 광업(鑛業, mining)과 같은 제1차 산업(第一次 産業, primary industry)이 시작됨으로써 수렵과 채집을 위해 떠돌아다니던 인류가 한 장소에 정착하여 살게 되었고 산업혁명(産業革命)에 의하여 제2차 산업(第二次 産業, secondary industry)인 공업이 성립하고 발전함으로써 인간사회는 또다시 큰 변화를 이룩하였다. 그리고 이제 산업혁명이 일찍 시작된 선진국을 중심으로 공업사회가 성숙하고 고도화하여 공업보다는 금융업(金融業, financial business), 서비스업 등과 같은 제3차 산업(第三次 産業, tertiary industry)이 더 중요해졌다. 그중에서도 특히 정보를 생산하고 처리하여 이를 전달 또는 판매하거나 그것을 사서 이용하는 소위 정보산업이 크게 부각되고 있는데 이러한 동향을 산업혁명이라는 말과 대응시켜 정보혁명이라고 부른다. 오늘날 사회는 단계적으로 전개되는 기술혁신(技術革新, technological renovation)에 의하여 산업구조가 크게 변화하고 시장은 국제규모로 확대되었으며 국내적으로는 고도 대중소비시대(大衆消費時代, mass consumption age)를 맞이하고 있다. 그리고 이에 따라 정치, 경제, 사회의 모든 면에서 적절한 정보가 대량으로 신속히 요구되고 있으며 이를 뒷받침하기 위하여 정보이론(情報理論, Information Theory), 사이버네틱스(Cybernetics),[139] 정보과학(情報科學, Information Science)이라는 새로운 학문이 등장하고 발전함으로써 정보산업은 더욱 발전하게 되었다. 실제로 정보란 물질 및 에너지와 더불어 자연(自然), 즉 우주를 구성하고 있는 매우 중요한 요소의 하나이며 이에 관한 이론들은 신과학(新科學, new age science)에도 중심적 주제로 자리 잡고 있다.

정보산업의 발전에 더욱 박차를 가한 것은 컴퓨터의 발달이다. 컴퓨터의 출현에 의하여 계산(計算, computation), 제어(制御, control) 및 통신(通信, communication) 분야의 기술은 3C혁명이라 불릴 만큼 비약적인 발전을 이룩할 수 있었으며 이들 세 가지가 서로 밀접하게 관련된 기술의 본질이 바로 정보처리에 있다는 것도 컴퓨터의 발달에 따라 밝혀졌다. 이와 같은 이론과 기술적 수단을 바탕으로 컴퓨터를 이용한 정보처리기술은 생산, 경영부문으로부터 널리 사회의 모든 영역으로 확대되면서 우리 사회를 하루가 다르게 새로운 단계로 전환시키고 있다. 한편 최근에는 유전공학의 발달과 함께 DNA를 정보의 처리와 저장에 이용하는 소위 바이오칩(biochip)에 관한 연구도 활기를 띠고 있는데 DNA는 기존의 칩보다 저장용량이 월등하게 크고 처리속도도 비교가 안 되게 빠르며 가격도 저렴하므로 아직도 해결해야 할 문제가 많이 남아 있기는 하지만 바이오칩이 실용화된다면 컴퓨터에는 또 한 번의 혁명이 일어날 것이다. 또한 무선인터넷(wireless internet)의 발달과 함께 사용자가 네트워크(network)나 컴퓨터를 의식하지 않고 장소에 관계없이 자유롭게 네트워크에 접속할 수 있는 정보통신 환경, 즉 소위 유비쿼터스(ubiquitous) 네트워크의 실현이 가시화되고 있으며 대학교 구내 등 일부 지역에는 지금도 이미 설치되어 있다. 이로 인한 변화를 메인프레임(main frame)[140]과 개인컴퓨터(personal computer, PC)에 의한 정보혁명에 이어 제3의 정보혁명이라고 하기도 하며 이것은 컴퓨터에 어떠한 기능을 추가하는 것이 아니라 자동차, 냉장고, 안경, 시계,

메인프레임 ©Ian Dunster

초기의 개인컴퓨터

스테레오장비 등 어떤 기기나 사물에 마이크로프로세서를 집어넣어 커뮤니케이션이 가능하도록 해 주는 정보기술(IT) 환경 또는 정보기술 패러다임을 뜻하는 것이다.

유비쿼터스화(化)가 이루어지면 가정이나 자동차에서는 물론 심지어 산꼭대기에서도 정보기술을 활용할 수 있고 네트워크에 연결되는 컴퓨터 사용자의 수도 늘어나 정보기술산업의 규모와 범위도 그만큼 커지게 된다. 그러나 이를 위해서는 광대역(廣帶域, broad-band)통신과 수렴(收斂, convergence)기술의 일반화, 정보기술 기기의 가격저하 등 정보기술이 더욱 고도로 발달되어야 하며 이러한 제약들로 인해 아직까지 일반화되어 있지는 않지만 시간과 장소에 구애받지 않고도 네트워크에 접속할 수 있는 장점들 때문에 개발경쟁이 세계적으로 치열하게 진행되고 있다.

2. 생명과학(生命科學, life science)의 발달

정보시대에 들어와 유전자 연구를 중심으로 생명과학도 급속히 발전하고 있다. 인류는 이제 DNA를 자르고 결합시킬 수 있는 소위 유전자조작(遺傳子造作, gene manipulation)을 할 수 있게 됨으로써 자연계에는 존재하지 않던 새로운 생명체를 만들어 내고 있는데 이것을

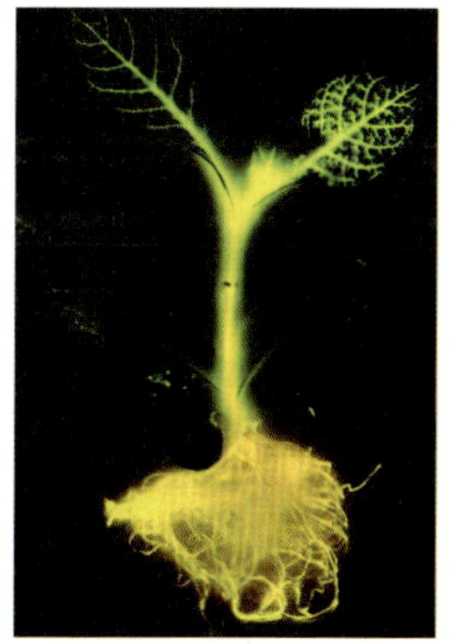
반딧불의 발광효소유전자를 접합시킨 유전자조작 담배

유전자조작생물체(genetically modified organisms/GMO)라고 한다. 미국은 이미 콩, 감자, 옥수수 등의 유전자조작농산물을 재배하여 수출까지 하고 있는데 아직 인체에 미치는 유해 여부가 밝혀지지 않아 논란이 되고 있으며 유럽은 이를 전면 수입 금지하고 있으나 우리나라는 아직까지 이에 관대한 정책을 취하고 있다. 뿐만 아니라 인류는 동물의 복제(複製, clone)에도 성공하였는데 1996년 7월 영국에서 최초의 복제동물인 복제 양 돌리(Dolly)가 탄생한 이후 세계적으로 여러 마리의 복제동물들이 태어났다. 우리나라에서도 2005년 4월 세계 최초의 복제 개 스너피(Snuppy)를 탄생시켰는데[141] 이들의 복제과정은 원칙적으로는 매우 간단하다. 배란 직후에 적출한 성숙한 난자에서 핵을 제거한 후 복제할 동물의 체세포핵을 주입한 다음 미세한 전기충격을 가하면 세포분열이 시작되는데 이를 대리모(代理母, surrogate mother)의 자궁에 이식하면 되는 것이다. 이런 일이 인간에게라고 불가능할 리는 없으므로 조만간에 복제인간이 등장할지도 모르겠으나, 윤리적인 문제를 포함한 수많은 문제들이 얽혀 있어 이의 실현 여부에 관해서는 쉽게 결론을 얻기가 곤란할 것이다.

　이런 복제기술로 하나의 생명체 전체를 복제하는 것이 아니라 개별 기관만을 복제하여 난치병에 시달리는 사람들을 치료하는 것도 이론적으로는 가능한데 이를

복제 양 돌리

복제 개 스너피(가운데)

치료용 복제라고 하며 초기과정은 일반 복제와 동일하다. 즉 여자의 난자에서 핵을 제거한 후 환자의 체세포에서 분리한 핵을 난자에 삽입하면 닷새 후에는 약 100개의 세포로 성장하는데 이들 중 특히 내부에 있는 절반은 환자의 배아줄기세포와 동일하므로 이론적으로는 환자의 어느 기관으로도 키울 수 있으며 또 이렇게 만들어진 기관은 환자와 유전자가 동일하므로 환자의 몸에 이식하더라도 거부반응(拒否反應, rejection symptoms)을 일으키지 않는다. 다만 아직까지는 어떤 정보를 어떻게 전달해야 특정 장기로 키울 수 있느냐에 관한 연구가 초보단계에 있으며 또 난자를 획득하고 배아줄기세포를 만드는 과정에 대해 과학계와 종교계 간에 생명윤리 논쟁이 뜨겁게 벌어지고 있다. 한편 최근에는 인간의 몸속, 특히 골수(骨髓, marrow)에 부분적으로는 배아줄기세포와 같은 특성을 가진 성체줄기세포가 많이 있음을

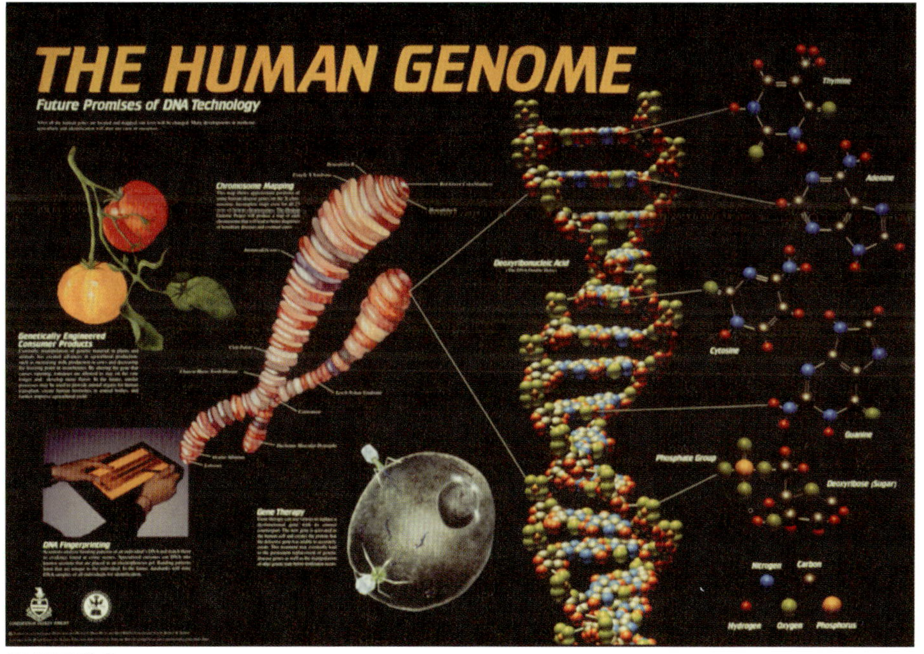

인간유전체 ©tufts.edu

발견함으로써 배아줄기세포 대신 이를 이용하는 방안도 연구되고 있다. 또 인류는
현재 인간이 가진 모든 유전자의 위치와 염기서열을 밝혀 유전자지도(遺傳子地圖,
genetic map)를 만들기 위한 인간유전체사업(Human Genome Project)을 미국, 유
럽, 일본 등이 공동으로 수행하여 2003년 4월에 이미 99.99%까지 완성하고 이제
포스트게놈(post genome)[142]을 준비하고 있다. 그러나 원자력이 그랬듯이 이와 같
은 유전자 연구가 인류에게 복이 될지 또는 엄청난 재앙을 가져올지는 아무도 모르
며 이에 대해서는 유전학자들 간에도 의견이 팽팽히 맞서는 실정이다.

　유전자 연구와 함께 최근 활발하게 이루어지고 있는 것이 뇌에 관한 연구이며 그
핵심은 의식에 관한 문제이다. 지금까지의 연구결과에 따르면 우리의 생각이나 감

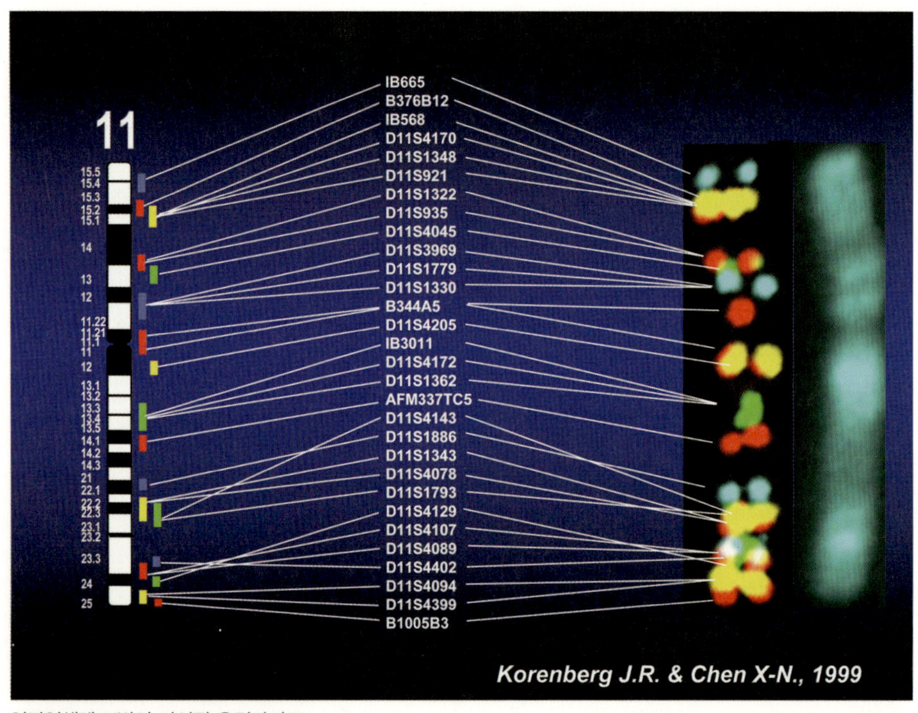

인간염색체 11번의 가시적 유전자지도

정은 복잡하고 복합적인 두뇌활동의 산물이며 정신과 영혼도 마찬가지로서 뇌와 분리될 수 있는 성질의 것이 아니라고 한다. 그러나 종교에서는 영혼불멸(靈魂不滅, immortality of spirit)을 주장하고 있는데 과연 사람이 죽으면 정신은 그렇다 치더라도 영혼마저 완전히 사라져 버리는 것일까? 지금까지 과학이 밝혀낸 사실만으로 이 문제에 결론을 내린다는 것은 그리 현명한 일이 아닐 것이다. 우리의 뇌는 최고의 성능을 가진 컴퓨터라고 볼 수도 있지만 컴퓨터와는 달리 하드웨어와 소프트웨어가 분리되어 있지 않다. 그리고 수십억 년의 진화를 거치면서 얻은 정보를 태아 때부터 간직하고 있으며 경험에 따라 자체 프로그램을 스스로 바꿀 수 있는 능력까지도 가지고 있다. 우리의 뇌는 생각만 하는 것이 아니라 느끼기도 하며 우리의 몸과 마음은 분리된 것이 아니라 끊임없이 상호작용을 하고 있는 것이다. 과학은 이제 인간의 두뇌와 컴퓨터를 직접 연결하려고 하고 있으며 동물실험에서는 이미 상당한 성과를 거두고 있다. 이 실험이 성공을 거두면 사람의 생각이나 감정을 컴퓨터에 다운로드(download) 받을 수 있을지도 모르며 SF 영화에서처럼 죽은 사람의 의식이 컴퓨터 안에 남아서 활동을 계속할 수 있을지도 모른다. 이제 인간이 과연 무엇인가를 지금까지와는 다른 차원에서 다시 한 번 진지하게 돌이켜 보아야 할 때가 온 것이다.

• 8 •
호모 사피엔스사피엔스의
문화와 유전적 특성

1. 인류 문화발전의 특성

지구상에 최초의 사람속(Homo)인 호모 루돌펜시스가 등장한 것은 지금으로부터 약 250만 년 전이며 이때부터 이들은 조악하나마 돌로 만든 도구들을 사용하였는데 이를 올도완형 석제도구라고 한다. 이들은 약 50만 년 후인 200만 년 전에 호모 에르가스테르(초기 호모 에렉투스)로 진화하였으며 그들 중 많은 집단이 올도완형 석제도구를 가지고 요르단 땅을 거쳐 일부는 180만 년 전 오늘날의 그루지야에 도착하였고 나머지는 아시아로 가서 비슷한 시기에 중국과 인도네시아 등에 도착하였다. 이들은 구대륙 각지에 흩어진 채로 150만 년 전 호모 에렉투스로 진화하였으며 아시아에서는 더 늦었지만 아프리카와 유럽에서는 이때부터 가로날도끼, 찌르개, 주먹도끼 등 좀더 크고 정교하며 다양해진 아슐리안형 석제도구를 사용하기 시작하였는데 인류가 최초로 석제도구를 사용하기 시작한 이래 새로운 도구로 발전하기까지 100만 년이라는 오랜 세월이 걸렸다.

이들 호모 에렉투스들은 아프리카에서는 약 100만 년 전 불을 사용하기 시작하였고 이 시기쯤 그들 중 일부는 다시 한 번 서부 유럽으로 건너갔다. 그리고 남아프리카에서는 약 70만 년 전 호모 에렉투스가 거인족이 되었으며 약 50만 년 전에는 초기 원시형 호모 사피엔스로 진화하여 이들 중 일부는 또다시 서부 유럽으로 건너감으로써 당시 유럽의 인류는 아프리카에서 세 차례에 걸쳐 이동한 인류가 복잡하게 얽혔을 것이다. 이들에게는 호모 안테세소르, 호모 하이델베르겐시스, 호모 슈타인하이멘시스 등의 이름이 붙었으나 약 25만 년 전 모두 네안데르탈인으로 진화하였으며 도구는 여전히 아슐리안형에서 벗어나지 못하였다. 이들에게 새로운 도구문화인 무스티에문화가 시작된 것은 지금으로부터 12만 년 전으로, 이번에는 약 140만 년이 소요되었다. 이들은 또 현생인류에게는 못 미치지만 어느 정도의 언어 능력을 가지고 있었을 것으로 보이나 정확한 것은 아직도 미지수이다.

아프리카의 더운 적도지방에서 진화한 호모 사피엔스사피엔스가 전 세계를 향하여 아프리카를 떠나기 시작한 것은 지금으로부터 12만 년 전의 일이다. 그리고 이들은 7만 년 전에서 4만 년 전 사이에 동아시아와 오스트레일리아에 도착하였으며 그보다 훨씬 가까운 중부유럽에는 4만 년 전에야 도착하였다. 그런데 이때부터 이들에게는 문화의 폭발 또는 문화혁명이라고 할 만큼 새로운 문화가 폭발적으로 등장하였다. 이를 오리냐크문화라고 하는데 창촉, 낚싯바늘, 작살 등의 도구가 매우 정교하게 만들어졌으며 악기나 조각, 그림 등과 같은 예술품들도 나타났다. 우크라이나에서는 매머드 뼈로 집을 지었고 상아, 뿔, 조개껍데기, 석회암, 흑옥, 적철광 등을 사용해서 장식물들도 만들었으며 동굴의 벽에는 놀라운 동물들의 그림을 남겼다. 그리고 언어를 원활하게 구사할 수 있었던 것도 아마 이들이 처음일 것이다.

이로부터 5,000년 후인 3만 5,000년 전에는 비록 제한된 지역에서나마 샤텔페롱문화가 등장하여 약 5,000년간 지속되었으며 3만 년 전에는 유럽에 그라베트문화가 시작되어 약 1만 년간 지속되었다. 그런데 이때쯤 혹독하게 추웠던 빙하기도 잘 견디며 20만 년 이상 유럽을 지배한 유일한 인종이었고 현생인류와도 일부 문화를 공유하였던 네안데르탈인이 거의 동시에 슬그머니 사라지고 호모 사피엔스사피엔스가 지구상의 유일한 인종으로 남게 된 것은 아직도 풀리지 않은 커다란 수수께끼 중의 하나이다. 그 후 2만 년 전에는 마들렌문화가 등장하여 역시 약 1만 년간 지속되었으며 비슷한 시기에 일부 지역에서는 솔뤼트레문화가 시작되어 약 3,000년간 지속되었다. 뒤이어 1만 년 전부터는 농경문화와 함께(일부 지역에서는 중석기시대를 거쳐) 신석기시대가 시작되면서 고대문명이 발생하였고 그 후 청동기시대와 철기시대, 그리고 산업시대를 거쳐 엄청나게 발전된 현대문명(現代文明, modern civilization)을 이룩한 오늘날의 정보시대까지 이르게 되었다.

호모 루돌펜시스에서 네안데르탈인에 이어지는 원시인류는 문화를 약간 발전시키는 데 100만 년과 140만 년이 걸렸다. 그런데 호모 사피엔스사피엔스는 약 4만 년 전 유럽에 도착하자마자 문화의 혁명을 일으켰으며 그 후에는 1만 년도 안 되는 사이마다 문화의 급속한 발전을 이룩하면서 오늘날에 이르렀다. 이것은 아마 현생인류가 전생인류들과는 차원이 다르며 그들에 비해 정신이나 의식의 수준이 적어도 한 단계 이상 더 높아졌기 때문에 가능하였을 것이다. 진화가 우연에 의해서만

하와이의 석양

이루어진다고 할 때 신체적 변화만이 아니라 의식이 만들어지고 그것이 점점 더 높은 수준으로 오르는 것도 가능한지, 아니면 우연이 우연만은 아닐 수도 있는 것인지를 생각해보게 하는 점이 아닐 수 없다.

하와이 카누

　태평양 상에는 수많은 섬들이 있는데 그중에서 북쪽의 하와이(Hawaii), 동쪽에 있는 남아메리카 연안의 이스터 섬(Easter Island), 그리고 남쪽의 뉴질랜드(New Zealand)를 연결하는 삼각형 안에 있는 섬들을 폴리네시아(Polynesia)라고 한다. 그 서쪽의 섬들은 이를 다시 둘로 나누어 북쪽의 마셜 군도(Marshall Islands), 키리바시(Kiribati), 캐롤라인 제도(Caroline Islands) 등을 포함한 2,000여 개의 섬들을 미크로네시아(Micronesia),[143] 그리고 그 남쪽에 있는 섬들을 멜라네시아라고 한다. 이 중 멜라네시아에는 약 3만 5,000년 전부터 사람들이 살고 있었으며 폴리네시아는 지구상에서 사람이 살 수 있는 곳 중 인류가 가장 늦게 진출한 지역이다. 지금으로부터 수천 년 전 동남아시아의 인도네시아 일대에는 오스트로네시아(Austronesia) 말을 쓰며 수로 어업에 종사하시만 농사도 짓고 조개를 장식품과 도구로 사용하던 사람들이 살고 있었다. 이들은 멜라네시아를 거쳐 약 3,500년 전에는 뉴기니 북쪽의 비스마르크(Bismarck) 군도에 진출해서 수평으로 띠무늬가 있고 음각으로 장식되어 있으며 기하학적 모양이 특이한 라피타(Lapita)라고 하는 도자기를 만드는 문화를 일으켰다. 이들은 약 2,500년 전에는 훨씬 동쪽에 있는 사모아(Samoa)와 쿡(Cook) 군도에까지 이르렀으며 1,600년 전에는 하와이 제도와 이스터 섬 등 폴리네시아 전 지역으로 퍼져 나갔다. 이들은 난파를 당해서 표류하거나 한 것이 아니라 철저한 준비를 하고 새로운 섬으로 옮겼으며 그 후에도 서로 꾸준히 교류를 하며 살았는데 그 옛날에 작은 카누만으로 태평양을 마음대로 건너다녔다는 것은 매우 놀라운 일이 아닐 수 없다.

캐롤라인 섬의 야자게

1. 이스터 섬의 모아이
2. 뉴질랜드에서 가장 높은 쿡산의 설경

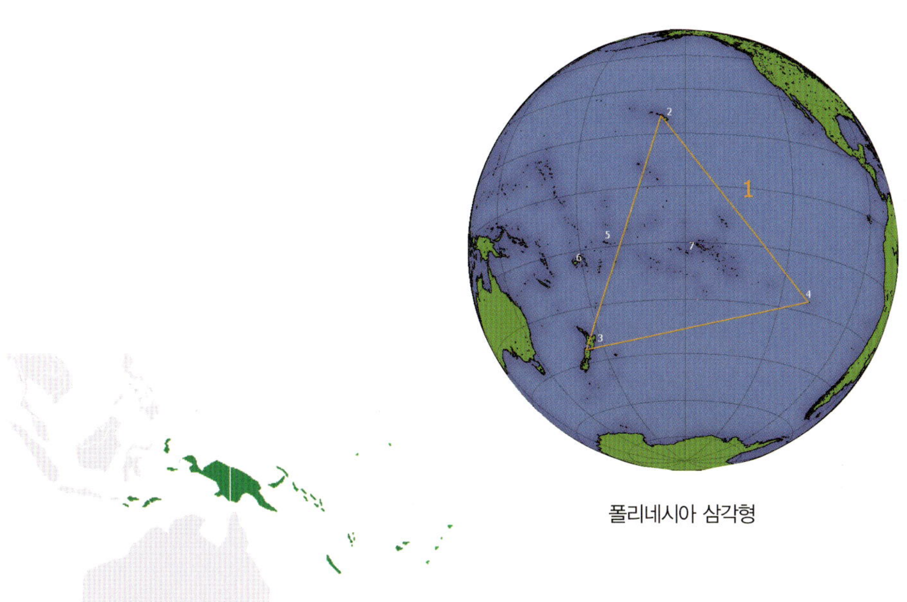

폴리네시아 삼각형
멜라네시아

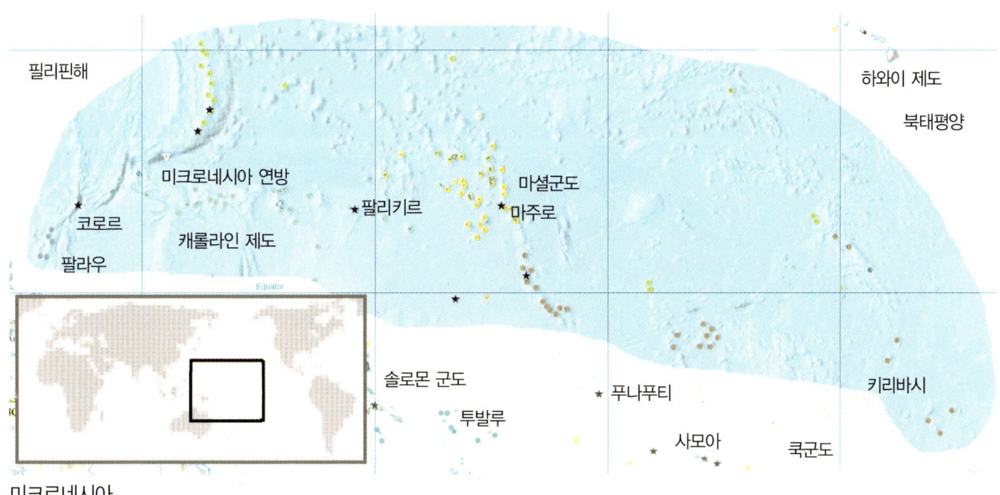

필리핀해
하와이 제도
북태평양
미크로네시아 연방
마셜군도
코로르
팔리키르
마주로
캐롤라인 제도
팔라우
Equator
솔로몬 군도
푸나푸티
키리바시
투발루
사모아
쿡군도
미크로네시아

프랑스령 폴리네시아의 쿡만

쿡 군도의 라로통가 해변

해변의 타히티 여인 ⓒPaul Gauguin – Musee d' Orsay

3,000년 전의 라피타 여인 상

라피타 토기

항해용 카누

사모아의 파투 록(Fatu Rock)

2. 현 인류의 유전적 특성

최근의 유전자 연구에 의하면 현 인류의 유전자는 초파리와 75%가 동일하며 같은 포유류인 쥐와는 92%가 동일하다. 원숭이와는 5% 정도 차이가 나며 같은 사람과에서는 약 1,200만 년 전에 분기된 오랑우탄과 3.6%, 약 800만 년 전에 분기된 고릴라와는 2.3% 정도 차이가 난다. 그리고 약 700만 년 전에 분기된 침팬지와는 1.2%밖에 차이가 나지 않으나 여기에 아무런 유전자 정보도 들어 있지 않은 쓰레기 DNA까지 다 합치면 그 차이는 약 4% 정도가 된다. 같은 인간들끼리는 동양인과 서양인이 약 0.1% 차이가 나며 한국인과 일본인은 불과 0.00586% 차이가 난다.

또 인류는 최근까지도 지속적으로 진화해 왔으며 아직도 진행 중이라는 사실도 밝혀졌다. 인간이 지금과 같은 신체적 조건을 갖추게 된 것은 아프리카에서는 평균

1만 800년 전, 아시아와 유럽에서는 평균 6,600년 전이며, 맛과 냄새를 감지할 수 있는 미각(味覺, palate)과 후각(嗅覺, smell)을 갖추고 식물의 독(毒, poison)을 해독할 수 있는 능력을 가지게 된 것은 1만 년 전에서 5,000년 전 사이이다. 7,000년 전에서 6,000년 전 사이에는 북유럽인들에게 말라리아(malaria) 저항력이 생겼고 우유를 소화시킬 수 있는 유당(乳糖, lactose) 분해효소(lactase)가 만들어졌으며 당시까지도 피부가 검던 유럽인들이 충분한 비타민 D를 만들기 위해서 햇빛을 많이 받아들일 수 있도록 피부색이 하얗게 변한 것도 이 시기이다. 결국 인류는 농사를 지으면서 정착을 시작한 1만 년 전에서 5,000년 전 사이에만 700여 개나 되는 유전자가 변하면서 미각과 후각은 물론 뇌기능과 골격구조, 그리고 피부색과 눈동자의 색에서 머릿결의 모습과 색깔에 이르기까지 다양한 변화가 일어나 지역에 따라 수많은 인종을 형성하여 오늘날에 이르게 된 것이다. 그러나 이제는 인류가 진화해 나감으로써 극복해야 할 일들을 인위적으로 대신해 주고 있기 때문에 진화가 중단되거나 그 속도가 매우 느려질 수도 있을 것이다.

· 9 ·

오늘날의 인류

오늘날 인류는 자연과학 분야에서 눈부신 발전을 거듭하여 우주의 비밀까지도 상당 부분 밝혀냈다고 보인다. 그러나 한편으로는 모든 문명이 지나치게 물질에 치우쳐 인간을 정신적으로 매우 황폐하게 만들었을 뿐만 아니라 엄청난 자원(資源,

resources)과 에너지를 소비하여 가까운 장래에 이들이 고갈될까 우려되고 있다. 인구가 과거 그 어느 때보다 급속히 증가하여 해마다 수없이 넓은 삼림이 벌채되거나 불태워지고 있다. 산업혁명 이후 수없이 세워진 공장에서 내뿜는 매연(煤煙, smoke)이 하늘을 뒤덮고 길거리로 쏟아져 나온 자동차들에서 나오는 매연은 교통혼잡(交通混雜, traffic congestion)으로 인하여 더욱 가중되고 있으며 공장에서 쏟아지는 산업폐수(産業廢水, industrial waste water)는 생활폐수(生活廢水, domestic sewage)와 함께 극심한 환경오염(環境汚染, environmental pollution)을 초래하고 있다. 뿐만 아니라 매연으로 인하여 대기 중에 이산화탄소의 양이 그 어느 때보다도 많아짐으로써 그들로 인한 온실효과로 지구온난화(地球溫暖化, global warming)가 급속히 진행되고 있고 그 결과 양극지방은 물론 히말라야나 알프스와 같은 고산 지역의 빙하가 하루가 다르게 줄어들고 있다. 그리고 빙하가 녹은 물 때문에 해류에 의한 열염순환(熱鹽循環, thermohaline circulation)[144]에 이상이 생겨 폭염(暴炎, intense heat), 폭한(暴寒, intense cold) 등 극단적인 기상이변(氣象異變, unusual change of weather)이 발생하고 있다.

농경지 확보를 위해 숲을 없앤 오스트레일리아의 베남브라

농경지 확보를 위해 불태운 멕시코 남부의 정글

공장에서 나오는 매연 ⓒPeter Essick

교통혼잡

수질오염

　　1973년에 발표된 로만클럽(Roman Club) 동경보고서는 인구는 기하급수적으로 증가하고 식량 증산에는 한계가 있으며 석유에너지는 서기 2025년을 전후하여 고갈될 것으로 예측되고 있으나 원자력은 에너지 해결책이 되지 못하는 데도 아직 다른 에너지원이 발견되지 않았다는 점, 천연자원의 소비가 급격히 증가하여 매장량이 고갈되어 가고 있다는 점, 기하급수적으로 증가하는 오염과 지구온난화 등으로 인해 인류는 21세기 전반기에 커다란 위기(危機, crisis)에 봉착할 것이며 이를 극복하기 위해서는 지속가능발전(持續可能發展, sustainable development)모델[145]을 시급

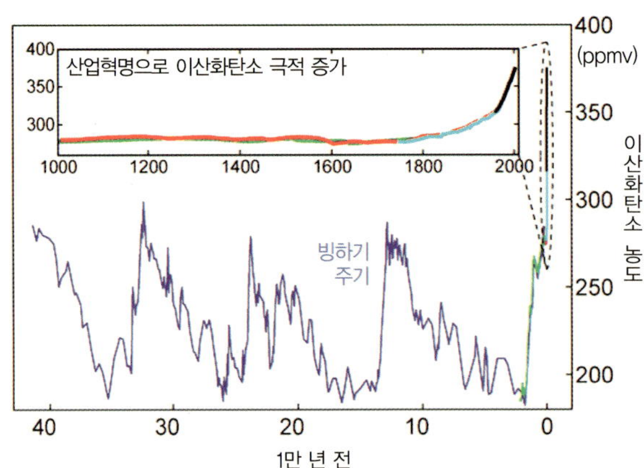

40만 년간의 이산화탄소 양의 변화

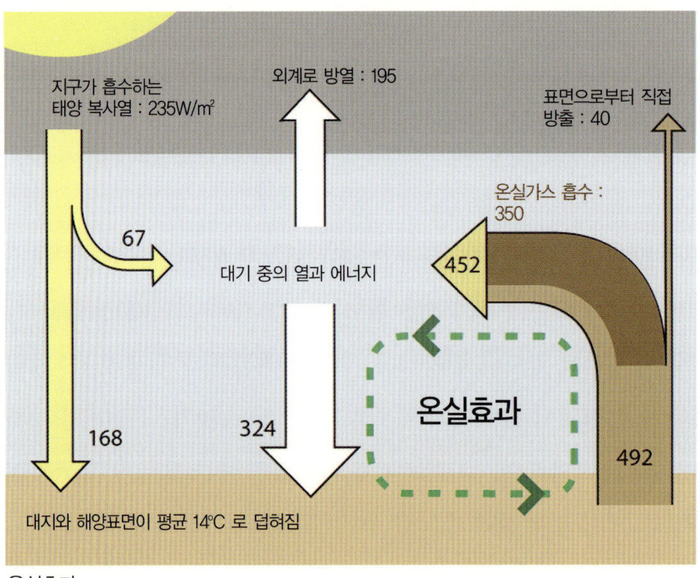

온실효과

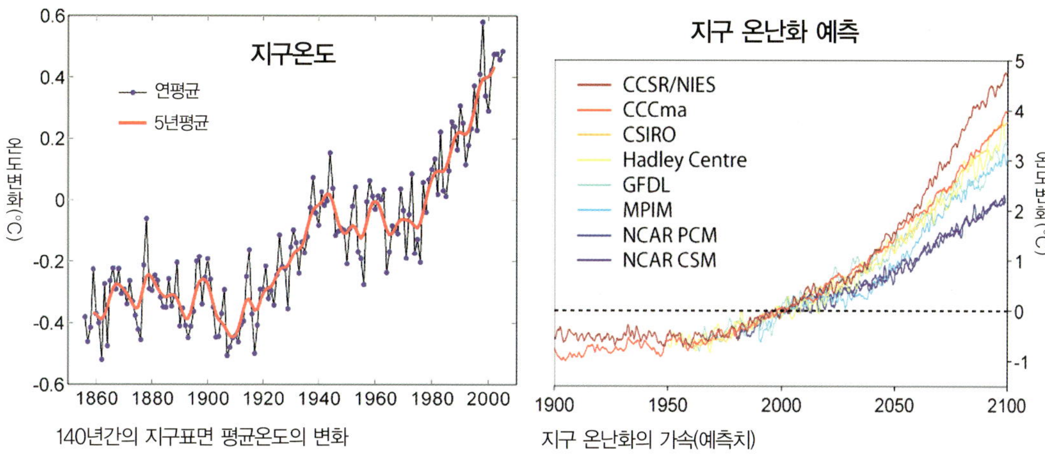

140년간의 지구표면 평균온도의 변화

지구 온난화의 가속(예측치)

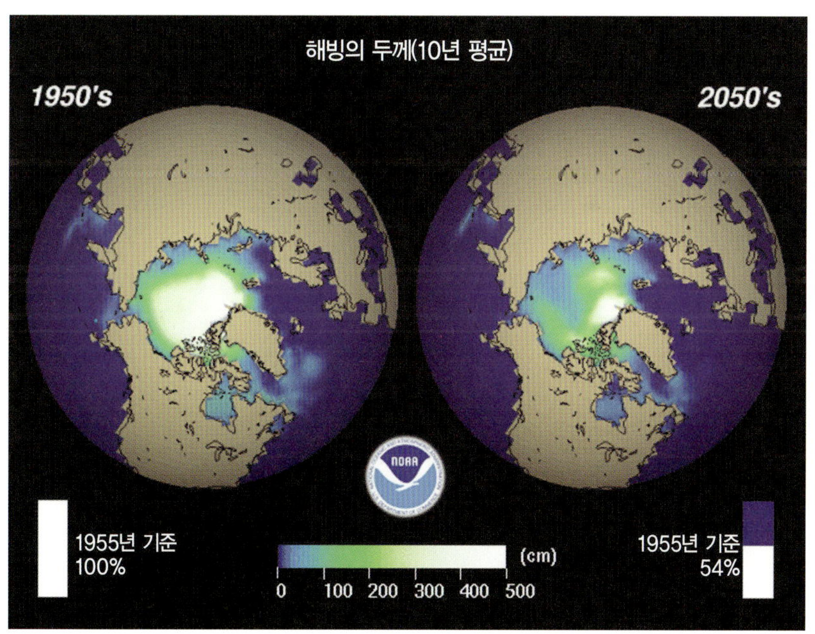

북극의 빙하 감소

알래스카 맥카티빙하의 연도별 비교(최근에는 빙하가 사라졌음) | 그린넬 빙하국립공원 빙하의 연도별 변화

녹아내려 빙하호를 이루는 히말라야의 만년설

해류에 의한 열염(熱鹽)의 순환

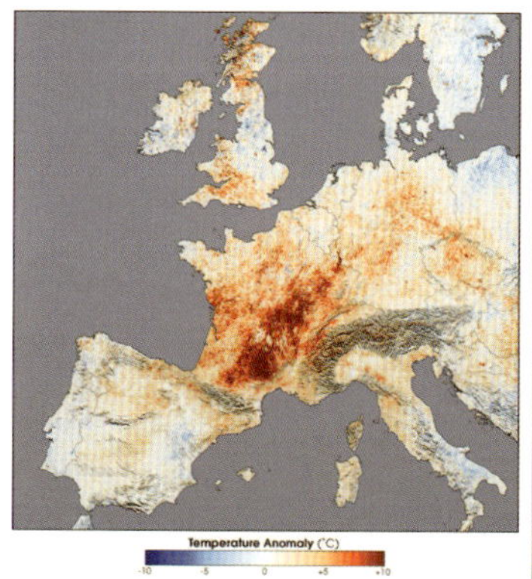

2003년 유럽의 무더위(평소보다 10° 이상 상승) 오클라호마의 토네이도

허리케인 카트리나

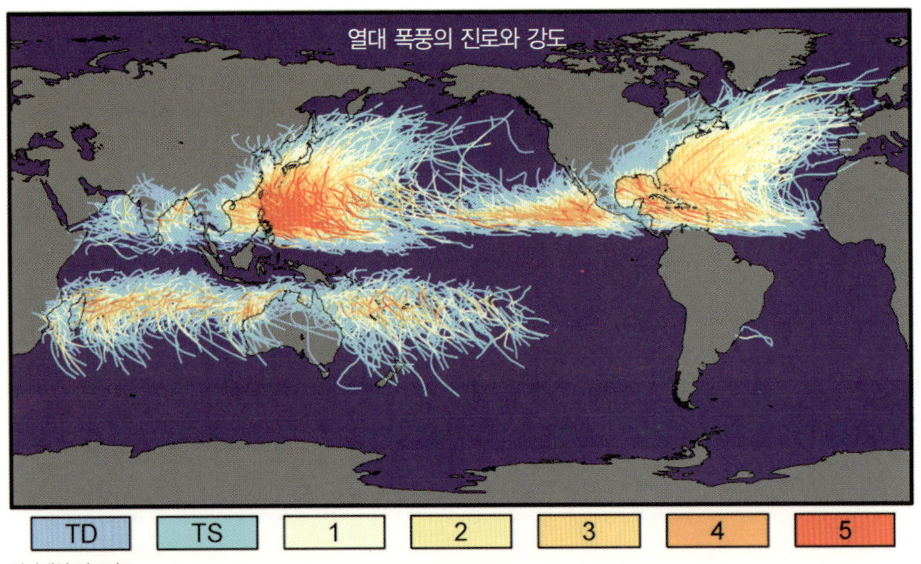

허리케인 강도지표

쓰나미(해일)

히 개발해야 할 것이라고 하였다. 또 1989년에 발표된 "지구의 마지막 선택"에서도 최근 오존의 고갈과 지구의 온난화로 인하여 전 세계적으로 폭염, 폭풍(暴風, windstorm), 가뭄(drought)과 홍수(洪水, flood) 등 극단적인 기상이변이 속출하여 이로 인한 수많은 인명 피해가 발생하고 있음을 우려하고 있다. 그리고 해수면과 해수온도(海水溫度, seawater temperature)의 상승으로 대륙은 축소되고 산호초는 백화현상을 일으키는 등 생태계(生態界, ecosystem)는 파괴되고 있으며, 물 부족으로

베남브라의 가뭄

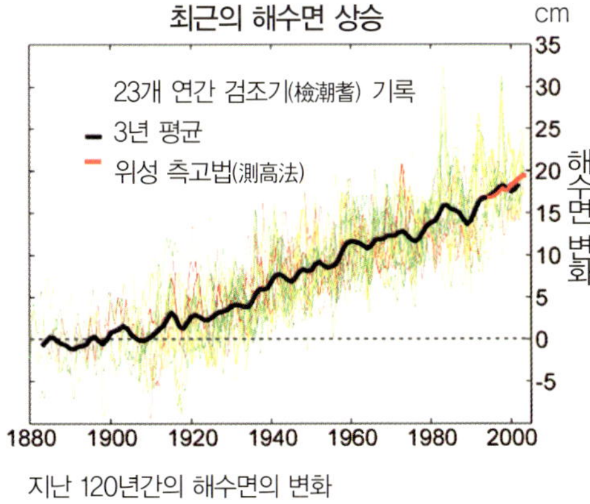
미이에미의 폭풍우를 동반한 홍수

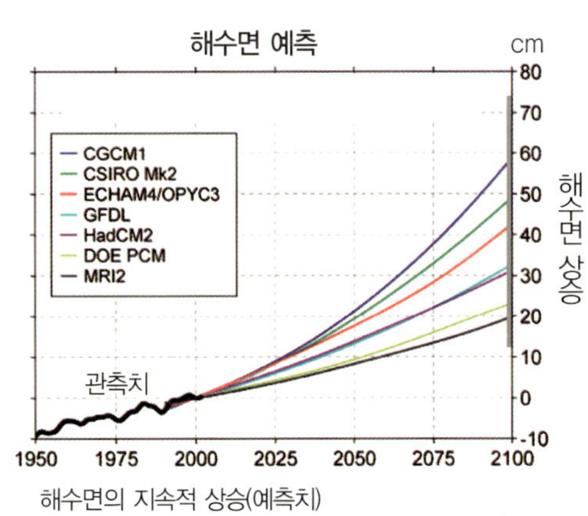

지난 120년간의 해수면의 변화

해수면의 지속적 상승(예측치)

백화되고 있는 산호

전기 생산량이 감소되어 더 많은 화석연료를 사용함으로써 대기오염이 증가되는 악순환이 되풀이되고 있고, 농업이 파괴됨에 따라 자연히 목축업도 파괴되어 세계경제의 교란을 초래하고 있다고 하였다. 그러나 원자력발전은 에너지의 안정적인 공급원도 될 수 없을 뿐만 아니라 환경오염 감소에도 별 도움이 되지 못함으로서 지구는 현재 커다란 위기에 봉착해 있어 지구 구원을 위한 범세계적인 노력이 시급하다고 주장하고 있다. 특히 《내셔널지오그래픽》지는 2004년 9월호를 '더워지고 있는 세계에 대한 지구적 경고(地球的 警告, Global Warning)' 특집으로 마련하고 지구적 징후, 생태적 징후, 시기적 징후의 3장으로 나누어 무려 75페이지에 걸쳐 지금 지구가 어떤 위기에 봉착해 있는지를 기술하고 있다.

지구로부터의 신호 ⓒPeter Essick/National Geographic

지구적 징후 **대규모 해빙**

지구적 징후 – 대규모 해빙
ⓒPeter Essick/National Geographic

조지아의 폭우 ⓒPeter Essick

생태적 징후 **피할 곳 없는 위기의 생물**

생태적 징후 – 피할 곳 없는 위기의 생물
ⓒPeter Essick/National Geographic

녹아내리는 알프스의 빙하 ⓒPeter Essick

수온상승으로 인한 수중생태계의 북상
ⓒPeter Essick

온도변화로 달라지는 식물생태계 ⓒPeter Essick

고온건조해지는 에티오피아 ⓒPeter Essick

더위로 암컷이 더 많이 부화되는 대모거북
ⓒPeter Essick

시기적 징후 – 이제 무슨 일이?
ⓒPeter Essick/National Geographic

기후변화로 줄어든 시럽용 수액 ⓒPeter Essick

얇아진 얼음 ⓒPeter Essick

위기를 극복하기 위한 인류의 노력이 아주 없었던 것은 아니다. 1972년 1월에는 스톡홀름(Stockholm)에서 인간환경을 위한 "국제연합 인간환경선언(人間環境宣言, Statement for Human Environmental Quality)"이 있었고 1988년 6월에는 토론토에서 대기권 변화에 관한 세계회의가 열리기도 하였다. 또 1992년 6월에는 리우데자네이루(Rio de Janeiro)에서 192개국이 참여한 리우환경회의가 열렸는데 정부대표가 중심이 된 "유엔환경회의(Earth Summit)"에서는 리우선언, 의제21, 기후변화협약, 생물다양성협약, 산림원칙 등이 채택되었고 민간단체가 중심이 된 "지구환경회의(Global Forum, '92)"에서는 지구헌장, 세계 민간단체협약 등이 채택되었으며 이들 회의는 지속가능발전 및 유니스파(UNISPAR)운동[146]의 계기가 되기도 하였다. 그후 1997년 일본 교토에서 개최된 제3차 기후변화협약 당사국총회에서는 기후변화협약의 구체적 이행방안을 담은 교토의정서(京都議定書, Kyoto Protocol)가 채택되었는데 이에 의하면 선진산업국가 중심의 38개 의무이행 대상국은 2008년부터 2012년까지 온실가스 총배출량을 1990년 수준보다 평균 5.2% 감축해야 한다. 그리고 2002년 8월에도 요하네스버그(Johannesburg)에서 같은 목적의 회의가 열렸으나 그

The UN Conference on the Human Environment (UNCHE)-Stockholm 1972

The first ideas of a conference for sustainable development occurred in 1968 where planning started. In 1970 a preparatory meeting was held. However, this broke down due to suspisions from the developing world. Early tensions then arose in 1971 by Founex who suggested that environmental protection could not be possible with economic growth. Stockholm therefore introduced this link between economy and the environment at the UN conference in 1972.

Stockholm held the first conference on sustainability in 1972 where 113 nations and 500 non governmental organizations attended. It was the first time that the attention was drawn to the need to preserve natural habitats to produce a sustained improvement in living conditions for all, and the for international cooperation to achieve this. The emphasis was on solving environmental problems. However, this was to be achieved without ignoring social, economic and development factors.

Achievements:

- 26 principles and 109 recommendations agreed
- 2 documents produced; The Declaration of the UNCHE, The Action Plan for the Human Environment
- Establishment of the UN environment programme in 1972(UNEP)

Critique:

- Not a global affair as the communist countries boycotted the conference
- Agreed principles but little on 'how' to achieve them
- The conference was about 'human' environmental rights not 'intrinsic' rights of the environment
- Only two heads of state attended; Sweden and India

국제연합 인간환경선언(1972) 포스터

SUSTAINABLE DEVELOPMENT

FROM RIO TO JOHANNESBURG

What is Sustainable Development?

Sustainable Develpment is defined internationally and globally as the 'development that meets the needs of the people today, without compromising the ability of future generations to meet there own needs' (WCED, 1987). Its connection with economic growth and the protection of environmental quality in essence defines the stable relationship between human activities and the natural world needed to enjoy a quality of life.

Sustainable Developments four objectives;

- Social progress which recognizes the needs of everyone
- Effective protection of the environment
- Prudent use of natural resources
- Maintenance of high and stable levels of economic growth & employment

지속가능발전을 위한 회의 포스터

성과는 아직도 미미한 것 같다. 비록 어느 정도 성과가 있다 하더라도 이런 식의 환경운동만으로 현재 지구상의 인류가 처한 위기를 극복한다는 것은 거의 불가능할 것이다.

지구의 역사를 돌이켜보면 많은 동물들이 그들의 탄생을 도왔던 환경이 어떤 이유로든지 적대적으로 변함으로써 멸종을 맞았다. 우리 인류는 진화과정에서 상당히 불리한 자연환경조차 잘 극복하며 오늘날에 이르렀으나 현대문명은 환경을 엄청나게 파괴하여 스스로 적대적인 환경을 만듦으로써 위기를 초래하고

지구의 위기를 그린 만화표지

있다. 그러나 한편으로는 지구환경을 상당한 정도까지 조작할 수 있는 능력도 가지게 되었으며 스스로 굉장한 잠재력을 가지고 있다는 것도 알게 되었다. 이제 앞으로 우리 인류가 지속가능발전을 할 수 있을 것이냐, 멸종을 맞을 것이냐 하는 것은 예측의 문제가 아니라 선택의 문제가 되었다.

인류는 먼저 자연을 파괴하면서도 살아남을 수는 없다는 것을 깊이 인식하고 그러한 행위에서 벗어나야 한다. 그리고 모든 인류가 유전적으로 매우 가까운 단일 종임에도 불구하고 지금까지 인종 간이나 국가 간, 또는 종교 간에 수없이 많은 전쟁을 치러왔는데 앞으로 이러한 전쟁에서 벗어나 우리 인류의 능력을 진정한 형제애(兄弟愛, brotherly affection)에 입각하여 인간을 구원하려는 범세계적 노력에 집중한다면 우리 인류는 위기를 극복하고 행복한 세계를 만들 수 있을 것이다.

미주

1 또 다른 분류법에서는 호미니드에 침팬지와 보노보(피그미침팬지) 그리고 고릴라를 포함시키기도 함

2 2002년 프랑스 고인류학 팀에 의해 중앙아프리카 차드에서 화석이 발견된 초기 인류로서 '차드에 살았던 사헬이라는 인류' 라는 뜻임. 또 투마이란 차드어로 '삶의 희망' 이라는 뜻임

3 1974년 케냐에서 처음 화석이 발견되었는데 투겐 지방의 말로 '원래의 사람' 이란 뜻이며 처음에는 밀레니엄 맨(millennium man)이라고 불렸음. 투마이와 함께 가장 처음으로 두 발 보행을 한 원시인류 중의 하나임

4 1992년과 1994년, 2001년에 에티오피아에서 비교적 다량의 화석이 발견된 원시인류임

5 약 400만 년 전에서 100만 년 전 아프리카에 살았던 원시인류의 속(屬)으로서 직립보행을 했지만 뇌는 400cc 정도로 침팬지만큼 작았으며 이름은 '남쪽 원숭이' 라는 뜻임

6 1965년 아프리카 케냐의 투르카나 호수 근처에서 화석이 발견된 원시인류임

7 1998~1999년에 투르카나 호수의 서안 로메크위(Lomekwi)에서 화석이 발견된 원시인류임

8 1974년 에티오피아 아파르(Afar)지역에서 한 사람의 것으로 보이는 47개의 뼈가 발견되었는데 약 320만 년 전에 살았던 여자로 추정되어 '루시(Lucy)' 라는 이름을 붙였으며 아파렌시스라는 새로운 종으로 분류하였음. 후에 이 주인공이 여자가 아닐 것이라는 의문과 함께 '루시퍼(Lucifer)' 로 부르기도 함

9 1924년 남아프리카 타웅(Taung)에서 발견된 '타웅의 어린이' 가 아프리카에서 최초로 발견된 원시인류이며 두개골에 독수리가 남긴 자국이 있음

10 1985년 에티오피아에서 두개골 화석이 발견된 원시인류임

11 1959년 동아프리카 올두바이(Olduvai) 협곡에서 첫 화석이 발견된 원시인류이며 처음에는 진잔트로푸스 보이세이(Zinjanthropus boisei)라고 불렸음

12 1938년 남아프리카에서 로버트 브룸이 첫 화석을 발견한 원시인류임. 이 외에도 오스트랄로피테쿠스속에는 1994년 차드에서 화석이 발견되었으며 350만~320만 년 전에 살았던 것으로 여겨지는 오스트랄로피테쿠스 바렐가잘리(bahrelghazali)와 250만 년 전에 등장한 오스트랄로피테쿠스 가르히(Australopithecus garhi) 등도 있음. 또 오스트랄로피테쿠스 에티오피쿠스와 오스트랄로피테쿠스 보이세이 그리고 오스트랄로피테쿠스 로부스투스는 다른 오스트랄로피테쿠스들과는 차이가 있다고 보고 파란트로푸스(Paranthropus)라는 별개의 속으로 분류하여 파란트로푸스 에티오피쿠스, 파란트로푸스 보이세이, 파란트로푸스 로부스투스로 해야 한다는 학자도 있음

13 1972년 동부 투르카나에서 최초의 화석이 발견되었음

14 올도완은 올두바이의 관형사형으로서 올두바이에서 최초로 발견되어 붙여진 이름임

15 1960년 탄자니아의 올두바이 계곡에서 최초의 화석이 발견되었음. '손재주 있는 인간' 이라는 뜻으로서 처음 발견 당시 석제도구와 함

께 발견됨으로써 이들이 최초로 도구를 사용한 원시인류로 생각되어 이런 이름이 붙었으며 현 인류의 직계조상으로 받아들여졌으나 후에 이들보다 선행인류인 호모 루돌펜시스의 화석이 발견되면서 그 자리를 뺏겼음. 아직도 일부 학자는 이들이 현 인류의 직계조상이라고 주장하나 다른 학자들은 이들이 더 원시적이므로 오스트랄로피테쿠스 하빌리스로 분류해야 옳다고 주장함

16 1999년 흑해 연안에서 최초의 화석이 발굴되었으며 '일하는 자' 라는 뜻이고 초기 호모 에렉투스로 분류됨

17 이곳에서 1991년과 1999년에 180만 년 이상 된 호모 에르가스테르의 화석과 올도완형 석제도구가 발견됨

18 1800년대 말부터 최근에 이르기까지 아프리카의 에티오피아, 케냐, 탄자니아, 차드, 알제리, 남아프리카, 중동의 이스라엘, 아시아의 인도, 베트남, 자바, 중국 등 구세계 각지에서 화석이 발견된 원시인류로서 '바로 선 자(직립원인)' 라는 뜻임

19 1984년 8월에 유골의 화석이 발견되었으며 '나리오코토메의 소년' 이라는 이름이 붙었음

20 이들 도구가 1830년대에 프랑스의 생아슐(Saint Acheul)에서 처음 발견되어 이러한 이름이 붙었음

21 이들 거인족에 대해서는 아직도 학계의 의견이 분분함

22 1907년 독일 하이델베르크의 마우어에서 최초의 화석이 발견된 유럽형 호모 에렉투스임

23 1997년 그란돌리나의 종유굴에서 여섯 명의 화석이 발견되었으며 이들은 호모 에렉투스와는 다른 별개의 인종으로서 이들이 호모 하이델베르겐시스의 직접 조상이라는 주장도 있음

24 1964년 프랑스 토타벨 근처의 아라고 동굴에서 많은 화석이 발견되었음

25 1960년 그리스 북부 페트랄로나 부근의 한 동굴에서 바닥보다 23cm 위의 석순에 완전히 싸여 있는 두개골 화석이 발견되었음

26 1972년부터 이 부근에서 많은 화석과 유물이 발견되었음

27 부르고스 부근의 아타푸에르카 동굴은 그 안에서 32구의 유해가 발견되어 라시마데로스우에소스(La Sima de los Huesos: 뼈의 동굴)라는 이름이 붙게 되었음

28 파키스탄에서 서쪽으로 지중해 해안에 이르기까지의 아시아 서부 지역에 대한 통칭으로서 때로는 서남아시아나 중근동(中近東, the Middle and Near East), 중동 등으로 부르기도 함

29 피테칸트로푸스 에렉투스(Pithecanthropus erectus)로 부르기도 하는데 1891년 뒤부아에 의해 화석이 발견되기 시작하였으며 1936년 이후에는 랄프 폰 쾨니히스발트가 같은 종류의 화석들을 발견하였음

30 지금은 멸종하였음

31 '반지의 제왕' 에 등장하는 난쟁이

32 시난트로푸스 페키넨시스(Sinanthropus pekinensis)로 부르기도 하며 1928년~1937년에 베이징 부근의 저우커우뎬에서 모두 40명 이상의 것으로 보이는 두개골 14점과 아래턱뼈 14점, 150개가 넘는 이빨과 해골 잔해들이 발견되었음

33 이들의 화석은 1848년 지브롤터에서 최초로 발견되었으나 무시되다가 1856년 독일의 네안데르탈에서 다시 발견됨으로써 관심을 끌

게 되었음. 일부 학자들은 호모 사피엔스의 아
종이 아닌 별개의 종(Homo neanderthalensis)
으로 분류하기도 함

34 샤니다르에서 발굴된 무덤 중 한 곳에 꽃가루
가 많이 있었는데 우연히 날려 온 것이라는 주
장도 있음

35 터키 동쪽의 쿠르드족(族)이 압도적 다수를
차지하는 고원과 산악으로 이루어진 지역으로
지금은 터키, 이란, 이라크, 시리아, 아르메니
아에 분할 소속되어 있음

36 이스라엘의 스쿨 및 콰프제 동굴 등지에서 네
안데르탈인과 현생인류의 유골과 유물이 동시
에 발견되었음

37 1998년 11월 포르투갈의 라페도 골짜기에서
유골이 발견됨

38 일부 지역에서는 2만 7,000년 전까지 살았던
흔적이 남아 있음

39 에티오피아의 오모(Omo)분지에서 당시의 화
석이 발견되었음

40 주로 아프리카인종임

41 주로 아시아인종임

42 아프리카에서 먼저 와 있던 원주민들을 중심
으로 진화가 이루어졌다는 주장이 '다지역 기
원설'이고 아시아인 역시 유럽인과 마찬가지
로 아프리카에서 진화한 호모 사피엔스사피엔
스가 아시아까지 진출하여 현지인을 대체했다
는 주장이 '제2의 아프리카 기원설'임

43 지금 터키가 있는 지역

44 적철광이 주성분인 붉은 색의 광물로서 혈사
(血師)라고도 함

45 1852년과 1860년 오리냐크 부근의 동굴에서
발굴됨

46 1868년 프랑스의 레제지라는 소도시 부근의

크로마뇽(큰 절벽이라는 뜻임)에 있는 동굴에
서 발굴됨

47 1872년 프랑스 랑드 지방에서 발굴됨

48 주로 유럽인종임

49 오스트레일리아의 동북부에 있는 뉴기니가 포
함된 군도

50 2만 8,000년경의 북중국 유물과 매우 유사함

51 클로비스 부근의 블랙워터 드로(Blackwater
Draw)에서 많은 고고학적 자료가 발견되었는
데 당시로서는 북아메리카에서 가장 오래된
것이어서 이곳이 최초의 정착지로 여겨졌으며
클로비스문화라 불리게 되었음

52 18세기 후반부터 19세기까지 영국에서 산업
혁명과 병행하여 일어났던 토지제도와 농업기
술상의 큰 변화를 지칭하기도 함

53 구석기시대와 신석기시대의 중간시대를 말하
나 대부분의 지역에서는 구석기시대와 근본적
인 차이가 없음

54 그리스어로 두 개의 강 사이에 끼어 있는 땅이
라는 뜻임

55 인도의 인더스강 서쪽에서 지중해 연안까지의
이란 · 메소포타미아 · 시리아 · 팔레스타인 ·
아르메니아 · 소아시아 및 아라비아와 이집트
를 포함한 지방을 가리키나 유럽과 미국에서
는 지중해의 동쪽에 있는 여러 나라의 의미로
특히 동부 아시아(동양)를 가리키는 경우가
많음

56 구리에 주석을 섞은 것으로 구리보다 단단하
나 가공하기가 용이함

57 고대 우루크의 왕으로서 괴력을 가진 거인

58 메소포타미아의 남부는 저지대라 홍수가 나면
장기간 침수되었으며 사람들은 지구라트로 대
피했을 것임

59 히브리어, 아라비아어 등이 셈어에 속함

60 아카드와 같은 뜻이며 아직까지 그 위치가 밝혀지지 않고 있음

61 진정한 왕(true king)이라는 뜻임

62 지금의 서부 이란

63 지금의 도시 이름은 신카라(Sinkara)이며 역시 아모리인들이 세운 국가임

64 현재 터키의 동부에 해당하는 시리아 북쪽에 살던 인도 유럽계의 민족 또는 그들이 세운 나라 이름임

65 이들 역시 인도 유럽어족에 속함

66 하늘과 땅의 경계에 있는 집이라는 뜻임

67 '역사의 아버지'라고 불리는 기원전 5세기의 역사가이며 『역사(歷史, Historiae)』라는 저서를 남겼음

68 오리온성좌(星座, constellation of Orion)의 상징이자 신들의 아버지인 '사(Sah)'신의 배우자이며 오리온과 가장 가까운 일등성(一等星, first magnitude star)인 시리우스를 상징하는 여신의 그리스 이름으로서 원래는 Sopdet임

69 메네스 왕과 나르메르 왕이 동일인인가 아닌가는 아직도 확실치 않음

70 오늘날의 카이로 남쪽에 인접한 지역임

71 하늘 아득히 먼 저편에 존재하는 자라는 뜻임

72 대형 피라미드가 본격적으로 건설되기 시작한 시기부터를 고왕국으로 보는데 조세르왕의 계단식 피라미드를 본격적인 피라미드로 보지 않고 제3왕조를 고왕국이 아니라 초기왕조시대로 분류하기도 함

73 본래는 큰 집 또는 왕궁이라는 뜻임

74 고대 이집트에서는 왕이 죽으면 태양신 라가 되어 하늘을 난다고 믿었으며 이때 왕이 타는 배를 말하는데 주간용과 야간용 두 척이 한 쌍을 이룸. 쿠푸왕의 태양의 배는 길이가 43m에 달함

75 태양신앙의 상징으로 세우는 기념탑으로서 거대한 하나의 석재로 만들어지는데 단면은 사각이고 위로 올라갈수록 가늘어지며 끝은 피라미드 꼴임. 이집트에는 헬리오폴리스에 10개, 카르나크신전에 다섯 개 등 모두 약 30개가 있었으나 로마시대부터 로마, 파리, 런던 등으로 반출되고 지금은 일곱 개만 남아 있음

76 매장용 주문(呪文, incantation)이며 이집트의 종교에 대한 주요한 정보원임

77 현재의 수단 북동부로서 천연자원, 특히 금이 많이 나 중요한 지역으로 여겼음

78 그리스어로 태양의 도시라는 뜻의 이집트에서 가장 오래된 도시 중의 하나로서 지금 카이로 교외에 있는 주거지역인 헬리오폴리스와는 좀 떨어진 장소에 있으며 모두 10개의 오벨리스크가 건립되었었음

79 아톤의 지평선이라는 뜻임

80 아몬신은 만족한다는 뜻임

81 아톤에게 이로운자라는 뜻임

82 원래는 'house of Horus(호루스의 집)'라는 뜻이며 하늘, 사랑, 음악, 아름다움 등 사람들에게 즐거움을 주는 모든 것들을 상징하는 여신임

83 제12왕조 때 건설된 이 신전에는 제18왕조의 투트모세 1세 이후 알렉산드로스대왕에 이르기까지 수많은 왕들이 신전 안에 잇따라 건조물을 증축함으로써 매우 복잡한 형태가 되었음

84 출애굽은 역시 서아시아를 지배했던 제18왕조의 투트모세 3세나 아멘호테프 2세 때라는 주장도 있음

85 고대 이집트에서 미라와 함께 매장한 사후세
  계(死後世界)의 심판에 대비한 안내서라고
  할 수 있는 두루마리로서 파피루스, 가죽 등에
  성각문자(聖刻文字: 히에로글리프), 신관문
  자(神官文字: 히에라틱문자), 민중문자(民衆
  文字: 데모틱문자) 등으로 적어 제18왕조 이
  후부터 매장하였음
86 나중에 박물관(museum)이라는 단어의 어원
  이 됨
87 이 등대는 프톨레마이오스 2세 때 완공되었으
  며 전 세계 등대의 원형이 되었음
88 알렉산드로스대왕의 원정으로 고대 그리스문
  화와 오리엔트문화가 서로 영향을 미쳐 이루
  어진 문화임
89 4세기경부터 사용이 중단되어 완전히 잊혀진
  문자가 되었음
90 기원전 7세기경부터 이집트에서 쓰이던 상형
  문자를 간단하게 만든 문자임
91 17세기 프랑스의 철학자 파스칼이 '클레오파
  트라의 코가 1cm만 낮았더라면 세계의 역사
  는 달라졌을 것이다'라는 유명한 말을 남겼지
  만 카이사르나 안토니우스 같은 로마의 영웅
  들을 사랑에 빠지게 한 것으로 미루어 짐작할
  뿐 실제로 얼마나 미인이었는지를 말해주는
  자료는 거의 없음
92 로마공화정 말기의 군인이자 정치가로서 고대
  유럽 최대 제국인 로마제국의 토대를 닦았음
93 후에 초대 로마황제 아우구스투스(Augustus
  Caesar)가 됨
94 하천이나 바람에 의해 운반된 흙이 쌓여 이루
  어진 평야임
95 파키스탄 구역에 있는 하크라강은 완전히 말랐
  으나 인도 구역인 가하강에는 우기에 물이 흐름

96 인더스강 하류에 위치하고 있는 고대 최대도
  시의 하나이며 이름은 '죽은 자의 언덕'이라
  는 뜻임
97 점토로 조형한 작품을 그대로 건조시켜 구운
  것임
98 비누 같은 감촉이 있어서 비누석(soapstone)
  이라고도 하는데 청록색·백색·회록색·갈
  회색 등의 빛깔을 가지며 부드러워 활마재(滑
  磨材)로 쓰기도 하고 도자기의 원료나 조각
  재료 등에도 사용됨. 메소포타미아의 원통형
  인장(印章)으로도 사용되었으며 사문석이나
  운모편암 등에 함유되어 있음
99 오늘날의 아부다비(Abu Dhabi)임
100 일부 고고학자들은 이곳이 구약성경에 나오
  는 에덴동산이라고 주장하기도 함
101 지면에서 1m 정도 구덩이를 파고 그 위에
  풀, 나뭇가지 등을 얹은 고대인의 주거지임
102 문헌에 따라서는 천황(天皇)·지황(地皇)
  ·인황(人皇 또는 泰皇)을 가리키거나 또는
  수인(燧人)·축융(祝融)·여와(女와)를 지
  칭하기노 함
103 지금의 산서성(山西省) 임분현(臨汾縣)임
104 왕위를 자기 자식이 아닌 덕 있는 사람에게
  물려주는 것
105 방위를 목적으로 성 둘레에 파놓은 못
106 제물용 고기를 삶는 네모난 청동 솥임
107 금은보화를 보관하였던 누각임
108 구리기둥을 활활 타는 숯불 위에 올려놓고
  그 위에 기름을 바른 후 죄인을 그 위로 건너
  가게 하여 미끄러져 불에 타 죽도록 하는 형
  벌임
109 서쪽 지방 제후의 장(長)을 이르는 벼슬 이
  름임

110 강자아(姜子牙), 강상(姜尙), 여상(呂尙), 여망(呂望), 태공망(太公望), 사상부(師尙父)라고도 부르는 인물로서 위수(渭水)가에서 물고기가 아니라 세월을 낚는다고 곧은 바늘로 낚시질을 하다가 늘그막에 희창에게 발탁되어 은을 멸하고 주나라를 창업한 일등 공신이며 중국 역사상 가장 뛰어난 인물의 하나로 평가받고 있는데 지금도 낚시꾼을 강태공이라고 하는 것은 이로부터 비롯된 것임

111 지금의 시안(西安) 부근임

112 한자 서체의 하나임

113 칼 모양을 본떠 만든 청동화폐임

114 사람들은 모두 착한 성질을 타고나지만 모두 착한 사람이 되지 못하는 것은 사람의 본성에 차별이 있어서가 아니라 착한 성질을 힘껏 배양하고 확충하지 않은 결과라고 보는 학설임

115 사람은 태어날 때부터 악의 원천이 될 수 있는 감성적 욕망을 가지고 있기 때문에 수양은 사람에게 잠재해 있는 것을 기르는 것이 아니라 외부의 가르침이나 예의에 의하여 후천적으로 쌓아올려야 한다는 학설임

116 지금의 산시성(陝西省) 시안(西安, Xi'an) 부근의 셴양시임

117 오늘날의 진시황릉(秦始皇陵)임

118 지금의 간쑤성 민현(岷縣)임

119 지금의 요령성 랴오양시(遼陽市) 서북임

120 진의 멸망 이후에도 장성의 개보수와 증축은 계속되었으며 명(明)나라 때 대대적인 공사를 하여 현재의 모습과 규모를 갖추게 됨

121 신선의 술법을 공부하는 사람을 이르는 말임

122 시황제가 국내 사정을 살피기 위해 시찰하는 것을 말함

123 지금의 시안임

124 중국에서 중국의 서쪽 국경과 인접한 나라들을 통칭하는 말임

125 젊은 시절 중국 각지를 여행하면서 옛날 왕조의 기록을 수집하였고 부친의 대를 이어 태사령(太史令)이 되면서 역사서 집필을 시작했으나 기원전 99년 흉노의 포로가 되었던 친구 이능을 변호하다가 무제의 노여움을 사 투옥되었음. 그는 사형 대신 궁형(宮刑: 남성을 거세시키는 형벌)을 당하고 출옥한 후 집필을 계속하여 130권에 달하는 방대한 역사서『사기』를 완성시켰음

126 미개간지, 공유지(公有地, public land) 등 공동이용이 가능한 토지에 담이나 울타리 등의 경계선을 쳐서 남의 이용을 막고 사유지(私有地, private land)로 만드는 일임

127 1563년 제정한 영국의 산업규제법으로서 당시 크게 변모하고 있던 농촌에서 노동력을 확보하고 도시의 공업 노동력을 재편성하기 위하여 고용에 관한 각종 조건들을 규정한 것임

128 1581년에 설립되어 19세기 초까지 영국의 지중해 무역을 독점한 무역 상인조합임

129 17세기 초 영국, 프랑스, 네덜란드 등이 동양에 대한 독점무역권을 부여받아 동인도에 설립한 여러 회사임

130 지각의 내부에 수직으로 들어가는 갱도임

131 17세기 이후 인도에서 유럽으로 수입되던 각종 면직물을 말함

132 면화(棉花)로부터 씨를 제거하는 도구임

133 영국의 남서부에 있는 주 이름임

134 본래 철도는 궤도마차가 다니던 것으로서 이 폭이 말이 마차를 끌고 그 사이로 달리기에

적합한 폭임

135 지주계급의 이익을 보호하기 위하여 곡물의 수출입을 규제하도록 제정된 법률임

136 1651년에 제정된 해운무역의 보호입법으로서 유럽 이외 지방의 산물을 영국 및 그 식민지로 수입하는 경우에는, 영국이나 그 식민지 선박으로 수송할 것 등을 규정하고 있음

137 이 해 8월 16일 맨체스터의 센트 피터 광장에서 약 6만 명이 의회개혁, 선거권 확대를 요구하는 집회를 벌였는데 지도자 헨리 헌트의 연설도중 기병대가 습격하여 헌트는 체포되고 사망자 11명, 부상자 약 400명을 내었음. 이 사건을 광장의 이름과 4년 전의 워털루전투에 빗대어 이렇게 부르며 '피털루의 학살'이라고도 함

138 1838~1848년 영국의 노동자들이 참정권을 얻기 위하여 전개했던 민중운동임

139 생물 및 기계를 포함하는 계(系)에서 제어와 통신 문제를 종합적으로 연구하는 학문임

140 개인컴퓨터가 아닌 컴퓨터를 지칭하는 말임

141 2005년 황우석 논문조작사건 이후 스너피의 진위 여부가 논란이 되고 있음

142 유전자지도 완성 후의 인류의 과제나 사회현상 등 그 시대를 포괄하는 개념임

143 이들 중 마셜군도, 키리바시 그리고 캐롤라인제도를 제외한 607개의 작은 섬들이 네 개의 주(state)로 된 미크로네시아 연방국을 이루고 있음

144 열이나 염분이 이류와 확산에 의해 바다에서 해류와 함께 순환하는 것을 말하며 바람에 의한 풍성(風成)순환과 엄밀히 구별하기는 어렵지만 풍성순환보다는 더 깊은 바다에서 일어나는 것이 보통임

145 인류가 멸망하지 않고 지속해서 발전할 수 있도록 하는 방안을 말함

146 현 인류의 위기를 극복하기 위해서는 대학교(university)와 산업체(industry)와 연구기관(science)이 결합(partnership)하여 최선을 다 해야 한다는 운동임

1. 브라이언 그린 지음, 박병철 옮김,『우주의 구조』, 승산, 2005

2. 폴 데이비스, 박배식 옮김,『마지막 3분』, 사이언스 북스, 2005

3. 데틀레프 간텐, 토마스 다이히만, 틸로 슈팔, 안성기 옮김,『지식』, 이끌리오, 2005

4. 스티븐 와인버그 지음, 신상진 옮김,『최초의 3분』, 양문, 2005

5. 리처드 포티 지음, 이한음 옮김,『살아있는 지구의 역사』, 까치, 2005

6. 로빈 매키 지음, 이충호 옮김,『인류 진화의 역사』, 다림, 2005

7. 닐 디그래스 타이슨, 도널드 골드스미스 지음,『오리진』, 지호, 2005

8. 김형진,『빛과 우주』, 화산문화, 2004

9. 마커스 초운 지음, 이동수 옮김,『최첨단 우주이야기』, 바다출판사, 2004

10. 마티아스 글라우브레히트 지음,『진화 오디세이』, 웅진닷컴, 2004

11. 게르하르트 슈타군 지음, 장혜경 옮김,『생명의 설계도를 찾아서』해나무, 2004

12. 존 호트 지음, 신재식 옮김,『신과 진화에 관한 101가지 질문』, 지성사, 2004

13. 칼 짐머 지음, 이창희 옮김,『진화』, 세종서적, 2004

14. 존 폴킹혼 외 지음, 강윤재 옮김,『과학자들에게 묻고 싶은 인간과 삶에 대한 질문들』, 황금부엉이, 2004

15. 만프레트 바우어, 구드룬 치글러 지음, 이영희 옮김,『인류의 오디세이』, 삼진기획, 2003

16. 존 H. 릴리스포드 지음, 이경식 옮김,『유전자인류학』, 휴먼앤북스, 2003

17. 이시우,『천문학자와 붓다의 대화』, 종이거울, 2003

18. 마틴 리스 지음, 한창우 옮김,『태초 그 이전』, 해나무, 2003

19. 빌 브라이슨 지음, 이덕환 옮김,『거의 모든 것의 역사』, 까치, 2003

20. 최덕근 지음,『지구의 이해』, 서울대학교 출판부, 2003

21. 폴 바렛 지음, 이융남 옮김,『공룡의 세계』, 다림, 2003

22. 폴 바렛 지음, 이융남 옮김,『공룡의 종류』, 다림, 2003

23. 데이빗 라우프 지음, 장대익, 정재은 옮김,『멸종』, 문학과 지성사, 2003

24. 데이비드 램버트, 대런 내쉬, 엘리자베스 와이즈 지음, 허민 옮김,『공룡백과사전』, 비룡소, 2003

25. 이본 배스킨 지음, 이한음 옮김,『아름다운 생명의 그물』, 돌베개, 2003

26. 존 그리빈 지음, 이명현 옮김,『스페이스』, 성우, 2002

27. 요하임 부블라트 지음, 한경희 옮김,『우주의 비밀』, 생각의 나무, 2002

28. 스티븐 제이 굴드 지음, 이명희 옮김,『풀하우스』, 사이언스북스, 2002

29. 러셀 스태나드 엮음, 이창희 옮김,『21세기의 신과 과학 그리고 인간』, 두레, 2002

30. 브라이언 그린 지음, 박병철 옮김,『엘러건트 유니버스』, 승산, 2002

31. NHK, 최학준 번역,『만화로 배우는 세계 4대 문명』, 신원문화사, 2002

32. 동경서적 출판편집부 엮음,『유적으로 읽는 고대사』, 푸른길, 2002

33. 데이비드 필킨 지음, 동아 사이언스 옮김,『스티븐 호킹의 우주』, 성우, 2001

34. 이차크 벤토프 지음, 이균형 옮김,『우주의식의 창조놀이』, 정신세계사, 2001

35. 위베르 레브, 조엘 드 로네, 이브 코팡, 도미니크 시모네 지음, 이충호 옮김,『세상에서 가장 아름다운 이야기』, 가람기획, 2001

36. 말론 호아글랜드, 버트 도드슨 지음, 황현숙 옮김,『생명의 파노라마』, 사이언스북스, 2001

37. David Lambert, Darren Naish, Elizabeth Wyse,『Dinosaur Encyclopedia』 Dorling Kindersley Book, 2001

38. 신화아카데미 지음,『세계의 창조신화』, 동방미디어, 2001

39. 게르하르트 슈타군 지음, 이민용 옮김,『우주의 수수께끼』, 이끌리오, 2000

40. 폴 데이비스 지음, 고문주 옮김,『생명의 기원』, 북스힐, 2000

41. 마이클 탤보트 지음, 이균형 옮김,『홀로그램 우주』, 정신세계사, 1999

42. 장순근 저,『지구 46억 년의 역사』, 가람기획, 1998

43. 김규한 저,『푸른행성 지구』, 시그마프레스, 1998

44. 곽영직, 김충섭 저,『별자리 여행』, 사이언스북스, 1998

45. 필립 M. 도버, 리처드 A. 멀러 지음, 황도근 옮김,『지구 대폭발』, 자작나무, 1997

46. 프리초프 카프라, D. 슈타인들-라스트, 토마스 매터스 지음, 김재희 옮김,『신과학과 영성의 시대』범양사출판부, 1997

47. Noel Grove,『Atlas of world history』1997, National Geographic Society

48. 그레이엄 핸콕, 로버트 보발 지음,『창세의 수호신』, 까치글방, 1997

49. 데이비드 린들리 지음, 김기대 옮김,『물리학의 끝은 어디인가』, 옥토, 1996

50. 루디 러커 지음, 김동광, 과학세대 옮김,『4차원 여행』, 세종서적, 1996

51. J.F. 비얼레인 지음, 현준만 옮김,『세계의 유사 신화』, 세종서적, 1996

52. 그레이엄 핸콕 지음, 이경덕 옮김,『신의 지문(상, 하)』, 까치, 1996

53. 만화/채지충, 번역/황병국,『십팔사략』, 대현출판사, 1996

54. 존 보슬로 지음, 이충호 옮김, 『시간의 지배자들』, 새길, 1995

55. J.D. 버날 지음, 김상민 옮김, 『과학의 역사 – 1. 고대, 중세편』, 한울, 1995

56. J.D. 버날 지음, 김상민 옮김, 『과학의 역사 – 2. 근대편』, 한울, 1995

57. J.D. 버날 지음, 김성연, 이덕희, 김상민 옮김, 『과학의 역사 – 3. 현대편』, 한울, 1995

58. 장 베르쿠테 지음, 송숙자 옮김, 『잊혀진 이집트를 찾아서』, 시공사, 1995

59. 김재희 엮음, 『신과학 산책』, 김영사, 1994

60. 폴 브런튼 지음, 이균형 옮김, 『이집트의 신비』, 정신세계사, 1994

61. 킴 마셜 지음, 편집부 옮김, 『인류의 긴 여행』, 예림당, 1993

62. 폴 데이비스 지음, 이호연 옮김, 『우주의 청사진』, 범양사출판부, 1992

63. 하랄드 프리쯔쉬 지음, 이희건, 김승연 옮김, 『(재미있는)우주역사이야기』, 가서원, 1991

64. 라이얼 왓슨 지음, 박문재 옮김, 『초자연 제1편 우주와 물질』, 인간사, 1991

65. 하랄드 프리쯔쉬 지음, 이희건, 김승연 옮김, 『철학을 위한 물리학』, 가서원, 1991

66. 켄 윌버 편저, 박병철, 공국진 옮김, 『현대물리학과 신비주의』, 고려원미디어, 1990

67. 라이어닐 카슨, 로버트 클라이본, 브라이언 패건, 월터 카프 공저, 이경희 옮김, 『지구변화와 인류의 신비』, 느티나무, 1990

68. F. 카프라 지음, 홍동선 옮김, 『탁월한 지혜』, 범양사출판부, 1989

69. 에리히 얀치 지음, 홍동선 옮김, 『자기조직하는 우주』, 범양사출판부, 1989

70. 하인즈 페이겔스 지음, 이호연 옮김, 『우주의 암호』, 범양사출판부, 1989

71. 스티븐 호킹 저, 현정준 역, 『시간의 역사』, 삼성이데아, 1988

72. 폴 데이비스 지음, 류시화 옮김, 『현대물리학이 발견한 창조주』, 정신세계사, 1988

73. 이차크 벤토프 지음, 류시화, 이상무 옮김, 『우주심과 정신물리학』, 정신세계사, 1987

74. F. 카프라 지음, 이성범, 구윤서 옮김, 『새로운 과학과 문명의 전환』, 범양사출판부, 1985

75. 사마천 지음, 이주훈, 유문동 역, 『사기 – 1』, 배재서관, 1984

76. 사마천 지음, 이주훈, 유문동 역, 『사기 – 2』, 배재서관, 1984

77. 사마천 지음, 이주훈, 유문동 역, 『사기 – 3』, 배재서관, 1984

78. 리차드 리키, 로저 레윈 공저, 김광억 역, 『오리진』, 학원사, 1983

79. 데이비드 아텐보로 저, 이성범 옮김, 『지구위의 생물』, 범양사, 1982

80. 동아출판사 백과사전부,『동아세계대백과사전(전31권)』, 동아출판사, 1982

81. G. 주커브 저, 김영덕 역,『춤추는 물리』, 범양사출판부, 1981

82. 칼 세이건 저, 서광은 역,『코스모스』, 문화서적, 1981

83. F. 카프라 지음, 이성범, 김용정 역,『현대물리학과 동양사상』, 범양사, 1979

84. R. 쟈스트로우 저, 김종오 역,『항성의 진화와 인류의 기원』, 정음사, 1974

85. John Coles,『THE AWAKENING OF MAN』, PAUL HAMLYN, 1970

86.『세창동몽선습』세창서관. 1966

87. 강봉식 편역,『그리스 · 로마 신화』, 을유문화사, 1962

참고 DVD

1. 〈우주의 이해〉, 에스알이코퍼레이션, 2002

2. 〈지구의 탄생〉, 다우리엔터테인먼트, 2003

3. 〈경이로운 지구〉, 에스알이코퍼레이션, 2002

4. 〈대륙의 진화〉, 다우리엔터테인먼트, 2004

5. 〈공룡대탐험〉, KBSMedia, 2001

6. 〈인류의 탄생〉, 다우리엔터테인먼트, 2004

7. 〈인류 오디세이〉, KBSMedia, 2003

8. 〈박치기공룡/공룡이 사라진 세상〉, 다음미디어, 2004

9. 〈파충류에 관한 수수게끼/초식공룡과 육식공룡의 격돌〉, 다음미디어, 2004

10. 〈사라져버린 공룡들/천재공룡을 찾아라〉, 다음미디어, 2004

11. 〈네안데르탈인이 두목이었을까/혁, 바다 괴물이다!〉, 다음미디어, 2004

12. 〈무시무시한 고르곤/공룡의 집을 찾아서〉, 다음미디어, 2004

13. 〈고대맹수대탐험〉, KBSMedia, 2003

14. 〈공룡지배기: 남아메리카〉, 다우리엔터테인먼트, 2002

15. 〈공룡지배기: 북아메리카〉, 다우리엔터테인먼트, 2002

16. 〈공룡지배기: 아프리카〉, 다우리엔터테인먼트, 2002

17. 〈공룡지배기: 오세아니아〉, 다우리엔터테인먼트, 2002

18. 〈공룡지배기: 유럽〉, 다우리엔터테인먼트, 2002

18. 〈공룡지배기: 유럽〉, 다우리엔터테인먼트, 2002

19. 〈공룡지배기: 아시아〉, 다우리엔터테인먼트, 2002

20. 〈세계4대문명-이집트 문명〉, 프리미어엔터테인먼트, 2002

21. 〈세계4대문명-메소포타미아 문명〉, 프리미어엔터테인먼트, 2002

22. 〈세계4대문명-인더스 문명〉, 프리미어엔터테인먼트, 2002

23. 〈세계4대문명-황하 문명〉, 프리미어엔터테인먼트, 2002

책을 마치며

16세기 중엽까지만 해도 모든 사람들은 150년경 그리스의 프톨레마이오스 (Klaudios Ptolemaeos)가 제안한 지구중심설(地球中心說) 또는 천동설(天動說, geocentric theory)을 믿어 지구가 우주의 중심이고 모든 별들은 지구를 중심으로 회전한다고 믿었다. 그러다가 1543년에 폴란드의 수학자 코페르니쿠스(Nicolaus Copernicus)가 그의 저서 『천구(天球)의 회전(回轉)에 관하여(One the Revolution of Celestial)』에서 지구가 우주의 중심임을 부정하는 태양중심설(太陽中心說), 즉 지동설 (地動說, heliocentric theory)을 제창하였을 때 그것은 근세에 들어와 인류가 첫 번째로 맞은 혁명과 같은 사건이었다.[1] 후에 괴테는 "모든 발견과 주장된 의견들 중에서 코페르니쿠스의 과학만큼 인간의 정신에 그토록 심대한 영향을 준 것은 결코 없었다"라고 하였다. 코페르니쿠스는 태양으로부터 수성, 금성, 지구, 화성, 목성, 토성 등의 순서로 행성들이 배열되어 있으며 각 행성들은 일정한 속도로 태양주위의 원 궤도를 돌고 있다고 주상하였으나 이를 뒷받침할 관측 자료를 제시하지는 못하였다.

이탈리아의 사제이자 철학자였던 브루노(Giordano Bruno)는 지동설을 지지하면서 당시의 가톨릭교리 전반에 걸쳐 의문을 제기하는 활동을 벌이고 다니다가 1592년 체포되어 교황청의 종교재판에서 이단(異端, heresy)이라는 판결을 받고 8년 후 화형을 당했는데 이 사건 이후 많은 사람들이 지동설에 관심을 가지게 되었다. 같은 이탈리아의 철학자이며 지동설의 지지자이던 캄파넬라(Tommaso Campanella) 역시 1599년 이단과 음모의 혐의로 스페인 정부에 체포되어 나폴리 감옥에서 심한 육체적 고문을 받으면서도 자신의 죄상을 인정하지 않고 미친 사람으로 가장하여

---

1 코페르니쿠스는 이 책이 출간되던 해에 사망함으로써 아무런 박해도 받지 않음

저항하였다. 1602년 무기형을 선고받고 27년간의 옥중생활 끝에 학계의 청원과 당시의 교황 우르바누스 8세의 호의로 석방되었으나 그 후에도 교황청의 재판을 받다가 프랑스로 피하여 파리 수도원에서 조용히 생애를 마쳤다.

한편 당시 최고의 관측천문학자였던 덴마크의 브라헤(Tycho Brahe)는 관측기계를 정비하고 행성, 특히 화성(火星)의 위치를 관측하여 많은 정밀한 자료들을 남겼는데 그의 조수 케플러(Johannes Kepler)는 1609년에 그 자료들을 정리하여 행성의 궤도가 사실은 원이 아니라 태양을 초점으로 하는 타원임을 밝히는 등 행성의 운동에 관한 세 가지 법칙, 즉 케플러의 법칙을 발견하였다. 같은 무렵에 이탈리아의 갈릴레이(Galileo Galilei)는 1632년 출간된 그의 저서 『프톨레마이오스와 코페르니쿠스의 2대 세계 체계에 관한 대화』에서 코페르니쿠스의 지동설을 지지하면서 거의 2,000년간이나 자연과학뿐만 아니라 사회과학의 바탕이 되어온 아리스토텔레스(Aristoteles)의 세계관을 정면으로 부정하였다. 그 외에도 그는 자신이 직접 만든 망원경으로 목성(木星)의 위성 네 개를 발견하였으며 또 물체의 낙하운동(落下運動, motion of falling body) 실험으로 역학의 법칙을 알아냈다. 그러나 그는 행성들의 공전궤도가 타원이라는 케플러의 견해보다는 원이라는 코페르니쿠스의 생각을 믿었다.

갈릴레이는 이 일로 교황청의 재판을 받게 되었는데 그는 자기에 반대하는 신학자에게 "성령의 의도는 우리가 어떻게 천국에 가는가를 가르치는 것이지 천국이 어떻게 돌아가는지를 알려주는 것은 아니다"라고 하였다. 그래도 갈릴레이는 브루노나 캄파넬라 등과는 달리 일생 동안 정부나 교회의 권력자들과 관계가 상당히 좋은 편이었기 때문에 재판에서는 그의 주장을 취소하고 친구의 성에 구금되도록 하는 비교적 가벼운 형을 선고받았다. 당시는 르네상스 이후 종교개혁과 반종교개혁의 소용돌이 속에서 수없이 많은 이단에 관한 종교재판이 이루어지던 시기였는데 일단 종교재판에 회부된 사람은 자신의 뜻을 지키며 죽음을 당하거나, 네델란드처럼 교회의 세력이 크게 영향이 미치지 않았던 나라로 도망치거나 그도 아니면 자신의 주장을 꺾어야 했으므로 갈릴레이는 결국 자신의 주장을 꺾지 않을 수 없었다. 그 후 1687년에 영국의 뉴턴(Isaac Newton)은 케플러의 법칙과 갈릴레이의 실험 등을 종합 정리하여 만유인력(萬有引力, universal gravitation)의 법칙과 운동의 3법칙을 발견함으로서 근대물리학의 발판을 마련하였으며 이러한 뉴턴역학으로 행성이나 달과 같은 위성의 운동을 지동설의 입장에서 설명할 수 있음이 밝혀져 새로운 천체역학(天體力學, celestial mechanics)이 등장하게 되었다. 그러나 교황청은 갈릴레이가 지동설로 유죄 판결을 받은 1633년 6월로부터 약 360년이 지난 1992년 10월 31일에야 갈릴레이의 완전 복권을 선언함으로서 지동설을 간접적으로 인정하였다.

근대철학의 아버지라고 불리는 데카르트(Rene Descartes)는 갈릴레이가 재판을 받을 즈음 지동설을 주제로 「세계론(世界論, The World)」[2]을 집필하였으나 갈릴레이가 유죄판결을 받았다는 소식을 듣고 출판을 중지하였다. 그 후 그는 『방법서설(方法序說, Discourse on the Method)』, 『성찰(省察, Meditations)』 등을 잇달아 출판하면서 신앙의 이해를 목표로 하는 중세의 스콜라철학(Scholasticism)을 극복하고 근세철학의 사상체계를 확립하였다. 그는 방법적 회의(懷疑, skepticism)를 통하여 의심하고 있는, 즉 생각하고 있는 '우리 자신'이 존재한다는 사실만은 의심할 수 없는 명백한 진리임을 발견하고 "나는 생각한다. 그러므로 나는 존재한다"라고 하였다. 그리고 생각하는 자아는 완전하지 않고 한계가 있기 때문에 완전하고 한계가 없는 어떤 존재의 원인이 될 수 없으므로 완전하고 한계가 없는 존재는 스스로 존재할 수밖에 없는데 그것이 바로 무한하고 전지전능한 '신(神, God)'이라고 하였다. 다음으로 그는 물질세계의 존재를 증명하고 정신과 물체는 각각 독립된 실체라는 물심이원론(物心二元論, mind-body dualism)을 주장하면서 인간의 심신이 결합된 것은 단순히 기계적인 것이라고 하였다. 그러나 도덕적인 문제에 가서는 반대로 물(物/

---

2 이 책은 데카르트의 사후에 출판되었음

身)과 심(心)의 합일(合一, unity)을 설명하고 그 합일의 결과로 생기는 인간적인 의식의 표현이 정념(情念, pathos)이며 특히 바람직한 삶을 위해서는 헛된 욕망을 가지지 않아야 한다고 하였다.

이와 같은 물심이원과 합일이라는 모순은 뒤에 주요한 철학적 과제가 되는데, 그의 물심이원론은 결과적으로 과학을 종교로부터 분리시켜 과학이 종교의 영역을 침범하지 않는 한 종교로부터 간섭을 받지 않게 되었으며 이로부터 신이나 영혼(靈魂 spirit), 정신(精神, mind)이 완전히 배제된 기계론적 과학관이 정립되었다. 그 이후 자연과학은 눈부신 발전을 거듭하여 찬란한 현대문명을 이룩하는 데 크게 기여하였으며 언젠가는 인간이 자연의 모든 현상을 합리적인 논리로 모두 이해하여 전지자(全知者, omniscience one)의 위치에 오를 수 있으리라는 소위 과학만능주의(科學萬能主義, scientism)가 활개를 치게 되었다. 그러나 한편으로는 모든 문명이 지나치게 물질에 치우쳐 인간을 정신적으로 매우 황폐하게 만들었으며 데카르트는 결국 본인이 원했든 원치 않았든 많은 현대인들이 비과학적이라는 이유로 신과 영혼을 잊고 살게 되는 빌미를 마련해준 셈이 되었다.

1859년에 다윈(Charles Robert Darwin)이 생명체는 변화하는 환경에 대해 국지적으로 적응(適應, adaptation)하며, 돌연변이가 등장하기도 하나 그 후에는 자연선택에 의한 적자생존(適者生存, survival of the fittest)의 원리에 따른다고 하는 『종(種)의 기원(起源)(Origin of Species)』을 출간하자 과학계는 지동설이 발표되었을 때 못지않게 충격에 휩싸였다. 그러나 당시만 해도 진화론(進化論, Doctrine of Evolution)은 공격받을 여지가 많이 있었다. 특히 당시에는 진화의 중간단계에 있는 종들이 거의 발견되지 않았고, 따라서 다윈을 지지하는 학자들은 그리 많지 않았다. 1860년 6월 옥스퍼드대학교에서 열렸던 영국과학발전협회 연례총회에서 진화론을 반대하는 종교계를 대변하던 윌버포스(Samuel Wilberforce) 주교는 다윈의 책이 허황한 가설에 입각해 있고 증거는 거의 찾아볼 수 없다고 비판하면서 다윈의 몇 안 되는 지지자 중의 하나였던 헉슬리(Thomas Henry Huxley; 동물학자, 『멋진 신세계』를 쓴 소설가 올더스 헉슬리의 조부임)에게 "헉슬리 씨 조상 중 유인원은 할아버지 쪽입니까, 할머니 쪽입니까?"라고 빈정거렸다. 그러자 헉슬리는 "심각한 과학문제를 토론하는 장소에서 알지도 못하면서 쓸데없는 소리를 지껄이는 유명한 사람보다는 차라리 유인원과 혈족관계를 가지는 것이 더 낫다"라고 답하여 강당을 소란스럽게 만들었다.

그 후에도 진화론에 대해서는 종교적, 생물학적, 지질학적 반론이 많이 제기되었었지만 여러 고생물학자들의 노력에 의하여 이제는 약 1억 5,000만 년 전에 파충류가 어떻게 조류로 진화했는지, 약 5,000만 년 전의 하마와 비슷한 육상포유류가 어떤 과정을 거쳐 오늘날의 고래가 되었는지, 또 약 700만 년 전에 침팬지와 갈라진 인류가 어떤 단계를 거쳐 오늘날의 인류가 되었는지 등에 대해서 수많은 증거가 확보되었다. 물론 아직도 세부적인 진화과정에 대해서는 밝혀지지 않은 것이 상당히 있지만 전체적인 진화과정에 대해서는 더 이상 의심의 여지가 없으며 지동설과 함께 인류에 가장 큰 영향을 미친 이론의 하나로 평가받고 있다. 특히 최근에 급속히 발전하고 있는 유전자생물학(遺傳子生物學, genetic biology)은 진화가 지금도 상당히 빠른 속도로 진행되고 있음을 극명하게 보여주고 있으며 진화론은 이제 지동설과 마찬가지로 확고한 진리로 받아들여지고 있다.

19세기까지 갈릴레이와 뉴턴 역학을 기초로 착실히 발전해 오던 물리학은 20세기에 들어서자마자 플랑크(Max Planck)의 양자론(量子論, Quantum theory), 아인슈타인의 특수상대성이론(特殊相對性理論, special theory of relativity)과 일반상대성이론(一般相對性理論, general theory of relativity), 러더퍼드(Ernest Rutherford)와 보어(Niels Henrik David Bohr)의 원자론(原子論, atomism), 하이젠베르크(Werner Karl Heisenberg)의 불확정성원리(不確定性原理, uncertainty principle) 등이 등장하면서 또 한 번 혁명적인 변화를 겪게 되었다. 20세기 초 최고의 천재로 일컬어지는 아인슈타인은 관찰의 대상과 관찰자와의 관계를 세밀히 분석함으로써 시간이란 각 관찰자의 위치와 속도에 따라서 동시성(同時性)이나 흐름이 다른 상대적인 것이고 모든 관찰자에 공통되는 절대시간(絕對時間, absolute time)이란 없으며, 또 물체를 담고 있는 각각의 공간(중력장)은 중력에 따라 각각 다른 곡률로 휘어져 있고 모든 공간이 유클리드(Euclid)적 동질의 공간이 아니라는 것, 즉 절대공간(絕對空間, absolute space)은 없다는 것을 밝혔다.

이와 같은 상대성이론에 의해 고전물리학의 가장 기본적인 개념이었던 절대공간과 절대시간의 개념은 그 허구성이 드러났으며 객관성을 가장 중요시하던 물리학에 처음으로 관찰자의 입장, 즉 주관적 요소가 도입되어 과학이 더 이상 객관적일 수만은 없음이 밝혀졌다. 뿐만 아니라 전혀 별개의 존재로 생각했던 물질과 에너지가 사실은 상호 변환이 가능($E=mc^2$)하다는 것이 밝혀져 두 개의 독립된 법칙이었던 질량보존의 법칙(質量保存-法則, law of conservation of mass)과 에너지보존의 법칙(law of conservation of energy)이 하나로 통합되어 그 후 원자력(原子力, atomic power)개발의 이론적 근거가 되었다. 그리고 보어나 하이젠베르크 등에 의해 고전물리학의 생명이라 할 수 있는 인과율(因果律, causality)[3] 역시 적어도 원자의 세계에서는 통용될 수 없음이 밝혀졌다. 이렇게 되면 같은 조건하에서라도 항상 똑같은 결과를 재현한다는 것은 불가능하게 되므로 데카르트의 기계론적 과학관은 적어도 미시의 세계에서는 전혀 통용될 수 없다는 것이 밝혀졌다.

1917년에 아인슈타인이 상대성이론으로 우주의 이론적 모델을 세우려고 하였을 때 그는 우주가 팽창해야 하며 변하지 않을 수 없다는 것을 발견하였다. 그러나 그러한 사실을 도저히 받아들일 수 없었던 그는 자신의 모델에 우주상수를 추가함으로써 우주가 정상상태에 있을 수 있도록 만들었는데 후에 우주가 팽창하고 있음이 밝혀지면서 아인슈타인은 우주상수가 자신의 가장 큰 실수라고 말하였다.[4] 1922년

---

3 특정한 결과가 있기 위해서는 반드시 어떤 특정한 원인이 있어야 한다는 법칙임

에 러시아의 수학자 프리드만(Alexander Friedmann)은 팽창하는 우주에 대한 수학적 공식을 제안하였으며 1929년에는 허블(Edwin Hubble)이 은하들이 우리로부터 그 거리에 비례하여 멀어져 감을 발견하여 우주가 팽창하고 있음을 발표하였다. 그리고 1940년대에는 러시아에서 망명한 물리학자 가모프(George Gamow)가 알퍼(Ralph Alpher) 및 허먼(Robert Herman)과 함께 뜨겁고 밀도가 높은 하나의 점이 폭발함으로써 우주가 시작되었다는 이론을 제안하였다. 이에 대해 정상상태우주론을 주장하던 호일(Fred Hoyle)은 1950년 '우주의 본질'이라는 방송 강의를 하면서 가모프의 이론을 빗대어 "그럼 태초에 대폭발(大爆發, 빅뱅/big bang)이 있었다는 말인가"라고 그를 조롱하였는데 이때부터 가모프의 이론에는 대폭발(빅뱅)이론이라는 이름이 붙게 되었다.

한편 비슷한 시기에 호일과 본디(Hermann Bondi), 골드(Thomas Gold) 등은 완전한 우주론적 원리라는 철학적 입장을 바탕으로 우주는 항상 현재와 같은 모양으로 존재하고 우주가 팽창해서 빈자리가 생기면 이를 보충하기 위해 우주공간에서 새로운 물질이 생성되기 때문에 항상 일정한 밀도를 유지하며 우주는 출발점도 없고 소멸도 없이 어떤 장소와 시점에서도 똑같다는 정상상태(正常狀態, steady-state/연속창조(連續創造, continuous creation)) 우주론(宇宙論, cosmology)을 제안하였다. 대폭발이론과 정상우주론은 1950년대부터 1960년대 중반까지 우주생성론의 두 축을 이루며 서로 경쟁적으로 발전하였으나 정상우주론이 등장하는 계기가 된 우주의 나이 문제가 1950년대 초에 대부분 해결되면서 정상우주론이 점점 빛을 잃게 되었다. 특히 1965년에 펜지아스(Arno Penzias)와 윌슨(Robert Wilson)이 대폭발이론에서 예언하였던 우주배경복사를 발견해 대폭발이론이 힘을 얻게 되었다.

---

4 최근에 와서 이 우주상수가 0이 아닌 값을 가지는 것이 밝혀져 오히려 선견지명이었던 것으로 인정됨

　　그 후 1970년대에 와서 우주의 구성요소들이 열과 온도에 반응하는 방식이 밝혀지면서 대폭발이론은 최첨단 우주론으로 인정받게 되었으며 1980년대 초에 이를 일부 수정한 구스(Alan Guth)의 급팽창우주론(急膨脹宇宙論, inflationary cosmology)이 등장하면서 당시까지 대폭발이론이 가지고 있던 단점들이 크게 보완되었다. 이 이론이 시사하는 가장 중요한 요소는 물질은 점진적으로 더 조직화되고 있으며 우주 초기에 생긴 입자들이 서로 결합하여 점점 더 정교한 구조들을 만들고 있다는 것이다. 우리는 단순한 것에서 복잡한 것으로, 비효율적인 것에서 더 효율적인 것을 향해 나아가고 있으며 우주의 역사는 점점 더 조직화되는 물질에 관한 이야기라는 것이다.

　　그러나 이와 같은 과학의 발달에 따른 저항도 만만치 않았다. 다윈의 이론을 미국에 소개한 것은 그의 친구인 그레이(Asa Gray)였는데 처음에는 과학자들 중에도 의문을 제기하는 사람들이 있었기 때문에 개신교 지도자들은 조용히 있었다. 그러나 20세기 초에 공립학교가 늘어나고 이들의 교과서에 진화론이 실리자 창조론(創造論, Doctrine of Creation)을 믿는 상당수 개신교 지도자들이 크게 들고 일어났으며 그 후 학교에서 진화론을 가르칠 것이냐 말 것이냐는 법정싸움으로까지 번졌다. 그러다가 1960년대에 진화론이 우세해지자 이를 반대하는 측들은 이번에는 창조과학(創造科學, creation science)을 들고 나와 두 가지를 다 가르쳐야 한다고 주장하였다. 그러나 이것도 받아들여지지 않자 이번에는 지적설계론(知的設計論, Intelligent Design)을 주창하였는데 초기의 지적설계론은 창조론에서 신(神, God)과 성서(聖書, Bible)에 대한 언급만 뺀 것에 불과하였다. 그 후 리하이대학교의 생화학자인 베히(Michael Behe)는 진화론의 일부를 받아들여 소진화(小進化, microevolution)는 인정하는 좀 더 발전적인 지적설계론을 내세웠으나 그의 이론 역시 실패작이 되었다. 그러나 미국 등 개신교가 활발한 지역에는 창조론을 수호하려는 세력이 많이 남아 있다.

　　이처럼 창조론의 지지자들이 진화론과 힘겨운 투쟁을 하고 있는 동안 20세기의 물리학은 우주의 진화론이라고 할 수 있는 대폭발이론을 가장 신뢰할 수 있는 우주론의 자리에 올려놓았다. 사실 대폭발이론은 창조론의 지지자들에게는 진화론보다 훨씬 더 충격적일 수도 있으나 아직까지 이렇다 할 공세를 취하지 못하고 있는 것 같다. 그러나 진화론이나 대폭발이론을 받아들인다는 것은 창조의 과정이 성경과 다를 수도 있다는 것을 인정하는 것이지 그것이 반드시 신의 존재를 부정하는 것은 아니다. 더욱이 모든 책은 그 책이 쓰였을 당시의 과학적 지식을 토대로 하는 것이며 그것은 종교의 경전이라고 다를 바 없다. 그래서 구약성서(舊約聖書, Old Testament)의 저자들이 설혹 오늘날과 같은 과학적 지식을 가지고 있었다 하더라도 그것을 그대로 썼다가는 당시에는 누구도 이해하지 못하고 누구도 읽지 않았을 것이다. 따라서 성서의 내용이 오늘날의 과학적 지식과 다르다고 하더라도 그것은 성서의 잘못도 아니고 부끄러울 일은 더 더욱 아니다. 애리조나대학교의 생물학 교수이자 도미니크 수도회의 회원이기도 한 홀렛(Martinez Howlett)은 "자연의 법칙을 성경에 쓰어 있는 대로 이해하려는 사람은 오늘날 서양문화를 집어삼킨 세속성과 물질주의의 파도를 물리치는데 급급한 나머지 성경의 진정한 목적을 놓치고 있다"고 했다. 그러니 오히려 성서의 자구(字句, wording)에 얽매여 창세기적 창조론만을 고집함으로시 그것을 믿는 사람들을 올바른 과학적 시식으로부터 벌어지게 하고, 그것을 믿지 않는 사람들에게는 비과학적이라는 이유로 신의 존재마저 부정하게 만드는 일이야말로 참으로 부끄러운 일이 될 것이다.

창조론 지지자들이 진화라는 단어에 거부반응을 보이듯이 많은 무신론적 과학자들은 창조라는 단어에 엄청난 거부반응을 보인다. 그러나 대폭발이론에 의하면 아무것도 없던 것에서 우주만물을 이루는 모든 물질과 에너지가 나타났으며 이들은 자연 상태에서는 시간이 흐를수록 무질서의 양이 증가한다는 엔트로피(Entropy)의 법칙에 반하여 점점 더 조직화되어 가고 있는데 이것이 우연히 생긴 물리법칙에 의한 것이든 아니면 창조주에 의한 것이든 이것은 그대로 창조의 과정에 다름 아닌 것이다. 그럼에도 불구하고 질량보존의 법칙이 지켜지기를 바라는 그들은 무(無,

nonexistence)에서 유(有, existence)가 생길 수 없다는 이유로 별 이론을 다 만들어 내기도 하는데 그 대표적인 것이 물질(物質, matter)-반물질(反物質, antimatter) 대칭 우주론(對稱宇宙論, symmetric cosmology)일 것이다. 이것은 우주에 존재하는 모든 물질의 질량의 합을 M이라고 할 때 이 우주의 우리가 모르는 어딘가에 이와 똑같은 양의 반물질, 즉 -M이 존재할 것이며 따라서 우주물질의 총합은 0(zero)이 될 것이라는 이론이다. 그러나 어느 회사의 자기자본(自己資本, owned capital)이 1조 원이고 부채(負債, liabilities)가 1조 원일 때 그 회사의 자산(資産, assets)은 0이 아니라 2조가 되는 것이다. 다시 말해서 우주에 M과 -M이 존재할 때에는 우주물질의 총합을 0이 아니라 2M으로 보는 것이 옳을 것이며 또 설혹 그것을 0으로 보더라도 물질과 반물질이 생성될 때에 소요되는 엄청난 에너지는 어디서 왔다는 것인지, 질량보존의 법칙만 지켜지면 에너지보존의 법칙은 지켜지지 않아도 괜찮다는 것인지 매우 동의하기 어려운 이론이 아닐 수 없다.

만약 우주 공간의 어딘가에 반물질이 다량으로 존재한다면 언젠가는 물질과 충돌하여 소멸되면서 매우 큰 에너지를 가진 γ선을 방출할 것인데, 우주공간 어디에서도 그런 흔적이 전혀 발견되지 않자 이번에는 또 다른 주장이 제기되었다. 즉, 현재 우리의 우주공간에는 양성자나 중성자와 같은 중입자(重粒子, 바리온/baryon) 한 개당 약 10억 개의 광자가 존재한다는 점에 착안하여 대폭발 초기에 엄청난 양의 바리온과 반(反)바리온이 생성되었다가 서로 충돌하여 광자를 방출하면서 소멸되기를 거듭하였는데 이들 10억 쌍당 한 개꼴로 반 바리온보다 바리온이 더 만들어져 오늘날의 우주물질이 되었다는 것이다. 이것은 물질과 반물질의 비대칭성이 10억분의 1에 불과했다는 또 다른 대칭우주론인데, 이 역시 바리온과 반 바리온이 생성될 때 소요되는 엄청난 에너지에 대한 설명이 불가능하다. 뿐만 아니라 최근의 실험에서는 바리온들보다 쿼크와 글루온들이 먼저 존재하다가 이들이 양성자와 중성자로 결합되었음이 밝혀졌으며 더욱이 그것이 물리법칙에 의해서든 아니면 창조주에 의해서든 한 개의 입자를 만들기 위하여 '10억 1개의 바리온'과 '10억 개의 반바리온'을 만드는 것과 같은 비효율적인 일은 벌어지지 않았으리라는 점이다. 이 이론은 아직도 많은 물리학 책에 정설인양 수록되고 있으며 또 교실에서 강의되고 있으나 에너지문제만 제외한다면 구태여 물질-반물질 대칭우주론과 같은 이론을 내세우지 않더라도 우주공간에 존재하는 모든 물질과 힘(상호작용)이 어떻게 만들어졌는지는 이 책에서와 같이 설명이 가능하다.

그런데 에너지문제는 대폭발을 가능하게 한 어마어마한 에너지가 어디서 왔는가 하는 것뿐만 아니라 대폭발 초기에 생기기 시작하여 지금까지도 계속 증가하면서 우주의 평평성(平平性, flatness)을 유지시켜주고 있는 암흑에너지의 존재가 최근에 밝혀지면서 학자들을 더욱 곤혹스럽게 만들고 있다. 여기에 대해서 많은 과학자들, 특히 무신론자들은 과학은 관찰할 수 있고 지각할 수 있는 것만 다루며 과학은 보이는 세상 너머에 있는 것은 해석하려고 하지 않는다는 이유로 더 이상의 언급을 회피하고 있다. 진화론에 대해서도 무신론자들 중에는 생명체는 다양(多樣, diversity)해지고 복잡(複雜, complication)해졌으며 그것도 우연(偶然, casual)하게 진행된 것뿐이시 진보(進步, advance)라는 의미의 진화는 없다고 수장하는 사람들도 있다. 새로운 종의 출현은 오랜 자연선택의 결과일 뿐이고 인간은 가장 복잡화한 생명체의 일종이지 다른 생명체보다 우월한 존재도 아니며 또한 생명현상의 궁극적 정점도 아니라는 것이다. 이런 관점에서 그들은 지구상에 최초의 생명체로 등장하여 지금까지 꿋꿋하게 자리를 지키고 있고 앞으로도 지구가 멸망할 때까지는 멸망할 우려가 전혀 없는 박테리아야말로 가장 성공적인 생명체이자 영원불멸의 주연배우라는 것이다.

그리고 박테리아의 다음 자리는 단연 4억 년 전 이전에 등장한 곤충인데 현재까지 기록된 곤충은 약 80만 종에 달해 전 동물 수의 약 3/4을 차지하며 곤충의 전체 종수는 약 300만에 이를 것으로 추산되고 있다. 이에 비해 이들보다 훨씬 진화했다고 생각되는 포유류와 조류는 각각 4,000여 종과 9,000여 종이 알려져 있을 뿐이고 이들은 모두 지구라는 무대에 우연히 잠깐 등장하였다가 영원히 사라져 버리는 단역배우에 불과하다는 것이다. 그러나 『이기적 유전자(利己的 遺傳子, The Selfish Gene)』의 저자인 영국의 생물학자 도킨스(Richard Dawkins)에 의하면 박테리아마저도 유전자에게 주연 자리를 양보해야 한다. 그는 인간을 포함한 모든 생명체는 DNA 또는 유전자에 의해 창조된 '생존기계' 일 뿐이며 각 개체는 유전자에 미리 프로그램된 대로 먹고살고 번식해서 후대에 유전자를 전달하는 꼭두각시에 불과하다는 것이다.

그러나 모든 학자들이 다 그렇게 생각하는 것은 아니다. 다윈의 이론을 미국에 소개한 그레이는 독실한 성결교도로서 그는 진화론은 유신론(有神論, theism)적으로도 무신론(無神論, atheism)적으로도 이해할 수 있지만 자신은 후자가 잘못된 것이고 이상하다고 생각한다고 말했다. 역시 성결교도이며 캔자스 주립대학교의 지질학자인 키스 밀러(Keith Miller)도 "신은 모든 것을 창조했고 신의 지속적인 의지 없이는 어떤 것도 존재할 수 없지만 신이 진화의 메커니즘을 이용하고 섭리(攝理, providence)로 이를 통제하여 생명체를 창조했다면 이를 반대할 이유가 없다"고 말했으며 브라운대학교의 생화학자이자 가톨릭교도인 케네스 밀러(Kenneth Miller)는 "진화의 과정을 관장하는 신은 자신의 권능으로 풍요로운 세상을 만들었고 이 속에서 지속적인 창조의 과정은 물질 그 자체와 하나로 얽혀있다. 신은 자신의 피조물에서 한 걸음 물러나 있는데 이는 피조물을 포기한 것이 아니라 그가 창조한 인간들에게 진정한 자유를 주기 위함이다. 신은 인간을 자유롭게 하는 도구로 인간을 이용했다"고 말했다. 이와 같이 많은 학자들이 진화론을 인정하면서도 이를 유신론적으로 받아들이는데 이렇게 하면 종교와 과학이 꼭 이율배반적인 것은 아니다. 이런 생각을 유신론적 진화론이라고 하며 이런 관점에서 보면 진화에는 방향성이 있고 인간은 다른 생명체보다 가장 진화한 존재로서 인류의 생물학적 진화는 거의 종

점에 다다랐다고 볼 수도 있다.

　그리스의 철학자 아리스토텔레스(Aristoteles)는 인간을 신이나 천사보다는 못하지만 다른 모든 동물들보다 우월한 가장 존귀한 존재로 규정하였고 이런 관점은 서양 철학에서 흔히 찾아볼 수 있다. 우리나라는 어떤가? 우리 선조들이 서당에 다닐 때 천자문(千字文)을 떼고 나서 가장 먼저 배우는 책이 동몽선습(童蒙先習)이었는데 이 책은 다음과 같은 문장으로 시작된다. 천지지간만물지중(天地之間萬物之衆)에 유인(唯人)이 최귀(最貴)하니 소귀호인자(所貴乎人者)는 이기유오륜야(以其有五倫也)라……(하늘과 땅 사이에 만물이 많은데 오직 사람이 가장 귀하니 사람을 귀히 여기는 바는 다섯 가지 인륜이 있기 때문이라……) 즉, 우리 선조들은 어렸을 때부터 만물 중에 오직 사람만이 가장 귀하니 사람다운 도리를 지키도록 교육하였던 것이다.

　앞서 소개한 도킨스는 또 "어떤 행성에 사는 지능 생명체가 자신의 존재에 대한 이유를 처음으로 알아낼 때, 비로소 성숙한 단계에 이른다"고 하였다. 인간이 스스로를 수많은 생명체 중에 벌레나 하다못해 박테리아만도 못한 하나의 종에 불과한 존재라고 생각하며 살다 가거나, 인간을 귀한 존재로 여기고 자신의 존재에 대한 이유를 찾아보려 노력하며 살거나 하는 것은 일반인들에게는 이디까지나 개인의 선택일 것이다. 어떤 과학자들은 과학은 신의 존재를 완전히 배제하지는 않지만 과학은 신의 존재나 부재를 증명할 수 없으며 그러한 논의 자체가 과학과는 무관한 것이라고 한다. 그렇지만 진실을 탐구하고 그 결과를 일반사람들에게 널리 알려 그들의 삶에 도움을 주는 것이 책임 있는 과학자들이 해야 할 일이라고 한다면 이러한 생각은 무책임한 것이다. 어떤 사실이 과학에서는 참인데 종교에서는 거짓이고 또 종교에서는 참인데 과학에서는 거짓인 일이 더 이상 있어서는 안 된다. 데카르트가 교황청의 간섭을 배제하기 위하여 신과 영혼을 분리시킨 채 물질만을 과학의 대상으로 하도록 하였지만 오늘날에 와서도 신과 영혼을 계속하여 과학의 대상에서 제외해야 될 이유는 어디에도 존재하지 않는다. 인류는 존재하지도 않는 사물을 지칭하려고 없는 단어를 만들어 내지는 않으므로 어떤 단어가 존재한다는 것은 그 단어가 지칭하는 사물이 존재한다는 것을 의미한다. 더욱이 인류는 어느 민족을 물론하고 문명의 등장과 함께 가장 심혈을 기울였던 것이 신을 경배하는 일이었다. 따라서 이제 과학자들은 데카르트에 의해 분리되었던 과학과 종교의 영역을 다시 통합하여 인류에게 신과 영혼에 관해서는 무엇이 진실인지 올바른 길을 제시해 주어야 한다.

어떤 물리학자들은 우주공간을 탐색하여 이제 그 끝자락에까지 이르렀고 시간을 거슬러 올라가 태초에까지 이르렀으며 물질의 구조를 규명하여 그 궁극적 요소에까지 이르렀지만 그 어디에서도 신(하느님)에 대한 어떤 증거도 찾지 못했을 뿐 아니라 신이 존재할 필요도 발견하지 못했으며 우주는 어떤 신성한 힘의 도움 없이도 완벽하게 작동하는 것처럼 보인다고 하였다. 그러나 물질의 구조상 우리 몸속에 있는 전자와 같은 어떤 입자가 우리 몸을 보면 원자핵의 크기를 지구만 하게 만들었을 때 가장 가까운 원자핵 사이의 거리는 태양과 지구 사이의 거리보다 일곱 배가 넘으므로 여기 저기 원자핵이라는 별이 떠 있는 하늘처럼 보일 뿐이며 우리의 생긴 모습은커녕 어디에서도 골격(骨格, skeleton)이나 근육(筋肉, muscle), 장기(臟器, viscera) 같은 것들조차 발견할 수 없을 뿐만 아니라 더더욱 생명력이나 생각같은 것을 확인할 수 있는 방법은 전혀 없다. 따라서 우리 몸의 크기에 대한 입자의 크기보다 우주에 대한 인간의 크기가 훨씬 더 작다는 것을 감안하지 않더라도 우리가 우주공간 안에서 찾기를 기대할 수 있는 것은 아무것도 없는 것이다.

20세기의 물리학은 21세기에 또 다른 숙제를 남겼는데 그것은 바로 차원의 문제이다. 20세기 물리학의 양대 산맥은 거시세계(巨視世界, macroscopic world)를 다루는 일반상대성이론과 미시세계(微視世界, microscopic world)를 다루는 양자역학인데 이 두 이론을 결합시키는 것은 난제 중의 난제로서 그 시도는 번번이 실패로 돌아갔다. 그러다가 초(超)끈이론(super-string theory)이 등장하면서 다른 이론으로는 불가능했던 이들 두 이론의 결합을 가능케 했으나 결점도 많았는데 가장 결정적인 것은 이 이론이 성립하려면 시공간이 지금보다 6차원 더 많은 10차원[5]이 되어야 한다는 점이었으며 또 하나는 수학적으로 타당한 초끈이론이 다섯 가지나 있다는 것이었다. 그러나 3차원 공간보다 더 큰 차원의 우주공간이 가능할 수도 있다는 이론은 이미 오래전부터 제기되고 있었기 때문에 5가지의 초끈이론이 하나로 통합될 수 있음이 밝혀지자 이 이론은 물리학계의 최대 화두가 되었다.

이 이론에는 M-이론이라는 이름이 붙었는데 M-이론이 성립하기 위해서는 초끈이론보다 한 차원 더 많은 11차원 시공간이 필요하며 우주의 최소단위는 1차원 끈만이 아니라 2차원 막(膜, membrane)일 수도 있고 3차원 객체일 수도 있는 것으로 나타났다. 이로서 M-이론은 막 이론으로도 부르게 되었으며 막은 2차원이지만 차원 문제를 일반화하기 위하여 2-브레인(two-brane)이라고 부르고 1차원 끈은 1-브레인, 3차원 객체는 3-브레인, p차원(10차원 이내)으로 확장된 막은 p-브레인으로 부르게 되었다. 이와 같은 p-브레인은 꼭 작아야 될 이유는 없으며 최근에는 우리가 알고 있는 이 우주가 더 높은 차원 속에 설치된 3-브레인 스크린 위에 존재한다는, 즉 우주 자체가 하나의 브레인이라는 브레인세계(braneworld) 가설도 등장하였다. 이 가설에 의하면 광자는 3 브레인 인에시는 얼마든지 자유롭게 이동할 수 있으나 3-브레인을 이탈할 수는 없으며 따라서 여분의 차원으로 인한 공간이 아무리 커도 우리는 그것을 볼 수 없다는 것이다. 또 끈이나 다른 고차원 브레인들이 모두 점 입자와는 다른 0-브레인의 집합으로 이루어져 있다는 매트릭스(Matrix)이론도 나왔는데 이 이론에 의하면 시공간조차도 0-브레인의 적절한 조합으로 이루어져 있다는 것이다. 앞으로 M-이론의 발전과 함께 많은 우주의 비밀들이 밝혀질 것으로 기대되고 있다.

---

5 여분의 차원은 끈 속에 숨겨져 있으나 너무 작아서 우리가 볼 수 없으며 칼라비-야우 형태(Calabi-Yau shape)일 것으로 가상하였음

　　그러나 우리가 여분의 차원을 꼭 물리적 공간에서 찾아야만 되는 것은 아닐 수도 있다. 지금은 우리가 잘 알고 있는 전자파의 경우를 보면 파장이 30~300㎞이고 주파수가 1~10㎑인 초장파(VLF)로부터 파장이 개략 10^{-10}cm 이하인 γ선에 이르기까지 넓은 스펙트럼에 걸쳐 수많은 종류가 있지만 우리 인류는 19세기 후반기까지만 해도 전자기파의 존재는 전혀 모른 채 이 중 극히 일부에 불과한 파장 3.8~7.7×10^{-5}cm인 가시광선(可視光線)의 세계에서만 살아왔다. 그러나 이제 이들은 동시에 같은 공간에 존재하면서도 주파수의 차이만으로 마치 전혀 다른 차원에 존재하는 것처럼 각자의 역할을 훌륭히 수행함으로써 그것이 발견된 지 불과 100여 년도 안 되어 우리의 생활을 완전히 뒤바꿔 놓았으며 이제 우리는 전자파의 신세를 지지 않고는 단 하루도 살 수 없게 되어 버렸다. 그리고 이와 유사한 가능성을 다른 곳에서 찾는다면 그것은 아마 인간의 의식이나 정신이 될 것이다.

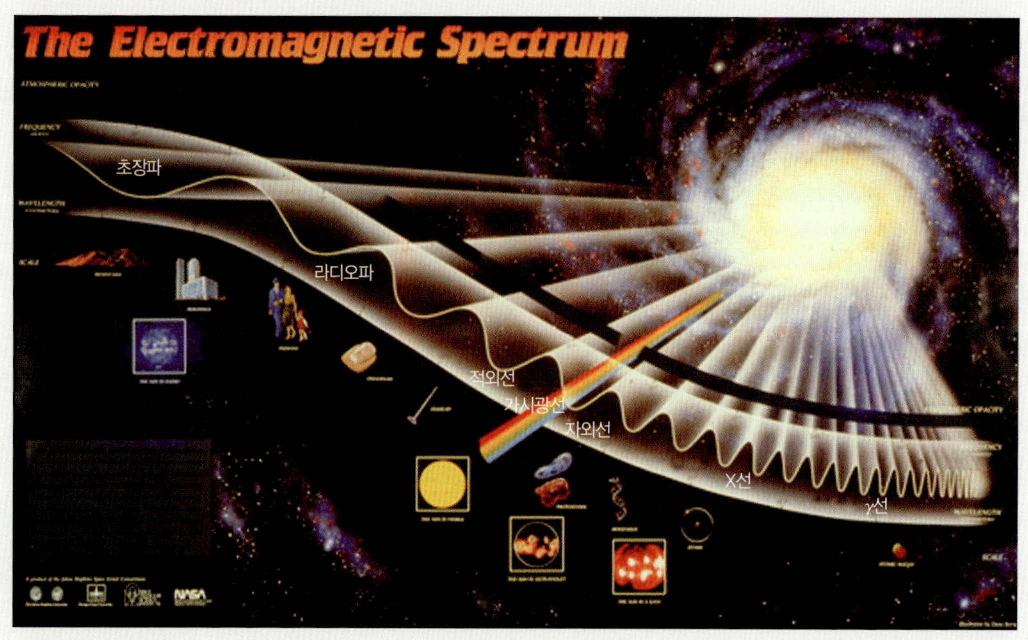

　학자에 따라서는 인간이 가장 진화한 존재라는 것을 부정하기도 하지만 만일 인간이 가장 진화한 존재라는 것을 인정한다면 다른 생명체와의 차이는 다른 생명체에는 없다고 인정되는 의식(意識, consciousness)이나 정신(精神, mind)에서 찾아야 할 것이다. 따라서 현대물리학에서 거론되고 있는 11차원과 양자의학(量子醫學, quantum medicine)에서 이야기하는 인간의 일곱 계층의 에너지 장(場), 그리고 도가(道家)나 불가(佛家)에서 말하는 구천(九天)사상[6]을 다음과 같이 연결시켜 볼 수도 있을 것이다.

현대물리학	구천사상	양자의학(정신과학)
우주의 근원(무차원,창조주)	신계(상)	영체(6단계)
11차원	신계(중)	영체(5단계)
10차원	신계(하)	영체(4단계)
9차원	신인계(상)	영체(3단계)
8차원	신인계(중)	영체(2단계)
7차원	신인계(하)	영체(1단계)
6차원	인간계(상)	영적정신체
5차원	인간계(중)	지적정신체
4차원	인간계(하)	본능적정신체
3차원	고등생물계	감정체
2차원	하등생물계	기(생명)체
1차원	무생물계	육체

　여기서 1차원 세상이란 실제로 일직선인 세상이 아니라 무생물로만 이루어져 직선적인 변화 외에는 별다른 변화가 별로 없던, 우주가 탄생하고 생명체가 등장하기 전의 우주라고 볼 수 있으며 인간의 에너지 장으로서는 생명이 없는 육체(肉體,

---

6　이 세상은 상(上), 중(中), 하(下)로 구분되는 인간계(人間界)와 그 위의 세 단계 신인계(神人界), 그리고 또 그 위의 세 단계 신계(神界)로 이루어졌다고 생각하는 사상

physical body)가 여기에 해당한다. 2차원 세상은 원시생명체가 등장함으로서 생명체가 없을 때보다는 엄청난 변화를 가져왔으나 그래도 주로 평면적인 변화에 그쳤던 세상으로서 인간의 에너지 장으로서는 생명력을 나타내는 기체(氣體, Etheric Body)가 여기에 해당한다. 3차원 세상은 감정을 가진 고등생명체가 등장하여 입체적인 변화를 가져온 세상으로서 인간의 에너지 장으로서는 감정체(感情體 또는 幽體, Astral Body)가 여기에 해당한다.

그리고 의식이나 정신을 가진 현대인류가 등장하여 새로운 역사를 만들고 있는 이 시대가 바로 4차원 세상이며 인간의 에너지 장으로서는 정신체(精神體: Mental Body)가 여기에 해당하지만 정신체 중에서는 가장 낮은 본능적(本能的: Instinctive) 정신체 수준으로서 구천사상으로는 인간계 하(下)에 해당한다. 그래서 대부분의 인류는 지금까지도 권력이나 돈, 섹스와 같은 본능적 욕구에서 벗어나지 못하고 있을 뿐만 아니라 급속히 환경을 파괴하여 스스로 위기를 초래하고 있으며 모든 인류가 유전적으로 매우 가까운 단일 종임에도 불구하고 지금까지 인종 간이나 국가 간, 또는 종교 간에 수없이 많은 전쟁을 치러 왔고 또 치름으로써 불행을 자초하고 있다. 그럼에도 불구하고 지금까지 살았던 인류 중에는 이보다 높은 단계인 지적(知的:Intellectual) 정신체 이상의 단계에까지 이르렀던 사람들이 많이 있었으나 인류 전체를 진화시키기에는 부족했던 것으로 보인다. 그러나 만일 진화에 방향성이 있다면 앞으로는 훨씬 더 많은 인류가 지적 정신체 수준에 도달하게 됨으로써 지금까지의 혼란스러운 세상에서 벗어나 훨씬 더 지적 사회인 5차원 세상을 맞이하게 될 것이며 이것은 인간계 중(中)에 해당할 것이다. 그리고 그때까지도 진화를 이루지 못한 인류는 현대인류가 등장한 후 네안데르탈인들이 흔적도 없이 사라졌듯이 흔적도 없이 사라질 수도 있을 것이며 이런 일들은 차원의 변화가 있을 때마다 일어날 수도 있을 것이다.

그 후 얼마의 세월이 더 걸릴지 모르겠지만 인류는 영적(靈的: Spiritual) 정신체 수준에 도달함으로서 영적 사회인 6차원 세상을 맞이하게 될 것이며 이것은 인간계로서는 최고의 단계가 될 것이다. 이보다 더 진화한 7차원 이상의 세계에서는 인간은 이제 에너지장의 최상위단계인 인과체(因果體 또는 직관체/直觀體, Causal Body, 영체/靈體, Spiritual Body)가 지배하는 신인계에 접어들게 되며 이때부터 본격적인 영성시대가 되어 인간에게는 육체가 필수조건이 아닐 수도 있게 될 것이다. 지금도 상당수의 사람들이 앞으로 영성시대가 올 것이라고 이야기하고 있고 세계보건기구(世界保健機構, WHO)도 1998년의 집행이사회와 2000년의 총회에서 그때까지의 건강의 정의였던 '건강이란 단순히 질병이나 장애가 없는 상태가 아니라 신체적, 정신적, 사회적으로 편안한(well-being)상태를 말한다' 에 영적이라는 조건을 추가하기로 결정함으로써 마치 영성시대의 도래를 예고하는 듯하였다. 인류는 그 후에도 진화를 계속하여 결국 인간으로서 다다를 수 있는 최고차원인 11차원의 신계 중(中) 세상을 맞이하게 되고 그 다음 단계로서 더 이상 공간이나 시간 등의 차원이 의미가 없는 우주의 근원(根源, origin)이자 창조주(創造主, the Creator)와의 신인합일(神人合一, unity of God and men)이 이루어질 것이라는 것이 현대물리학의 11차원과 동양의 구천사상을 연결시켜본 시나리오이다. 그리고 만일 이 시나리오가 가능성이 있는 것이라면 차원에 관한 연구는 앞서의 신과 영혼에 관한 연구와 불가분의 관계가 될 것이다.

이것은 인류 전체에 대한 이야기인데 개인적으로는 이미 수행을 통하여 최고, 또는 최고에 가까운 경지에까지 이르렀던 분들이 많았던 것으로 여겨지며 역사적 인물 중에는 부처나 노자 같은 분들이 여기에 해당하지 않을까 한다. 그러나 이 책의 내용은 신이나 영혼에 관한 연구와는 무관하며 유신론이나 무신론과도 전혀 무관하여 이 책의 내용을 유신론적 관점으로 보면 유신론적 진화론이 될 것이고 무신론적 관점으로 보면 그냥 현대 과학적 내용이 될 것이다. 다만 인류사회가 앞으로 좀더 지적인 사회로 도약하기를 바라는 사람 중의 하나로서 직업교육만이 난무하는 이때에 현대를 사는 지식인이라면 현대과학과 현대사회에 대해서 이 정도는 알아야 하지 않을까 하는 내용을 엮어본 것이다.

이 책을 엮어 나가는 과정에서 내용 하나하나에 오류가 없도록 나름대로는 최선을 다하였으나 여기저기 잘못된 곳이 있을지도 모르겠으며 또 지금은 정설이라도 언젠가는 그것이 잘못으로 밝혀질 수도 있을 것이다. 사실 이 책을 엮는 동안에만 해도 호모 플로레시엔시스의 화석이 발견되기도 하고 명왕성이 태양계에서 퇴출되는 등 많은 새로운 발견이 이루어지고 새로운 연구 성과가 발표됨으로써 여러 번 수정을 해야만 했다. 앞으로 이 책의 내용 중 잘못된 부분이나 또는 새로운 사실이 밝혀진 부분이 있으면 서슴지 마시고 지적해 주시면 최선을 다해 수정해 나갈 것을 약속드리고자 한다. 독자 여러분에게 감사를 드리며.

2007년 7월

엮은이 임성빈

상트 페테르부르크에서 아내와 함께

찾아보기

랜드(E. H. Land) 615
러다이트 폭동(-暴動, Luddite riots) 579
러드(N. Lud) 579
런던페니포스트(London Penny Post) 601
레반트(Levant)회사 572
레소토사우루스(Lesothosaurus) 264
레피도트(Lepidote) 250
렙틱티디움(Leptictidium) 279
로드호케투스(Rodho-cetus) 321
로레이시아(Laurasia) 254
로렌시아(Laurentia) 171
로만클럽(Roman Club) 645
로제타석(石, Rosetta Stone) 511
로치데일(Rochdale) 624
로탈(Lothal) 522
룽산(Lungshan)문화 541
르바소르(E. Levassor) 606
리비아(Libya) 504
리쉬트(Lisht) 491
리스트로사우루스(Lystrosaurus) 236
리오자사우루스(Riojasaurus) 248
리오플레우로돈(Liopleurodon) 263
린코사우르스(Rhynchosaurs) 246

ㅁ

마그마(magma) 140, 142, 146
마그마 바다(magma ocean) 142, 143, 147
마그마 지대(Central Atlantic Magmatic Province) 242
마니코간(Manicouagan) 253
마들렌(Madeleine) 442
마렐라(Marrella) 193
마르두크(Marduk) 461
마르코니(G. Marconi) 613
마스타바(mastaba) 479
마이아사우라(Maiasaura) 290

마이크로프로세서(microprocessor) 620
마천루(摩天樓, skyscraper) 593
마케도니아(Macedonia) 472
마크로크라니온(Macrocranion) 316
막(膜, membrane) 103
막대 나선형(barred spiral) 은하 74
만리장성(萬里長城, Great Wall of China) 563
말라리아(malaria) 643
말희(末喜) 544
매개입자(媒介粒子, messenger particle) 32
매트릭스(Matrix) 103
맥동변광성(脈動變光星, pulsating star) 50
맥동성(脈動星, 펄서/pulsar) 66
맥스웰(J. C. Maxwell) 613
맨틀(mantle) 141, 145, 147, 167, 172
맨해튼 프로젝트(Manhattan Project) 621
맹자(孟子) 555
머캐덤(J. MacAdam) 603
먹이사슬(food chain) 238
먹장어(hagfish) 196
메가(Mehrgarh) 517
메가네우라(Meganeura) 223
메네스(Menes 또는 나르메르/Narmer)왕 477
메르네프타(Merneptah/ Merenptah) 504
메소닉스(Mesonyx) 318
메소사우루스(Mesosaurus) 232
메이둠(Meidum) 481
메트리오린쿠스(Metriorhynchus) 257
멘카우레(Menkaure) 487
멘투호테프(Mentuhotep) 490
멤피스(Memphis) 477
면공업(綿工業, cotton manufacture) 577
명왕성(冥王星, Pluto) 113
모네라(Monera)계 151, 154, 155
모로푸스(Moropus) 316
모르가누코돈(Morganucodon) 259
모사사우루스(Mosasaurs) 280